Springer-Lehrbuch

Springer-Verlag Berlin Heidelberg GmbH

Grundwissen Mathematik

Ebbinghaus et al.: Zahlen
Elstrodt: Maß- und Integrationstheorie
Hämmerlin†/Hoffmann: Numerische Mathematik
Koecher†: Lineare Algebra und analytische Geometrie
Leutbecher: Zahlentheorie
Remmert/Schumacher: Funktionentheorie 1
Remmert: Funktionentheorie 2
Walter: Analysis 1
Walter: Analysis 2

Herausgeber der Grundwissen-Bände im Springer-Lehrbuch-Programm sind: F. Hirzebruch, H. Kraft, K. Lamotke, R. Remmert, W. Walter

R. Remmert G. Schumacher

Funktionentheorie 1

Fünfte, neu bearbeitete Auflage

Mit 70 Abbildungen

Prof. Dr. Reinhold Remmert
Universität Münster
Mathematisches Institut
Einsteinstr. 62
48149 Münster, Deutschland

Prof. Dr. Georg Schumacher
Philipps-Universität Marburg
Fachbereich Mathematik und Informatik
Hans Meerwein Strasse, Lahnberge
35032 Marburg, Deutschland
e-mail: schumac@mathematik.uni-marburg.de

Mathematics Subject Classification (2000): 30-01

Dieser Band erschien bis zur 2. Auflage als Band 5 der Reihe *Grundwissen Mathematik*

Die Deutsche Bibliothek – CIP-Einheitsaufnahme

Remmert, Reinhold:
Funktionentheorie / Reinhold Remmert. - Berlin; Heidelberg; New York; Barcelona; Hongkong; London; Mailand; Paris; Tokio: Springer
Engl. Ausg. u.d.T.: Remmert, Reinhold: Classical topics in complex function theory
1. . - 5. Aufl.. - 2002
(Springer-Lehrbuch) (Grundwissen Mathematik)

ISBN 978-3-540-41855-9 ISBN 978-3-642-56281-5 (eBook)
DOI 10.1007/978-3-642-56281-5

http://www.springer.de

Einbandgestaltung: *design & production* GmbH, Heidelberg
Gedruckt auf säurefreiem Papier SPIN: 10758265 44/3142ck - 5 4 3 2 1 0

Vorbemerkung zur fünften Auflage

Diese fünfte Auflage wurde zusammen mit dem zweitgenannten Autor kritisch durchgesehen, ergänzt und verbessert. Wir danken Herrn Diplom-Mathematiker Michael Koch (Marburg) für seine Hilfe bei der abschließenden Redaktion des Manuskriptes.

Münster und Marburg im Oktober 2001

Reinhold Remmert, Georg Schumacher

Vorbemerkung zur vierten Auflage

Neben Korrekturen von Druckfehlern und Ergänzungen der Literatur wurde der Text im Kapitel 7 wesentlich geändert. Die Cauchysche Integralformel wird nicht mehr auf das verschärfte Goursatsche Integrallemma zurückgeführt; statt dessen wird ein Zentrierungslemma für Integration längs Kreisrändern benutzt (Kapitel 7, § 2.1-2). Die Poissonsche Integralformel für holomorphe Funktionen wird in 7.2.5 mittels eines Kunstgriffes direkt aus der Cauchyschen Integralformel hergeleitet; dann folgt sofort die Schwarzsche Integralformel.

Lengerich (Westfalen), Ostern 1995 — Reinhold Remmert

Vorwort zur dritten Auflage

Der Herr Verleger, der Dein Pflegevater,
Verehrte; seh ich, Dir ein neu Kostüm,
Mach einen Knicks! Es war doch nett von ihm.
(W. BUSCH)

Der Text zur normalen Konvergenz in 3.3.2 wurde überarbeitet und durch eine interessante Bemerkung bereichert. In 8.4.4 wird gezeigt, daß für Reihen holomorpher Funktionen normale und kompakt absolute Konvergenz gleichbedeutend sind. Weiter wurden einige neue Übungsaufgaben aufgenommen.

Die dritte Auflage der Funktionentheorie 1 trägt ein neues Gewand. Auch die künftigen Bände der Reihe *Grundwissen Mathematik* werden im einheitlichen Design der *Springer-Lehrbücher* erscheinen. Bildungspolitische Tendenzen, die dem Integrieren den Vorrang vor dem Differenzieren geben, stehen bei diesem Vorschlag des Verlags nicht Pate. Die herausgeberische Betreuung der *Grundwissen*-Bände und die damit verbundene inhaltliche Gestaltung bleiben unbeeinflußt.

Oberwolfach, den 20. Februar 1992 Reinhold Remmert

Vorwort zur zweiten Auflage

Es wurden nicht nur Druckfehler korrigiert und Verbesserungen im Text ausgeführt, sondern auch Ergänzungen angefügt. So wird der Satz von HURWITZ bereits in 8.5.5 mittels des Minimumprinzips und einer Variante des Weierstraßschen Konvergenzsatzes hergeleitet. Neu aufgenommen wurde der lange vergessene Scheeffersche Beweis (ohne Integrale) des Satzes von LAURENT durch Reduktion auf den Cauchy-Taylorschen Satz. Auf vielfachen Wunsch wurden die einzelnen Paragraphen durch Übungsaufgaben bereichert.

Ich habe vielen Lesern für kritische Bemerkungen und wertvolle Hinweise zu danken. Nennen möchte ich die Kollegen M. BARNER (Freiburg), R.P. BOAS (Evanston, Illinois), R.B. BURCKEL (Kansas State University), K. DIEDERICH (Wuppertal), D. GAIER (Gießen), St. HILDEBRAND (Bonn) und W. PURKERT (Leipzig).

Bei der Vorbereitung dieser Auflage wurde ich in hervorragender Weise von Herrn K. SCHLÖTER unterstützt, ihm gebührt ganz besonderer Dank. Er und Frau S. DEMMING haben Korrektur gelesen. Herrn W. HOMANN danke ich für die Mithilfe bei der Auswahl der Übungsaufgaben. Der Verlag ist großzügig auf Änderungswünsche eingegangen.

Lengerich (Westfalen), den 10. April 1989 — Reinhold Remmert

Vorwort zur ersten Auflage

Wir möchten gern dem Kritikus gefallen:
Nur nicht dem Kritikus vor allen
(G.E. Lessing).

Autoren und Herausgeber der Lehrbuchreihe „Grundwissen Mathematik" haben sich das Ziel gesetzt, mathematische Theorien im Zusammenhang mit ihrer historischen Entwicklung darzustellen. Für die Funktionentheorie mit ihrer Fülle von klassischen Sätzen ist dieses Programm besonders reizvoll. Dies mag trotz der umfangreichen Literatur zur Funktionentheorie ein weiteres Lehrbuch rechtfertigen. Denn auch heute gilt, was man bereits 1900 in der Ankündigung der Nr. 112 der Reihe „Ostwald's Klassiker Der Exakten Wissenschaften" liest, wo Cauchys klassische „Abhandlung über bestimmte Integrale zwischen imaginären Grenzen" übersetzt und nachgedruckt ist: „Während aber durch die vorhandenen Einrichtungen zwar die Kenntnis des gegenwärtigen Inhaltes der Wissenschaft auf das erfolgreichste vermittelt wird, haben hochstehende und weitblickende Männer wiederholt auf einen Mangel hinweisen müssen, welcher der gegenwärtigen wissenschaftlichen Ausbildung jüngerer Kräfte nur zu oft anhaftet. *Es ist dies das Fehlen des historischen Sinnes und der Mangel an Kenntnis jener großen Arbeiten, auf welchen das Gebäude der Wissenschaft ruht.*"

Das vorliegende Buch enthält viele historische Erläuterungen und Originalzitate der Klassiker. Sie mögen den Leser anregen, in Originalarbeiten wenigstens zu blättern. „Personalnotizen" sind eingestreut, „um das Verhältnis zur Wissenschaft etwas menschlicher und persönlicher zu gestalten" (so F. Klein auf S. 274 seiner „Vorlesungen über die Entwicklung der Mathematik im 19. Jahrhundert"). Das Buch ist aber keine Geschichte der Funktionentheorie, historische Bemerkungen reflektieren fast immer Ansichten der Gegenwart.

Vorrangig bleibt die Mathematik. Behandelt wird der Stoff einer einsemestrigen vierstündigen Vorlesung; im Mittelpunkt stehen die Cauchyschen Integraltheoreme. Neben herkömmlichen Themen, die in keinem Text zur Funktionentheorie fehlen dürfen, findet man

- Ritts Satz über asymptotische Potenzreihenentwicklungen, der eine funktionentheoretische Interpretation des berühmten Satzes von E. Borel über die Willkür der Ableitungen reeller differenzierbarer Funktionen gibt,
- Eisensteins frappierenden Zugang zu den Kreisfunktionen mittels Partialbruchreihen,
- Mordells residuentheoretische Berechnung Gaußscher Summen.

Kenner werden darüber hinaus vielleicht hier und da etwas Neues oder lange Vergessenes entdecken.

Manchen Lesern mag die vorliegende Darstellung zu ausführlich, anderen vielleicht zu knapp erscheinen. Hierzu sei J. Kepler bemüht, der in seiner *Astronomia Nova* im Jahre 1609 schreibt: „Durissima est hodie conditio scribendi libros Mathematicos. Nisi enim servaveris genuinam subtilitatem propositionum, instructionum, demonstrationum, conclusionum; liber non erit Mathematicus: sin autem servaveris; lectio efficitur morosissima" (Es ist heute sehr schwer, mathematische Bücher zu schreiben. Wenn man sich nicht um die Feinheiten bei Sätzen, Erläuterungen, Beweisen und Folgerungen kümmert, so wird es kein mathematisches Buch; wenn man es aber tut, so wird die Lektüre äußerst langweilig). Und an anderer Stelle heißt es: „Et habet ipsa etiam prolixitas phrasium suam obscuritatem, non minorem quam concisa brevitas" (Und es hat selbst die ausführliche Darlegung ihre Dunkelheit, keine geringere als die lakonische Kürze).

K. PETERS (Boston) hat mich ermutigt, dieses Buch zu schreiben. Die Stiftung Volkswagenwerk hat durch ein Akademie-Stipendium in den Wintersemestern 1980/81 und 1982/83 die Arbeiten wesentlich gefördert; für diese Unterstützung darf ich mich ganz besonders bedanken. Mein Dank gebührt auch dem Mathematischen Forschungsinstitut in Oberwolfach für häufig gewährte Gastfreundschaft. Es ist nicht möglich, alle diejenigen hier namentlich anzuführen, die mir während der Niederschrift wertvolle Hinweise gaben. Nennen möchte ich aber die Herren M. KOECHER und K. LAMOTKE, die den Text kritisch prüften und Verbesserungsvorschläge machten. Von Herrn H. GERICKE lernte ich viel Geschichte. Ich bitte um Nachsicht und Nachricht, wenn meine historischen Angaben revisionsbedürftig sind.

Meine Mitarbeiter, vor allem die Herren P. ULLRICH und M. STEINSIEK, haben unermüdlich bei der Literatursuche geholfen und manche Mängel im Manuskript behoben. Herr ULLRICH hat Symbol-, Namen- und Sachverzeichnis erstellt; Frau E. KLEINHANS hat mit größter Sorgfalt die letzte Fassung des Manuskriptes kritisch durchgesehen. Dem Verlag danke ich für sein Entgegenkommen.

Lengerich (Westfalen), den 22. Juni 1983 Reinhold Remmert

Lesehinweise: Die Lektüre sollte mit Kapitel 1 begonnen werden. Das Kapitel 0 ist ein Kurzrepetitorium wichtiger Begriffe und Sätze, die der Leser weitgehend aus der Infinitesimalrechnung kennt; es sind hier nur solche Dinge aufgenommen, die für die Funktionentheorie wichtig sind.

Ein Zitat 3.4.2 bedeutet Abschnitt 2 im Paragraphen 4 des Kapitels 3. Auf in Kleindruck gesetzte Zeilen wird später kein Bezug genommen. Die mit * gekennzeichneten Paragraphen bzw. Abschnitte können bei der ersten Lektüre übergangen werden. Historisches findet man in der Regel in einem besonderen Abschnitt im gleichen Paragraphen, wo die entsprechenden mathematischen Überlegungen durchgeführt werden.

Inhaltsverzeichnis

Historische Einführung

Wohl dem, der seiner Väter gern gedenkt (J.W. v. GOETHE).

1. ... „Zuvörderst würde ich jemand, der eine neue Function in die Analyse einführen will, um eine Erklärung bitten, ob er sie schlechterdings bloss auf reelle Grössen (reelle Werthe des Arguments der Function) angewandt wissen will, und die imaginären Werthe des Arguments gleichsam nur als ein Überbein ansieht – oder ob er meinem Grundsatz beitrete, dass man in dem Reiche der Grössen die imaginären $a + b\sqrt{-1} = a + bi$ als gleiche Rechte mit den reellen geniessend ansehen müsse. Es ist hier nicht von praktischem Nutzen die Rede, sondern die Analyse ist mir eine selbständige Wissenschaft, die durch Zurücksetzung jener fingirten Grössen ausserordentlich an Schönheit und Rundung verlieren und alle Augenblick Wahrheiten, die sonst allgemein gelten, höchst lästige Beschränkungen beizufügen genöthigt sein würde ...".

Diese denkwürdigen Zeilen schrieb C.F. GAUSS (1777–1855) am 18. Dezember 1811 an BESSEL; sie markieren die Geburtsstunde der Funktionentheorie. Der Brief von GAUSS wurde erst 1880 veröffentlicht (Werke 8, 90–92); es ist wahrscheinlich, daß die hier entwickelte Auffassung GAUSS schon lange vor Abfassung seines Briefes geläufig war. GAUSS kennt, wie sein Schreiben im einzelnen zeigt, bereits 1811 den Cauchyschen Integralsatz. Am eigentlichen Aufbau der Funktionentheorie beteiligte sich GAUSS aber nicht; allerdings waren ihm die Prinzipien der Theorie wohl vertraut (vgl. Abb. 0.1 auf der nächsten Seite).

2. Erste Ansätze zur Funktionentheorie finden sich im 18. Jahrhundert bei L. EULER (1707-1783). Er hatte „eine für die meisten seiner Zeitgenossen unbegreifliche Vorliebe für die komplexen Größen, mit deren Hilfe es ihm gelungen war, den Zusammenhang zwischen den Kreisfunktionen und der Exponentialfunktion herzustellen. ... In der Theorie der elliptischen Integrale entdeckte er das Additionstheorem, machte er auf die Analogie dieser Integrale mit den Logarithmen und den zyklometrischen Funktionen aufmerksam. So hatte er alle Fäden in der Hand, daraus später das wunderbare Gewebe der Funktionentheorie gewirkt wurde" (G. FROBENIUS: *Rede auf L. Euler* anläßlich Eulers 200. Geburtstags 1907, Ges. Abhandl. 3, S. 733).

Abb. 0.1. GAUSS, Werke 10, 1, S. 405; keine Jahresangabe, aber nach 1831

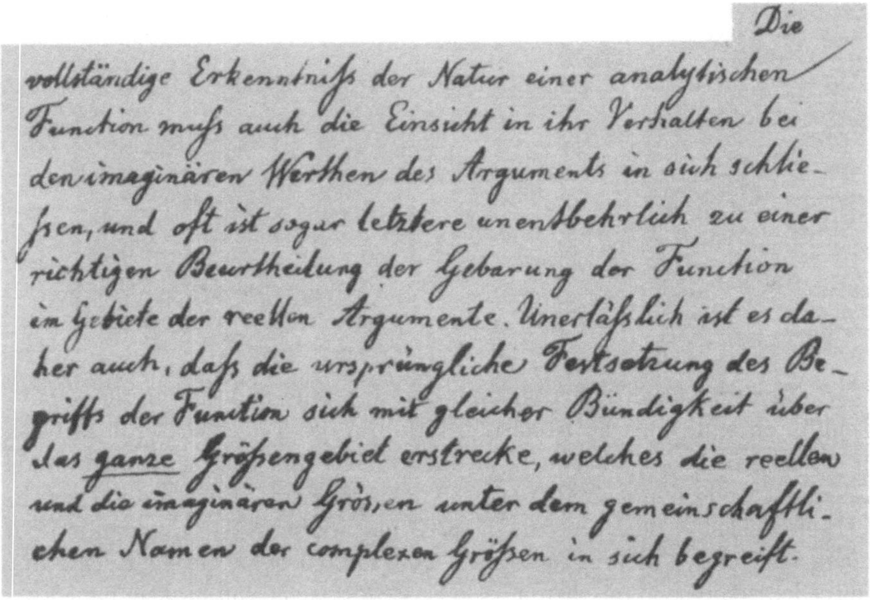

Die vollständige Erkenntniß der Natur einer analytischen Function muß auch die Einsicht in ihr Verhalten bei den imaginären Werthen des Arguments in sich schließen, und oft ist sogar letztere unentbehrlich zu einer richtigen Beurtheilung der Gebarung der Function im Gebiete der reellen Argumente. Unerläßlich ist es daher auch, daß die ursprüngliche Festsetzung des Begriffs der Function sich mit gleicher Bündigkeit über das ganze Größengebiet erstrecke, welches die reellen und die imaginären Grössen unter dem gemeinschaftlichen Namen der complexen Größen in sich begreift.

Die moderne Funktionentheorie wurde im 19. Jahrhundert entwickelt. Die Pioniere der Gründerjahre sind:

A.L. CAUCHY (1789–1857), B. RIEMANN (1826-1866),

K. WEIERSTRASS (1815-1897).

Jeder von ihnen prägte die Theorie auf seine Art, so sprechen wir noch heute vom Cauchyschen bzw. Riemannschen bzw. Weierstraßschen Standpunkt.

CAUCHY hat seine ersten Arbeiten zur Funktionentheorie in den Jahren 1814–1825 geschrieben. Der Funktionsbegriff ist wie bei seinen Vorgängern aus der Eulerzeit noch recht unbestimmt. Eine holomorphe Funktion ist für CAUCHY im wesentlichen eine komplex-differenzierbare Funktion, die eine stetige Ableitung hat. Die Cauchysche Funktionentheorie basiert auf seinem berühmten Integralsatz und auf dem Begriff des Residuums. *Jede* holomorphe Funktion hat eine natürliche Integraldarstellung und wird so den Methoden der Analysis zugänglich. Die Cauchysche Theorie wurde durch J. LIOUVILLE (1809–1882) vervollständigt, [Liou]; das Buch [BB] von Ch. BRIOT und J-C. BOUQUET (1859) vermittelt einen sehr guten Eindruck vom damaligen Stand der Theorie.

Riemanns epochemachende Göttinger Inauguraldissertation *Grundlagen für eine allgemeine Theorie der Functionen einer veränderlichen complexen Grösse* [R] erschien 1851. Bei RIEMANN steht die geometrische Auffassung im Mittelpunkt: holomorphe Funktionen sind Abbildungen zwischen Bereichen in der Zahlenebene $\mathbb{C}$, allgemeiner zwischen Riemannschen Flächen, die in ihren „entsprechenden kleinsten Theilen ähnlich sind". RIEMANN schöpfte seine Ideen u.a. aus der Anschauung und den Erfahrungen in der mathematischen Physik: die Existenz von Strömungen ist ihm Beweis genug, daß holomorphe (=konforme) Abbildungen existieren. Nicht durch Formeln, sondern durch „innerliche charakteristische" Eigenschaften, aus welchen die äußerlichen Darstellungsformen mit Notwendigkeit entspringen, sucht er – mit einem Minimum an Rechnung – seine Funktionen zu verstehen.

Für WEIERSTRASS ist der Ausgangspunkt die Potenzreihe; holomorphe Funktionen sind solche Funktionen, die lokal in konvergente Potenzreihen entwickelbar sind. Funktionentheorie ist die Theorie dieser Reihen und wird ganz einfach und weitgehend algebraisch begründet. Die Anfänge dieser Auffassung gehen auf J.L. LAGRANGE zurück, der 1797 in seiner *Théorie des fonctions analytiques* (2. Aufl. Courcier, Paris 1813) den Satz beweisen wollte, daß jede stetige Funktion in eine Potenzreihe entwickelbar ist. Seit LAGRANGE spricht man von *analytischen* Funktionen; man hat vermutet, daß damit solche Funktionen herausgestellt werden sollten, die in der Analysis brauchbar sind. F. KLEIN schreibt: „Die große Leistung von Weierstraß ist es, die im Formalen stecken gebliebene Idee von Lagrange ausgebaut und vergeistigt zu haben" (vgl. [G5], S. 254). Und CARATHÉODORY sagt ([5], S. 5): WEIERSTRASS konnte „die Funktionentheorie arithmetisieren und ein System entwickeln, das an Strenge und Schönheit nicht übertroffen werden kann".

3. Die drei methodisch völlig verschiedenen und doch äquivalenten Zugänge zur Funktionentheorie machen einen besonderen Reiz dieser Theorie aus. Es entsteht gelegentlich der Eindruck, daß CAUCHY, RIEMANN und WEIERSTRASS ihre Auffassungen beinahe „ideologisch" vertreten hätten. Dem ist nicht so. CAUCHY entwickelte bereits 1831 seine holomorphen Funktionen in Potenzreihen und arbeitete mit diesen. RIEMANN lag jede starre Einseitigkeit fern: er machte für sich nutzbar, was er vorfand; so hat er auch Potenzreihen in seiner Funktionentheorie verwendet. Und WEIERSTRASS wiederum hat Integrale keineswegs prinzipiell abgelehnt: bereits 1841 – zwei Jahre vor LAURENT – entwickelte er holomorphe Funktionen in Kreisringen mittels Integralformeln in Laurentreihen, [W_1].

H. POINCARÉ urteilt 1898 in seinem Artikel *L'œuvre mathématique de Weierstrass*, Acta Math. 22, 1–18 (vgl. S. 6/7): „La théorie de Cauchy contenait en germe à la fois la conception géometrique de Riemann et la conception arithmétique de Weierstraß, et il est aisé de comprendre comment elle pouvait, en se développant dans deux sens différents, donner naissance à l'une et à l'autre. ... La méthode de Riemann est avant tout une méthode de découverte, celle de Weierstraß est avant tout une méthode de demonstration."

Seit langem sind die Cauchysche, die Riemannsche und die Weierstraßsche Gedankenwelt untrennbar miteinander verwoben; dadurch wurden nicht nur viele Vereinfachungen in der Darstellung möglich, sondern es konnten auch große neue Resultate entdeckt werden.

Die Funktionentheorie feierte im vergangenen Jahrhundert in kürzester Zeit größte mathematische Triumphe. In wenigen Jahrzehnten wurde ein Lehrgebäude geschaffen, das sofort höchste Wertschätzung in der mathematischen Welt fand. So kann man etwa frei nach R. DEDEKIND sagen (vgl. Math. Werke 1, S. 105/106): „Die erhabenen Schöpfungen dieser Theorie haben die Bewunderung der Mathematiker vor allem deshalb erregt, weil sie in fast beispielloser Weise die Wissenschaft mit einer außerordentlichen Fülle ganz neuer Gedanken befruchtet und vorher gänzlich unbekannte Felder zum ersten Male der Forschung erschlossen haben. Mit der Cauchyschen Integralformel, dem Riemannschen Abbildungssatz und dem Weierstraßschen Potenzreihenkalkül wird nicht bloß der Grund zu einem neuen Teile der Mathematik gelegt, sondern es wird zugleich auch das erste und bis jetzt noch immer fruchtbarste Beispiel des innigen Zusammenhangs zwischen Analysis und Algebra geliefert. Aber es ist nicht bloß der wunderbare Reichtum an neuen Ideen und großen Entdeckungen, welche die neue Theorie liefert; vollständig ebenbürtig stehen dem die Kühnheit und Tiefe der Methoden gegenüber, durch welche die größten Schwierigkeiten überwunden und die verborgensten Wahrheiten, die mysteria functiorum, in das hellste Licht gesetzt werden."

Solchen schwärmerischen Sätzen ist auch aus heutiger Sicht nichts hinzuzufügen. Die Funktionentheorie mit ihrem schier unerschöpflichen Reichtum an schönen und tiefen Sätzen ist, wie C.L. SIEGEL es gelegentlich in seinen Vorlesungen ausdrückte, ein einmaliges Geschenk an die Mathematiker.

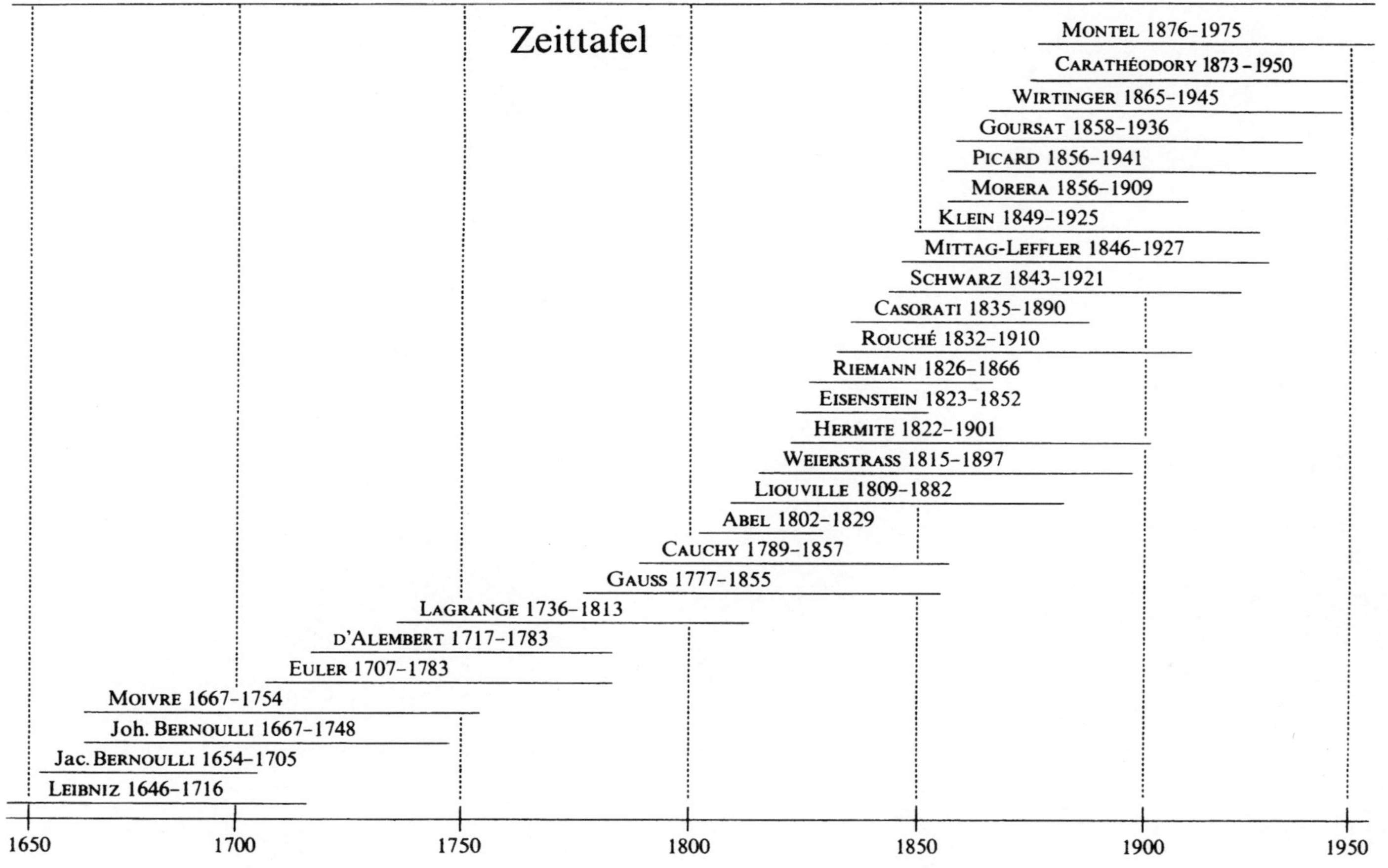
Zeittafel
Montel 1876–1975
Carathéodory 1873-1950
Wirtinger 1865–1945
Goursat 1858–1936
Picard 1856–1941
Morera 1856–1909
Klein 1849–1925
Mittag-Leffler 1846–1927
Schwarz 1843–1921
Casorati 1835–1890
Rouché 1832–1910
Riemann 1826–1866
Eisenstein 1823–1852
Hermite 1822–1901
Weierstrass 1815–1897
Liouville 1809–1882
Abel 1802–1829
Cauchy 1789–1857
Gauss 1777–1855
Lagrange 1736–1813
d'Alembert 1717–1783
Euler 1707–1783
Moivre 1667–1754
Joh. Bernoulli 1667–1748
Jac. Bernoulli 1654–1705
Leibniz 1646–1716
1650
1700
1750
1800
1850
1900
1950

0. Komplexe Zahlen und stetige Funktionen

> Nicht einer mystischen Verwendung von $\sqrt{-1}$ hat die Analysis ihre wirklich bedeutenden Erfolge des letzten Jahrhunderts zu verdanken, sondern dem ganz natürlichen Umstande, dass man unendlich viel freier in der mathematischen Bewegung ist, wenn man die Grössen in einer Ebene statt nur in einer Linie variiren läßt (Leopold KRONECKER 1894).

Eine Darstellung der Funktionentheorie muß notwendig mit einer Beschreibung der komplexen Zahlen beginnen. Wir erinnern zunächst an ihre wichtigen Eigenschaften; eine ausführliche Darstellung findet man im Band [Zahlen] dieser Lehrbuchreihe, wo auch die historische Entwicklung ausführlich behandelt wird.

Funktionentheorie ist die Theorie der komplex-differenzierbaren Funktionen. Solche Funktionen sind insbesondere stetig. Wir besprechen daher auch den allgemeinen Stetigkeitsbegriff. Ferner werden Begriffe aus der Topologie eingeführt, die immer wieder benutzt werden. „Die Grundbegriffe und die einfachsten Tatsachen aus der mengentheoretischen Topologie braucht man in sehr verschiedenen Gebieten der Mathematik; die Begriffe des topologischen und des metrischen Raumes, der Kompaktheit, die Eigenschaften stetiger Abbildungen u. dgl. sind oft unentbehrlich. ..." Dieser 1935 von P. ALEXANDROFF und H. HOPF in ihrem Werk *Topologie I* (Julius Springer, Berlin, S. 23) geschriebene Satz gilt für viele mathematische Disziplinen, ganz besonders für die Funktionentheorie.

0.1 Der Körper $\mathbb{C}$ der komplexen Zahlen

Mit $\mathbb{R}$ wird stets der Körper der reellen Zahlen bezeichnet. Die Theorie der reellen Zahlen ist bekannt.

0.1.1 Der Körper $\mathbb{C}$

Im 2-dimensionalen $\mathbb{R}$-Vektorraum $\mathbb{R}^2$ der geordneten reellen Zahlenpaare $z := (x, y)$ wird eine Multiplikation eingeführt vermöge

$$(x_1, y_1)(x_2, y_2) = (x_1x_2 - y_1y_2, x_1y_2 + x_2y_1).$$

Dadurch wird $\mathbb{R}^2$, zusammen mit der Vektoraddition $(x_1, y_1) + (x_2, y_2) := (x_1 + x_2, y_1 + y_2)$, zu einem (kommutativen) *Körper* mit dem Element $(1, 0)$ als Einselement; das Inverse von $z = (x, y) \neq 0$ ist $z^{-1} = (\frac{x}{x^2+y^2}, \frac{-y}{x^2+y^2})$. Dieser Körper heißt der *Körper* $\mathbb{C}$ *der komplexen Zahlen.*

Die Abbildung $\mathbb{R} \to \mathbb{C}$, $x \mapsto (x, 0)$ ist eine *Körpereinbettung* (da z.B. $(x_1, 0)(x_2, 0) = (x_1 x_2, 0)$). Wir identifizieren die reelle Zahl x mit der komplexen Zahl $(x, 0)$. Dadurch wird $\mathbb{C}$ zu einem *Oberkörper* von $\mathbb{R}$ mit dem Einselement $1 := (1, 0) \in \mathbb{C}$. Man definiert weiter

$$\mathrm{i} := (0, 1) \in \mathbb{C};$$

diese Bezeichnung wurde 1777 von EULER eingeführt: „... formulam $\sqrt{-1}$ littera i in posterum designabo“ (Opera Omnia 19, 1. Ser., S. 130). Offensichtlich gilt $\mathrm{i}^2 = -1$, man nennt i die *imaginäre Einheit* von $\mathbb{C}$. Für jede Zahl $z = (x, y) \in \mathbb{C}$ besteht die *eindeutige* Darstellung

$$(x, y) = (x, 0) + (0, 1)(y, 0), \quad \text{d.h.} \quad z = x + \mathrm{i}y \quad \text{mit } x, y \in \mathbb{R};$$

dies ist die übliche Schreibweise für komplexe Zahlen. Man setzt

$$\operatorname{Re} z := x, \quad \operatorname{Im} z := y$$

und nennt x bzw. y *Realteil* bzw. *Imaginärteil* von z. Die Zahl z heißt *reell* bzw. *rein imaginär*, wenn $\operatorname{Im} z = 0$ bzw. $\operatorname{Re} z = 0$, letzteres bedeutet $z = \mathrm{i}y$.

Man veranschaulicht sich seit GAUSS die komplexen Zahlen geometrisch als Punkte in der *Gaußschen Zahlenebene* mit rechtwinkligen Koordinaten, die Addition ist dann die Vektoraddition (vgl. Figur links).

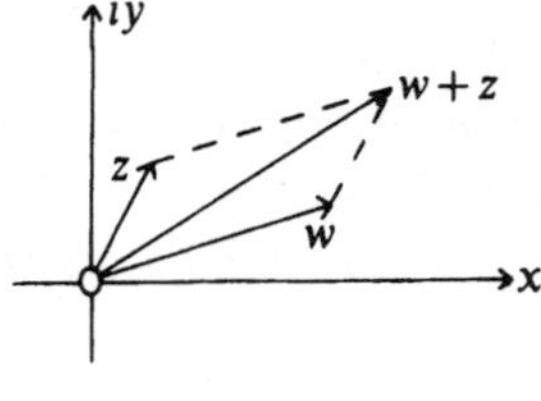

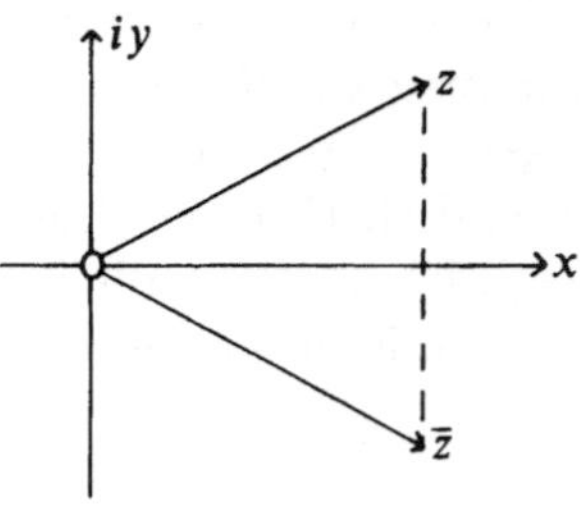

Die Multiplikation komplexer Zahlen geschieht wegen $\mathrm{i}^2 = -1$ wie folgt:

$$(x_1 + \mathrm{i}y_1)(x_2 + \mathrm{i}y_2) = (x_1 x_2 - y_1 y_2) + \mathrm{i}(x_1 y_2 + x_2 y_1);$$

zur geometrischen Deutung der Multiplikation mittels Polarkoordinaten vgl. 5.3.1 sowie [Zahlen], 3.6.2.

Wir identifizieren $\mathbb{C}$ durchweg mit $\mathbb{R}^2$, indem wir $z = x + \mathrm{i}y$ als Zeilenvektor (x, y) oder, was manchmal bequemer ist, als Spaltenvektor $\begin{pmatrix} x \\ y \end{pmatrix}$

schreiben. Die in 0 *punktierte Ebene* $\mathbb{C}\setminus\{0\}$ wird mit $\mathbb{C}^\times$ bezeichnet; bez. der Multiplikation in $\mathbb{C}$ ist $\mathbb{C}^\times$ eine Gruppe (*multiplikative Gruppe des Körpers* $\mathbb{C}$)

Für jede Zahl $z = x + \mathrm{i}y \in \mathbb{C}$ heißt $\overline{z} := x - \mathrm{i}y \in \mathbb{C}$ die *zu z konjugierte Zahl.* Die Abbildung $z \mapsto \overline{z}$ ist die *Spiegelung* an der reellen Achse (vgl. Figur rechts), es gelten die Rechenregeln:

$$\overline{z+w} = \overline{z} + \overline{w}, \quad \overline{zw} = \overline{z}\,\overline{w}, \quad \overline{\overline{z}} = z, \quad \operatorname{Re} z = \tfrac{1}{2}(z + \overline{z}),$$

$$\operatorname{Im} z = \tfrac{1}{2\mathrm{i}}(z - \overline{z}), \quad z \in \mathbb{R} \Leftrightarrow z = \overline{z}, \quad z \in \mathrm{i}\mathbb{R} \Leftrightarrow z = -\overline{z}.$$

Die Konjugierungsabbildung ist ein Körperautomorphismus $\mathbb{C} \to \mathbb{C}$, der $\mathbb{R}$ elementweise festhält und involutorisch (d.h. zu sich selbst invers) ist.

0.1.2 Absoluter Betrag und Polarkoordinaten

Für $z = x + \mathrm{i}y \in \mathbb{C}$ definiert man den *Absolutbetrag* $|z|$ als

$$|z| = \sqrt{x^2 + y^2}.$$

Dieser ist genau der (euklidische) Abstand zwischen dem Punkt z der Zahlenebene und dem Nullpunkt („Satz des Pythagoras"). Es gilt

$$|z| = \sqrt{z \cdot \overline{z}}.$$

Man hat

$$|\overline{z}| = |z|, \quad |\operatorname{Re} z| \leq |z|, \quad |\operatorname{Im} z| \leq |z| \quad \text{und} \quad \frac{1}{z} = \frac{\overline{z}}{|z|^2} \text{ für } z \neq 0.$$

Fundamental für das Rechnen mit dem Absolutbetrag sind die folgenden Regeln:

1) $|z| \geq 0$, $|z| = 0 \Leftrightarrow z = 0$
2) $|w \cdot z| = |w| \cdot |z|$ *(Produktregel)*
3) $|w + z| \leq |w| + |z|$ *(Dreiecksungleichung)*

Hier folgt 1) direkt, 2) aus der Beziehung $|w \cdot z|^2 = (w \cdot z) \cdot (\overline{w} \cdot \overline{z}) = (w \cdot \overline{w}) \cdot (z \cdot \overline{z}) = |w|^2 \cdot |z|^2$ und 3) ist genau die Dreiecksungleichung in der Ebene $\mathbb{R}^2$. Sie wird im folgenden Abschnitt unabhängig bewiesen.

Die Produktregel impliziert die *Divisionsregel*:

$$\left|\frac{w}{z}\right| = \frac{|w|}{|z|} \quad \text{für alle } w, z \in \mathbb{C}, z \neq 0$$

Folgende Varianten der Dreiecksungleichung werden oft benutzt:

$$|w| \geq |z| - |w - z|, \quad |w + z| \geq \big||w| - |z|\big|, \quad |w - z| \geq \big||w| - |z|\big|.$$

Die Regeln 1)–3) heißen *Bewertungsregeln*, eine Abbildung $|\ |: K \to \mathbb{R}$ eines (kommutativen) Körpers K in $\mathbb{R}$, die den Bewertungsregeln genügt, heißt eine *Bewertung* von K; ein Körper zusammen mit einer Bewertung heißt ein *bewerteter Körper*. $\mathbb{R}$ und $\mathbb{C}$ sind also bewertete Körper.

Die geometrische Interpretation der Multiplikation komplexer Zahlen $z, w \neq 0$ hängt eng mit den Funktionen $\sin\varphi$ und $\cos\varphi$ zusammen. Diese werden in der Funktionentheorie auf einfache Weise an späterer Stelle (vgl. Kap. 5) gewonnen. Wir benutzen die Schreibweise komplexer Zahlen in Polarkoordinaten (vgl. 5.3.1):

$$z = x + \mathrm{i}y, \quad x = r\cos\varphi, \quad y = r\sin\varphi; \quad r > 0, \varphi \in \mathbb{R},$$

d.h.

$$z = r(\cos\varphi + \mathrm{i}\sin\varphi), \quad w = s(\cos\psi + \mathrm{i}\sin\psi),$$

also

$$z \cdot w = rs((cos\varphi\cos\psi - \sin\varphi\sin\psi) + \mathrm{i}(\cos\varphi\sin\psi + \sin\varphi\cos\psi)).$$

Mit dem Additionstheorem für die Funktionen sin, cos folgt

$$z \cdot w = rs(cos(\varphi + \psi) + \mathrm{i}\sin(\varphi + \psi)).$$

Die bis auf Summanden der Form $2\pi k$, $k \in \mathbb{Z}$ eindeutig bestimmten „Winkel" werden als *Argumente* $\varphi = \arg(z)$, $\psi = \arg(w)$ bezeichnet. Es gilt

$$\arg(z \cdot w) = \arg(z) + \arg(w).$$

Um zwei komplexe Zahlen zu *multiplizieren* hat man die *Argumente* zu *addieren* und die *Beträge* zu *multiplizieren* (vgl. auch 5.3.1 sowie [Zahlen], 3.6.2).

Aus einer beliebigen komplexen Zahl $c = a + bi$ läßt sich die Quadratwurzel ziehen. Der Ansatz $(x + \mathrm{i}y)^2 = x^2 - y^2 + 2\mathrm{i}xy = a + bi$ führt auf quadratische Gleichungen in x^2 bzw. y^2. Indem man ausnutzt, daß reelle nichtnegative Zahlen (nichtnegative) Quadratwurzeln besitzen, erhält man die Lösungen $\pm z$ mit

$$z = \sqrt{(|c| + a)/2} + \mathrm{i}\eta\sqrt{(|c| - a)/2},$$

wobei $\eta = \pm 1$ so gewählt wird, daß $b = \eta|b|$ ist.

Nullstellen beliebiger quadratischer Polynome $z^2 + cz + d \in \mathbb{C}[z]$ bestimmt man nun durch Übergang zum „reinen" Polynom $(z + \frac{1}{2}c)^2 + d - \frac{1}{4}c^2$ (quadratische Ergänzung). Erst in 9.1.1 werden wir zeigen, daß jedes nicht konstante komplexe Polynom komplexe Nullstellen hat (Fundamentalsatz der Algebra); zum Problem der Lösbarkeit komplexer Gleichungen vgl. auch [Zahlen], Kap. 3.3.5 und Kap. 4.

0.1.3 $\mathbb{R}$-lineare und $\mathbb{C}$-lineare Abbildungen $\mathbb{C} \to \mathbb{C}$

Da $\mathbb{C}$ sowohl ein $\mathbb{R}$-Vektorraum als auch ein $\mathbb{C}$-Vektorraum ist, so muß man zwischen $\mathbb{R}$-linearen und $\mathbb{C}$-linearen Abbildungen $\mathbb{C} \to \mathbb{C}$ unterscheiden. Jede $\mathbb{C}$-lineare Abbildung hat die Form $z \mapsto \lambda z$ mit $\lambda \in \mathbb{C}$ und ist $\mathbb{R}$-linear. Die Konjugierung $z \mapsto \overline{z}$ ist $\mathbb{R}$-linear, aber nicht $\mathbb{C}$-linear. Allgemein gilt:

Eine Abbildung $T : \mathbb{C} \to \mathbb{C}$ ist genau dann $\mathbb{R}$-linear, wenn gilt

$$T(z) = T(1)x + T(\mathrm{i})y = \lambda z + \mu \overline{z}$$

mit

$$\lambda := \tfrac{1}{2}(T(1) - \mathrm{i}T(\mathrm{i})), \quad \mu := \tfrac{1}{2}(T(1) + \mathrm{i}T(\mathrm{i})).$$

Eine $\mathbb{R}$-lineare Abbildung $T : \mathbb{C} \to \mathbb{C}$ ist genau dann $\mathbb{C}$-linear, wenn gilt $T(\mathrm{i}) = \mathrm{i}T(1)$; alsdann hat T die Form $T(z) = T(1)z$.

Beweis. $\mathbb{R}$-Linearität bedeutet, daß für $z = x + \mathrm{i}y$ gilt $T(z) = T(1)x + T(\mathrm{i})y$. Schreibt man $\frac{1}{2}(z + \overline{z})$ bzw. $\frac{1}{2\mathrm{i}}(z - \overline{z})$ statt x bzw. y, so folgt die erste Behauptung. Die zweite Behauptung folgt nun unmittelbar. □

Identifiziert man $\mathbb{C}$ mit $\mathbb{R}^2$ vermöge $z = x + \mathrm{i}y = \begin{pmatrix} x \\ y \end{pmatrix}$, so *induziert* jede *reelle* 2×2 *Matrix* $A = \begin{pmatrix} a & b \\ c & d \end{pmatrix}$ durch *Rechtsmultiplikation*

$$\begin{pmatrix} x \\ y \end{pmatrix} \mapsto \begin{pmatrix} a & b \\ c & d \end{pmatrix} \begin{pmatrix} x \\ y \end{pmatrix} = \begin{pmatrix} ax + by \\ cx + dy \end{pmatrix}$$

eine $\mathbb{R}$-lineare Abbildung $T : \mathbb{C} \to \mathbb{C}$; es gilt:

$$T(1) = a + \mathrm{i}c, \quad T(\mathrm{i}) = b + \mathrm{i}d. \tag{0.1}$$

Jede $\mathbb{R}$-lineare Abbildung $T : \mathbb{C} \to \mathbb{C}$ wird nach Sätzen der Linearen Algebra so erhalten; Abbildung T und Matrix A bestimmen sich gegenseitig auf Grund von (0.1). Wir behaupten:

Satz 0.1.1. *Folgende Aussagen über eine reelle Matrix $A = \begin{pmatrix} a & b \\ c & d \end{pmatrix}$ sind äquivalent:*

i) Die von A induzierte Abbildung $T : \mathbb{C} \to \mathbb{C}$ ist $\mathbb{C}$-linear.

ii) Es gilt $c = -b$ und $d = a$, d.h. $A = \begin{pmatrix} a & -c \\ c & a \end{pmatrix}$ und $T(z) = (a + \mathrm{i}c)z$.

Beweis. Die entscheidende Gleichung $b + \mathrm{i}d = T(\mathrm{i}) = \mathrm{i}T(1) = \mathrm{i}(a + \mathrm{i}c)$ besteht genau dann, wenn $c = -b$ und $d = a$. □

Wir sehen, daß sich eine $\mathbb{R}$-lineare Abbildung $T : \mathbb{C} \to \mathbb{C}$ auf dreierlei Weise beschreiben läßt: durch eine reelle 2×2-Matrix oder in der Form $T(z) = T(1)x + T(\mathrm{i})y$ oder in der Form $T(z) = \lambda z + \mu\overline{z}$. Diese drei Möglichkeiten finden später in der Theorie der differenzierbaren Funktionen $f = u + \mathrm{i}v$ ihren Ausdruck darin, daß man sowohl reelle partielle Ableitungen u_x, u_y, v_x, v_y (sie entsprechen den Matrixelementen a, b, c, d) als auch als komplexe partielle Ableitungen f_x, f_y (sie entsprechen den Zahlen $T(1)$, $T(\mathrm{i})$) und f_z, $f_{\overline{z}}$ (sie entsprechen λ, μ) betrachtet. Die Bedingungen $a = d$, $b = -c$ des Satzes beinhalten gerade die Cauchy-Riemannschen Differentialgleichungen $u_x = v_y$, $u_y = -v_x$; vgl. hierzu Satz 1.2.1.

0.1.4 Skalarprodukt

Für $w = u + \mathrm{i}v$, $z = x + \mathrm{i}y$ ist

$$\langle w, z\rangle := \mathrm{Re}(w\overline{z}) = ux + vy = \mathrm{Re}(\overline{w}z) = \langle z, w\rangle$$

das *euklidische Skalarprodukt* im reellen Vektorraum $\mathbb{C} = \mathbb{R}^2$ bzgl. der Basis $\{1, \mathrm{i}\}$. Es gilt

$$\langle z, z\rangle = |z|^2 \quad \text{für alle } z \in \mathbb{C},$$

ferner

$$\langle aw, az\rangle = |a|^2 \langle w, z\rangle$$

und

$$\langle w, z\rangle = \langle \overline{w}, \overline{z}\rangle$$

für $a, w, z \in \mathbb{C}$.

Durch Nachrechnen verifiziert man sofort die folgende Identität nichtnegativer reeller Zahlen:

$$\langle w, z\rangle^2 + \langle \mathrm{i}w, z\rangle^2 = |w|^2|z|^2; \quad w, z \in \mathbb{C};$$

hierin ist speziell enthalten die

Cauchy-Schwarzsche Ungleichung: $|\langle w, z\rangle| \le |w|\,|z|$, $w, z \in \mathbb{C}$.

Ebenfalls durch direktes Nachrechnen ergibt sich der

Cosinussatz: $|w + z|^2 = |w|^2 + |z|^2 + 2\langle w, z\rangle$, $w, z \in \mathbb{C}$.

Zwei Vektoren w, z heißen *orthogonal (stehen senkrecht aufeinander)*, wenn $\langle w, z\rangle = 0$. Wegen $\langle z, cz\rangle = \mathrm{Re}(\overline{z}cz) = |z|^2 \mathrm{Re}\, c$ sind $z, cz \in \mathbb{C}$ genau dann orthogonal, wenn c rein imaginär ist.

Auf Grund der Cauchy-Schwarzschen Ungleichung gilt

$$-1 \le \frac{\langle w, z\rangle}{|w|\,|z|} \le 1 \quad \text{für alle } w, z \in \mathbb{C}^\times.$$

Nach (nicht trivialen) Ergebnissen der Infinitesimalrechnung *existiert* daher zu $w, z \in \mathbb{C}^\times$ genau eine reelle Zahl φ, $0 \le \varphi \le \pi$, so daß gilt:

$$\cos\varphi = \frac{\langle w, z\rangle}{|w|\,|z|};$$

man nennt φ den *Winkel* zwischen $w, z \in \mathbb{C}^\times$, in Zeichen $\sphericalangle(w, z) = \varphi$.

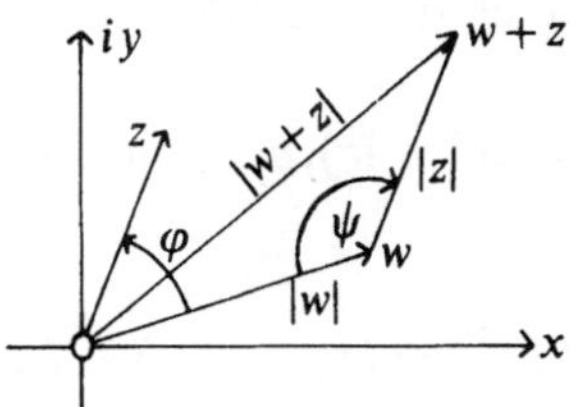

Der Cosinussatz kann nun, da $\langle w, z\rangle = |w|\,|z|\cos\varphi$ und $\cos\varphi = -\cos\psi$ wegen $\psi + \varphi = \pi$ (vgl. Figur), in der aus der Elementargeometrie bekannten Form geschrieben werden:

$$|w + z|^2 = |w|^2 + |z|^2 - 2|w|\,|z|\cos\psi.$$

0.1.5 Winkeltreue Abbildungen

In der Riemannschen Funktionentheorie spielen winkeltreue Abbildungen eine wichtige Rolle. Wir treffen hier Vorbereitungen für die Überlegungen in Kapitel 2.1 und betrachten $\mathbb{R}$-lineare injektive (=bijektive) Abbildungen $T : \mathbb{C} \to \mathbb{C}$; wir schreiben Tz anstelle von $T(z)$. Wir nennen T *winkeltreu*, wenn gilt

$$\frac{\langle Tw, Tz\rangle}{|Tw| \cdot |Tz|} = \frac{\langle w, z\rangle}{|w| \cdot |z|}$$

für alle $w, z \in \mathbb{C}^\times$, d.h. $\sphericalangle(Tw, Tz) = \sphericalangle(w, z)$, wenn $\sphericalangle(w, z) \in [0, \pi]$ den Winkel zwischen w und z bezeichnet.

Satz 0.1.2 (Hilfssatz). *Seien $z, w \neq 0$. Dann ist $\sphericalangle(z, w) = \pi/2$, d.h. w und z sind zueinander orthogonal, genau dann, wenn z/w rein imaginär ist.*

Beweis. Die Identität

$$\langle z, w\rangle = \operatorname{Re}(z \cdot \overline{w}) = \operatorname{Re}\left(|w|^2 \frac{z}{w}\right) = |w|^2 \operatorname{Re}\left(\frac{z}{w}\right)$$

liefert die Behauptung. □

Lemma 0.1.1. *Folgende Aussagen sind äquivalent:*

i) $T : \mathbb{C} \to \mathbb{C}$ *ist winkeltreu.*
ii) *Es gibt eine Zahl* $a \in \mathbb{C}^\times$, *so daß für alle* $z \in \mathbb{C}$ *entweder stets* $Tz = az$ *oder stets* $Tz = a\overline{z}$ *gilt.*
iii) *Es gibt eine Zahl* $s > 0$, *so daß stets gilt:* $\langle Tw, Tz\rangle = s\langle w, z\rangle$.

Beweis. i)⇒ii): Es genügt als Voraussetzung, daß Bilder orthogonaler Vektoren wieder orthogonal sind. Sei $a := T(1)$. Auf Grund des Hilfssatzes ist $T(\mathrm{i})/T(1) = \mathrm{i}r$ für eine reelle Zahl r, d.h. $T(\mathrm{i}) = \mathrm{i}ra$. Nun sind $1+\mathrm{i}$ und $1-\mathrm{i}$ senkrecht zueinander, also auch deren Bilder unter T, d.h.

$$0 = \langle T(1+\mathrm{i}), T(1-\mathrm{i})\rangle = \langle a(1+\mathrm{i}r), a(1-\mathrm{i}r)\rangle = |a|^2 \operatorname{Re}\left((1+\mathrm{i}r)^2\right)$$
$$= |a|^2(1-r^2),$$

also $r = \pm 1$. Wir erhalten $Tz = xT(1) + yT(\mathrm{i}) = ax \pm \mathrm{i}ay$, d.h. $Tz = az$ oder $Tz = a\overline{z}$.

ii)⇒iii): Da $\langle aw, az\rangle = |a|^2\langle w, z\rangle$ und $\langle \overline{w}, \overline{z}\rangle = \langle w, z\rangle$, so gilt in beiden Fällen $\langle Tw, Tz\rangle = s\langle w, z\rangle$ mit $s := |a|^2 > 0$.

iii)⇒i): Da stets $|Tz| = \sqrt{s}|z|$, so ist T injektiv, weiter folgt:

$$|w|\,|z|\,\langle Tw, Tz\rangle = |w|\,|z| s\,\langle w, z\rangle = |Tw|\,|Tz|\,\langle w, z\rangle\,.$$

□

Das eben bewiesene Lemma wird in 2.1.1 auf das $\mathbb{R}$-lineare Differential reell differenzierbarer Abbildungen angewendet.

In der Theorie der euklidischen Vektorräume nennt man eine lineare Selbstabbildung $T : V \to V$ eines Vektorraumes V mit euklidischem Skalarprodukt $\langle\ ,\ \rangle$ eine *Ähnlichkeitstransformation*, wenn es eine reelle Zahl $r > 0$ gibt, so daß für alle $v \in V$ gilt: $|Tv| = r|v|$; man nennt r die *Ähnlichkeitskonstante* von T (im Falle $r = 1$ heißt T *längentreu* oder auch *orthogonal*). Auf Grund des Cosinussatzes gilt dann sogar

$$\langle Tv, Tv'\rangle = r^2\langle v, v'\rangle \quad \text{für alle Elemente } v, v' \in V.$$

Jede Ähnlichkeitstransformation ist *winkeltreu*, d.h. $\sphericalangle(Tv, Tv') = \sphericalangle(v, v')$, wenn man $\sphericalangle(v, v')$ wieder als den Arcuscosinus von $|v|^{-1}|v'|^{-1}\langle v, v'\rangle$ im Intervall $[0, \pi]$ erklärt (das ist möglich, da die Cauchy-Schwarzsche Ungleichung in jedem euklidischen Vektorraum gilt).

Wir haben oben speziell gezeigt, daß für $V = \mathbb{C}$ auch jede winkeltreue (lineare) Abbildung eine Ähnlichkeitstransformation ist. Diese Aussage gilt allgemein für endlichdimensionale euklidische Vektorräume, wie in der Linearen Algebra gezeigt wird.

Aufgaben

1. Sei $T(z) := \lambda z + \mu\overline{z}$, $\lambda, \mu \in \mathbb{C}$. Zeigen Sie:

a) $T(z)$ ist genau dann bijektiv, wenn $\lambda\overline{\lambda} \neq \mu\overline{\mu}$ gilt.
b) Es gilt $|T(z)| = |z|$ für alle $z \in \mathbb{C}$ genau dann, wenn $\lambda\mu = 0$ und $|\lambda+\mu| = 1$.

2. Seien $a_1, \ldots, a_n, b_1, \ldots, b_n \in \mathbb{C}$. Für alle $j \in \mathbb{N}$, $j \geq 1$, gelte $\sum_{\nu=1}^n a_\nu^j = \sum_{\nu=1}^n b_\nu^j$. Dann gibt es eine Permutation π von $\{1, \ldots, n\}$, so daß $a_\nu = b_{\pi(\nu)}$, $\nu = 1, \ldots, n$.
3. Sei $n > 1$ und seien $c_0 > c_1 > \cdots > c_n > 0$ reell. Dann besitzt das Polynom $p(z) = c_0 + c_1 z + \cdots + c_n z^n$ in $\mathbb{C}$ keine Nullstelle vom Betrag ≤ 1.
Hinweis: Betrachten Sie $(1-z)p(z)$ und beachten Sie, daß für $w, z \in \mathbb{C}$, $w \neq 0$, genau dann $|w - z| = \big||w| - |z|\big|$ gilt, wenn $z = \lambda w$, $\lambda \geq 0$ (Beweis!).
4. a) Für $u, v \in \mathbb{C}$ folgt aus $(1 + |v|^2)u = (1 + |u|^2)v$ bereits $u = v$ oder $\overline{u}v = 1$.
b) Für $u, v \in \mathbb{C}$ mit $|u| < 1$, $|v| < 1$ und $\overline{u}v \neq u\overline{v}$ gilt stets
$$|(1 + |u|^2)v - (1 + |v|^2)u| > |u\overline{v} - \overline{u}v|.$$
c) Für $a, b, c, d \in \mathbb{C}$ mit $|a| = |b| = |c|$ ist die komplexe Zahl $(a-b)(c-d)(\overline{a} - \overline{d})(\overline{c} - \overline{b}) + \mathrm{i}(c\overline{c} - d\overline{d})\,\mathrm{Im}(c\overline{b} - c\overline{a} - a\overline{b})$ reell.

0.2 Topologische Grundbegriffe

Wir stellen hier topologische Redeweisen und Eigenschaften zusammen, die für die Funktionentheorie unabdingbar sind (z.B. „offene" bzw. „abgeschlossene" bzw. „kompakte Menge"). Der von R. DEDEKIND 1887 in seiner Arbeit *Was sind und was sollen die Zahlen* (Vieweg Braunschweig, 1888) formulierte Satz „Die größten und fruchtbarsten Fortschritte in der Mathematik und anderen Wissenschaften sind vorzugsweise durch die Schöpfung und Einführung neuer Begriffe gemacht, nachdem die häufige Wiederkehr zusammengesetzter Erscheinungen, welche von den alten Begriffen nur mühselig beherrscht werden, dazu gedrängt hat" gilt auch für die zu Dedekinds Zeit allerdings noch nicht vorhandene mengentheoretische Topologie. Da in der Funktionentheorie nur metrische Räume vorkommen, beschränken wir uns auf solche.

0.2.1 Metrische Räume

Sind $w = u + \mathrm{i}v, z = x + \mathrm{i}y \in \mathbb{C}$, so mißt
$$|w - z| = \sqrt{(u-x)^2 + (v-y)^2}$$
die *euklidische* Entfernung der Punkte w, z in der Zahlenebene (Figur). Die Funktion
$$\mathbb{C} \times \mathbb{C} \to \mathbb{R}, \quad (w, z) \mapsto |w - z|$$
hat auf Grund der Bewertungsregeln aus 0.1.2 die Eigenschaften:
$$|w - z| \geq 0,\ |w - z| = 0 \Leftrightarrow w = z, \quad |w - z| = |z - w| \text{ (Symmetrie)},$$
$$|w - z| \leq |w - w'| + |w' - z| \text{ (Dreiecksungleichung)}.$$
Ist X irgendeine Menge, so heißt eine Funktion

$$d : X \times X \to \mathbb{R}, \quad (x, y) \mapsto d(x, y)$$

eine *Metrik auf* X, wenn sie die vorangehenden drei Eigenschaften hat, d.h. wenn für alle $x, y, z \in X$ gilt:

$$d(x,y) \geq 0, \qquad d(x,y) = 0 \Leftrightarrow x = y,$$
$$d(x,y) = d(y,x), \qquad d(x,z) \leq d(x,y) + d(y,z)$$

X zusammen mit einer Metrik heißt ein *metrischer Raum.* Im Fall $X = \mathbb{C}$ nennt man $d(w,z) := |w - z|$ die *euklidische Metrik* von $\mathbb{C}$.

In einem metrischen Raum X mit Metrik d heißt die Menge

$$B_r(c) := \{x \in X : d(x,c) < r\}$$

die *offene Kugel vom Radius $r > 0$ mit Mittelpunkt $c \in X$*; im Fall der euklidischen Metrik auf $\mathbb{C}$ heißen die Kugeln

$$B_r(c) = \{z \in \mathbb{C} : |z - c| < r\}, \quad r > 0,$$

offene Kreisscheiben um c (Figur). Die „Einheitskreisscheibe" $B_1(0)$ spielt

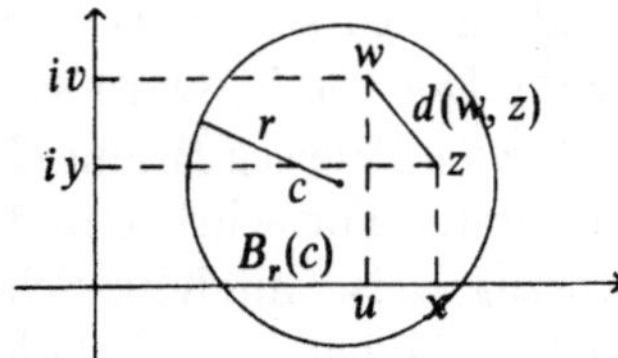

in der Funktionentheorie eine ausgezeichnete Rolle; wir schreiben durchweg

$$\mathbb{E} := B_1(0) = \{z \in \mathbb{C} : |z| < 1\}.$$

Offene Kreisscheiben nennt man auch kurz *Scheiben.* Häufig spricht man einfach von *Kreisen*, so nennt man $\mathbb{E}$ gern den *Einheitskreis.* Das Wort „Kreis" ist also überlastet, da es eigentlich für *Kreislinien* $\{z \in \mathbb{C} : |z - c| = r\}$ reserviert sein sollte.

Die Menge $\mathbb{C} = \mathbb{R}^2$ trägt neben der euklidischen Metrik noch eine zweite natürliche Metrik. Vermöge der gewöhnlichen Metrik $|x - x'|$, $x, x' \in \mathbb{R}$, auf $\mathbb{R}$ definiert man auf $\mathbb{C}$ die *Maximummetrik*

$$\widehat{d}(w,z) := \max\{|\operatorname{Re} w - \operatorname{Re} z|, |\operatorname{Im} w - \operatorname{Im} z|\}, \quad w, z \in \mathbb{C};$$

man zeigt direkt, daß $\widehat{d}$ in der Tat eine Metrik auf $\mathbb{C}$ ist. Die „offenen Kugeln" in dieser Metrik sind die *offenen achsenparallelen Quadrate $Q_r(c)$ von der Seitenlänge $2r$ mit Mittelpunkt c.* In der Funktionentheorie arbeitet man vorwiegend mit der euklidischen Metrik, in der reellen Analysis verwendet man beim Studium der Funktionen zweier Variabler vorteilhafter die Maximummetrik. – Euklidische Metrik und Maximummetrik lassen sich mutatis mutandis in jedem n-dimensionalen reellen Vektorraum $\mathbb{R}^n$ einführen, $1 \leq n < \infty$.

0.2.2 Offene und abgeschlossene Mengen

Eine Teilmenge $U \subset X$ eines metrischen Raumes X heißt *offen* (*in* X), wenn es zu jedem Punkt $x \in U$ ein $r > 0$ gibt, so daß gilt: $B_r(x) \subset U$. Die leere Menge und X selbst sind offen. Die *Vereinigung beliebig vieler* und der *Durchschnitt endlich vieler* offener Mengen ist offen (Beweis!). Die „offenen Kugeln" $B_r(c)$ von X sind in der Tat offene Mengen in X.

Verschiedene Metriken können dieselben Systeme offener Mengen haben. Das trifft z.B. zu für die euklidische Metrik und die Maximummetrik in $\mathbb{C} = \mathbb{R}^2$ (allgemeiner in $\mathbb{R}^n$): der Grund ist, daß offene Kreisscheiben offene Quadrate mit gleichem Mittelpunkt enthalten und umgekehrt. □

Eine Menge $A \subset X$ heißt *abgeschlossen* (*in* X), wenn ihr Komplement $X \setminus A$ offen ist. Die Mengen

$$\overline{B}_r(c) := \{x \in X : d(x, c) \leq r\}$$

sind abgeschlossen, wir nennen sie folgerichtig *abgeschlossene Kugeln*, bzw. im Fall $X = \mathbb{C}$ *abgeschlossene Kreisscheiben*.

Die *Vereinigung endlich vieler* und der *Durchschnitt beliebig vieler* abgeschlossener Mengen ist wieder abgeschlossen (Dualisierung der Aussagen für offene Mengen). Insbesondere ist für jede Menge $A \subset X$ der Durchschnitt $\overline{A}$ aller A umfassenden abgeschlossenen Mengen abgeschlossen. Man nennt diese kleinste A enthaltende, abgeschlossene Menge die *abgeschlossene Hülle* $\overline{A}$ von A in X, es gilt $\overline{\overline{A}} = \overline{A}$. □

Eine Menge $W \subset X$ heißt *Umgebung der Menge* $M \subset X$, wenn es eine in X offene Menge V mit $M \subset V \subset W$ gibt. *Man beachte, daß nach dieser Definition Umgebungen nicht notwendig offen sind.* Offene Mengen sind Umgebungen all ihrer Punkte.

Zu verschiedenen Punkten $c, c' \in X$ gibt es stets *punktfremde* Umgebungen:

$$B_\varepsilon(c) \cap B_\varepsilon(c') = \emptyset \quad \text{für } \varepsilon := \tfrac{1}{2} d(c, c') > 0.$$

Dies ist die *hausdorffsche* „Trennungseigenschaft" (nach dem deutschen Mathematiker und Schriftsteller Felix HAUSDORFF; geb. 1868 in Breslau: ab 1902 Professuren in Leipzig, Bonn, Greifswald, Bonn; sein 1914 erschienenes Lehrbuch *Grundzüge der Mengenlehre* (Veit & Comp., Leipzig) enthält die Grundlagen der mengentheoretischen Topologie; gest. 1942 in Bonn durch Freitod wegen rassischer Verfolgung; als Literat publizierte er in jungen Jahren unter dem Pseudonym Paul MONGRÉ u.a. Gedichte und Aphorismen).

0.2.3 Konvergente Folgen. Häufungspunkte

Sei $k \in \mathbb{N} := \{0, 1, 2, \ldots\}$. Eine Abbildung $\{k, k+1, k+2, \ldots\} \to X$, $n \mapsto c_n$, heißt *Folge* in X, man schreibt kurz (c_n), i.allg. ist $k = 0$. Eine Folge (c_n)

heißt *konvergent in* X, wenn es einen Punkt $c \in X$ gibt, so daß *in jeder Umgebung von* c *fast alle* (d.h. alle bis auf endlich viele) Folgenglieder c_n liegen; der Punkt c heißt ein *Limes* der Folge, in Zeichen

$$c = \lim_{n\to\infty} c_n \quad \text{oder kürzer } c = \lim c_n.$$

Nicht konvergente Folgen heißen *divergent.*

Wegen der Trennungseigenschaft hat jede in X konvergente Folge *genau einen Limes*: Aus $c = \lim c_n$ und $c' = \lim c_n$ folgt: $c = c'$.

Jede Teilfolge (c_{n_l}) *einer konvergenten Folge* (c_n) *ist konvergent; es gilt:* $\lim c_{n_l} = \lim c_n$.

Ist d eine Metrik auf X, so gilt $c = \lim c_n$ genau dann, wenn es zu jedem $\varepsilon > 0$ ein $n_0 \in \mathbb{N}$ gibt, so daß gilt: $d(c_n, c) < \varepsilon$ für alle $n \geq n_0$; für $X = \mathbb{C}$ mit der euklidischen Metrik schreibt sich dies in der Form

$$|c_n - c| < \varepsilon \quad \text{für alle } n \geq n_0.$$

Eine Menge $M \subset X$ ist genau dann *abgeschlossen in* X, wenn der Limes jeder konvergenten Folge (c_n), $c_n \in M$, stets zu M gehört.

Ein Punkt $p \in X$ heißt *Häufungspunkt einer Menge* $M \subset X$, wenn für jede Umgebung U von p gilt: $U \cap (M \setminus \{p\}) \neq \emptyset$. In jeder Umgebung eines Häufungspunktes p von M liegen unendlich viele Punkte von M; es gibt stets eine Folge (c_n) in $M \setminus \{p\}$, mit $\lim c_n = p$.

Eine Teilmenge A eines metrischen Raumes X heißt *dicht in* X, wenn jede nichtleere offene Teilmenge von X Punkte von A enthält; das trifft genau dann zu, wenn $\overline{A} = X$. Eine Teilmenge A von X ist sicher dann dicht in X, wenn jeder Punkt von X Häufungspunkt von A ist, es gibt dann sogar zu jedem Punkt $x \in X$ eine Folge (x_n) in A mit $\lim x_n = x$ (Beweis!).

In $\mathbb{C}$ ist die abzählbare Menge $\mathbb{Q}+i\mathbb{Q}$ aller „rationalen“ komplexen Zahlen *dicht und abzählbar.*

0.2.4 Historisches zum Konvergenzbegriff

Die Präzisierung dieses Begriffes hat bis ins 19. Jahrhundert hinein größte Schwierigkeiten bereitet. Der Grenzwertbegriff hat seinen Ursprung in der *Exhaustionsmethode* der Antike. LEIBNIZ, NEWTON, EULER und viele andere arbeiteten mit unendlichen Reihen und Folgen ohne exakte Definition des Limes; so schreibt EULER unbekümmert (motiviert durch $\sum_0^\infty x^\nu = (1-x)^{-1}$):

$$1 - 1 + 1 - 1 + - \cdots = \tfrac{1}{2}.$$

Selbst CAUCHY verwendet in seinem *Cours D'Analyse* [C] bei der Definition des Grenzwertes noch Redeweisen wie „sukzessive Werte“ oder „nähert sich indefinit“ oder „so klein wie man will“. Die Präzisierung dieser gewiß suggestiven und bequemen Ausdrucksweisen gibt erst WEIERSTRASS ab 1860 in seinen Vorlesungen zu Berlin in Form der noch heute geläufigen ε-Definition mittels Ungleichungen. Damit beginnt im Zeitalter der Strenge die „Arithmetisierung der Analysis“.

Die Weierstraßschen Ideen werden zunächst nur durch nachgeschriebene und abgeschriebene Kolleghefte seiner Hörer der mathematischen Öffentlichkeit zugänglich. Erst ganz allmählich entstehen Lehrbücher, das erste ist wohl *Vorlesungen über Allgemeine Arithmetik. Nach den neueren Ansichten*, bearbeitet von O. STOLZ in Innsbruck, Teubner-Verlag, Leipzig 1885.

0.2.5 Kompakte Mengen

Wie in der Infinitesimalrechnung spielen auch in der Funktionentheorie kompakte Mengen eine zentrale Rolle. Wir führen den Begriff des kompakten (metrischen) Raumes ein und beginnen mit dem klassischen

Satz 0.2.1 (Äquivalenzsatz). *Folgende Aussagen über einen metrischen Raum X sind äquivalent:*

i) Jede offene Überdeckung $\mathfrak{U} = \{U_i\}_{i\in I}$ von X besitzt eine endliche Teilüberdeckung (Heine-Borel-Eigenschaft).
ii) Jede Folge (x_n) in X besitzt eine konvergente Teilfolge (Weierstraß-Bolzano-Eigenschaft).

Der Beweis dieses Satzes ist aus der Infinitesimalrechnung bekannt. Zur Erläuterung sei gesagt, daß eine offene Überdeckung $\mathfrak{U}$ von X irgendeine Familie $\{U_i\}_{i\in I}$ von in X offenen Mengen U_i ist, so daß gilt: $X = \bigcup_{i\in I} U_i$.[1]

Man nennt X *kompakt*, wenn die Bedingungen i) und ii) erfüllt sind. Eine *Teilmenge* K von X heißt *kompakt* oder auch ein *Kompaktum* (*in* X), wenn K mit der induzierten Metrik ein kompakter Raum ist. Der Leser mache sich klar:

Jedes Kompaktum in X ist abgeschlossen in X. In einem kompakten Raum ist jede abgeschlossene Teilmenge kompakt.

Wir notieren noch eine einfach zu verifizierende

Ausschöpfungseigenschaft offener Mengen in $\mathbb{C}$: *Jede offene Menge D in $\mathbb{C}$ ist die Vereinigung von abzählbar unendlich vielen kompakten Teilmengen von D.*

[1] In beliebigen topologischen Räumen (die in diesem Buch gar nicht vorkommen) bleiben die Aussagen i) und ii) sinnvoll; sie sind aber nicht mehr äquivalent.

Aufgaben

1. Sei X die Menge aller beschränkten Folgen in $\mathbb{C}$.
   a) Durch
   $$d_1((a_k),(b_k)) := sup\{|a_k - b_k|;\ k \in \mathbb{N}\}$$
   und
   $$d_2((a_k),(b_k)) := \sum_{k=0}^{\infty} 2^{-k}|a_k - b_k|$$
   werden auf X zwei Metriken gegeben.
   b) Stimmen die durch die Metriken d_1 bzw. d_2 in X definierten Systeme offener Mengen überein?
2. Sei $X := \mathbb{C}^{\mathbb{N}}$ die Menge *aller* Folgen in $\mathbb{C}$. Zeigen Sie:
   a) Durch $d((a_n),(b_n)) := \sum_{k=0}^{\infty} 2^{-k} \frac{|a_k - b_k|}{1+|a_k - b_k|}$ ist eine Metrik auf X gegeben.
   b) Eine Folge (x_k), $x_k = (a_{k,n})_{n\in\mathbb{N}}$ in X konvergiert genau dann gegen $x = (a_n)_{n\in\mathbb{N}}$, wenn für alle $n \in \mathbb{N}$ gilt: $a_n = \lim_k a_{k,n}$.

0.3 Konvergente Folgen komplexer Zahlen

In diesem Paragraphen betrachten wir nur noch den metrischen Raum $X = \mathbb{C}$. Komplexe Folgen lassen sich addieren, multiplizieren, dividieren und konjugieren. Die aus dem Reellen bekannten Limesregeln übertragen sich wörtlich ins Komplexe, da die Betragsfunktion $|\ |$ auf $\mathbb{C}$ dieselben Eigenschaften wie die Betragsfunktion auf $\mathbb{R}$ hat (Bewertung). Der Körper $\mathbb{C}$ erbt vom Körper $\mathbb{R}$ die Vollständigkeit, die durch das Cauchysche Konvergenzkriterium ausgedrückt wird.

Wenn Mißverständnisse ausgeschlossen sind, bezeichnen wir eine Folge (c_n) kurz mit c_n. Will man andeuten, daß eine Folge erst mit dem Index k beginnt, so schreibt man $(c_n)_{n\geq k}$.

0.3.1 Rechenregeln

Konvergiert die Folge c_n gegen $c \in \mathbb{C}$, so liegen in jeder Kreisscheibe $B_\varepsilon(c)$, $\varepsilon > 0$, um c fast alle Folgenglieder c_n. Für jedes $z \in \mathbb{C}$ mit $|z| < 1$ ist die *Potenzfolge* z^n konvergent: $\lim z^n = 0$; für alle z mit $|z| > 1$ ist die Folge z^n divergent.

Eine Folge c_n heißt *beschränkt*, wenn sie eine reelle „*Schranke*“ $M > 0$ besitzt, d.h. wenn $|c_n| < M$ für alle n. Wie im Reellen folgt:

Jede konvergente Folge komplexer Zahlen ist beschränkt. □

Sind c_n, d_n konvergente Folgen, so gelten die *Limesregeln:*

L 1. *Für alle $a, b \in \mathbb{C}$ ist die Folge $ac_n + bd_n$ konvergent:*

$$\lim(ac_n + bd_n) = a\lim c_n + b\lim d_n \quad (\mathbb{C}\text{-}Linearität).$$

L 2. *Die „Produktfolge“ $c_n d_n$ ist konvergent:*

$$\lim(c_n d_n) = (\lim c_n)(\lim d_n).$$

L 3. *Ist* $\lim d_n \neq 0$, *so gibt es ein* $k \in \mathbb{N}$, *so daß* $d_n \neq 0$ *für* $n \geq k$; *die Quotientenfolge* $(c_n/d_n)_{n \geq k}$ *konvergiert gegen* $(\lim c_n)/(\lim d_n)$.

Bemerkung. Die Regeln L 1. und L 2. lassen sich elegant in der Sprache der Algebra formulieren. Für *beliebige* Folgen c_n, d_n komplexer Zahlen definiert man die *Summenfolge* und *Produktfolge*; man setzt

$$a(c_n) + b(d_n) := (ac_n + bd_n) \text{ für alle } a, b \in \mathbb{C}; \quad (c_n)(d_n) := (c_n d_n).$$

Die Limesregeln L 1. und L 2. besagen dann:

Die Gesamtheit aller konvergenten Folgen bildet eine $\mathbb{C}$-*Algebra* $\mathcal{A}$ *(genauer: eine* $\mathbb{C}$-*Unteralgebra der* $\mathbb{C}$-*Algebra aller Folgen) mit Nullelement* $(0)_n$ *und Einselement* $(1)_n$. *Die Abbildung* $\lim : \mathcal{A} \to \mathbb{C}$, $(c_n) \mapsto \lim c_n$ *ist ein* $\mathbb{C}$-*Algebra-Homomorphismus.*[2]

Die Limesregeln L 1. - L 3. werden ergänzt durch folgende Regeln

L 4. *Die Betragsfolge* $|c_n|$ *reeller Zahlen ist konvergent :* $\lim |c_n| = |\lim c_n|$.
L 5. *Die Folge* $\overline{c}_n$ *konjugiert komplexer Zahlen ist konvergent:* $\lim \overline{c}_n = \overline{\lim c_n}$.

Die Beweise sind klar, da $\big||c_n| - |c|\big| \leq |c_n - c|$ und $|\overline{c}_n - \overline{c}| = |c_n - c|$ für $c := \lim c_n$. □

Jede Folge c_n bestimmt ihre *Realteilfolge* $\mathrm{Re}\, c_n$ und *Imaginärteilfolge* $\mathrm{Im}\, c_n$. Eine Konvergenzfrage im Komplexen läßt sich grundsätzlich via Realteil- und Imaginärteilfolge auf zwei Konvergenzfragen im Reellen zurückspielen:

Satz 0.3.1. *Folgende Aussagen über eine Folge c_n sind äquivalent:*

i) c_n ist konvergent.
ii) Die beiden reellen Folgen $\mathrm{Re}\, c_n$ *und* $\mathrm{Im}\, c_n$ *sind konvergent. Im Fall der Konvergenz gilt:* $\lim c_n = \lim \mathrm{Re}\, c_n + \mathrm{i} \lim \mathrm{Im}\, c_n$.

Beweis. i)⇒ii): Klar auf Grund der Limesregeln L 1. und L 5., da

$$\mathrm{Re}\, c_n = \tfrac{1}{2}(c_n + \overline{c}_n), \quad \mathrm{Im}\, c_n = \tfrac{1}{2\mathrm{i}}(c_n - \overline{c}_n).$$

ii)⇒i): Klar nach L 1:

$$\lim c_n = \lim(\mathrm{Re}\, c_n + \mathrm{i}\, \mathrm{Im}\, c_n) = \lim \mathrm{Re}\, c_n + \mathrm{i} \lim \mathrm{Im}\, c_n.$$

□

[2] Eine $\mathbb{C}$-Algebra $\mathcal{A}$ ist ein $\mathbb{C}$-Vektorraum $\mathcal{A}$, für dessen Elemente eine Multiplikation $\mathcal{A} \times \mathcal{A} \to \mathcal{A}$, $(a, a') \mapsto aa'$ definiert ist, so daß die *Distributivgesetze* $(\lambda a + \mu b)a' = \lambda aa' + \mu ba'$, $a'(\lambda a + \mu b) = \lambda a'a + \mu a'b$ gelten. – Ein $\mathbb{C}$-Vektorraum-Homomorphismus $f : \mathcal{A} \to \mathcal{B}$ zwischen $\mathbb{C}$-Algebren $\mathcal{A}$, $\mathcal{B}$ heißt $\mathbb{C}$-Algebra-Homomorphismus, wenn $f(aa') = f(a)f(a')$ für alle $a, a' \in \mathcal{A}$.

0.3.2 Cauchysches Konvergenzkriterium. Charakterisierung kompakter Mengen in $\mathbb{C}$

Eine Folge c_n heißt *Cauchyfolge*, wenn zu jedem $\varepsilon > 0$ ein $k \in \mathbb{N}$ existiert, so daß gilt: $|c_m - c_n| < \varepsilon$ für alle $m, n \geq k$. Wie im Reellen gilt der fundamentale

Satz 0.3.2 (Konvergenzkriterium von Cauchy). *Folgende Aussagen über eine Folge (c_n) sind äquivalent:*

i) (c_n) ist konvergent.
ii) (c_n) ist eine Cauchyfolge.

Beweis. i)⇒ii): Ist $\varepsilon > 0$ vorgegeben, so wähle man $k \in \mathbb{N}$ so, daß für $c := \lim c_n$ gilt: $|c_n - c| \leq \frac{1}{2}\varepsilon$ für $n \geq k$. Dann folgt:

$$|c_m - c_n| \leq |c_m - c| + |c_n - c| < \varepsilon \quad \text{für alle } m, n \geq k.$$

ii)⇒i): Die für alle $m, n \in \mathbb{N}$ geltenden Ungleichungen

$$|\operatorname{Re} c_m - \operatorname{Re} c_n| \leq |c_m - c_n|, \qquad |\operatorname{Im} c_m - \operatorname{Im} c_n| \leq |c_m - c_n|$$

implizieren, daß mit c_n auch die reellen Folgen $\operatorname{Re} c_n$ und $\operatorname{Im} c_n$ Cauchyfolgen sind. Wegen der Vollständigkeit von $\mathbb{R}$ konvergieren sie in $\mathbb{R}$ gegen Zahlen $a, b \in \mathbb{R}$. Nach L 1. konvergiert dann die Folge c_n in $\mathbb{C}$ gegen $a + ib$. □

Der Begriff der Cauchyfolge kann in jedem metrischen Raum X erklärt werden: Man nennt (c_n), $c_n \in X$, eine *Cauchyfolge in X*, wenn zu jedem $\varepsilon > 0$ ein $k \in \mathbb{N}$ existiert, so daß für alle $n, m \geq k$ gilt: $d(c_m, c_n) < \varepsilon$. *Konvergente Folgen sind stets Cauchyfolgen.* Falls auch die Umkehrung richtig ist, so nennt man den Raum *vollständig*. Dann gilt also: *$\mathbb{C}$ ist (wie $\mathbb{R}$) ein vollständig bewerteter Körper.*

Kompakta in $\mathbb{C}$ lassen sich einfach charakterisieren.

Satz 0.3.3. *Folgende Aussagen über eine Menge $K \subset \mathbb{C}$ sind äquivalent:*

i) K ist kompakt.
ii) K ist beschränkt und abgeschlossen in $\mathbb{C}$.

Diese Äquivalenz ist, wenn man $\mathbb{C}$ mit $\mathbb{R}^2$ identifiziert, aus der Infinitesimalrechnung wohlbekannt; sie beruht auf der Vollständigkeit von $\mathbb{R}$ bzw. $\mathbb{C}$ und gilt natürlich für Teilmengen jedes $\mathbb{R}^n$, $1 \leq n < \infty$. □

Im vorangehenden Satz ist speziell enthalten

Satz 0.3.4 (Satz von Weierstrass-Bolzano). *Jede beschränkte Folge komplexer Zahlen besitzt eine konvergente Teilfolge.*

Aufgaben

1. Für welche $z \in \mathbb{C}$ existieren folgende Grenzwerte?
   a) $\lim_n \frac{z^n}{n!}$,
   b) $\lim_n \left(\frac{z}{n}\right)^n$,
   c) $\lim(z^n + z^{n-2})$.
2. Eine *beschränkte* Folge (c_n) komplexer Zahlen konvergiert in $\mathbb{C}$ genau dann, wenn *alle konvergenten Teilfolgen* von (c_n) denselben Grenzwert haben.
3. Sind (a_n), (b_n) konvergente Folgen komplexer Zahlen, so gilt

$$\lim_n \frac{a_0 b_n + a_1 b_{n-1} + \cdots + a_n b_0}{n+1} = \lim_k a_k \lim_m b_m.$$

4. Zeigen Sie, daß die metrischen Räume aus den Aufgaben 1 und 2 zu §2 vollständig sind.

0.4 Konvergente und absolut konvergente Reihen

Konvergente Reihen $\sum a_\nu$ werden wie im Reellen mittels ihrer Partialsummenfolge erklärt. Unter den verschiedenen Formen von Grenzprozessen sind konvergente Reihen die handlichsten: neben den Näherungswerten $s_n := a_0 + \cdots + a_n$ werden sogleich auch die „Korrekturglieder“ mitgegeben, die vom Näherungswert s_n zum nächsten $s_{n+1} = s_n + a_{n+1}$ führen. So läßt sich mit Reihen angenehmer arbeiten als mit Folgen. Im 19. Jahrhundert wurden vorwiegend Reihen und kaum Folgen betrachtet; die Einsicht, daß konvergente Folgen die Keimzelle der die ganze Analysis beherrschenden Grenzprozesse sind, setzte sich erst zu Beginn dieses Jahrhunderts durch.

Besonders wichtig in der Reihenlehre sind absolut konvergente Reihen $\sum a_\nu$, wo gilt: $\sum |a_\nu| < \infty$. Das wichtigste Konvergenzkriterium für solche Reihen ist das *Majorantenkriterium* (Abschnitt 2). Wie im Reellen gilt für absolut konvergente Reihen der Umordnungssatz (Abschnitt 3) und der Reihenproduktsatz (Abschnitt 6).

0.4.1 Konvergente Reihen komplexer Zahlen

Ist $(a_\nu)_{\nu \geq k}$ eine Folge komplexer Zahlen, so heißt die Folge $(s_n)_{n \geq k}$, $s_n := \sum_{\nu=k}^n a_\nu$, der *Partialsummen* eine (*unendliche*) *Reihe* mit den *Gliedern* a_ν. Man schreibt $\sum_{\nu=k}^\infty a_\nu$, $\sum_k^\infty a_\nu$, $\sum_{\nu \geq k} a_\nu$ oder einfach $\sum a_\nu$; i.allg. ist $k = 0$ oder $k = 1$.

Eine Reihe $\sum a_\nu$ heißt *konvergent*, wenn die Partialsummenfolge (s_n) konvergiert, andernfalls heißt sie *divergent*. Im Konvergenzfall schreibt man suggestiv:

$$\sum a_\nu := \lim s_n.$$

Das Symbol $\sum a_\nu$ ist also wie im Reellen zweideutig: es bezeichnet sowohl die Partialsummenfolge als auch (gegebenenfalls) deren Limes.

Das Standardbeispiel einer unendlichen Reihe, die immer wieder zu Abschätzungen herangezogen wird, ist die *geometrische Reihe* $\sum_{\nu\geq 0} z^\nu$. Für ihre Partialsummen gilt (endliche geometrische Reihe):

$$\sum_0^n z^\nu = \frac{1-z^{n+1}}{1-z} \quad \text{für jedes } z \neq 1.$$

Da z^{n+1} für alle $z \in \mathbb{C}$ mit $|z| < 1$ eine Nullfolge ist, so folgt:

$$\sum_0^\infty z^\nu = \frac{1}{1-z} \quad \text{für alle } z \in \mathbb{C} \text{ mit } |z| < 1.$$

□

Wegen $a_n = s_n - s_{n-1}$ gilt $\lim a_n = 0$ für jede konvergente Reihe. Die Limesregeln L 1. und L 5. übertragen sich sofort auf Reihen:

$$\sum_{\nu\geq k}(aa_\nu + bb_\nu) = a\sum_{\nu\geq k} a_\nu + b\sum_{\nu\geq k} b_\nu, \quad \overline{\sum_{\nu\geq k} a_\nu} = \sum_{\nu\geq k} \overline{a}_\nu,$$

speziell folgt:

Die komplexe Reihe $\sum a_\nu$ ist genau dann konvergent, wenn die beiden reellen Reihen $\sum \operatorname{Re} a_\nu$ und $\sum \operatorname{Im} a_\nu$ konvergieren; alsdann gilt:

$$\sum_{\nu\geq k} a_\nu = \sum_{\nu\geq k} \operatorname{Re} a_\nu + \mathrm{i}\sum_{\nu\geq k} \operatorname{Im} a_\nu.$$

Ferner ist trivial:

$$\sum_k^\infty a_\nu = \sum_k^l a_\nu + \sum_{l+1}^\infty a_\nu \quad \text{für alle } l \in \mathbb{N}, l \geq k.$$

Für unendliche Reihen gilt ebenfalls

Satz 0.4.1 (Konvergenzkriterium von Cauchy). *Eine Reihe $\sum a_\nu$ konvergiert genau dann, wenn zu jedem $\varepsilon > 0$ ein $n_0 \in \mathbb{N}$ existiert, so daß gilt:*

$$\left|\sum_{m+1}^n a_\nu\right| < \varepsilon \quad \textit{für alle } m, n \textit{ mit } n > m \geq n_0.$$

Das ist klar, denn wegen $\sum_{m+1}^n a_\nu = s_n - s_m$ besagt die Bedingung dieses Kriteriums gerade, daß die Partialsummenfolge s_n eine Cauchyfolge ist.

0.4.2 Absolut konvergente Reihen. Majorantenkriterium

Konvergente Reihen können bei Umordnung unendlich vieler Glieder den Limes ändern. Auch sind Teilreihen konvergenter Reihen i.allg. nicht mehr konvergent. Solche Manipulationen lassen sich nur mit absolut konvergenten Reihen bedenkenlos durchführen.

Eine Reihe $\sum a_\nu$ heißt absolut konvergent, wenn die Reihe $\sum |a_\nu|$ nichtnegativer reeller Zahlen konvergiert.

Die Vollständigkeit von $\mathbb{C}$ ermöglicht es, wie im Falle von $\mathbb{R}$ die Konvergenz einer Reihe $\sum a_\nu$ aus der Konvergenz der Reihe $\sum |a_\nu|$ zu folgern. Da stets $\left|\sum_{m+1}^n a_\nu\right| \leq \sum_{m+1}^n |a_\nu|$, so folgt aus dem Cauchyschen Konvergenzkriterium für Reihen unmittelbar:

Jede absolut konvergente Reihe $\sum a_\nu$ ist konvergent; es gilt: $|\sum a_\nu| \leq \sum |a_\nu|$.

Weiter ist klar:

Jede Teilreihe $\sum_{l=0}^\infty a_{\nu_l}$ einer absolut konvergenten Reihe $\sum_0^\infty a_\nu$ ist absolut konvergent (es läßt sich sogar zeigen, daß eine Reihe genau dann absolut konvergiert, wenn jede Teilreihe konvergiert).

Fundamental ist

Satz 0.4.2 (Majorantenkriterium). *Es sei $\sum_{\nu \geq k} t_\nu$ eine konvergente Reihe mit reellen Gliedern $t_\nu \geq 0$; es sei $(a_\nu)_{\nu \geq k}$ eine komplexe Zahlenfolge, so daß für fast alle ν gilt: $|a_\nu| \leq t_\nu$. Dann ist $\sum_{\nu \geq k} a_\nu$ absolut konvergent.*

Beweis. Es gibt ein $n_1 \geq k$, so daß für alle $n > m \geq n_1$ gilt :

$$\sum_{m+1}^{n} |a_\nu| \leq \sum_{m+1}^{n} t_\nu.$$

Da $\sum t_\nu$ konvergiert, folgt die Behauptung aus dem Cauchyschen Kriterium. □

Die Reihe $\sum t_\nu$ heißt eine *Majorante* von $\sum a_\nu$; in der Regel treten als Majoranten geometrische Reihen $\sum q^\nu$, $0 < q < 1$, auf. □

Das Rechnen mit absolut konvergenten Reihen ist bedeutend einfacher als das Rechnen mit konvergenten Reihen, da Reihen mit positiven Gliedern bequemer zu handhaben sind. Wegen $\max(|\operatorname{Re} a|, |\operatorname{Im} a|) \leq |a| \leq |\operatorname{Re} a| + |\operatorname{Im} a|$ gilt übrigens (nach dem Majorantenkriterium):

Die komplexe Reihe $\sum a_\nu$ ist genau dann absolut konvergent, wenn die reellen Reihen $\sum \operatorname{Re} a_\nu$ und $\sum \operatorname{Im} a_\nu$ beide absolut konvergieren.

0.4.3 Umordnungssatz

Satz 0.4.3. *Ist $\sum a_\nu$ absolut konvergent, so konvergiert jede „Umordnung“ dieser Reihe, genauer gilt:*

$$\sum_{\nu\geq 0} a_{\tau(\nu)} = \sum_{\nu\geq 0} a_\nu \quad \textit{für alle Bijektionen } \tau : \mathbb{N} \to \mathbb{N}.$$

Beweis. Entweder analog wie im Reellen oder durch Reduktion auf den reellen Fall folgendermaßen: da mit $\sum a_\nu$ auch die Reihen $\sum \operatorname{Re} a_\nu$, $\sum \operatorname{Im} a_\nu$ absolut konvergieren, so gilt $\sum \operatorname{Re} a_{\tau(\nu)} = \sum \operatorname{Re} a_\nu$, $\sum \operatorname{Im} a_{\tau(\nu)} = \sum \operatorname{Im} a_\nu$ für jede Bijektion $\tau : \mathbb{N} \to \mathbb{N}$. Da stets $\sum a_\nu = \sum \operatorname{Re} a_\nu + \mathrm{i} \sum \operatorname{Im} a_\nu$ nach 0.3.1, so folgt die Behauptung.

In der Literatur nennt man den Umordnungssatz auch manchmal das *Kommutativgesetz für unendliche Reihen.* Verallgemeinerungen dieses Kommutativgesetzes finden sich in dem klassischen Buch *Theorie und Anwendung der unendlichen Reihen* von KNOPP [14].

0.4.4 Historisches zur absoluten Konvergenz

CAUCHY hat 1833 bemerkt (Œuvres 10, 2. Ser., 68–70), daß konvergente reelle Reihen, deren Glieder nicht sämtlich positiv sind, divergente Teilreihen haben können. DIRIRCHLET gibt 1837 in seiner berühmten zahlentheoretischen Arbeit *Beweis des Satzes, daß jede unbegrenzte arithmetische Progression, deren erstes Glied und Differenz ganze Zahlen ohne gemeinschaftlichen Teiler sind, unendlich viele Primzahlen enthält* (Werke 1, S. 319) die konvergenten Reihen

$$1 - \tfrac{1}{2} + \tfrac{1}{3} - \tfrac{1}{4} + - \ldots \quad \text{und} \quad 1 + \tfrac{1}{3} - \tfrac{1}{2} + \tfrac{1}{5} + \tfrac{1}{7} - \tfrac{1}{4} + - \ldots$$

an, die Umordnungen voneinander sind und verschiedene Summen haben, nämlich $\log 2$ und $\frac{3}{2}\log 2$ (bedingte Konvergenz). DIRICHLET beweist in derselben Arbeit (S. 318) den Umordnungssatz für Reihen mit reellen Gliedern. RIEMANN schreibt 1854 in seiner Habilitationsschrift *Über die Darstellbarkeit einer Function durch eine trigonometrische Reihe* (Werke, S. 235), wo er u.a. das Riemannsche Integral einführt, daß DIRICHLET bereits 1829 wußte, „daß die unendlichen Reihen in zwei wesentlich verschiedene Klassen zerfallen, je nachdem sie, wenn man sämtliche Glieder positiv macht, convergent bleiben oder nicht. In den ersteren können die Glieder beliebig versetzt werden, der Werth der letzteren dagegen ist von der Ordnung der Glieder abhängig“. RIEMANN beweist dann seinen Umordnungssatz: *Eine konvergente, aber nicht absolut konvergente Reihe (mit reellen Gliedern) „kann durch geeignete Anordnung der Glieder einen beliebig gegebenen (reellen) Werth C erhalten“.* Die Entdeckung dieses scheinbaren Paradoxons hat im letzten Jahrhundert wesentlich dazu beigetragen, die Theorie der unendlichen Reihen erneut zu überdenken und streng (mittels Partialsummenfolgen) zu begründen. Am 15. Nov. 1855 notiert RIEMANN (Werke, Nachträge S. 111): „Die Erkenntnis des Umstandes, daß die unendlichen Reihen in zwei Klassen zerfallen (je nachdem der Grenzwert unabhängig von der Anordnung ist oder nicht), bildet einen Wendepunkt in der Auffassung des Unendlichen in der Mathematik.“

0.4.5 Bemerkungen zum Riemannschen Umordnungssatz

Dieser Satz ist nicht ohne weiteres vom Reellen ins Komplexe übertragbar. Hat man nämlich eine konvergente, nicht absolut konvergente Reihe $\sum a_\nu$, so ist notwendig eine der beiden Reihen $\sum \operatorname{Re} a_\nu$, $\sum \operatorname{Im} a_\nu$ nicht absolut konvergent: daher läßt sich zwar zu jedem $r \in \mathbb{R}$ nach dem Riemannschen Satz eine Bijektion $\tau : \mathbb{N} \to \mathbb{N}$ angeben, so daß *eine* der beiden Reihen $\sum \operatorname{Re} a_{\tau(\nu)}$, $\sum \operatorname{Im} a_{\tau(\nu)}$ den Limes r hat; doch weiß man dabei zunächst gar nichts über die Konvergenz der anderen Reihe.

Versteht man unter dem *Limesvorrat* einer unendlichen Reihe $\sum a_\nu$, $a_\nu \in \mathbb{C}$, die Menge L aller Zahlen $c \in \mathbb{C}$, zu denen es eine Bijektion $\tau : \mathbb{N} \to \mathbb{N}$ mit $\sum a_{\tau(\nu)} = c$ gibt, so läßt sich zeigen, daß stets einer der folgenden vier Fälle eintritt:

1. *L ist leer (sog. „eigentliche“ Divergenz).*
2. *L ist ein Punkt ($\Leftrightarrow \sum a_\nu$ ist absolut konvergent).*
3. *L ist eine (reelle) Gerade in $\mathbb{C}$.*
4. *$L = \mathbb{C}$.*

Diese vier Fälle sind sämtlich möglich: z.B. gilt $L = \mathbb{R} + i$ für $\sum_1^\infty \left(\frac{(-1)^\nu}{\nu} + \frac{i}{\nu(\nu+1)}\right)$; hingegen ist $L = \mathbb{C}$ für $\sum a_\nu$ stets dann, wenn alle $a_{2\nu}$ reell und alle $a_{2\nu+1}$ rein imaginär sind und $\sum a_{2\nu}$ und $\sum a_{2\nu+1}$ konvergent, aber nicht absolut konvergent sind.

Die Verallgemeinerung des Riemannschen Umordnungssatzes wurde 1905 von P. LÉVY ausgesprochen (*Sur les séries semi-convergentes*, Nouv. Annales (4), Bd. 5, S. 506). Eine einwandfreie Darstellung gab 1913/14 E. STEINITZ, der Begründer der abstrakten Körpertheorie, in seiner Arbeit *Bedingt konvergente Reihen und konvexe Systeme*, Crelles Journ. Bd. 143, S. 128ff. und Bd. 144, S. 1ff.[3] STEINITZ beweist:

Ist $\sum v_\nu$ eine Reihe von Vektoren v_ν im (normierten) Zahlenraum $\mathbb{R}^m$, $1 \leq m < \infty$, so ist der Limesvorrat ein affiner (evtl. leerer) Unterraum von $\mathbb{R}^m$.

Lesenswert ist in diesem Zusammenhang die 1917 von W. GROSS publizierte Arbeit *Bedingt konvergente Reihen* in den Monatsheften für Mathematik 28, 221–237. Eine moderne Darstellung des Satzes von LÉVY und STEINITZ findet man bei P. ROSENTHAL *The Remarkable Theorem of Lévy and Steinitz*, Amer. Math. Monthly (1987), S. 342–351. □

In der Analysis nennt man vielfach eine konvergente Reihe $\sum_0^\infty a_\nu$, für die

$$\sum_0^\infty a_{\tau(\nu)} = \sum_0^\infty a_\nu \quad \text{für alle Bijektionen } \tau : \mathbb{N} \to \mathbb{N}$$

gilt, *unbedingt konvergent.* Nach 2. sind im Falle $\mathbb{C}$ die unbedingt konvergenten Reihen genau die absolut konvergenten Reihen. Das ist für beliebige Banachräume nicht mehr richtig, hier gilt vielmehr der überraschende

[3] Der aus der linearen Algebra bekannte Steinitzsche Austauschsatz, der oft beim Beweis der Invarianz der „Basislänge“ von Vektorräumen herangezogen wird, findet sich im ersten Teil dieser Arbeit (S. 133).

Satz 0.4.4. *Folgende Aussagen über einen Banachraum V sind äquivalent:*

i) Die unbedingt konvergenten Reihen $\sum v_\nu$, $v_\nu \in V$, stimmen mit den absolut konvergenten Reihen überein.
ii) V ist endlich-dimensional.

Dies wurde 1950 von A. Dvoretzky und C.A. Rogers bewiesen (Proc. Nat. Acad. Sci. 36, 192–197). Das Problem, alle Vektorräume zu bestimmen, für welche die beiden Konvergenztypen übereinstimmen, wird bereits von S. Banach in seinem klassischen Buch *Théorie des Opérations Linéaires* (Monografie Matematyczne 1, Warschau 1932) erwähnt (S. 240). Einen einfachen Beweis gibt A. Pietsch in seinem Buch *Nukleare lokal-konvexe Räume* (Akademie-Verlag, Berlin 1965), wo der Satz aus der Aussage, daß nukleare Abbildungen stets präkompakt sind, gefolgert wird (S. 61).

0.4.6 Reihenproduktsatz

Sind $\sum_0^\infty a_\mu$, $\sum_0^\infty b_\nu$ zwei Reihen, so heißt jede Reihe $\sum_0^\infty c_\lambda$, wo $c_0, c_1, \ldots$ genau einmal alle Produkte $a_\mu b_\nu$ durchläuft, eine *Produktreihe* von $\sum a_\mu$ und $\sum b_\nu$. Die wichtigste Produktreihe ist das *Cauchyprodukt* $\sum p_\lambda$ mit $p_\lambda := \sum_{\mu+\nu=\lambda} a_\mu b_\nu$; diese Bildung wird nahegelegt, wenn man Potenzreihen $(\sum_{\mu\geq 0} a_\mu X^\mu)(\sum_{\nu \geq 0} b_\nu X^\nu)$ formal ausmultipliziert und nach Potenzen von X sammelt.

Satz 0.4.5 (Reihenproduktsatz). *Es seien $\sum_0^\infty a_\mu$, $\sum_0^\infty b_\nu$ absolut konvergente Reihen. Dann konvergiert jede Produktreihe $\sum_0^\infty c_\lambda$ absolut; es gilt stets:*

$$\left(\sum_0^\infty a_\mu\right)\left(\sum_0^\infty b_\nu\right) = \sum_0^\infty c_\lambda .$$

Beweis. Zu jedem $l \in \mathbb{N}$ gibt es ein $m \in \mathbb{N}$, so daß $c_0, \ldots, c_l$ unter den Produkten $a_\mu b_\nu$, $0 \leq \mu, \nu \leq m$, vorkommen. Es folgt

$$\sum_0^l |c_\lambda| \leq \left(\sum_0^m |a_\mu|\right)\left(\sum_0^m |b_\mu|\right) \leq \left(\sum_0^\infty |a_\mu|\right)\left(\sum_0^\infty |b_\nu|\right) < \infty .$$

Mithin ist $\sum_0^\infty c_\lambda$ absolut konvergent, zur Bestimmung von $c := \sum_0^\infty c_\lambda$ kann man also jede Anordnung der Glieder $a_\mu b_\nu$ benutzen, die sich durch Ausmultiplizieren der Produkte $(a_0 + a_1 + \cdots + a_n)(b_0 + b_1 + \cdots + b_n)$ ergibt. Damit folgt:

$$c = \lim_{n\to\infty} \left(\sum_0^n a_\mu\right)\left(\sum_0^n b_\nu\right) = \left(\sum_0^\infty a_\mu\right)\left(\sum_0^\infty b_\nu\right) .$$

□

Die absolute Konvergenz ist wesentlich für die Gültigkeit des Reihenproduktsatzes: Das Cauchyprodukt der konvergenten, aber nicht absolut konvergenten Reihe $\sum \frac{(-1)^n}{\sqrt{n+1}}$ mit sich selbst ist divergent! Der Reihenproduktsatz für komplexe Zahlen findet sich 1821 im Cauchyschen *Cours D'Analyse* [C] auf S. 237.

In 7.4.4 werden wir den Produktsatz für konvergente Potenzreihen kennenlernen und daraus einen 1826 von ABEL angegebenen Reihenproduktsatz herleiten, der sich in den Voraussetzungen vom Cauchyschen Reihenproduktsatz wesentlich unterscheidet.

Aufgaben

1. Untersuchen Sie folgende Reihen auf Konvergenz bzw. absolute Konvergenz:
   a) $\sum_{n\geq 1} \frac{\mathrm{i}^n}{n}$,
   b) $\sum_{n\geq 1} \frac{(2+\mathrm{i})}{(1+\mathrm{i})^{2n}}$,
   c) $\sum_{n\geq 1}((z-n-\frac{1}{2})^2-\frac{1}{4})^{-1}$, $z \in \mathbb{C}\setminus\mathbb{N}$

   Geben Sie den Grenzwert der Reihe aus c) an.
2. Sei (a_n) eine Folge in $\mathbb{C}$ mit $\operatorname{Re} a_n \geq 0$. Konvergieren die Reihen $\sum a_n$ und $\sum a_n^2$, so konvergiert letztere sogar absolut. Gilt auch die Umkehrung?
3. Es seien $a_\nu \in \mathbb{C}^\times$, $n \in \mathbb{N}$. Gibt es eine reelle Zahl $A < -1$, so daß die Folge $n^2\left(\left|\frac{a_{n+1}}{a_n}\right| - 1 - \frac{A}{n}\right)$, $n > 0$, beschränkt ist, so konvergiert die Reihe $\sum a_n$ absolut.
   Hinweis: Setzen Sie $c := -1 - A$ und $b_n := n^{-d}$ mit $d := 1 + \frac{c}{2}$. Zeigen Sie $\lim n\left(\left|\frac{a_{n+1}}{a_n}\right| - 1\right) < \lim n\left(\left|\frac{b_{n+1}}{b_n}\right| - 1\right)$ (warum existieren die Grenzwerte?), und folgern Sie, daß für fast alle n gilt: $|a_n| \leq Cb_n$, wobei $C > 0$.
4. Es seien (a_n), (b_n) Folgen komplexer Zahlen. Ist die Folge der Partialsummen $s_m := \sum_{n=0}^m a_n$ beschränkt und gilt $\lim b_n = 0$ sowie $\sum_{n=1}^\infty |b_n - b_{n-1}| < \infty$, so konvergiert die Summe $\sum a_n b_n$.
   Hinweis: „Abelsche Summation“: $\sum_{k=n}^m a_k b_k = \sum_{k=n}^m (s_k - s_{k-1})b_k$, $n > 0$.
5. Sei $(a_{m,n})_{m,n\in\mathbb{N}}$ eine Doppelfolge in $\mathbb{C}$. Alle Zahlen $a_{m,n}$ seien „irgendwie“ zu einer Folge c_k angeordnet. Dann sind äquivalent:
   a) Die Reihe $\sum c_k$ konvergiert absolut.
   b) Für jedes $n \in \mathbb{N}$ konvergiert die Reihe $\sum_m a_{m,n}$ absolut, und die Reihe $\sum_n(\sum_m |a_{m,n}|)$ konvergiert.

   Sind a) und b) erfüllt, so sind die Reihen $\sum_m(\sum_n a_{m,n})$ und $\sum_n(\sum_m a_{m,n})$ konvergent und es gilt
   $$\sum_m(\sum_n a_{m,n}) = \sum_n(\sum_m a_{m,n}) = \sum_k c_k.$$

0.5 Stetige Funktionen

Das Hauptanliegen der Analysis ist das Studium von Funktionen. Die Wörter *Funktion* und *Abbildung* werden synonym verwendet. Funktionen mit *Argumentbereich* X und *Wertebereich* Y schreiben wir in der Form

$$f: X \to Y,\ x \mapsto f(x) \quad \text{oder} \quad f: X \to Y \quad \text{oder} \quad f(x) \quad \text{oder einfach } f.$$

Im folgenden bezeichnen X, Y, Z stets metrische Räume mit Metriken d_X, d_Y, d_Z.

0.5.1 Stetigkeitsbegriff

Eine Abbildung $f : X \to Y$ heißt *stetig im Punkt* $a \in X$, wenn das f-Urbild $f^{-1}(V) = \{x \in X : f(x) \in V\}$ einer jeden Umgebung V von $f(a)$ in Y eine Umgebung von a in X ist. Es gilt

Satz 0.5.1 ((ε, δ)-Kriterium). *Genau dann ist $f : X \to Y$ stetig in a, wenn es zu jedem reellen $\varepsilon > 0$ ein reelles $\delta > 0$ gibt, so daß gilt:*

$$d_Y(f(x), f(a)) < \varepsilon \quad \textit{für alle } x \in X \textit{ mit } d_X(x, a) < \delta.$$

Wie in der Infinitesimalrechnung ist es bequem, folgende Redeweise und Bezeichnung zu verwenden: Die Funktion $f : X \to Y$ *konvergiert (strebt) bei Annäherung an $a \in X$ gegen $b \in Y$*, in Zeichen:

$$\lim_{x \to a} f(x) = b \quad \text{oder} \quad f(x) \to b \text{ für } x \to a,$$

wenn es zu jeder Umgebung V von b in Y eine Umgebung U von a in X gibt mit $f(U \setminus \{a\}) \subset V$. *Man beachte, daß links die punktierte Umgebung $U \setminus \{a\}$ steht!* Es gilt nun offensichtlich:

Genau dann ist f stetig in a, wenn der Limes $\lim_{x \to a} f(x) \in Y$ existiert und mit dem Funktionswert $f(a)$ übereinstimmt.

Praktisch ist auch

Satz 0.5.2 (Folgenkriterium). *Genau dann ist $f : X \to Y$ stetig in a, wenn für jede Folge (x_n) von Punkten $x \in X$ mit $\lim x_n = a$ gilt: $\lim f(x_n) = f(a)$.*

Zwei Abbildungen $f : X \to Y$ und $g : Y \to Z$ werden zusammengesetzt zu

$$g \circ f : X \to Z, \quad x \mapsto (g \circ f)(x) := g(f(x)).$$

Bei dieser Komposition von Abbildungen vererbt sich die Stetigkeit:

Ist $f : X \to Y$ stetig in $a \in X$, und ist $g : Y \to Z$ stetig in $f(a) \in Y$, so ist $g \circ f : X \to Z$ stetig in a.

Eine Funktion $f : X \to Y$ heißt *stetig (schlechthin)*, wenn sie in jedem Punkt von X stetig ist. Die Identität $\mathrm{id} : X \to X$ ist stetig. Bekanntlich gilt

Satz 0.5.3 (Stetigkeitskriterium). *Folgende Aussagen sind äquivalent:*

i) *f ist stetig.*
ii) *Das Urbild $f^{-1}(V)$ jeder in Y offenen Menge V ist offen in X.*
iii) *Das Urbild $f^{-1}(A)$ jeder in Y abgeschlossenen Menge A ist abgeschlossen in X.*

Speziell ist jede Faser $f^{-1}(f(x))$, $x \in X$, einer stetigen Abbildung $f : X \to Y$ abgeschlossen in X. Stetigkeit und Kompaktheit vertragen sich sehr gut:

Satz 0.5.4. *Es sei $f : X \to Y$ stetig und $K \subset X$ ein Kompaktum. Dann ist auch $f(K) \subset Y$ ein Kompaktum.*

Beweis. Sei (y_n) irgendeine Folge in $f(K)$. Sei $x_n \in K \cap f^{-1}(y_n)$. Dann ist (x_n) eine Folge in K. Da K kompakt ist, gibt es nach 0.2.5 eine konvergente Teilfolge (x'_n) mit $\lim x'_n = a \in K$. Da f stetig ist, folgt (mit $y'_n := f(x'_n)$),

$$\lim y'_n = \lim f(x'_n) = f(a) \in f(K).$$

Mithin ist (y'_n) eine in $f(K)$ konvergente Teilfolge von (y_n).

Im Satz ist enthalten, daß reell-wertige stetige Funktionen $f : X \to \mathbb{R}$ auf jedem Kompaktum K in X Maxima und Minima annehmen; diesen Satz hat erstmals WEIERSTRASS in seinen Vorlesungen in Berlin (von 1860 an) als grundlegend herausgestellt (für $X = \mathbb{R}$).

0.5.2 Die $\mathbb{C}$-Algebra $\mathcal{C}(X)$

In diesem Abschnitt wählen wir $Y := \mathbb{C}$. Komplex-wertige Funktionen $f : X \to \mathbb{C}$, $g : X \to \mathbb{C}$ lassen sich *addieren* und *multiplizieren*:

$$(f+g)(x) := f(x) + g(x), \quad (f \cdot g)(x) := f(x)g(x), \quad x \in X.$$

Jede komplexe Zahl c bestimmt die *konstante* Funktion $X \to \mathbb{C}$, $x \mapsto c$; man bezeichnet sie wieder mit c. Die *zu f konjugierte Funktion $\overline{f}$* wird durch

$$\overline{f}(x) := \overline{f(x)}, \quad x \in X,$$

definiert. Die Rechenregeln der Konjugierung $\mathbb{C} \to \mathbb{C}$, $z \mapsto \overline{z}$ (vgl.0.1.1), gelten unverändert für $\mathbb{C}$-wertige Funktionen, also:

$$\overline{f+g} = \overline{f} + \overline{g}, \quad \overline{fg} = \overline{f}\,\overline{g}, \quad \overline{\overline{f}} = f.$$

Realteil und *Imaginärteil* von f werden durch

$$(\operatorname{Re} f)(x) := \operatorname{Re} f(x), \quad (\operatorname{Im} f)(x) := \operatorname{Im} f(x), \quad x \in X,$$

erklärt. Diese Funktionen sind reell-wertig, wir schreiben durchweg

$$u := \operatorname{Re} f, \quad v := \operatorname{Im} f.$$

Dann gilt:

$$f = u + \mathrm{i}v, \quad u = \tfrac{1}{2}(f + \overline{f}), \quad v = \tfrac{1}{2\mathrm{i}}(f - \overline{f}), \quad f\overline{f} = u^2 + v^2.$$

Die Limesregeln aus 0.3.1 und das Folgenkriterium implizieren unmittelbar:

Sind $f : X \to \mathbb{C}$ *und* $g : X \to \mathbb{C}$ *stetig in* $a \in X$, *so sind auch die Summe* $f + g$, *das Produkt* fg *und die Konjugierte* $\overline{f}$ *stetig in* a.

Hierin ist enthalten:

Eine Funktion f *ist genau dann stetig in* a, *wenn Realteil* u *und Imaginärteil* v *von* f *stetig in* a *sind.*

Wir bezeichnen mit $\mathcal{C}(X)$ die Menge aller in X stetigen Funktionen $f : X \to \mathbb{C}$. Da konstante Funktionen stetig sind, haben wir die natürliche Inklusion $\mathbb{C} \subset \mathcal{C}(X)$. Nach dem bisher Gesagten ist klar (zum Begriff der $\mathbb{C}$-Algebra vgl. Fußnote in 0.3.1):

$\mathcal{C}(X)$ *ist eine kommutative* $\mathbb{C}$*-Algebra mit Einselement. Es gibt einen* $\mathbb{R}$*-linearen, involutorischen Automorphismus* $\mathcal{C}(X) \to \mathcal{C}(X)$, $f \mapsto \overline{f}$.
Es gilt $f \in \mathcal{C}(X)$ *genau dann, wenn* $\operatorname{Re} f \in \mathcal{C}(X)$ *und* $\operatorname{Im} f \in \mathcal{C}(X)$.

Ist g *nullstellenfrei in* X, d.h. gilt $g(x) \neq 0$ für alle $x \in X$, so heißt die Funktion

$$X \to \mathbb{C}, \quad x \mapsto f(x)/g(x)$$

die *Quotientenfunktion* von f, g; man schreibt für sie kurz f/g. Die Limesregeln aus 0.3.1 implizieren:

Für jede nullstellenfreie Funktion $g \in \mathcal{C}(X)$ *gilt:* $f/g \in \mathcal{C}(X)$ *für alle* $f \in \mathcal{C}(X)$.

Die nullstellenfreien Funktionen aus $\mathcal{C}(X)$ sind (im Sinne der Algebra) gerade die *Einheiten* des Ringes $\mathcal{C}(X)$, d.h. diejenigen Elemente $e \in \mathcal{C}(X)$, zu denen (genau) ein $\widehat{e} \in \mathcal{C}(X)$ existiert mit $e\widehat{e} = 1$.

0.5.3 Historisches zum Funktionsbegriff

In der Leibniz- und Eulerzeit hat man vorwiegend reellwertige *Funktionen einer reellen Variablen* studiert und sich dabei langsam an *komplexwertige Funktionen einer komplexen Variablen* herangetastet. So spricht EULER 1748 seine berühmte Formel $e^{iz} = \cos z + i \sin z$ nur für reelle Argumente aus ([E], § 138). Erst GAUSS hat – wie sein Brief an BESSEL zeigt – klar gesehen, daß man viele Eigenschaften von klassischen Funktionen nur dann vollends versteht, wenn man auch komplexe Argumente zuläßt (vgl. Abschnitt 1 der Historischen Einführung, Seite 1).

Das Wort „Funktion" findet sich 1692 bei LEIBNIZ als Bezeichnung für solche Größen (wie Abszisse, Krümmungsradius u.a.), die von den als veränderlich gedachten Punkten einer Kurve abhängen. In einem Brief an LEIBNIZ spricht Joh. BERNOULLI 1698 bereits von *„beliebigen Funktionen der Ordinaten“*, 1718 bezeichnet er als Funktion eine *„aus einer Veränderlichen und irgendwelchen Konstanten zusammengesetzte Größe“*. EULER nennt in seiner *Introductio* [E] jeden aus einer Veränderlichen und Konstanten bestehenden *analytischen Ausdruck* eine Funktion.

Die Erweiterung des Funktionsbegriffs wurde durch Untersuchungen von D'ALEMBERT, EULER, Daniel BERNOULLI und LAGRANGE über das Problem der schwingenden Saite notwendig; EULER wurde so dazu geführt, auf die Präexistenz eines einheitlichen analytischen Ausdrucks zu verzichten und sog. *willkürliche Funktionen* einzuführen. Doch erst durch das Wirken von DIRICHLET setzte sich die heute noch gültige Definition von Funktion als eindeutige Zuordnung, d.h. als *Abbildung*, durch: 1829 gibt er in seiner Arbeit *Sur La Convergence Des Séries Trigonométriques Qui Servent A Représenter Une Fonction Arbitraire* ... die Funktion $\varphi(x)$ an „égale à une constante déterminée c lorsque la variable x obtient une valeur rationelle, et égale à une autre constante d, lorsque cette variable est irrationelle“ (Werke 1, S. 132). Und 1837 sagt er in seiner Arbeit *Über Die Darstellung Ganz Willkürlicher Funktionen Durch Sinus- und Cosinusreihen* zum Funktionsbegriff: „Es ist gar nicht nöthig, daß $f(x)$ im ganzen Intervalle nach demselben Gesetze von x abhängig sei, ja man braucht nicht einmal an eine durch mathematische Operationen ausdrückbare Abhängigkeit zu denken“ (Werke 1, S. 135). RIEMANN hat 1854 in seiner in 0.4.4 zitierten Habilitationsschrift die historische Entwicklung des Funktionsbegriffes ausführlich erläutert (S. 227ff.). Einen interessanten Überblick gibt auch D. RÜTHING in *Some Definitions of the Concept of Function from Joh. Bernoulli to N. Bourbaki*, Math. Intelligencer, Vol. 6, No. 4, 1984.

0.5.4 Historisches zum Stetigkeitsbegriff

LEIBNIZ und EULER benutzten (intuitiv) einen sehr starken Stetigkeitsbegriff: für sie bedeutete *stetig* in etwa so viel wie *analytisch* oder *durch analytische Funktionen erzeugt* (vgl. hierzu z.B. C. TRUESDELL: *The rational mechanics of flexible or elastic bodies*, Erläuterungen zu Eulers Mechanik in Eulers *Opera Omnia* 11, 2, 2. Ser., insb. 243–249). Zur heute akzeptierten Definition und ihrer präzisierten arithmetischen Fassung gelangte man erst im 19. Jahrhundert (BOLZANO, CAUCHY, WEIERSTRASS). Noch 1837 gibt DIRICHLET (Werke 1, S. 135) eine Definition, die besagt, daß „sich $f(x)$ mit x ebenfalls allmählich verändert“. Im 20. Jahrhundert wurden stetige Abbildungen zwischen topologischen Räumen zu einem selbstverständlichen Begriff, so bereits 1914 bei HAUSDORFF mit seinem Buch *Grundzüge der Mengenlehre* (vgl. S. 359).

LEIBNIZ glaubte, daß alle Naturgesetze einem Stetigkeitsprinzip unterliegen. Die Lex continuitatis „Natura non facit saltus“ durchzieht wie ein roter Faden sein gesamtes philosophisches, physikalisches und mathematisches Werk. In den *Initia rerum Mathematicarum metaphysica* (Math. Schr. VII, 17-29) heißt es: „... Kontinuität aber kommt der Zeit wie der Ausdehnung, den Qualitäten wie den Bewegungen, überhaupt aber jedem Übergange in der Natur zu, da ein solcher niemals sprungweise vor sich geht.“ LEIBNIZ wendet sein Stetigkeitsprinzip z.B. auch auf die *Biologie* an und scheint dabei Überlegungen von DARWIN vorwegzunehmen; in einem Brief an VARIGNON schreibt er: „Die zwingende Kraft des Kontinuitätsprinzips steht für mich so fest, daß ich nicht im geringsten über die Entdeckung von *Mittelwesen* erstaunt wäre, die in manchen Eigenthümlichkeiten, etwa in ihrer Ernährung und Fortpflanzung, mit ebenso großem Rechte als Pflanzen wie als Tiere gelten können ...“. Das Stetigkeitspostulat wurde später als Leibnizsches Dogma bekannt.

Aufgaben

1. Es seien X, Y metrische Räume und $f : X \to Y$ eine Abbildung.
   a) f ist genau dann stetig, wenn für jede Teilmenge A von X gilt: $f(\overline{A}) \subset \overline{f(A)}$.
   b) f heißt ein *Homöomorphismus*, wenn f bijektiv ist und sowohl f als auch die Umkehrabbildung f^{-1} stetig sind. Genau dann ist f ein Homöomorphismus, wenn f bijektiv ist und $f(\overline{A}) = \overline{f(A)}$ für jede Teilmenge A von X gilt.
2. Sei X ein metrischer Raum und $f : X \to \mathbb{R}$ eine Abbildung. Dann ist f genau dann stetig, wenn für alle $b \in \mathbb{R}$ die Urbildmengen $f^{-1}((-\infty, b))$ und $f^{-1}((b, \infty))$ in X offen sind. Kann man ein ähnliches Kriterium auch für Abbildungen $X \to \mathbb{C}$ beweisen?
3. Es seien X, Y metrische Räume mit Metriken d_X, d_Y. Ferner sei $f : X \to Y$ stetig. Ist X *kompakt*, so ist f *gleichmäßig stetig*, d.h. zu jedem $\varepsilon > 0$ gibt es ein $\delta > 0$, so daß $d_Y(f(u), f(v)) < \varepsilon$ gilt für alle $u, v \in X$ mit $d_X(u, v) < \delta$.

0.6 Zusammenhängende Räume. Gebiete in $\mathbb{C}$

RIEMANN führt 1851 in seiner Dissertation den Zusammenhangsbegriff wie folgt ein ([R], S. 9):

„Wir betrachten zwei Flächentheile als zusammenhängend oder Einem Stücke angehörig, wenn sich von einem Punkt des einen durch das Innere der Fläche eine Linie nach einem Punkte des andern ziehen lässt.“

Dies ist in heutiger Sprache der Begriff des Wegzusammenhangs. Seit Entstehung der mengentheoretischen Topologie zu Beginn des 20. Jahrhunderts hat sich ein allgemeinerer Zusammenhangsbegriff herausgebildet, der den Riemannschen Begriff als Spezialfall enthält. Beide Begriffe lassen sich in der Funktionentheorie vorteilhaft verwenden und werden in diesem Paragraphen besprochen.

Mit X, Y werden stets metrische Räume bezeichnet. Sind $a, b \in \mathbb{R}$, $a < b$, so bezeichnet $[a, b]$ das kompakte reelle Intervall $\{x \in \mathbb{R} : a \leq x \leq b\}$.

0.6.1 Lokal-konstante Funktionen. Zusammenhangsbegriff

Eine Funktion $f : X \to \mathbb{C}$ heißt *lokal-konstant in* X, wenn jeder Punkt $x \in X$ eine Umgebung $U \subset X$ besitzt, so daß $f|U$ konstant ist. Lokal-konstante Funktionen sind i.allg. nicht konstant: z.B. ist in der Vereinigung zweier disjunkter offener Kreisscheiben B_1, B_2 die Funktion f, die in B_j überall den Wert j hat, $j = 1, 2$, lokal-konstant, aber nicht konstant.

Satz 0.6.1. *Folgende Aussagen über einen metrischen Raum X sind äquivalent:*

i) Jede lokal-konstante Funktion $f : X \to \mathbb{C}$ ist konstant.
ii) Für jede nichtleere, offene und abgeschlossene Teilmenge A von X gilt $A = X$.

Beweis. i)⇒ii): Da A und $X \setminus A$ offen in X sind, ist die durch

$$\chi(x) := 1 \text{ für } x \in A, \quad \chi(x) := 0 \text{ für } x \in X \setminus A$$

definierte „charakteristische" Funktion $\chi : X \to \mathbb{C}$ von A lokal-konstant und also konstant. Da χ wegen $A \neq \emptyset$ den Wert 1 wirklich annimmt, folgt $\chi(x) = 1$ für alle $x \in X$, d.h. $A = X$.

ii)⇒i): Sei $c \in X$ fixiert. Die Faser $A := f^{-1}(f(c)) \subset X$ ist nicht leer und offen in X, da f lokal-konstant ist. Da f insbesondere stetig ist, so ist A auch abgeschlossen in X. Es folgt $A = X$, d.h. $f(x) = f(c)$ für alle $x \in X$. □

Die mathematische Erfahrung hat gelehrt, daß die äquivalenten Eigenschaften i) und ii) des vorangehenden Satzes optimal die anschaulich klare und doch vage Vorstellung des Zusammenhangs eines Raumes wiedergeben. Man nennt dementsprechend einen metrischen Raum X *zusammenhängend*, wenn X die Eigenschaften i) und ii) hat. Dann ist klar, daß eine stetige Abbildung $f : X \to Y$ eines zusammenhängenden Raumes X stets einen zusammenhängenden Bildraum $f(X)$ hat. Aus der Infinitesimalrechnung übernehmen wir den wichtigen

Satz 0.6.2. *Jedes abgeschlossene und jedes offene Intervall auf der reellen Zahlengeraden $\mathbb{R}$ ist zusammenhängend.*

0.6.2 Wege und Wegzusammenhang

Jede stetige Abbildung $\gamma : [a, b] \to X$ eines abgeschlossenen Intervalls $[a, b] \subset \mathbb{R}$ in einen metrischen Raum X heißt ein *Weg in X* vom *Anfangspunkt $\gamma(a)$* zum *Endpunkt $\gamma(b)$*; man sagt, daß γ die Punkte $\gamma(a)$ und $\gamma(b)$ *in X verbindet.* Wege heißen auch *Kurven.* Ein Weg heißt *geschlossen*, wenn Anfangs- und Endpunkt gleich sind. Die Bildmenge $|\gamma| := \gamma([a, b]) \subset X$ heißt der *Träger* der Kurve, wegen der Stetigkeit von γ ist $|\gamma|$ kompakt. Ein Weg ist mehr als nur sein Träger: dieser wird gemäß $\gamma(t)$ durchlaufen (t :=Zeitparameter); dessen ungeachtet schreibt man oft γ statt $|\gamma|$.

Sind $\gamma_j : [a_j, b_j] \to X$, $j = 1, 2$, Wege in X und ist der Endpunkt $\gamma_1(b_1)$ von γ_1, der Anfangspunkt $\gamma_2(a_2)$ von γ_2, so wird der *Summenweg* $\gamma_1 + \gamma_2$ *von* γ_1 *und* γ_2 *in* X definiert durch die stetige Abbildung

$$\gamma : [a_1, b_2 - a_2 + b_1] \to X, \quad t \mapsto \begin{cases} \gamma_1(t) & \text{für } t \in [a_1, b_1], \\ \gamma_2(t + a_2 - b_1) & \text{für } t \in [b_1, b_2 - a_2 + b_1]; \end{cases}$$

entsprechend definiert man Summen $\gamma_1 + \gamma_2 + \cdots + \gamma_n$ endlich vieler Wege $\gamma_1, \ldots, \gamma_n$. Man verifiziert unmittelbar, daß die *Wegeaddition assoziativ* ist, so daß man keine Klammern zu setzen braucht. Die Wegeaddition ist natürlich *nicht kommutativ.* □

Ein Raum X heißt *wegzusammenhängend*, wenn es zu je zwei Punkten $p, q \in X$ einen Weg γ in X mit Anfangspunkt p und Endpunkt q gibt. Dann gilt:

Jeder wegzusammenhängende Raum X ist zusammenhängend.

Beweis. Es sei $U \neq \emptyset$ eine in X zugleich offene und abgeschlossene Menge. Sei $p \in U$, $q \in X$. Wir wählen einen Weg $\gamma : [a, b] \to X$ von p nach q. Da γ stetig ist, so ist $\gamma^{-1}(U)$ eine nichtleere, offene und abgeschlossene Teilmenge des reellen Intervalls $[a, b]$. Da $[a, b]$ zusammenhängend ist, folgt $\gamma^{-1}(U) = [a, b]$, d.h. $q = \gamma(b) \in U$. Wir sehen: $U = X$. □

Die eben bewiesene Aussage ist nicht umkehrbar: z.B. ist in $\mathbb{C}$ der (mit der Relativtopologie versehene) Raum X, der aus der Vereinigung der Mengen $\{iy : |y| \le 1\}$ und $\{z = x + iy : 0 < x \le \frac{1}{4}, y = \sin x^{-1}\}$ besteht, *zusammenhängend*, aber *nicht wegzusammenhängend.* Der Leser verdeutliche sich dies mittels einer Skizze.

0.6.3 Gebiete in $\mathbb{C}$

Der durch $\gamma : [0, 1] \to \mathbb{C}$, $t \mapsto (1 - t)z_0 + tz_1$ definierte Weg in $\mathbb{C}$ heißt die *Strecke von* z_0 *nach* z_1 und wird mit $[z_0, z_1]$ bezeichnet. Intervalle $[a, b]$ in $\mathbb{R}$ sind Strecken vermöge $t \mapsto (1-t)a+tb$. Ein *Polygon* oder *Streckenzug von* $p \in \mathbb{C}$ *nach* $q \in \mathbb{C}$ ist eine endliche Summe $P = [z_0, z_1] + [z_1, z_2] + \cdots + [z_n, z_{n+1}]$ von Strecken mit $z_0 = p$ und $z_{n+1} = q$; man nennt P *achsenparallel*, wenn jede Strecke $[z_\nu, z_{\nu+1}]$ entweder zur x-Achse oder zur y-Achse parallel ist (d.h. wenn $\operatorname{Re} z_\nu = \operatorname{Re} z_{\nu+1}$ oder $\operatorname{Im} z_\nu = \operatorname{Im} z_{\nu+1}$ für alle ν). Jedes Polygon P ist ein Weg.

Nichtleere offene Mengen in $\mathbb{C}$ heißen *Bereiche*, sie werden durchweg mit D bezeichnet.

Satz 0.6.3. *Folgende Aussagen über einen Bereich $D \subset \mathbb{C}$ sind äquivalent:*

i) D ist zusammenhängend.
ii) Zu je zwei Punkten $p, q \in D$ gibt es ein achsenparalleles Polygon $P \subset D$ von p nach q.
iii) D ist wegzusammenhängend.

Beweis. i)$\Rightarrow$ii): Sei $p \in D$ fest gewählt. Wir erklären eine Funktion $f : D \to \mathbb{C}$ wie folgt: sei $f(w) := 1$, wenn es in D ein achsenparalleles Polygon von p nach w gibt, andernfalls sei $f(w) := 0$. Wir betrachten irgendeine Kreisscheibe $B \subset D$. Zu je zwei Punkten $z, w \in B$ gibt es offensichtlich achsenparallele Polygone P_{zw} in D von z nach w. Gilt daher $f(z_1) = 1$ für wenigstens einen Punkt $z_1 \in B$, so folgt $f(w) = 1$ für alle $w \in B$. Damit ist klar, daß $f|B$ nur den Wert 1 oder nur den Wert 0 annimmt. Mithin ist f lokal-konstant und also, da D zusammenhängend ist, konstant in D. Da $f(p) = 1$, so folgt: $f(w) = 1$ für alle $w \in D$, d.h. zu jedem Punkt $q \in D$ gibt es ein achsenparalleles Polygon in D von p nach q.

ii)$\Rightarrow$iii): Trivial, da achsenparallele Polygone Wege sind.

iii)$\Rightarrow$i): Klar nach 0.6.2.

Bemerkung. Die Offenheit von D in $\mathbb{C}$ wurde nur im (nichtkonstruktiven !) Beweis i)$\Rightarrow$ii) benutzt, und zwar so, daß jeder Punkt eine wegzusammenhängende Umgebung besitzt (nämlich eine Kreisscheibe, wobei man Punkte sogar durch achsenparallele Polygone verbinden kann). Räume mit dieser Eigenschaft heißen *lokal-wegzusammenhängend.* Offensichtlich haben wir mit i)$\Rightarrow$ii) allgemein bewiesen:

Jeder zusammenhängende, lokal-wegzusammenhängende Raum, z.B. jeder zusammenhängende Bereich in $\mathbb{R}^n$, $1 \le n < \infty$, ist wegzusammenhängend.

Zusammenhängende Bereiche in $\mathbb{C}$ heißen *Gebiete*, sie werden immer mit G bezeichnet. In einem Gebiet $G \subset \mathbb{C}$ lassen sich also je zwei Punkte durch ein achsenparalleles Polygon in G verbinden. Gebiete können sehr kompliziert aussehen, z.B. „viele Stacheln" und „viele Spiralen" enthalten (Fig.). *Alle*

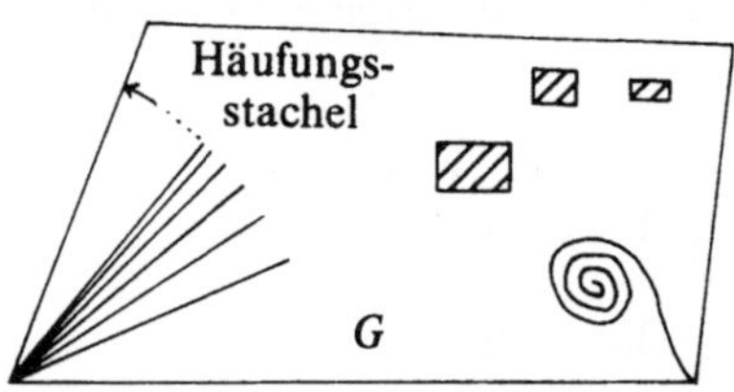

Kreisscheiben $B_r(c)$ sowie $\mathbb{C}$ und $\mathbb{C}^\times$ sind Gebiete.

Gebiete spielen in der Funktionentheorie eine weitaus größere Rolle als in der reellen Analysis. Es wird sich später, wenn der Identitätssatz zur Verfügung steht, zeigen, daß der *topologische Begriff des Zusammenhangs eines Bereiches $D \subset \mathbb{C}$* äquivalent ist zum *algebraischen* Begriff der Nullteilerfreiheit des Ringes $\mathcal{O}(D)$ der in D holomorphen Funktion.

0.6.4 Zusammenhangskomponenten von Bereichen

Zwei Punkte $p, q \in D$ heißen „Wege-äquivalent", wenn es in D einen Weg von p nach q gibt. Auf diese Weise wird ersichtlich in D eine Äquivalenzrelation erklärt. Die zugehörigen Äquivalenzklassen heißen *Zusammenhangskomponenten* oder kurz *Komponenten von D*. Es gilt:

Jede Zusammenhangskomponente G von D ist ein Gebiet in $\mathbb{C}$. Es gibt höchstens abzählbar unendlich viele Zusammenhangskomponenten von D.

Beweis. a) Sei $c \in G$. Da D offen ist, gibt es ein $r > 0$, so daß $B_r(c) \subset D$. Da alle Punkte in $B_r(c)$ mit c äquivalent sind (!), folgt $B_r(c) \subset G$. Mithin ist G offen und, da per definitionem wegzusammenhängend, ein Gebiet.

b) Jeder Bereich $D \subset \mathbb{C}$ enthält eine abzählbare dichte Menge, z.B. die rationalen komplexen Zahlen aus D, und ist daher speziell die Vereinigung von abzählbar vielen Kreisscheiben $U_1, U_2, \ldots$. Jedes U_j liegt in genau einer Zusammenhangskomponente G_j von D, zu jeder Zusammenhangskomponente G von D gibt es mindestens ein k mit $U_k \subset G$. Die Abbildung $j \mapsto G_j$ bildet also $\mathbb{N} \setminus \{0\}$ surjektiv (i.allg. nicht injektiv) auf die Menge aller Zusammenhangskomponenten von D ab. □

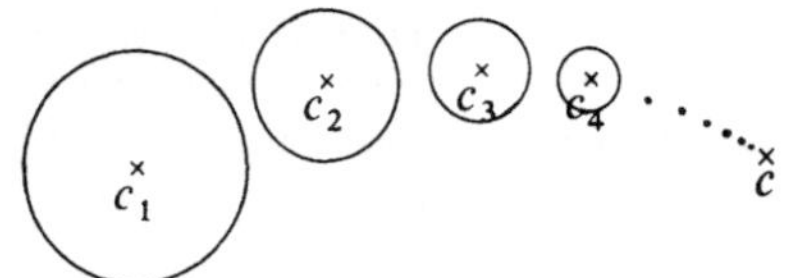

Die Figur zeigt einen *beschränkten* Bereich mit *unendlich vielen* Zusammenhangskomponenten ($\lim c_n = c$; Scheiben $U(c_j)$ und $U(c_k)$ für $j \neq k$ stets disjunkt): die Zusammenhangskomponenten von $D := \bigcup_{\nu=1}^{\infty} U(c_\nu)$ sind die Kreisscheiben $U(c_\nu)$. □

Die Überlegungen dieses Abschnittes gelten für beliebige Bereiche in $\mathbb{R}^n$, allgemeiner für beliebige *lokal-wegzusammenhängende Räume*, die abzählbare dichte Teilmengen besitzen.

0.6.5 Rand und Randabstand

Ist D ein Bereich in $\mathbb{C}$, so heißt die Menge

$$\partial D := \overline{D} \setminus D$$

der *Rand von D*, die Punkte von ∂D heißen *Randpunkte von D*. Der Rand ∂D ist stets *abgeschlossen* in $\mathbb{C}$. Für Kreisscheiben gilt $\partial B_r(c) = \{z \in \mathbb{C} : |z - c| = r\}$. Ein Punkt $a \in \mathbb{C} \setminus D$ ist genau dann ein Randpunkt von D, wenn es eine Folge $z_n \in D$ mit $\lim z_n = a$ gibt. Für jeden Punkt $c \in D$ heißt

$$d_c(D) := \inf\{|c - z| : z \in \partial D\} > 0$$

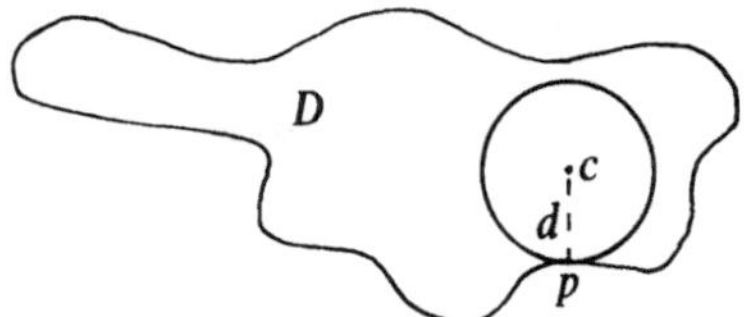

der *Randabstand von c in D*; für $D = \mathbb{C}$ setzen wir $d_c(\mathbb{C}) := \infty$. Die Zahl $d := d_c(D)$ ist der *maximale* Radius, so daß die Kreisscheibe $B_d(c)$ in D enthalten ist; auf $\partial B_d(c)$ liegt mindestens ein Randpunkt p von D (vgl. Figur).

Der Begriff des Randabstandes wird im Kapitel 7.3.2 bei der Entwicklung holomorpher Funktionen in Potenzreihen eine wichtige Rolle spielen.

Aufgaben

1. (Abstand zweier Mengen) Für zwei nicht-leere Teilmengen $M, N \subset \mathbb{C}$ sei
$$d(M, N) := \inf\{|z - w| : z \in M, w \in N\}.$$
Ist $A \subset \mathbb{C}$ abgeschlossen und $K \subset \mathbb{C}$ kompakt, $A, K \neq \emptyset$, so gibt es Punkte $z \in A$, $w \in K$ mit $|z - w| = d(A, K)$.
2. Es sei $f : D \to D'$ eine stetige Abbildung zwischen Bereichen in $\mathbb{C}$.
   a) Ist W eine Komponente von D, so ist $f(W)$ in genau einer Komponente von D' enthalten.
   b) Ist f ein Homöomorphismus, so ist $f(W)$ eine Komponente von D'.
3. Eine Teilmenge $M \subset \mathbb{C}$ heißt *konvex*, wenn für je zwei Punkte $w, z \in M$ die Strecke $[w, z]$ in M liegt. Konvexe Mengen in $\mathbb{C}$ sind also wegzusammenhängend.
   a) Durchschnitte konvexer Mengen in $\mathbb{C}$ sind konvex.
   b) Ist G ein konvexes Gebiet in $\mathbb{C}$, so ist auch $\overline{G}$ konvex.
   c) Sei G ein konvexes Gebiet in $\mathbb{C}$ und $c \in \partial G$. Dann gibt es eine (reelle) Gerade L in $\mathbb{C}$ mit $c \in L$ und $L \cap G = \emptyset$.
4. Sei D ein Bereich in $\mathbb{C}$ und V ein offenes, konvexes n-Eck, $n \geq 3$, das nebst Rand in D liegt. Dann gibt es ein offenes, konvexes n-Eck V' in $\mathbb{C}$ mit $\overline{V} \subset V' \subset D$.

[illegible]

[illegible]

Aufgaben

1. [illegible]

$$[illegible]$$

[illegible]

2. [illegible]
   a) [illegible]
   b) Ist F ein [illegible]

[illegible]

[illegible]

1. Komplexe Differentialrechnung

Es ist ein Denkgesetz, daß jede Funktion im Unendlichkleinen linear wird (Unbekannter mathematischer Physiker 1915).

1. Das diesem Kapitel vorangestellte Motto ist der Kern aller Differentialrechnung. Wenngleich das Denkgesetz durch die Riemannsche und Weierstraßsche Entdeckung von (reell-wertigen) überall stetigen, aber nirgends differenzierbaren Funktionen ad absurdum geführt wurde, ist es immer noch ein wertvolles Prinzip für kreative Mathematiker und Physiker.

Der Begriff der Differenzierbarkeit wird im Komplexen genau so wie im Reellen eingeführt, komplex-wertige Funktionen, die in Bereichen von $\mathbb{C}$ überall komplex differenzierbar sind, heißen *holomorph. Funktionentheorie ist die Theorie der holomorphen Funktionen.* Es gibt in den Anfängen der Theorie keine Arbeit, in der holomorphe Funktionen konsequent um ihrer selbst willen studiert werden. Die Theorie ist vielmehr entstanden aus dem gewaltigen Beispielmaterial an Funktionen aus der Eulerzeit. Die ersten Arbeiten, die sich an die Funktionentheorie als eine selbständige mathematische Disziplin herantasten, stammen von CAUCHY, der aber keineswegs den Plan hatte, eine allgemeine Theorie der komplex differenzierbaren Funktionen zu begründen. Seine erste große Abhandlung [C_1] *Mémoire sur les intégrales définies* aus dem Jahre 1814 sowie seine zweite, wesentlich kürzere Schrift [C_2] *Mémoire sur les intégrales définies, prises entre des limites imaginaires* aus dem Jahre 1825 haben vielmehr, wie bereits die Titel zeigen, die Integralrechnung im Komplexen zum Hauptanliegen; zur komplexen Differentialrechnung wird in ihnen – jedenfalls bewußt – kaum etwas gesagt; sie wird einfach ohne Bedenken angewendet. Wie EULER differenziert CAUCHY auch im Komplexen nach den bekannten Regeln der Differentialrechnung; er benutzt stillschweigend die Existenz und Stetigkeit der ersten Ableitung (Näheres hierzu in 7.1.3–7.1.5).

2. Der 1821 erschienene *Cours D'Analyse* von CAUCHY (vgl. [C]) bereitete den Weg vor zur Funktionentheorie. Hier erkennt man deutlich das Bestreben, den Begriff Funktion loszulösen von der „wirklichen Darstellung". Es ist heute kaum noch zu verstehen, welche begrifflichen Schwierigkeiten damals zu überwinden waren. Noch 30 Jahre später, 1851, betont RIEMANN in seiner Dissertation mehrfach, daß er komplex differenzierbare „Functionen

einer veränderlichen complexen Grösse unabhängig von einem Ausdruck für dieselben" untersucht; er gibt folgende Definition für holomorphe Funktionen ([R], S. 5): „Eine veränderliche complexe Grösse w heißt eine Function einer anderen veränderlichen complexen Grösse z, wenn sie mit ihr sich so ändert, dass der Werth des Differentialquotienten $\frac{\mathrm{d}w}{\mathrm{d}z}$ unabhängig von dem Werthe des Differentials $\mathrm{d}z$ ist." Es ist seit langem in der reellen und komplexen Analysis üblich, Differential- und Integralrechnung nicht mehr gleichzeitig nebeneinander, sondern nacheinander zu behandeln und mit der Differentialrechnung zu beginnen. Wir gehen ebenfalls so vor und diskutieren zunächst ausführlich den grundlegenden Begriff der komplexen Differenzierbarkeit. Die berühmten CAUCHY-RIEMANNschen Differentialgleichungen

$$\frac{\partial u}{\partial x} = \frac{\partial v}{\partial y} \quad \text{und} \quad \frac{\partial u}{\partial y} = -\frac{\partial v}{\partial x}$$

für komplex differenzierbare Funktionen $f = u + iv$ und deren Deutung als $\mathbb{C}$-Linearität des Differentials von f stehen im Mittelpunkt der Überlegungen; damit ordnet sich die Theorie der komplex differenzierbaren Funktionen der Theorie der reellen partiellen Differentialgleichungen unter. Es gilt aber bei vielen Funktionentheoretikern als verpönt, reelle Methoden zu benutzen. Wir werden im vorliegenden Band dieses Reinheitsprinzip weitgehend einhalten, zumal der Weg durchs Reelle meistens beschwerlicher ist (z.B. ist die Herleitung der Differentiationsregeln durch Rückführung aufs Reelle sehr mühsam).

3. In den Paragraphen 1, 2 und 3 dieses Kapitels wird der übliche Stoff der komplexen Differentialrechnung behandelt. Dabei wird besonders herausgestellt, daß *komplex differenzierbare Funktionen* genau die *reell differenzierbaren Funktionen mit einem* $\mathbb{C}$*-linearen* (und nicht nur $\mathbb{R}$-linearen) *Differential* sind; die Cauchy-Riemannschen Differentialgleichungen beschreiben nichts anderes als diese komplexe Linearität (Satz 1.2.1). Im Paragraphen 4 definieren und diskutieren wir die partiellen Ableitungen nach z und $\overline{z}$; dies ermöglicht es insbesondere, die *beiden* Cauchy-Riemannschen Gleichungen zu der einen Gleichung

$$\frac{\partial f}{\partial \overline{z}} = 0$$

zusammenzufassen; in 1.4.4 gehen wir etwas näher auf die Technik des Differenzierens nach z und $\overline{z}$ ein.

1.1 Komplex differenzierbare Funktionen

Komplexe Differenzierbarkeit wird – wie im Reellen – durch eine *Linearisierungsbedingung* auf den Begriff der Stetigkeit zurückgeführt. Wir wollen verstehen, daß komplexe Differenzierbarkeit indessen weitaus mehr ist als nur ein Analogon zur reellen Differenzierbarkeit. Eine einfache Diskussion des Differenzenquotienten führt sofort zu den Cauchy-Riemannschen Gleichungen

$$u_x = v_y \quad \text{und} \quad u_y = -v_x \quad \text{für } f = u + \mathrm{i}v,$$

aus denen insbesondere folgt, daß Real- und Imaginärteil komplex differenzierbarer Funktionen der Laplaceschen Potentialgleichung $\Delta u = 0$ genügen und also *harmonische* Funktionen sind.

1.1.1 Komplexe Differenzierbarkeit

Eine Funktion $f : D \to \mathbb{C}$ heißt *komplex differenzierbar* in $c \in D$, wenn es eine in c stetige Funktion $f_1 : D \to \mathbb{C}$ gibt, so daß gilt:

$$f(z) = f(c) + (z - c)f_1(z) \quad \text{für alle } z \in D \quad (\mathbb{C}\text{-}\textit{Linearisierung}).$$

Diese Funktion f_1 ist dann *eindeutig* durch f bestimmt:

$$f_1(z) = \frac{f(z) - f(c)}{z - c} \quad \text{für } z \in D \setminus \{c\} \quad (\textit{Differenzenquotient});$$

wegen der Stetigkeit von f_1 in c gilt, wenn man $h := z - c$ setzt:

$$\lim_{h \to 0} \frac{f(c + h) - f(c)}{h} = f_1(c) \quad (\textit{Differentialquotient}).$$

Die Zahl $f_1(c) \in \mathbb{C}$ heißt die *Ableitung (nach z) von f in c*; man schreibt:

$$\frac{\mathrm{d}f}{\mathrm{d}z}(c) := f'(c) = f_1(c).$$

Komplexe Differenzierbarkeit von f in c impliziert die Stetigkeit von f in c, denn $f(c)$, $z - c$ und f_1 sind stetig in c, also auch f. Die formale Übereinstimmung der Definition der Differenzierbarkeit im Reellen und Komplexen wird in 1.3.1 unmittelbar die bekannten Differentiationsregeln liefern.

Man beweist direkt:

Ist f in c komplex differenzierbar, so gibt es zu jedem $\varepsilon > 0$ ein $\delta > 0$, so daß gilt: $|f(c + h) - f(c) - f'(c)h| \le \varepsilon |h|$ für alle $h \in \mathbb{C}$ mit $|h| \le \delta$.

Beispiele.

1. Jede Potenz z^n, $n \in \mathbb{N}$, ist überall in $\mathbb{C}$ komplex differenzierbar:

$$z^n = c^n + (z - c)f_1(z) \quad \text{mit} \quad f_1(z) = z^{n-1} + cz^{n-2} + \cdots + c^{n-2}z + c^{n-1};$$

wir sehen: $(z^n)' = nz^{n-1}$ für alle $z \in \mathbb{C}$. Allgemeiner sind alle Polynome $p(z) \in \mathbb{C}[z]$ überall und rationale Funktionen $g(z) \in \mathbb{C}(z)$ außerhalb der Nullstellen des Nenners komplex differenzierbar (vgl. 1.3.2).

2. Die *Konjugierungsfunktion* $f(z) := \overline{z}$, $z \in \mathbb{C}$, ist *nirgends* komplex differenzierbar, denn der zu $c \in \mathbb{C}$ gehörende Differenzenquotient

$$\frac{f(c+h)-f(c)}{h} = \frac{\overline{h}}{h}, \quad h \neq 0,$$

hat für $h \in \mathbb{R}$ bzw. $h \in \mathbb{R}\mathrm{i}$ den Wert 1 bzw. -1 und also keinen Limes.
3. Die Funktionen $\operatorname{Re} z$, $\operatorname{Im} z$, $|z|$ sind *nirgends* in $\mathbb{C}$ komplex differenzierbar. Das zeigt man analog wie eben im Fall der Funktion $\overline{z}$.

Bemerkung. Die elegante Definition der Differenzierbarkeit mittels Linearisierung stammt von C. CARATHÉODORY, vgl. [5], S. 121. Sie ermöglicht kurze Beweise der Differentiationsregeln, vgl. S. 52.

1.1.2 Cauchy-Riemannsche Differentialgleichungen

Wir schreiben $c = a + \mathrm{i}b = (a, b)$, $z = x + \mathrm{i}y = (x, y)$. Ist $f(z) = u(x, y) + \mathrm{i}v(x, y)$ komplex differenzierbar in $c \in D$, so gilt

$$f'(c) = \lim_{h \to 0} \frac{f(c+h)-f(c)}{h} = \lim_{h \to 0} \frac{f(c+\mathrm{i}h)-f(c)}{\mathrm{i}h}.$$

Wählt man h *reell*, so folgt

$$\begin{aligned} f'(c) &= \lim_{h \to 0} \frac{u(a+h,b)-u(a,b)}{h} + \mathrm{i} \lim_{h \to 0} \frac{v(a+h,b)-v(a,b)}{h} \\ &= \lim_{h \to 0} \frac{u(a,b+h)-u(a,b)}{\mathrm{i}h} + \mathrm{i} \lim_{h \to 0} \frac{v(a,b+h)-v(a,b)}{\mathrm{i}h} \end{aligned}$$

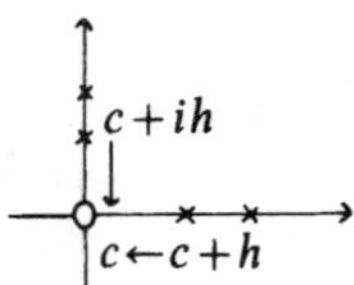

Es existieren also in c die partiellen Ableitungen der reellen Funktionen u, v nach x und y; und es besteht bei Verwendung der üblichen Bezeichnungen $u_x(c), \ldots, v_y(c)$ für diese Ableitungen die Gleichung

$$f'(c) = u_x(c) + \mathrm{i}v_x(c) = \tfrac{1}{\mathrm{i}}(u_y(c) + \mathrm{i}v_y(c)).$$

Damit ist bewiesen:

Notwendig für die komplexe Differenzierbarkeit von $f = u + \mathrm{i}v$ in c ist, daß Realteil u und Imaginärteil v von f in c partiell differenzierbar sind, und daß die „Cauchy-Riemannschen Differentialgleichungen“

$$u_x(c) = v_y(c), \quad u_y(c) = -v_x(c) \tag{1.1}$$

bestehen. Alsdann gilt: $f'(c) = u_x(c) + \mathrm{i}v_x(c) = v_y(c) - \mathrm{i}u_y(c)$.

Die Gleichungen (1.1) sind der analytische Ausdruck der geometrischen Einsicht, daß der Differenzenquotient von f bei Annäherung an c parallel zur reellen bzw. imaginären Achse denselben Grenzwert hat. In 1.2.1 wird dieser *naive*, aber *mnemotechnisch* hilfreiche Zugang zu den Cauchy-Riemannschen Gleichungen wesentlich vertieft.

1.1.3 Historisches zu den Cauchy-Riemannschen Differentialgleichungen

CAUCHY gewinnt die Gleichungen 1814 in $[C_1]$ bei der Diskussion eines Vertauschungssatzes für reelle Doppelintegrale (S. 338 oben in allgemeinerer Form, S. 339 unten in der bekannten Form). Er betont (S. 338), daß seine Differentialgleichungen die gesamte Theorie des Überganges vom Reellen ins Komplexe enthalten. „Ces deux équations renferment toute la théorie du passage du réel à l'imaginaire, et il ne nous reste plus qu'à indiquer la manière de s'en servir.“ Als Grundlage seiner Funktionentheorie hat CAUCHY die Gleichungen aber nicht verwendet.

RIEMANN stellt die Differentialgleichungen an den Anfang und begründet mit ihnen konsequent seine Funktionentheorie. Er erkannte „in der partiellen Differentialgleichung die wesentliche Definition einer [komplex differenzierbaren] Function von einer complexen Veränderlichen .... Wahrscheinlich sind diese, für seine ganze spätere Laufbahn maassgebenden Ideen zuerst in den Herbstferien 1847 [als 21-jähriger] gründlich von ihm verarbeitet“ (Zitat nach R. DEDEKIND: *Bernhard Riemann's Lebenslauf*, Riemanns Werke, S. 544). Entdeckt haben aber weder CAUCHY noch RIEMANN diese Gleichungen; sie finden sich z.B. schon 1752 bei D'ALEMBERT in seiner Strömungslehre *Essai d'une nouvelle théorie de la résistance des fluides* (David, Paris); auch bei EULER und LAGRANGE treten diese Differentialgleichungen bereits auf.

RIEMANN argumentiert 1851 kurz und bündig ([R], S. 6/7):

„Bringt man den Differentialquotienten $\frac{\mathrm{d}u+\mathrm{d}v\mathrm{i}}{\mathrm{d}x+\mathrm{d}y\mathrm{i}}$ in die Form

$$\frac{\left(\frac{\partial u}{\partial x} + \frac{\partial v}{\partial x}\mathrm{i}\right)\mathrm{d}x + \left(\frac{\partial v}{\partial y} - \frac{\partial u}{\partial y}\mathrm{i}\right)\mathrm{d}y\mathrm{i}}{\mathrm{d}x + \mathrm{d}y\mathrm{i}},$$

so erhellt, dass er und zwar nur dann für je zwei Werthe von $\mathrm{d}x$ und $\mathrm{d}y$ denselben Werth haben wird, wenn

$$\frac{\partial u}{\partial x} = \frac{\partial v}{\partial y} \quad \text{und} \quad \frac{\partial v}{\partial x} = -\frac{\partial u}{\partial y}$$

ist. Diese Bedingungen sind also hinreichend und nothwendig, damit $w = u + v\mathrm{i}$ eine Function von $z = x + y\mathrm{i}$ sei. Für die einzelnen Glieder dieser Function fliessen aus ihnen die folgenden:

$$\frac{\partial^2 u}{\partial x^2} + \frac{\partial^2 u}{\partial y^2} = 0, \quad \frac{\partial^2 v}{\partial x^2} + \frac{\partial^2 v}{\partial y^2} = 0,$$

welche für die Untersuchung der Eigenschaften, die Einem Gliede einer solchen Function einzeln betrachtet zukommen, die Grundlage bilden."

1.2 Komplexe und reelle Differenzierbarkeit

Die aus dem Reellen geläufige anschauliche Deutung der Ableitung als „Anstieg der Tangente" ist im Komplexen nicht mehr möglich, da der Graph einer komplexen Funktion $w = f(z)$ eine „Fläche" im reell vierdimensionalen komplexen (w, z)-Raum $\mathbb{C}^2$ ist. Es gibt aber sehr wohl eine geometrische Interpretation des komplexen Differentialquotienten $f'(c)$. Wir benötigen dazu den Fundamentalbegriff der reellen Differentialrechnung:

Eine Abbildung $f : D \to \mathbb{R}^n$ *eines Bereiches* $D \subset \mathbb{R}^m$ *in einen* $\mathbb{R}^n$ *heißt im Punkt* $c \in D$ reell differenzierbar, *wenn es eine* $\mathbb{R}$*-lineare Abbildung* $T : \mathbb{R}^m \to \mathbb{R}^n$ *gibt, so daß (bez. fixierter Normen* $| \ |$ *im* $\mathbb{R}^m$ *und* $\mathbb{R}^n$*) gilt:*

$$\lim_{h \to 0} \frac{|f(c+h) - f(c) - T(h)|}{|h|} = 0. \tag{1.2}$$

Die Abbildung T ist dann bekanntlich *eindeutig bestimmt* und heißt das *Differential* $Tf(c)$ oder auch die *Tangentialabbildung* von f in c. Wegen (1.2) ist klar, daß reelle Differenzierbarkeit in c Stetigkeit in c impliziert.

Wird f bez. Basen in $\mathbb{R}^m$, $\mathbb{R}^n$ durch n Komponentenfunktionen $f_\nu(x_1, \ldots, x_m)$, $1 \le \nu \le n$, beschrieben, so existieren, falls f in c reell differenzierbar ist, alle partiellen Ableitungen $\frac{\partial f_\nu}{\partial x_\mu}(c)$, $1 \le \mu \le m$, $1 \le \nu \le n$, und das Differential $Tf(c)$ wird gegeben durch Rechtsmultiplikation der Spaltenvektoren des $\mathbb{R}^m$ mit der Jacobischen $n \times m$ Matrix

$$\left(\frac{\partial f_\nu}{\partial x_\mu}(c)\right)_{\substack{\mu=1,\ldots,m \\ \nu=1,\ldots,n}}.$$

1.2.1 Charakterisierung komplex differenzierbarer Funktionen

Wir wenden die soeben skizzierte allgemeine reelle Theorie auf komplexwertige Funktionen (also $m = n = 2$ und $\mathbb{R}^2 = \mathbb{C}$) an. Ist $f : D \to \mathbb{C}$ komplex differenzierbar in c, so gilt (vgl. 1.1.1):

$$\lim_{h \to 0} \frac{f(c+h) - f(c) - f'(c)h}{h} = 0.$$

Hieraus folgt wegen (1.2) sofort, daß komplex differenzierbare Abbildungen reell differenzierbar sind und ein $\mathbb{C}$-lineares Differential haben. Diese

$\mathbb{C}$-Linearität des Differentials ist signifikant für komplexe Differenzierbarkeit und der tiefere Grund für das Bestehen der Cauchy-Riemannschen Differentialgleichungen; es gilt nämlich, wenn wieder $z = x + \mathrm{i}y$ und $f = u + \mathrm{i}v$ gesetzt wird:

Satz 1.2.1. *Folgende Aussagen über eine Funktion $f : D \to \mathbb{C}$ sind äquivalent:*

i) f ist komplex differenzierbar in $c \in D$.
ii) f ist reell differenzierbar in c, und das Differential $Tf(c) : \mathbb{C} \to \mathbb{C}$ ist komplex linear.
iii) f ist reell differenzierbar in c, und es gelten die Cauchy-Riemannschen Gleichungen $u_x(c) = v_y(c)$, $u_y(c) = -v_x(c)$.

Sind i)–iii) erfüllt, so gilt: $f'(c) = u_x(c) + \mathrm{i}v_x(c) = v_y(c) - \mathrm{i}u_y(c)$.

Beweis. i)$\Leftrightarrow$ii): Klar auf Grund der Definitionen.

ii)$\Leftrightarrow$iii): Das Differential $Tf(c)$ wird durch die 2×2 Matrix

$$\begin{pmatrix} u_x(c) & u_y(c) \\ v_x(c) & v_y(c) \end{pmatrix}$$

gegeben. Nach Satz 0.1.1 ist die zugehörige $\mathbb{R}$-lineare Abbildung $\mathbb{C} \to \mathbb{C}$ genau dann $\mathbb{C}$-linear, wenn $u_x(c) = v_y(c)$ und $u_y(c) = -v_x(c)$.

Die Gleichung für $f'(c)$ wurde bereits in 1.1.2 bewiesen. □

Um das Theorem anwenden zu können, benötigt man ein Kriterium für die reelle Differenzierbarkeit von $f = u + \mathrm{i}v$ in c; mit dieser Frage beschäftigen wir uns im nächsten Abschnitt.

1.2.2 Ein hinreichendes Kriterium für komplexe Differenzierbarkeit

Mit $f : D \to \mathbb{C}$, $g : D \to \mathbb{C}$ sind alle Abbildungen $af + bg : D \to \mathbb{C}$, $a, b \in \mathbb{C}$, in $c \in D$ reell differenzierbar; aus Gleichung (1.2) der Einleitung ergibt sich

$$(T(af + bg))(c) = a(Tf)(c) + b(Tg)(c).$$

Mit f ist die konjugiert komplexe Funktion $\overline{f}$ in c reell differenzierbar: es gilt $T\overline{f}(c)(h) = \overline{\mu}h + \overline{\lambda}\overline{h}$, falls $Tf(c)(h) = \lambda h + \mu\overline{h}$. Es folgt:

Die Funktion $f = u + \mathrm{i}v : D \to \mathbb{C}$ ist genau dann reell differenzierbar in $c \in D$, wenn die Funktionen $u : D \to \mathbb{R}$ und $v : D \to \mathbb{R}$ in c reell differenzierbar sind.

Zum Beweis beachte man die Gleichungen $u = \frac{1}{2}(f + \overline{f})$, $v = \frac{1}{2\mathrm{i}}(f - \overline{f})$ und die Tatsache, daß eine reelle Funktion $D \to \mathbb{R}$ genau dann in c reell differenzierbar ist, wenn die komplexe Funktion $D \to \mathbb{R} \hookrightarrow \mathbb{C}$ es ist. □

Eine Funktion $u : D \to \mathbb{R}$ heißt *(reell) stetig differenzierbar*, wenn die partiellen Ableitungen u_x, u_y in D existieren und dort stetig sind. In der reellen Differentialrechnung zeigt man mit Hilfe des Mittelwertsatzes:

Jede stetig differenzierbare Funktion $u : D \to \mathbb{R}$ ist in jedem Punkt von D (reell) differenzierbar.[1]

Mittels Theorem 1.2.1 folgt nun ein für Anwendungen handlicher

Satz 1.2.2 (Hinreichendes Kriterium für komplexe Differenzierbarkeit). *Sind u, v in D stetig differenzierbare reelle Funktionen, so ist die komplexe Funktion $f := u + \mathrm{i}v$ in jedem Punkt von D reell differenzierbar.*

Gilt zusätzlich $u_x = v_y$ und $u_y = -v_x$ überall in D, so ist f in jedem Punkt von D komplex differenzierbar.

Dieses Kriterium wird immer dann herangezogen, wenn man komplex differenzierbare Funktionen durch Angabe von Real- und Imaginärteil beschreiben will.

1.2.3 Beispiele zu den Cauchy-Riemannschen Gleichungen

1. Die Funktion $f(z) := x^3y^2 + \mathrm{i}x^2y^3$ ist nach Abschnitt 2 überall reell differenzierbar. In $c = (a, b)$ bestehen die Cauchy-Riemannschen Gleichungen genau dann, wenn $3a^2b^2 = 3a^2b^2$ und $2a^3b = -2ab^3$, d.h. wenn $ab(a^2 + b^2) = 0$, d.h. wenn $ab = 0$. Somit ist f genau in allen Punkten auf den Koordinatenachsen komplex differenzierbar.
2. Wir unterstellen die Kenntnis der *reellen Exponentialfunktion* e^t und der *reellen trigonometrischen Funktionen* $\cos t$, $\sin t$, $t \in \mathbb{R}$. Die Funktion
$$\widetilde{e}(z) := \mathrm{e}^x \cos y + \mathrm{i}\mathrm{e}^x \sin y$$
ist nach Abschnitt 2 in $\mathbb{C}$ reell differenzierbar, und die Cauchy-Riemannschen Gleichungen bestehen offensichtlich überall. Somit ist $\widetilde{e}(z)$ in $\mathbb{C}$ komplex differenzierbar, es gilt: $\widetilde{e}'(z) = u_x(z) + \mathrm{i}v_x(z) = \widetilde{e}(z)$. Wir werden in 5.1.1 sehen, daß $\widetilde{e}(z)$ die *komplexe Exponentialfunktion* $\exp z = \sum_0^\infty \frac{z^\nu}{\nu!}$ ist.
3. Kennt man die *reelle Logarithmusfunktion* $\log t$, $t > 0$, und die *reelle Arcustangensfunktion* $\arctan t$, $t \in \mathbb{R}$ (*Hauptzweig*, also $-\frac{1}{2}\pi < \arctan t < \frac{1}{2}\pi$), so ist
$$\widetilde{\ell}(z) := \tfrac{1}{2}\log(x^2 + y^2) + \mathrm{i}\arctan\frac{y}{x}$$

[1] Die Stetigkeitsforderung für u_x, u_y ist wesentlich, wie das bekannte Beispiel $u(z) := xy|z|^{-2}$ für $z \neq 0$, $u(0) := 0$ zeigt: u_x, u_y existieren überall mit $u_x(0) = u_y(0) = 0$, indessen ist u nicht einmal stetig in 0.

in $\mathbb{C}\setminus\{z \in \mathbb{C} : \operatorname{Re} z = 0\}$ nach 2. reell differenzierbar, und man verifiziert (mit Hilfe von $(\log t)' = t^{-1}$ und $(\arctan t)' = (1+t^2)^{-1}$) sofort, daß die Cauchy-Riemannschen Gleichungen gelten. Somit ist $\widetilde{\ell}(z)$ rechts und links von der imaginären Achse überall komplex differenzierbar; eine direkte Rechnung zeigt:

$$\widetilde{\ell}'(z) = u_x(z) + \mathrm{i}v_x(z) = \frac{1}{z}, \quad z \in \mathbb{C} \text{ mit } \operatorname{Re} z \neq 0.$$

Wir werden in 5.4.4 sehen, daß $\widetilde{\ell}(z)$ in der rechten Halbebene mit dem Hauptzweig der *komplexen Logarithmusfunktion* übereinstimmt, und daß gilt

$$\widetilde{\ell}(z) = \log z = \sum_{1}^{\infty} \frac{(-1)^{\nu-1}}{\nu}(z-1)^{\nu} \quad \text{für } z \in B_1(1).$$

In den vorangehenden beiden Beispielen werden komplex differenzierbare Funktionen aus transzendenten reellen Funktionen unter Heranziehung der Cauchy-Riemannschen Gleichungen gewonnen. In diesem Buch – wie überhaupt in der klassischen Funktionentheorie – wird diese Möglichkeit zur Konstruktion komplex differenzierbarer Funktionen nicht weiter verfolgt.

4. *Ist $f = u + \mathrm{i}v$ komplex differenzierbar in D, so gilt in D:*

$$|f'|^2 = \det\begin{pmatrix} u_x & u_y \\ v_x & v_y \end{pmatrix} = u_x^2 + v_x^2 = u_y^2 + v_y^2,$$

was sich sofort aus $|f'|^2 = f'\overline{f'} = u_x^2 + v_x^2$ wegen $u_x = v_y$, $u_y = -v_x$ ergibt. $|f'(z)|^2$ ist also der Wert der *Jacobischen Funktionaldeterminante* der Abbildung $(x, y) \mapsto (u(x, y), v(x, y))$; diese Determinante ist *nie negativ* und in allen Punkten $z \in D$ mit $f'(z) \neq 0$ positiv. – Im Beispiel 2. sieht man:

$$|\widetilde{e}'(z)|^2 = \mathrm{e}^{2x}\cos^2 y + \mathrm{e}^{2x}\sin^2 y = \mathrm{e}^{2\operatorname{Re} z}.$$

1.2.4 * Harmonische Funktionen

Nicht alle reell differenzierbaren Funktionen $u(x, y)$ kommen als Realteil komplex differenzierbarer Funktionen vor. Die Cauchy-Riemannschen Gleichungen führen sofort zu einer sehr einschränkenden notwendigen Bedingung.

Satz 1.2.3. *Ist $f = u + \mathrm{i}v$ überall in D komplex differenzierbar, und sind u und v zweimal reell stetig differenzierbar*[2] *in D, so gilt:*

$$u_{xx} + u_{yy} = 0, \quad v_{xx} + v_{yy} = 0 \quad \textit{in } D.$$

Beweis. Da f überall in D komplex differenzierbar ist, gilt: $u_x = v_y$, $u_y = -v_x$ in D. Erneute Differentiation gibt: $u_{xx} = v_{yx}$, $u_{xy} = v_{yy}$, $u_{yy} = -v_{xy}$, $u_{yx} = -v_{xx}$. Es folgt: $u_{xx} + u_{yy} = v_{yx} - v_{xy}$, $v_{xx} + v_{yy} = -u_{yx} + u_{xy}$ in D.

Da alle zweiten Ableitungen von u, v stetig in D sind, gilt $u_{xy} = u_{yx}$ und $v_{xy} = v_{yx}$ in D[2]. Damit folgt die Behauptung. □

Die zusätzliche Annahme der zweimaligen stetigen Differenzierbarkeit von u und v im eben bewiesenen Satz ist in Wahrheit überflüssig, da komplex differenzierbare Funktionen stets beliebig oft komplex differenzierbar sind (vgl. 7.4.1).

In der Literatur nennt man das Differentialpolynom

$$\Delta := \frac{\partial^2}{\partial x^2} + \frac{\partial^2}{\partial y^2}$$

den *Laplaceschen Operator*. Für jede zweimal reell differenzierbare Funktion $u : D \to \mathbb{R}$ ist die Funktion $\Delta u = u_{xx} + u_{yy}$ in D erklärt; man nennt u eine *Potentialfunktion in* D, wenn u in D der *Potentialgleichung* $\Delta u = 0$ genügt (die Redeweisen sind physikalisch motiviert, da Funktionen mit $\Delta u = 0$ in der Physik als Potentiale auftreten). Potentialfunktionen heißen auch *harmonische Funktionen.*

Die Essenz des Satzes ist, daß Real- und Imaginärteile komplex differenzierbarer Funktionen Potentialfunktionen sind. Einfache Beispiele für Potentialfunktionen gewinnt man aus den Beispielen des vorangehenden Abschnitts; so sind z.B. $\operatorname{Im} z^2 = 2xy$, $\operatorname{Re} z^3 = x^3 - 3xy^2$ harmonisch in $\mathbb{C}$. Ferner sind die Funktionen

$$\operatorname{Re} \widetilde{e}(z) = \mathrm{e}^x \cos y, \qquad \operatorname{Im} \widetilde{e}(z) = \mathrm{e}^x \sin y,$$

$$\operatorname{Re} \widetilde{\ell}(z) = \log |z|, \qquad \operatorname{Im} \widetilde{\ell}(z) = \arctan \frac{y}{x}$$

harmonisch in ihren Definitionsbereichen. Die Funktion $x^2+y^2 = |z|^2$ ist *nicht harmonisch* und also nicht Realteil einer komplex differenzierbaren Funktion (beachte: $x^2 - y^2 = \operatorname{Re} z^2$). □

Für jedes harmonische Polynom $u(x, y) \in \mathbb{R}[x, y]$ läßt sich direkt ein komplexes Polynom $p(z) \in \mathbb{C}[z]$ mit $u = \operatorname{Re} p$ ausschreiben, nämlich: $p(z) := 2u(\frac{1}{2}z, \frac{1}{2\mathrm{i}}z) - u(0,0)$. Der Leser mache sich dies an Beispielen klar und gebe einen Beweis.

Harmonische Funktionen zweier Veränderlicher spielten in der klassischen Mathematik eine große Rolle und gaben ihr wesentliche Impulse. Es sei in diesem Zusammenhang hier nur erinnert an das berühmte

Dirichletsche Randwertproblem: Gegeben sei eine reell-wertige stetige Funktion g auf dem Rand $\partial\mathbb{E} = \{z \in \mathbb{C} : |z| = 1\}$ des Einheitskreises. Gesucht wird eine

[2] Zweimalige stetige (reelle) Differenzierbarkeit von u in D bedeutet, daß die partiellen Ableitungen u_x und u_y differenzierbar und die vier zweiten partiellen Ableitungen u_{xx}, u_{xy}, u_{yx}, u_{yy} stetig in D sind. Diese Stetigkeit hat zur Konsequenz: $u_{xy} = u_{yx}$ in D (Vertauschungssatz der reellen Differentialrechnung).

in $\mathbb{E} \cup \partial\mathbb{E}$ stetige Funktion u mit $u|\partial\mathbb{E} = g$, so daß $u|\mathbb{E}$ eine Potentialfunktion in $\mathbb{E}$ ist.

Man kann mit Hilfe der Poissonschen Integralformel (vgl. 7.2.5) zeigen, daß es stets eine solche Funktion u gibt. □

Die Theorie der holomorphen Funktionen hat wertvolle Anregungen aus der Theorie der harmonischen Funktionen erhalten: Eigenschaften harmonischer Funktionen (Integralformeln, Maximumprinzip, Konvergenzsätze usw.) kommen auch holomorphen Funktionen zu. Heute entwickelt man durchweg zunächst die Theorie der holomorphen Funktionen und leitet hieraus die grundlegenden Eigenschaften der harmonischen Funktionen zweier Veränderlicher her.

Aufgaben

1. Wo sind die folgenden Funktionen komplex differenzierbar?

$$f(x + \mathrm{i}y) = xy + \mathrm{i}xy,$$
$$f(x + \mathrm{i}y) = -6(\cos x + \mathrm{i}\sin x) + (2 - 2\mathrm{i})y^3 + 15(y^2 + 2y),$$
$$f(x + \mathrm{i}y) = y^2 \sin x + \mathrm{i}y, \quad f(x + \mathrm{i}y) = \sin^2(x + y) + \mathrm{i}\cos^2(x + y).$$

2. Es sei G ein Gebiet in $\mathbb{C}$ und $f = u + \mathrm{i}v$ komplex differenzierbar in G. Sei $\widehat{v} : G \to \mathbb{R}$ eine beliebige Funktion. Dann ist $u + \mathrm{i}\widehat{v}$ genau dann in G komplex differenzierbar, wenn $v - \widehat{v}$ in G konstant ist.
3. Bestimmen Sie für die folgenden Funktionen $u : \mathbb{C} \to \mathbb{R}$ jeweils alle Funktionen $v : \mathbb{C} \to \mathbb{R}$, so daß $u + \mathrm{i}v$ in $\mathbb{C}$ komplex differenzierbar ist:

$$u(x+\mathrm{i}y) := 2x^3 - 6xy^2 + x^2 - y^2 - y, \quad u(x+\mathrm{i}y) := x^2 - y^2 + \mathrm{e}^{-y}\sin x - \mathrm{e}^{y}\cos x.$$

4. Für $n \in \mathbb{N}$, $n \geq 1$, ist die Funktion $u : \mathbb{C}^\times \to \mathbb{R}$, $z \mapsto \log|z^n|$, in $\mathbb{C}^\times$ harmonisch, aber nicht Realteil einer komplex differenzierbaren Funktion.
5. Jede in $\mathbb{C}$ harmonische Funktion $u : \mathbb{C} \to \mathbb{R}$ ist Realteil einer in $\mathbb{C}$ komplex differenzierbaren Funktion $f : \mathbb{C} \to \mathbb{C}$.

1.3 Holomorphe Funktionen

Wir führen den Fundamentalbegriff der Funktionentheorie ein. Eine Funktion $f : D \to \mathbb{C}$ heißt *holomorph in D*, wenn f in jedem Punkt von D komplex differenzierbar ist; wir nennen f *holomorph in* $c \in D$, wenn es eine offene Umgebung $U \subset D$ von c gibt, so daß die auf U eingeschränkte Funktion $f|U$ holomorph in U ist.

Die Menge aller Punkte, in denen eine Funktion holomorph ist, ist stets *offen* in $\mathbb{C}$. Eine in c holomorphe Funktion ist komplex differenzierbar in c, indessen ist eine in c komplex differenzierbare Funktion nicht notwendig holomorph in c: z.B. ist die Funktion

$$f(z) := x^3y^2 + \mathrm{i}x^2y^3, \quad \text{wobei } z = x + \mathrm{i}y,\ x, y \in \mathbb{R},$$

nach 1.2.3 überall auf den Koordinatenachsen und sonst nirgends komplex differenzierbar; diese Funktion ist nirgends in $\mathbb{C}$ holomorph.

Mit $\mathcal{O}(D)$ wird stets die Menge aller im Bereich D holomorphen Funktionen bezeichnet. Es bestehen natürliche Inklusionen

$$\mathbb{C} \subset \mathcal{O}(D) \subset \mathcal{C}(D);$$

erstere, da konstante Funktionen überall in $\mathbb{C}$ differenzierbar sind; letztere, da Differenzierbarkeit Stetigkeit impliziert.

1.3.1 Differentiationsregeln

werden wie im Reellen bewiesen; dies ist ein gutes Beispiel dafür, daß die heute übliche Definition der komplexen Differenzierbarkeit erhebliche Vorteile gegenüber der Riemannschen Definition mittels seiner Differentialgleichungen hat.

Satz 1.3.1 (Summen- und Produktregel). *Es seien $f : D \to \mathbb{C}$, $g : D \to \mathbb{C}$ holomorph in D. Dann sind alle Funktionen $af + bg$, $a, b \in \mathbb{C}$, und $f \cdot g$ holomorph in D:*

$$(af + bg)' = af' + bg' \quad \textit{(Summenregel)},$$
$$(f \cdot g)' = f'g + fg' \quad \textit{(Produktregel)}.$$

Wir erinnern an den Beweis der Produktregel. Nach Voraussetzung gibt es in c stetige Funktionen $f_1 : D \to \mathbb{C}$, $g_1 : D \to \mathbb{C}$, so daß

$$f(z) = f(c) + (z - c)f_1(z), \quad g(z) = g(c) + (z - c)g_1(z), \quad z \in D.$$

Es folgt

$$(f \cdot g)(z) = (f \cdot g)(c) + (z - c)[f_1(z)g(c) + f(c)g_1(z) + (z - c)(f_1 \cdot g_1)(z)].$$

Die rechts in eckigen Klammern stehende Funktion ist stetig in c; man sieht

$$(f \cdot g)'(c) = f_1(c)g(c) + f(c)g_1(c) = f'(c)g(c) + f(c)g'(c).$$

Aus Summenregel und Produktregel folgt wie im Reellen:

Jedes komplexe Polynom $p(z) = a_0 + a_1 z + \cdots + a_n z^n \in \mathbb{C}[z]$ ist holomorph in $\mathbb{C}$; es gilt: $p'(z) = a_1 + 2a_2 z + \cdots + na_n z^{n-1} \in \mathbb{C}[z]$. □

Wie im Reellen gilt auch hier

Satz 1.3.2 (Quotientenregel). *Es seien f, g holomorph in D; die Funktion g sei nullstellenfrei in D. Dann ist die Quotientenfunktion $\frac{f}{g} : D \to \mathbb{C}$ holomorph in D:*

$$\left(\frac{f}{g}\right)' = \frac{f'g - fg'}{g^2} \quad \textit{(Quotientenregel)}.$$

Die Ableitung zusammengesetzter Funktionen $h \circ g$ bestimmt man nach

Satz 1.3.3 (Kettenregel). *Es seien $g \in \mathcal{O}(D)$, $h \in \mathcal{O}(D')$ holomorphe Funktionen mit $g(D) \subset D'$. Dann ist die zusammengesetzte Funktion $h \circ g : D \to \mathbb{C}$ holomorph in D:*

$$(h \circ g)'(z) = h'(g(z)) \cdot g'(z), \quad z \in D \quad \textit{(Kettenregel).}$$

Wir beweisen die Kettenregel. Sei $c \in D$ fixiert. Man hat Gleichungen

$$g(z) - g(c) = (z - c)g_1(z), \quad h(w) - h(g(c)) = (w - g(c))h_1(w)$$

mit in c bzw. $g(c)$ *stetigen* Funktionen $g_1 : D \to \mathbb{C}$, $h_1 : D' \to \mathbb{C}$. Es folgt:

$$h(g(z)) - h(g(c)) = (z - c)h_1(g(z))g_1(z), \quad z \in D.$$

Da $h_1(g(z))$ in c stetig ist, so ist $h \circ g$ in c komplex differenzierbar, und es folgt: $(h \circ g)'(c) = h_1(g(c))g_1(c) = h'(g(c))g'(c)$. □

Der Leser vergleiche diesen Beweis mit dem klassischen, der den Differenzenquotienten benutzt und die „Division durch Null“ umgehen muß. Weiteres zum Carathéodoryschen Begriff der Differenzierbarkeit findet man bei St. KUHN: *The Derivative à la Carathéodory*, Amer. Math. Monthly 98, 40–44 (1991) sowie bei E. ACOSTA G. and C. DELGADO G.: Fréchet vs. Carathéodory, Amer. Math. Monthly 101, 332–338 (1994).

Auf Grund von Theorem 1.2.1 ist eine Funktion $f = u + iv$ genau dann holomorph im Bereich $D \subset \mathbb{C}$, wenn f überall in D reell differenzierbar ist und in D den Cauchy-Riemannschen Gleichungen $u_x = v_y$, $u_y = -v_x$ genügt. Die Differenzierbarkeitsvoraussetzungen lassen sich wesentlich abschwächen, so gilt z.B.:

Eine stetige Funktion $f : D \to \mathbb{C}$ ist bereits dann holomorph in D, wenn es durch jeden Punkt $c \in D$ zwei verschiedene Geraden L, L' gibt, so daß die Limiten

$$\lim_{z \in L, z \to c} \frac{f(z) - f(c)}{z - c}, \quad \lim_{z \in L', z \to c} \frac{f(z) - f(c)}{z - c}$$

existieren und gleich sind.

Dieser Satz stammt von D. MENCHOFF: *Sur la généralisation des conditions de Cauchy-Riemann*, Fund. Math. 25, 59–97 (1935).

Als Spezialfall gewinnt man:

Eine stetige Funktion $f : D \to \mathbb{C}$ ist bereits dann holomorph in D, wenn überall in D die partiellen Ableitungen u_x, u_y, v_x, v_y der reellen Funktionen $u := \operatorname{Re} f$ und $v := \operatorname{Im} f$ existieren und in ganz D die Cauchy-Riemannschen Gleichungen $u_x = v_y$, $u_y = -v_x$ gelten.

Dies ist der sog. Satz von LOOMAN-MENCHOFF. Auf die Voraussetzung der Stetigkeit von f kann nicht ersatzlos verzichtet werden: Die Funktion

$$f(z) := \exp(-1/z^4) \quad \text{für } z \in \mathbb{C}^\times,\ f(0) := 0,$$

ist im Nullpunkt nicht holomorph.

Elementare Beweise der Sätze von MENCHOFF und LOOMAN-MENCHOFF und Verallgemeinerungen findet man bei K. MEIER: *Zum Satz von Looman-Menchoff*, Comm. Math. Helv. 25, 181–185 (1951). Zu diesem Themenkreis vergleiche man auch J.D. GRAY und S.A. MORRIS: *When is a function that satisfies the Cauchy-Riemann equations analytic?*, Amer. Math. Monthly 85, 246–256 (1978).

Das Beispiel

$$f(z) := z^5/|z|^4 \quad \text{für } z \in \mathbb{C}^\times,\ f(0) := 0,$$

zeigt, daß Stetigkeit überall und Gültigkeit der Cauchy-Riemannschen Gleichungen in einem Punkt c nicht ausreichen, um komplexe Differenzierbarkeit in c zu garantieren.

1.3.2 Die $\mathbb{C}$-Algebra $\mathcal{O}(D)$

Aus den Differentiationsregeln ergibt sich direkt:

Für jeden Bereich D in $\mathbb{C}$ ist *die Menge* $\mathcal{O}(D)$ der in D holomorphen Funktionen *eine* $\mathbb{C}$*-Unteralgebra der* $\mathbb{C}$*-Algebra* $\mathcal{C}(D)$. Eine Funktion $e \in \mathcal{O}(D)$ ist genau dann eine Einheit in $\mathcal{O}(D)$, wenn e *nullstellenfrei* in D ist.

Für die Exponentialfunktion $\widetilde{e}(z)$ bzw. die Logarithmusfunktion $\widetilde{\ell}(z)$ der Beispiele 2., 3. aus 1.2.3 gilt: $\widetilde{e}(z) \in \mathcal{O}(\mathbb{C})$ und $\widetilde{\ell}(z) \in \mathcal{O}(\mathbb{C}\setminus\text{imaginäre Achse})$.

Die $\mathbb{C}$-Algebra $\mathcal{O}(D)$ enthält im Gegensatz zu $\mathcal{C}(D)$ mit f i.allg. nicht die konjugierte Funktion $\overline{f}$; wir sahen z.B. $z \in \mathcal{O}(\mathbb{C})$, aber $\overline{z} \notin \mathcal{O}(\mathbb{C})$. Mit $f \in \mathcal{O}(D)$ gilt i.allg. auch nicht $\operatorname{Re} f \in \mathcal{O}(D)$ oder $\operatorname{Im} f \in \mathcal{O}(D)$ oder $|f| \in \mathcal{O}(D)$; z.B. sind $\operatorname{Re} z$, $\operatorname{Im} z$ und $|z|$ nirgends in $\mathbb{C}$ komplex differenzierbar.

Jedes *Polynom* in z ist *holomorph* in $\mathbb{C}$; jede rationale Funktion (=*Quotient von Polynomen*) ist in $\mathbb{C}$ *außerhalb der Nullstellen des Nenners holomorph.* Weitere Beispiele holomorpher Funktionen lassen sich *nur durch Limesprozesse* und also nicht mehr elementar gewinnen; wir werden in 4.3.2 sehen, daß Potenzreihen in ihrem Konvergenzkreis ein unerschöpfliches Reservoir für holomorphe Funktionen bilden.

Ist f eine in D holomorphe Funktion, so kann man in D eine neue Funktion

$$f' : D \to \mathbb{C}, \quad z \mapsto f'(z)$$

definieren. Man nennt f' die (erste) Ableitung von f in D. Erinnert man sich an reelle Funktionen wie $x|x|$, so ist nicht zu erwarten, daß f' wiederum holomorph in D ist. Ein fundamentaler Satz der Funktionentheorie, den wir erst in 7.4.1 aus der Cauchyschen Integralformel gewinnen werden, besagt jedoch, daß *mit* f *auch stets* f' *holomorph in* D ist; insbesondere erweist sich dann jede in D holomorphe Funktion als *unendlich oft differenzierbar in* D, d.h. es existieren alle Ableitungen $f', \ldots, f^{(m)}, \ldots$. Dabei versteht man wie im Reellen unter der m-ten Ableitung $f^{(m)}$ von f (falls vorhanden) die erste Ableitung von $f^{(m-1)}$, $m = 1, 2, \ldots$; also $f^{(0)} := f$, $f^{(m)} := (f^{(m-1)})'$. Wie im Reellen beweist man die Leibnizsche Produktregel für höhere Ableitungen:

$$(f \cdot g)^{(m)} = \sum_{k+l=m} \frac{m!}{k!l!} f^{(k)} g^{(l)}.$$

1.3.3 Charakterisierung lokal-konstanter Funktionen

Satz 1.3.4. *Folgende Aussagen über eine Funktion $f : D \to \mathbb{C}$ sind äquivalent:*

i) f ist lokal-konstant in D.
ii) f ist holomorph in D, und es gilt $f'(z) = 0$ für alle $z \in D$.

Beweis (1. Beweis). Es ist nur ii)⇒i) zu verifizieren. Sei $f = u + iv$. Da $f' = u_x + iv_x$ und $u_x = v_y$, $v_x = -u_y$, so gilt $u_x(z) = u_y(z) = 0$ und $v_x(z) = v_y(z) = 0$ für alle $z \in D$. Nach einem bekannten Satz der reellen Analysis sind dann u und v und damit f lokal-konstant in D. □

Der eben benutzte Satz aus dem Reellen wird dort auf die aus dem 1. Mittelwertsatz folgende Aussage zurückgeführt, daß in offenen Mengen von $\mathbb{R}^2$ differenzierbare reelle Funktionen lokal-konstant sind, wenn ihre Ableitungen überall null sind. Man kann ii)⇒i) auch direkt verifizieren:

Beweis (2. Beweis). Es sei $B = B_r(b) \subset D$ irgendein Kreis und $z \in B$ beliebig. Bei vorgegebenem $\varepsilon > 0$ gibt es zu jedem Punkt c auf der Strecke L von b nach z einen Kreis $B_\delta(c) \subset D$, $\delta = \delta(c) > 0$. so daß gilt (vgl. 1.1.1 und beachte $f' \equiv 0$):

$$|f(w) - f(c)| \le \varepsilon|w - c| \quad \text{für alle } w \in B_\delta(c).$$

Da endlich viele dieser Kreise $B_\delta(c)$ bereits das Kompaktum L überdecken, gibt es aufeinanderfolgende Punkte $z_0 = b, z_1, \ldots, z_n = z$ auf L, so daß

$$|f(z_\nu) - f(z_{\nu-1})| \le \varepsilon|z_\nu - z_{\nu-1}|, \quad 1 \le \nu \le n.$$

Es folgt

$$\begin{aligned} |f(z) - f(b)| &= \left|\sum_1^n [f(z_\nu) - f(z_{\nu-1})]\right| \le \sum_1^n |f(z_\nu) - f(z_{\nu-1})| \\ &\le \varepsilon \sum_1^n |z_\nu - z_{\nu-1}| = \varepsilon|z - b|. \end{aligned}$$

Da $\varepsilon > 0$ beliebig ist, folgt $f(z) = f(b)$ für $z \in B$, d.h. $f|B$ ist konstant. □

In der Integralrechnung (vgl. 6.4.2) werden wir mittels Stammfunktionen einen dritten Beweis des soeben hergeleiteten Satzes geben. Unser Resultat läßt sich auf Grund von 0.6.1 auch so aussprechen:

Ist G ein Gebiet in $\mathbb{C}$, so ist eine Funktion $f : G \to \mathbb{C}$ genau dann konstant in G, wenn f holomorph in G ist und f' überall verschwindet.

Wir illustrieren das Resultat dieses Abschnittes an zwei Beispielen.

1. *Jede in D holomorphe Funktion f, die nur reelle bzw. nur rein imaginäre Werte annimmt, ist lokal-konstant in D.*

Beweis. Falls $u = \operatorname{Re} f = f$, so gilt $v = \operatorname{Im} f = 0$, und es folgt auf Grund der Cauchy-Riemannschen Gleichungen $u_x = v_y = 0$, $v_x = 0$, also $f' = u_x + \mathrm{i}v_x = 0$ in D. Mithin ist f lokal-konstant in D. Den Fall $\mathrm{i}\operatorname{Im} f = f$ führt man durch Übergang zu $\mathrm{i}f$ auf den Fall $\operatorname{Re} f = f$ zurück. □

2. *Jede in D holomorphe Funktion $f = u + \mathrm{i}v$, die für alle $z \in D$ der Gleichung $|f(z)| = 1$ genügt, ist lokal-konstant in D.*

Beweis. Aus $u^2 + v^2 = 1$ folgt $uu_y + vv_y = 0$, also $uv_x = vv_y$ wegen $u_y = -v_x$. Da auch $uu_x + vv_x = 0$ und $u_x = v_y$, so folgt

$$0 = u^2u_x + vuv_x = u^2u_x + v^2v_y = (u^2 + v^2)u_x = u_x.$$

Analog zeigt man $v_x = 0$. Man sieht $f' = u_x + \mathrm{i}v_x = 0$ in D, so daß f in D lokal-konstant ist. □

In 8.5.1 werden wir den Offenheitssatz für holomorphe Funktionen beweisen, der beide Beispiele als Trivialfälle enthält.

1.3.4 Historisches zur Notation

Die Redeweise „holomorph in D" für „überall komplex differenzierbar in D" hat sich in der deutschen Literatur erst in den letzten Jahrzehnten durchgesetzt. In älteren Lehrbüchern (z.B. KNOPP [14]) spricht man von *regulären* bzw. *analytischen* Funktionen. Das Wort „holomorph" wurde 1875 von BRIOT und BOUQUET eingeführt, [BB], 2. Aufl., S. 14; in ihrer 1. Auflage benutzen BRIOT und BOUQUET die auf CAUCHY zurückgehende Bezeichnung „synectisch" statt „holomorph" (vgl. S. 3, 7 und 11).

CAUCHY hat übrigens noch 1851 keine genaue Definition der Funktionenklasse gegeben, für die seine Theorie Gültigkeit hatte. „La théorie des fonctions de variables imaginaires présente des questions délicates qu'il importait de résoudre...", so beginnt eine CR-Note des Titels *Sur les fonctions de variables imaginaires* vom 10. Februar 1851 (Œuvres 11, 1. Ser., 301–304).

Die Schreibweise $\mathcal{O}(D)$ wird – etwa ab 1952 – von der französischen Schule um Henri CARTAN vor allem in der Funktionentheorie mehrerer Variabler verwendet. Es wird manchmal gesagt, daß $\mathcal{O}$ zu Ehren des großen japanischen Mathematikers OKA gewählt wurde, es wird gelegentlich sogar behauptet, daß $\mathcal{O}$ die französische Aussprache des Wortes *holomorph* reflektiert. Indessen war die Wahl des Symbols $\mathcal{O}$ rein zufällig. In einem Brief vom 22. März 1982 an den Autor dieses Buches schreibt H. CARTAN: „Je m'étais simplement inspiré d'une notation utilisée par van der Waerden dans son classique traité ‚Moderne Algebra' (cf. par exemple § 16 de la 2e édition allemande, p. 52)."

Aufgaben

In den ersten drei Aufgaben seien $G \subset \mathbb{C}$ ein Gebiet und $f = u + \mathrm{i}v \in \mathcal{O}(G)$.

1. Wann gilt $u^2 + \mathrm{i}v^2 \in \mathcal{O}(G)$?
2. Gibt es Zahlen $a, b \in \mathbb{C}$, die nicht beide gleich 0 sind und für die $au(z) + bv(z)$ in G konstant ist, so ist schon f konstant.
3. Gilt $u = h \circ v$ mit einer differenzierbaren Funktion $h : \mathbb{R} \to \mathbb{R}$, so ist f konstant.
4. Es seien D, D' Bereiche in $\mathbb{C}$, $g : D \to \mathbb{C}$ stetig mit $g(D) \subset D'$. Weiter sei $h \in \mathcal{O}(D')$. Zeigen Sie: Hat h' keine Nullstelle in $g(D)$ und ist $h \circ g$ holomorph in D, so ist g holomorph in D.
   Hinweis: Betrachten Sie für festes $c \in D$ die $\mathbb{C}$-Linearisierung von $h \circ g$ bzw. h in c bzw. $g(c)$.

1.4 Partielle Differentiation nach x, y, z und $\overline{z}$

Ist $f : D \to \mathbb{C}$ in $c \in D$ reell differenzierbar, so darf man in

$$\lim_{h \to 0} \frac{|f(c+h) - f(c) - T(h)|}{|h|} = 0$$

von den Absolutbeträgen zu den Werten selbst übergehen (in der allgemeinen Theorie ist das nicht möglich, da Vektoren des $\mathbb{R}^m$ nicht durch Vektoren des $\mathbb{R}^n$ dividierbar sind). Damit hat man, wenn man $z = c + h$ setzt,

Satz 1.4.1 (Differenzierbarkeitskriterium). *Genau dann ist $f : D \to \mathbb{C}$ reell differenzierbar in c, wenn es eine (eindeutig bestimmte) $\mathbb{R}$-lineare Abbildung $T : \mathbb{C} \to \mathbb{C}$ und eine in c stetige Funktion $\widehat{f} : D \to \mathbb{C}$ gibt, so daß gilt:*

$$f(z) = f(c) + T(h) + h\widehat{f}(z) \quad \textit{mit } \widehat{f}(c) = 0.$$

Schreibt man nun das $\mathbb{R}$-lineare Differential

$$T(h) = \begin{pmatrix} u_x(c) & u_y(c) \\ v_x(c) & v_y(c) \end{pmatrix} \begin{pmatrix} \operatorname{Re} h \\ \operatorname{Im} h \end{pmatrix}$$

von $f = u + \mathrm{i}v$ in c in der Form

$$T(h) = T(1) \operatorname{Re} h + T(\mathrm{i}) \operatorname{Im} h \tag{1.3}$$

oder in der Gestalt

$$T(h) = \lambda h + \mu \overline{h}, \tag{1.4}$$

so wird man nahezu automatisch dazu geführt, neben den partiellen Ableitungen von u, v nach x und y noch partielle Ableitungen von f selbst nach x und y und weiter gar nach z und $\overline{z}$ einzuführen (Abschnitt 1). Da zwischen den Größen $u_x(c), \ldots, v_y(c), T(1), T(\mathrm{i}), \lambda, \mu$ nach 0.1.3 die Gleichungen

$$\begin{aligned} T(1) &= u_x(c) + \mathrm{i}v_x(c) \qquad & T(\mathrm{i}) &= u_y(c) + \mathrm{i}v_y(c) \\ \lambda &= \tfrac{1}{2}(T(1) - \mathrm{i}T(\mathrm{i})) \qquad & \mu &= \tfrac{1}{2}(T(1) + \mathrm{i}T(\mathrm{i})) \end{aligned} \tag{1.5}$$

bestehen, so gewinnt man unmittelbar Identitäten zwischen diesen *formal eingeführten* Ableitungen von f und den vertrauten Ableitungen von u und v.

Es sei betont, daß dieser Paragraph weitgehend aus Termumformungen besteht, wodurch vorangehende Resultate lediglich neu interpretiert werden.

1.4.1 Die partiellen Ableitungen f_x, f_y, f_z, $f_{\overline{z}}$

Ist f reell differenzierbar in c, und ist $T = Tf(c)$ das Differential von f in c, so heißen die gemäß (1.3) bzw. (1.4) gebildeten Zahlen

$$f_x(c) := \frac{\partial f}{\partial x}(c) := T(1), \qquad f_y(c) := \frac{\partial f}{\partial y}(c) := T(\mathrm{i});$$
$$f_z(c) := \frac{\partial f}{\partial z}(c) := \lambda \qquad f_{\overline{z}}(c) := \frac{\partial f}{\partial \overline{z}}(c) := \mu$$

die *partiellen Ableitungen von f nach x bzw. y bzw. z bzw. $\overline{z}$ in* c; es gilt also:

$$Tf(c)(h) = f_x(c)\operatorname{Re} h + f_y(c)\operatorname{Im} h = f_z(c)h + f_{\overline{z}}(c)\overline{h} = \begin{pmatrix} u_x(c) & u_y(c) \\ v_x(c) & v_y(c) \end{pmatrix} \begin{pmatrix} \operatorname{Re} h \\ \operatorname{Im} h \end{pmatrix}.$$

Es gibt eine gute Motivation für die gewählten Symbole f_x, f_y, f_z, $f_{\overline{z}}$.

Satz 1.4.2. *Folgende Aussagen über $f : D \to \mathbb{C}$ sind äquivalent:*

i) f ist reell differenzierbar in $c = a + \mathrm{i}b$.

ii) Es gibt in c stetige Funktionen $\widehat{f}_1, \widehat{f}_2 : D \to \mathbb{C}$, so daß

$$f(z) = f(c) + (z - c)\widehat{f}_1(z) + (\overline{z} - \overline{c})\widehat{f}_2(z) \quad \textit{für alle } z \in D.$$

iii) Es gibt in c stetige Funktionen $f_1, f_2 : D \to \mathbb{C}$, so daß

$$f(z) = f(c) + (x - a)f_1(z) + (y - b)f_2(z) \quad \textit{für alle } z \in D.$$

Sind diese Bedingungen erfüllt, so gilt:

$$f_z(c) = \widehat{f}_1(c), \quad f_{\overline{z}}(c) = \widehat{f}_2(c), \quad f_x(c) = f_1(c), \quad f_y(c) = f_2(c).$$

Beweis. i)⇒ii): Die Gleichung $f(z) = f(c) + T(z - c) + (z - c)\widehat{f}(z)$ des Differenzierbarkeitskriteriums liefert die Behauptung, wenn man T in der Form $Th = \lambda h + \mu\overline{h}$ schreibt und setzt: $\widehat{f}_1(z) := \lambda + \widehat{f}(z)$, $\widehat{f}_2(z) := \mu$.

ii)⇒iii): Man setze $f_1 := \widehat{f}_1 + \widehat{f}_2$, $f_2 := \mathrm{i}(\widehat{f}_1 - \widehat{f}_2)$ und beachte $z - c = x - a + \mathrm{i}(y - b)$.

iii)⇒i): Die Abbildung $T(h) := f_1(c)\operatorname{Re} h + f_2(c)\operatorname{Im} h$ ist $\mathbb{R}$-linear. Wir definieren $\widehat{f} : D \to \mathbb{C}$ durch $\widehat{f}(c) := 0$,

$$\widehat{f}(z) := \frac{(x-a)(f_1(z)-f_1(c))+(y-b)(f_2(z)-f_2(c))}{z-c} \quad \text{für } z \neq c.$$

Da $|x-a| \leq |z-c|$ und $|y-b| \leq |z-c|$, so folgt

$$|\widehat{f}(z)| \leq |f_1(z)-f_1(c)| + |f_2(z)-f_2(c)| \quad \text{für } z \in D \setminus \{c\}.$$

Mithin ist $\widehat{f}$ stetig in c, und es gilt: $f(z) = f(c) + T(z-c) + (z-c)\widehat{f}(z)$. □

1.4.2 Beziehungen zwischen den Ableitungen u_x, u_y, v_x, v_y, f_x, f_y, f_z, $f_{\overline{z}}$

Wir betrachten Funktionen $f : D \to \mathbb{C}$, die in D reell differenzierbar sind. Dann sind in D die acht partiellen Ableitungen u_x, u_y, v_x, v_y, f_x, f_y, f_z, $f_{\overline{z}}$ wohldefiniert. Aus den Gleichungen (1.5) der Einleitung dieses Paragraphen folgen unmittelbar die vier Identitäten

$$f_x = u_x + \mathrm{i}v_x, \quad f_y = u_y + \mathrm{i}v_y, \quad f_z = \tfrac{1}{2}(f_x - \mathrm{i}f_y), \quad f_{\overline{z}} = \tfrac{1}{2}(f_x + \mathrm{i}f_y). \tag{1.6}$$

Die Gleichungen für f_x und f_y überraschen wegen $f = u + iv$ kaum. Die zunächst merkwürdig anmutenden Gleichungen für f_z und $f_{\overline{z}}$ werden besser verstanden und mnemotechnisch einprägsam, wenn man $f = f(x,y)$ vermöge $x = \frac{1}{2}(z+\overline{z})$, $y = -\frac{\mathrm{i}}{2}(z-\overline{z})$ als Funktion in z und $\overline{z}$ auffaßt und *so tut, als ob z, $\overline{z}$ unabhängige Variable seien*: die formalen Differentiationsregeln würden dann

$$\frac{\partial x}{\partial z} = \frac{\partial x}{\partial \overline{z}} = \frac{1}{2}, \quad \frac{\partial y}{\partial z} = -\frac{\mathrm{i}}{2}, \quad \frac{\partial y}{\partial \overline{z}} = \frac{\mathrm{i}}{2}$$

und weiter (Kettenregel!) implizieren:

$$f_z = \frac{\partial f}{\partial x}\frac{\partial x}{\partial z} + \frac{\partial f}{\partial y}\frac{\partial y}{\partial z} = \frac{1}{2}f_x - \frac{\mathrm{i}}{2}f_y;$$
$$f_{\overline{z}} = \frac{\partial f}{\partial x}\frac{\partial x}{\partial \overline{z}} + \frac{\partial f}{\partial y}\frac{\partial y}{\partial \overline{z}} = \frac{1}{2}f_x + \frac{\mathrm{i}}{2}f_y.$$

□

Aus den Gleichungen (1.6) erhält man „Umkehrformeln“

$$\begin{aligned} u_x &= \tfrac{1}{2}(f_x + \overline{f_x}), & u_y &= \tfrac{1}{2}(f_y + \overline{f_y}), \\ v_x &= \tfrac{1}{2\mathrm{i}}(f_x - \overline{f_x}), & v_y &= \tfrac{1}{2\mathrm{i}}(f_y - \overline{f_y}), \\ f_x &= f_z + f_{\overline{z}}, & f_y &= \mathrm{i}(f_z - f_{\overline{z}}). \end{aligned} \tag{1.7}$$

Wegen Einzelheiten zum Differentialkalkül bez. z und $\overline{z}$ vergleiche Abschnitt 4.

1.4.3 Die Cauchy-Riemannsche Differentialgleichung $\frac{\partial f}{\partial \overline{z}} = 0$

In 1.1.2 haben wir für holomorphe Funktionen $f = u + iv$ die Cauchy-Riemannschen Gleichungen $u_x = v_y$, $u_y = -v_x$ aus der Identität $f' = u_x + iv_x = i^{-1}(u_y + iv_y)$ gewonnen. Diese Formel läßt sich nun auch so schreiben:

$$f' = f_x = i^{-1} f_y, \quad \text{falls } f \in \mathcal{O}(D);$$

die Bedingung für Holomorphie wird alsdann durch die eine Gleichung

$$if_x = f_y$$

ausgedrückt[3]. Benutzt man die Ableitungen f_z, $f_{\overline{z}}$, so sieht man:

Satz 1.4.3. *Genau dann ist eine in D reell differenzierbare Funktion $f : D \to \mathbb{C}$ holomorph in D, wenn für alle $c \in D$ gilt:*

$$\frac{\partial f}{\partial \overline{z}}(c) = 0.$$

Alsdann ist $\frac{\partial f}{\partial z}$ die Ableitung f' von f in D.

Dies ist nichts anderes als die Äquivalenz i)⇔iii) von Theorem 1.2.1. Natürlich folgt die Behauptung auch unmittelbar aus Satz 1.4.2. □

Für die zu f konjugierte Funktion $\overline{f} = u - iv$ sind $u_x = -v_y$ und $u_y = v_x$ die Cauchy-Riemannschen Gleichungen, sie lassen sich als *eine* Gleichung $f_z = 0$ schreiben (Beweis!). Es folgt $\overline{f}'(c) = \overline{f_{\overline{z}}(c)}$ für $c \in D$, damit gilt (unter den gleichen Voraussetzungen wie im Satz):

Genau dann ist $\overline{f} : D \to \mathbb{C}$ holomorph in D, wenn $f_z \equiv 0$ in D; alsdann ist $\overline{f_{\overline{z}}(c)}$ die Ableitung von $\overline{f}$ in $c \in D$.

Diese Aussage folgt auch leicht aus Satz 1.4.2.

1.4.4 Kalkül der Differentialoperatoren $\frac{\partial}{\partial z}$ und $\frac{\partial}{\partial \overline{z}}$

Die entwickelte Theorie wird besonders elegant, wenn man konsequent die partielle *Differentiation nach z und nach $\overline{z}$ benutzt.* Dieser für die klassische Funktionentheorie weitgehend irrelevante Differentiationskalkül ist ungewöhnlich faszinierend; er geht auf H. Poincaré zurück und wurde vor allem von W. Wirtinger ausgebaut; in der deutschsprachigen Literatur spricht man häufig vom *Wirtingerkalkül.* In der Funktionentheorie mehrerer Veränderlicher ist der Kalkül unentbehrlich.

Neben den geläufigen „reellen“ Differentialoperatoren $\frac{\partial}{\partial x}$ und $\frac{\partial}{\partial y}$ führt man, motiviert durch die Formeln

[3] Bereits Riemann faßte 1857 in seiner Arbeit *Theorie der Abelschen Functionen* die beiden Differentialgleichungen $u_x = v_y$ und $u_y = -v_x$ zu der einen Gleichung $i\frac{\partial w}{\partial x} = \frac{\partial w}{\partial y}$ zusammen (vgl. Werke, S. 88), wobei $w = u + iv$.

$$\frac{\partial f}{\partial z} = \frac{1}{2}\left(\frac{\partial f}{\partial x} - \mathrm{i}\frac{\partial f}{\partial y}\right), \quad \frac{\partial f}{\partial \overline{z}} = \frac{1}{2}\left(\frac{\partial f}{\partial x} + \mathrm{i}\frac{\partial f}{\partial y}\right),$$

die „komplexen" Differentialoperatoren

$$\frac{\partial}{\partial z} := \frac{1}{2}\left(\frac{\partial}{\partial x} - \mathrm{i}\frac{\partial}{\partial y}\right), \quad \frac{\partial}{\partial \overline{z}} = \frac{1}{2}\left(\frac{\partial}{\partial x} + \mathrm{i}\frac{\partial}{\partial y}\right)$$

ein. Dann gelten die Gleichungen

$$\frac{\partial}{\partial x} = \frac{\partial}{\partial z} + \frac{\partial}{\partial \overline{z}}, \quad \frac{\partial}{\partial y} = \mathrm{i}\left(\frac{\partial}{\partial z} - \frac{\partial}{\partial \overline{z}}\right).$$

Der Differentiationskalkül für $\frac{\partial}{\partial z}$, $\frac{\partial}{\partial \overline{z}}$ beruht auf der (zunächst absurd klingenden)

These *Beim Differenzieren nach den konjugiert komplexen Variablen z und $\overline{z}$ darf man so tun, als ob z und $\overline{z}$ voneinander unabhängige Variable seien.*

Die Cauchy-Riemannsche Gleichung $\frac{\partial f}{\partial \overline{z}} = 0$ wird so gedeutet:

Holomorphe Funktionen sind unabhängig von $\overline{z}$ und hängen allein von z ab.

Hat man sich erst einmal von der Korrektheit und der Kraft des Kalküls überzeugt und beherrscht man ihn, so fühlt man sich an Jacobis Worte über die Bedeutung von Algorithmen erinnert (vgl. A. KNESER: EULER *und die Variationsrechnung*, Festschrift zur Feier des 200. Geburtstages Leonhard Eulers, Teubner Verlag 1907, S. 24): „da es nämlich in der Mathematik darauf ankommt, Schlüsse auf Schlüsse zu häufen, so wird es gut sein, so viele Schlüsse als möglich in ein Zeichen zusammenzuhäufen. Denn hat man dann ein für alle Mal den Sinn der Operation ergründet, so wird der sinnliche Anblick des Zeichens das ganze Räsonnement ersetzen, das man früher bei jeder Gelegenheit wieder von vorn anfangen mußte".

Differentiation nach z und $\overline{z}$ geschieht formal nach den gleichen Rechenregeln wie gewöhnliche partielle Differentiation. Wir bezeichnen mit f, g reell differenzierbare Funktionen $D \to \mathbb{C}$ und behaupten:

1. *$\partial/\partial z$ und $\partial/\partial \overline{z}$ sind $\mathbb{C}$-lineare Abbildungen (Summenregel), für welche die Produktregel und die Quotientenregel gelten.*
2. *$\partial f/\partial \overline{z} = \overline{\partial \overline{f}/\partial z}$, $\partial \overline{f}/\partial \overline{z} = \overline{\partial f/\partial z}$.*
3. *$f \in \mathcal{O}(D) \Leftrightarrow \partial f/\partial \overline{z} = 0$ und $\partial f/\partial z = f'$; $\overline{f} \in \mathcal{O}(D) \Leftrightarrow \partial f/\partial z = 0$ und $\partial \overline{f}/\partial \overline{z} = \overline{f}'$.*

Beweis. ad 1) Wir sagen nur etwas zu den Produktregeln $\frac{\partial (fg)}{\partial z} = \frac{\partial f}{\partial z} g + f \frac{\partial g}{\partial z}$ und $\frac{\partial (fg)}{\partial \overline{z}} = \frac{\partial f}{\partial \overline{z}} g + f \frac{\partial g}{\partial \overline{z}}$. Sei $c \in D$. Nach Satz 1.4.2 bestehen Gleichungen

$$f(z) = f(c) + (z - c)f_1(z) + (\overline{z} - \overline{c})f_2(z),$$
$$g(z) = g(c) + (z - c)g_1(z) + (\overline{z} - \overline{c})g_2(z)$$

mit in c stetigen Funktionen f_1, f_2, g_1, g_2. Es folgt (wobei wir kurz f_1 statt $f_1(z)$ usw. schreiben):

$$f(z)g(z) = f(c)g(c) + (z - c)[f_1 g(c) + f(c)g_1 + (z - c)f_1 g_1 + (\overline{z} - \overline{c})f_1 g_2]$$
$$+(\overline{z} - \overline{c})[f_2 g(c) + f(c)g_2 + (\overline{z} - \overline{c})f_2 g_2 + (z - c)f_2 g_1].$$

Da rechts alle Funktionen stetig in c sind, folgen die Produktregeln.

ad 2) Aus $f = f(c) + (z-c)f_1 + (\overline{z}-\overline{c})f_2$ folgt $\overline{f} = \overline{f(c)} + (\overline{z}-\overline{c})\overline{f_1} + (z-c)\overline{f_2}$. Da mit f_1, f_2 auch $\overline{f_1}$, $\overline{f_2}$ stetig in $c \in D$ sind, folgt die Behauptung.

ad 3) Die erste Aussage folgt aus Satz 1.4.3, die zweite Aussage folgt dann aus (2). □

Bemerkung. Produkt- und Quotientenregel lassen sich natürlich auch mit Hilfe der Transformationsgleichungen aus 1.4.2 zwischen f_z, $f_{\overline{z}}$ und f_x, f_y auf die entsprechenden Regeln für partielle Differentiation nach x, y zurückführen. Die Rechnungen werden aber unbequem; überdies würde ein solches Vorgehen nicht recht verständlich machen, warum $\partial/\partial z$ und $\partial/\partial\overline{z}$ sich wie partielle Ableitungen verhalten. □

Die Kettenregeln lauten wie folgt:

4. *Sind $g : D \to \mathbb{C}$, $h : D' \to \mathbb{C}$ reell differenzierbar in D bzw. D' und gilt $g(D) \subset D'$, so ist auch $h \circ g : D \to \mathbb{C}$ reell differenzierbar; für alle $c \in D$ gilt (mit w als Variabler in D'):*

$$\frac{\partial(h \circ g)}{\partial z}(c) = \frac{\partial h}{\partial w}(g(c)) \cdot \frac{\partial g}{\partial z}(c) + \frac{\partial h}{\partial \overline{w}}(g(c)) \cdot \frac{\partial \overline{g}}{\partial z}(c),$$
$$\frac{\partial(h \circ g)}{\partial \overline{z}}(c) = \frac{\partial h}{\partial w}(g(c)) \cdot \frac{\partial g}{\partial \overline{z}}(c) + \frac{\partial h}{\partial \overline{w}}(g(c)) \cdot \frac{\partial \overline{g}}{\partial \overline{z}}(c).$$

Auch jetzt ist der bequemste Beweis wieder der durch Simulation des reellen Beweises mittels Satz 1.4.2; wir verzichten auf die Details. □

Man kann natürlich auch *gemischte höhere partielle Ableitungen* wie

$$f_{xx}, f_{xy}, \ldots, f_{zz} := \partial^2 f/\partial z^2, \quad f_{z\overline{z}} := \partial^2 f/\partial z \partial\overline{z}$$

betrachten.

5. *Ist $f : D \to \mathbb{C}$ zweimal stetig differenzierbar nach x und y, so gilt*

$$\frac{\partial^2 f}{\partial z \partial \overline{z}} = \frac{\partial^2 f}{\partial \overline{z} \partial z},$$

oder

$$f_{z\overline{z}} = f_{\overline{z}z} = \tfrac{1}{4}(f_{xx} + f_{yy}).$$

Beweis. Es genügt, den Fall einer reellen Funktion $f = u$ zu betrachten. Aus $2u_z = u_x - \mathrm{i}u_y$ folgt, wenn man u.a. $u_{xy} = u_{yx}$ beachtet:

$$4\frac{\partial^2 u}{\partial z \partial \overline{z}} = 2u_{x\overline{z}} - 2\mathrm{i}u_{y\overline{z}} = u_{xx} + \mathrm{i}u_{xy} - \mathrm{i}(u_{yx} + \mathrm{i}u_{yy}) = u_{xx} + u_{yy}.$$

Analog folgt $4\frac{\partial^2 u}{\partial \overline{z} \partial z} = u_{xx} + u_{yy}$. □

Wir beenden unsere Überlegungen zum Wirtingerkalkül mit einer amüsanten funktionentheoretischen Anwendung. Wir zeigen vorab:

Sind f, g zweimal komplex differenzierbar in D, so gilt:

$$\frac{\partial^2 (f \cdot \overline{g})}{\partial z \partial \overline{z}} = f' \cdot \overline{g'} \quad \textit{in } D.$$

Beweis. Es gilt $\frac{\partial}{\partial z}(f\overline{g}) = \frac{\partial}{\partial z}f \cdot \overline{g} + f \cdot \frac{\partial}{\partial z}\overline{g} = f'\overline{g} + f\overline{\frac{\partial}{\partial \overline{z}}g} = f'\overline{g}$ wegen $f, g \in \mathcal{O}(D)$. Da $f' \in \mathcal{O}(D)$, so folgt weiter

$$\frac{\partial^2(f\overline{g})}{\partial z \partial \overline{z}} = \frac{\partial}{\partial \overline{z}}(f'\overline{g}) = \frac{\partial}{\partial \overline{z}}f' \cdot \overline{g} + f'\frac{\partial}{\partial \overline{z}}\overline{g} = f'\overline{\frac{\partial}{\partial z}g} = f'\overline{g'}.$$

□

Nunmehr ergibt sich ein nicht auf der Hand liegender Satz.

Sind $f_1, f_2, \ldots, f_n$ zweimal komplex differenzierbar in D, und ist die Funktion $|f_1(z)|^2 + |f_2(z)|^2 + \cdots + |f_n(z)|^2$ lokal konstant in D, so ist bereits jede Funktion $f_1, f_2, \ldots, f_n$ lokal konstant in D.

Beweis. Wegen der lokalen Konstanz gilt $0 = \frac{\partial^2}{\partial z \partial \overline{z}}\left(\sum_1^n f_\nu \overline{f_\nu}\right) = \sum_1^n f'_\nu \overline{f'_\nu}$. Da $f'_\nu \overline{f'_\nu} \geq 0$, so folgt: $f'_\nu = 0$ in D. Nach 1.3.3 ist dann jede Funktion f_ν lokal konstant in D. □

Aufgaben

1. Sei $D \subset \mathbb{C}$ ein Bereich und $f : D \to \mathbb{C}$ reell differenzierbar. Existiert für $c \in D$ der Grenzwert $\lim_{h \to 0} \left|\frac{f(c+h)-f(c)}{h}\right|$, so ist f oder $\overline{f}$ in c komplex differenzierbar.
2. Bestimmen Sie alle Punkte der komplexen Ebene, in denen die Funktionen $|z|^2(|z|^2 - 2)$, $\sin(|z|^2)$, $z(z + \overline{z}^2)$ komplex differenzierbar sind.
3. Ist $f = u + iv$ reell differenzierbar im Bereich $D \subset \mathbb{C}$, so gilt für die Jacobische Funktionaldeterminante:

$$\det\begin{pmatrix} u_x & u_y \\ v_x & v_y \end{pmatrix} = \det\begin{pmatrix} \frac{\partial}{\partial z}f & \frac{\partial}{\partial \overline{z}}f \\ \frac{\partial}{\partial z}\overline{f} & \frac{\partial}{\partial \overline{z}}\overline{f} \end{pmatrix} = |f_z|^2 - |f_{\overline{z}}|^2.$$

2. Holomorphie und Winkeltreue. Biholomorphe Abbildungen

> Der Umstand, dass das Verständnis mehrerer Arbeiten Riemanns anfänglich nur einem kleinen Leserkreis zugänglich war, findet wohl darin seine Erklärung, dass RIEMANN es unterlassen hat, bei der Veröffentlichung seiner allgemeinen Untersuchungen das Eigenthümliche seiner Betrachtungsweise an der vollständigen Durchführung specieller Beispiele ausführlich zu erläutern (Hermann Amandus SCHWARZ 1869).

1. Die Aufgabe, längentreue bzw. winkeltreue Abbildungen zwischen Flächen im Raum $\mathbb{R}^3$ zu untersuchen, gehört zu den interessanten Fragestellungen der klassischen Differentialgeometrie. Das Problem ist wichtig für die Kartographie: jede Seite eines Atlas ist eine Abbildung eines Teils der Erd(kugel)oberfläche in die Ebene. Man weiß, daß es keine längentreuen Atlanten geben kann; hingegen gibt es sehr wohl winkeltreue Atlanten (z.B. durch stereographische Projektion). Das erste Ziel dieses Kapitels ist es zu zeigen, daß für Bereiche in der Ebene $\mathbb{R}^2 = \mathbb{C}$ winkeltreue Abbildungen und holomorphe Funktionen im wesentlichen dasselbe sind (Paragraph 1). Die Deutung holomorpher Funktionen als winkeltreue (=konforme) Abbildungen wurde vor allem von RIEMANN propagiert (vgl. 2.1.5); sie liefert die beste Möglichkeit, sich solche Funktionen „anschaulich vorzustellen". Man verfolgt im einzelnen, wie sich Wege unter solchen Abbildungen verhalten; die Invarianz der Schnittwinkel zwischen Wegen ermöglicht häufig eine gute Beschreibung der Funktion. „The conformal mapping associated with an analytic function affords an excellent visualization of the properties of the latter; it can well be compared with the visualization of a real function by its graph" (AHLFORS [1], S. 89).

2. Eine zentrale Rolle spielen in der Riemannschen Funktionentheorie die biholomorphen Abbildungen. Solche Abbildungen sind umkehrbar winkeltreu. Die Frage, ob zwei Bereiche D, D' in $\mathbb{C}$ *biholomorph äquivalent* sind, d.h. ob eine biholomorphe Abbildung $f : D \xrightarrow{\sim} D'$ existiert, hat sich – obwohl nur in seltenen Fällen lösbar – als äußerst fruchtbar erwiesen. Im Paragraphen 2 geben wir einige signifikante Beispiele von biholomorphen Abbildungen. Überraschend ist dabei, daß sich unter den uns bisher bekannten Beispielen holomorpher Funktionen bereits äußerst interessante biholomorphe Abbildungen verbergen: so zeigen wir u.a., daß eine so simple Funktion

wie $\frac{z-\mathrm{i}}{z+\mathrm{i}}$ die unbeschränkte obere Halbebene biholomorph auf die beschränkte Einheitskreisscheibe abbildet.

Die biholomorphen Abbildungen eines Bereiches D auf sich selbst bilden eine Gruppe, die sog. *Automorphismengruppe* $\operatorname{Aut} D$ von D. Die präzise Bestimmung dieser i.allg. nicht kommutativen Gruppe ist eine wichtige und reizvolle Aufgabe der Riemannschen Funktionentheorie, sie ist aber nur in Ausnahmefällen möglich. Im Paragraphen 3 wird gezeigt, daß sich unter den gebrochen linearen Funktionen $\frac{az+b}{cz+d}$ sowohl Automorphismen der oberen Halbebene als auch des Einheitskreises befinden. Diese Automorphismen sind so zahlreich, daß je zwei Punkte des betrachteten Gebietes durch sie ineinander überführt werden können. Diese sog. Homogenität wird später in 9.2.2 benutzt, um mittels des Schwarzschen Lemmas zu zeigen, daß alle Automorphismen der oberen Halbebene und des Einheitskreises gebrochen linear sind.

2.1 Holomorphe Funktionen und Winkeltreue

In 0.1.5 haben wir für $\mathbb{R}$-lineare Abbildungen $T : \mathbb{C} \to \mathbb{C}$ den Begriff der Winkeltreue eingeführt. Eine reell differenzierbare Abbildung $f : D \to \mathbb{C}$ heißt *winkeltreu im Punkt* $c \in D$, wenn ihr Differential $Tf(c) : \mathbb{C} \to \mathbb{C}$ winkeltreu ist; man nennt f *winkeltreu in* D *(schlechthin)*, wenn f in jedem Punkt von D winkeltreu ist. Auf die geometrische Interpretation dieses Begriffes gehen wir im Abschnitt 3 näher ein; zunächst zeigen wir, daß Winkeltreue und Holomorphie „fast" dasselbe sind.

2.1.1 Winkeltreue, Holomorphie und Antiholomorphie

Da alle Abbildungen $h \mapsto \lambda h$, $\lambda \neq 0$, und $h \mapsto \mu \overline{h}$, $\mu \neq 0$, nach Lemma 0.1.1 winkeltreu sind, so folgt unmittelbar:

Ist $f : D \to \mathbb{C}$ *bzw.* $\overline{f} : D \to \mathbb{C}$ *holomorph in* D *und gilt* $f'(c) \neq 0$ *bzw.* $\overline{f}'(c) \neq 0$ *für alle Punkte* $c \in D$, *so ist* f *winkeltreu in* D.

Beweis. Klar, da $Tf(c) : \mathbb{C} \to \mathbb{C}$, $h \mapsto f_z(c)h + f_{\overline{z}}(c)\overline{h}$ unter den getroffenen Voraussetzungen auf Grund von 1.4.3 die Form $h \mapsto f'(c)h$ oder $h \mapsto \overline{\overline{f}'(c)}\overline{h}$ hat. □

Eine Funktion $f : D \to \mathbb{C}$ heißt *antiholomorph in* D, wenn $\overline{f} : D \to \mathbb{C}$ holomorph in D ist; dies trifft genau dann zu, wenn $f_z(c) = 0$ für alle $c \in D$ gilt. *Holomorphe und antiholomorphe Funktionen mit nullstellenfreier Ableitung sind also winkeltreu.*

Um die Umkehrung zu beweisen, müssen wir f_z und $f_{\overline{z}}$ als stetig in D voraussetzen[1]. Solche Funktionen heißen *reell stetig differenzierbar in* D, sie sind insbesondere reell differenzierbar in D (vgl. 1.2.2). Um besonders einfach schließen zu können, betrachten wir nur Gebiete.

Satz 2.1.1. *Es sei G ein Gebiet in $\mathbb{C}$. Dann sind folgende Aussagen über eine reell stetig differenzierbare Funktion $f : G \to \mathbb{C}$ äquivalent:*

i) f ist holomorph in ganz G oder antiholomorph in ganz G, und es gilt $f'(z) \neq 0$ bzw. $\overline{f}'(z) \neq 0$ überall in G.
ii) f ist winkeltreu in G.

Beweis. Es ist nur ii)$\Rightarrow$i) zu zeigen. Das Differential

$$Tf(c) : \mathbb{C} \to \mathbb{C}, \quad h \mapsto f_z(c)h + f_{\overline{z}}(c)\overline{h}, \quad c \in G,$$

ist nach Lemma 0.1.1 genau dann winkeltreu, wenn gilt:

$$\textit{entweder} \quad f_{\overline{z}}(c) = 0 \textit{ und } f_z(c) \neq 0 \quad \textit{oder} \quad f_z(c) = 0 \textit{ und } f_{\overline{z}}(c) \neq 0.$$

Die Funktion

$$\frac{f_z(c) - f_{\overline{z}}(c)}{f_z(c) + f_{\overline{z}}(c)}, \quad c \in G,$$

ist somit in G wohldefiniert und nimmt nur die Werte 1 oder -1 an. Da diese Funktion nach Voraussetzung stetig in G ist, ist sie wegen des Zusammenhangs von G konstant. Dies bedeutet, daß entweder $f_{\overline{z}}$ überall in G und f_z nirgends in G verschwindet oder daß die Situation genau umgekehrt ist. □

Es ist klar, daß holomorphe bzw. antiholomorphe Abbildungen in den Nullstellen ihrer Ableitungen f_z bzw. $f_{\overline{z}}$ *nicht* winkeltreu sein können; so werden bei den Abbildungen $z \mapsto z^n$, $n > 1$, Winkel mit Scheitelpunkt im Nullpunkt ver-n-facht.

2.1.2 Winkel- und Orientierungstreue, Holomorphie

In der Funktionentheorie sind antiholomorphe Funktionen unwillkommen. Um sie in der Aussage i) des Satzes 2.1.1 auszuschließen, führt man den Begriff der Orientierungstreue ein. Eine in D reell differenzierbare Funktion $f = u + iv$ heißt *orientierungstreu in* $c \in D$, wenn die Funktionaldeterminante

$$\det \begin{pmatrix} u_x & u_y \\ v_x & v_y \end{pmatrix}$$

[1] Dies trifft genau dann zu, wenn f_x und f_y bzw. u_x, u_y, v_x und v_y in D existieren und dort stetig sind, d.h. wenn Real- und Imaginärteil von f stetig differenzierbare Funktionen in D sind.

in c positiv ist (vgl. auch M. KOECHER: *Lineare Algebra und analytische Geometrie*, Grundwissen Mathematik). Nach 1.2.3, Beispiel 4. sind holomorphe Funktionen f in allen Punkten c mit $f'(c) \neq 0$ orientierungstreu. Die Funktionaldeterminante einer antiholomorphen Funktion ist niemals positiv (Beweis!); solche Funktionen sind also nirgends orientierungstreu. Damit ist auf Grund von Satz 2.1.1 klar:

Satz 2.1.2. *Folgende Aussagen über eine reell stetig differenzierbare Funktion $f : D \to \mathbb{C}$ sind äquivalent:*

i) f ist holomorph in D, und es gilt $f'(z) \neq 0$ überall in D.
ii) f ist winkeltreu und orientierungstreu in D.

2.1.3 Geometrische Deutung der Winkeltreue

Wir erinnern zunächst an die geometrische Deutung der Tangentialabbildung $Tf(c)$ einer in $c \in D$ reell differenzierbaren Abbildung $f : D \to \mathbb{C}$. Wir betrachten Wege $\gamma : [a, b] \to D$, $t \mapsto \gamma(t) = x(t) + \mathrm{i}y(t)$ durch c und nehmen an, daß gilt $\gamma(\xi) = c$ mit $a < \xi < b$. Wir nennen γ *differenzierbar in* ξ, wenn die Ableitungen $x'(\xi)$ und $y'(\xi)$ existieren[2], wir setzen dann $\gamma'(\xi) := x'(\xi) + \mathrm{i}y'(\xi)$. Falls $\gamma'(\xi) \neq 0$, so hat der Weg γ in c eine *Tangente*, sie wird gegeben durch die Abbildung

$$\mathbb{R} \to \mathbb{C} \quad t \mapsto c + \gamma'(\xi)t, \quad t \in \mathbb{R}.$$

Die Abbildung

$$f \circ \gamma : [a, b] \to \mathbb{C}, \quad t \mapsto f(\gamma(t)) = u(x(t), y(t)) + \mathrm{i}v(x(t), y(t))$$

heißt der *Bildweg (von γ bez. $f = u + \mathrm{i}v$)*

Falls $(f \circ \gamma)'(\xi) \neq 0$, so hat der Bildweg eine Tangente in $f(c)$, diese „Bildtangente“ wird dann durch

$$\mathbb{R} \to \mathbb{C}, \quad t \mapsto f(c) + Tf(c)(\gamma'(\xi))t$$

gegeben. Man kann also (simplifizierend) sagen, wenn man $\gamma'(\xi)$ die „Tangentenrichtung (des Weges γ in c)“ nennt (vgl. Figur links):

Das Differential $Tf(c)$ bildet Tangentenrichtungen von differenzierbaren Wegen in die Tangentenrichtungen der Bildwege ab.

Hierdurch wird insbesondere die Bezeichnung „Tangentialabbildung“ für das Differential $Tf(c)$ verständlich.

Nach diesen Vorbereitungen ist es leicht, die Winkeltreue einer Abbildung f zu deuten, wenn man Schnittwinkel naiv geometrisch interpretiert: sind

[2] Wege mit Differenzierbarkeitseigenschaften werden später in der Integralrechnung eine zentrale Rolle spielen.

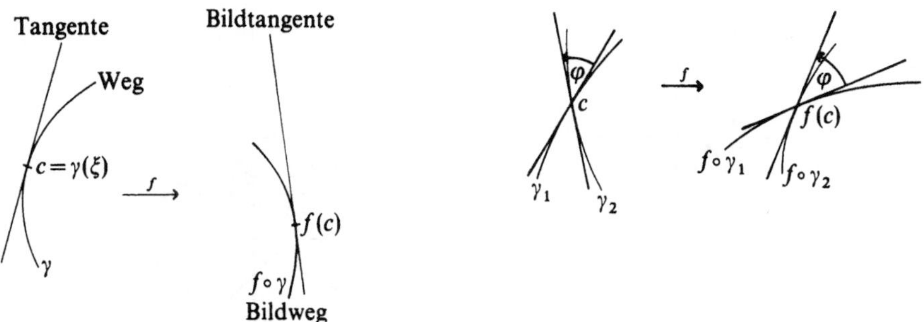

γ_1, γ_2 zwei differenzierbare Wege durch c mit Tangentenrichtungen $\gamma_1'(\xi)$, $\gamma_2'(\xi)$ in c, so mißt $\sphericalangle(\gamma_1'(\xi), \gamma_2'(\xi))$ den „*Schnittwinkel*" φ dieser Wege in c. Winkeltreue von f in c bedeutet daher: *Schneiden sich zwei Wege γ_1, γ_2 im Punkt c unter dem Winkel φ, so schneiden sich die Bildwege $f \circ \gamma_1$, $f \circ \gamma_2$ im Bildpunkt $f(c)$ unter demselben Winkel φ.*

Es sind nun offensichtlich zwei Fälle zu unterscheiden: der Winkel φ bleibt „nebst seines Drehsinnes" erhalten (wie in der Figur rechts); oder der „Drehsinn von φ wird umgekehrt", wie es ersichtlich bei der Konjugierung $z \mapsto \overline{z}$ geschieht. Diese „Umkehr der Orientierung" tritt stets bei antiholomorphen Abbildungen auf; hingegen bleibt bei holomorphen Abbildungen immer „die Orientierung erhalten". Wir halten fest (vgl. 2.1.5):

Winkel- und Orientierungstreue zusammen bedeuten „Winkeltreue mit Erhaltung des Drehsinns"; dies ist Riemanns „Aehnlichkeit in den kleinsten Theilen".

2.1.4 Zwei Beispiele

Bei holomorphen Abbildungen haben Wege, die sich orthogonal schneiden, Bildwege, die sich wieder orthogonal schneiden. Insbesondere gehen „orthogonale Netze" in ebensolche über. Wir geben für diese Art der Veranschaulichung zwei einfache, aber sehr instruktive Beispiele.

1. Beispiel. Die Abbildung $f : \mathbb{C}^\times \to \mathbb{C}^\times$, $z \mapsto z^2$ ist holomorph, und es gilt $f'(c) = 2c \neq 0$ in jedem Punkt $c \in \mathbb{C}^\times$. Daher ist f winkeltreu. Es gilt:

$$u = \operatorname{Re} f = x^2 - y^2, \quad v = \operatorname{Im} f = 2xy.$$

Die Geraden $x = a$ bzw. $y = b$ parallel zur y-Achse bzw. x-Achse werden also abgebildet in die Parabeln $v^2 = 4a^2(a^2 - u)$ bzw. $v^2 = 4b^2(b^2 + u)$, die sämtlich den Nullpunkt zum Brennpunkt haben. Die Parabeln der ersten bzw. zweiten Schar sind nach links bzw. rechts offen; je zwei Parabeln schneiden sich senkrecht. Die „Niveaulinien" $u = a$ bzw. $v = b$ sind gleichseitige Hyperbeln in der (x, y)-Ebene mit den Diagonalen bzw. den Koordinatenachsen als Asymptoten, je zwei solche Hyperbeln schneiden sich orthogonal.

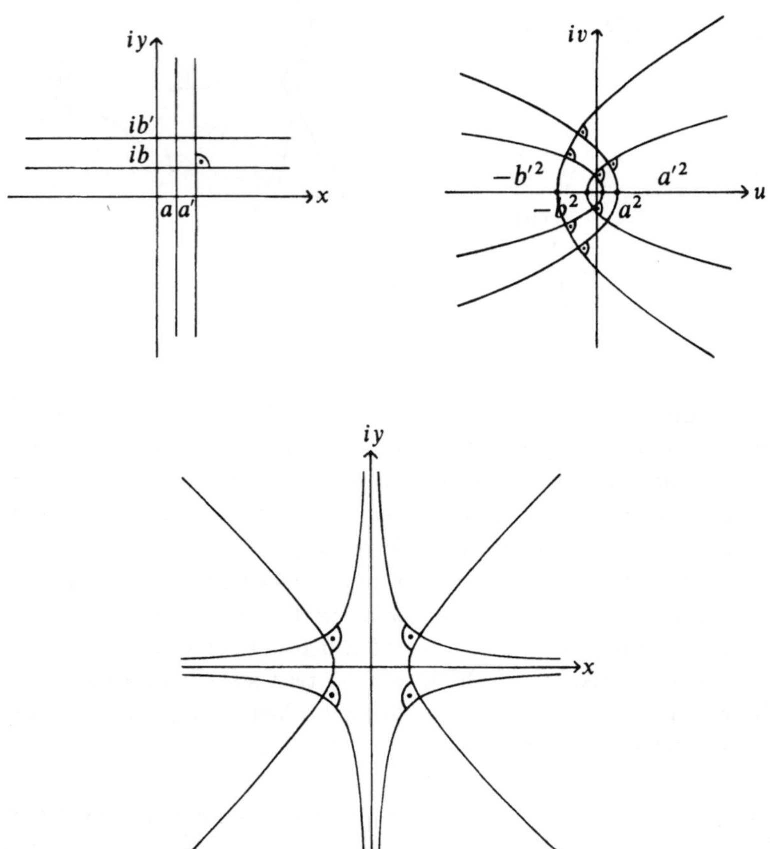

2. Beispiel. Die Abbildung $q : \mathbb{C}^\times \to \mathbb{C}$, $z \mapsto \frac{1}{2}(z + z^{-1})$ ist holomorph. Da $q'(z) = \frac{1}{2}(1 - z^{-2})$, so ist q in $\mathbb{C}^\times \setminus \{1, -1\}$ winkeltreu. Setzt man $r := |z|$, $\xi := x/r$, $\eta := y/r$, so folgt

$$u = \operatorname{Re} q = \tfrac{1}{2}(r + r^{-1})\xi, \quad v = \operatorname{Im} q = \tfrac{1}{2}(r - r^{-1})\eta.$$

Hieraus entnimmt man (wegen $\xi^2 + \eta^2 = 1$)

$$\frac{u^2}{[\frac{1}{2}(r + r^{-1})]^2} + \frac{v^2}{[\frac{1}{2}(r - r^{-1})]^2} = 1 \quad \text{und} \quad \frac{u^2}{\xi^2} - \frac{v^2}{\eta^2} = 1.$$

Das q-Bild jeder Kreislinie $|z| = r < 1$ ist in der (u, v)-Ebene eine *Ellipse* mit *großer Achse* $r^{-1} + r$ und *kleiner Achse* $r^{-1} - r$. Das q-Bild jedes Radiusstrahls $z = ct$, $0 < t < 1$, $|c| = 1$ fest, ist ein *Hyperbelast.* Alle Ellipsen und Hyperbeln sind confokal (mit Brennpunkten in 1 und -1). Da jede Kreislinie $|z| = r$ jeden Radiusstrahl $z = ct$ senkrecht schneidet, so schneidet jede Ellipse jede Hyperbel senkrecht. Die Abbildung q wird in 12.1.6 für einen „integralfreien" Beweis des Satzes von LAURENT herangezogen.

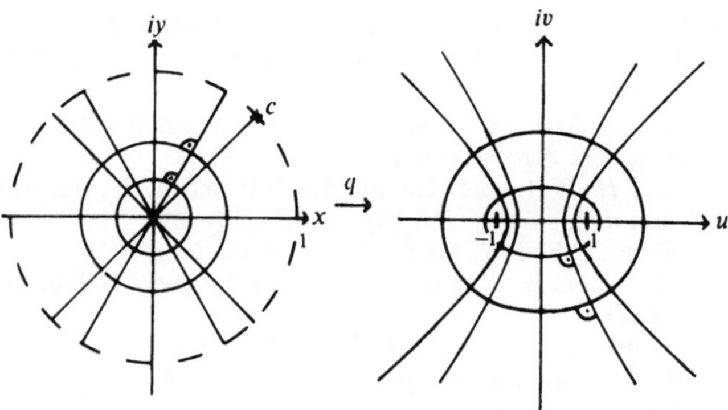

2.1.5 Historisches zur Winkeltreue

In der klassischen Literatur nennt man winkeltreue Abbildungen „in den kleinsten Theilen ähnlich". Die erste Arbeit über solche Abbildungen schrieb 1825 GAUSS (Werke 4, 189–216): *Allgemeine Auflösung der Aufgabe: Die Theile einer gegebenen Fläche auf einer andern gegebenen Fläche so abzubilden, dass die Abbildung dem Abgebildeten in den kleinsten Theilen ähnlich wird (Als Beantwortung der von der königlichen Societät der Wissenschaften in Copenhagen für 1822 aufgegebenen Preisfrage).* GAUSS erkannte u.a., daß winkeltreue Abbildungen zwischen Bereichen in der Ebene $\mathbb{R}^2 = \mathbb{C}$ gerade durch holomorphe bzw. antiholomorphe Funktionen beschrieben werden (natürlich benutzte er nicht die Sprache der Funktionentheorie).

Bei RIEMANN steht die geometrische Deutung holomorpher Funktionen als winkeltreue Abbildungen stark im Vordergrund: er repräsentiert die Zahlen $z = x + iy$ bzw. $w = u + iv$ als Punkte zweier Ebenen A bzw. B und schreibt 1851 ([R], S. 5): „Entspricht jedem Werthe von z ein bestimmter mit z sich stetig ändernder Werth von w, mit andern Worten, sind u und v stetige Functionen von x, y, so wird jedem Punkt der Ebene A ein Punkt der Ebene B, jeder Linie, allgemein zu reden, eine Linie, jedem zusammenhängenden Flächenstücke ein zusammenhängendes Flächenstück entsprechen. Man wird sich also diese Abhängigkeit der Größe w von z vorstellen können als eine Abbildung der Ebene A auf der Ebene B." Alsdann begründet er auf einer halben Seite, daß im Falle der Holomorphie „zwischen den kleinsten Theilen der Ebene A und ihres Bildes auf der Ebene B Aehnlichkeit statt[findet]".

Bei CAUCHY und WEIERSTRASS spielen winkeltreue Abbildungen keine Rolle.

Aufgaben

In den ersten beiden Aufgaben bezeichne f die holomorphe Abbildung $\mathbb{C}^\times \to \mathbb{C}^\times$, $z \mapsto z^{-1}$. f ist bijektiv, zu sich selbst invers, sowie winkel- und orientierungstreu.

1. Es sei L eine Kreislinie in $\mathbb{C}$ mit Mittelpunkt $c \in \mathbb{C}$ und Radius $R > 0$.

a) Ist $c = 0$, so ist $f(L)$ die Kreislinie um 0 mit Radius R^{-1}.
b) Ist $c \neq 0$ und $R \neq |c|$, so ist $f(L)$ die Kreislinie um $\bar{c}/(|c|^2 - R^2)$ mit Radius $R/\left||c|^2 - R^2\right|$.
c) Ist $c \neq 0$ und $R = |c|$, so ist $f(L \setminus \{0\})$ die Gerade durch $(2c)^{-1}$, die senkrecht auf der Strecke von 0 nach $(2c)^{-1}$ steht.
d) Ist $a \in \mathbb{C}^\times$, H die (reelle) Gerade durch 0 und a, H' die reelle Gerade durch 0 und a^{-1}, so ist $f(H \setminus \{0\}) = H' \setminus \{0\}$.

2. Bestimmen Sie das Bild $f(G)$ für folgende Gebiete G in $\mathbb{C}$:
a) $G := \mathbb{E} \cap \mathbb{H}$, wobei $\mathbb{H} := \{z \in \mathbb{C} : \operatorname{Im} z > 0\}$ die obere Halbebene ist.
b) $G := \mathbb{E} \cap B_1(1)$.
c) G sei das offene Dreieck mit den Eckpunkten 0, 1, i.
d) G sei das offene Quadrat mit den Eckpunkten 0, 1, 1 + i, i.
Hinweis: Verwenden Sie Aufgabe 1. und Aufgabe 2. aus 0.6.

3. Sei $q : \mathbb{C}^\times \to \mathbb{C}$ gegeben durch $q(z) = \frac{1}{2}(z + z^{-1})$. Zeigen Sie:
a) q ist surjektiv. Für jeden Punkt $w \in \mathbb{C} \setminus \{-1; 1\}$ besteht die q-Faser $q^{-1}(\{w\})$ aus genau zwei Punkten c und c^{-1}.
b) Für $c \in \mathbb{C}^\times$ ist $q(c)$ genau dann reell, wenn $c \in \mathbb{R} \setminus \{0\}$ oder $|c| = 1$. Es gilt $q(c) \in [-1; 1]$ genau dann, wenn $|c| = 1$.
c) q bildet $\mathbb{E} \setminus \{0\}$ bijektiv auf $\mathbb{C} \setminus [-1; 1]$ ab.
d) q bildet $\mathbb{H}$ bijektiv auf $\mathbb{C} \setminus \{x \in \mathbb{R} : |x| \geq 1\}$ ab.

4. Ist $q : \mathbb{C}^\times \to \mathbb{C}$ wie in Aufgabe 3. definiert und sind s, R, σ reelle Zahlen mit $s > 1 + \sqrt{2}$, $R = \frac{1}{2}(s - s^{-1})$, $\sigma = R + \sqrt{R^2 - 1}$, so gilt:

$$\{z \in \mathbb{C} : \sigma^{-1} < |z| < \sigma\} \subset q^{-1}(B_R(0)) \subset \{z \in \mathbb{C} : s^{-1} < |z| < s\}.$$

2.2 Biholomorphe Abbildungen

Eine holomorphe Funktion $f \in \mathcal{O}(D)$ heißt eine *biholomorphe Abbildung* von D auf D', wenn $D' := f(D)$ ein Bereich ist, und wenn die induzierte Abbildung $f : D \to D'$ eine Umkehrabbildung $f^{-1} : D' \to D$ hat, die in D' holomorph ist. Wir schreiben alsdann suggestiv

$$f : D \xrightarrow{\sim} D',$$

die Umkehrabbildung ist ebenfalls biholomorph[3]. Biholomorphe Abbildungen sind injektiv. Wir werden in 9.4.1 sehen, daß für jede holomorphe Injektion $f : D \to \mathbb{C}$ das Bild $f(D)$ *automatisch offen in* $\mathbb{C}$ und die (mengentheoretische) Umkehrabbildung $f^{-1} : f(D) \to D$ *automatisch holomorph in* $f(D)$ ist. Trivial, aber nützlich ist folgende Bemerkung:

Genau dann ist $f \in \mathcal{O}(D)$ eine biholomorphe Abbildung von D auf D', wenn es ein $g \in \mathcal{O}(D')$ gibt, so daß gilt: $f(D) \subset D'$, $g(D') \subset D$, $f \circ g = \mathrm{id}_{D'}$, $g \circ f = \mathrm{id}_D$.

[3] Strenggenommen muß man zwischen einer biholomorphen Abbildung $f : D \to D'$ und der holomorphen Funktion $f \in \mathcal{O}(D)$ unterscheiden. Wir tun dies nicht: aus dem Begleittext wird stets klar hervorgehen, ob die biholomorphe Abbildung f oder „nur“ die holomorphe Funktion f gemeint ist.

Beweis. Wegen $f \circ g = \text{id}$ gilt $f(D) = D'$, wegen $g \circ f = \text{id}$ gilt $g(D') = D$. Alsdann ist g die Umkehrabbildung $f^{-1} : D' \to D$ von $f : D \to D'$. □

Der Leser beweist mühelos den

Satz 2.2.1 (Kompositionssatz). *Sind $f : D \xrightarrow{\sim} D'$ und $g : D' \xrightarrow{\sim} D''$ biholomorphe Abbildungen, so ist auch die zusammengesetzte Abbildung $g \circ f : D \to D''$ biholomorph.*

2.2.1 Komplexe 2 × 2 Matrizen und biholomorphe Abbildungen

Jeder komplexen Matrix $A = \begin{pmatrix} a & b \\ c & d \end{pmatrix}$ mit $(c, d) \neq (0, 0)$ wird die *gebrochen lineare rationale* Funktion

$$h_A(z) := \frac{az + b}{cz + d} \in \mathbb{C}(z)$$

zugeordnet. Es gilt $h'_A(z) = \frac{\det A}{(cz+d)^2}$ mit $\det A = ad - bc$; im Fall $\det A = 0$ ist h_A also konstant.

Wir betrachten im folgenden nur Funktionen h_A mit $\det A \neq 0$, d.h. mit *invertierbaren* Matrizen. Die Menge aller dieser Matrizen ist bezüglich Matrizenmultiplikation eine Gruppe, die mit $GL(2, \mathbb{C})$ bezeichnet wird (general linear group); das neutrale Element von $GL(2, \mathbb{C})$ ist die Einheitsmatrix $E := \begin{pmatrix} 1 & 0 \\ 0 & 1 \end{pmatrix}$.

Wir notieren zwei fundamentale Rechenregeln:

$$h_A = \text{id} \Leftrightarrow A = aE \quad \text{mit } a \in \mathbb{C}^{\times}. \tag{2.1}$$

Für alle $A, B \in GL(2, \mathbb{C})$ gilt die „Substitutionsregel“:

$$h_{AB} = h_A \circ h_B, \quad \text{d.h. } h_{AB}(z) = h_A(h_B(z)). \tag{2.2}$$

Die Beweise ergeben sich durch Nachrechnen. □

Im Fall $A = \begin{pmatrix} a & b \\ 0 & d \end{pmatrix}$ gilt $h_A \in \mathcal{O}(\mathbb{C})$ und die Abbildung $h_A : \mathbb{C} \to \mathbb{C}$ ist biholomorph. Interessanter ist der Fall $c \neq 0$. Eine direkte Verifikation zeigt:

Falls $A = \begin{pmatrix} a & b \\ c & d \end{pmatrix} \in GL(2, \mathbb{C})$ und $c \neq 0$, so gilt $h_A \in \mathcal{O}(\mathbb{C} \setminus \{-c^{-1}d\})$; die Abbildung $h_A : \mathbb{C} \setminus \{-c^{-1}d\} \xrightarrow{\sim} \mathbb{C} \setminus \{ac^{-1}\}$ ist biholomorph mit der Umkehrabbildung $h_{A^{-1}}$.

2.2.2 Die biholomorphe Cayleyabbildung $\mathbb{H} \xrightarrow{\sim} \mathbb{E}$, $z \mapsto \frac{z-\mathrm{i}}{z+\mathrm{i}}$

Die *obere Halbebene*

$$\mathbb{H} := \{z \in \mathbb{C} : \operatorname{Im} z > 0\}$$

ist ein *unbeschränktes* Gebiet in $\mathbb{C}$. Wir wollen zeigen, daß dessen ungeachtet $\mathbb{H}$ *biholomorph auf die beschränkte Einheitsscheibe* $\mathbb{E}$ *abbildbar ist.* Ausgangspunkt der Überlegungen ist die simple Bemerkung, daß für jeden Punkt $c \in \mathbb{H}$ die Mittelsenkrechte zur Strecke $[c, \overline{c}]$ die reelle Gerade ist:

$$\mathbb{R} = \{z \in \mathbb{C} : |z - c| = |z - \overline{c}|\}.$$

Hieraus folgt direkt

$$\mathbb{H} = \{z \in \mathbb{C} : \left|\frac{z-c}{z-\overline{c}}\right| < 1\}.$$

Die rationale Funktion

$$h_C(z) := \frac{z-c}{z-\overline{c}} \in \mathcal{O}(\mathbb{C} \setminus \{\overline{c}\}) \quad \text{mit } C = \begin{pmatrix} 1 & -c \\ 1 & -\overline{c} \end{pmatrix}$$

bildet also $\mathbb{H}$ biholomorph in die Scheibe $\mathbb{E}$ ab. Um zu sehen, daß $h_C : \mathbb{H} \to \mathbb{E}$ eine biholomorphe Abbildung *auf* $\mathbb{E}$ ist, bilden wir zu h_C die Umkehrfunktion

$$h_{C'} = \frac{c - \overline{c}z}{1-z} \in \mathcal{O}(\mathbb{C} \setminus \{1\}) \quad \text{mit } C' = \begin{pmatrix} -\overline{c} & c \\ -1 & 1 \end{pmatrix}.$$

Offensichtlich gilt

$$CC' = C'C = (c - \overline{c})E \quad \text{und} \quad \operatorname{Im} h_{C'}(z) = \frac{1 - |z|^2}{|1-z|^2} \operatorname{Im} c.$$

Wegen $c \neq \overline{c}$ und der Rechenregeln aus Abschnitt 1 folgt $h_C \circ h_{C'} = h_{C'} \circ h_C = \mathrm{id}$ und $h_{C'}(\mathbb{E}) \subset \mathbb{H}$. Auf Grund der in der Einleitung gemachten Bemerkung ist also $h_C : \mathbb{H} \to \mathbb{E}$ biholomorph mit $h_C^{-1} = h_{C'}$. Damit ist bewiesen:

Satz 2.2.2. *Für jede Zahl $c \in \mathbb{H}$ ist die Abbildung $h_C : \mathbb{H} \xrightarrow{\sim} \mathbb{E}$, $z \mapsto (z-c)/(z-\overline{c})$ biholomorph mit der Umkehrabbildung $h_{C'} : \mathbb{E} \to \mathbb{H}$, $z \mapsto (c - \overline{c}z)/(1-z)$.*

Im Falle $c := \mathrm{i}$ heißen die Abbildungen

$$h_C : \mathbb{H} \to \mathbb{E},\ z \mapsto \frac{z-\mathrm{i}}{z+\mathrm{i}}, \quad h_{C'} : \mathbb{E} \to \mathbb{H}, ß, z \mapsto \mathrm{i}\frac{1+z}{1-z}$$

die *Cayleyabbildungen* von $\mathbb{H}$ *auf* $\mathbb{E}$ bzw. von $\mathbb{E}$ *auf* $\mathbb{H}$.

2.2.3 * Bijektive holomorphe Abbildungen von $\mathbb{H}$ und von $\mathbb{E}$ auf die geschlitzte Ebene

Es ist überraschend, was sich bereits mit der Quadratfunktion z^2 und der Cayleyabbildung h_C anstellen läßt. Es bezeichne $\mathbb{C}^-$ die *„längs der negativen reellen Achse geschlitzte Ebene"*, also

$$\mathbb{C}^- := \mathbb{C} \setminus \{z \in \mathbb{C} : \operatorname{Re} z \leq 0, \operatorname{Im} z = 0\}.$$

Wir behaupten zunächst:

Die Abbildung $q : \mathbb{H} \to \mathbb{C}^-$, $z \mapsto -z^2$ *ist holomorph und bijektiv*[4].

Beweis. Es gibt kein $c \in \mathbb{H}$, so daß $t := q(c) \leq 0$ reell ist, denn aus $q(c) = -c^2 = t$ folgt $c^2 = -t \geq 0$ und somit $c \in \mathbb{R}$, also $c \notin \mathbb{H}$. Es folgt $q(\mathbb{H}) \subset \mathbb{C}^-$. Für $c, c' \in \mathbb{H}$ gilt $q(c) = q(c')$ genau dann, wenn $c' = \pm c$. Da c und $-c$ nicht beide in $\mathbb{H}$ liegen, so ist $q : \mathbb{H} \to \mathbb{C}^-$ injektiv.

Jeder Punkt $w \in \mathbb{C}$ hat ein q-Urbild in $\mathbb{H}$, denn die reine quadratische Gleichung $z^2 = -w$ hat, wie man z.B. durch Übergang zu Real- und Imaginärteil mittels einer elementaren Rechnung sieht, eine Lösung in $\mathbb{H}$. □

Als einfache Folgerung notieren wir

Die Abbildung $p : \mathbb{E} \to \mathbb{C}^-$, $z \mapsto \left(\frac{z+1}{z-1}\right)^2$ *ist holomorph und bijektiv.*

Beweis. Vermöge $q \circ h_{C'} : \mathbb{E} \to \mathbb{C}^-$ wird $\mathbb{E}$ holomorph und bijektiv auf $\mathbb{C}^-$ abgebildet. Es gilt $q(h_{C'}(z)) = -\left(\mathrm{i}\frac{1+z}{1-z}\right)^2 = \left(\frac{z+1}{z-1}\right)^2$, also $q \circ h_{C'} = p$. □

Wohl niemand wird der so einfach aussehenden Funktion p zutrauen, daß sie den *beschränkten Einheitskreis* bijektiv und winkeltreu auf die *Vollebene ohne die negative reelle Achse* abbildet (vgl. Figur).

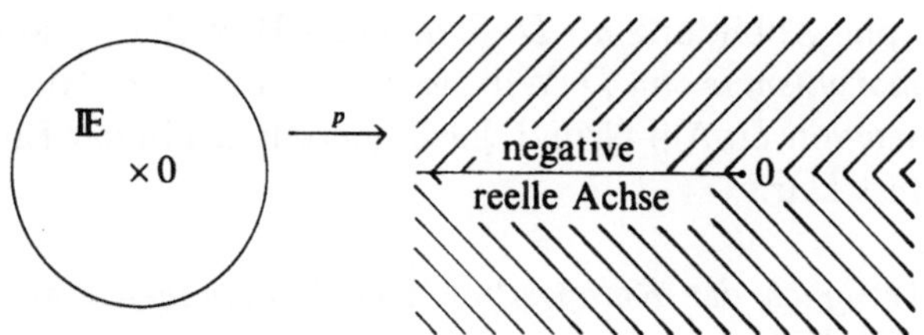

[4] Würde man $\mathbb{C}$ längs der positiven reellen Achse schlitzen, so stände hier die Funktion z^2 selbst. Der Grund, warum man längs der negativen reellen Achse schlitzt, ist, daß man später (in 5.4.4) die Logarithmusfunktion nur in einer irgendwie geschlitzten Ebene einführen kann und ungern die positive reelle Achse entfernt, wo ja der reelle Logarithmus seit jeher lebt.

Wir wollen an dieser Stelle bereits hervorheben, daß die Abbildungen $q : \mathbb{H} \to \mathbb{C}^-$ und $p : \mathbb{E} \to \mathbb{C}^-$ sogar biholomorph sind, da sich in 9.4.1 zeigen wird, daß die Umkehrabbildung $q^{-1} : \mathbb{C}^- \to \mathbb{H}$ automatisch holomorph ist.

Bemerkung. Es gibt *keine* biholomorphe Abbildung vom Einheitskreis $\mathbb{E}$ auf die *ganze* Ebene $\mathbb{C}$, wie aus dem Satz von LIOUVILLE folgt (vgl. 8.3.3). Indessen hat *Riemann* bereits 1851 seinen berühmten Abbildungssatz ausgesprochen ([R], S. 40): *Jedes einfach-zusammenhängende Gebiet $G \neq \mathbb{C}$ ist biholomorph auf $\mathbb{E}$ abbildbar.* Dieses Theorem werden wir erst im zweiten Band beweisen.

Aufgaben

Im folgenden sei $Q := \{z \in \mathbb{H} : \operatorname{Re} z > 0\}$ der erste Quadrant.

1. Für die Cayleyabbildung $h_C : \mathbb{H} \xrightarrow{\sim} \mathbb{E}$ gilt $h_C(Q) = \{z \in \mathbb{E} : \operatorname{Im} z < 0\}$.
2. Bilden Sie Q holomorph, bijektiv und winkeltreu ab auf $\mathbb{E}$ bzw. $\mathbb{E} \setminus (-1; 0]$.
3. Sei $f(z) := \frac{az+b}{cz+d}$, $ad - bc \neq 0$, $c \neq 0$. Weiter sei L eine Kreislinie oder eine (reelle) Gerade in $\mathbb{C}$. Bestimmen Sie mit Hilfe von Aufgabe 1. aus 2.1 das Bild $f(L)$ bzw. $f\left(L \setminus \left\{-\frac{d}{c}\right\}\right)$ (Fallunterscheidungen!).
   Hinweis: $f(z) = \frac{bc-ad}{c^2}\left(z + \frac{d}{c}\right)^{-1} + \frac{a}{c}$ (Beweis!).
4. Sei $r > R > 0$. Bilden Sie die gelochte obere Halbebene $\mathbb{H} \setminus \overline{B}_R(ir)$ mit Hilfe einer gebrochen linearen rationalen Funktion biholomorph auf einen Kreisring der Form $\{w \in \mathbb{C} : \rho < |w| < 1\}$ ab.
   Hinweis: Suchen Sie zuerst einen Punkt ic, $c < 0$, so daß die Abbildung $z \mapsto (z - \mathrm{i}c)^{-1}$ den Rand von $B_R(ir)$ und die reelle Achse auf zwei konzentrische Kreislinien abbildet. Verwenden Sie Aufgabe 1. aus 2.1.
5. Geben Sie eine holomorphe, bijektive und winkeltreue Abbildung $\mathbb{E} \to \{z \in \mathbb{C} : \operatorname{Im} z > (\operatorname{Re} z)^2\}$ an.

2.3 Automorphismen der oberen Halbebene und des Einheitskreises

Eine biholomorphe Abbildung $h : D \xrightarrow{\sim} D$ eines Bereiches D auf sich selbst heißt ein *Automorphismus von D*. Wir bezeichnen mit $\operatorname{Aut} D$ die Menge aller Automorphismen von D. Auf Grund der Bemerkungen in der Einleitung des Paragraphen 2 ist klar:

Aut D *ist bezüglich der Komposition von Abbildungen eine Gruppe mit der identischen Abbildung* id *als neutralem Element.*

Die Gruppe $\operatorname{Aut}\mathbb{C}$ enthält z.B. alle „affin linearen" Abbildungen $z \mapsto az + b$, $a \in \mathbb{C}^\times$, $b \in \mathbb{C}$, ist also nicht kommutativ. Selbst in diesem einfachen Fall werden wir erst in 10.1.3 mittels des Satzes von CASORATI-WEIERSTRASS sehen, daß $\operatorname{Aut}\mathbb{C}$ nur aus den affin linearen Abbildungen besteht.

Wir studieren in diesem Paragraphen ausschließlich die Gruppen $\mathrm{Aut}\,\mathbb{H}$ und $\mathrm{Aut}\,\mathbb{E}$. Wir betrachten zunächst die obere Halbebene $\mathbb{H}$ (Abschnitt 1) und übertragen vermöge der Cayleyabbildungen die Resultate von $\mathbb{H}$ nach $\mathbb{E}$ (Abschnitt 2). Im Abschnitt 3 geben wir eine etwas andere Darstellung der Automorphismen von $\mathbb{E}$; schließlich zeigen wir (Abschnitt 4), daß $\mathbb{H}$ und $\mathbb{E}$ homogen bezüglich ihrer Automorphismen sind.

2.3.1 Automorphismen von $\mathbb{H}$

Die Mengen $GL^+(2,\mathbb{R})$ bzw. $SL(2,\mathbb{R})$ aller *reellen* 2×2 Matrizen mit *positiver* Determinante bzw. mit Determinante 1 sind bezüglich Matrizenmultiplikation Gruppen (Beweis!). Wir schreiben $A = \begin{pmatrix} \alpha & \beta \\ \gamma & \delta \end{pmatrix}$ für solche Matrizen und bezeichnen wie in 2.2.1 mit $h_A(z) = \frac{\alpha z+\beta}{\gamma z+\delta}$ die A zugeordnete gebrochen lineare Funktion. Es gilt:

$$\mathrm{Im}\, h_A(z) = \frac{\det A}{|\gamma z + \delta|^2} \mathrm{Im}\, z \quad \textit{für jedes } A = \begin{pmatrix} \alpha & \beta \\ \gamma & \delta \end{pmatrix} \in GL(2,\mathbb{R}). \tag{2.3}$$

Beweis. Da A reell ist, so hat man

$$2\mathrm{i}\, \mathrm{Im}\, h_A(z) = h_A(z) - \overline{h_A(z)} = \frac{\alpha z+\beta}{\gamma z+\delta} - \frac{\alpha \bar{z}+\beta}{\gamma \bar{z}+\delta} = \frac{\alpha\delta - \beta\gamma}{|\gamma z+\delta|^2}(z - \bar{z})$$
$$= 2\mathrm{i} \frac{\det A}{|\gamma z + \delta|^2} \mathrm{Im}\, z.$$

□

Aus (2.3) folgt unmittelbar:

Satz 2.3.1. *Für jede Matrix $A \in GL^+(2,\mathbb{R})$ ist die Abbildung $h_A : \mathbb{H} \to \mathbb{H}$ ein Automorphismus der oberen Halbebene mit der Umkehrabbildung $h_{A^{-1}} : \mathbb{H} \to \mathbb{H}$.*

Beweis. Da $A, A^{-1} \in GL^+(2,\mathbb{R})$, so sind h_A und $h_{A^{-1}}$ in $\mathbb{H}$ holomorph. Wegen (2.3) gilt $h_A(\mathbb{H}) \subset \mathbb{H}$ und $h_{A^{-1}}(\mathbb{H}) \subset \mathbb{H}$. Da $h_A \circ h_{A^{-1}} = h_{A^{-1}} \circ h_A = \mathrm{id}$, so folgt $h_A \in \mathrm{Aut}\,\mathbb{H}$. □

Weiter erhält man nun (mit Hilfe der Regeln aus 2.2.1):

Die Abbildung $GL^+(2,\mathbb{R}) \to \mathrm{Aut}\, H$, $A \mapsto h_A$ ist ein Gruppenhomomorphismus, seinen Kern bilden die Matrizen λE, $\lambda \in \mathbb{R}\backslash\{0\}$. Der eingeschränkte Homomorphismus $SL(2,\mathbb{R}) \to \mathrm{Aut}\,\mathbb{H}$ hat dieselbe Bildgruppe, seinen Kern bilden die zwei Matrizen $\pm E$.

2.3.2 Automorphismen von $\mathbb{E}$

Ist $f : D \xrightarrow{\sim} D'$ biholomorph, so ist die Abbildung $\operatorname{Aut} D \to \operatorname{Aut} D'$, $h \mapsto f \circ h \circ f^{-1}$ ein Gruppenisomorphismus (Beweis!). Man kann also Automorphismen von D' konstruieren, wenn man f, f^{-1} und Automorphismen von D kennt. Anwendung dieses Verfahrens auf die *Cayleyabbildung* (vgl. 2.2.2) $h_C : \mathbb{H} \to \mathbb{E}$ nebst Umkehrabbildung $h_{C'}$ zeigt auf Grund von Satz 2.3.1, daß alle Funktionen

$$h_C \circ h_A \circ h_{C'} = H_{CAC'}, \quad A = \begin{pmatrix} \alpha & \beta \\ \gamma & \delta \end{pmatrix} \in SL(2, \mathbb{R}), \tag{2.4}$$

Automorphismen von $\mathbb{E}$ sind. Diese Einsicht führt zu folgendem

Satz 2.3.2. *Die Menge* $M := \left\{ B := \begin{pmatrix} a & b \\ \bar{b} & \bar{a} \end{pmatrix} : a, b \in \mathbb{C}, \det B = 1 \right\}$ *ist eine Untergruppe von* $SL(2, \mathbb{C})$, *die Abbildung* $SL(2, \mathbb{R}) \to M$, $A \mapsto \frac{1}{2\mathrm{i}} CAC'$ *ist ein Gruppenisomorphismus.*

Die Abbildung $M \to \operatorname{Aut} \mathbb{E}$, $B \mapsto h_B(z) = \frac{az+b}{\bar{b}z+\bar{a}}$, *ist ein Gruppenhomomorphismus, seinen Kern bilden die zwei Matrizen* $\pm E$.

Beweis. Wegen $\det C = \det C' = 2\mathrm{i}$ gilt $\det(\frac{1}{2\mathrm{i}} CAC') = 1$ nach dem Determinantenmultiplikationssatz; daher ist die Abbildung

$$\varphi : SL(2, \mathbb{R}) \to SL(2, \mathbb{C}), \quad A \mapsto \tfrac{1}{2\mathrm{i}} CAC'$$

wohldefiniert und wegen $CC' = C'C = 2\mathrm{i}E$ ein Gruppenmonomorphismus. Die erste Behauptung des Satzes folgt daher, wenn wir zeigen: $\operatorname{Bild} \varphi = M$. Nun gilt

$$CAC' = \begin{pmatrix} 1 & -\mathrm{i} \\ 1 & \mathrm{i} \end{pmatrix} \begin{pmatrix} \alpha & \beta \\ \gamma & \delta \end{pmatrix} \begin{pmatrix} \mathrm{i} & \mathrm{i} \\ -1 & 1 \end{pmatrix} = \mathrm{i} \begin{pmatrix} \alpha + \delta + \mathrm{i}(\beta - \gamma) & \alpha - \delta - \mathrm{i}(\beta + \gamma) \\ \alpha - \delta + \mathrm{i}(\beta + \gamma) & \alpha + \delta - \mathrm{i}(\beta - \gamma) \end{pmatrix}. \tag{2.5}$$

Setzt man $a := \frac{1}{2}[(\alpha + \delta) + \mathrm{i}(\beta - \gamma)]$, $b := \frac{1}{2}[(\alpha - \delta) - \mathrm{i}(\beta + \gamma)]$, so folgt

$$B := \varphi(A) = \begin{pmatrix} a & b \\ \bar{b} & \bar{a} \end{pmatrix}, \quad \text{also } \operatorname{Bild} \varphi \subset M.$$

Die andere Inklusion $M \subset \operatorname{Bild} \varphi$ verlangt, zu jedem $B = \begin{pmatrix} a & b \\ \bar{b} & \bar{a} \end{pmatrix} \in M$ ein $A = \begin{pmatrix} \alpha & \beta \\ \gamma & \delta \end{pmatrix} \in SL(2, \mathbb{R})$ mit $2\mathrm{i}B = CAC'$ anzugeben. Es genügt zu setzen:

$$\alpha := \operatorname{Re}(a + b), \quad \beta := \operatorname{Im}(a - b), \quad \gamma := -\operatorname{Im}(a + b), \quad \delta := \operatorname{Re}(a - b);$$

die zugehörige 2×2 Matrix A ist dann *reell*, und es gilt $CAC' = 2\mathrm{i}B$, da (2.5) für *alle reellen* 2×2 Matrizen A gilt. Wegen $\det B = 1$ folgt $\det A = 1$.

Um die zweite Behauptung zu verifizieren, bemerke man, daß für alle $B = \frac{1}{2\mathrm{i}} CAC'$ nach (2.3) gilt: $h_B = h_C \circ h_A \circ h_{C'}$. Daher sind nach (2.5) alle Funktionen h_B, $B \in M$, Automorphismen von $\mathbb{E}$. Die Homomorphieeigenschaften der Abbildung $M \to \operatorname{Aut} \mathbb{E}$ und die Aussage über ihren Kern folgen nun aus (2.3) und (2.5). □

Die Untergruppe M von $SL(2, \mathbb{C})$, die nach unserem Satz zur Gruppe $SL(2, \mathbb{R})$ isomorph ist, wird häufig mit $SU(1,1)$ bezeichnet.

2.3.3 Die Schreibweise $\eta \frac{z-w}{\overline{w}z-1}$ für Automorphismen von $\mathbb{E}$

Die durch Satz 2.3.2 gegebenen Automorphismen von $\mathbb{E}$ lassen sich auch anders schreiben.

Satz 2.3.3. *Jede Funktion* $z \mapsto \eta \frac{z-w}{\overline{w}z-1}$, $\eta \in \partial\mathbb{E}$, $w \in \mathbb{E}$, *definiert einen Automorphismus von* $\mathbb{E}$.

Beweis. Da $1 - |w|^2 > 0$ wegen $w \in \mathbb{E}$, so gibt es nach 0.1.4 ein $a \in \mathbb{C}^\times$ mit $a^2 = \frac{-\eta}{1-|w|^2}$. Mit $b := -wa$ folgt $|a|^2 - |b|^2 = 1$ wegen $|\eta| = 1$, also $B := \begin{pmatrix} a & b \\ \overline{b} & \overline{a} \end{pmatrix} \in M$. Setzt man weiter $s := \eta a^{-1} = -a(1-|w|^2)$, so gilt $s \in \mathbb{C}^\times$ und (!) $s\overline{a} = -1$. Damit folgt $sB = W$ mit

$$W = \begin{pmatrix} \eta & -\eta w \\ \overline{w} & -1 \end{pmatrix}.$$

Da die zugehörigen Funktionen h_W und h_B übereinstimmen, folgt aus Satz 2.3.2 direkt die Behauptung. □

Im Falle $w = 0$ ist der Automorphismus $z \mapsto \eta z$ eine Drehung um den Nullpunkt. Eine besondere Rolle spielen die Automorphismen

$$g : \mathbb{E} \xrightarrow{\sim} \mathbb{E}, \quad z \mapsto \frac{z-w}{\overline{w}z-1}, \quad w \in \mathbb{E}. \tag{2.6}$$

Für sie gilt $g(0) = w$, $g(w) = 0$ und weiter $g \circ g = \mathrm{id}$; letzteres folgt wegen (2.1) aus

$$\begin{pmatrix} 1 & -w \\ \overline{w} & -1 \end{pmatrix} \begin{pmatrix} 1 & -w \\ \overline{w} & -1 \end{pmatrix} = (1 - |w|^2)E.$$

Die Automorphismen g heißen wegen $g \circ g = \mathrm{id}$ *Involutionen von* $\mathbb{E}$.

2.3.4 Homogenität von $\mathbb{E}$ und $\mathbb{H}$

Ein Bereich D in $\mathbb{C}$ heißt *homogen bezüglich einer Untergruppe L von* $\operatorname{Aut} D$, wenn es zu je zwei Punkten $z, \widehat{z} \in D$ einen Automorphismus $h \in L$ mit $h(z) = \widehat{z}$ gibt. Man sagt dann auch, daß die Gruppe L *transitiv auf D wirkt.*

Lemma 2.3.1. *Gibt es einen Punkt $c \in D$, so daß zu jedem Punkt $w \in D$ ein $g \in L$ mit $w = g(c)$ existiert, so ist D homogen bezüglich L.*

Beweis. Seien $z, \widehat{z} \in D$ beliebig. Man wähle $g, \widehat{g} \in L$, so daß gilt: $g(c) = z$, $\widehat{g}(c) = \widehat{z}$. Dann folgt $h(z) = \widehat{z}$ für $h := \widehat{g} \circ g^{-1} \in L$. □

Satz 2.3.4. *Der Einheitskreis* $\mathbb{E}$ *ist homogen bezüglich der Gruppe* $\operatorname{Aut}\mathbb{E}$.

Beweis. Für $g(z) = \frac{z-w}{\overline{w}z-1}$ gilt $g(0) = w$. Da $g \in \operatorname{Aut}\mathbb{E}$ für jedes $w \in \mathbb{E}$ (Satz 2.3.3), so folgt die Behauptung aus dem Lemma (mit $c := 0$). □

Ist D homogen bezüglich $\operatorname{Aut} D$ und ist $f : D \xrightarrow{\sim} D'$ biholomorph, so ist D' homogen bezüglich $\operatorname{Aut} D'$ (die Verifikation sei dem Leser überlassen). Damit ist klar, da die Cayleyabbildung $h_{C'} : \mathbb{E} \to \mathbb{H}$ biholomorph ist:

Die obere Halbebene $\mathbb{H}$ *ist homogen bezüglich der Gruppe* $\operatorname{Aut}\mathbb{H}$.

Dies folgt auch direkt aus dem Lemma mit $c := \mathrm{i}$. Jedes $w \in \mathbb{H}$ hat die Form $w = \rho + \mathrm{i}\sigma^2$, $\rho, \sigma \in \mathbb{R}$, $\sigma \neq 0$. Für $A = \begin{pmatrix} \sigma & \rho\sigma^{-1} \\ 0 & \sigma^{-1} \end{pmatrix} \in SL(2, \mathbb{R})$ gilt $h_A(\mathrm{i}) = w$. □

Ein Gebiet G in $\mathbb{C}$ ist i.allg. nicht homogen, vielmehr gilt meistens $\operatorname{Aut} G = \{\mathrm{id}\}$. Beispiele hierfür werden wir erst in 10.2.4 kennenlernen.

Aufgaben

1. Die Gebiete $\mathbb{C}$ und $\mathbb{C}^\times$ sind homogen bezüglich ihrer Automorphismengruppen.
2. Ist L eine Kreislinie in $\mathbb{C}$ und sind a, b zwei Punkte in $\mathbb{C} \setminus L$, so gibt es eine gebrochen lineare Funktion f, deren Definitionsbereich $L \cup \{a\}$ umfaßt und für die $f(a) = b$ und $f(L) = L$ gilt.
3. (vgl. auch 9.2.3) Sei $g(z) := \eta\frac{z-w}{\overline{w}z-1}$, $\eta \in \partial\mathbb{E}$, $w \in \mathbb{E}$, ein Automorphismus von $\mathbb{E}$. Ist $g \neq \mathrm{id}$, so that g höchstens einen Fixpunkt in $\mathbb{E}$.
4. Für alle $B = \begin{pmatrix} a & b \\ \overline{b} & \overline{a} \end{pmatrix} \in M = SU(1,1)$ und alle $z \in \mathbb{E}$ gilt

$$1 - |h_B(z)|^2 = \frac{1 - |z|^2}{|b\overline{z} + a|^2}.$$

3. Konvergenzbegriffe der Funktionentheorie

> Die Annäherung an eine Grenze durch Operationen, die nach bestimmten Gesetzen *ohne Ende* fortgesetzt werden – dies ist der eigentliche Boden, auf welchem die transscendenten Functionen erzeugt werden (GAUSS 1812).

1. Außer *Polynomen* und *rationalen Funktionen*, die durch endlich häufige Anwendungen der vier Grundrechnungsarten entstehen, kennt man zunächst keine interessanten holomorphen Funktionen. Alle weiteren Funktionen werden durch (evtl. mehrfache) Limesprozesse erzeugt, so ist z.B. die Exponentialfunktion $\exp z$ der Limes ihrer *Taylorpolynome* $\sum_0^n \frac{z^\nu}{\nu!}$ oder der Limes der Eulerschen Folge $(1+z/n)^n$. Das Prinzip, *neue* Funktionen durch Limesprozesse zu gewinnen, hat GAUSS so beschrieben (Werke 3, S. 198): „Die transscendenten Functionen haben ihre wahre Quelle allemal, offen liegend oder versteckt, im Unendlichen. Die Operationen des Integrirens, der Summationen unendlicher Reihen ... oder überhaupt die Annäherung an eine Grenze durch Operationen, die nach bestimmten Gesetzen *ohne Ende* fortgesetzt werden – dies ist der eigentliche Boden, auf welchem die transscendenten Functionen erzeugt werden ...“.

Ausgangspunkt aller Grenzprozesse für Funktionen ist der Begriff der *punktweisen* Konvergenz, der so alt ist wie die Infinitesimalrechnung selbst. Ist X irgendeine Menge und f_n eine Folge von in X komplex-wertigen Funktionen $f_n : X \to \mathbb{C}$, so heißt diese Folge *konvergent im Punkt* $a \in X$, wenn die Folge $f_n(a)$ komplexer Zahlen konvergiert. Die Folge f_n heißt *punktweise konvergent in einer Teilmenge* $A \subset X$, wenn sie in jedem Punkt von A konvergiert: dann wird vermöge

$$f : A \to \mathbb{C}, \quad f(x) := \lim f_n(x), \quad x \in A$$

die *Grenzfunktion* der Folge in A definiert, man schreibt (salopp): $f = \lim f_n$. Dieser Begriff der (punktweisen) Konvergenz ist der naive Konvergenzbegriff der Analysis.

2. Im Reellen lehren einfache Beispiele, daß *punktweise konvergente Folgen schlechte Eigenschaften* haben: die im Intervall $[0,1]$ stetigen Funktionen x^n konvergieren dort gegen eine in 1 *unstetige* Grenzfunktion. Man schließt solche Pathologien durch Einführung des Begriffes der *lokal-gleichmäßigen Konvergenz* aus. Doch haben bekanntlich auch lokal-gleichmäßig konvergente

Folgen im Reellen noch ihre Tücken, wenn es um Differenzierbarkeit geht: Grenzfunktionen sind i.allg. nicht wieder differenzierbar, so ist z.B. nach dem Weierstraßschen Approximationssatz *jede* in einem kompakten Intervall $I \subset \mathbb{R}$ stetige Funktion $f : I \to \mathbb{R}$ in I gleichmäßig durch Polynome approximierbar; ferner konvergieren z.B. die Funktionen $\sin(n!x)/n$ in $\mathbb{R}$ gleichmäßig gegen 0, ihre Ableitungen $(n-1)!\cos(n!x)$ konvergieren aber nirgends in $\mathbb{R}$.

Für die Funktionentheorie ist der Begriff der punktweisen Konvergenz ebenfalls ungeeignet. Hier gibt es indessen keine unmittelbar überzeugenden Beispiele: *Man kennt keine einfache Folge von im Einheitskreis $\mathbb{E}$ punktweise konvergenten holomorphen Funktionen, deren Grenzfunktion in $\mathbb{E}$ nicht wieder holomorph ist.*[1] Trotzdem tut man gut daran, in der Funktionentheorie den Begriff der lokal-gleichmäßigen Konvergenz sofort an die Spitze zu stellen. Dann überträgt sich z.B. später mühelos der aus dem Reellen geläufige Vertauschungssatz von Limesbildung und Integration. Es ist dennoch überraschend, daß Mathematiker ohne weiteres dieses Vorgehen akzeptieren; vielleicht erklärt sich dies durch eine frühzeitige Fixierung auf den Begriff der lokal gleichmäßigen Konvergenz.

Kennt man später erst einmal den Weierstraßschen Konvergenzsatz, der u.a. die einschränkungslose Gültigkeit der Gleichung $\lim f_n' = (\lim f_n)'$ für lokal-gleichmäßig konvergente Folgen holomorpher Funktionen beinhaltet, so werden im nachhinein alle eventuell gebliebenen Zweifel zerstreut: es stellen sich keine unerwünschten Grenzfunktionen ein; *lokal-gleichmäßige Konvergenz ist der für Folgen holomorpher Funktionen optimale Konvergenzbegriff.*

3. Neben Folgen hat man auch Reihen holomorpher Funktionen zu betrachten. Beim Rechnen mit lokal-gleichmäßig konvergenten Reihen ist aber bereits wieder Vorsicht geboten: solche Reihen konvergieren i.allg. nicht absolut und dürfen daher auch nicht ohne weiteres beliebig umgeordnet werden. Diesen Schwierigkeiten ist WEIERSTRASS durch sein Majorantenkriterium begegnet. Später hat man die Not zur Tugend gemacht und die dem Majorantenkriterium genügenden Reihen *normal konvergent* genannt (vgl. 3.3). Normal konvergente Reihen sind insbesondere lokal-gleichmäßig und absolut konvergent; jede Umordnung einer normal konvergenten Reihe ist normal konvergent. Potenzreihen sind, wie wir in 4.1.2 sehen werden, auf Grund des klassischen Abelschen Konvergenzkriteriums in ihrem Konvergenzkreis normal konvergent; *normale Konvergenz ist der für Reihen holomorpher Funktionen optimale Konvergenzbegriff.*

In diesem Kapitel werden Begriffe der *lokal-gleichmäßigen*, der *kompakten* und der *normalen Konvergenz* ausführlich diskutiert. X bezeichnet stets einen metrischen Raum.

[1] Erst im zweiten Band werden wir mit Hilfe des Rungeschen Approximationssatzes solche Folgen konstruieren; wir werden dann auch sehen, warum ihre explizite Angabe schwierig sein muß: punktweise Konvergenz holomorpher Funktionen ist immer schon „fast überall" lokal-gleichmäßig.

3.1 Gleichmäßige, lokal-gleichmäßige und kompakte Konvergenz

3.1.1 Gleichmäßige Konvergenz

Eine Funktionenfolge $f_n : X \to \mathbb{C}$ heißt *in $A \subset X$ gleichmäßig konvergent gegen $f : A \to \mathbb{C}$*, wenn zu jedem $\varepsilon > 0$ ein $n_0 = n_0(\varepsilon) \in \mathbb{N}$ existiert, so daß gilt:

$$|f_n(x) - f(x)| < \varepsilon \quad \text{für alle } n \geq n_0 \text{ und alle } x \in A;$$

alsdann ist die *Grenzfunktion* eindeutig bestimmt.

Eine Reihe $\sum_\nu f_\nu$ von Funktionen *konvergiert gleichmäßig in A*, wenn die Folge der Partialsummen $s_n = \sum^n f_\nu$ in A gleichmäßig konvergiert; man benutzt wie bei Zahlenfolgen das Symbol $\sum f_\nu$ auch für die Grenzfunktion.

Gleichmäßige Konvergenz in A zieht Konvergenz in A nach sich. Bei gleichmäßiger Konvergenz in A gehört zu jedem $\varepsilon > 0$ ein von den *Punkten $x \in A$ unabhängiger Index* $n_0(\varepsilon)$, während bei punktweiser Konvergenz in A dieser Index auch noch (evtl. sehr stark) von $x \in A$ abhängt.

Die Theorie der gleichmäßigen Konvergenz wird besonders durchsichtig, wenn man für Funktionen $f : X \to \mathbb{C}$ und jede Menge $A \subset X$ die *Supremum-Seminorm*

$$|f|_A := \sup_{x \in A} |f(x)|$$

einführt. Die Menge $V := \{f : X \to \mathbb{C}, |f|_A < \infty\}$ aller in X definierten und auf A *beschränkten* Funktionen ist ein $\mathbb{C}$-Vektorraum; die Abbildung $f \mapsto |f|_A$ ist eine „*Seminorm*“ auf V, genauer:

$$|f|_A = 0 \Leftrightarrow f|A = 0, \quad |cf|_A = |c||f|_A,$$

$$|f + g|_A \leq |f|_A + |g|_A, \quad f, g \in V, c \in \mathbb{C}.$$

Eine Folge f_n konvergiert gleichmäßig in A gegen f genau dann, wenn gilt:

$$\lim |f_n - f|_A = 0.$$

□

Man beweist mühelos

Satz 3.1.1 (Limesregeln). *Es seien f_n, g_n Funktionenfolgen in X, die in A gleichmäßig konvergieren. Dann gilt:*

L 1. *Jede Folge $af_n + bg_n$, $a, b \in \mathbb{C}$, ist in A gleichmäßig konvergent:*

$$\lim(af_n + bg_n) = a \lim f_n + b \lim g_n \quad (\mathbb{C}\textit{-Linearität}).$$

L 2. *Sind die Funktionen* $\lim f_n$ *und* $\lim g_n$ *beschränkt auf* A, *so ist die Produktfolge* $f_n g_n$ *in* A *gleichmäßig konvergent:*

$$\lim(f_n g_n) = (\lim f_n)(\lim g_n).$$

Die Limesregel L 1. gilt entsprechend auch für Reihen $\sum f_\nu$, $\sum g_\nu$.

3.1.2 Lokal-gleichmäßige Konvergenz

Die Potenzfolge z^n konvergiert in jedem Kreis $B_r(0)$, $r < 1$, gleichmäßig gegen die Nullfunktion, da $|z^n|_{B_r(0)} = r^n$. Doch ist diese Konvergenz *nicht gleichmäßig im Einheitskreis* $\mathbb{E}$: zu jedem ε mit $0 < \varepsilon < 1$ und jedem $n \geq 1$ gibt es ein $c \in \mathbb{E}$, z.B. $c := \sqrt[n]{\varepsilon}$, mit $|c^n| \geq \varepsilon$. Dieses Konvergenzverhalten ist für viele Funktionenfolgen und Funktionenreihen symptomatisch. Es ist eines der großen Verdienste von WEIERSTRASS, diese Konvergenzsituation klar erkannt und herausgestellt zu haben: es kommt nicht so sehr auf gleichmäßige Konvergenz im gesamten Raum an; wichtig ist nur, daß „im Kleinen" gleichmäßige Konvergenz herrscht.

Eine Funktionenfolge $f_n : X \to \mathbb{C}$ *heißt lokal-gleichmäßig konvergent in* X, *wenn jeder Punkt* $x_0 \in X$ *eine Umgebung* U *in* X *besitzt, so daß die Folge* f_n *in* U *gleichmäßig konvergiert.*

Eine Reihe $\sum f_\nu$ *heißt lokal-gleichmäßig konvergent in* X, *wenn die zugehörige Partialsummenfolge in* X *lokal-gleichmäßig konvergiert.*

Gleichmäßige Konvergenz impliziert natürlich lokal-gleichmäßige Konvergenz. Die Limesregeln des Abschnittes 1 übertragen sich unmittelbar auf in X lokal-gleichmäßig konvergente Folgen bzw. Reihen. □

Grenzfunktionen von konvergenten Folgen stetiger Funktionen sind i.allg. nicht wieder stetig. Aus der Infinitesimalrechnung weiß man, daß sich im Fall lokal-gleichmäßiger Konvergenz die Stetigkeit auf die Grenzfunktion vererbt. Allgemein gilt:

Satz 3.1.2 (Stetigkeitssatz). *Konvergiert die Folge* $f_n \in \mathcal{C}(X)$ *lokal-gleichmäßig in* X, *so ist die Grenzfunktion* $f = \lim f_n$ *ebenfalls stetig in* X, *d.h.* $f \in \mathcal{C}(X)$.

Beweis. (wie im Reellen). Sei $a \in X$ vorgegeben. Für alle $x \in X$ und alle Indices n gilt:

$$|f(x) - f(a)| \leq |f(x) - f_n(x)| + |f_n(x) - f_n(a)| + |f_n(a) - f(a)|.$$

Es gibt eine Umgebung U von a, so daß zu jedem $\varepsilon > 0$ ein Index m existiert mit $|f - f_m|_U < \varepsilon$. Dies hat zur Folge: $|f(x) - f(a)| < 2\varepsilon + |f_m(x) - f_m(a)|$ für alle $x \in U$. Da f_m stetig in a ist, gibt es ein $\delta > 0$, so daß $B_\delta(a) \subset U$ und $|f_m(x) - f_m(a)| < \varepsilon$ für alle $x \in B_\delta(a)$. Es folgt die Stetigkeit von f in a: $|f(x) - f(a)| < 3\varepsilon$ für alle $x \in B_\delta(a)$. □

Für Reihen besagt der Stetigkeitssatz, daß eine in X lokal-gleichmäßig konvergente Reihe von in X stetigen Funktionen eine in X stetige Grenzfunktion hat.

3.1.3 Kompakte Konvergenz

Konvergiert die Folge $f_n : X \to \mathbb{C}$ gleichmäßig in endlich vielen Teilmengen $A_1, \dots, A_b$ von X, so konvergiert sie natürlich auch gleichmäßig in der Vereinigung $A_1 \cup A_2 \cup \cdots \cup A_b$. Hieraus folgt unmittelbar:

Konvergiert die Folge f_n lokal-gleichmäßig in X, so konvergiert f_n gleichmäßig in jeder kompakten Menge $K \subset X$.

Beweis. Zu jedem Punkt $x \in K$ gibt es eine offene Umgebung U von x in X, so daß f_n in U gleichmäßig konvergiert. Da K kompakt ist, überdecken bereits endlich viele solche Umgebungen, etwa $U_1, \dots, U_b$, die Menge K. Dann konvergiert f_n in $U_1 \cup U_2 \cup \cdots \cup U_b$ und also erst recht in $K \subset \bigcup U_\beta$ gleichmäßig. □

Man nennt eine Folge bzw. eine Reihe *kompakt konvergent in X*, wenn sie in jeder kompakten Teilmenge von X gleichmäßig konvergiert. Wir sehen:

Lokal-gleichmäßige Konvergenz zieht kompakte Konvergenz nach sich.

Dieser wichtige Satz, der von gleichmäßiger Konvergenz „im Kleinen" zu gleichmäßiger Konvergenz „im Großen" führt, wurde erstmals von WEIERSTRASS für Intervalle in $\mathbb{R}$ bewiesen. WEIERSTRASS gab für dieses „Lokal-Global-Prinzip" einen direkten Beweis (man bedenke, daß damals weder der allgemeine Kompaktheitsbegriff noch der Satz von HEINE-BOREL zur Verfügung standen). □

In wichtigen Fällen ist die obige Aussage umkehrbar. Man nennt X *lokal-kompakt*, wenn jeder Punkt eine kompakte Umgebung besitzt. Dann ist trivial:

Ist X lokal-kompakt, so ist jede in X kompakt konvergente Folge bzw. Reihe lokal-gleichmäßig konvergent in X.

In lokal-kompakten Räumen stimmen also die Begriffe der lokal-gleichmäßigen Konvergenz und der kompakten Konvergenz überein. Da Bereiche in $\mathbb{C}$ lokal-kompakt sind, so braucht man in allen funktionentheoretischen Diskussionen diese Begriffe nicht zu unterscheiden.

Wir benutzen mit Vorliebe die Bezeichnung „kompakt konvergent", weil sie kürzer ist als die Redeweise „lokal-gleichmäßig konvergent". In der Literatur findet man vielfach auch die Redeweise „gleichmäßig konvergent im Innern von X".

3.1.4 Historisches zur gleichmäßigen Konvergenz

Die Geschichte des Begriffes der gleichmäßigen Konvergenz ist ein hervorragendes Beispiel zur Ideengeschichte der neueren Mathematik. 1821 hat CAUCHY in seinem *Cours D'Analyse* behauptet ([C], S. 120), daß konvergente Reihen stetiger Funktionen f_n immer stetige Grenzfunktionen f haben. CAUCHY betrachtet die Gleichung

$$f(x) - \sum_{0}^{n} f_\nu(x) = \sum_{n+1}^{\infty} f_\nu(x),$$

wo die *endliche* Reihe links sicher stetig ist. Der Irrtum im Beweis liegt nun in der stillschweigenden Annahme, daß man n unabhängig von den Punkten x so groß wählen kann, daß die unendliche Reihe rechts (für alle x) hinreichend klein wird. („deviendra insensible, si l'on attribue à n une valeur très considérable").

Es war ABEL, der 1826 in seiner Arbeit [A] über die binomische Reihe erstmals den Cauchyschen Satz kritisierte; er schreibt (S. 316): „Es scheint mir aber, daß dieser Lehrsatz Ausnahmen leidet. So ist z.B. die Reihe

$$\sin\varphi - \tfrac{1}{2}\sin 2\varphi + \tfrac{1}{3}\sin 3\varphi - \ldots \text{ usw.}$$

unstetig für jeden Werth $(2m+1)\pi$ von x, wo m eine ganze Zahl ist. Bekanntlich giebt es eine Menge von Reihen mit ähnlichen Eigenschaften". ABEL betrachtet hier also eine *Fourierreihe*, die in $\mathbb{R}$ konvergiert und dort eine in den Punkten $(2m+1)\pi$ unstetige Grenzfunktion f hat (es gilt $f(x) = \frac{1}{2}x$ für $-\pi < x < \pi$, $f(-\pi) = f(\pi) = 0$). ABEL diskutiert diese Fourierreihe ausführlich auf S. 337 seiner Arbeit und auch in einem Brief aus Berlin vom 16. Januar 1826 an seinen Lehrer und Freund HOLMBOE (Œuvres 2, S. 258 ff.); bei der Diskussion des Problems der gliedweisen Differentiation von unendlichen Reihen in 4.3.3 werden wir auf diesen Brief zurückkommen.

Der erste Mathematiker, der den Begriff der gleichmäßigen Konvergenz benutzt, scheint Christoph GUDERMANN gewesen zu sein, der Lehrer von WEIERSTRASS in Münster. GUDERMANN (geb. 1798 in Winneburg bei Hildesheim, Gymnasiallehrer in Cleve und Münster, publizierte 1838-1843 Arbeiten im Crelleschen Journal über elliptische Funktionen und Integrale; gest. 1852 in Münster) schreibt 1838 im Crelleschen Journal Bd. 18 auf S. 251/252 bei seinen Untersuchungen über Modular-Functionen: „Es ist ein bemerkenswerther Umstand, daß ... die so eben gefundenen Reihen *einen im Ganzen gleichen Grad der Convergenz* haben".

Bei GUDERMANN hörte WEIERSTRASS 1839/40 als einziger Vorlesungen über Modular-Functionen. Hier dürfte er erstmals dem neuen Konvergenztyp begegnet sein. Die Bezeichnung „gleichmäßige Konvergenz" stammt von WEIERSTRASS, der bereits 1841 in seiner in Münster geschriebenen Arbeit [W_2] *Zur Theorie der Potenzreihen*, die erst 1894 veröffentlicht wurde, wie selbstverständlich mit gleichmäßig konvergenten Reihen arbeitet; man liest dort (S. 68/69): „Da die betrachtete Potenzreihe ... *gleichmässig convergirt*, so lässt sich aus ihr nach Annahme einer beliebigen positiven Grösse δ eine endliche Anzahl von Gliedern so herausheben, dass die Summe aller übrigen Glieder für jedes der angegebenen Werthsysteme ... ihrem absoluten Betrage nach $< \delta$ ist.“ Die Einsicht, daß der Begriff der gleichmäßigen Konvergenz ein zentraler Begriff der Analysis ist, hat sich im letzten Jahrhundert nur langsam durchgesetzt. Zwar wurden durch WEIERSTRASS' Vorlesungen *Einleitung in die Analysis* zu Berlin im Winter 1859/60 und im Sommer 1860 die einschneidende Bedeutung und Unentbehrlichkeit dieses Begriffes in der mathematischen Welt allmählich bekannt, doch noch am 6. März 1881 schreibt WEIERSTRASS an H.A. SCHWARZ: „Bei den Franzosen hat namentlich meine letzte Abhandlung mehr Aufsehen gemacht, als sie eigentlich verdient; man scheint endlich einzusehen, welche Bedeutung der Begriff der gleichmässigen Convergenz hat.“

Unabhängig von WEIERSTRASS und unabhängig voneinander führten 1847 Ph.L. SEIDEL (München Akad. Wiss. Abh. 7, 379-394, 1848) und Sir G.G. STOKES (Trans. Cambridge Phil. Soc. 8, 533-583, 1847) Begriffe ein, die dem Begriff der gleichmäßigen Konvergenz einer Reihe entsprechen. Doch haben ihre Beiträge keinen Einfluß auf die weitere Entwicklung gehabt. Der britische Mathematiker G.H. HARDY vergleicht 1918 in seinem lesenswerten Artikel *Sir George Stokes and the concept of uniform convergence* (Proc. Cambridge Phil. Soc. 19, 148-156, 1916-1919) die Definitionen dieser drei Mathematiker; er sagt: „Weierstrass's discovery was the earliest, and he alone fully realized its far-reaching importance as one of the fundamental ideas of analysis.“

3.1.5 * Kompakte und stetige Konvergenz.

Eine Funktionenfolge $f_n : X \to \mathbb{C}$ heißt *stetig konvergent* in X, wenn für jede konvergente Folge $x_n \in X$ mit $\lim x_n =: a \in X$ der Grenzwert $\lim f_n(x_n)$ existiert. Dieser Grenzwert ist dann unabhängig von der Wahl der x_n (Folgenmischung!); daher hat die Folge f_n eine Grenzfunktion $f : X \to \mathbb{C}$. Wir bemerken sofort:

Satz 3.1.3. *Konvergiert die Folge f_n in X stetig gegen f, so ist f stetig in X (selbst dann, wenn die f_n unstetig sind).*

Beweis. Sei $a = \lim x_n$, sei $\varepsilon > 0$. Es gibt eine streng monotone Folge $n_k \in \mathbb{N}$, so daß $|f_{n_k}(x_k) - f(x_k)| < \varepsilon/2$. Wegen $\lim f_{n_k}(x_k) = f(a)$ gibt es ein k_0, so daß $|f_{n_k}(x_k) - f(a)| < \varepsilon/2$ für $k \geq k_0$. Es folgt die Stetigkeit von f in a:

$$|f(x_k) - f(a)| \leq |f_{n_k}(x_k) - f(x_k)| + |f_{n_k}(x_k) - f(a)| < \varepsilon \quad \text{für alle } k \geq k_0.$$

□

Wir zeigen nun, daß „stetige“ und „kompakte“ Konvergenz in wichtigen Fällen dasselbe besagen:

Satz 3.1.4. *Nachstehende Aussagen über eine Folge nicht notwendig stetiger Funktionen $f_n : X \to \mathbb{C}$ sind äquivalent:*

i) Die Folge f_n konvergiert in X kompakt gegen eine Funktion $f \in \mathcal{C}(X)$.
ii) Die Folge f_n ist in X stetig konvergent.

Beweis. i)⇒ii). Falls $a = \lim x_n$, so ist die Menge $L := \{a, x_1, x_2, \dots\} \subset X$ kompakt. Es gilt also $\lim |f - f_n|_L = 0$, speziell ist $f(x_n) - f_n(x_n)$ eine Nullfolge. Da auch $\lim[f(a) - f(x_n)] = 0$, so folgt die Behauptung aus der Gleichung

$$f(a) - f_n(x_n) = f(a) - f(x_n) + f(x_n) - f_n(x_n).$$

ii)⇒(i). Sei f die Grenzfunktion der f_n, wir wissen $f \in \mathcal{C}(X)$. Angenommen es gäbe ein Kompaktum $K \subset X$, so daß $|f - f_n|_K$ keine Nullfolge ist. Dann gäbe es ein $\varepsilon > 0$, eine Teilfolge n' der Indexfolge $1, 2, 3, \dots$ und eine Punktfolge $x_{n'} \in K$, so daß

$$|f(x_{n'}) - f_{n'}(x_{n'})| > \varepsilon \quad \text{für alle } n'. \tag{3.1}$$

Da K kompakt ist, dürfen wir annehmen, daß die Folge $x_{n'}$ gegen einen Punkt $a \in X$ konvergiert (sonst ist eine neue Teilfolge zu bilden). Da $\lim f(x_{n'}) = f(a)$ wegen $f \in \mathcal{C}(X)$ und da $\lim f_{n'}(x_{n'}) = f(a)$ nach Voraussetzung, so folgt $\lim[f(x_{n'}) - f_{n'}(x_{n'})] = 0$ im Widerspruch zu (3.1). □

Als Anwendung des Satzes erhält man:

Satz 3.1.5 (Kompositionssatz). *Es seien D, D' Bereiche in $\mathbb{C}$, und es seien $f_n \in \mathcal{C}(D)$, $g_n \in \mathcal{C}(D')$ Folgen stetiger Funktionen, die in ihren Definitionsbereichen kompakt gegen Funktionen $f \in \mathcal{C}(D)$, $g \in \mathcal{C}(D')$ konvergieren. Es gelte stets $f_n(D) \subset D'$ und $f(D) \subset D'$. Dann konvergiert die Folge $g_n \circ f_n \in \mathcal{C}(D)$ in D kompakt gegen $g \circ f \in \mathcal{C}(D)$.*

Beweis. Für jede Folge $x_n \in D$ mit $\lim x_n = a$ gilt $\lim f_n(x_n) = f(a)$ und weiter $\lim g_n(f_n(x_n)) = g(f(a))$ auf Grund von Satz 3.1.4. Damit folgt die Behauptung. □

Historische Notiz. C. Carathéodory hat 1929 ein Plädoyer für die stetige Konvergenz gehalten. In seiner Arbeit *Stetige Konvergenz und normale Familien von Funktionen*, Math. Ann. 101, 515-533 (1929); Ges. Math. Schriften 4, 96-118, schreibt er, vgl. 96-97: „Mein Vorschlag geht dahin, jedesmal, wo es vorteilhaft ist – und es ist, wie ich glaube, mit ganz wenigen Ausnahmen immer vorteilhaft –, den Begriff der [lokal] gleichmäßigen Konvergenz in der Funktionentheorie durch den Begriff der „stetigen Konvergenz“ zu ersetzen..., dessen Handhabung unvergleichlich einfacher ist. Im allgemeinen ist allerdings die stetige Konvergenz enger als die gleichmäßige; für den in der Funktionentheorie allein in Betracht kommenden Fall, in dem die Funktionen der Folge stetig sind, decken sich die beiden Begriffe vollkommen.“ Es ist indessen nicht üblich geworden, kompakte Konvergenz dadurch zu beweisen, daß man stetige Konvergenz nachweist. Der Begriff der stetigen Konvergenz wurde 1921 von H. HAHN in seinem Buch *Theorie der reellen Funktionen*, Julius Springer Berlin, eingeführt, vgl. S. 238 ff. Begriff und Bezeichnung treten allerdings schon früher auf bei R. COURANT: *Über eine Eigenschaft der Abbildungsfunktionen bei konformer Abbildung*, Nachr. Königl. Ges. Wiss. Göttingen, Math.-phys. Kl. 1914, 101-109, insb. S. 106.

Aufgaben

1. a) Für $n \in \mathbb{N}$ sei $f_n : \mathbb{C} \setminus \partial\mathbb{E} \to \mathbb{C}$ definiert durch $f_n(z) := \frac{1}{1+z^n}$. Zeigen Sie, daß die Folge f_n für $0 < r < 1$ in $B_r(0)$ und für $R > 1$ in $B_R(0)$ gleichmäßig konvergiert, die Konvergenz in $\mathbb{C} \setminus \partial\mathbb{E}$ aber nicht gleichmäßig ist.
   b) Wo konvergiert die Folge $f_n : \mathbb{C} \setminus \partial\mathbb{E} \to \mathbb{C}$, $z \mapsto \frac{z^n}{1+z^{2n}}$, gleichmäßig?
2. Ist eine Folge von Polynomen $p_n(z) = a_{n,0} + a_{n,1}z + a_{n,2}z^2 + \cdots + a_{n,d}z^d$, die alle einen Grad $\leq d$, $d \in \mathbb{N}$, haben, gegeben, so sind folgende Aussagen äquivalent:
   i) Die Folge p_n konvergiert kompakt in $\mathbb{C}$.
   ii) Es gibt $d+1$ paarweise verschiedene Punkte $c_0, \ldots, c_d \in \mathbb{C}$, so daß die Folge p_n in $\{c_0, \ldots, c_d\}$ punktweise konvergiert.
   iii) Für $0 \leq j \leq d$ konvergiert die Folge der Koeffizienten $(a_{n,j})_{n \in \mathbb{N}}$.

   Im Fall der Konvergenz ist die Grenzfunktion das Polynom $a_0 + a_1 z + \cdots + a_d z^d$, wobei $a_j = \lim_n a_{n,j}$.
3. Gegeben sei eine Folge von Automorphismen des Einheitskreises
$$f_k(z) = \eta_k \frac{z - w_k}{\overline{w}_k z - 1}, \quad w_k \in \mathbb{E}, \eta_k \in \partial\mathbb{E}.$$
   Beweisen Sie die Äquivalenz der folgenden Aussagen:
   i) Die Folge f_k konvergiert in $\mathbb{E}$ kompakt gegen eine nicht konstante Funktion.
   ii) Es gibt Punkte $c, d \in \mathbb{E}$, so daß die Folgen $f_k(c)$, $f_k(d)$ konvergieren und verschiedene Grenzwerte haben.
   iii) Die Folgen $(\eta_k)_k$ und $(w_k)_k$ konvergieren.

   Im Fall der Konvergenz der Folge f_k ist die Grenzfunktion entweder ein Automorphismus von $\mathbb{E}$ oder konstant vom Betrag 1.
   Hinweis zu „iii)⇒i)“: Arbeiten Sie mit stetiger Konvergenz.
4. Sei D ein Bereich in $\mathbb{C}$. Für $n \geq 1$ sei $K_n := \{z \in D : |z| \leq n, d_z(\partial D) \geq n^{-1}\}$. Jedes K_n ist kompakt, es gilt $K_n \subset K_m$ für $n \leq m$ und $D = \bigcup_{n \geq 1} K_n$. Zeigen Sie:
   a) Für alle $f, g \in \mathcal{C}(D)$ konvergiert die Reihe $d(f,g) := \sum_{\nu=1}^{\infty} 2^{-\nu} \frac{|f-g|_{K_\nu}}{1+|f-g|_{K_\nu}}$.
   b) Durch d ist eine Metrik auf $\mathcal{C}(D)$ definiert.
   c) Eine Folge $f_n \in \mathcal{C}(D)$ konvergiert genau dann in D kompakt gegen eine Funktion $f \in \mathcal{C}(D)$, wenn sie bezüglich der Metrik d gegen f konvergiert, d.h. wenn $\lim_n d(f_n, f) = 0$ gilt.
5. Es sei K ein kompakter metrischer Raum mit Metrik d_K und $f_n : K \to \mathbb{C}$ eine gleichmäßig konvergente Folge stetiger Funktionen mit Grenzfunktion $f : K \to \mathbb{C}$. Dann ist die Folge f_n auf K gleichgradig stetig, d.h. zu jedem $\varepsilon > 0$ gibt es ein $\delta > 0$, so daß für alle $n \in \mathbb{N}$ und alle $x, y \in K$ mit $d_K(x,y) < \delta$ gilt $|f_n(x) - f_n(y)| < \varepsilon$.

Hinweis: f sowie alle f_n sind auf K gleichmäßig stetig (vgl. Aufgabe 3. aus 0.5).

3.2 Konvergenzkriterien

Analog zur Situation bei Zahlenfolgen heißt eine Funktionenfolge $f_n : X \to \mathbb{C}$ auf $A \subset X$ eine *Cauchyfolge* (bez. der Supremum-Seminorm), wenn zu jedem $\varepsilon > 0$ ein $n_0 \in \mathbb{N}$ existiert, so daß gilt

$$|f_m - f_n|_A < \varepsilon \quad \text{für alle } m, n \geq n_0$$

Im Abschnitt 1 übertragen wir das Cauchysche Konvergenzkriterium auf Funktionenfolgen und Funktionenreihen, im Abschnitt 2 übertragen wir das Majorantenkriterium aus 0.4.2.

Satz 3.2.1 (Cauchysches Konvergenzkriterium). *Folgende Aussagen über eine Folge $f_n : X \to \mathbb{C}$ und eine Teilmenge $A \neq \emptyset$ von X sind äquivalent:*

i) f_n ist gleichmäßig konvergent in A.
ii) f_n ist eine Cauchyfolge in A.

Beweis. Wir verifizieren nur die nichttriviale Implikation ii)⇒i). Da

$$|f_m(x) - f_n(x)| \leq |f_m - f_n|_A \quad \text{für jeden Punkt } x \in A,$$

so ist jede Zahlenfolge $f_n(x)$, $x \in A$, eine Cauchyfolge. Daher ist die Folge f_n punktweise konvergent in A; sei $f := \lim f_n$. Es gilt

$$|f_n(x) - f(x)| \leq |f_n(x) - f_m(x)| + |f_n(x) - f(x)| \quad \text{für alle } x \in A.$$

Ist nun $\varepsilon > 0$ vorgegeben, so gibt es ein n_0, so daß $|f_n(x) - f_m(x)| < \varepsilon$ für alle $m, n \geq n_0$ und alle $x \in A$. Wählt man zu $x \in A$ ein $m = m(x) \geq n_0$ so, daß $|f_m(x) - f(x)| < \varepsilon$, so folgt $|f_n(x) - f(x)| < 2\varepsilon$ für alle $x \in A$, $n \geq n_0$, d.h. $|f_n - f|_A \leq 2\varepsilon$ für alle $n \geq n_0$. □

Die Übertragung auf Reihen ist evident:

Satz 3.2.2 (Cauchysches Konvergenzkriterium für Reihen). *Folgende Aussagen über eine unendliche Reihe $\sum f_\nu$, $f_\nu : X \to \mathbb{C}$, sind äquivalent*

i) $\sum f_\nu$ ist gleichmäßig konvergent in A.
ii) Zu jedem $\varepsilon > 0$ existiert ein $n_0 \in \mathbb{N}$, so daß gilt:

$$|f_{m+l}(x) + \cdots + f_n(x)| < \varepsilon \quad \textit{für alle } n > m \geq n_0 \textit{ und alle } x \in A.$$

CAUCHY hat dieses Kriterium 1853 in seiner Arbeit *Note sur les séries convergentes dont les divers termes sont des fonctions continues...* (Œuvres 11, l. Ser., 30-36) eingeführt (Théorème II, S. 34). Er arbeitet hier erstmals mit dem Begriff der gleichmäßigen Konvergenz, allerdings ohne Benutzung des Wortes „gleichmäßig (uniforme)". Er sagt hier auch (S. 31), daß sein Stetigkeitssatz inkorrekt sei, aber er bagatellisiert: „il est facile de voir comment on doit modifier l'énoncé du théorème."

Auch für stetig konvergente Funktionenfolgen hat man ein Cauchysches Konvergenzkriterium. Der Leser mache sich klar: *Eine Folge $f_n : X \to \mathbb{C}$ von in X stetigen Funktionen konvergiert genau dann stetig in X, wenn für jede in X konvergente Folge x_n die Folge $f_n(x_n)$ eine Cauchyfolge ist.*

3.2.1 Weierstraßsches Majorantenkriterium

Das Cauchysche Kriterium für die gleichmäßige Konvergenz einer Reihe wird in der Praxis kaum benutzt. Für Anwendungen besonders leicht zu handhaben ist

Satz 3.2.3 (Majorantenkriterium von Weierstraß). *Es sei $f_\nu : X \to \mathbb{C}$ eine Funktionenfolge; es sei $A \neq \emptyset$ eine Teilmenge von X, und es gebe eine Folge reeller Zahlen $M_\nu \geq 0$, so daß gilt:*

$$|f_\nu|_A \leq M_\nu, \quad \nu \in \mathbb{N}, \quad \textit{und} \quad \sum M_\nu < \infty.$$

Dann konvergiert die Reihe $\sum f_\nu$ gleichmäßig in A.

Beweis. Für alle $n > m$ und alle $x \in A$ gilt:

$$\left|\sum_{m+1}^{n} f_\nu(x)\right| \leq \sum_{m+1}^{n} |f_\nu(x)| \leq \sum_{m+1}^{n} M_\nu.$$

Wegen $\sum M_\nu < \infty$ gibt es zu jedem $\varepsilon > 0$ ein $n_0 \in \mathbb{N}$, so daß $\sum_{m+1}^{n} M_\nu < \varepsilon$ für alle $n > m \geq n_0$. Dies bedeutet $|f_{m+l}(x) + \cdots + f_n(x)| < \varepsilon$ für alle $n > m \geq n_0$ und alle $x \in A$. Daher ist $\sum f_\nu$ nach dem Cauchyschen Kriterium gleichmäßig konvergent in A. □

WEIERSTRASS hat sein Kriterium 1880 in seiner Abhandlung *Zur Functionenlehre* [W_4] als Fußnote (S. 202) angegeben.

Aufgaben

1. Eine Folge $p_n \in \mathbb{C}[z]$ konvergiert genau dann gleichmäßig in $\mathbb{C}$, wenn es ein $N \in \mathbb{N}$ und eine konvergente Folge c_n, $n > N$, komplexer Zahlen gibt, so daß $p_n(z) = p_N(z) + c_n$ für alle $n > N$.

2. (vgl. auch Aufgabe 4 aus 0.4) Es sei $f_\nu : X \to \mathbb{C}$, $\nu \geq 0$, eine in X gleichmäßig gegen die Nullfunktion konvergente Folge, so daß die Reihe $\sum_{\nu \geq 1} |f_\nu - f_{\nu-1}|$ in X gleichmäßig konvergiert.
   a) Ist $(a_n)_{n \geq 0}$ eine Folge in $\mathbb{C}$ mit beschränkter Partialsummenfolge $s_m := \sum_{\nu=0}^{m} a_\nu$ so konvergiert die Reihe $\sum a_\nu f_\nu$ in X gleichmäßig.
   b) Sei $g_\nu : X \to \mathbb{C}$ eine weitere Folge von Funktionen. Unter welchen Voraussetzungen konvergiert die Reihe $\sum g_\nu f_\nu$ in X gleichmäßig?
3. Zeigen Sie, daß $\sum_{\nu \geq 1} \frac{(-1)^\nu}{z+\nu}$ in $\mathbb{C} \setminus \{-1, -2, -3, \dots\}$ kompakt konvergiert.
4. Die Reihe $\sum_{\nu \geq 1} \frac{(-1)^\nu}{z^2+\nu}$ konvergiert im Streifen $S := \{z \in \mathbb{C} : |\operatorname{Im} z| \leq \frac{1}{2}\}$ gleichmäßig, aber in keinem Punkt von S absolut.
5. Zeigen Sie, daß der metrische Raum $\mathcal{C}(D)$ (vgl. Aufgabe 4 zu § 1) vollständig ist.

3.3 Normal konvergente Reihen

Die Reihe $\sum_{\nu \geq 1} \frac{(-1)^{\nu-1}}{x^2+\nu}$ ist in $\mathbb{R}$ lokal-gleichmäßig konvergent, doch kann man aus ihr durch Umordnen divergente Reihen bilden. Um bequem und sorglos rechnen zu können, benötigt man (in Analogie zu Reihen komplexer Zahlen) für Funktionenreihen $\sum f_\nu$ einen Konvergenzbegriff, der solche Phänomene ausschließt und garantiert, daß *jede Umordnung der Reihe und jede Teilreihe lokal-gleichmäßig konvergieren.* Diese Bedingungen erfüllt der Begriff der normalen Konvergenz, den wir nun diskutieren.

3.3.1 Normale Konvergenz

Eine Reihe $\sum f_\nu$ von Funktionen $f_\nu : X \to \mathbb{C}$ heißt normal konvergent in X, wenn jeder Punkt $x \in X$ eine Umgebung U besitzt, so daß gilt $\sum |f_\nu|_U < \infty$. Man beachte, daß normale Konvergenz nicht für Folgen, sondern nur für Reihen definiert ist. Auf Grund des Weierstraßschen Majorantenkriteriums gilt: *Jede in X normal konvergente Reihe ist in X lokal-gleichmäßig konvergent.*

Speziell folgt also aus dem Stetigkeitssatz 3.1.2:

Ist $f = \sum f_\nu$, $f \in \mathcal{C}(X)$, normal konvergent in X, so ist f stetig in X.

Ganz trivial ist:

Jede Teilreihe einer in X normal konvergenten Reihe ist normal konvergent in X.

Weiter gilt der unentbehrliche

Satz 3.3.1 (Umordnungssatz). *Konvergiert $\sum_0^\infty f_\nu$ in X normal gegen f, so konvergiert für jede Bijektion $\tau : \mathbb{N} \to \mathbb{N}$ die umgeordnete Reihe $\sum_0^\infty f_{\tau(\nu)}$ in X normal gegen f.*

Beweis. Jeder Punkt $x \in X$ besitzt eine Umgebung U in X, so daß gilt: $\sum |f_\nu|_U < \infty$. Nach dem Umordnungssatz 0.4.3 für Reihen komplexer Zahlen gilt dann auch $\sum |f_{\tau(\nu)}|_U < \infty$ für jede Bijektion $\tau : \mathbb{N} \to \mathbb{N}$, und es folgt $f(x) = \sum f_{\tau(\nu)}(x)$, $x \in X$. Mithin konvergiert $\sum f_{\tau(\nu)}$ in X normal gegen f. □

Man kann den Umordnungssatz wie folgt verschärfen:

Konvergiert $\sum_0^\infty f_\nu$ in X normal gegen f und ist $\mathbb{N} = \cup_{k \geq 0} N_k$ eine disjunkte Zerlegung der natürlichen Zahlen, so konvergiert für jedes k die Reihe $\sum_{\nu \in N_k} f_\nu$ in X normal gegen eine Funktion $g_k : X \to \mathbb{C}$ und die Reihe $\sum_{k \geq 0} g_k$ konvergiert in X normal gegen f.

Der Leser führe den Beweis aus.

Mit $\sum f_\nu$, $\sum g_\nu$ ist auch jede Reihe $\sum af_\nu + bg_\nu$, $a, b \in \mathbb{C}$, in X normal konvergent. Aus dem Reihenproduktsatz (Satz 0.4.5) folgt weiter sofort:

Satz 3.3.2 (Reihenproduktsatz für normal konvergente Reihen). *Sind $f = \sum f_\mu$, $g = \sum g_\nu$ normal konvergente Reihen in X, so konvergiert jede Produktreihe $\sum h_\kappa$ wo $h_0, h_1, \ldots$ irgendwie alle Produkte $f_\mu g_\nu$ genau einmal durchlaufen, in X normal gegen fg.*

Wir schreiben $fg = \sum f_\mu g_\nu$, insbesondere gilt $fg = \sum p_\lambda$ mit $p_\lambda = \sum_{\mu+\nu=\lambda} f_\mu g_\nu$ (Cauchyprodukt).

3.3.2 Diskussion der normalen Konvergenz

Normale Konvergenz ist mehr als lokal-gleichmäßige Konvergenz, wie die Reihe $\sum_0^\infty (-1)^\nu/(z-\nu)$, $z \in \mathbb{C} \setminus \mathbb{N}$, zeigt (der Leser begründe dies). Normale Konvergenz ist per definitionem eine *lokale* Eigenschaft. Es gilt aber:

Konvergiert $\sum f_\nu$ normal in X, so gilt $\sum |f_\nu|_K < \infty$ für jedes Kompaktum K in X.

Die Umkehrung ist offensichtlich richtig in folgendem Sinne:

Ist X lokal-kompakt, und gilt $\sum |f_\nu|_K < \infty$ für jedes Kompaktum K in X, so ist $\sum f_\nu$ normal konvergent in X.

Für Kreisscheiben $B_s(c)$ in $\mathbb{C}$ folgt direkt:

Ist $f_\nu : B_s(c) \to \mathbb{C}$ eine Folge, und gilt $\sum |f_\nu|_{B_r(c)} < \infty$ für alle r, $0 < r < s$, so ist $\sum f_\nu$ normal konvergent in $B_s(c)$.

Ist $\sum f_\nu$ normal konvergent in X, so konvergiert $\sum |f_\nu|$ kompakt in X. *Die Umkehrung gilt für Bereiche $X = D$ in $\mathbb{C}$, wenn alle f_ν in D holomorph sind*, zum Beweis benutzt man die Cauchysche Integralformel, vgl. 8.4.4.

Aus lokal-gleichmäßig konvergenten Reihen kann man durch „Klammersetzen“ stets normal konvergente Reihen machen, genauer gilt:

Es sei $f = \sum f_\nu$ lokal-gleichmäßig konvergent in X. Dann gibt es zu jedem Punkt $x \in X$ eine Umgebung U und eine Indexfolge $0 = n_0 < n_1 < n_2 < \dots$, so daß für die „geklammerte“ Reihe $f = \sum \widehat{f}_\nu$ mit $\widehat{f}_\nu := f_{n_\nu} + f_{n_\nu+1} + \dots + f_{n_{\nu+1}-1}$ gilt: $\sum |\widehat{f}_\nu|_U < \infty$.

Beweis. Es sei $\varepsilon_1 > \varepsilon_2 > \varepsilon_3 > \dots$ eine Folge reeller Zahlen > 0 mit $\sum \varepsilon_\nu < \infty$. Dann gibt es eine Umgebung U von x und Indices $0 < n_1 < n_2 < \dots$, so daß gilt:

$$|t_{n_\nu} - f|_U \le \varepsilon_\nu \quad \text{mit } t_{n_\nu} := \sum_0^{n_\nu - 1} f_\mu,\ \nu = 1, 2 \dots$$

Da $\widehat{f}_0 = t_{n_1}$, $\widehat{f}_\nu = t_{n_{\nu+1}} - t_{n_\nu}$, folgt $f = \sum \widehat{f}_\nu$. Da $\widehat{f}_\nu = (t_{n_{\nu+1}} - f) - (t_{n_\nu} - f)$ für $\nu \ge 1$, so folgt weiter $|\widehat{f}_\nu|_U \le \varepsilon_{\nu+1} + \varepsilon_\nu \le 2\varepsilon_\nu$ für $\nu \ge 1$ und also $\sum |\widehat{f}_\nu|_U \le |\widehat{f}_0|_U + 2\sum_{\nu \ge 1} \varepsilon_\nu < \infty$. □

Man beachte, daß die Folge $n_0, n_1, \dots$ von x und U abhängt.

Lokal-gleichmäßige und punktweise absolute Konvergenz hat nicht normale Konvergenz zur Folge. Von SAEKI wurde 1991 mit Hilfe des kleinen Rungeschen Approximationssatzes gezeigt:

Es gibt eine in $\mathbb{C}$ lokal-gleichmäßig und in jedem Punkt $z \in \mathbb{C}$ absolut konvergente Reihe $\sum p_\nu$ mit Polynomen p_ν, so daß die Funktion $\sum |p_\nu(z)|$ in jeder Umgebung von 0 unbeschränkt ist.

3.3.3 Historisches zur normalen Konvergenz

Der französische Mathematiker René BAIRE (1874-1932, bekannt aus Maßtheorie (Bairesche Mengen) und Topologie (Bairescher Dichtesatz)) hat diesen Konvergenzbegriff 1908 im 2. Band (S. 29 ff.) seines Werkes *Leçons sur les Théories Générales de l'Analyse* (Gauthier-Villars, Paris 1908) eingeführt. Er ließ sich leiten vom Weierstraßschen Majorantenkriterium aus 3.2.1 und sagt in der Einleitung jenes Bandes (S. VII): „Bien qu'a mon avis l'introduction de termes nouveaux ne doive se faire qu'avec une extrême prudence, il m'a paru indispensable de caractériser par une locution brève le cas le plus simple et de beaucoup le plus courant des séries uniformément convergentes, celui des séries dont les termes sont moindres en module que des nombres positifs formant série convergente (ce qu'on appelle quelquefois *critère de Weierstrass*). J'appelle ces séries *normalement* convergentes, et j'espère qu'on voudra bien excuser cette innovation. Un grand nombre de démonstrations, soit dans la théorie des séries, soit plus loin dans la théorie des produits infinis, sont considérablement simplifiées quand on met en avant cette notion, beaucoup plus maniable que la propriété de convergence uniforme.“ BAIRE entschuldigt sich also nahezu, einen neuen Begriff in die Mathematik einzuführen. In der älteren deutschen Literatur hat sich dieser wichtige Konvergenzbegriff leider nicht recht durchgesetzt.

Aufgaben

1. Zeigen Sie, daß $\sum_{\nu\geq 1} \frac{z^{2\nu}}{1-z^{\nu}}$ in $\mathbb{E}$ normal konvergiert.
2. a) Formulieren und beweisen Sie für normal konvergente Reihen eine entsprechende Aussage, wie sie in Aufgabe 5 aus 0.4 für absolut konvergente Reihen komplexer Zahlen angegeben wurde.
   b) Folgern Sie aus a) die in Abschnitt 1 vorgestellte Verschärfung des Umordnungssatzes.

4. Potenzreihen

Die Potenzreihen sind deshalb besonders bequem, weil man mit ihnen *fast* wie mit Polynomen rechnen kann (C. CARATHÉODORY)

Die funktionentheoretisch wichtigsten und fruchtbarsten Funktionenreihen sind die Potenzreihen, die bereits LAGRANGE 1797 in seiner *Théorie des fonctions analytiques* betrachtet hat. In diesem Kapitel wird die elementare Theorie der konvergenten Potenzreihen besprochen. Diese Theorie wurde um die Jahrhundertwende in Deutschland auch *Algebraische Analysis* genannt (nach dem Untertitel *Analyse Algébrique* des Cauchyschen *Cours D'Analyse* [C]). Interessant zu lesen ist der so überschriebene Artikel von G. FABER und A. PRINGSHEIM in der Encyklopädie der Mathematischen Wissenschaften II, 3.1, 1-46 (1908).

Im Paragraphen 1 zeigen wir zunächst, daß Potenzreihen einen wohlbestimmten „Konvergenzradius" R haben, und daß sie in ihrem „Konvergenzkreis" $B_R(c)$ normal konvergieren. Die Berechnung von R erfolgt in der Regel mittels der Formel von CAUCHY-HADAMARD bzw. der Quotientenregel. Im Paragraphen 2 bestimmen wir die Konvergenzradien wichtiger Potenzreihen wie *Exponentialreihe* $\exp z$, *logarithmischer Reihe* $\lambda(z)$ und *binomischer Reihe* $b_\sigma(z)$. Im Paragraphen 3 zeigen wir, daß konvergente Potenzreihen in ihrer Konvergenzkreisscheibe holomorphe Funktionen darstellen (die Umkehrung hiervon wird erst in 7.3.2 bewiesen). Damit ist eine „Vorstufe zur WEIERSTRASSschen Funktionenlehre" erreicht, nunmehr steht der Konstruktion vieler interessanter holomorpher Funktionen nichts mehr im Wege. Insbesondere sind die Funktionen $\exp z$, $\lambda(z)$ und $b_\sigma(z)$ in ihren Konvergenzkreisen holomorph; im Einheitskreis $\mathbb{E}$ besteht zwischen ihnen der Zusammenhang $b_\sigma(z) = \exp(\sigma\lambda(z))$, den wir später suggestiver in die Form $(1+z)^\sigma = e^{\sigma \log(1+z)}$ bringen werden (der reelle Beweis hierfür funktioniert im Komplexen nicht mehr, weil $\log z$ nicht mehr *die* Umkehrfunktion von $\exp z$ ist).

Im Paragraphen 4 machen wir einen Exkurs in die Algebra und studieren den Ring $\mathcal{A}$ *aller konvergenten Potenzreihen.* Dieser Ring erweist sich als ein „*diskreter Bewertungsring*" und ist damit in seiner Arithmetik einfacher als der Ring $\mathbb{Z}$ der ganzen Zahlen oder der Polynomring $\mathbb{C}[z]$; so ist $\mathcal{A}$ *faktoriell mit nur einem einzigen Primelement.* Das vorangestellte Motto von CARATHÉODORY ist demnach ein Understatement: mit Potenzreihen läßt sich in vielerlei Hinsicht bequemer als mit Polynomen rechnen.

4.1 Konvergenzkriterien

Ist $c \in \mathbb{C}$ fixiert, so heißt jede Funktionenreihe

$$\sum_0^\infty a_\nu (z-c)^\nu, \quad a_\nu \in \mathbb{C},$$

eine *(formale) Potenzreihe* mit *Entwicklungspunkt* c und *Koeffizienten* a_ν.

Die Potenzreihen bilden eine $\mathbb{C}$-*Algebra*: man identifiziert $a \in \mathbb{C}$ mit $a + \sum_1^\infty 0(z-c)^\nu$ und erklärt für $f = \sum_0^\infty a_\nu(z-c)^\nu$, $g = \sum_0^\infty b_\nu(z-c)^\nu$ *Summe* und *Produkt* durch

$$f + g := \sum_0^\infty (a_\nu + b_\nu)(z-c)^\nu,$$

$$f \cdot g := \sum_{\lambda=0}^\infty p_\lambda (z-c)^\lambda \quad \text{mit } p_\lambda := \sum_{\mu+\nu=\lambda} a_\mu b_\nu;$$

die Multiplikation ist also gerade die Cauchysche Multiplikation (vgl. 0.4.6).

Um bequem formulieren zu können, nehmen wir häufig $c = 0$ an, wenn dies keine Einschränkung der Allgemeinheit bedeutet. Wir schreiben abkürzend B_r anstelle von $B_r(0)$ und – gemäß unserer früheren Verabredung – durchweg $\sum a_\nu z^\nu$ anstelle von $\sum_0^\infty a_\nu z^\nu$.

4.1.1 Abelsches Konvergenzlemma

Eine Potenzreihe konvergiert stets in ihrem Entwicklungspunkt c. Man nennt eine Potenzreihe *konvergent (schlechthin)*, wenn es noch einen weiteren Punkt $z_1 \neq c$ gibt, wo sie konvergiert. Wir zeigen

Lemma 4.1.1 (Konvergenzlemma (Abel)). *Zur Potenzreihe $\sum a_\nu(z-c)^\nu$ gebe es positive reelle Zahlen s, M, so daß stets gilt: $|a_\nu|s^\nu \le M$. Dann ist die Potenzreihe normal konvergent in der offenen Kreisscheibe $B_s(c)$.*

Beweis. Sei $c = 0$. Sei r mit $0 < r < s$ beliebig. Setzt man $q := rs^{-1}$, so gilt $|a_\nu z^\nu|_{\overline{B}_r} = |a_\nu| r^\nu \le Mq^\nu$, $\nu \in \mathbb{N}$. Da $\sum q^\nu < \infty$ wegen $0 < q < 1$, so folgt $\sum |a_\nu z^\nu|_{\overline{B}_r} \le M \sum q^\nu < \infty$. Da dies für alle $r < s$ gilt, folgt die normale Konvergenz in B_s (vgl. 3.3.2). □

Korollar 4.1.1. *Konvergiert die Reihe $\sum a_\nu z^\nu$ in $\widehat{z} \neq 0$, so ist $\sum a_\nu z^\nu$ normal konvergent in der offenen Kreisscheibe $B_{|\widehat{z}|}$.*

Denn $|a_\nu|\,|\widehat{z}|^\nu$ ist eine Nullfolge, also beschränkt.

4.1.2 Konvergenzradius

Die geometrische Reihe $\sum z^\nu$ konvergiert im Einheitskreis $\mathbb{E}$ und divergiert in jedem Punkt von $\mathbb{C} \setminus \mathbb{E}$. Dieses Konvergenzverhalten ist signifikant für die allgemeine Situation.

Satz 4.1.1 (Konvergenzsatz für Potenzreihen). *Es sei $\sum a_\nu(z-c)^\nu$ eine Potenzreihe; es bezeichne R das Supremum aller reellen Zahlen $t \geq 0$, so daß die Folge $|a_\nu|t^\nu$ beschränkt ist. Dann gilt:*

1) In der Kreisscheibe $B_R(c)$ ist die Reihe normal konvergent.
2) In jedem Punkt $w \in \mathbb{C} \setminus \overline{B}_R(c)$ ist die Reihe divergent.

Beweis. Sei $c = 0$. Es gilt $0 \leq R \leq \infty$, im Fall $R = 0$ ist nichts zu beweisen. Sei $R > 0$. Für jedes s, $0 < s < R$, ist die Folge $|a_\nu|s^\nu$ beschränkt. Nach dem Konvergenzlemma konvergiert $\sum a_\nu z^\nu$ mithin normal in B_s. Da $s < R$ beliebig nah bei R wählbar ist, folgt die normale Konvergenz in B_R.

Für jedes w mit $|w| > R$ ist die Folge $|a_\nu|\,|w|^\nu$ unbeschränkt und die Reihe $\sum a_\nu w^\nu$ notwendig divergent. □

Potenzreihen sind die einfachsten normal konvergenten Reihen von stetigen Funktionen. Die Grenzfunktion von $\sum a_\nu(z-c)^\nu$ ist stetig in $B_R(c)$ (vgl. 3.3.1); wir bezeichnen diese Funktion (ebenso wie die Potenzreihe selbst) durchweg mit f.

Die durch den Konvergenzsatz eindeutig bestimmte Größe R mit $0 \leq R \leq \infty$ heißt der *Konvergenzradius*, die Menge $B_R(c)$ heißt die *Konvergenzkreisscheibe* (kurz: der Konvergenzkreis) der Potenzreihe. In den folgenden Abschnitten finden sich Kriterien zur Bestimmung des Konvergenzradius.

4.1.3 Formel von Cauchy-Hadamard

Satz 4.1.2. *Die Potenzreihe $\sum a_\nu(z-c)^\nu$ hat den Konvergenzradius*

$$R = \frac{1}{\overline{\lim}\sqrt[\nu]{|a_\nu|}}.$$

Es sei daran erinnert, daß man jeder reellen Folge r_ν ihren *Limes superior* zuordnet vermöge $\overline{\lim}\, r_\nu := \lim_{\nu\to\infty}[\sup\{r_\nu, r_{\nu+1}, \dots\}]$, und daß man verabredet $1/0 := \infty$, $1/\infty := 0$.

Zum Beweis der Cauchy-Hadamardschen Formel setze man $L := (\overline{\lim}\sqrt[\nu]{|a_\nu|})^{-1}$. Es folgt $L \leq R$ und $R \leq L$, wenn man zeigt: *Für jedes r, $0 < r < L$, gilt $r \leq R$; für jedes s, $L < s < \infty$, gilt $s \geq R$.*

Sei zunächst $0 < r < L$, also $r^{-1} > \overline{\lim}\sqrt[\nu]{|a_\nu|}$. Nach Definition von $\overline{\lim}$ gibt es ein $\nu_0 \in \mathbb{N}$, so daß gilt: $\sqrt[\nu]{|a_\nu|} < r^{-1}$ für alle $\nu \geq \nu_0$. Mithin ist die Folge $|a_\nu|r^\nu$ beschränkt, d.h. $r \leq R$.

Sei nun $L < s < \infty$, also $s^{-1} < \overline{\lim}\sqrt[\nu]{|a_\nu|}$. Nach Definition von $\overline{\lim}$ existiert eine *unendliche* Teilmenge $M \subset \mathbb{N}$, so daß für alle $m \in M$ gilt: $s^{-1} <$

$\sqrt[m]{|a_m|}$, d.h. $|a_m|s^m > 1$. Die Folge $|a_\nu|s^\nu$ ist also gewiß keine Nullfolge, daher muß gelten $s \geq R$. □

Mittels der Limes superior-Formel findet man für die Reihen

$$\sum \nu^\nu z^\nu \quad \text{bzw.} \quad \sum z^\nu \quad \text{bzw.} \quad \sum \frac{z^\nu}{\nu^\nu}$$

sofort $R = 0$, also $B_R = \emptyset$, bzw. $R = 1$, also $B_R = \mathbb{E}$, bzw. $R = \infty$, also $B_R = \mathbb{C}$. Indessen ist die Formel von CAUCHY-HADAMARD nicht immer zur Bestimmung des Konvergenzradius optimal geeignet (z.B. nicht für die Exponentialreihe $\sum z^\nu/\nu!$). Sehr hilfreich ist dann häufig das

4.1.4 Quotientenkriterium

Satz 4.1.3. *Es sei $\sum a_\nu(z-c)^\nu$ eine Potenzreihe mit Konvergenzradius R; es sei $a_\nu \neq 0$ für alle ν. Dann gilt*

$$\underline{\lim} \frac{|a_\nu|}{|a_{\nu+1}|} \leq R \leq \overline{\lim} \frac{|a_\nu|}{|a_{\nu+1}|};$$

speziell $R = \lim \frac{|a_\nu|}{|a_{\nu+1}|}$, falls der Limes existiert[1].

Beweis. Setzt man $S := \underline{\lim} \frac{|a_\nu|}{|a_{\nu+1}|}$, $T := \overline{\lim} \frac{|a_\nu|}{|a_{\nu+1}|}$, so genügt es zu zeigen: Für jedes s, $0 < s < S$, gilt $s \leq R$; für jedes t, $T < t < \infty$, gilt $t \geq R$.

Sei zunächst $0 < s < S$. Nach Definition von $\underline{\lim}$ gibt es ein $l \in \mathbb{N}$, so daß gilt:

$$a_\nu \neq 0 \quad \text{und} \quad |a_\nu a_{\nu+1}^{-1}| > s, \quad \text{d.h.} \quad |a_{\nu+1}|s < |a_\nu| \quad \text{für alle } \nu \geq l.$$

Setzt man $A := |a_l|s^l$, so folgt sofort $|a_{l+m}|s^{l+m} \leq A$ für alle $m > 0$ durch Induktion. Die Folge $|a_\nu|s^\nu$ ist mithin beschränkt, d.h. $s \leq R$.

Sei nun $T < t < \infty$. Dann gibt es laut Definition von $\overline{\lim}$ ein $l \in \mathbb{N}$, so daß gilt:

$$a_\nu \neq 0 \quad \text{und} \quad |a_\nu a_{\nu+1}^{-1}| < t, \quad \text{d.h.} \quad |a_{\nu+1}|t > |a_\nu| \quad \text{für alle } \nu \geq l.$$

Setzt man $B := |a_l|t^l$, so folgt jetzt induktiv $|a_{l+m}|t^{l+m} \geq B$ für alle $m \geq 0$. Da $B > 0$, so ist also $|a_\nu|t^\nu$ keine Nullfolge, d.h. $t \geq R$. □

[1] Analog zur Definition des Limes superior erfolgt die Definition

$$\underline{\lim}\, r_\nu := \lim_{\nu\to\infty} [\inf\{r_\nu, r_{\nu+1}, \dots\}]$$

des *Limes inferior* einer reellen Zahlenfolge r_ν. Es gilt stets $\underline{\lim}\, r_\nu \leq \overline{\lim}\, r_\nu$; im Fall der Existenz von $\lim r_\nu$ gilt: $\underline{\lim}\, r_\nu = \lim r_\nu = \overline{\lim}\, r_\nu$.

Im Quotientenkriterium für Potenzreihen ist das bekannte Quotientenkriterium für Reihen $\sum a_\nu$, $a_\nu \in \mathbb{C}^\times$, enthalten: aus $|a_{\nu+1}a_\nu^{-1}| \le q < 1$ für fast alle ν folgt nämlich $\underline{\lim}\,|a_\nu a_{\nu+1}^{-1}| \ge q^{-1}$, so daß die Reihe $\sum a_\nu z^\nu$ einen Konvergenzradius $R \ge q^{-1} > 1$ hat und also für $z := 1$ absolut konvergiert.

Warnung. In einer Potenzreihe können unendlich viele Koeffizienten verschwinden. Bei solchen „Lückenreihen"

$$\sum_{\lambda=0}^{\infty} a_{n_\lambda} z^{n_\lambda}, \quad a_{n_\lambda} \in \mathbb{C}^\times, \quad n_0 < n_1 < n_2 < \dots,$$

wobei unendlich oft $n_{\lambda+1} > n_\lambda + 1$ ist, führt die Betrachtung der Folge $|a_{n_\lambda} \cdot a_{n_{\lambda+1}}^{-1}|$ i.allg. nicht mehr zum Konvergenzradius: für die geometrische Reihe $\sum 2^{2\nu} z^{2\nu}$ gilt z.B. $a_{2\nu} = 2^{2\nu}$, $a_{2\nu+1} = 0$, $a_{2\nu} \cdot a_{2\nu+2}^{-1} = \frac{1}{4}$ während nach CAUCHY-HADAMARD der Konvergenzradius der Reihe $\frac{1}{2}$ ist.

4.1.5 Historisches zu konvergenten Potenzreihen

EULER rechnete wie selbstverständlich mit ihnen, z.B. benutzte er in [E], § 335 ff. bereits implizit das Quotientenkriterium. LAGRANGE wollte gar die gesamte Analysis mit Potenzreihen begründen. CAUCHY bewies 1821 die ersten allgemeinen Sätze, so zeigte er ([C], S. 239/40), daß jede Potenzreihe, ob reell oder komplex, in einer wohlbestimmten Kreisscheibe $B \subset \mathbb{C}$ konvergiert und in $\mathbb{C} \setminus \overline{B}$ überall divergiert; er bewies auch die Formeln

$$R = \frac{1}{\overline{\lim}\, \sqrt[\nu]{|a_\nu|}} \quad \text{und} \quad R = \lim \frac{|a_\nu|}{|a_{\nu+1}|},$$

letztere unter ausdrücklicher Annahme, daß der Limes existiert („Scolie" auf S. 240). Die Limes superior-Darstellung wurde übrigens 1892 von J.S. HADAMARD (französischer Mathematiker, 1865–1963) wiederentdeckt (vgl. Journ. Math. Pures et Appl. 8, 4. Ser, S. 108), es scheint, daß HADAMARD Cauchys Formel nicht kannte.

ABEL hat sein grundlegendes Konvergenzlemma 1826 in der bahnbrechenden Arbeit [A] über die binomische Reihe publiziert, er formuliert folgenden

Lehrsatz IV: *Wenn die Reihe* $f(\alpha) = \nu_0 + \nu_1\alpha + \nu_2\alpha^2 + \dots + \nu_m\alpha^m + \dots$ *für einen gewissen Werth* δ *von* α *convergirt, so wird sie auch für jeden kleineren Werth von* α *convergiren, ...*

Dies ist die Essenz unseres Korollars zum Konvergenzlemma. Es ist übrigens interessant, bei ABEL zu lesen, wie es um 1826 trotz des Cauchyschen *Cours D'Analyse* um die mathematische Strenge bei Konvergenzfragen bestellt war, so beginnt ABEL seine Ausführungen mit den bemerkenswerten Worten: „Untersucht man das Raisonnement, dessen man sich gewöhnlich bedient, wo es sich um unendliche Reihen handelt, genauer, so wird man finden, daß es im Ganzen wenig befriedigend, und daß also die Zahl derjenigen Sätze von unendlichen Reihen, die als streng begründet angesehen werden können, nur sehr geringe ist."

Potenzreihen sind bei CAUCHY und RIEMANN ein Hilfsmittel; systematisch an die Spitze gestellt werden sie indessen erst von WEIERSTRASS. Bereits in seiner 1840 geschriebenen Arbeit *Über die Entwicklung der Modular-Functionen*[2] stehen Potenzreihen im Mittelpunkt. Für WEIERSTRASS ist Funktionentheorie geradezu die Theorie der Grenzfunktionen von Potenzreihen.

Aufgaben

1. Bestimmen Sie jeweils den Konvergenzradius:
   a) $\sum_{\nu=1}^{\infty}\left(\frac{7\nu^4+2\nu^3}{5\nu^4+23\nu^3}\right)^{\nu} z^{\nu}$,
   b) $\sum_{\nu=1}^{\infty}\frac{z^{2\nu}}{c^{\nu}}, \quad c\in\mathbb{C}^{\times}$,
   c) $\sum_{\nu=1}^{\infty}\frac{\nu!}{2^{\nu}(2\nu)!}(z-1)^{\nu}$,
   d) $\sum_{\nu=0}^{\infty}(\sin\nu)z^{\nu}$.
2. Sei $R>0$ der Konvergenzradius der Potenzreihe $\sum a_\nu z^\nu$. Bestimmen Sie die Konvergenzradien der folgenden Reihen:
$$\sum a_\nu z^{2\nu},\quad \sum a_\nu^2 z^\nu,\quad \sum a_\nu^2 z^{2\nu},\quad \sum \frac{a_\nu}{\nu!}z^\nu.$$
3. Es seien $R_1, R_2>0$ die Konvergenzradien der Reihen $\sum a_\nu z^\nu$ bzw. $\sum b_\nu z^\nu$.
   a) Für den Konvergenzradius R der Reihe $\sum(a_\nu+b_\nu)z^\nu$ gilt $R\geq\min(R_1,R_2)$. Ist $R_1\neq R_2$, so ist $R=min(R_1,R_2)$.
   b) Für den Konvergenzradius R der Reihe $\sum a_\nu b_\nu z^\nu$ gilt $R\geq R_1R_2$
   c) Ist $a_\nu\neq 0$ für alle ν und R der Konvergenzradius der Reihe $\sum(a_\nu)^{-1}z^\nu$, so gilt $R\leq R_1^{-1}$. Geben Sie ein Beispiel an, für das $R<R_1^{-1}$ gilt.
4. Die Potenzreihe $\sum_{\nu=1}^{\infty}\frac{z^\nu}{\nu^2}$ hat den Konvergenzradius 1. Zeigen Sie, daß die durch diese Reihe dargestellte Funktion in $B_{2/3}(0)$ injektiv ist.

[2] Es handelt sich um die schriftliche Hausarbeit für das Gymnasiallehrerexamen, sie ist datiert „Westernkotten in Westfalen, im Sommer 1840". GUDERMANN, der Lehrer von WEIERSTRASS, schreibt in der Beurteilung: „Der Kandidat tritt hierdurch ebenbürtig in die Reihe ruhmgekrönter Erfinder". GUDERMANN drang auf baldige Publikation der Prüfungsarbeit; das wäre auch geschehen, wenn die philosophische Fakultät der Kgl. Akademie zu Münster/Westf. damals das Promotionsrecht besessen hätte. „Dann würden wir die Freude haben, Weierstraß zu unsern Doktoren zu zählen", so liest man es 1897 in der Rektoratsrede des WEIERSTRASS-Schülers W. KILLING (dessen Name in der LIE-Theorie unsterblich wurde). Erst 1894, also 54 Jahre nach ihrer Anfertigung, veröffentlichte WEIERSTRASS seine Prüfungsarbeit. Mit dieser Arbeit beginnen seine Mathematischen Werke.

5. Es sei c_n eine streng monoton fallende Folge positiver reeller Zahlen. Dann gilt $f(z) := \sum_{n=0}^{\infty} c_n z^n \in \mathcal{O}(\mathbb{E})$. Zeigen Sie, daß f in $\mathbb{E}$ keine Nullstelle besitzt. *Hinweis:* Man studiere $(1-z)f(z) = c_0 + \sum_1^{\infty}(c_{n-1} - c_n)z^n$.
6. Sei $S \subset \mathbb{C}$ unbeschränkt. Zeigen Sie: Konvergiert die Potenzreihe $f(z) = \sum a_\nu z^\nu$ gleichmäßig auf S, so ist $f(z)$ ein Polynom.

4.2 Beispiele konvergenter Potenzreihen

Mit Hilfe des Quotientenkriteriums bestimmen wir die Konvergenzradien wichtiger Potenzreihen. Wir referieren kurz über das Konvergenzverhalten auf dem Rand und besprechen auch den berühmten Abelschen Grenzwertsatz, der allerdings für die eigentliche Funktionentheorie irrelevant ist.

4.2.1 Exponentialreihe und trigonometrische Reihen. Eulersche Formel

Neben der geometrischen Reihe ist die *Exponentialreihe*

$$\exp z := \sum \frac{z^\nu}{\nu!} = 1 + z + \frac{z^2}{2!} + \frac{z^3}{3!} + \ldots$$

die wichtigste Potenzreihe. Ihr Konvergenzradius bestimmt sich nach dem Quotientenkriterium (mit $a_\nu := \frac{1}{\nu!}$) zu $R = \lim \frac{|a_\nu|}{|a_{\nu+1}|} = \lim(\nu+1) = \infty$, d.h. die Reihe konvergiert *überall* in $\mathbb{C}$. Wegen

$$\left|\sum_{\nu \geq n} \frac{z^\nu}{\nu!}\right| \leq \frac{|z|^n}{n!}\left(1 + \frac{|z|}{n+1} + \frac{|z|^2}{(n+1)(n+2)} + \ldots\right)$$

gilt:

$$\left|\exp z - \sum_0^{n-1} \frac{z^\nu}{\nu!}\right| \leq \frac{2}{n!}|z|^n \quad \text{für } n \geq 1 \quad \text{und} \quad |z| \leq 1 + \tfrac{1}{2}(n-1).$$

Warnung. Die Cauchy-Hadamardsche Formel ist zur Bestimmung von R nicht recht geeignet, da $\overline{\lim}(\sqrt[\nu]{\nu!})^{-1}$ bestimmt werden müßte. Wegen $R = \infty$ weiß man jetzt: $\overline{\lim}(\sqrt[\nu]{\nu!})^{-1} = 0$.

Die *Cosinusreihe* und die *Sinusreihe*

$$\cos z := \sum_0^{\infty} \frac{(-1)^\nu}{(2\nu)!} z^{2\nu} = 1 - \frac{z^2}{2!} + \frac{z^4}{4!} - \frac{z^6}{6!} + - \ldots,$$

$$\sin z := \sum_0^{\infty} \frac{(-1)^\nu}{(2\nu+1)!} z^{2\nu+1} = z - \frac{z^3}{3!} + \frac{z^5}{5!} - \frac{z^7}{7!} + - \ldots$$

konvergieren ebenfalls *überall* in $\mathbb{C}$, denn $\sum \frac{|z|^{2\nu}}{(2\nu)!}$ und $\sum \frac{|z|^{2\nu+1}}{(2\nu+1)!}$ sind Teilreihen der konvergenten Reihe $\sum \frac{|z|^\nu}{\nu!}$, $z \in \mathbb{C}$.

Damit haben wir in $\mathbb{C}$ drei komplex-wertige Funktionen $\exp z$, $\cos z$ und $\sin z$ erklärt, die auf $\mathbb{R}$ mit den aus der Infinitesimalrechnung bekannten Funktionen exp, cos und sin übereinstimmen. Wir sprechen von der *komplexen Exponentialfunktion* und der *komplexen Cosinus-* und *Sinusfunktion.* Diese Funktionen werden ausführlich im Kapitel 5 diskutiert. Hier notieren wir noch die berühmte

Eulersche Formel

$$\boxed{\exp \mathrm{i}z = \cos z + \mathrm{i} \sin z \quad \text{für alle } z \in \mathbb{C}},$$

die EULER 1748 für reelle Argumente angegeben hat ([E], § 138). Die Eulersche Formel ergibt sich unmittelbar durch Grenzübergang aus der Gleichung

$$\sum_{\nu=0}^{2m+1} \frac{(\mathrm{i}z)^\nu}{\nu!} = \sum_{\mu=0}^{m} (-1)^\mu \frac{z^{2\mu}}{(2\mu)!} + \mathrm{i} \sum_{\mu=0}^{m} (-1)^\mu \frac{z^{2\mu+1}}{(2\mu+1)!}$$

□

Da cos bzw. sin eine *gerade* bzw. *ungerade* Funktion ist:

$$\cos(-z) = \cos z, \quad \sin(-z) = -\sin z, \quad z \in \mathbb{C},$$

so gilt $\exp(-\mathrm{i}z) = \cos z - \mathrm{i} \sin z$; damit erhält man durch Addition bzw. Subtraktion die Eulerschen Darstellungen

$$\cos z = \tfrac{1}{2}[\exp \mathrm{i}z + \exp(-\mathrm{i}z)], \quad \sin z = \tfrac{1}{2\mathrm{i}}[\exp \mathrm{i}z - \exp(-\mathrm{i}z)].$$

4.2.2 Logarithmische Reihe und Arcustangensreihe

Die Potenzreihe

$$\lambda(z) := \sum_{1}^{\infty} \frac{(-1)^{\nu-1}}{\nu} z^\nu = z - \frac{z^2}{2} + \frac{z^3}{3} - + \ldots$$

heißt die *logarithmische Reihe*; sie hat den Konvergenzradius $R = 1$, da $\frac{|a_\nu|}{|a_{\nu+1}|} = \frac{\nu+1}{\nu}$.

Wir werden in 5.4.4 sehen, daß die zugehörige Funktion im Einheitskreis $\mathbb{E}$ der Hauptzweig $\log(1+z)$ der Logarithmusfunktion ist. Die logarithmische Reihe wurde 1668 von Nicolaus MERCATOR (wahrer Name: KAUFMANN, geb. 1620 in Holstein, lebte in London, eines der ersten Mitglieder der Royal Society, ging 1683 nach Frankreich und entwarf die Springbrunnen zu Versailles, gest. 1687 in Paris; nicht zu verwechseln mit dem etwa 100 Jahre älteren

Erfinder der Mercatorprojektion) bei der Quadratur der Hyperbel gefunden, nämlich:

$$\log(1+x) = \int_0^x \frac{dt}{1+t} = \int_0^x (1-t+t^2-t^3+-\ldots)dt = x-\frac{x^2}{2}+\frac{x^3}{3}-\frac{x^4}{4}+-\ldots.$$

Die Potenzreihe

$$a(z) := \sum_1^\infty \frac{(-1)^{\nu-1}}{2\nu-1} z^{2\nu-1} = z - \frac{z^3}{3} + \frac{z^5}{5} - + \ldots$$

heißt die *Arcustangensreihe*; sie hat den Konvergenzradius $R = 1$ (warum?) und stellt im Einheitskreis die Funktion $\arctan z$ dar (vgl. 5.2.5). Die Arcustangensreihe wurde 1671 von J. GREGORY (1638–1675, schottischer Mathematiker) gefunden, aber erst 1712 der Öffentlichkeit bekannt.

4.2.3 Binomische Reihe

Im Jahre 1669 entdeckte der 26jährige Isaac NEWTON (1643–1727, 1689 MP für die Universität Cambridge, 1699 Vorsteher der königlichen Münze, 1703 Präsident der Royal Society, 1705 Ritterschlag) in seiner Arbeit *De analysi per aequationes numero terminorum infinitas* (in: The mathematical papers of Isaac Newton, Band II, 206–247), daß für *jede reelle* Zahl $s \in \mathbb{R}$ die *binomische Reihe*

$$\sum_0^\infty \binom{s}{\nu} x^\nu = 1 + sx + \frac{s(s-1)}{2!}x^2 + \cdots + \frac{s(s-1)\cdot\cdots\cdot(s-n+1)}{n!}x^n + \ldots$$

für alle reellen x, $-1 < x < 1$, das *Binom* $(1+x)^s$ darstellt. In seiner Arbeit [A] betrachtet ABEL diese Reihe für beliebige komplexe Exponenten $\sigma \in \mathbb{C}$ und komplexe Argumente z; er zeigt, daß für alle $\sigma \in \mathbb{C} \setminus \mathbb{N}$ die Reihe den Konvergenzradius 1 hat und im Einheitskreis wieder das Binom $(1+z)^\sigma$ darstellt, wenn man diese Potenzfunktion „richtig“ definiert.

Für jedes $\sigma \in \mathbb{C}$ definiert man wie im Reellen die *Binomialkoeffizienten* durch

$$\binom{\sigma}{0} := 1, \quad \binom{\sigma}{n} := \frac{\sigma(\sigma-1)\cdot\cdots\cdot(\sigma-n+1)}{n!} \quad \text{für } n = 1, 2, \ldots;$$

es gilt:

$$\binom{\sigma}{n+1} = \frac{\sigma-n}{n+1}\binom{\sigma}{n} \quad \text{für alle } \sigma \in \mathbb{C} \text{ und alle } n \geq 0. \tag{4.1}$$

Die *binomische Reihe* zu $\sigma \in \mathbb{C}$ wird gegeben durch

$$b_\sigma(z) := \sum_0^\infty \binom{\sigma}{\nu} z^\nu = 1 + \sigma z + \binom{\sigma}{2} z^2 + \cdots + \binom{\sigma}{n} z^n + \ldots.$$

Ist σ eine natürliche Zahl, so gilt $\binom{\sigma}{\nu} = 0$ für alle $\nu > \sigma$, alsdann gilt (wie in jedem Körper der Charakteristik 0) die

Binomische Formel:

$$(1+z)^\sigma = \sum \binom{\sigma}{\nu} z^\nu \quad \textit{für alle } z \in \mathbb{C}, \sigma \in \mathbb{N}.$$

Für jedes $\sigma \in \mathbb{C} \setminus \mathbb{N}$ gilt $\binom{\sigma}{\nu} \neq 0$ für alle $\nu \geq 0$. In diesen Fällen ist die binomische Reihe eine unendliche Potenzreihe; z.B. hat man für $\sigma = -1$ wegen $\binom{-1}{\nu} = (-1)^\nu$ die *alternierende geometrische Reihe*

$$b_{-1}(z) = \sum \binom{-1}{\nu} z^\nu = \sum (-z)^\nu = \frac{1}{1+z} \quad \text{für alle } z \in \mathbb{E}.$$

Wir zeigen nun allgemein:

Die binomische Reihe zu $\sigma \in \mathbb{C} \setminus \mathbb{N}$ hat stets den Konvergenzradius 1.

Beweis. Es ist $a_\nu := \binom{\sigma}{\nu} \neq 0$ für alle ν, weiter gilt wegen (4.1):

$$\frac{a_\nu}{a_{\nu+1}} = \frac{\nu+1}{\sigma-\nu} = -\frac{1+1/\nu}{1-\sigma/\nu} \quad \text{für alle } \nu \geq 1, \quad \text{also} \quad R = \lim \frac{|a_\nu|}{|a_{\nu+1}|} = 1.$$

□

Da $\binom{\sigma-1}{\nu} + \binom{\sigma-1}{\nu-1} = \binom{\sigma}{\nu}$ für $\nu \geq 1$, erhält man sofort die *Multiplikationsformel*

$$(1+z) b_{\sigma-1}(z) = b_\sigma(z) \quad \textit{für alle } z \in \mathbb{E}.$$

Stellt man sich $b_\sigma(z)$ als „Potenz“ $(1+z)^\sigma$ vor(!), so ist diese Formel keine Überraschung.

Für jede Potenzreihe $f(z) = \sum a_\nu z^\nu$ gilt $\overline{f(z)} = \sum \overline{a}_\nu \overline{z}^\nu$, also $\overline{f(z)} = f(\overline{z})$, falls alle Koeffizienten a_ν *reell* sind. Daher folgt:

$$\overline{\exp z} = \exp \overline{z}, \quad \overline{\cos z} = \cos \overline{z}, \quad \overline{\sin z} = \sin \overline{z} \quad \text{für } z \in \mathbb{C};$$

$$\overline{\lambda(z)} = \lambda(\overline{z}) \quad \text{für } z \in \mathbb{E}; \quad \overline{b_\sigma(z)} = b_\sigma(\overline{z}) \quad \text{für } z \in \mathbb{E}, \text{ falls } \sigma \in \mathbb{R}.$$

4.2.4 * Konvergenzverhalten auf dem Rand

Das Konvergenzverhalten einer Potenzreihe auf der Peripherie der Konvergenzkreisscheibe ist von Fall zu Fall verschieden: *es kann überall (absolute) Konvergenz stattfinden*, z.B. bei der Reihe $\sum_1^\infty \frac{z^\nu}{\nu^2}$ mit $R = 1$; *es braucht nirgends Konvergenz vorzuliegen*, z.B. bei $\sum z^\nu$ mit $R = 1$; *es kann sowohl Konvergenzpunkte als auch Divergenzpunkte geben*, z.B. bei der „logarithmischen“ Reihe $\sum_1^\infty \frac{(-1)^{\nu-1}}{\nu} z^\nu$ mit $R = 1$ in $z = 1$ (alternierende harmonische Reihe) bzw. $z = -1$ (harmonische Reihe). Es läßt sich übrigens zeigen, daß die logarithmische Reihe in allen Punkten $\neq -1$ auf der Peripherie des Einheitskreises konvergiert (vgl. Aufgabe 2)!

Es gibt eine umfangreiche Literatur über das Konvergenzverhalten auf dem Rande. So konstruierte z.B. 1911 der russische Mathematiker N. LUSIN eine Potenzreihe $\sum c_\nu z^\nu$ mit Konvergenzradius 1 und $\lim c_\nu = 0$, die in allen Punkten $w \in \mathbb{C}$ mit $|w| = 1$ divergiert. Und der polnische Mathematiker W. SIERPIŃSKI gab 1912 eine Potenzreihe mit Konvergenzradius 1 an, die im Punkte 1 konvergiert und in allen übrigen Punkten auf der Peripherie des Einheitskreises divergiert. Der an solchen Fragen interessierte Leser findet eine ausgedehnte Wiedergabe dieser und weiterer Sätze in dem Büchlein [Lan].

4.2.5 * Abelscher Stetigkeitssatz

ABEL hat 1827 folgendes Problem formuliert (Crelles Journ. 2, S. 286; auch (Œuvres 1, S. 618): „En supposant la série

$$fx = \alpha_0 + \alpha_1 x + \alpha_2 x^2 + \dots$$

convergente pour toute valeur positive moindre que la quantité positive α, on propose de trouver la limite vers laquelle converge la valeur de la fonction fx, en faisant converger x vers la limite α.“ Dieses Problem besagt im wesentlichen, das Verhalten der Grenzfunktion einer Potenzreihe bei radialer Annäherung an den Rand der Konvergenzkreisscheibe zu bestimmen. Für den Fall, daß die Reihe in dem zu betrachtenden Randpunkt noch konvergiert, hatte ABEL sein Problem bereits 1826 in seiner Arbeit [A] gelöst; sein in 4.1.5 angegebener Satz lautet nämlich in vollständiger Formulierung:

Lehrsatz IV: *Wenn die Reihe $f(\alpha) = \nu_0 + \nu_1\alpha + \nu_2\alpha^2 + \dots + \nu_m\alpha^m + \dots$ für einen gewissen Werth δ von α convergirt, so wird sie auch für jeden k l e i n e r e n Werth von α convergiren, und von der Art seyn, daß $f(\alpha - \beta)$, für stets abnehmende Werthe von β, sich der Grenze $f(\alpha)$ nähert, vorausgesezt, daß α gleich oder kleiner ist als δ.*

Hier wird also, da $\alpha = \delta$ ausdrücklich zugelassen ist, gesagt, daß die Funktion $f(\alpha)$ im abgeschlossenen Intervall $[0, \delta]$ stetig ist, d.h. daß gilt:

$$\lim_{\alpha \to \delta - 0} f(\alpha) = \nu_0 + \nu_1\delta + \nu_2\delta^2 + \dots .$$

Diese Aussage, die keineswegs trivial ist und von ABEL mit einem eleganten Trick hergeleitet wird, nennt man den *Abelschen Stetigkeitssatz* bzw. *Grenzwertsatz.*[3] Die Anwendungen dieses Satzes in der Infinitesimalrechnung sind zur Genüge bekannt. Wenn man z.B. weiß, daß die Reihen

$$x - \frac{x^2}{2} + \frac{x^3}{3} - \frac{x^4}{4} + - \dots \quad \text{bzw.} \quad x - \frac{x^3}{3} + \frac{x^5}{5} - \frac{x^7}{7} + - \dots$$

im Intervall $(-1, 1)$ konvergieren und dort die Funktionen $\log(1 + x)$ bzw. $\arctan x$ darstellen, so folgt aus ihrer Konvergenz im Punkt 1 mittels des Stetigkeitssatzes (auf Grund der Stetigkeit von log und arctan sowie wegen $\arctan 1 = \pi/4$) die Gleichung $\log 2 = 1 - \frac{1}{2} + \frac{1}{3} - \frac{1}{4} + - \dots$ sowie die berühmte

[3] Der Satz wird schon bei GAUSS (Disq. generales circa seriem ... 1812, Werke III, S. 143) ausgesprochen und benutzt; der Gaußsche Beweis hat eine Lücke, da ohne besondere Prüfung zwei Grenzübergänge vertauscht werden.

Leibnizsche Formel:

$$\frac{\pi}{4} = 1 - \tfrac{1}{3} + \tfrac{1}{5} - \tfrac{1}{7} + - \ldots .$$

Der Grenzwertsatz kann auch so ausgesprochen werden, daß bei Reihenkonvergenz in einem Randpunkt die Grenzfunktion bei *radialer* Annäherung an diesen Punkt einen Limes besitzt, der durch die Reihensumme gegeben wird. O. STOLZ hat 1875 (Zeitschr. Math. Phys. 20, 369–376) folgende Verallgemeinerung bewiesen:

Konvergiert die Reihe $\sum a_\nu (z-c)^\nu$ für $z := b \neq c$ und liegt das Dreieck Δ bis auf die Ecke b im Kreis $B_{|c-b|}(c)$, so gilt

$$\lim_{z \to b} f(z)|\Delta = f(b).$$

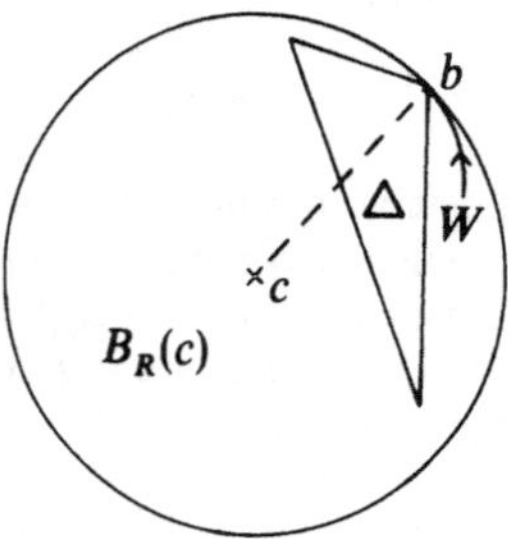

HARDY und LITTLEWOOD zeigten 1912 (vgl. hierzu auch L. HOLZER, Deutsche Mathematik 4, 190-193 (1939)), daß bei Annäherung an b längs Wegen W, die keinem solchen Dreieck angehören, kein Grenzwert zu existieren braucht.

Zum *Beweis* darf man $c = 0$, $b = 1$ und $f(1) = 0$ annehmen. Denn setzt man $z - c = bw$ und $g(w) = \sum a_\nu b^\nu w^\nu - f(b)$, so wird Δ in ein Dreieck Δ' überführt, das bis auf die Ecke $w = 1$ im Einheitskreis der w-Ebene liegt, und die Behauptung für $f(z)$ besagt dasselbe wie $\lim_{w \to 1} g(w)|\Delta' = g(1) = 0$. – Sei also $c = 0$, $b = 1$, $f(1) = 0$. Man setzt $A_n := \sum_0^n a_\nu$. Dann ist $\lim A_n = 0$, und es gilt

$$\sum_0^\infty z^\mu \cdot \sum_0^\infty a_\nu z^\nu = \sum_{\nu,\mu \geq 0} a_\nu z^{\nu+\mu} = \sum_0^\infty z^n \cdot \sum_0^n a_\nu = \sum_0^\infty A_n z^n$$

für alle $|z| < 1$. Es folgt $f(z) = u(z) + v(z)$ mit $u(z) := (1-z) \cdot \sum_0^{N-1} A_n z^n$ und $v(z) := (1-z) \cdot \sum_N^\infty A_n z^n$. Da $u(z)$ ein Polynom mit $u(1) = 0$ ist, ist nur $\lim_{z \to 1} v(z)|\Delta = 0$ zu zeigen. Zu $\varepsilon > 0$ wähle man ein N, so daß $|A_n| \leq \varepsilon$ für alle $n \geq N$ ist. In $\mathbb{E}$ gilt dann $|v(z)| \leq |1-z| \cdot \varepsilon \cdot \sum_N^\infty |z|^n \leq \varepsilon \cdot |1-z|/(1-|z|)$. Wenn Δ zum Intervall $[0,1]$ entartet, so gibt eine elementare Rechnung eine reelle Schranke M_Δ, so daß für alle $z \in \Delta \setminus \{1\}$ gilt: $|1-z|/(1-|z|) \leq M_\Delta$. Damit folgt die Behauptung auch im allgemeinen Fall. □

Es scheint keine „natürlichen Anwendungen“ des verallgemeinerten Grenzwertsatzes zu geben. Zum Beweis des Satzes vergleiche man auch KNESER [14], S. 143/144, oder KNOPP [15]. Dort und in [Lan] findet man auch Untersuchungen über das Problem der Umkehrbarkeit des Abelschen Grenzwertsatzes (Sätze von TAUBER, HARDY und LITTLEWOOD und andere).

Aufgaben

1. Die *hypergeometrische Reihe* zu $a, b, c \in \mathbb{C}$, $c \notin \{0, -1, -2, -3, \dots\}$ wird gegeben durch

$$F(a,b,c,z) := 1 + \frac{ab}{c}z + \frac{a(a+1)b(b+1)}{2c(c+1)}z^2 + \dots$$
$$+ \frac{a(a+1)\cdot\dots\cdot(a+\nu-1)b(b+1)\cdot\dots\cdot(b+\nu-1)}{\nu! c(c+1)\cdot\dots\cdot(c+\nu-1)}z^\nu + \dots.$$

Zeigen Sie für den Fall $a, b \notin \{0, -1, -2, -3, \dots\}$:
a) Die hypergeometrische Reihe zu a, b, c hat den Konvergenzradius 1.
b) Gilt $\mathrm{Re}(a + b - c) < 0$, so konvergiert die Reihe absolut für $|z| = 1$.
Hinweis zu b): Verwenden Sie Aufgabe 0.4.3.

2. a) Ist a_ν eine reelle, monoton fallende Nullfolge, so konvergiert die Potenzreihe $\sum a_\nu z^\nu$ in $\overline{\mathbb{E}} \setminus \{1\}$ kompakt.
b) Die logarithmische Reihe $\lambda(z) = \sum_{\nu\geq 1} \frac{(-1)^{\nu-1}}{\nu} z^\nu$ konvergiert kompakt in $\overline{\mathbb{E}} \setminus \{-1\}$.
Hinweis zu a): Untersuchen Sie $(1 - z)\sum a_\nu z^\nu$.

4.3 Holomorphie von Potenzreihen

Wenn man von den Beispielen in 1.2.3 absieht, wo transzendente reelle Funktionen zu holomorphen Funktionen zusammengesetzt wurden, so kennen wir bisher außer Polynomen und rationalen Funktionen keine Beispiele holomorpher Funktionen. Aus der reellen *Differentialrechnung* weiß man aber, daß *konvergente, reelle Potenzreihen beliebig oft reell differenzierbare* Funktionen darstellen und daß man Summation und Differentiation vertauschen darf. Analog erweisen sich in der *komplexen Differentialrechnung* alle *konvergenten, komplexen* Potenzreihen als *beliebig oft komplex differenzierbar* und damit als holomorph: es gilt ebenfalls der Satz von der Vertauschbarkeit von Summation und Differentiation.

4.3.1 Formale gliedweise Differentiation und Integration

Satz 4.3.1. *Hat $\sum a_\nu(z-c)^\nu$ den Konvergenzradius R, so haben auch die durch gliedweise Differentiation bzw. Integration entstehenden Reihen $\sum \nu a_\nu(z-c)^{\nu-1}$ und $\sum \frac{1}{\nu+1}a_\nu(z-c)^{\nu+1}$ den Konvergenzradius R.*

Beweis. a) Für den Konvergenzradius R' der differenzierten Reihe gilt:

$$R' = \sup\{t \geq 0 : \text{ die Folge } \nu|a_\nu|t^{\nu-1} \text{ ist beschränkt}\}.$$

Da mit $\nu|a_\nu|t^{\nu-1}$ erst recht die Folge $|a_\nu|t^\nu$ beschränkt ist, folgt $R' \leq R$.

Um $R \leq R'$ einzusehen, genügt es zu zeigen, daß für jedes $r < R$ gilt $r \leq R'$. Man wähle zu r ein s mit $r < s < R$. Dann ist die Folge $|a_\nu|s^\nu$

beschränkt. Es gilt: $\nu|a_\nu|r^{\nu-1} = (r^{-1}|a_\nu|s^\nu)\nu q^\nu$ mit $q := rs^{-1}$. Da νq^ν wegen $0 < q < 1$ eine Nullfolge ist, so ist auch $\nu|a_\nu|r^{\nu-1}$ eine Nullfolge. Es folgt $r \leq R'$. Insgesamt ist bewiesen: $R' = R$.

b) Es bezeichne $\widehat{R}$ den Konvergenzradius der integrierten Reihe. Nach dem in a) Bewiesenen ist $\widehat{R}$ auch der Konvergenzradius der aus $\sum \frac{a_\nu}{\nu+1}(z-c)^{\nu+1}$ durch gliedweise Differentiation entstehenden Reihe $\sum a_\nu(z-c)^\nu$. Es folgt: $\widehat{R} = R$. □

4.3.2 Holomorphie von Potenzreihen. Vertauschungssatz

Im eben bewiesenen Satz ist *nicht* enthalten, daß die in $B_R(c)$ stetige Grenzfunktion f der Potenzreihe $\sum a_\nu(z-c)^\nu$ in $B_R(c)$ holomorph ist. Dies soll nun bewiesen werden; wir behaupten :

Satz 4.3.2 (Vertauschbarkeit von Differentiation und Summation bei Potenzreihen). *Die Potenzreihe $\sum a_\nu(z-c)^\nu$ habe den Konvergenzradius $R > 0$. Dann ist ihre Grenzfunktion f in $B_R(c)$ beliebig oft komplex-differenzierbar und also insbesondere holomorph in $B_R(c)$. Es gilt:*

$$f^{(k)}(z) = \sum_{\nu \geq k} k! \binom{\nu}{k} a_\nu (z-c)^{\nu-k}, \quad z \in B_R(c), k \in \mathbb{N};$$

speziell:

$$\frac{f^{(k)}(c)}{k!} = a_k \quad \textit{(Taylorsche Koeffizientenformeln).}$$

Beweis. Es genügt, den Fall $k = 1$ zu behandeln; hieraus folgt der Allgemeinfall durch Iteration. Wir setzen $B := B_R(c)$. Zunächst ist auf Grund von Satz 4.3.1 klar, daß durch $g(z) := \sum_{\nu \geq 1} \nu a_\nu (z-c)^{\nu-1}$ eine Funktion $g : B \to \mathbb{C}$ definiert wird; unsere Behauptung ist: $f' = g$. Wir nehmen wieder $c = 0$ an. Sei $b \in$B fixiert. Um $f'(b) = g(b)$ zu zeigen, setzen wir:

$$q_\nu(z) := z^{\nu-1} + z^{\nu-2}b + \cdots + z^{\nu-j}b^{j-1} + \cdots + b^{\nu-1} \quad z \in \mathbb{C}, \nu = 1, 2, \ldots.$$

Dann gilt stets: $z^\nu - b^\nu = (z-b)q_\nu(z)$ und also

$$f(z) - f(b) = \sum_{\nu \geq 1} a_\nu (z^\nu - b^\nu) = (z-b) \sum_{\nu \geq 1} a_\nu q_\nu(z), \quad z \in B.$$

Sei nun $f_1(z) := \sum_{\nu \geq 1} a_\nu q_\nu(z)$. Dann folgt (beachte: $q_\nu(b) = \nu b^{\nu-1}$):

$$f(z) = f(b) + (z-b) f_1(z), \quad z \in B, \quad \text{und} \quad f_1(b) = \sum_{\nu \geq 1} \nu a_\nu b^{\nu-1} = g(b).$$

Es ist daher „nur noch“ zu zeigen, daß f_1 *stetig in b* ist. Dazu genügt es nachzuweisen, daß die Reihe $\sum_{\nu \geq 1} a_\nu q_\nu(z)$ *in B normal konvergiert.* Das aber ist klar, denn für jede Kreisscheibe B_r, $|b| < r < R$, gilt

$$|a_\nu q_\nu|_{B_r} \le |a_\nu|\nu r^{\nu-1},$$

$$\text{also} \quad \sum_{\nu\ge1} |a_\nu q_\nu|_{B_r} \le \sum_{\nu\ge1} \nu|a_\nu| r^{\nu-1} < \infty \quad \text{nach Satz 4.3.1.}$$

Der eben geführte Beweis gilt (wörtlich wie hier), wenn man statt $\mathbb{C}$ *irgendeinen vollständig bewerteten Körper*, z.B. $\mathbb{R}$, zugrundelegt (wobei man bei Körpern der Charakteristik $\neq 0$ statt $k!\binom{\nu}{k}$ schreibe: $\nu(\nu-1)\cdot\dots\cdot(\nu-k+1)$).

4.3.3 Historisches zur gliedweisen Differentiation von Reihen

Für EULER war es selbstverständlich, daß sich bei gliedweisem Differenzieren von Potenzreihen und Funktionenreihen die Ableitung der Grenzfunktion einstellt. Erst ABEL weist in seinem bereits in 3.1.4 zitierten Brief vom 16.01.1826 an HOLMBOE darauf hin, daß der Satz von der Vertauschbarkeit von Differentiation und Summation nicht allgemein für konvergente Reihen differenzierbarer Funktionen gilt. ABEL, der in Berlin gerade von der Mathematik der Eulerzeit zur kritischen logischen Strenge der Gaußzeit gefunden hatte, schreibt mit dem glühenden Enthusiasmus eines Neophyten (loc. cit. S. 258): „La théorie des séries infinies en général est jusqu'à présent très mal fondée. On applique aux séries infinies toutes les opérations, comme si elles étaient finies; mais cela est-il bien permis? je crois que non. Où est-il démontré qu'on obtient la différentielle d'une série infinie en prenant la différentielle de chaque terme? Rien n'est plus facile que de donner des exemples où cela n'est pas juste; par exemple

$$\frac{x}{2} = \sin x - \tfrac{1}{2}\sin 2x + \tfrac{1}{3}\sin 3x - \text{etc.}$$

En différentiant on obtient

$$\tfrac{1}{2} = \cos x - \cos 2x + \cos 3x - \text{etc.},$$

résultat tout faux, car cette série est divergente."

Die richtige funktionentheoretische Verallgemeinerung des Satzes von der gliedweisen Differentiation von Potenzreihen ist der berühmte Satz von WEIERSTRASS über die gliedweise Differentiation von kompakt konvergenten Reihen holomorpher Funktionen. Wir werden diesen Satz in 8.4.2 mittels der Cauchyschen Abschätzungen beweisen.

4.3.4 Beispiele holomorpher Funktionen

1. Aus der im Einheitskreis $\mathbb{E}$ konvergenten *geometrischen* Reihe $\frac{1}{1-z} = \sum_0^\infty z^\nu$ entsteht durch k-fache Differentiation:

$$\frac{1}{(1-z)^{k+1}} = \sum_{\nu\ge k} \binom{\nu}{k} z^{\nu-k}, \quad z \in \mathbb{E}.$$

2. Die *Exponentialfunktion* $\exp z = \sum \frac{z^\nu}{\nu!}$ ist holomorph in $\mathbb{C}$:
$$(\exp)'(z) = \exp z, \quad z \in \mathbb{C};$$
diese Differentialgleichung kann zum Ausgangspunkt der Theorie der Exponentialfunktion gemacht werden (vgl. 5.1.1).
3. Die *Cosinusfunktion* und die *Sinusfunktion*
$$\cos z = \sum \frac{(-1)^\nu}{(2\nu)!} z^{2\nu}, \quad \sin z = \sum \frac{(-1)^\nu}{(2\nu+1)!} z^{2\nu+1}, \quad z \in \mathbb{C},$$
sind holomorph in $\mathbb{C}$:
$$(\cos)'(z) = -\sin z, \quad (\sin)'(z) = \cos z, \quad z \in \mathbb{C};$$
dies folgt übrigens, wenn man $(\exp)' = \exp$ benutzen will, auch sofort aus den Eulerschen Darstellungen (vgl. 4.2.1)
$$\cos z = \tfrac{1}{2}[\exp(\mathrm{i}z) + \exp(-\mathrm{i}z)], \quad \sin z = \tfrac{1}{2\mathrm{i}}[\exp(\mathrm{i}z) - \exp(-\mathrm{i}z)].$$
4. Die *logarithmische Reihe* $\lambda(z) = z - \frac{z^2}{2} + \frac{z^3}{3} - + \ldots$ ist holomorph in $\mathbb{E}$:
$$\lambda'(z) = 1 - z + z^2 - + \cdots = \frac{1}{1+z}, \quad z \in \mathbb{E}.$$
5. Die *Arcustangensreihe* $a(z) = z - \frac{z^3}{3} + \frac{z^5}{5} - + \ldots$ ist holomorph in $\mathbb{E}$ mit der Ableitung $a'(z) = \frac{1}{1+z^2}$. Die Bezeichnung „Arcustangens" wird in 5.2.5 und 5.5.2 gerechtfertigt.
6. Die *binomische* Reihe $b_\sigma(z) = \sum \binom{\sigma}{\nu} z^\nu$, $\sigma \in \mathbb{C}$, ist in $\mathbb{E}$ holomorph:
$$b'_\sigma(z) = \sigma b_{\sigma-1}(z) = \frac{\sigma}{1+z} b_\sigma(z), \quad z \in \mathbb{E}.$$
Um letzteres einzusehen, beachte man, daß wegen $\nu\binom{\sigma}{\nu} = \sigma\binom{\sigma-1}{\nu-1}$ zunächst folgt:
$$b'_\sigma(z) = \sum_1^\infty \nu \binom{\sigma}{\nu} z^{\nu-1} = \sigma \sum_1^\infty \binom{\sigma-1}{\nu-1} z^{\nu-1} = \sigma b_{\sigma-1}(z).$$
Die Multiplikationsformel aus 4.2.3 liefert die Behauptung. □

Satz 4.3.3. *Zwischen Exponentialreihe, logarithmischer Reihe und binomischer Reihe besteht die Gleichung*
$$b_\sigma(z) = \exp(\sigma\lambda(z)), \quad \textit{speziell} \quad 1 + z = \exp \lambda(z) \quad \textit{für } z \in \mathbb{E}. \tag{4.2}$$

Beweis. Für die in $\mathbb{E}$ holomorphe Funktion $f(z) := b_\sigma(z) exp(-\sigma\lambda(z))$ gilt
$$f'(z) = [b_\sigma(z) - \sigma b_\sigma(z)\lambda'(z)] \exp(-\sigma\lambda(z)) = 0$$
wegen $b'_\sigma = \sigma b_\sigma \lambda'$.

Mithin ist f nach 1.3.3 konstant in $\mathbb{E}$. Da $f(0) = 1$, so folgt (4.2), wenn wir im Vorgriff auf 5.1.1 benutzen, daß stets $\exp(-w) = (\exp w)^{-1}$. □

Aufgaben

1. Zeigen Sie: Die hypergeometrische Funktion $F(a,b,c,z)$ (vgl. Aufgabe 1 zu § 2) erfüllt die Differentialgleichung
$$z(1-z)F''(a,b,c,z)+\{c-(1+a+b)z\}F'(a,b,c,z)-abF(a,b,c,z)=0, \quad z\in\mathbb{E}.$$
2. Zeigen Sie für $c\in\mathbb{C}^\times$, $d\in\mathbb{C}$, $d\neq c$, $k\in\mathbb{N}$:
$$\frac{1}{(c-z)^{k+1}}=\frac{1}{(c-d)^{k+1}}\sum_{\nu\geq k}\binom{\nu}{k}\left(\frac{z-d}{c-d}\right)^{\nu-k}, \quad z\in B_{|c-d|}(d).$$
3. (Partialbruchzerlegung rationaler Funktionen). Es sei $f(z):=p(z)/q(z)$ eine rationale Funktion mit $\operatorname{grad}p<\operatorname{grad}q$. Es gelte $q(z)=c(z-c_1)^{\nu_1}(z-c_2)^{\nu_2}\cdot\dots\cdot(z-c_m)^{\nu_m}$ mit $c,c_1,\dots,c_m\in\mathbb{C}$, wobei $c_j\neq c_k$ für $j\neq k$ und $c\neq 0$. Beweisen Sie:
   a) $f(z)$ besitzt eine Darstellung der Form
$$f(z)=\frac{a_{11}}{z-c_1}+\frac{a_{12}}{(z-c_1)^2}+\dots+\frac{a_{1\nu_1}}{(z-c_1)^{\nu_1}}+\frac{a_{21}}{z-c_2}+\dots$$
$$+\frac{a_{m1}}{z-c_m}+\frac{a_{m2}}{(z-c_m)^2}+\dots+\frac{a_{m\nu_m}}{(z-c_m)^{\nu_m}},$$
   wobei $a_{jk}\in\mathbb{C}$.
   b) Für die Koeffizienten $a_{k\nu_k}$, $1\leq k\leq m$, aus a) gilt
$$a_{k\nu_k}=$$
$$\frac{p(c_k)}{c(c_k-c_1)^{\nu_1}\cdot\dots\cdot(c_k-c_{k-1})^{\nu_{k-1}}(c_k-c_{k+1})^{\nu_{k+1}}\cdot\dots\cdot(c_k-c_m)^{\nu_m}}.$$
   Hinweis zu a): Induktion nach $n=\operatorname{grad}q=\nu_1+\nu_2+\dots+\nu_m$.
4. Entwickeln Sie die folgenden rationalen Funktionen um die jeweils angegebenen Punkte in eine Potenzreihe und geben Sie deren Konvergenzradius an:
$$\frac{1}{z^3-\mathrm{i}z^2-z+\mathrm{i}} \text{ um 0 und um 2,} \qquad \frac{z^4-z^3-8z^2+14z-3}{z^3-4z^2+5z-2} \text{ um 0 und um i.}$$
5. Die Potenzreihe $\sum_{\nu=1}^\infty \nu z^\nu$ hat den Konvergenzradius 1. Zeigen Sie, daß die durch diese Reihe dargestellte Funktion $f:\mathbb{E}\to\mathbb{C}$ den Einheitskreis holomorph, bijektiv und winkeltreu auf die geschlitzte Ebene $\mathbb{C}\setminus\{x\in\mathbb{R}: x\leq 1/4\}$ abbildet.
6. Die Folge der *Fibonacci-Zahlen* ist definiert durch $c_0:=c_1:=1$, $c_{n+1}:=c_{n-1}+c_n$ für $n\geq 1$. Zeigen Sie, daß $\sum_{\nu=0}^\infty c_\nu z^\nu$ in einer Scheibe um Null gegen eine rationale Funktion f konvergiert und berechnen Sie die *Fibonacci-Zahlen* aus der Reihenentwicklung der Funktion f.
   Hinweis. Vergleichen Sie $f(z)$ und $zf(z)$.

4.4 Struktur der Algebra der konvergenten Potenzreihen

Die Menge $\overline{\mathcal{A}}$ aller (formalen) Potenzreihen mit dem Nullpunkt als Entwicklungspunkt ist (mit der Cauchyschen Multiplikation) eine kommutative $\mathbb{C}$-Algebra mit

Einselement. Wir bezeichnen mit $\mathcal{A}$ die Menge aller *konvergenten* Potenzreihen um 0. Dann können wir feststellen:

$\mathcal{A}$ ist eine $\mathbb{C}$-Unteralgebra von $\overline{\mathcal{A}}$, es gilt:

$$\mathcal{A} = \{f = \sum a_\nu z^\nu \in \overline{\mathcal{A}} : \text{ es gibt } s > 0, M \geq 0, \text{ so daß } |a_\nu| s^\nu \leq M \text{ für } \nu \in \mathbb{N}\}; \tag{4.3}$$

letzteres ist klar auf Grund des Konvergenzlemmas 4.1.1.

Im folgenden wird die Struktur des Ringes $\mathcal{A}$ erschöpfend beschrieben; dabei benutzen wir konsequent Redeweisen der modernen Algebra. Hilfsmittel sind die Ordnungsfunktion $v : \mathcal{A} \to \mathbb{N} \cup \{\infty\}$ und der Einheitensatz 4.4.2. Da diese Hilfsmittel für $\overline{\mathcal{A}}$ offensichtlich zur Verfügung stehen, gelten alle Aussagen dieses Paragraphen mutatis mutandis auch für den Ring der formalen Potenzreihen. – Die Resultate dieses Paragraphen sind für jeden *vollständig bewerteten* Grundkörper k (anstelle von $\mathbb{C}$) richtig.

4.4.1 Ordnungsfunktion

Für jede Potenzreihe $f = \sum a_\nu z^\nu$ definiert man die *Ordnung* $v(f)$ von f durch

$$v(f) := \begin{cases} \min\{\nu \in \mathbb{N} : a_\nu \neq 0\}, & \text{falls } f \neq 0, \\ \infty, & \text{falls } f = 0; \end{cases}$$

statt Ordnung sagt man auch *Untergrad* von f. Es gilt z.B. $v(z^n) = n$.

Satz 4.4.1 (Rechenregeln für die Ordnungsfunktion). *Die Abbildung $v : \overline{\mathcal{A}} \to \mathbb{N} \cup \{\infty\}$ ist eine nichtarchimedische Bewertung von $\overline{\mathcal{A}}$, d.h. für alle $f, g \in \overline{\mathcal{A}}$ gilt:*

i) $v(fg) = v(f) + v(g)$ *(Produktregel),*
ii) $v(f + g) \geq \min\{v(f), v(g)\}$ *(Summenregel).*

Der Leser führe die Beweise aus (mit den üblichen Verabredungen $n + \infty = \infty$, $\min(n, \infty) = n$ für $n \in \mathbb{N} \cup \{\infty\}$). – Da die Wertemenge $\mathbb{N} \cup \{\infty\}$ von v „diskret" in $\mathbb{R} \cup \{\infty\}$ liegt, nennt man die Bewertung v auch *diskret*.

Die Produktregel liefert direkt:

Die Algebra $\overline{\mathcal{A}}$ und damit auch die Unteralgebra $\mathcal{A}$ ist ein Integritätsring (d.h. nullteilerfrei, d.h. aus $fg = 0$ folgt $f = 0$ oder $g = 0$).

Die Summenregel läßt sich verschärfen: es gilt $v(f + g) = \min\{v(f), v(g)\}$ stets dann, wenn $v(f) \neq v(g)$, dies gilt allgemein für nichtarchimedische Bewertungen.

4.4.2 Einheitensatz

Ein Element e eines kommutativen Ringes R mit 1 heißt *Einheit in R*, wenn es ein $\widehat{e} \in R$ mit $e\widehat{e} = 1$ gibt. Die Einheiten in R bilden bez. der Multiplikation eine Gruppe, die sog. *Einheitengruppe von R*. Zur Charakterisierung der Einheiten von $\mathcal{A}$ benötigt man das

Lemma 4.4.1 (Einheitenlemma). *Jede konvergente Potenzreihe $e = 1 - b_1 z - b_2 z^2 - b_3 z^3 - \ldots$ ist eine Einheit in $\mathcal{A}$.*

Beweis. Es gilt $e\widehat{e} = 1$, wobei $\widehat{e} := 1 + k_1 z + k_2 z^2 + k_3 z^3 + \cdots \in \overline{\mathcal{A}}$ mit

$$k_1 := b_1, \quad k_n := b_1 k_{n-1} + b_2 k_{n-2} + \cdots + b_{n-1} k_1 + b_n \text{ für } n \geq 2. \tag{4.4}$$

Es bleibt zu zeigen: $\widehat{e} \in \mathcal{A}$. Wegen $e \in \mathcal{A}$ gibt es ein $s > 0$, so daß $|b_n| \geq s^n$ für alle $n \geq 1$. Hieraus folgt durch Induktion

$$|k_n| \leq \tfrac{1}{2}(2s)^n, \quad n = 1, 2, \ldots;$$

das ist klar für $n = 1$; der Schluß von $n-1$ auf n geht mittels (4.4) so:

$$|k_n| \leq \sum_1^{n-1} |b_\nu|\,|k_{n-\nu}| + |b_n| \leq \tfrac{1}{2}\sum_1^{n-1} s^\nu (2s)^{n-\nu} + s^n = \tfrac{1}{2}(2s)^n.$$

Für $t := (2s)^{-1} > 0$ folgt daher $|k_n| t^n \leq \frac{1}{2}$ für alle $n \geq 1$. Dies bedeutet $\widehat{e} \in \mathcal{A}$ auf Grund von Gleichung (4.3) der Einleitung. □

Der vorangehende Beweis findet sich bei HURWITZ [12], S. 28/29; er dürfte auf WEIERSTRASS zurückgehen. In 7.4.1 geben wir einen „Zweizeilenbeweis"; für den Polynomring $\mathbb{C}[z]$ gibt es kein Analogon zum Einheitenlemma. □

Satz 4.4.2 (Einheitensatz). *Ein Element $f \in \mathcal{A}$ ist genau dann eine Einheit in $\mathcal{A}$, wenn gilt $f(0) \neq 0$.*

Beweis. a) Offensichtlich ist die Bedingung notwendig: falls nämlich $f\widehat{f} = 1$ mit $\widehat{f} \in \mathcal{A}$, so gilt $f(0)\widehat{f}(0) = 1$, also $f(0) \neq 0$.

b) Sei $f = \sum a_\nu z^\nu \in \mathcal{A}$ mit $a_0 = f(0) \neq 0$. Nach dem Einheitenlemma gibt es zu $e := a_0^{-1} f = 1 + a_0^{-1} a_1 z + a_0^{-1} a_2 z^2 + \cdots \in \mathcal{A}$ ein $\widehat{e} \in \mathcal{A}$ mit $e\widehat{e} = 1$. Es folgt $f \cdot (a_0^{-1}\widehat{e}) = 1$. □

Der Einheitensatz läßt sich auch so formulieren:

$$f \in \mathcal{A} \textit{ ist Einheit in } \mathcal{A} \Leftrightarrow v(f) = 0.$$

□

Einheitenlemma und Einheitensatz gelten natürlich auch für formale Potenzreihen, der Beweis des Lemmas besteht dann aus den ersten beiden Zeilen obigen Beweises.

4.4.3 Normalform konvergenter Potenzreihen

Satz 4.4.3. *Jedes $f \in \mathcal{A}$, $f \neq 0$, hat die Form*

$$f = ez^n \quad \textit{mit einer Einheit } e \in \mathcal{A} \quad \textit{und} \quad n \in \mathbb{N} \tag{4.5}$$

Die Darstellung (4.5) von f ist eindeutig; es gilt $n = v(f)$.

Beweis. a) Sei $f = a_n z^n + a_{n+1} z^{n+1} + \ldots$ mit $a_n \neq 0$, also $n = v(f)$. Es folgt $f = ez^n$, wobei $e := a_n + a_{n+1} z + \ldots$ nach dem Einheitensatz eine Einheit in $\mathcal{A}$ ist.

b) Sei $f = \widetilde{e} z^m$ eine weitere Darstellung von f mit $m \in \mathbb{N}$ und einer Einheit $\widetilde{e} \in \mathcal{A}$. Da $v(e) = v(\widetilde{e}) = 0$ nach dem Einheitensatz, so folgt aus $ez^n = \widetilde{e} z^m$ auf Grund der Produktregel:

$$n = v(e) + v(z^n) = v(ez^n) = v(\widetilde{e} z^m) = m \quad \text{und hiermit weiter } e = \widetilde{e}.$$

□

Wir nennen (4.5) *die Normalform* von f.

Ein Element p eines Integritätsringes R heißt *Primelement*, wenn p keine Einheit in R ist, und wenn aus $p|fg$ stets $p|f$ oder $p|g$ folgt, wobei $f, g \in R$. Ein Integritätsring R heißt *faktoriell*, wenn jedes Element $\neq 0$ aus R Produkt endlich vieler Primelemente ist.

Aus der Normalform (4.5) ergibt sich unmittelbar:

Korollar 4.4.1. *Der Ring $\mathcal{A}$ ist faktoriell, das Element z ist - bis auf Multiplikation mit einer Einheit - das einzige Primelement von $\mathcal{A}$.*

Im Gegensatz zu $\mathcal{A}$ hat der faktorielle Polynomring $\mathbb{C}[z] \subset \mathcal{A}$ die kontinuierlich vielen Primelemente $z - c$, $c \in \mathbb{C}$.

Im Vorangehenden spielt das Primelement z eine ausgezeichnete Rolle. Satz und Korollar bleiben richtig, wenn man statt z irgendein Element $\tau \in \mathcal{A}$ mit $v(\tau) = 1$ fixiert; jedes solche Element τ ist ein Primelement von $\mathcal{A}$ und mit z gleichberechtigt und heißt nach klassischem Sprachgebrauch eine *Uniformisierende von $\mathcal{A}$*.

Jeder Integritätsring R besitzt einen *Quotientenkörper* $Q(R)$. Aus dem Korollar folgt sofort:

Der Quotientenkörper $Q(\mathcal{A})$ besteht aus allen Reihen $\sum_{\nu \geq n} a_\nu z^\nu$, $n \in \mathbb{Z}$, wobei $\sum_0^\infty a_\nu z^\nu$ eine konvergente Potenzreihe ist.

Der Leser führe den Beweis durch; die hier vorkommenden Reihen heißen „Laurentreihen mit endlichem Hauptteil" (vgl. 12.1.3). Es ist eine einfache Übungsaufgabe zu zeigen:

Die Funktion $v : \mathcal{A} \to \mathbb{N} \cup \{\infty\}$ ist auf genau eine Weise zu einer nichtarchimedischen Bewertung $v : Q(\mathcal{A}) \to \mathbb{Z} \cup \{\infty\}$ fortsetzbar. Es gilt

$$v(f) = n, \quad \textit{falls } f = \sum_{\nu \geq n} a_\nu z^\nu \quad \textit{mit } a_n \neq 0.$$

4.4.4 Bestimmung aller Ideale

Ein Ring R heißt *Hauptidealring*, wenn jedes Ideal von R ein *Hauptideal* ist, d.h. die Form Rf hat mit $f \in R$.

Satz 4.4.4. *$\mathcal{A}$ ist ein Hauptidealring; die Ideale $\mathcal{A}z^n$, $n \in \mathbb{N}$, sind alle Ideale $\neq 0$ von $\mathcal{A}$.*

Beweis. Sei $\mathfrak{a} \neq 0$ irgendein Ideal von $\mathcal{A}$. Wir wählen ein Element $f \in \mathfrak{a}$ minimaler Ordnung $n \in \mathbb{N}$. Nach Satz 4.4.3 gilt $z^n = \widehat{e}f$ mit $\widehat{e} \in \mathcal{A}$. Es folgt $\mathcal{A}z^n \subset \mathfrak{a}$. Ist $g \in \mathfrak{a}$ irgendein Element $\neq 0$, so gilt $g = \widetilde{e}z^m$, $\widetilde{e} \in \mathcal{A}$, nach Satz 4.4.3 mit $m \geq n$ wegen der Wahl von n. Es folgt $g = (\widetilde{e}z^{m-n})z^n \in \mathcal{A}z^n$. Wir sehen, daß auch $\mathfrak{a} \subset \mathcal{A}z^n$, also $\mathfrak{a} = \mathcal{A}z^n$. □

Ein Ideal $\mathfrak{p}$ eines Ringes R heißt *Primideal*, wenn aus $fg \in \mathfrak{p}$ stets $f \in \mathfrak{p}$ oder $g \in \mathfrak{p}$ folgt. Ein Ideal $\mathfrak{m} \neq R$ von R heißt *maximal*, wenn für jedes Ideal $\mathfrak{a}$ in R mit $\mathfrak{a} \supsetneq \mathfrak{m}$ gilt $\mathfrak{a} = R$. *Maximale Ideale sind Primideale.*

Satz 4.4.5. *Die Menge $\mathfrak{m}(\mathcal{A})$ aller Nichteinheiten von $\mathcal{A}$ ist ein maximales Ideal von $\mathcal{A}$. Es gilt $\mathfrak{m}(\mathcal{A}) = \mathcal{A}z$, dieses Ideal ist das einzige Primideal $\neq 0$ von $\mathcal{A}$.*

Beweis. Nach dem Einheitenlemma gilt $\mathfrak{m}(\mathcal{A}) = \{f \in \mathcal{A} : v(f) \geq 1\}$; daher ist $\mathfrak{m}(\mathcal{A})$ ein Ideal. Nach dem ersten Satz dieses Abschnittes gilt dann notwendig $\mathfrak{m}(\mathcal{A}) = \mathcal{A}z$.

Ist $\mathfrak{a}$ ein $\mathfrak{m}(\mathcal{A})$ echt umfassendes Ideal, so enthält $\mathfrak{a}$ eine Einheit und also das Einselement 1, d.h. $\mathfrak{a} = \mathcal{A}$. Mithin ist $\mathfrak{m}(\mathcal{A})$ ein maximales Ideal und insbesondere ein Primideal von $\mathcal{A}$.

Da kein Ideal $\mathcal{A}z^n$, $n \geq 2$, Primideal ist (denn $z \cdot z^{n-1} \in \mathcal{A}z^n$, aber $z^{n-1} \notin \mathcal{A}z^n$), so ist $\mathcal{A}z$ das einzige Primideal $\neq 0$ von $\mathcal{A}$. □

In der modernen Algebra nennt man einen Integritätsring R einen *diskreten Bewertungsring*, wenn R ein Hauptidealring ist, der genau ein Primideal $\neq 0$ besitzt. Wir haben also gezeigt:

Der Ring $\mathcal{A}$ der konvergenten Potenzreihen ist ein diskreter Bewertungsring.

Ein Ring R heißt *lokal*, wenn R genau ein maximales Ideal hat. Diskrete Bewertungsringe sind lokal, speziell ist also $\mathcal{A}$ ein lokaler Ring.

Der Leser mache sich klar, daß auch der Ring $\overline{\mathcal{A}}$ der formalen Potenzreihen ein diskreter Bewertungsring und also insbesondere ein lokaler Ring ist.

5. Elementar-transzendente Funktionen

> Post quantitates exponentiales considerari debent arcus circulares eorumque sinus et cosinus, quia ex ipsis exponentialibus, quando imaginariis quantitatibus involuntur, proveniunt[1] (L. EULER, Introductio).

In diesem Kapitel werden die klassischen transzendenten Funktionen besprochen, die schon EULER in seiner *Introductio* [E] behandelt hat. Im Zentrum steht die Exponentialfunktion, die sowohl durch ihre Differentialgleichung als auch durch ihr Additionstheorem bestimmt ist (Paragraph 1). Im Paragraphen 2 beweisen wir mittels Differenzen unter Heranziehung der logarithmischen Reihe *direkt, ohne irgendwelche Anleihen bei der reellen Analysis zu machen*, daß die Exponentialfunktion einen Homomorphismus der additiven Gruppe $\mathbb{C}$ auf die multiplikative Gruppe $\mathbb{C}^\times$ definiert. Dieser Epimorphiesatz ist grundlegend für alles weitere, er führt z.B. sofort zur Einsicht, daß es eine *eindeutig bestimmte* positive reelle Zahl π gibt, so daß $\exp z$ genau für die *Zahlen* $2n\pi\mathrm{i}$, $n \in \mathbb{Z}$ den Wert 1 hat. Damit ist die Kreiszahl „auf natürliche Weise im Komplexen“ eingeführt.

Alle wichtigen Eigenschaften der trigonometrischen Funktionen folgen getreu dem Eulerschen Motto aus Eigenschaften der Exponentialfunktion auf Grund der Identitäten

$$\cos z = \tfrac{1}{2}(\mathrm{e}^{\mathrm{i}z} + \mathrm{e}^{-\mathrm{i}z}), \quad \sin z = \tfrac{1}{2\mathrm{i}}(\mathrm{e}^{\mathrm{i}z} - \mathrm{e}^{-\mathrm{i}z}).$$

Speziell sieht man, daß π bzw. $\frac{1}{2}\pi$ die *kleinste positive Nullstelle* der Sinus- bzw. Cosinusfunktion ist, so wie man es in der Infinitesimalrechnung lernt. Zu den Paragraphen 1 bis 3 vgl. auch die Darstellung im Band [Zahlen], wo sich u.a. ein gänzlich elementarer Zugang zur Gleichung $\mathrm{e}^{2\pi\mathrm{i}} = 1$ findet.

Logarithmusfunktionen werden in den Paragraphen 4 und 5 ausführlich behandelt, hier werden auch allgemeine Potenzfunktionen und die Riemannsche Zetafunktion eingeführt.

---

[1] Nach den Exponentialgrößen müssen die Kreisfunktionen, der Sinus und der Cosinus, betrachtet werden, weil sie aus den Exponentialgrößen selbst entspringen, sobald dieselben imaginäre Zahlgrößen enthalten (Übersetzung H. MASER).

5.1 Exponentialfunktion und trigonometrische Funktionen

Die wichtigste, nicht rationale holomorphe Funktion ist die durch die Potenzreihe $\sum \frac{z^\nu}{\nu!}$ definierte Funktion $\exp z$. Die dominierende Rolle dieser Funktion im Komplexen basiert auf den Eulerschen Formeln und auf ihrer Reproduktion bei Differentiation: $(\exp)' = \exp$. Diese letzte Eigenschaft zusammen mit $\exp 0 = 1$ ist charakteristisch für die Exponentialfunktion; sie ermöglicht es, die grundlegenden Eigenschaften dieser Funktion in eleganter Weise herzuleiten. Entscheidendes Hilfsmittel ist die Tatsache, daß holomorphe Funktionen f mit $f' = 0$ konstant sind.

5.1.1 Charakterisierung von $\exp z$ durch die Differentialgleichung

Wir bemerken zunächst:

Die Exponentialfunktion ist nullstellenfrei in $\mathbb{C}$, es gilt:

$$(\exp z)^{-1} = \exp(-z) \quad \textit{für alle } z \in \mathbb{C}.$$

Beweis. Für die holomorphe Funktion $h(z) := \exp z \cdot \exp(-z)$ gilt $h' = h - h = 0$ in $\mathbb{C}$. Daher ist h nach 1.3.3 konstant in $\mathbb{C}$. Da $h(0) = 1$, so folgt $\exp z \cdot \exp(-z) = 1$, worin die Behauptungen enthalten sind. □

Satz 5.1.1. *Es sei $G \subset \mathbb{C}$ ein Gebiet. Dann sind folgende Aussagen über eine in G holomorphe Funktion f äquivalent:*

i) $f(z) = a \exp(bz)$ in G mit Konstanten $a, b \in \mathbb{C}$.
ii) $f'(z) = bf(z)$ in G.

Beweis. Die Implikation i)⇒ii) ist trivial. Um ii)⇒i) zu zeigen, betrachten wir die in G holomorphe Funktion $h(z) := f(z) \exp(-bz)$. Es gilt $h' = bh - bh = 0$ in G. Nach 1.3.3 gibt es ein $a \in \mathbb{C}$, so daß gilt: $h(z) = a$ für alle $z \in G$. Auf Grund der vorangeschickten Bemerkung folgt $f(z) = a \exp(bz)$. □

Im eben hergeleiteten Satz ist enthalten:

Ist f holomorph in $\mathbb{C}$ und gilt $f' = f$, $f(0) = 1$, so folgt $f(z) = \exp z$.

Es folgt speziell $\widetilde{e}(z) = \exp z$ für die in 1.2.3, Beispiel 2. betrachtete Funktion $\widetilde{e}(z)$; damit erhält man

$$\exp z = \mathrm{e}^x \cos y + \mathrm{i}\mathrm{e}^x \sin y \quad \text{für } z = x + iy.$$

5.1.2 Additionstheorem der Exponentialfunktion

Satz 5.1.2. *Für alle $w, z \in \mathbb{C}$ gilt*

$$(\exp w) \cdot (\exp z) = \exp(w + z).$$

Beweis. Sei $w \in \mathbb{C}$ fixiert. Die Funktion $f(z) := \exp(w + z)$, $z \in \mathbb{C}$, ist holomorph in $\mathbb{C}$. Es gilt $f' = f$, also $f(z) = a \exp z$ nach Satz 5.1.1; für $z = 0$ folgt $a = f(0) = \exp w$. □

Ein zweiter (einfacherer) Beweis des Additionstheorems besteht darin, das Cauchyprodukt (vgl. 3.3.1) der Potenzreihen für $\exp w$, $\exp z$ auszurechnen: Wegen

$$p_\lambda = \sum_{\mu+\nu=\lambda} \frac{1}{\mu!} w^\mu \frac{1}{\nu!} z^\nu = \frac{1}{\lambda!} \sum_{\nu=0}^{\lambda} \binom{\lambda}{\nu} w^{\lambda-\nu} z^\nu = \frac{1}{\lambda!} (w + z)^\lambda$$

ergibt sich direkt: $(\exp w)(\exp z) = \sum_0^\infty p_\lambda = \sum_0^\infty \frac{1}{\lambda!}(w + z)^\lambda = \exp(w + z)$.

WEIERSTRASS hat das Additionstheorem gern in die Form

$$(\exp w) \cdot (\exp z) = [\exp \tfrac{1}{2}(w + z)]^2$$

gebracht: der Funktionswert des arithmetischen Mittels zweier Argumente ist das geometrische Mittel der Funktionswerte dieser Argumente.

Das Additionstheorem charakterisiert ebenfalls die Exponentialfunktion.

Satz 5.1.3. *Es sei $e(z)$ holomorph in einem Gebiet G mit $0 \in G$; es gelte $e(0) \neq 0$ und*

$$e(w + z) = e(w)e(z) \quad \textit{für alle } w, z, w + z \in G. \tag{5.1}$$

Dann gibt es eine Kreisscheibe B um 0, so daß gilt:

$$e(z) = \exp(bz) \quad \textit{mit } b := e'(0) \quad \textit{für alle } z \in B.$$

Beweis. Man wähle $B \subset G$ so klein, daß für $w, z \in B$ gilt $w + z \in G$. Differentiation von (5.1) nach w gibt $e'(w + z) = e'(w)e(z)$ für $w, z \in B$, speziell also $e'(z) = be(z)$ in B. Nach Satz 5.1.1 folgt $e(z) = a \exp(bz)$ in B. Wegen $e(0) \neq 0$ und (5.1) gilt $e(0) = 1$, also $1 = a \exp(b0) = a$. □

Später, wenn der Identitätssatz zur Verfügung steht, ist klar, daß $e(z) = \exp(bz)$ in ganz G gilt.

5.1.3 Bemerkungen zum Additionstheorem

Das Additionstheorem ist eine „Potenzregel“. Um dies besonders deutlich zu machen, schreibt man auch im Komplexen wie im Reellen

$$\mathrm{e}^z := \exp z \quad \text{mit } e := \exp 1 = 1 + \frac{1}{1!} + \frac{1}{2!} + \dots .$$

Benutzt man diese Schreibweise, so wird das Additionstheorem zur

Potenzregel:

$$\mathrm{e}^w \mathrm{e}^z = \mathrm{e}^{w+z}.$$

Bemerkung. Das Symbol e wurde von EULER eingeführt; in einem Brief an GOLDBACH vom 25. November 1731 liest man „e denotat hie numerum, cujus logarithmus hyperbolicus est= 1“ (vgl. Correspondance entre Leonhard EULER et Chr. GOLDBACH 1729–1763, in *Correspondance mathématique et physique de quelques célèbres géomètres du XVIIIième siècle*, ed. P.H. FUSS, St. Pétersbourg 1843, Bd. 1, S. 58). □

Im Additionstheorem ist die Gleichung $(\exp z)^{-1} = \exp(-z)$ enthalten. Aus dem Additionstheorem und der Eulerschen Formel erhält man direkt (ohne Rückgriff auf 1.2.3,2.) die *Zerlegung der Exponentialfunktion in Real- und Imaginärteil*:

$$\exp z = \mathrm{e}^x \mathrm{e}^{\mathrm{i}y} = \mathrm{e}^x \cos y + \mathrm{i}\mathrm{e}^x \sin y \quad \text{für } z = x + iy.$$

Als weitere Anwendung des Additionstheorems notieren wir:

$$\exp x > 0 \textit{ für } x \in \mathbb{R}; \quad \exp x = 1 \textit{ für } x \in \mathbb{R} \Leftrightarrow x = 0; \tag{5.2}$$

$$|\exp z| = \exp(\operatorname{Re} z) \textit{ für } z \in \mathbb{C}. \tag{5.3}$$

Beweis. Da ersichtlich $\exp x \geq 1 + x$ für $x \geq 0$, so folgt (5.2) wegen $\mathrm{e}^{-x} = (\mathrm{e}^x)^{-1}$. Nunmehr folgt (5.3) aus

$$\begin{aligned} |\exp z|^2 &= \exp z \cdot \overline{\exp z} = \exp z \cdot \exp \overline{z} = \exp(z + \overline{z}) \\ &= \exp(2 \operatorname{Re} z) = (\exp(\operatorname{Re} z))^2. \end{aligned}$$

□

Wir sehen insbesondere:

$$|\exp w| = 1 \Leftrightarrow w \in \mathbb{R}\mathrm{i}. \tag{5.4}$$

Als Anwendung des Additionstheorems gewinnt man

Satz 5.1.4 (Trigonometrische Summenformel). *Für alle $z \in \mathbb{C}$ mit $\sin \frac{1}{2}z \neq 0$ gilt*

$$\frac{1}{2} + \cos z + \cos 2z + \cdots + \cos nz = \frac{\sin(n+\frac{1}{2})z}{2\sin\frac{1}{2}z}, \quad n = 1, 2, \ldots. \tag{5.5}$$

Beweis. Wegen $\cos \nu z = \frac{1}{2}(e^{i\nu z} + e^{-i\nu z})$ gilt auf Grund des Additionstheorems:

$$\frac{1}{2} + \sum_{1}^{n} \cos \nu z = \frac{1}{2} \sum_{-n}^{n} e^{i\nu z} = \frac{1}{2} e^{-inz} \sum_{0}^{2n} e^{i\nu z}.$$

Summenformel für die endliche geometrische Reihe und erneute Anwendung des Additionstheorems führen zu

$$\frac{1}{2} + \sum_{1}^{n} \cos \nu z = \frac{1}{2} e^{-inz} \frac{e^{i(2n+1)z} - 1}{e^{iz} - 1} = \frac{e^{i(n+\frac{1}{2})z} - e^{-i(n+\frac{1}{2})z}}{2(e^{\frac{1}{2}iz} - e^{-\frac{1}{2}iz})}.$$

Das ist wegen $2i \sin z = e^{iz} - e^{-iz}$ die Behauptung. □

Die Gleichung (5.5) ist für $z = x \in \mathbb{R}$ eine reelle Formel. Sie wurde hier durch Rechnen in $\mathbb{C}$ gewonnen. Solche Schlüsse erregten bereits zur Eulerzeit größte Bewunderung; HADAMARD soll dazu gesagt haben: „Le plus court chemin entre deux énoncés réels passe par le complexe.“

5.1.4 Additionstheorem für $\cos z$ und $\sin z$

Satz 5.1.5. *Für alle $w, z \in \mathbb{C}$ gilt:*

$$\cos(w+z) = \cos w \cos z - \sin w \sin z, \quad \sin(w+z) = \sin w \cos z + \cos w \sin z.$$

Beweis. Man geht aus von der Identität

$$\begin{aligned} e^{i(w+z)} &= e^{iw} \cdot e^{iz} = (\cos w + i \sin w)(\cos z + i \sin z) \\ &= \cos w \cos z - \sin w \sin z + i(\sin w \cos z + \cos w \sin z). \end{aligned}$$

Schreibt man $-w$ und $-z$ anstelle von w und z, so erhält man:

$$e^{-i(w+z)} = \cos w \cos z - \sin w \sin z - i(\sin w \cos z + \cos w \sin z).$$

Addition bzw. Subtraktion ergibt die Behauptungen. □

Aus den Additionstheoremen fließen wie im Reellen unzählige weitere Identitäten. So folgen z.B. für alle $w, z \in \mathbb{C}$ die nützlichen Formeln

$$\begin{aligned} \cos w - \cos z &= -2 \sin \tfrac{1}{2}(w+z) \sin \tfrac{1}{2}(w-z), \\ \sin w - \sin z &= 2 \cos \tfrac{1}{2}(w+z) \sin \tfrac{1}{2}(w-z). \end{aligned} \tag{5.6}$$

Aus der übergroßen Fülle möglicher Formeln notieren wir noch:

$$1 = \cos^2 z + \sin^2 z, \quad \cos 2z = \cos^2 z - \sin^2 z, \quad \sin 2z = 2 \sin z \cos z.$$

5.1.5 Historisches zu $\cos z$ und $\sin z$

Diese Funktionen sind lange vor Einführung der Exponentialfunktion von Geometern erfunden worden; schon ARCHIMEDES kannte ein Theorem, das dem Additionstheorem für $\sin(\alpha + \beta)$ und $\sin(\alpha - \beta)$ eng verwandt ist. Bei PTOLEMÄUS findet sich dieses Additionstheorem implizit in Form seines Lehrsatzes über das Sehnenviereck (vgl. 3.4.5 im Band [Zahlen] dieser Lehrbuchreihe). Im ausgehenden 16. Jahrhundert benutzte man – vor Entdeckung der Logarithmen – für Zwecke der Astronomie und Nautik Formeln wie

$$\cos x \cos y = \tfrac{1}{2}\cos(x+y) + \tfrac{1}{2}\cos(x-y)$$

zur Multiplikation zweier Zahlen A, B: man sucht in den Sinustafeln (die zugleich auch Cosinustafeln sind) die Winkel x, y auf, für die $\cos x = A$, $\cos y = B$ gilt, bildet $x + y$ sowie $x - y$, ermittelt aus den Tafeln $\cos(x+y)$ und $\cos(x-y)$ und hat AB vor sich.

Die Potenzreihenentwicklungen der Funktionen $\cos x$ und $\sin x$ kannte NEWTON um 1665; er fand z.B. die Sinusreihe durch *Umkehrung* der Reihe

$$\arcsin x = x + \tfrac{1}{6}x^3 + \tfrac{3}{40}x^5 + \tfrac{5}{112}x^7 + \dots,$$

die er durch geometrische Überlegungen gewann. Eine systematische Darstellung der Theorie findet man aber erst im 8. Kapitel „Von den transcendenten Zahlgrössen, welche aus dem Kreise entspringen" der Eulerschen *Introductio* [E]. Hier werden erstmals die trigonometrischen Funktionen in der seither üblichen Standardweise am Einheitskreis definiert; EULER gibt neben den Additionstheoremen eine Fülle von Formeln an, insbesondere im § 138 seine berühmten Formeln (vgl. 4.2.1):

$$\cos z = \tfrac{1}{2}(e^{iz} + e^{-iz}), \quad \sin z = \tfrac{1}{2i}(e^{iz} - e^{-iz}), \quad z \in \mathbb{C}.$$

5.1.6 Hyperbolische Funktionen

Wie im Reellen definiert man die *hyperbolische Cosinusfunktion* und die *hyperbolische Sinusfunktion* durch

$$\cosh z := \tfrac{1}{2}(e^z + e^{-z}), \quad \sinh z := \tfrac{1}{2}(e^z - e^{-z}), \quad z \in \mathbb{C}.$$

Diese Funktionen sind holomorph in $\mathbb{C}$; man sieht:

$$\begin{aligned} (\cosh)'(z) &= \sinh z, & (\sinh)'(z) &= \cosh z; \\ \cosh z &= \cos(iz), & \sinh z &= -i\sin(iz), & z \in \mathbb{C}. \end{aligned}$$

Mittels dieser Gleichungen ergeben sich alle wichtigen Eigenschaften der hyperbolischen Funktionen. So hat man

$$\cosh z = \sum \frac{z^{2\nu}}{(2\nu)!}, \quad \sinh z = \sum \frac{z^{2\nu+1}}{(2\nu+1)!}, \quad \text{für } z \in \mathbb{C}.$$

Die Additionstheoreme haben die Form

$$\cosh(w+z) = \cosh w \cosh z + \sinh w \sinh z,$$

$$\sinh(w+z) = \sinh w \cosh z + \cosh w \sinh z.$$

Hieraus folgt z.B. $\cosh^2 z - \sinh^2 z = 1$, diese Identität erklärt das Adjektiv „*hyperbolisch*", wenn man sich an die reelle Hyperbelgleichung $x^2 - y^2 = 1$ erinnert.

Mittels der hyperbolischen Funktionen erhält man bequem die Zerlegung der trigonometrischen Funktionen in Real- und Imaginärteil:

$$\cos(x+\mathrm{i}y) = \cos x \cosh y - \mathrm{i} \sin x \sinh y, \quad \sin(x+\mathrm{i}y) = \sin x \cosh y + \mathrm{i} \cos x \sinh y.$$

Aufgaben

1. Zeigen Sie für $z \in \mathbb{C}$:

$$\sin 3z = 3\sin z - 4\sin^3 z, \qquad \cos 3z = 4\cos^3 z - 3\cos z,$$

$$\sin 4z = 8\cos^3 z \sin z - 4\cos z \sin z, \qquad \cos 4z = 8\cos^4 z - 8\cos^2 z + 1.$$

   Beweisen Sie ähnliche Formeln für $\cosh 3z$, $\cosh 4z$, $\sinh 3z$, $\sinh 4z$.
2. Sei $k \in \mathbb{N}$, $k \geq 1$. Ist Γ der Rand des Quadrats in $\mathbb{C}$ mit den Eckpunkten $-\pi k(1+\mathrm{i})$, $\pi k(1-\mathrm{i})$, $\pi k(1+\mathrm{i})$, $-\pi k(1-i)$, so gilt $|\cos z| \geq 1$ für $z \in \Gamma$.
3. Es seien f, g holomorph in einem Gebiet G mit $0 \in G$, es sei $f(0) = 1$ und $f'(0) = 0$. Gilt dann für alle $w, z \in G$ mit $w + z \in G$

$$f(w+z) = f(z)f(w) - g(z)g(w) \quad \text{und} \quad g(w+z) = g(z)f(w) + g(w)f(z),$$

   so gibt es eine Kreisscheibe B um 0 in G, so daß

$$f(z) = \cos bz, \quad g(z) = \sin bz \quad \text{für alle } z \in B, \text{ wobei } b := g'(0).$$

4. Die Potenzreihe $f(z) = \sum_{\nu \geq 0} a_\nu z^\nu$ konvergiere in $B_r(0)$, $r > 0$. Für alle $z \in \mathbb{C}$ mit $|2z| < r$ gelte $f(2z) = (f(z))^2$. Ist $a_0 \neq 0$, so folgt $f(z) = \exp(a_1 z)$.
5. Zeigen Sie, daß die Funktionenfolge $F\left(1, k, 1, \frac{z}{k}\right)$, $k \geq 1$, $z \in \mathbb{E}$, im Einheitskreis kompakt gegen die Exponentialfunktion konvergiert. (Zur Definition von $F(a, b, c, z)$ vgl. Aufgabe 1. in 4.2)
6. Zeigen Sie: Zu jedem $R > 0$ gibt es ein $N \in \mathbb{N}$, so daß kein Polynom $1 + \frac{z}{1!} + \frac{z^2}{2!} + \cdots + \frac{z^n}{n!}$, $n \geq N$, eine Nullstelle in $B_R(0)$ hat.

5.2 Epimorphiesatz für exp z und Folgerungen

Da $\exp z$ nullstellenfrei ist, so ist exp eine holomorphe Abbildung von $\mathbb{C}$ nach $\mathbb{C}^\times$. Das Additionstheorem besagt:

Die Abbildung $\exp : \mathbb{C} \to \mathbb{C}^\times$ *ist ein Gruppenhomomorphismus der additiven Gruppe* $\mathbb{C}$ *aller komplexen Zahlen in die multiplikative Gruppe* $\mathbb{C}^\times$ *aller komplexen Zahlen* $\neq 0$.

Wann immer Mathematiker Gruppenhomomorphismen $\psi : G \to H$ sehen, fragen sie nach den Untergruppen

$$\operatorname{Kern}\psi := \{g \in G : \psi(g) = \text{neutrales Element von } H\} \quad \text{bzw.} \quad \psi(G)$$

von G bzw. H.

Für den *Exponentialhomomorphismus* lassen sich diese Gruppen explizit angeben; dies führt insbesondere zu einer einfachen Definition der Kreiszahl π. Entscheidend ist der

5.2.1 Epimorphiesatz

Satz 5.2.1. *Der Exponentialhomomorphismus* $\exp : \mathbb{C} \to \mathbb{C}^\times$ *ist ein Epimorphismus (d.h. surjektiv).*

Wir zeigen zunächst

Satz 5.2.2 (Hilfssatz). *Die Untergruppe* $\exp(\mathbb{C})$ *von* $\mathbb{C}^\times$ *ist eine offene Teilmenge von* $\mathbb{C}^\times$.

Beweis. Nach (4.2) gilt: $\exp\lambda(z) = 1 + z$ für $z \in \mathbb{E}$. Hieraus folgt zunächst $B_1(1) \subset \exp(\mathbb{C})$, denn für jeden Punkt $c \in B_1(1)$ existiert wegen $c - 1 \in \mathbb{E}$ die Zahl $b := \lambda(c-1) \in \mathbb{C}$, womit folgt $\exp b = c$.

Sei nun $a \in \exp(\mathbb{C})$ beliebig. Es gilt(!) $aB_1(1) = B_{|a|}(a)$. Da $a\exp(\mathbb{C}) = \exp(\mathbb{C})$ im Falle $a \in \exp(\mathbb{C})$ (Gruppeneigenschaft von $\exp(\mathbb{C})$!), so folgt allgemein

$$B_{|a|}(a) = aB_1(1) \subset a\exp(\mathbb{C}) = \exp(\mathbb{C}) \quad \text{für alle } a \in \exp(\mathbb{C}).$$

Mithin enthält $\exp(\mathbb{C})$ mit jedem Punkt a auch die offene Kreisscheibe $B_{|a|}(a)$ vom Radius $|a| > 0$, d.h. $\exp(\mathbb{C})$ ist offen in $\mathbb{C}^\times$. □

Der Epimorphiesatz folgt nun mittels eines rein topologischen Argumentes[2]: Wir setzen $A := \exp(\mathbb{C})$, $B := \mathbb{C}^\times \setminus A$. Jede Menge bA, $b \in B$, ist offen in $\mathbb{C}^\times$, da A nach dem Vorangehenden offen in $\mathbb{C}^\times$ ist. Daher ist auch $\bigcup_{b\in B} bA$ offen in $\mathbb{C}^\times$. Nun weiß man aus der elementaren Gruppentheorie, da A Untergruppe von $\mathbb{C}^\times$ ist:

$$B = \bigcup_{b\in B} bA \quad (\text{Vereinigung aller Nebenklassen} \neq A).$$

Mithin ist $\mathbb{C}^\times$ die disjunkte Vereinigung der in $\mathbb{C}^\times$ offenen Mengen A und B. Da $\mathbb{C}^\times$ zusammenhängend ist und da A den Punkt 1 enthält, folgt (vgl. 0.6): $B = \emptyset$, d.h. $A = \mathbb{C}^\times$.

[2] Wir beweisen hier eigentlich einen Spezialfall des folgenden allgemeinen Satzes über topologische Gruppen: *Ist G eine zusammenhängende topologische Gruppe, und ist A eine offene Untergruppe von G, so gilt bereits $A = G$.*

5.2.2 Die Gleichung Kern(exp) = $2\pi i\mathbb{Z}$

Die Kerngruppe

$$K := \mathrm{Kern}(\exp) = \{w \in \mathbb{C} : \mathrm{e}^w = 1\}$$

ist eine additive Untergruppe von $\mathbb{C}$. Aus dem Epimorphiesatz folgt

$$K \textit{ ist nicht die Nullgruppe: } K \neq \{0\}. \tag{5.7}$$

Beweis. Wegen $\exp(\mathbb{C}) = \mathbb{C}^\times$ gibt es ein $a \in \mathbb{C}$ mit $\mathrm{e}^a = -1$. Es gilt $a \neq 0$ wegen $\mathrm{e}^0 = 1$. Für $c := 2a \neq 0$ folgt $\mathrm{e}^c = (\mathrm{e}^a)^2 = 1$, also $K \neq 0$. □

Die weiteren Überlegungen zur Charakterisierung von K sind ganz elementar. Da $|\mathrm{e}^w| = 1$ nach (5.4) nur für $w \in \mathbb{R}\mathrm{i}$ möglich ist, folgt zunächst:

$$K \subset \mathbb{R}\mathrm{i}, \tag{5.8}$$

Wir zeigen weiter

$$\textit{Es gibt eine Umgebung } U \textit{ von } 0 \in \mathbb{C}, \textit{ so daß } U \cap K = \{0\}. \tag{5.9}$$

Beweis. Wäre dies falsch, so gäbe es eine Nullfolge $h_n \neq 0$ in $\mathbb{C}$ mit $\exp(h_n) = 1$. Dies liefert den Widerspruch

$$1 = \exp(0) = \exp'(0) = \lim_{n\to\infty} \frac{\exp(h_n) - \exp(0)}{h_n} = 0.$$

□

Nunmehr folgt in wenigen Zeilen:

Satz 5.2.3. *Es gibt genau eine positive reelle Zahl π, so daß gilt:*

$$\mathrm{Kern}(\exp) = 2\pi\mathrm{i}\mathbb{Z}.$$

Beweis. Da $\exp z$ stetig ist, gibt es wegen (5.7)-(5.9) eine *kleinste positive reelle Zahl* π mit $2\pi\mathrm{i} \in K$ (beachte, daß $-K = K$). Damit ist $2\pi\mathrm{i}\mathbb{Z} \subset K$ trivial. Ist umgekehrt $r\mathrm{i} \in K$, $r \in \mathbb{R}$, so gibt es wegen $\pi \neq 0$ ein $n \in \mathbb{Z}$, so daß gilt: $2n\pi \leq r < 2(n+1)\pi$. Da $r\mathrm{i} - 2n\pi\mathrm{i} \in K$ und $0 \leq r - 2n\pi < 2\pi$, so folgt $r = 2n\pi$ wegen der minimalen Wahl von π. Damit ist $K \subset 2\pi\mathrm{i}\mathbb{Z}$ gezeigt. Die Eindeutigkeit von π ist klar. □

Wir verwenden in diesem Buch die Aussage des Satzes als Definition von π. Es folgt direkt

$$\mathrm{e}^{\mathrm{i}\pi} = -1 \tag{5.10}$$

und hieraus $\mathrm{e}^{\mathrm{i}\frac{\pi}{2}} = \pm\mathrm{i}$. Mit den bisherigen Resultaten allein läßt sich hier das Minuszeichen *nicht* ausschließen, dazu müssen wir in Abschnitt 6 den Zwischenwertsatz bemühen.

5.2.3 Periodizität von $\exp z$

Eine Funktion $f : \mathbb{C} \to \mathbb{C}$ heißt *periodisch*, wenn es eine komplexe Zahl $\omega \neq 0$ gibt, so daß für alle $z \in \mathbb{C}$ gilt: $f(z+\omega) = f(z)$; die Zahl ω heißt alsdann eine *Periode von* f. Ist f periodisch, so ist die Menge

$$\operatorname{Per}(f) := \{\omega \in \mathbb{C} : \omega \text{ ist Periode von } f\} \cup \{0\}$$

aller Perioden von f einschließlich der 0 eine *additive (abelsche) Untergruppe von* $\mathbb{C}$.

Satz 5.2.4 (Periodizitätssatz). *Die Funktion* exp *ist periodisch; es gilt:*

$$\operatorname{Per}(\exp) = \operatorname{Kern}(\exp) = 2\pi\mathrm{i}\mathbb{Z}.$$

Beweis. Für eine Zahl $\omega \in \mathbb{C}$ stimmt $\exp(z+\omega) = \exp z \exp \omega$ genau dann für alle $z \in \mathbb{C}$ mit $\exp z$ überein, wenn gilt: $\exp \omega = 1$. Dies beweist $\operatorname{Per}(\exp) = \operatorname{Kern}(\exp)$. □

Die Gleichung $\operatorname{Kern}(\exp) = \operatorname{Per}(\exp) = 2\pi\mathrm{i}\mathbb{Z}$ beschreibt den wesentlichen Unterschied im Verhalten der e-Funktion im Reellen und Komplexen: im Reellen nimmt sie wegen $\operatorname{Kern}(\exp) \cap \mathbb{R} = \{0\}$ *jede positive reelle Zahl genau einmal als Wert an*; im Komplexen hingegen besitzt sie die rein imaginäre (reell unsichtbare) *Minimalperiode* $2\pi\mathrm{i}$ und nimmt *jeden* Wert $c \neq 0$ – auch reelle Werte – *abzählbar unendlich oft an.*

Die Exponentialabbildung läßt sich auf Grund der vorangegangenen Diskussion einfach veranschaulichen. Man zerlegt die z-Ebene in die unendlich vielen „Streifen"

$$S_n := \{z \in \mathbb{C} : 2n\pi \leq \operatorname{Im} z < 2(n+1)\pi\}, \quad n \in \mathbb{Z}.$$

Jeder Streifen S_n wird vermöge $\exp z$ *bijektiv* auf die Menge $\mathbb{C}^\times$ in der w-

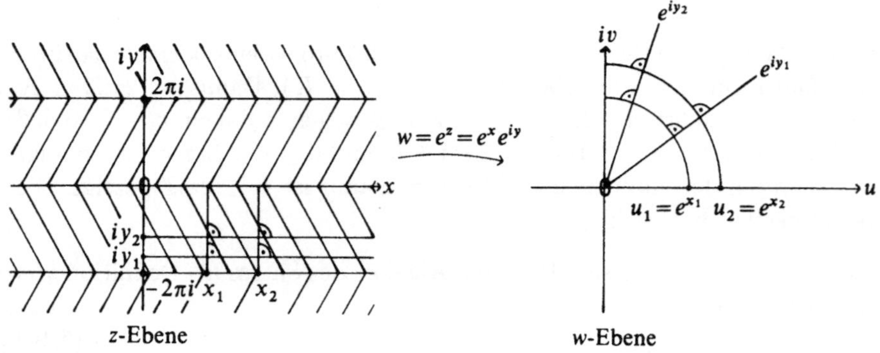

Ebene abgebildet, dabei wird das „*orthogonale cartesische* x, y-System der

z-Ebene“ in das „*orthogonale Polarkoordinaten*system der w-Ebene“ übergeführt (Winkeltreue).

Bemerkung. Welche Schwierigkeiten die e-Funktion im Komplexen den Mathematikern bereitet hat, zeigt sehr schön folgende Aufgabe, die Th. CLAUSEN (bekannt durch die Clausen-von Staudtsche Formel für Bernoullische Zahlen) 1827 stellte und die CRELLE in seinem berühmten Journal abdruckte (Bd. 2, S. 286/287):

„Wenn e die Basis der hyperbolischen Logarithmen, π den halben Kreisumfang, und n eine positive oder negative ganze Zahl bedeuten, so ist bekanntlich $e^{2n\pi i} = 1$, $e^{1+2n\pi i} = e$, folglich auch $e^{(1+2n\pi i)^2} = e = e^{1+4n\pi i - 4n^2\pi^2}$. Da aber $e^{1+4n\pi i} = e$ ist, so würde daraus folgen $e^{-4n^2\pi^2} = 1$, welches absurd ist. Nachzuweisen, wo in der Herleitung dieses Resultats gefehlt ist.“

Der Leser denke sich hierzu seinen Teil.

5.2.4 Wertevorrat, Nullstellen und Periodizität von $\cos z$ und $\sin z$

Die Exponentialfunktion nimmt jeden Wert außer Null an. Die trigonometrischen Funktionen haben keine Ausnahmewerte:

$\cos z$ *und* $\sin z$ *nehmen jeden Wert* $c \in \mathbb{C}$ *abzählbar unendlich oft an.*

Beweis. Auflösung der Gleichungen $e^{iz} + e^{-iz} = 2c$ bzw. $e^{iz} - e^{-iz} = 2ic$ nach e^{iz} führt zu $e^{iz} = c \pm \sqrt{c^2 - 1}$ bzw. $e^{iz} = ic \pm \sqrt{1 - c^2}$ mit rechten Seiten $\neq 0$. Daher gibt es wegen $\exp(\mathbb{C}) = \mathbb{C}^\times$ und $\text{Kern}(\exp) = 2\pi i\mathbb{Z}$ abzählbar unendlich viele Lösungen der Gleichungen $\cos z = c$ bzw. $\sin z = c$. □

Wegen $\cos(\mathbb{C}) = \sin(\mathbb{C}) = \mathbb{C}$ sind cos und sin *im Komplexen unbeschränkt* (im Gegensatz zu ihrem Verhalten im Reellen, wo auf Grund von $\cos^2 z + \sin^2 z = 1$ stets gilt $|\cos x| \leq 1$ und $|\sin x| \leq 1$): Auf der imaginären Achse gilt z.B. für alle $y > 0$:

$$\cos iy = \tfrac{1}{2}(e^y + e^{-y}) > 1 + \tfrac{1}{2}y^2, \quad i \sin iy = \tfrac{1}{2}(e^{-y} - e^y) < -y.$$

□

Im Gegensatz zu $\exp z$ haben $\cos z$ und $\sin z$ Nullstellen. Wir zeigen, wobei π die im Abschnitt 2 eingeführte Kreiszahl bezeichnet:

Satz 5.2.5 (Nullstellensatz). *Genau die reellen Zahlen* $n\pi$, $n \in \mathbb{Z}$, *sind alle (komplexen) Nullstellen von* $\sin z$.

Genau die reellen Zahlen $\frac{1}{2}\pi + n\pi$, $n \in \mathbb{Z}$, *sind alle (komplexen) Nullstellen von* $\cos z$.

Beweis. Es gilt, wenn man $e^{i\pi} = -1$ beachtet:

$$2i \sin z = e^{-iz}(e^{2iz} - 1), \quad 2\cos z = e^{i(\pi - z)}(e^{2i(z - \frac{1}{2}\pi)} - 1).$$

Hieraus liest man ab:

$$\sin w = 0 \Leftrightarrow 2iw \in \text{Kern}(\exp) = 2\pi i\mathbb{Z} \Leftrightarrow w = n\pi,$$
$$\cos w = 0 \Leftrightarrow 2i(w - \tfrac{1}{2}\pi) \in 2\pi i\mathbb{Z} \qquad \Leftrightarrow w = \tfrac{1}{2}\pi + n\pi, \quad n \in \mathbb{Z}.$$

Bemerkung. Wir sehen, daß π bzw. $\frac{1}{2}\pi$ in der Tat die kleinste positive Nullstelle von sin bzw. cos ist. Selbst wenn man aus der reellen Theorie bereits alle reellen Nullstellen von cos und sin kennt, muß man zeigen, daß bei Erweiterung des Argumentbereichs auf komplexe Zahlen keine neuen echt komplexen Nullstellen hinzukommen.

Als nächstes zeigen wir, daß cos und sin auch im Komplexen periodisch sind und dieselben Perioden wie im Reellen haben.

Satz 5.2.6 (Periodensatz). $\text{Per}(\cos) = \text{Per}(\sin) = 2\pi\mathbb{Z}$.

Beweis. Da $\cos(z + \omega) - \cos z = -2\sin(z + \frac{1}{2}\omega)\sin\frac{1}{2}\omega$ nach (5.6), so gilt $\omega \in \text{Per}(\cos)$ genau dann, wenn $\sin\frac{1}{2}\omega = 0$, d.h. wenn $\omega \in 2\pi\mathbb{Z}$. Ebenso folgt die Behauptung für die Sinusfunktion wegen $\sin(z + \omega) - \sin z = 2\cos(z + \frac{1}{2}\omega)\sin\frac{1}{2}\omega$.

Bemerkung. Auch wenn man weiß, daß cos und sin im Reellen die Minimalperiode 2π haben, hat man beim Übergang zum Komplexen noch zu zeigen, daß 2π Periode bleibt und daß zu den reellen Perioden keine neuen echt komplexen Perioden hinzukommen.

5.2.5 Cotangens- und Tangensfunktion. Arcustangensreihe

Durch

$$\cot z := \frac{\cos z}{\sin z}, \qquad z \in \mathbb{C} \setminus \pi\mathbb{Z},$$
$$\tan z := \frac{1}{\cot z} = \frac{\sin z}{\cos z}, \qquad z \in \mathbb{C} \setminus (\tfrac{1}{2}\pi + \pi\mathbb{Z})$$

werden die aus dem Reellen bekannte Cotangens- und Tangensfunktion ins Komplexe fortgesetzt, ihre Nullstellenmengen sind $\frac{1}{2}\pi + \pi\mathbb{Z}$ bzw. $\pi\mathbb{Z}$. Beide Funktionen sind in ihren Definitionsgebieten holomorph:

$$(\cot z)' = \frac{-1}{\sin^2 z}, \quad (\tan z)' = \frac{1}{\cos^2 z}.$$

Der Cotangens spielt in der klassischen Analysis eine wichtigere Rolle als der Tangens (vgl. z.B. 11.2); aus den Eulerschen Formeln für cos und sin folgt:

$$\cot z = \mathrm{i}\frac{e^{2\mathrm{i}z} + 1}{e^{2\mathrm{i}z} - 1} = \mathrm{i}\left(1 - \frac{2}{1 - e^{2\mathrm{i}z}}\right),$$

$$\tan z = \mathrm{i}\frac{1 - e^{2\mathrm{i}z}}{1 + e^{2\mathrm{i}z}} = \mathrm{i}\left(1 - \frac{2}{1 + e^{-2\mathrm{i}z}}\right).$$

Wegen $\text{Kern}\, e^{2\mathrm{i}z} = \pi\mathbb{Z}$ sieht man unmittelbar:

Die Funktionen $\cot z$ *und* $\tan z$ *sind periodisch:* $\text{Per}(\cot) = \text{Per}(\tan) = \pi\mathbb{Z}$.

Wir notieren noch einige direkt verifizierbare Formeln, die später benutzt werden:

$$\frac{1}{\sin z} = \cot z + \tan \frac{1}{2} z, \quad (\cot z)' + (\cot z)^2 + 1 = 0,$$

$$2 \cot 2z = \cot z + \cot(z + \tfrac{1}{2}\pi) \quad \textit{(Verdopplungsformel).}$$

Aus den Additionstheoremen für $\cos z$ und $\sin z$ erhält man Additionstheoreme für $\cot z$ und $\tan z$, z.B.

$$\cot(w + z) = \frac{\cot w \cot z - 1}{\cot w + \cot z}, \quad \text{speziell } \cot(z + \tfrac{1}{2}\pi) = -\tan z.$$

Besonders elegant ist die „zyklische" Schreibweise des Additionstheorems (Beweis!):

$$\cot u \cot v + \cot v \cot w + \cot w \cot u = 1, \quad \text{falls } u + v + w = 0.$$

In 4.3.4, Beispiel 5. haben wir die im Einheitskreis $\mathbb{E}$ holomorphe Arcustangensreihe

$$a(z) = z - \frac{z^3}{3} + \frac{z^5}{5} - + \cdots + (-1)^n \frac{z^{2n+1}}{2n+1} + \ldots \quad \text{mit } a'(z) = \frac{1}{1+z^2}$$

eingeführt. Da $\tan 0 = 0$, so ist die Funktion $a(\tan z)$ in einer Kreisscheibe B um den Nullpunkt definiert und holomorph. Wir behaupten:

$$a(\tan z) = z \quad \textit{in } B.$$

Beweis. Für die Funktion $F(z) := a(\tan z) - z$ gilt:

$$F'(z) = \frac{1}{1 + \tan^2 z} \cdot \frac{1}{\cos^2 z} - 1 = 0 \quad \text{in } B.$$

Daher ist F konstant in B. Wegen $F(0) = 0$ folgt die Behauptung. □

Die Identität $a(\tan z) = z$ macht die Bezeichnung Arcustangens verständlich. Man schreibt üblicherweise $\arctan z$ für die Funktion $a(z)$; in 5.5.2 werden wir u.a. sehen, daß neben $\arctan(\tan z) = z$ auch gilt $\tan(\arctan z) = z$.

5.2.6 Die Gleichung $e^{i\frac{\pi}{2}} = i$

Aus $e^{i\pi} = -1$ folgt $e^{i\frac{\pi}{2}} = \pm i$. Um das Vorzeichen zu bestimmen, zeigen wir mit Hilfe des Zwischenwertsatzes:

$$\sin x > 0 \quad \text{für } 0 < x < \pi. \tag{5.11}$$

Beweis. Wegen $\sin z = z\left(1 - \frac{z^2}{6}\right) + \frac{z^5}{5!}\left(1 - \frac{z^2}{6\cdot 7}\right) + \ldots$ ist $\sin x$ im Intervall $(0, \sqrt{6})$ positiv. Wäre $\sin x$ irgendwo in $(0, \pi)$ negativ, so hätte $\sin x$ auf Grund des Zwischenwertsatzes eine Nullstelle zwischen 0 und π im Widerspruch zum Nullstellensatz 5.2.5. □

Aus (5.11) folgt $\sin \frac{1}{2}\pi = 1$, da $\cos^2 x + \sin^2 x = 1$ und $\cos \frac{1}{2}\pi = 0$. Damit ist wegen $\mathrm{e}^{\mathrm{i}x} = \cos x + \mathrm{i} \sin x$ klar:

$$\mathrm{e}^{\mathrm{i}\frac{\pi}{2}} = \mathrm{i} \quad \text{(Gleichung von Johann Bernoulli 1702).} \tag{5.12}$$

Da $(\mathrm{e}^{\mathrm{i}\frac{\pi}{4}})^2 = \mathrm{i}$ und $\operatorname{Im} \mathrm{e}^{\mathrm{i}\frac{\pi}{4}} = \sin \frac{\pi}{4} > 0$, so folgt weiter

$$\mathrm{e}^{\mathrm{i}\frac{\pi}{4}} = \tfrac{1}{2}\sqrt{2}(1 + \mathrm{i});$$

für die Funktionen $\cos z$ und $\sin z$ hat man so gewonnen:

$$\cos\frac{\pi}{2} = 0,\ \sin\frac{\pi}{2} = 1; \quad \cos\frac{\pi}{4} = \sin\frac{\pi}{4} = \frac{1}{2}\sqrt{2}, \quad \text{ferner } \cot\frac{\pi}{4} = \tan\frac{\pi}{4} = 1.$$

Der Leser bestimme $\mathrm{e}^{\mathrm{i}\frac{\pi}{8}}$.

Aufgaben

1. Für welche $z \in \mathbb{C}$ gilt $\cos z = 1$ bzw. $\sin z = 1$ bzw. $\tan z = 1$?
2. Für welche $z \in \mathbb{C}$ gilt $\cos z \in \mathbb{R}$ bzw. $\cos z \in [-1; 1]$?
3. Wann besteht für $z, w \in \mathbb{C}$ die Gleichung $\cos z = \cos w$ bzw. $\sin z = \sin w$ bzw. $\tan z = \tan w$?
4. Bestimmen Sie (möglichst große) Gebiete, in denen $\cos z$ (bzw. $\sin z$ bzw. $\tan z$) injektiv ist.

5.3 Polarkoordinaten, Einheitswurzeln und natürliche Grenzen

In der Ebene $\mathbb{R}^2 = \mathbb{C}$ führt man Polarkoordinaten ein, indem man jeden Punkt $z = x + \mathrm{i}y \neq 0$ in der Form schreibt

$$z = |z|(\cos\varphi + \mathrm{i}\sin\varphi).$$

wobei φ den Winkel „zwischen x-Achse und dem Vektor z mißt“ (vgl. Figur). Die Präzisierung dieser intuitiv klaren Dinge ist nicht trivial und wird im folgenden ausgeführt. Wir diskutieren weiter Einheitswurzeln und geben als Folgerung aus diesen Überlegungen Beispiele von Potenzreihen an, die den Rand des Einheitskreises als natürliche Grenze haben.

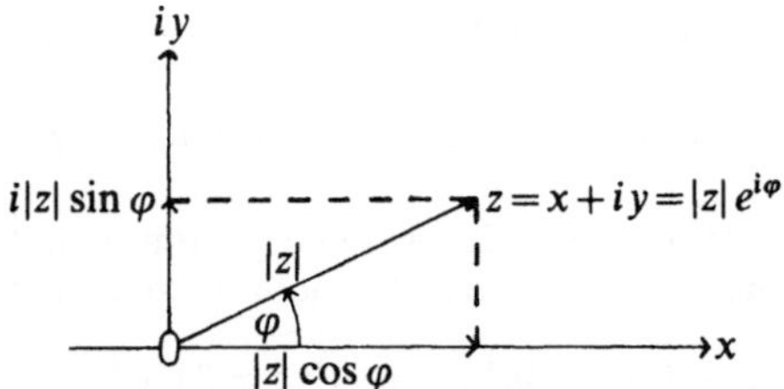

5.3.1 Polarkoordinaten

Die Kreislinie $S^1 := \partial\mathbb{E} = \{z \in \mathbb{C} : |z| = 1\}$ ist bezüglich Multiplikation eine Gruppe. Es gilt der

Satz 5.3.1 (Epimorphiesatz). *Die Abbildung $p : \mathbb{R} \to S^1$, $\varphi \mapsto \mathrm{e}^{\mathrm{i}\varphi}$, ist ein Gruppenepimorphismus der additiven Gruppe $\mathbb{R}$ auf die multiplikative Gruppe S^1 mit Kern $2\pi\mathbb{Z}$.*

Dies folgt unmittelbar aus dem Epimorphiesatz 5.2.1, da nach (5.4) gilt $\exp w \in S^1 \Leftrightarrow w \in \mathbb{R}\mathrm{i}$. □

Durch den „Polarkoordinatenepimorphismus" p wird der Prozeß des Aufrollens der Zahlengerade auf den Kreis vom Umfang 2π analytisch ausgeführt. Es folgt nun leicht:

Jede komplexe Zahl $z \in \mathbb{C}$ läßt sich eindeutig schreiben in der Form

$$z = |z|\mathrm{e}^{\mathrm{i}\varphi} = |z|(\cos\varphi + \mathrm{i}\sin\varphi) \quad \textit{mit } \varphi \in [0, 2\pi).$$

Beweis. Wegen $z|z|^{-1} \in S^1$ gibt es ein $\varphi \in \mathbb{R}$ mit $z = |z|\mathrm{e}^{\mathrm{i}\varphi}$. Da $\operatorname{Kern} p = 2\pi\mathbb{Z}$, dürfen wir $\varphi \in [0, 2\pi)$ annehmen. Alsdann ist φ eindeutig bestimmt, denn aus $|z|\mathrm{e}^{\mathrm{i}\varphi} = |z|\mathrm{e}^{\mathrm{i}\psi}$ mit $\psi \in [0, 2\pi)$ folgt, wenn etwa $\psi \geq \varphi$ gilt: $\mathrm{e}^{\mathrm{i}(\psi-\varphi)} = 1$, also $\psi - \varphi \in 2\pi\mathbb{Z}$ und somit $\psi = \varphi$ wegen $0 \leq \psi - \varphi < 2\pi$. □

Die reellen Zahlen $|z|$, φ heißen *Polarkoordinaten* von z; die Zahl φ heißt *Argument* von z. Die Fixierung von φ auf das Intervall $[0, 2\pi)$ ist *willkürlich*, so wählen wir z.B. im nächsten Paragraphen vorteilhafter das Intervall $(-\pi, \pi]$; allgemein ist jedes halboffene reelle Intervall der Länge 2π geeignet. Polarkoordinaten werden später bei der Auswertung komplexer Wegintegrale durchweg benutzt.

Die Multiplikation zweier in Polarkoordinaten $w = |w|\mathrm{e}^{\mathrm{i}\psi}$, $z = |z|\mathrm{e}^{\mathrm{i}\varphi}$ gegebenen Zahlen ist besonders einfach:

$$wz = |w||z|\mathrm{e}^{\mathrm{i}(\psi+\varphi)}.$$

Hierin ist wegen $(\mathrm{e}^{\mathrm{i}\varphi})^n = \mathrm{e}^{\mathrm{i}n\varphi}$ enthalten:

Satz 5.3.2 (Moivresche Formel). *Für jede Zahl* $\cos\varphi + \mathrm{i}\sin\varphi \in \mathbb{C}$ *gilt:*

$$(\cos\varphi + \mathrm{i}\sin\varphi)^n = \cos n\varphi + \mathrm{i}\sin n\varphi, \quad n \in \mathbb{Z}.$$

Durch Übergang zu Real- und Imaginärteilen gewinnt man hieraus für alle $n \geq 1$ Darstellungen von $\cos n\varphi$ und $\sin n\varphi$ als Polynom in $\cos\varphi$ und $\sin\varphi$, z.B.

$$\cos 3\varphi = \cos^3\varphi - 3\cos\varphi\sin^2\varphi, \quad \sin 3\varphi = 3\cos^2\varphi\sin\varphi - \sin^3\varphi.$$

Diese Art der Herleitung ist ein weiteres Beispiel für das Hadamardsche „Prinzip des kürzesten Weges durchs Komplexe", vgl. 5.1.3; die entstehenden Formeln gelten zunächst nur für reelle Argumente.

Historische Notiz. Abraham DE MOIVRE deutete 1707 die Entdeckung seiner „magischen" Formel an Zahlenbeispielen an. 1730 scheint er die allgemeine Formel

$$\cos\varphi = \tfrac{1}{2}\sqrt[n]{\cos n\varphi + \mathrm{i}\sin n\varphi} + \tfrac{1}{2}\sqrt[n]{\cos n\varphi - \mathrm{i}\sin n\varphi}, \quad n > 0,$$

zu kennen; 1738 beschreibt er (umständlich) ein Verfahren zum Auffinden von Wurzeln der Form $\sqrt[n]{a + \mathrm{i}b}$, seine Lösungsvorschrift deckt sich inhaltlich mit der nach ihm benannten Formel. Die heutige Fassung findet sich erst 1748 bei EULER, vgl. [E], Cap. VIII; den ersten stichhaltigen Beweis für alle $n \in \mathbb{Z}$ gab ebenfalls EULER 1749 mit Hilfe der Differentialrechnung. Wegen biographischer Daten von DE MOIVRE siehe 12.4.6.

5.3.2 Bogenmaß und Argument

In der reellen Analysis definiert man die Länge eines differenzierbaren Weges $\gamma : [a, b] \to \mathbb{R}^2$, $\gamma(t) = (x(t), y(t))$, als

$$L = \int_a^b \sqrt{x'(t)^2 + y'(t)^2}\mathrm{d}t.$$

In der komplexen Schreibweise $z(t) = x(t) + \mathrm{i}y(t)$ wird daraus

$$L = \int_a^b |z'(t)|\mathrm{d}t.$$

Für die Parametrisierung der Einheitskreislinie durch die komplexe Exponentialfunktion erhalten wir mit $I = [0, \varphi]$, $z(t) = \mathrm{e}^{\mathrm{i}t}$ als Bogenlänge

$$L(\varphi) = \int_0^\varphi |\mathrm{i}\mathrm{e}^{\mathrm{i}t}|\mathrm{d}t = \int_0^\varphi \mathrm{d}t = \varphi.$$

Damit ist die Gleichsetzung des Argumentes einer komplexen Zahl, sowie der Veränderlichen der trigonometrischen Funktionen mit dem „Bogenmaß des Winkels" in Polarkoordinaten begründet.

5.3.3 Einheitswurzeln

Satz 5.3.3. *Zu jeder natürlichen Zahl $n \geq 1$ gibt es genau n verschiedene komplexe Zahlen z mit $z^n = 1$, nämlich*

$$\zeta_\nu := \zeta^\nu, \quad 0 \leq \nu < n, \quad \textit{wobei } \zeta := \exp\frac{2\pi \mathrm{i}}{n} = \cos\frac{2\pi}{n} + \mathrm{i}\sin\frac{2\pi}{n}.$$

Beweis. Nach der Moivreschen Formel gilt $\zeta_\nu^n = 1$. Da $\zeta_\nu\zeta_\mu^{-1} = \exp\frac{2\pi \mathrm{i}}{n}(\nu - \mu)$, so gilt $\zeta_\mu = \zeta_\nu$ wegen $\mathrm{Kern}(\exp) = 2\pi\mathrm{i}\mathbb{Z}$ genau dann, wenn $\frac{1}{n}(\nu - \mu) \in \mathbb{Z}$. Da $|\nu - \mu| < n$, so folgt $\zeta_\mu - \zeta_\nu \Leftrightarrow \mu = \nu$, d.h. $\zeta_0, \zeta_1, \ldots, \zeta_{n-1}$ sind paarweise verschieden. Da $z^n - 1$ als Polynom n-ten Grades höchstens n verschiedene Nullstellen hat, folgt die Behauptung. □

Jede Zahl $w \in \mathbb{C}$ mit $w^n = 1$ heißt eine n-te *Einheitswurzel*, die Zahl $\zeta = \exp 2\pi\mathrm{i}/n$ heißt *primitive* n-te Einheitswurzel. Die Menge G_n aller n-ten Einheitswurzeln ist eine zyklische Untergruppe von S^1 der Ordnung n. Die Mengen

$$G := \bigcup_{n=0}^{\infty} G_n \quad \text{und} \quad H := \bigcup_{n=0}^{\infty} G_{2^n}$$

sind ebenfalls Untergruppen von S^1, es gilt $H \subset G$. Wir behaupten (zum Begriff der dichten Menge vgl. 0.2.3)

Satz 5.3.4 (Dichtesatz). *Die Gruppen H und G sind dicht in S^1.*

Beweis. Wegen $G \supset H$ braucht man nur H zu betrachten. Die Menge aller Brüche mit Zweierpotenzen als Nenner ist dicht in $\mathbb{Q}$ und also in $\mathbb{R}$. Dann ist auch $M := \{2\pi m 2^{-n} : m \in \mathbb{Z}, n \in \mathbb{N}\}$ dicht in $\mathbb{R}$. Vermöge des Polarkoordinatenepimorphismus p wird M auf H abgebildet. Nun hat allgemein bei stetigen Abbildungen $f : X \to Y$ jede in X dichte Menge A ein dichtes Bild $f(A)$ in $f(X)$ (da $f(\overline{A}) \subset \overline{f(A)}$). Mithin ist $H = p(M)$ dicht in $S^1 = p(\mathbb{R})$. □

Im nächsten Abschnitt geben wir eine interessante funktionentheoretische Anwendung des Dichtesatzes.

5.3.4 Singuläre Punkte und natürliche Grenzen

Ist $B = B_R(c)$, $0 < R < \infty$, die Konvergenzkreisscheibe der Funktion $f(z) = \sum a_\nu(z - c)^\nu$, so heißt ein Randpunkt $w \in \partial B$ ein *singulärer Punkt von* f, wenn es keine Umgebung U von w mit einer in U holomorphen Funktion $\widehat{f}$ gibt, so daß $\widehat{f}|U \cap B = f|U \cap B$. Die Menge der singulären Punkte von f auf ∂B ist stets abgeschlossen, sie könnte leer sein (vgl. hierzu aber 8.1.4). Ist jeder Punkt von ∂B ein singulärer Punkt von f, so heißt ∂B die *natürliche Grenze* von f und B das *Holomorphiegebiet* von f.

Wir betrachten nun die Reihe $g(z) = \sum z^{2^\nu} = z + z^2 + z^4 + z^8 + \dots$. Sie hat den Konvergenzradius $R = 1$ (warum?), und es gilt für $z \in \mathbb{E}$ und $n \geq 1$:

$$g(z^{2^n}) = g(z) - (z + z^2 + \dots + z^{2^{n-1}}), \quad \text{speziell } |g(z^{2^n})| \leq |g(z)| + n. \quad (5.13)$$

Diese Abschätzung von $g(z^{2^n})$ hat zur Folge:

Für jede 2^n-te Einheitswurzel ζ gilt $\lim_{t\to 1} |g(t\zeta)| = \infty$, $n \in \mathbb{N}$.

Beweis. Da $g(t) > \sum_0^q t^{2^\nu} > (q+1)t^{2^q} > \frac{1}{2}(q+1)$ für alle $q \in \mathbb{N}$ und alle t mit $(\sqrt[2^q]{2})^{-1} < t < 1$, so gilt $\lim_{t\to 1} g(t) = \infty$. Hieraus folgt nach (5.13), falls $\zeta^{2^n} = 1$:

$$|g(t\zeta)| \geq g(t^{2^n}) - n, \quad \text{also } \lim_{t\to 1} |g(t\zeta)| = \infty.$$

□

Mittels des Dichtesatzes 5.3.4 folgt nun schnell der überraschende

Satz 5.3.5. *Der Rand des Einheitskreises ist die natürliche Grenze von $g(z)$.*

Beweis. Jede 2^n-te Einheitswurzel $\zeta \in H$ ist wegen $\lim_{t\to 1} |g(t\zeta)| = \infty$ ein singulärer Punkt von g. Da H dicht in $S^1 = \partial\mathbb{E}$ liegt, folgt die Behauptung. □

Korollar 5.3.1. *Der Einheitskreis $\mathbb{E}$ ist das Holomorphiegebiet der Funktion $h(z) := \sum 2^{-\nu} z^{2^\nu}$, diese Funktion ist (anders als g) stetig in $\overline{\mathbb{E}} = \mathbb{E} \cup \partial\mathbb{E}$.*

Beweis. Wäre $\partial\mathbb{E}$ nicht die natürliche Grenze von h, so würde dies auch nicht für h' und für $zh'(z) = g(z)$ zutreffen (die Funktion h' ist holomorph, wo h holomorph ist, vgl. 7.4.1). Da die Reihe für h in $\overline{\mathbb{E}}$ normal konvergiert, so ist h in $\mathbb{E}$ nebst Rand $\partial\mathbb{E}$ stetig. □

Man kann ebenfalls ganz elementar zeigen, daß $\partial\mathbb{E}$ die natürliche Grenze von $\sum z^{\nu!}$ ist. Auch die berühmte Thetareihe $1 + 2\sum z^{\nu^2}$ hat $\partial\mathbb{E}$ zur natürlichen Grenze; der Nachweis wird im Band 2 erbracht (vgl. auch Abschnitt 4).

Ohne Beweis sei hier noch ein auf den ersten Blick paradox anmutender Satz angegeben, den 1906 P. Fatou (französischer Mathematiker, 1878–1929) vermutet und 1916 A. Hurwitz (deutsch-schweizerischer Mathematiker in Zürich, 1859–1919) elegant bewiesen hat (vgl. Math. Werke 1, S. 733):

„Es sei $\mathbb{E}$ der Konvergenzkreis der Potenzreihe $\sum a_\nu z^\nu$. Dann existiert eine Folge $\varepsilon_0, \varepsilon_1, \varepsilon_2, \dots$, wo ε_n nur der beiden Werte $+1$ und -1 fähig ist, so daß der Einheitskreis das Holomorphiegebiet der Funktion $\sum \varepsilon_\nu a_\nu z^\nu$ ist."

5.3.5 Historisches zu natürlichen Grenzen

Die Tatsache, daß $\partial\mathbb{E}$ die natürliche Grenze der Thetareihe $1 + 2\sum z^{\nu^2}$ ist, war KRONECKER und WEIERSTRASS aus der Theorie der elliptischen Modulfunktionen bekannt (vgl. [Kr],S. 182 sowie $[W_4]$, S. 227). WEIERSTRASS zeigte 1880, daß der Rand von $\mathbb{E}$ die natürliche Grenze aller Reihen

$$\sum b^\nu z^{a^\nu}, \quad a \in \mathbb{N} \text{ ungerade } \neq 1; \; b \text{ reell }, \; ab > 1 + \tfrac{3}{2}\pi,$$

ist ($[W_4]$, S. 223), er schrieb damals: „Es ist leicht, unzählige andere Potenzreihen von derselben Beschaffenheit ... anzugeben, und selbst für einen beliebig begrenzten Bereich der Veränderlichen x die Existenz der Functionen derselben, die über diesen Bereich hinaus nicht fortgesetzt werden können, nachzuweisen.“ Hier wird also bereits behauptet, daß *jedes Gebiet in* $\mathbb{C}$ *ein Holomorphiegebiet ist.* Diesen allgemeinen Satz werden wir erst im zweiten Band beweisen.

1891 zeigte der durch seine Beiträge zur Theorie der Integralgleichungen bekannte schwedische Mathematiker I. FREDHOLM, daß $\mathbb{E}$ das Holomorphiegebiet aller Potenzreihen $\sum a^\nu z^{\nu^2}$, $0 < |a| < 1$ ist, wobei diese Funktionen in $\overline{\mathbb{E}}$ sogar *unendlich oft differenzierbar sind* (Acta Math. 15, 279–280). Vgl. hierzu auch [G2], 7. Aufl., S. 277/78.

Das Phänomen der Existenz von Potenzreihen mit natürlichen Grenzen fand 1892 durch J. HADAMARD eine natürliche Erklärung. In seiner vielbeachteten Arbeit *Essai sur l'étude des fonctions données par leur développement de Taylor* (Journ. Math. Pures et Appl. 8 (4. Ser.), 101–186), wo er auch Cauchys Limes superior-Formel wiederentdeckt, beweist er (S. 116ff.) den berühmten

Satz 5.3.6 (Lückensatz). *Die Potenzreihe* $f(z) = \sum_{\nu=0}^\infty b_\nu z^{\lambda_\nu}$, $0 \le \lambda_0 < \lambda_1 < \ldots$ *habe den Konvergenzradius* $R < \infty$; *es gebe eine feste Zahl* $\delta > 0$, *so daß für fast alle* ν *gilt:*

$$\lambda_{\nu+1} - \lambda_\nu \ge \delta\lambda_\nu \quad \textit{(Lückenbedingung).}$$

Dann ist der Konvergenzkreis $B_R(0)$ *das Holomorphiegebiet von* f.

Die Literatur zum Lückensatz und seinen Verallgemeinerungen ist sehr groß, wir verweisen auf [Lan], S. 76–86. Den einfachsten Beweis des Lückensatzes gab 1927 L.J. MORDELL: *On power series with the circle of convergence as a line of essential singularities*, Journ. London Math. Soc. 2, 146–148. Wir kommen hierauf im Band 2 zurück, man vgl. auch H. KNESER [14], S. 152ff.

Aufgaben

1. Bestimmen Sie das Bild des Rechtecks $\{x + iy, x, y \in \mathbb{R} : |x - a| \le b, |y| \le b\}$, wobei $a, b \in \mathbb{R}$, $b > 0$, unter der Exponentialabbildung.

2. (vgl. 4.2.5) Die Potenzreihe $f(z) := \sum_{\nu\geq 1} \frac{(-1)^\nu}{\nu} z^{b_\nu}$, wobei $b_\nu := 3^\nu$, falls ν ungerade und $b_\nu := 2 \cdot 3^\nu$, falls ν gerade, hat den Konvergenzradius 1 (Beweis!) und konvergiert in 1. Geben Sie eine Folge $z_m \in \mathbb{E}$ an mit $\lim z_m = 1$ und $\lim |f(z_m)| = \infty$.
Anleitung: Wählen sie eine streng monoton wachsende Indexfolge $k_1 < k_2 < \dots < k_n < \dots$, so daß für alle $n \in \mathbb{N}$, $n \geq 1$, gilt: $\sum_{\nu=n}^{k_n} \frac{1}{\nu} > 3 \sum_{\nu=1}^{n-1} \frac{1}{\nu}$. Setzen Sie $z_m := 2^{-(b_{k_m})^{-1}} e^{i\pi 3^{-m}}$.
3. Seien $b \in \mathbb{R}$, $b > 0$, $d \in \mathbb{N}$, $d \geq 2$. Zeigen Sie, daß der Einheitskreis das Holomorphiegebiet der Reihe $\sum_{\nu\geq 1} b^\nu z^{d^\nu}$ ist.
4. Zeigen Sie: $\mathbb{E}$ ist das Holomorphiegebiet der Reihe $\sum_{\nu\geq 0} z^{\nu!}$.

5.4 Logarithmusfunktionen

Logarithmusfunktionen sind *holomorphe* Funktionen l, die in ihrem Definitionsbereich der Gleichung $\exp \circ l = \mathrm{id}$ genügen. Charakteristisch für solche Funktionen ist die Differentialgleichung $l'(z) = \frac{1}{z}$. Beispiele von Logarithmusfunktionen sind

1. in $B_1(1)$ die Potenzreihe $\sum_1^\infty \frac{(-1)^{\nu-1}}{\nu}(z-1)^\nu$,
2. in der „geschlitzten Ebene“ $\{z = re^{i\varphi} : r > 0, \alpha < \varphi \leq \alpha + 2\pi\}$, $\alpha \in \mathbb{R}$ fixiert, die durch $l(z) := \log r + i\varphi$ erklärte Funktion.

5.4.1 Definition und elementare Eigenschaften

Wie im Reellen heißt $b \in \mathbb{C}$ ein *Logarithmus* von $a \in \mathbb{C}$, in Zeichen $b = \log a$, wenn gilt: $e^b = a$. Aus den Eigenschaften der e-Funktion ergibt sich unmittelbar:

Die Zahl 0 *hat keinen Logarithmus. Jede positive reelle Zahl* $r > 0$ *hat genau einen reellen Logarithmus* $\log r$. *Jede komplexe Zahl* $c = re^{i\varphi} \in \mathbb{C}^\times$ *hat genau die abzählbar unendlich vielen Logarithmen*

$$\log r + i\varphi + i2\pi n, \quad n \in \mathbb{Z}, \quad \textit{wobei } \log r \in \mathbb{R}.$$

Man ist weniger an den Logarithmen individueller Zahlen interessiert als vielmehr an Logarithmusfunktionen. Die Diskussion solcher Funktionen erfordert auf Grund der Vieldeutigkeit von Logarithmen besondere Sorgfalt. Man definiert:

Eine holomorphe Funktion $l : G \to \mathbb{C}$ *in einem Gebiet* $G \subset \mathbb{C}$ *heißt eine Logarithmusfunktion in* G, *wenn gilt:* $\exp(l(z)) = z$ *für alle* $z \in G$.

Ist $l : G \to \mathbb{C}$ eine Logarithmusfunktion, so enthält G gewiß nicht den Nullpunkt. Kennt man wenigstens eine Logarithmusfunktion in G, so lassen sich sofort alle solchen Funktionen in G angeben; es gilt nämlich:

Es sei $l : G \to \mathbb{C}$ eine Logarithmusfunktion in G. Dann sind folgende Aussagen über eine Funktion $\widehat{l} : G \to \mathbb{C}$ äquivalent:

i) $\widehat{l}$ ist eine Logarithmusfunktion in G.
ii) Es gilt $\widehat{l} = l + 2\pi\mathrm{i} \cdot \widehat{n}$ mit $\widehat{n} \in \mathbb{Z}$.

Beweis. i)⇒ii): Es gilt $\exp(\widehat{l}(z)) = \exp(l(z))$ in G, also $\exp(\widehat{l}(z) - l(z)) = 1$, $z \in G$. Dies hat zur Konsequenz: $\widehat{l}(z) - l(z) \in 2\pi\mathrm{i}\mathbb{Z}$ für alle $z \in G$. Da mit $\widehat{l}$ und l auch $\widehat{l} - l$ stetig in G ist, so ist $\widehat{l} - l$ konstant in G, d.h. $\widehat{l} = l + 2\pi\mathrm{i}\widehat{n}$, wobei $\widehat{n} \in \mathbb{Z}$.

ii)⇒i): $\widehat{l}$ ist holomorph in G, und es gilt:

$$\exp(\widehat{l}(z)) = \exp(l(z)) \cdot \exp(2\pi\mathrm{i}\widehat{n}) = exp(l(z)) = z \quad \text{für alle } z \in G.$$

□

Logarithmusfunktionen werden durch ihre erste Ableitung charakterisiert.

Folgende Aussagen über eine Funktion $l \in \mathcal{O}(G)$ sind äquivalent:

i) l ist eine Logarithmusfunktion in G.
ii) Es gilt $l'(z) = \frac{1}{z}$ in G, und es gibt wenigstens einen Punkt $a \in G$ mit $\exp(l(a)) = a$.

Beweis. i)⇒ii): Aus $\exp(l(z)) = z$ folgt $l'(z) \cdot \exp(l(z)) = 1$, also $l'(z) = z^{-1}$.

ii)⇒i): Man setze $g(z) := z\exp(-l(z))$, $z \in G$. Es gilt $g \in \mathcal{O}(G)$ mit

$$g'(z) = \exp(-l(z)) - zl'(z)\exp(-l(z)) = 0 \quad \text{in } G.$$

Da G ein Gebiet ist, folgt $g = c \in \mathbb{C}^\times$, also $c\exp(l(z)) = z$ in G. Wegen $\exp(l(a)) = a$ gilt $c = 1$, d.h. l ist eine Logarithmusfunktion in G. □

5.4.2 Existenz von Logarithmusfunktionen

Es ist leicht, Logarithmusfunktionen explizit anzugeben.

Satz 5.4.1 (Existenzsatz). *Die Funktion $\log z := \sum_1^\infty \frac{(-1)^{\nu-1}}{\nu}(z-1)^\nu$ ist eine Logarithmusfunktion in $B_1(1)$.*

Beweis. Nach 4.3.4, Beispiel 4. ist $\lambda(z) = \sum_1^\infty \frac{(-1)^{\nu-1}}{\nu} z^\nu$ holomorph im Einheitskreis $\mathbb{E}$ mit $\lambda'(z) = (z+1)^{-1}$. Da $\log z = \lambda(z-1)$, so folgt $\log z \in \mathcal{O}(B_1(1))$ mit $(\log z)' = z^{-1}$. Wegen $\log 1 = 0$ gilt $\mathrm{e}^{\log 1} = 1$, somit ist log eine Logarithmusfunktion in $B_1(1)$. □

Durch den Existenzsatz wird die Redeweise „logarithmische Reihe“ für die $\log(1+z)$ definierende Potenzreihe $\lambda(z)$ gerechtfertigt (vgl. 4.2.2). Wir notieren hier bereits:

$$|\log(1+w)-w| \le \frac{1}{2}\frac{|w|^2}{1-|w|} \quad \textit{für alle } w \in \mathbb{E}. \tag{5.14}$$

Beweis. Wegen $\log(1+w)-w = -\frac{w^2}{2}+\frac{w^3}{3}-+\ldots$ gilt für alle $w \in \mathbb{E}$:

$$|\log(1+w)-w| \le \frac{1}{2}|w|^2(1+|w|+|w|^2+\ldots) \le \frac{1}{2}\frac{|w|^2}{1-|w|}.$$

□

Die Aussage des Existenzsatzes ist sofort verallgemeinerbar:

Es sei $a \in \mathbb{C}^\times$, es sei $b \in \mathbb{C}$ ein Logarithmus zu a. Dann ist die Funktion $b+\log za^{-1}$ eine Logarithmusfunktion in $B_{|a|}(a)$.

Das ist klar, denn $l_a(z) := b+\log za^{-1}$ ist in $B_{|a|}(a)$ holomorph, und es gilt $l_a'(z) = z^{-1}$ sowie $\exp(l_a(a)) = \exp(\log 1 + b) = \exp b = a$. □

Logarithmusfunktionen sind per definitionem holomorph. Wir zeigen, daß die Holomorphie automatisch gegeben ist, wenn man nur die Stetigkeit fordert.

Es sei $l : G \to \mathbb{C}$ stetig in G, und es gelte $\exp \circ l = \mathrm{id}$. *Dann ist l holomorph in G und also eine Logarithmusfunktion in G.*

Beweis. Sei $a \in G$ fixiert. Es gilt $a \neq 0$. Bezeichnet l_a die in $B_{|a|}(a)$ holomorphe Logarithmusfunktion $b+\log za^{-1}$ mit $\mathrm{e}^b = a$, so gilt:

$$\exp(l(z)-l_a(z)) = 1, \quad \text{also } l(z)-l_a(z) \in 2\pi\mathrm{i}\mathbb{Z} \text{ in } G \cap B_{|a|}(a).$$

Da $l-l_a$ stetig ist, so ist $l-l_a$ lokal-konstant und l also holomorph um a. □

5.4.3 Die Eulersche Folge $(1+z/n)^n$

EULER hat – motiviert u.a. durch Fragen der Zinseszinsrechnung – in [E] die Polynomfolge

$$\left(1+\frac{z}{n}\right)^n, \quad n \ge 1,$$

betrachtet und durch Entwicklung in die binomische Reihe mittels eines nicht näher begründeten Grenzüberganges gezeigt:

Satz 5.4.2. *Die Folge $(1+z/n)^n$ konvergiert in $\mathbb{C}$ kompakt gegen* $\exp z$.

Den Beweis stützen wir auf folgendes

Lemma 5.4.1 (Kompositionslemma). *Es sei X ein metrischer Raum; die Folge $f_n \in \mathcal{C}(X)$ konvergiere in X kompakt gegen $f \in \mathcal{C}(X)$. Dann konvergiert die Folge* $\exp \circ f_n$ *in X kompakt gegen* $\exp \circ f$.

Beweis. Alle Funktionen $\exp \circ f_n$, $\exp \circ f$ sind stetig in X. Sei $K \subset X$ kompakt. Da $\exp \circ f_n - \exp \circ f = \exp \circ f(\exp \circ (f_n - f) - 1)$ und $|\exp w - 1| \leq 2|w|$ für $|w| \leq \frac{1}{2}$ (vgl. 4.2.1), so folgt $|\exp \circ f_n - \exp \circ f|_K \leq 2|\exp \circ f|_K |f_n - f|_K$, falls $|f_n - f|_K \leq \frac{1}{2}$. Da $\lim |f_n - f|_K = 0$, so folgt die Behauptung. □

Bemerkung. Die Aussage des Kompositionslemmas folgt direkt aus dem Kompositionssatz 3.1.5.

Wir beweisen nun den Eulerschen Konvergenzsatz: Sei $K \subset \mathbb{C}$ ein Kompaktum. Es gibt ein $m \in \mathbb{N}$, so daß für alle $n \geq m$ und alle $z \in K$ gilt: $|z/n| \leq \frac{1}{2}$. Da $|\log(1+w) - w| \leq |w|^2$ für $|w| \leq \frac{1}{2}$ nach (5.14), so folgt

$$\log\left(1 + \frac{z}{n}\right) \in \mathcal{C}(K) \quad \text{und} \quad \left|n \log\left(1 + \frac{z}{n}\right) - z\right|_K \leq \frac{1}{n}|z|_K^2 \quad \text{für } n \geq m.$$

Mithin konvergiert $n \log(1 + \frac{z}{n})$ in $\mathbb{C}$ kompakt gegen z. Da

$$\exp\left(n \log\left(1 + \frac{z}{n}\right)\right) = \left(1 + \frac{z}{n}\right)^n,$$

so konvergiert $(1 + \frac{z}{n})^n$ auf Grund des Kompositionslemmas in $\mathbb{C}$ kompakt gegen $\exp z$. □

5.4.4 Hauptzweig des Logarithmus

Wir führen in der „geschlitzten Ebene" $\mathbb{C}^-$ (vgl. 2.2.3) eine *Logarithmusfunktion* ein. Wir gehen aus von der reellen Funktion

$$\log : \mathbb{R}^+ \to \mathbb{R}, \quad r \mapsto \log r, \quad (\text{wobei } \mathbb{R}^+ := \{x \in \mathbb{R} : x > 0\}),$$

und entnehmen aus der Infinitesimalrechnung, daß diese Funktion *stetig in* $\mathbb{R}^+$ *ist.* Wir „setzen diese Funktion ins Komplexe fort": Jede Zahl $z \in \mathbb{C}^-$ ist eindeutig darstellbar in der Form $z = |z|e^{i\varphi}$, wobei $|z| > 0$ und $-\pi < \varphi < \pi$.

Die Funktion $\log : \mathbb{C}^- \to \mathbb{C}$, $z = |z|e^{i\varphi} \mapsto \log|z| + i\varphi$, *ist eine Logarithmusfunktion in $\mathbb{C}^-$, sie stimmt in $B_1(1) \subset \mathbb{C}^-$ mit der Grenzfunktion der Potenzreihe $\sum_1^\infty \frac{(-1)^{\nu-1}}{\nu}(z-1)^\nu$ überein.*

Beweis. Da die Funktionen $z \mapsto \log|z|$ und $z \mapsto i\varphi$ stetig in $\mathbb{C}^-$ sind (Beweis!), so ist $\log z$ stetig in $\mathbb{C}^-$. Da $e^{\log r} = r$ für alle $r \in \mathbb{R}$ so gilt:

$$\exp(\log z) = \exp(\log|z| + i\varphi) = e^{\log|z|} \cdot e^{i\varphi} = |z|e^{i\varphi} = z \quad \text{für alle } z \in \mathbb{C}^-.$$

Mithin ist $\log z$ nach 5.4.2 eine Logarithmusfunktion in $\mathbb{C}^-$. Da nach dem Existenzsatz 5.4.1 die Funktion $\sum_1^\infty \frac{(-1)^{\nu-1}}{\nu}(z-1)^\nu$ eine Logarithmusfunktion in $B_1(1)$ ist, so unterscheiden sich in $B_1(1)$ diese beiden Funktionen nur um eine Konstante. Da beide in 1 verschwinden, so stimmen sie in $B_1(1)$ überein. □

Die soeben in der geschlitzten Ebene $\mathbb{C}^-$ eingeführte Logarithmusfunktion $\log : \mathbb{C}^- \to \mathbb{C}$ heißt *Hauptzweig des Logarithmus*, es gilt $\log \mathrm{i} = \frac{1}{2}\pi\mathrm{i}$. Die unendlich vielen weiteren Logarithmusfunktionen $\log z + 2\pi\mathrm{i}n$, $n \in \mathbb{Z}$, $z \in \mathbb{C}^-$, heißen *Nebenzweige*, kurz *Zweige*; da $\mathbb{C}^-$ ein Gebiet ist (für jeden Punkt $z \in \mathbb{C}^-$ liegt die Strecke $[1, z]$ von 1 nach z in $\mathbb{C}^-$), so sind diese Zweige *alle* Logarithmusfunktionen in $\mathbb{C}^-$.

Die in 1.2.3,3. betrachtete Funktion $\widetilde{l}(z) = \frac{1}{2}\log(x^2+y^2) + \mathrm{i}\arctan(y/x)$ stimmt, da $x^2 + y^2 = |z|^2$ und $\arctan(y/x) = \varphi$ für $x > 0$, in der rechten Halbebene $\{z \in \mathbb{C} : \operatorname{Re} z > 0\}$ mit dem Hauptzweig $\log z$ überein, in der linken Halbebene hingegen ist $\widetilde{l}(z)$ *keine* Logarithmusfunktion, da offensichtlich $\exp(\widetilde{l}(z)) = -z$.

Wir bezeichnen mit log *stets* den Hauptzweig des Logarithmus. In unserer Definition wird die Ebene $\mathbb{C}$ längs der negativen reellen Achse geschlitzt. Darin liegt natürlich eine Willkür. Man kann ebenso gut eine andere, vom Nullpunkt ausgehende Halbgerade aus $\mathbb{C}$ entfernen und analog wie eben im so entstehenden Gebiet Logarithmusfunktionen erklären. *In $\mathbb{C}^\times$ selbst existieren keine Logarithmusfunktionen*, denn eine solche Funktion müßte in $\mathbb{C}^-$ mit einem Zweig $\log z + 2\pi\mathrm{i}n$, $n \in \mathbb{Z}$, übereinstimmen und könnte also auf der negativen reellen Achse nicht stetig sein.

5.4.5 Historisches zur Logarithmusfunktion im Komplexen

Die Ausdehnung der reellen Logarithmusfunktion auf komplexe Argumente führte in der Analysis erstmals zu einem Phänomen, das im Reellen unbekannt war: eine durch natürliche Eigenschaften definierte Funktion wird im Komplexen *mehrdeutig*. Auf Grund des Permanenzprinzips, nach dem alle im Reellen gewonnenen Identitäten auch im Komplexen gelten sollten, glaubte man noch zu Beginn des 18. Jahrhunderts an die Existenz einer (eindeutigen) Funktion $\log z$, die den Gleichungen

$$\exp(\log z) = z \quad \text{und} \quad \frac{\mathrm{d}\log z}{\mathrm{d}z} = \frac{1}{z}$$

genügt. LEIBNIZ und Johann BERNOULLI hatten von 1700 bis 1716 eine Kontroverse über die wahren Werte des Logarithmus für -1 und i, sie verstrickten sich in unlösbare Widersprüche, allerdings kennt BERNOULLI bereits 1702 die bemerkenswerte Gleichung (siehe auch 5.2.6):

$$\log \mathrm{i} = \mathrm{i}\tfrac{1}{2}\pi, \quad \text{also } \mathrm{i}\log \mathrm{i} = -\tfrac{1}{2}\pi \quad (\text{EULER } 1728).$$

Erst EULER stellte das Permanenzprinzip in Frage, in seiner 1749 veröffentlichten Arbeit *De la controverse entre Mrs. Leibniz et Bernoulli sur les logarithmes des nombres négatifs et imaginaires* (Opera Omnia 17, 1. Ser, 195–232) sagt er ganz klar (S. 229), daß jede Zahl *unendlich viele* Logarithmen hat „Nous voyons donc qu'il est essentiel à la nature des logarithmes que chaque nombre ait une infinité de logarithmes, et que tous ces logarithmes soient differens [sic] non seulement entr'eux, mais aussi de tous les logarithmes de tout autre nombre."

Aufgaben

Sei $n \in \mathbb{N}$, $n \geq 2$. Eine Funktion $w \in \mathcal{O}(D)$ heißt eine holomorphe n-te Wurzel, falls $w^n(z) = z$ für alle $z \in D$.

1. Zeigen Sie: Ist l eine Logarithmusfunktion im Gebiet G und $w : G \to \mathbb{C}$ *stetig* mit $w^n(z) = z$ für alle $z \in G$, so gilt

$$w(z) = \zeta_n^d e^{l(z)/n}, \quad \text{wobei } \zeta_n := e^{2\pi i/n} \text{ und } d \in \{0, 1, \ldots, n-1\}$$

2. Gilt $0 \in D$, so gibt es keine holomorphe n-te Wurzel in D.

5.5 Diskussion von Logarithmusfunktionen

Im Reellen führt man die Logarithmusfunktion häufig als die Umkehrfunktion der Exponentialfunktion ein; es gilt also $\log(\exp x) = x$ für $x \in \mathbb{R}$. Im Komplexen gilt diese Gleichung nicht mehr uneingeschränkt, da $\exp : \mathbb{C} \to \mathbb{C}^\times$ nicht injektiv ist. Dies ist auch der Grund dafür, daß das reelle Additionstheorem

$$\log(xy) = \log x + \log y \quad \text{für alle } x, y \in \mathbb{R}, x > 0, y > 0,$$

im Komplexen nicht mehr einschränkungslos gilt. Wir diskutieren zunächst, wie diese Formeln zu modifizieren sind. Weiter studieren wir allgemeine Potenzfunktionen, schließlich zeigen wir, daß

$$\zeta(z) := \sum_1^\infty \frac{1}{n^z}$$

in der Halbebene $\{z \in \mathbb{C} : \operatorname{Re} z > 1\}$ normal konvergiert.

5.5.1 Zu den Identitäten $\log(wz) = \log w + \log z$ und $\log(\exp z) = z$

Für Zahlen $w, z, wz \in \mathbb{C}^-$ gilt $w = |w|e^{i\varphi}$, $z = |z|e^{i\psi}$, $wz = |wz|e^{i\chi}$, wobei $\varphi, \psi, \chi \in (-\pi, \pi)$ und $\chi = \varphi + \psi + \eta$ mit einer Zahl η, die entweder -2π oder 0 oder 2π ist. Damit folgt

$$\log(wz) = \log(|w||z|) + \mathrm{i}\chi = (\log|w| + \mathrm{i}\varphi) + (\log|z| + \mathrm{i}\psi) + \mathrm{i}\eta$$
$$= \log w + \log z + \mathrm{i}\eta.$$

Wir sehen insbesondere:

$$\log(wz) = \log w + \log z \Leftrightarrow \varphi + \psi \in (-\pi, \pi).$$

Da $-\pi < \varphi + \psi < \pi$ immer gilt, wenn $\operatorname{Re} w > 0$ und $\operatorname{Re} z > 0$, so folgt speziell:

$$\log(wz) = \log w + \log z \quad \textit{für alle } w, z \in \mathbb{C} \textit{ mit } \operatorname{Re} w > 0, \operatorname{Re} z > 0.$$

□

Die Zahl $\log(\exp z)$ ist genau für diejenigen $z = x + \mathrm{i}y$ nicht definiert, für die gilt $\exp z = \mathrm{e}^x \cos y + \mathrm{i}\mathrm{e}^x \sin y \in \mathbb{C} \setminus \mathbb{C}^-$. Dies trifft genau dann zu, wenn $\mathrm{e}^x \cos y \leq 0$ und $\mathrm{e}^x \sin y = 0$, d.h. wenn $y = (2n+1)\pi$, $n \in \mathbb{Z}$. Daher ist $\log \circ \exp$ im Bereich

$$B := \mathbb{C} \setminus \{z : \operatorname{Im} z = (2n+1)\pi, n \in \mathbb{Z}\}$$

wohldefiniert. Es gilt $B = \bigcup_{n \in \mathbb{Z}} G_n$, wobei

$$G_n := \{z \in \mathbb{C} : (2n-1)\pi < \operatorname{Im} z < (2n+1)\pi\}$$

jeweils ein „Bandgebiet parallel zur x-Achse von der Breite 2π" ist, $n \in \mathbb{Z}$ (vgl. Figur).

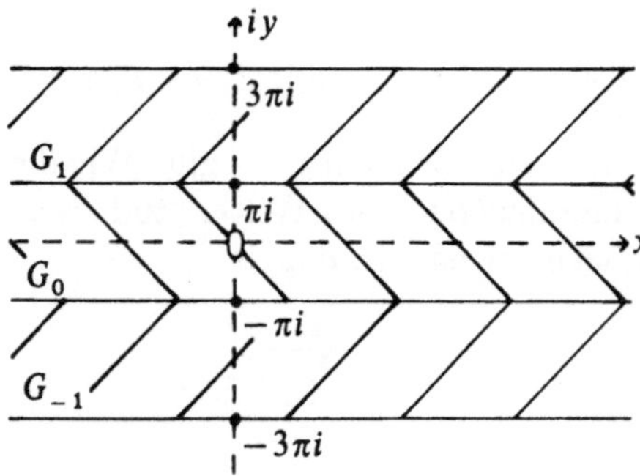

Für $z = x + \mathrm{i}y \in G_n$ gilt $\mathrm{e}^z = \mathrm{e}^x \mathrm{e}^{\mathrm{i}(y - 2n\pi)}$ mit $y - 2n\pi \in (-\pi, \pi)$. Somit folgt

$$\log(\exp z) = \log \mathrm{e}^x + \mathrm{i}(y - 2n\pi),$$

also:

$$\log(\exp z) = z - 2\pi \mathrm{i} n \quad \textit{für alle } z \in G_n, n \in \mathbb{Z}.$$

Nur im Streifen G_0 gilt also $\log(\exp z) = z$. Da stets $\exp(\log z) = z$, so folgt:

Das Bandgebiet $G_0 = \{z \in \mathbb{C} : -\pi < \operatorname{Im} z < \pi\}$ *wird vermöge der Exponentialfunktion biholomorph (also sicher topologisch) auf die geschlitzte Ebene* $\mathbb{C}^-$ *abgebildet, die Umkehrabbildung ist der Hauptzweig des Logarithmus.*

5.5.2 Logarithmus und Arcustangens

Für die im Einheitskreis holomorphe Arcustangensfunktion (vgl. 5.2.5) gilt:

$$\arctan z = \frac{1}{2\mathrm{i}} \log \frac{1 + \mathrm{i}z}{1 - \mathrm{i}z}, \quad z \in \mathbb{E}. \tag{5.15}$$

Beweis. Die Funktion $h(z) := \frac{1+z}{1-z} \in \mathcal{O}(\mathbb{C} \setminus \{1\})$ ist bis auf den Faktor i die Cayleyabbildung $h_{C'}$ aus 2.2.2; daher folgt $h(\mathbb{E}) = \{z \in \mathbb{C} : \operatorname{Re} z > 0\}$. Somit ist in $\mathbb{E}$ die Funktion $H(z) := \log h(z) \in \mathcal{O}(\mathbb{E})$ wohldefiniert: es gilt $H'(z) = \frac{h'(z)}{h(z)} = \frac{2}{1-z^2}$. Für $G(z) := H(\mathrm{i}z) - 2\mathrm{i} \arctan z \in \mathcal{O}(\mathbb{E})$ folgt nun

$$G'(z) = \mathrm{i}H'(\mathrm{i}z) - 2\mathrm{i}(\arctan z)' = \frac{2\mathrm{i}}{1 + z^2} - \frac{2\mathrm{i}}{1 + z^2} = 0, \quad z \in \mathbb{E}.$$

Da $G(0) = 0$, so ergibt sich $G \equiv 0$. □

Auf Grund der in 5.2.5 bewiesenen Identität $\arctan(\tan z) = z$ ergibt sich aus (5.15) die Gleichung

$$z = \frac{1}{2\mathrm{i}} \log \frac{1 + \mathrm{i} \tan z}{1 - \mathrm{i} \tan z} \quad \text{für alle } z \text{ nahe bei } 0. \tag{5.16}$$

Wir folgern noch:

$$\tan(\arctan z) = z \quad \text{für } z \in \mathbb{E}. \tag{5.17}$$

Beweis. Mit $w := \arctan z$ gilt $\mathrm{e}^{2\mathrm{i}w} = \frac{1+\mathrm{i}z}{1-\mathrm{i}z}$ wegen (5.15). Da $\tan w = \mathrm{i}\frac{1-\mathrm{e}^{2\mathrm{i}w}}{1+\mathrm{e}^{2\mathrm{i}w}}$ (vgl. 5.2.5), so folgt $\tan w = z$. □

5.5.3 Potenzfunktionen. Formel von Newton-Abel

Sobald Logarithmusfunktionen zur Verfügung stehen, lassen sich auch Potenzfunktionen einführen. Ist $l : G \to \mathbb{C}$ eine Logarithmusfunktion, so betrachtet man für jede komplexe Zahl σ die Funktion

$$p_\sigma : G \to \mathbb{C}, \quad z \mapsto \exp(\sigma l(z)).$$

Wir nennen p_σ die *Potenzfunktion mit Exponenten* σ bez. l. Diese Redeweise wird motiviert durch folgende einfach zu verifizierende Aussage:

Jede Funktion p_σ ist holomorph in G; es gilt $p'_\sigma = \sigma p_{\sigma-1}$. Für alle $\sigma, \tau \in \mathbb{C}$ gilt $p_\sigma p_\tau = p_{\sigma+\tau}$. Für $n \in \mathbb{N}$ gilt $p_n(z) = z^n$ in G.

In der geschlitzten Ebene $\mathbb{C}^-$ wird durch $\exp(\sigma \log z)$ eine Potenzfunktion mit Exponenten σ erklärt. Wir reservieren die (gelegentlich gefährliche) Schreibweise z^σ vornehmlich für diese Potenzfunktion, für ganze Zahlen $\sigma \in \mathbb{Z}$ handelt es sich nach dem Vorangehenden in der Tat um die übliche Potenzfunktion. Es gilt z.B.

$$1^\sigma = 1, \quad \mathrm{i}^\mathrm{i} = \mathrm{e}^{-\frac{\pi}{2}} \cong 0.2078795763\ldots .$$

Bemerkung. Daß i^i reell ist, erwähnt EULER am Schluß eines Briefes an GOLDBACH vom 14. Juni 1746: „Letztens habe gefunden, daß diese expressio $(\sqrt{-1})^{\sqrt{-1}}$ einen valorem realem habe, welcher in fractionibus decimalibus $= 0,2078795763$, welches mir merkwürdig zu seyn scheinet" (vgl. S. 383 der in 5.1.3 zitierten Correspondance entre Leonhard EULER et Chr. GOLDBACH). □

Die oben notierten Regeln schreiben sich jetzt in der suggestiven Form:

$$(z^\sigma)' = \sigma z^{\sigma-1}, \quad z^\sigma z^\tau = z^{\sigma+\tau}, \quad z \in \mathbb{C}^-.$$

Aus der Definition $z^\sigma = \mathrm{e}^{\sigma \log z}$, $z \in \mathbb{C}^-$, folgt:

Für $z = r\mathrm{e}^{\mathrm{i}\varphi}$, $\varphi \in (-\pi, \pi)$, und $\sigma = s + \mathrm{i}t$ gilt $|z^\sigma| = |z|^s \mathrm{e}^{-\varphi t}$, speziell: $|z|^\sigma \leq |z|^s \mathrm{e}^{\pi|t|}$.

Beweis. Klar wegen $|\mathrm{e}^w| = \mathrm{e}^{\mathrm{Re}\, w}$ und $|\mathrm{e}^{-\varphi t}| \leq \mathrm{e}^{\pi|t|}$. □

Die Funktion $(1+z)^\sigma$ ist insbesondere im Einheitskreis $\mathbb{E}$ wohldefiniert. Da $(1+z)^\sigma = \exp(\sigma \log(1+z)) = b_\sigma(z)$ nach (4.2), so folgt

Satz 5.5.1 (Formel von Newton-Abel).

$$(1+z)^\sigma = \sum_0^\infty \binom{\sigma}{\nu} z^\nu \quad \textit{für alle } \sigma \in \mathbb{C}, z \in \mathbb{E}.$$

Mittels der Formel von NEWTON-ABEL lassen sich die Werte der binomischen Reihe explizit angeben. Setzt man $\sigma = s + it$, $1 + z = r\mathrm{e}^{\mathrm{i}\varphi}$, so gilt:

$$b_\sigma(z) = \exp(\sigma \log(1+z)) = \mathrm{e}^{(s+\mathrm{i}t)(\log r + \mathrm{i}\varphi)} = r^s \mathrm{e}^{-t\varphi} \mathrm{e}^{\mathrm{i}(t \log r + s\varphi)}.$$

Schreibt man $z = x + \mathrm{i}y$, so erhält man aus $1 + x + \mathrm{i}y = r\mathrm{e}^{\mathrm{i}\varphi}$ durch Vergleich von Real- und Imaginärteil $r = ((1+x)^2 + y^2)^{\frac{1}{2}}$, $\varphi = \arctan \frac{y}{1+x}$, also:

$$(1+z)^\sigma = ((1+x)^2+y^2)^{\frac{1}{2}s}\mathrm{e}^{-t\arctan\frac{y}{1+x}}$$
$$\cdot\left[\cos\left(s\arctan\frac{y}{1+x}+\frac{1}{2}t\log((1+x)^2+y^2)\right)\right.$$
$$\left.+\mathrm{i}\sin\left(s\arctan\frac{y}{1+x}+\frac{1}{2}t\log((1+x)^2+y^2)\right)\right] \quad \text{für alle } z\in\mathbb{E}.$$

Diese monströse Formel steht so 1826 in der Abelschen Arbeit [A], S. 329.

5.5.4 Die Riemannsche ζ-Funktion

Für alle $n \in \mathbb{N}$, $n \geq 1$, ist $n^z = \exp(z\log n)$ holomorph in $\mathbb{C}$, nach Abschnitt 3 gilt: $|n^z| = n^{\operatorname{Re} z}$.

Satz 5.5.2. *Die Reihe* $\sum_1^\infty \frac{1}{n^z}$ *ist in jeder Halbebene* $\{z\in\mathbb{C} : \operatorname{Re} z \geq 1+\varepsilon\}$, $\varepsilon > 0$, *gleichmäßig und in* $\{z \in \mathbb{C} : \operatorname{Re} z > 1\}$ *normal konvergent.*

Beweis. Für jedes $\varepsilon > 0$ gilt $|n^z| = n^{\operatorname{Re} z} \geq n^{1+\varepsilon}$, falls $\operatorname{Re} z \geq 1+\varepsilon$. Damit folgt

$$\sum_1^\infty \left|\frac{1}{n^z}\right| \leq \sum_1^\infty \frac{1}{n^{1+\varepsilon}} \quad \text{für alle } z \text{ mit } \operatorname{Re} z \geq 1+\varepsilon.$$

Bekanntlich konvergiert die Reihe rechts wegen $\varepsilon > 0$ (z.B. mit dem Integralvergleichskriterium der Infinitesimalrechnung:

$$\sum_{n=1}^\infty \frac{1}{n^{1+\varepsilon}} \leq \int_1^\infty \frac{\mathrm{d}x}{x^{1+\varepsilon}} = \frac{1}{\varepsilon} < \infty$$

oder siehe etwa KNOPP [14], S. 117). Es folgt die Behauptung nach dem Majorantenkriterium aus 3.2.1 und der Definition der normalen Konvergenz. □

Die Funktion

$$\zeta(z) := \sum_1^\infty \frac{1}{n^z}, \quad \operatorname{Re} z > 1,$$

ist also wohldefiniert und jedenfalls in ihrem Definitionsgebiet stetig; in 8.4.2 werden wir sehen, daß $\zeta(z)$ in der Halbebene $\{z \in \mathbb{C} : \operatorname{Re} z > 1\}$ auch holomorph ist. Bereits EULER hat diese Funktion studiert; nichtsdestoweniger nennt man sie die *Riemannsche* Zetafunktion. Wir können hier nicht näher auf diese berühmte Funktion und ihre Geschichte eingehen. In 11.3.1 werden wir allerdings die Zahlen $\zeta(2), \zeta(4), \ldots, \zeta(2n), \ldots$ bestimmen.

Aufgaben

In den drei ersten Aufgaben sei $G := \mathbb{C} \setminus \{x \in \mathbb{R} : |x| \geq 1\}$.

1. Bestimmen Sie eine Funktion $f \in \mathcal{O}(G)$ mit $f^2(z) = z^2 - 1$ und $f(0) = \mathrm{i}$.
   Hinweis: Setzen Sie $f_1(z) := \mathrm{e}^{\frac{1}{2}\log(z+1)}$ für $z \in \mathbb{C} \setminus \{x \in \mathbb{R} : x \leq -1\}$ und $f_2(z) := \mathrm{e}^{\frac{1}{2}l(z-1)}$ für $z \in \mathbb{C} \setminus \{x \in \mathbb{R} : x \geq 1\}$, wobei $l(z)$ ein geeigneter Zweig des Logarithmus auf $\mathbb{C} \setminus \{x \in \mathbb{R} : x \geq 0\}$ ist. Betrachten Sie dann $f_1(z)f_2(z)$ für $z \in G$.
2. Die Abbildung $q : \mathbb{C}^\times \to \mathbb{C}^\times$, $z \mapsto \frac{1}{2}(z + z^{-1})$ bildet die obere Halbebene $\mathbb{H}$ biholomorph auf G ab. Bestimmen Sie die Umkehrabbildung.
   Anleitung: Nach Aufgabe 3. in 5.2.1 ist $q : \mathbb{H} \to G$ bijektiv. Sei $u : G \to \mathbb{H}$ die Umkehrabbildung. Zeigen Sie $(u(z) - z)^2 = z^2 - 1 = f^2(z)$ für $z \in G$, wobei f die in Aufgabe 1. konstruierte Abbildung ist. Weisen Sie nach, daß u stetig ist und folgern Sie $u(z) = z + f(z)$.
3. Die Abbildung $z \mapsto \cos z$ bildet $S := \{z \in \mathbb{C} : 0 < \operatorname{Re} z < \pi\}$ biholomorph auf G ab. Die Umkehrabbildung $\arccos : G \to S$ ist gegeben durch $\arccos(w) = -\mathrm{i}\log(w + \sqrt{w^2 - 1})$, wobei $\sqrt{w^2 - 1}$ die Funktion $f(w)$ aus Aufgabe 1 bezeichnet.
4. Es sei $G := \mathbb{C} \setminus [-1, 0]$. Geben Sie eine Funktion $g \in \mathcal{O}(G)$ an, für die $g^2(z) = z(z+1)$, $z \in G$, und $g(1) = \sqrt{2}$ gilt.
5. Bestimmen Sie das Bild G von $G' := \{z \in \mathbb{C} : \operatorname{Re} z < \operatorname{Im} z < \operatorname{Re} z + 2\pi\}$ unter der Exponentialabbildung. Zeigen Sie: exp bildet G' biholomorph auf G ab. Bestimmen Sie die Werte der Umkehrabbildung $l : G \to G'$ auf den Zusammenhangskomponenten von $G \cap \mathbb{R}$.

6. Komplexe Integralrechnung

Du kannst im Großen nichts verrichten
Und fängst es nun im Kleinen an
(J.W. von GOETHE).

Calculus integralis est methodus, ex data
differentialium relatione inveniendi
relationem ipsarum quantitatum
(L. EULER)

1. GAUSS schreibt am 18. Dezember 1811 an BESSEL: „Was soll man sich nun bei $\int \varphi x \cdot \mathrm{d}x$ für $x = a + bi$ denken? Offenbar, wenn man von klaren Begriffen ausgehen will, muss man annehmen, dass x durch unendlich kleine Incremente (jedes von der Form $\alpha + i\beta$) von demjenigen Werthe, für welchen das Integral 0 sein soll, bis zu $x = a + bi$ übergeht und dann all $\varphi x \cdot \mathrm{d}x$ summirt. So ist der Sinn vollkommen festgesetzt. Nun aber kann der Übergang auf unendlich viele Arten geschehen: so wie man sich das ganze Reich aller reellen Grössen durch eine unendliche gerade Linie denken kann, so kann man das ganze Reich aller Grössen, reeller und imaginärer Grössen sich durch eine unendliche Ebene sinnlich machen, worin jeder Punkt, durch Abscisse $= a$, Ordinate $= b$ bestimmt, die Grösse $a + bi$ gleichsam repräsentirt. Der stetige Übergang von einem Werthe von x zu einem andern $a + bi$ geschieht demnach durch eine Linie und ist mithin auf unendlich viele Arten möglich. Ich behaupte nun, dass das Integral $\int \varphi x \cdot \mathrm{d}x$ nach zweien verschiednen Übergängen immer einerlei Werth erhalte, wenn innerhalb des zwischen beiden die Übergänge repräsentirenden Linien eingeschlossenen Flächenraumes nirgends $\varphi x = \infty$ wird. Dies ist ein sehr schöner Lehrsatz, dessen eben nicht schweren Beweis ich bei einer schicklichen Gelegenheit geben werde. Er hängt mit schönen andern Wahrheiten, die Entwicklungen in Reihen betreffend, zusammen. Der Übergang nach jedem Punkte lässt sich immer ausführen, ohne jemals eine solche Stelle wo $\varphi x = \infty$ wird zu berühren. Ich verlange aber, dass man solchen Punkten ausweichen soll, wo offenbar der ursprüngliche Grundbegriff von $\int \varphi x \cdot \mathrm{d}x$ seine Klarheit verliert und leicht auf Widersprüche führt. Übrigens ist zugleich hieraus klar, wie eine durch $\int \varphi x \cdot \mathrm{d}x$ erzeugte Function für einerlei Werthe von x mehrere Werthe haben kann, indem man nemlich beim Übergange dahin um einen solchen Punkt wo $\varphi x = \infty$ entweder gar nicht, oder einmal, oder mehreremale herumgehen kann. Definirt man z.B. $\log x$

durch $\int \frac{1}{x}\mathrm{d}x$, von $x = 1$ anzufangen, so kommt man zu $\log x$ entweder ohne den Punkt $x = 0$ einzuschliessen oder durch ein- oder mehrmaliges Umgehen desselben; jedesmal kommt dann die Constante $+2\pi\mathrm{i}$ oder $-2\pi\mathrm{i}$ hinzu: so sind die vielfachen Logarithmen von jeder Zahl ganz klar“ (Werke 8, 90–92).

Dieser berühmte Brief zeigt, daß GAUSS bereits 1811 Kurvenintegrale und den Cauchyschen Integralsatz kannte und klare Vorstellungen über Perioden von Integralen besaß. Indessen hat GAUSS seine Kenntnisse nicht vor 1831 veröffentlicht.

2. In diesem Kapitel sind die Grundlagen der Theorie der komplexen Wegintegrale dargestellt. Wir führen solche Integrale auf Integrale längs reeller Intervalle zurück; statt dessen könnte man sie natürlich auch mittels Riemannscher Summen längs Wegen direkt erklären. Komplexe Wegintegrale werden in zwei Schritten eingeführt: Zunächst wird längs stetig differenzierbarer Wege integriert; alsdann werden Integrale längs stückweise stetig differenzierbarer Wege eingeführt (Paragraph 1). Für alle Belange der klassischen Funktionentheorie ist es ausreichend, Integrale längs solcher Wege zu betrachten.

Im Paragraphen 3 werden Kriterien für die Wegunabhängigkeit von Wegintegralen hergeleitet; für Sterngebiete ergibt sich ein besonders einfaches Integrabilitätskriterium. Das Hilfsmittel bei diesen Untersuchungen ist der Fundamentalsatz der Differential- und Integralrechnung in reellen Intervallen, vgl. 6.1.2.

6.1 Integration in reellen Intervallen

Die Integrationstheorie *reell-wertiger stetiger Funktionen* in reellen Intervallen ist bekannt. Wir übertragen diese Theorie auf komplex-wertige stetige Funktionen, soweit es für die Belange der Funktionentheorie nötig ist. Mit $I = [a, b]$, $a \le b$, wird ein kompaktes Intervall in $\mathbb{R}$ bezeichnet.

6.1.1 Integralbegriff. Rechenregeln und Standardabschätzung

Für jede stetige Funktion $f : I \to \mathbb{C}$ ist die Definition

$$\int_r^s f(t)\mathrm{d}t := \int_r^s (\operatorname{Re} f)(t)\mathrm{d}t + \mathrm{i}\int_r^s (\operatorname{Im} f)(t)\mathrm{d}t \in \mathbb{C}$$

für alle $r, s \in I$ sinnvoll, da $\operatorname{Re} f$ und $\operatorname{Im} f$ reell-wertige stetige Funktionen sind, deren Integrale existieren. Es gilt daher

Satz 6.1.1 (Rechenregeln). *Für alle $f, g \in C(I)$ und alle $r, s \in I$ gilt:*

1) $\int_r^s (f+g)(t)\mathrm{d}t = \int_r^s f(t)\mathrm{d}t + \int_r^s g(t)\mathrm{d}t$, $\int_r^s cf(t)\mathrm{d}t = c\int_r^s (t)\mathrm{d}t$ *für alle* $c \in \mathbb{C}$,

2) $\int_r^x f(t)\mathrm{d}t + \int_x^s f(t)\mathrm{d}t = \int_r^s f(t)\mathrm{d}t$ *für alle* $x \in I$,

3) $\int_s^r f(t)\mathrm{d}t = -\int_r^s f(t)\mathrm{d}t$ *(Umkehrregel),*

4) $\mathrm{Re}\int_r^s f(t)\mathrm{d}t = \int_r^s \mathrm{Re}\, f(t)\mathrm{d}t, \quad \mathrm{Im}\int_r^s f(t)\mathrm{d}t = \int_r^s \mathrm{Im}\, f(t)\mathrm{d}t.$

Die Abbildung $\mathcal{C}(I) \to \mathbb{C}$, $f \mapsto \int_a^b f(t)\mathrm{d}t$, ist also speziell eine *komplexe* Linearform auf dem $\mathbb{C}$-Vektorraum $\mathcal{C}(I)$. Wir nennen $\int_a^b f(t)\mathrm{d}t$ das *Integral von* f *längs des (reellen) Intervalles* $[a,b]$. Für reell-wertige Funktionen $f, g \in \mathcal{C}(I)$ gilt

Satz 6.1.2 (Monotonieregel). $\int_a^b f(t)\mathrm{d}t \le \int_a^b g(t)\mathrm{d}t$, *falls* $f(t) \le g(t)$ *für alle* $t \in I$.

Im Komplexen tritt an die Stelle dieser Ungleichung

Satz 6.1.3 (Standardabschätzung). $\left|\int_a^b f(t)\mathrm{d}t\right| \le \int_a^b |f(t)|\mathrm{d}t$ *für alle* $f \in \mathcal{C}(I)$.

Beweis. Für reell-wertiges f folgt die Behauptung sofort aus der Monotonieregel, wenn man $-|f(t)| \le f(t) \le |f(t)|$ beachtet. Den allgemeinen Fall führen wir hierauf zurück: Es gibt ein $c = \mathrm{e}^{\mathrm{i}\varphi}$ mit $c\int_a^b f(t)\mathrm{d}t \in \mathbb{R}$. Es folgt $c\int_a^b f(t)\mathrm{d}t = \int_a^b \mathrm{Re}(c(f(t))\mathrm{d}t$. Da $|\,\mathrm{Re}(cf(t))| \le |f(t)|$ für alle $t \in I$ wegen $|c| = 1$, so folgt wegen der Monotonieregel die Behauptung:

$$\left|\int_a^b f(t)\mathrm{d}t\right| = \left|c\int_a^b f(t)\mathrm{d}t\right| = \left|\int_a^b \mathrm{Re}(cf(t))\mathrm{d}t\right| \le \int_a^b |\,\mathrm{Re}(cf(t))|\mathrm{d}t$$
$$\le \int_a^b |f(t)|\mathrm{d}t.$$

□

Die Standardabschätzung wird gelegentlich auch „Dreiecksungleichung" genannt. Diese Redeweise ist naheliegend, wenn man an die Definition von Integralen durch Riemannsche Summen denkt; dann verallgemeinert die gewonnene Ungleichung in der Tat die Dreiecksungleichung $|w + z| \le |w| + |z|$.

6.1.2 Fundamentalsatz der Differential- und Integralrechnung

Zur Berechnung von Integralen ist der Hauptsatz der Differential- und Integralrechnung unentbehrlich. Um ihn zu formulieren, betrachten wir zunächst differenzierbare Funktionen $f : I \to \mathbb{C}$. Eine Funktion $f \in \mathcal{C}(I)$ heißt *(stetig) differenzierbar* in I, wenn $\operatorname{Re} f$ und $\operatorname{Im} f$ in I (stetig) differenzierbar sind. Man setzt (wie im Reellen)

$$\frac{\mathrm{d}}{\mathrm{d}t} f(t) := f'(t) := (\operatorname{Re} f)'(t) + \mathrm{i}(\operatorname{Im} f)'(t) \quad \text{(1. Ableitung)}$$

und zeigt mühelos, daß Summen-, Produkt-, und Quotientenregel unverändert gültig bleiben; die Kettenregel besagt u.a. (vgl. Figur):

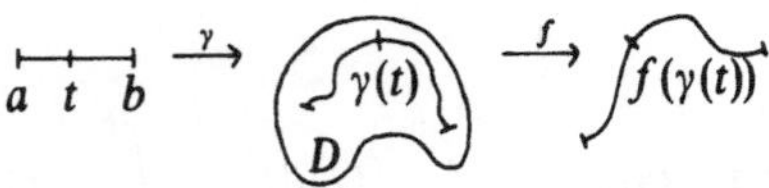

Satz 6.1.4. *Ist eine Funktion φ im Bereich D reell differenzierbar, und ist $\gamma : I \to D$ differenzierbar in I, so gilt:*

$$(\varphi \circ \gamma)'(t) = \frac{\partial}{\partial z}\varphi(\gamma(t))\gamma'(t) + \frac{\partial}{\partial \bar{z}}\varphi(\gamma(t))\overline{\gamma}'(t).$$

Eine Funktion $F \in \mathcal{C}(I)$ heißt *Stammfunktion von $F \in \mathcal{C}(I)$ in I*, wenn F in I differenzierbar ist und wenn $F' = f$. Wie im Reellen gilt der

Satz 6.1.5 (Fundamentalsatz der Differential- und Integralrechnung für Intervalle). *Es sei $f \in \mathcal{C}(I)$. Dann ist $\int_a^x f(t)\mathrm{d}t$, $x \in I$ eine Stammfunktion von f in I (Existenzsatz). Ist $F \in \mathcal{C}(I)$ irgendeine Stammfunktion von f in I, so gilt:*

$$\int_r^s f(t)\mathrm{d}t = F(s) - F(r) \quad \textit{für alle } r, s \in I.$$

Zum Beweis geht man zum Real- und Imaginärteil über und wendet den Fundamentalsatz der Differential- und Integralrechnung für reelle Funktionen an. – Der Fundamentalsatz impliziert direkt:

Satz 6.1.6. *Sind $F, \widehat{F} \in \mathcal{C}(I)$ Stammfunktionen zu f, so ist $\widehat{F} - F$ konstant in I.*

Wir geben zwei weitere Anwendungen des Fundamentalsatzes.

Satz 6.1.7 (Substitutionsregel). *Ist J ein Intervall in $\mathbb{R}$, und ist $\varphi : J \to I$ stetig differenzierbar, so gilt für jede Funktion $f \in \mathcal{C}(I)$:*

$$\int_r^s f(\varphi(t))\varphi'(t) = \int_{\varphi(s)}^{\varphi(t)} f(t)\mathrm{d}t \quad \textit{für alle } r, s \in J.$$

Beweis. Es sei F Stammfunktion von f in I. Dann gilt:

$$\int_{\varphi(r)}^{\varphi(s)} f(\varphi(t))\varphi'(t)\mathrm{d}t = F(\varphi(s)) - F(\varphi(r)).$$

Da (Kettenregel) $(F\circ\varphi)' = (F'\circ\varphi)\cdot\varphi' = (f\circ\varphi)\cdot\chi'$, so ist $F\circ\varphi$ Stammfunktion von $(f\circ\varphi)\cdot\varphi'$ in J. Daher gilt nach dem Fundamentalsatz auch

$$\int_r^s f(\varphi(t))\varphi'(t)\mathrm{d}t = (F\circ\varphi)(s) - (F\circ\varphi)(r):$$

□

Satz 6.1.8 (Regel der partiellen Integration). *Für alle in I stetige differenzierbaren Funktionen $f, g \in \mathcal{C}(I)$ gilt:*

$$\int_a^b f(t)g'(t)\mathrm{d}t = f(b)g(b) - f(a)g(a) - \int_a^b f'(t)g(t)\mathrm{d}t.$$

Beweis. Ist F Stammfunktion von $f'g$, so ist $fg - F$ Stammfunktion von fg'. □

6.2 Wegintegrale in $\mathbb{C}$

Wir erklären zunächst komplexe Wegintegrale $\int_\gamma f\mathrm{d}z$ längs stetig differenzierbarer Wege in $\mathbb{C}$. Diese Integralklasse ist aber für die Funktionentheorie nicht ausreichend: man muß auch längs Wegen mit „Ecken“ integrieren können. In allen wichtigen Anwendungen benötigt man allerdings lediglich solche Wege, die aus Strecken und Kreisbögen zusammengesetzt sind. Wenn wir nichtsdestoweniger die umfassendere Klasse aller *stückweise stetig differenzierbaren Wege* betrachten, so liegt diesem Vorgehen keineswegs das in der Mathematik häufig so gefährliche Streben nach Verallgemeinerung um jeden Preis zugrunde, sondern vielmehr die Einsicht, daß nahezu überall die Formulierungen für aus Strecken und Kreisbögen zusammengesetzte Kurven nicht einfacher, sondern in der Notation sogar eher schwerfälliger werden würden.

Im Prinzip ist es möglich, komplexe Integrale längs „rektifizierbarer“ Kurven zu betrachten. Um Raum und Zeit zu sparen, beschränkt man sich im allgemeinen auf Integrale längs stückweise stetig differenzierbarer Kurven, welche für fast alle Anwendungen ausreichen.

Mit I wird wieder ein reelles Intervall $[a, b]$, $a \leq b$ bezeichnet.

6.2.1 Stetig und stückweise stetig differenzierbare Wege

Nach 0.6.2 heißt jede stetige Abbildung $\gamma : I \to \mathbb{C}$ ein *Weg* bzw. eine *Kurve* mit *Anfangspunkt* $\gamma(a)$ und *Endpunkt* $\gamma(b)$. Statt $\gamma(t)$ schreibt man suggestiver $z(t)$, gelegentlich benutzt man $\zeta(t)$ anstelle von $z(t)$. Der Weg γ heißt *stetig differenzierbar*, wenn die Funktion γ in I stetig differenzierbar ist.

Beispiele 6.2.1. 1. Ein Weg γ heißt *Nullweg*, wenn die Funktion γ konstant ist; Nullwege sind stetig differenzierbar.

2. Die durch $\gamma(t) := (1-t)z_0 + tz_1$, $t \in [0,1]$, gegebene *Strecke* $[z_0, z_1]$ von z_0 nach z_1 ist eine stetig differenzierbare Kurve.
3. Sei $c \in \mathbb{C}$, $r > 0$. Die Funktion

$$\gamma(t) = c + re^{\mathrm{i}t} = \operatorname{Re} c + r\cos t + \mathrm{i}(\operatorname{Im} c + r \sin t),$$
$$t \in [a,b], \quad 0 \le a < b \le 2\pi,$$

ist stetig differenzierbar. Diese Kurve γ heißt (in Übereinstimmung mit der Anschauung) ein *Kreisbogen* auf dem Rand der Kreisscheibe $B_r(c)$. Falls $a = 0$, $b = 2\pi$, so ist γ die *Kreislinie* vom Radius r um c. Diese Kurve ist *geschlossen* (Endpunkt=Anfangspunkt); wir bezeichnen sie mit $S_r(c)$ oder einfach mit S_r, man identifiziert S_r gern mit dem Rand $\partial B_r(c)$ der Kreisscheibe $B_r(c)$. □

Sind $\gamma_1, \ldots, \gamma_m$ Wege in $\mathbb{C}$, derart, daß der Endpunkt von γ_μ jeweils der Anfangspunkt von $\gamma_{\mu+1}$ ist, $1 \le \mu < m$, so ist nach 0.6.2 der *Summenweg* $\gamma := \gamma_1 + \gamma_2 + \ldots + \gamma_m$ definiert, sein Anfangs- bzw. Endpunkt ist der Anfangspunkt von γ_1 bzw. der Endpunkt von γ_m. Ein Weg γ heißt *stückweise stetig differenzierbar*, wenn es stetig differenzierbare Wege $\gamma_1, \ldots, \gamma_m$ gibt, so daß $\gamma + \gamma_1 + \ldots + \gamma_m$. Die Figur zeigt einen solchen Weg, der aus Strecken und Kreisbögen besteht. *Jedes Polygon ist stückweise stetig differenzierbar.*

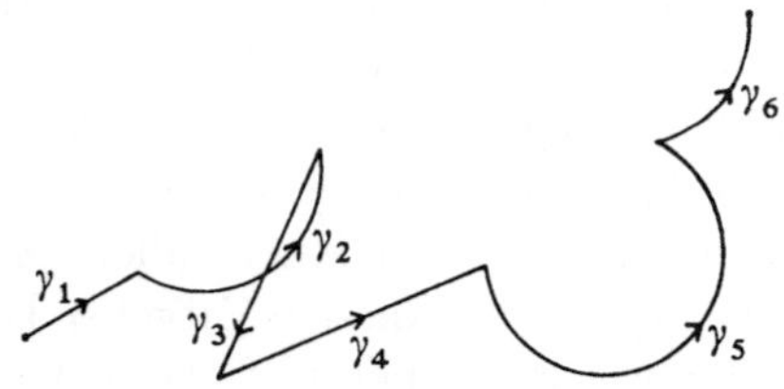

Wir arbeiten im folgenden ausschließlich mit stückweise stetig differenzierbaren Wegen. *Wir verabreden, daß wir von nun an unter einem Weg stets einen stückweise stetig differenzierbaren Weg verstehen wollen.* Wege sind dann also immer *stückweise stetig differenzierbare Funktionen* $\gamma : [a,b] \to \mathbb{C}$, d.h. γ ist stetig und es gibt Punkte $a_1, \ldots, a_{m+1}$ mit $a = a_1 < a_2 < \ldots < a_m < a_{m+1} = b$, so daß $\gamma_\mu := \gamma|[a_\mu, a_{\mu+1}]$, $1 \le \mu \le m$, stetig differenzierbar ist.

6.2.2 Integration längs Wegen

Wie in 0.6.2 bezeichnet $|\gamma| = \gamma(I)$ den (kompakten) Träger des Weges γ; der Träger der Kreislinie $S_r(c)$ ist z.B. Rand der Kreisscheibe $B_r(c)$ (vgl. 0.6.5); wir schreiben auch $\partial B_r(c)$ statt $S_r(c)$.

Ist γ stetig differenzierbar, so gilt $f(\gamma(t)) \cdot \gamma'(t) \in \mathcal{C}(I)$ für jede Funktion $f \in \mathcal{C}(|\gamma|)$; daher existiert nach 6.1.1 die komplexe Zahl

$$\int_\gamma f\mathrm{d}z := \int_\gamma f(z)\mathrm{d}z := \int_a^b f(\gamma(t))\gamma'(t)\mathrm{d}t.$$

Man nennt $\int_\gamma f\mathrm{d}z$ das *Wegintegral* oder auch *Kurvenintegral von* $f \in \mathcal{C}(|\gamma|)$ *längs des stetig differenzierbaren Weges* γ. Statt $\int_\gamma f\mathrm{d}z$ schreibt man auch gern $\int_\gamma f\mathrm{d}\zeta = \int_\gamma f(\zeta)\mathrm{d}\zeta$. Ist γ speziell das reelle Intervall $[a, b]$, gegeben durch $\gamma(t) := t$, $a \le t \le b$, so gilt offensichtlich

$$\int_\gamma f\mathrm{d}z = \int_a^b f(t)\mathrm{d}t,$$

die im Paragraphen 1 betrachteten Integrale sind also selbst Wegintegrale.

Es ist nun leicht, für jeden Weg $\gamma = \gamma_1 + \gamma_2 + \ldots + \gamma_m$ mit stetig differenzierbaren Teilwegen γ_μ und jede Funktion $f \in \mathcal{C}(|\gamma|)$ das Wegintegral $\int_\gamma f\mathrm{d}z$ zu erklären: man setzt einfach

$$\int_\gamma f\mathrm{d}z := \sum_{\mu=1}^{m} \int_{\gamma_\mu} f\mathrm{d}z, \tag{6.1}$$

wobei man bemerkt, daß jeder Summand rechts wohldefiniert ist, da γ_μ ein stetig differenzierbarer Weg mit $|\gamma_\mu| \subset |\gamma|$ ist.

Unser Integralbegriff ist in einem naheliegendem Sinne unabhängig von der zufälligen Summendarstellung der Wege; zur Präzisierung dieser Aussage benötigt man allerdings u.a. die schwerfällige Redeweise der Verfeinerung einer Summendarstellung. Wir überlassen es dem hieran interessierten Leser, sich die Definition der Äquivalenz von stückweise stetig differenzierbaren Wegen selbst zurecht zu legen.

6.2.3 Die Integrale $\int_{\partial B}(\zeta - c)^n \mathrm{d}\zeta$

Fundamental für die Funktionentheorie ist der

Satz 6.2.1. *Für $n \in \mathbb{Z}$ und alle Kreisscheiben $B = B_r(c)$, $r > 0$, gilt:*

$$\int_{\partial B} (\zeta - c)^n \mathrm{d}\zeta = \begin{cases} 0 & \textit{für } n \neq -1, \\ 2\pi\mathrm{i} & \textit{für } n = -1. \end{cases}$$

Beweis. Ist der Rand ∂B von B gegeben durch $\zeta(t) = c + r\mathrm{e}^{\mathrm{i}t}$, $t \in [0, 2\pi]$, so gilt $\zeta'(t) = \mathrm{i}r\mathrm{e}^{\mathrm{i}t}$, also

$$\int_{\partial B} (\zeta - c)^n \mathrm{d}\zeta = \int_0^{2\pi} (r\mathrm{e}^{\mathrm{i}t})^n \mathrm{i}r\mathrm{e}^{\mathrm{i}t}\mathrm{d}t = r^{n+1} \int_0^{2\pi} \mathrm{i}\mathrm{e}^{\mathrm{i}(n+1)t}\mathrm{d}t.$$

Da $\frac{1}{n+1}\mathrm{e}^{\mathrm{i}(n+1)t}$ eine Stammfunktion von $\mathrm{i}\mathrm{e}^{\mathrm{i}(n+1)t}$ ist, $n \neq -1$, folgt die Behauptung. □

Würde auch das Integral $\int_{\partial B} \mathrm{d}\zeta/(\zeta - c)$ verschwinden, gäbe es keine Funktionentheorie.

Der Satz zeigt, daß Integrale längs geschlossener Kurven nicht immer verschwinden. Die Rechnung zeigt (mutatis mutandis), daß Integrale längs Kurven mit gleichem Anfangs- und Endpunkt verschieden sein können, so gilt (vgl. Figur links) für „Halbkreisbögen"

$$\int_{\gamma^+} \frac{\mathrm{d}\zeta}{\zeta - c} = \pi \mathrm{i}, \quad \int_{\gamma^-} \frac{\mathrm{d}\zeta}{\zeta - c} = -\pi \mathrm{i}.$$

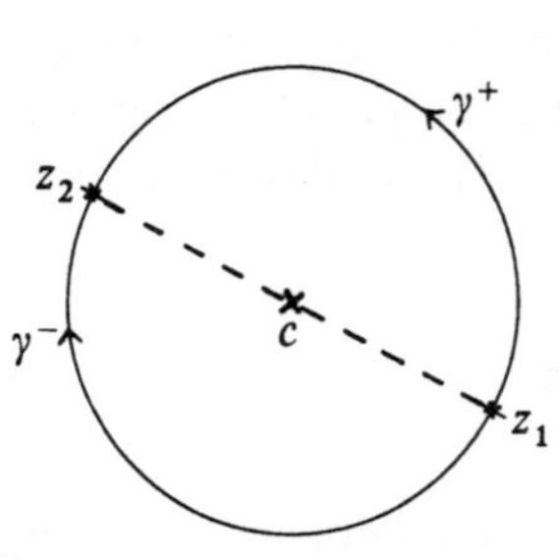

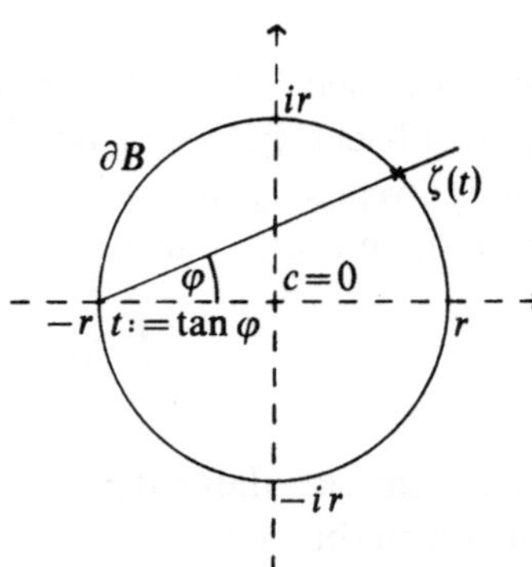

WEIERSTRASS hat 1841 in seinem Beweis des Satzes von LAURENT das Integral $\int_{\partial B} \zeta^{-1} \mathrm{d}\zeta$ durch „rationale Parametrisierung" von ∂B bestimmt (vgl. [W_1] S.52): er beschreibt (mit $c = 0$) den Kreisrand ∂B durch $\zeta(t) := r\frac{1+t\mathrm{i}}{1-t\mathrm{i}}$, $-\infty < t < \infty$; ersichtlich ist $\zeta(t)$ – wie man elementar einsehen kann – der zweite Schnittpunkt, den die durch $-r$ gehende Gerade mit Anstieg $t := \tan\varphi$ mit ∂B besitzt (vgl. Figur rechts). Da

$$\zeta'(t) = r\frac{2\mathrm{i}}{(1 - t\mathrm{i})^2}, \quad \frac{\zeta'(t)}{\zeta(t)} = \frac{2\mathrm{i}}{1 + t^2},$$

so folgt:

$$\int_{\partial B} \frac{\partial \zeta}{\zeta} = 2\mathrm{i} \int_{-\infty}^{\infty} \frac{\mathrm{d}t}{1 + t^2} = 4\mathrm{i} \int_0^{\infty} \frac{\mathrm{d}t}{1 + t^2}.$$

WEIERSTRASS definiert (!) nun (was wir oben bewiesen haben):

$$\pi := \int_{-\infty}^{\infty} \frac{\mathrm{d}t}{1 + t^2} = 4 \int_0^1 \frac{\mathrm{d}t}{1 + t^2},$$

die Reduktion auf ein eigentliches Integral wird durch Substitution von $\tau := \frac{1}{t}$ in $\int_1^{\infty} \frac{\mathrm{d}t}{1+t^2}$ erreicht. WEIERSTRASS bemerkt, daß es für seine weiteren Überlegungen ausreicht zu wissen, daß dieses Integral einen endlichen Wert $\neq 0$ hat, vgl. auch [Zahlen], 5.4.5.

6.2.4 Historisches zur Integration im Komplexen

Die ersten Integrationen durch imaginäres Gebiet wurden 1813 von S.D. POISSON (französischer Mathematiker, 1781–1840, Professor an der École Polytechnique) veröffentlicht. Systematische Untersuchungen zur Integralrechnung im Komplexen machte indessen erst CAUCHY in den beiden bereits in der Einleitung zum Kapitel 1 zitierten Abhandlungen $[C_1]$ und $[C_2]$. Die Arbeit $[C_1]$ wurde am 22. August 1814 in der Pariser Akademie vorgelegt, aber erst am 14. September 1825 in den „Mémoires présentés par divers Savants à l'Académie royale des Sciences de l'Institut de France" zum Druck eingereicht und 1827 publiziert. Die zweite, wesentlich kürzere Arbeit $[C_2]$ erschien 1825 in Paris als besondere Schrift (magistral mémoire). *Diese Schrift enthält bereits den Cauchyschen Integralsatz und gilt als die erste Darstellung der klassischen Funktionentheorie;* man pflegt wohl mit Recht (ungeachtet des Gaußschen Briefes an BESSEL) die Geschichte der Funktionentheorie mit dieser Cauchyschen Abhandlung zu beginnen. Wir werden auf diese Schrift noch mehrfach hinweisen. CAUCHY wurde nur allmählich dazu geführt, Integrale im Komplexen zu studieren. Seine Arbeiten machen deutlich, daß er lange über den Fragenkreis nachgedacht hat: erst *nachdem* er seine Probleme unter Trennung der Funktionen in Real- und Imaginärteil gelöst hatte, erkannte er, daß es besser ist, eine solche Trennung eben nicht vorzunehmen, sondern direkt die *beiden* Integrale

$$\int (u\mathrm{d}x - v\mathrm{d}y), \qquad \int (v\mathrm{d}x + u\mathrm{d}y),$$

welche in der mathematischen Physik beim Studium zweidimensionaler Strömungen inkompressibler Flüssigkeiten auftreten, zu einem *einzigen* Integral

$$\int f\mathrm{d}z \quad \text{mit} \quad f := u + \mathrm{i}v, \quad \mathrm{d}z := \mathrm{d}x + \mathrm{i}\mathrm{d}y$$

zu vereinigen. Eine gute Darstellung der Entwicklung der Integralrechnung im Komplexen mit ausführlichen Literaturhinweisen findet man bei P. STÄCKEL *Integration durch imaginäres Gebiet. Ein Beitrag zur Geschichte der Funktionentheorie*, Bibl. Math. (3), 1, 109–128 (1900) und als Ergänzung vom selben Autor *Beiträge zur Geschichte der Funktionentheorie im achtzehnten Jahrhundert*, Bibl. Math. (3), 2, 111–121 (1901).

6.2.5 Unabhängigkeit von der Parametrisierung

Wege sind Abbildungen $\gamma : I \to \mathbb{C}$. Man kann γ als „Parametrisierung" des Trägers $|y|$ auffassen. Dann ist klar, daß diese Parametrisierung etwas Zufälliges ist: man wird Wege, die lediglich zu verschiedenen Zeiten mit verschiedenen Geschwindigkeiten durchlaufen werden, als gleich ansehen. Diese Vorstellung läßt sich leicht präzisieren:

Definition 6.2.1. *Zwei stetig differenzierbare Wege $\gamma : I \to \mathbb{C}$, $\widetilde{\gamma} : \widetilde{I} \to \mathbb{C}$, wo $\widetilde{I} = [\widetilde{a}, \widetilde{b}]$, heißen äquivalent, wenn es eine stetig differenzierbare Bijektion $\varphi : \widetilde{I} \to I$ mit überall positiver Ableitung φ' gibt, so daß gilt: $\widetilde{\gamma} = \gamma \circ \varphi$.*

Die Abbildung φ heißt „*Parametertransformation*", sie ist wegen $\varphi' > 0$ *umkehrbar differenzierbar*, dabei gilt: $\varphi(\widetilde{a}) = a$, $\varphi(\widetilde{b}) = b$. Die Ungleichung $\varphi' > 0$ bedeutet anschaulich, daß sich bei Parametertransformationen die Durchlaufungsrichtung der Kurven nicht ändert (keine Zeitumkehr!).

Man stellt sofort fest, daß durch den eingeführten Äquivalenzbegriff in der Tat eine *Äquivalenzrelation* in der Gesamtheit aller in $\mathbb{C}$ stetig differenzierbaren Wege erklärt wird. *Äquivalente Wege haben denselben Träger.* Wir beweisen den wichtigen

Satz 6.2.2 (Unabhängigkeitssatz). *Sind $\gamma, \widetilde{\gamma}$ äquivalente stetig differenzierbare Wege, so gilt:*

$$\int_\gamma f \mathrm{d}z = \int_{\widetilde{\gamma}} f \mathrm{d}z \quad \textit{für jede Funktion } f \in C(|\gamma|).$$

Beweis. Mit den vorangehenden Bezeichnungen gilt $\widetilde{\gamma}(t) = \gamma(\varphi(t))$ und also $\widetilde{\gamma}'(t) = \gamma'(\varphi(t))\varphi'(t)$, $t \in \widetilde{I}$. Daher folgt:

$$\int_{\widetilde{\gamma}} f \mathrm{d}z = \int_{\widetilde{a}}^{\widetilde{b}} f(\widetilde{\gamma}(t))\widetilde{\gamma}'(t)\mathrm{d}t = \int_{\widetilde{a}}^{\widetilde{b}} f(\gamma(\varphi(t)))\gamma'(\varphi(t))\varphi'(t)\mathrm{d}t.$$

Nach der Substitutionsregel 6.1.7, angewendet auf $f(\gamma(t))\gamma'(t)$, stimmt das Integral rechts mit dem Integral $\int_{\varphi(\widetilde{a})}^{\varphi(\widetilde{b})} f(\gamma(t))\gamma'(t)\mathrm{d}t$ überein. Wegen $\varphi(\widetilde{a}) = a$, $\varphi(\widetilde{b}) = b$ folgt mithin: $\int_{\widetilde{\gamma}} f \mathrm{d}z = \int_a^b f(\gamma(t))\gamma'(t)\mathrm{d}t = \int_\gamma f \mathrm{d}z$. □

Man bemerke, daß die Weierstraßsche Parametrisierung und die Standardparametrisierung von $\partial B_r(0)$ gleiche Integralwerte liefern. Wollte man konsequent sein, so würde man fortan nur Äquivalenzklassen von Wegen betrachten, dabei wäre der Äquivalenzbegriff auch noch (in natürlicher Weise) auf stückweise stetig differenzierbare Wege auszudehnen. Dann müßte man aber bei allen Definitionen (wie Summen von Wegen, Negativen, Länge eines Weges etc.) jedesmal die Unabhängigkeit von der Vertreterwahl beweisen; die Darstellung würde schwerfälliger. Aus diesem Grunde arbeiten wir durchweg mit den Abbildungen selbst und nicht mit ihren Äquivalenzklassen.

6.2.6 Zusammenhang mit reellen Kurvenintegralen

Wird der stetig differenzierbare Weg γ durch $z(t) = x(t) + \mathrm{i}y(t)$, $a \le t \le b$, gegeben, so definiert man in der reellen Analysis für stetige, reellwertige Funktionen p, q auf $|\gamma|$ reelle Wegintegrale bekanntlich durch

$$\int_\gamma (p\mathrm{d}x + q\mathrm{d}y) := \int_a^b p(x(t), y(t))x'(t)\mathrm{d}t + \int_a^b q(x(t), y(t))y'(t)\mathrm{d}t \in \mathbb{R}. \quad (6.2)$$

Satz 6.2.3. *Für jede Funktion* $f \in \mathcal{C}(|\gamma|)$ *gilt, wenn* $u := \operatorname{Re} f$, $v := \operatorname{Im} f$*:*

$$\int_\gamma f \mathrm{d}z = \int_\gamma (u\mathrm{d}x - v\mathrm{d}y) + \mathrm{i}\int_\gamma (v\mathrm{d}x + u\mathrm{d}y).$$

Beweis. Wegen $f = u + \mathrm{i}v$ und $z'(t) = x'(t) + \mathrm{i}y'(t)$ gilt:

$$f(z(t))z'(t) = [u(x(t),y(t)) + \mathrm{i}v(x(t),y(t))][x'(t) + \mathrm{i}y'(t)];$$

hieraus folgt die Behauptung durch Ausmultiplizieren. □

Die Formel des Satzes ist leicht zu merken, wenn man $\mathrm{d}z = \mathrm{d}x + \mathrm{i}\mathrm{d}y$ schreibt und $f\mathrm{d}z = (u + \mathrm{i}v)(\mathrm{d}x + \mathrm{i}\mathrm{d}y)$ „formal" ausmultipliziert; vgl. auch Abschnitt 4.

Man hätte grundsätzlich die komplexe Integralrechnung mit der Einführung der reellen Integrale $\int_\gamma (p\mathrm{d}x + q\mathrm{d}y)$ vermöge (6.2) beginnen können. Es ist ausschließlich eine Frage des Geschmacks, welche Möglichkeit man vorzieht.

Man führt allgemein komplexe Wegintegrale der Form $\int_\gamma f\mathrm{d}x$, $\int_\gamma f\mathrm{d}y$, $\int_\gamma f\mathrm{d}\overline{z}$ für stetig differenzierbare Wege γ ein , wobei $f \in \mathcal{C}(|\gamma|)$ beliebig ist: man versteht hierunter die komplexen Zahlen

$$\int_a^b f(z(t))x'(t)\mathrm{d}t, \quad \int_a^b f(z(t))y'(t)\mathrm{d}t, \quad \int_a^b f(z(t))\overline{z'(t)}\mathrm{d}t.$$

Dann ergeben sich unmittelbar die Gleichungen

$$\int_\gamma f\mathrm{d}x = \frac{1}{2}(\int_\gamma f\mathrm{d}z + \int_\gamma f\mathrm{d}\overline{z}), \quad \int_\gamma f\mathrm{d}y = \frac{1}{2\mathrm{i}}(\int_\gamma f\mathrm{d}z - \int_\gamma f\mathrm{d}\overline{z});$$

$$\int_\gamma f\mathrm{d}\overline{z} = \overline{\int_\gamma \overline{f}\mathrm{d}z}.$$

Aufgaben

1. Seien $r, s > 0$ und γ der Rechteckrand $[-r - \mathrm{i}s, r - \mathrm{i}s] + [r - \mathrm{i}s, r + \mathrm{i}s] + [r + \mathrm{i}s, -r + \mathrm{i}s] + [-r + \mathrm{i}s, -r - \mathrm{i}s]$. Berechnen sie $\int_\gamma \zeta^{-1}\mathrm{d}\zeta$.
2. Sei $\gamma : [0, 2\pi] \to \mathbb{C}$, $\gamma(t) = \mathrm{e}^{\mathrm{i}t}$ und sei $g : |\gamma| \to \mathbb{C}$ stetig. Zeigen Sie:
$$\overline{\int_\gamma g(\zeta)\mathrm{d}\zeta} = -\int_\gamma \overline{g(\zeta)}\zeta^{-2}\mathrm{d}\zeta.$$
3. Für $a, b \in \mathbb{R}$ sei $\gamma : [0, 2\pi] \to \mathbb{C}$, $\gamma(t) = a\cos t + \mathrm{i}b\sin t$. Berechnen Sie $\int_\gamma |\zeta|^2\mathrm{d}\zeta$.

6.3 Eigenschaften komplexer Wegintegrale

Wir übertragen zunächst die Rechenregeln aus 6.1.1 auf Wegintegrale. Mit Hilfe des Begriffs der euklidischen Länge eines Weges ergibt sich die für Anwendungen unentbehrliche Standardabschätzung für Wegintegrale (Abschnitt 2), aus der z.B. Vertauschungssätze für solche Integrale unmittelbar folgen (Abschnitt 3).

Satz 6.3.1 (Rechenregeln). *Für alle* $f, g \in C(|\gamma|)$ *gilt:*

1) $\int_\gamma (f+g)\mathrm{d}z = \int_\gamma f\mathrm{d}z + \int_\gamma g\mathrm{d}z$, $\int_\gamma cf\mathrm{d}z = c\int_\gamma f\mathrm{d}z$ *für alle* $c \in \mathbb{C}$.
2) Ist $\widehat{\gamma}$ *ein Weg, dessen Anfangspunkt der Endpunkt von* γ *ist, so gilt:*

$$\int_{\gamma+\widehat{\gamma}} f\mathrm{d}z = \int_\gamma f\mathrm{d}z + \int_{\widehat{\gamma}} f\mathrm{d}z \quad \textit{für alle } f \in C(|\gamma+\widehat{\gamma}|).$$

Beweis. Auf Grund der Definition (6.1) in 6.2.2 genügt es, die Regel 1) für stetig differenzierbare Wege zu verifizieren. Dann folgt 1) sofort aus der entsprechenden Regel 1) in 6.1.1; z.B. gilt, falls γ durch $\gamma(t)$, $t \in [a,b]$, gegeben wird:

$$\int_\gamma cf\mathrm{d}z = \int_a^b cf(\gamma(t))\gamma'(t)\mathrm{d}t = c\int_a^b f(\gamma(t))\gamma'(t)\mathrm{d}t = c\int_\gamma f\mathrm{d}z.$$

Die Regel 2) ergibt sich unmittelbar aus der Definition (6.1) in 6.2.2. □

Um das Analogon der Umkehrregel 3) aus 6.1.1 zu erhalten, ordnen wir jedem Weg $\gamma : I \to \mathbb{C}$ vermöge $\gamma \circ \varphi : I \to \mathbb{C}$, wobei $\varphi : I \to I$, $t \mapsto \varphi(t) := a + b - t$, seinen *Umkehrweg* $-\gamma$ zu. Anschaulich ist $-\gamma$ der „umgekehrt durchlaufenen Weg γ". Es existiert stets der Summenweg $\gamma + (-\gamma)$; für jeden Summenweg $\gamma + \widehat{\gamma}$ gilt: $-(\gamma+\widehat{\gamma}) = -\widehat{\gamma} + (-\gamma)$.

γ und $-\gamma$ haben denselben Träger. Mit γ ist auch $-\gamma$ stückweise stetig differenzierbar. Die Wege γ, $-\gamma$ sind aber *nicht* vermöge φ äquivalent, da $\varphi'(t) = -1 < 0$. Integrale längs $-\gamma$ bestimmt man mittels

Satz 6.3.2 (Umkehrregel). $\displaystyle\int_{-\gamma} f\mathrm{d}z = -\int_\gamma f\mathrm{d}z$ *für alle* $f \in C(|\gamma|)$.

Beweis. Man braucht nur stetig differenzierbare Wege zu betrachten. Anwendung der Substitutionsregel auf $f(\gamma(t))\gamma'(t)$ liefert wegen $\varphi(a) = b$, $\varphi(b) = a$:

$$\int_{-\gamma} f\mathrm{d}z = \int_a^b f(\gamma(\varphi(t)))\gamma'(\varphi(t))\varphi'(t)\mathrm{d}t = \int_b^a f(\gamma(t))\gamma'(t)\mathrm{d}t.$$

Die Umkehrregel 3) aus 6.1.1 ergibt nun $\int_{-\gamma} f\mathrm{d}z = -\int_a^b f(\gamma(t))\gamma'(t)\mathrm{d}t = -\int_\gamma f\mathrm{d}z$. □

Regel 4) aus 6.1.1 ist nicht übertragbar: i.allg. ist $\mathrm{Re}\int_\gamma f\mathrm{d}z \neq \int_\gamma \mathrm{Re} f\mathrm{d}z$, so gilt z.B. $\int_\gamma \mathrm{d}z = \mathrm{i}$ für $\gamma := [0,\mathrm{i}]$, also $0 = \mathrm{Re}\int_\gamma f\mathrm{d}z$, aber $\int_\gamma \mathrm{Re} f\mathrm{d}z = \mathrm{i}$ mit $f := 1$.

Wir benötigen in der Funktionentheorie Integrale $\int_\gamma f(z)\mathrm{d}z$ und nirgends solche der Form $\int_\gamma f(z)\mathrm{d}\overline{z}$. Erstere sind invariant unter holomorphen Abbildungen.

Satz 6.3.3 (Transformationsregel). *Es sei $g : \widehat{D} \to D$ eine holomorphe Abbildung mit stetiger Ableitung g'; es sei $\widehat{\gamma}$ ein Weg in $\widehat{D}$ und $\gamma := g \circ \widehat{\gamma}$ der Bildweg in D. Dann gilt*

$$\int_\gamma f(z)\mathrm{d}z = \int_{\widehat{\gamma}} f(g(\zeta))g'(\zeta)\mathrm{d}\zeta \quad \text{für alle } f \in \mathcal{C}(|\gamma|).$$

Beweis. Wir dürfen $\widehat{\gamma} = \widehat{\gamma}(t)$ als stetig differenzierbar annehmen. Dann folgt

$$\int_\gamma f(z)\mathrm{d}z = \int_a^b f(g(\widehat{\gamma}(t)))g'(\widehat{\gamma}(t))\widehat{\gamma}'(t)\mathrm{d}t = \int_{\widehat{\gamma}} f(g(\zeta))g'(\zeta)\mathrm{d}\zeta.$$

□

6.3.1 Standardabschätzung

Für jeden stetig differenzierbaren Weg $\gamma : [a, b] \to \mathbb{C}$, $t \mapsto z(t) = x(t) + \mathrm{i}y(t)$, heißt das (reelle) Integral

$$L(\gamma) := \int_a^b |z'(t)|\mathrm{d}t = \int_a^b \sqrt{x'(t)^2 + y'(t)^2}\mathrm{d}t$$

die *(euklidische) Länge von γ* (es läßt sich zeigen, daß äquivalente Wege gleich lang sind); wir motivieren die Wortwahl durch zwei

Beispiele 6.3.1. 1. Die durch $z(t) = (1 - t)z_0 + tz_1$, $t \in [0, 1]$, gegebene Strecke $[z_0, z_1]$ hat wegen $z'(t) = z_1 - z_0$ die Länge

$$L([z_0, z_1]) = \int_0^1 |z_1 - z_0|\mathrm{d}t = |z_1 - z_0| \quad \text{(wie es sein soll).}$$

2. Der durch $z(t) = c + r\mathrm{e}^{\mathrm{i}t}$, $t \in [a, b]$, gegebene Kreisbogen γ auf der Kreisscheibe $B_r(c)$ hat wegen $|z'(t)| = |r\mathrm{e}^{\mathrm{i}t}| = r$ die Länge $L(\gamma) = r(b - a)$. Die Länge der gesamten Kreisperipherie $\partial B_r(c)$ ergibt sich mit $a := 0$, $b := 2\pi$ zu $L(\partial B_r(c)) = 2r\pi$ in Übereinstimmung mit der Elementargeometrie. □

Ist $\gamma = \gamma_1 + \gamma_2 + \ldots + \gamma_m$ ein Weg mit stetig differenzierbaren Teilwegen γ_μ, so nennen wir

$$L(\gamma) := L(\gamma_1) + L(\gamma_2) + \ldots + L(\gamma_m)$$

die (euklidische) Länge von γ. Wir beweisen den fundamentalen

Satz 6.3.4 (Standardabschätzung für Wegintegrale). *Für jeden (stückweise stetig differenzierbaren) Weg γ in $\mathbb{C}$ und jede Funktion $f \in \mathcal{C}(|\gamma|)$ gilt:*

$$\left|\int_\gamma f\mathrm{d}z\right| \le |f|_\gamma L(\gamma), \quad \text{wobei } |f|_\gamma = \max_{t\in[a,b]} |f(\gamma(t))|.$$

Beweis. Sei zunächst γ stetig differenzierbar. Dann folgt

$$|\int_\gamma f\mathrm{d}z| = \left|\int_a^b f(\gamma(t))\gamma'(t)\mathrm{d}t\right| \leq \int_a^b |f(\gamma(t))|\,|\gamma'(t)|\mathrm{d}t$$

auf Grund der Standardabschätzung (Satz 6.1.3). Da $|f(\gamma(t))| \leq |f|_\gamma$ für alle $t \in [a,b]$, so folgt die Behauptung wegen der Monotonie reeller Integrale.

Sei nun $\gamma = \gamma_1 + \gamma_2 + \ldots + \gamma_m$ irgendein Weg. Da $\int_\gamma f\mathrm{d}z = \sum_1^m \int_{\gamma_\mu} f\mathrm{d}z$ und $|f|_{\gamma_\mu} \leq |f|_\gamma$ (wegen $|\gamma_\mu| \subset |\gamma|$), so folgt nach dem schon Bewiesenen:

$$|\int_\gamma f\mathrm{d}z| \leq \sum_1^m |\int_{\gamma_\mu} f\mathrm{d}z| \leq \sum_1^m |f|_{\gamma_\mu} L(\gamma_\mu) \leq |f|_\gamma \sum_1^m L(\gamma_\mu) = |f|_\gamma L(\gamma).$$

□

In der Standardabschätzung gilt übrigens das Zeichen $<$ immer dann, wenn für wenigstens einen Punkt $c \in |\gamma|$ gilt $|f(c)| < |f|_\gamma$ (warum?). Diese Verschärfung wird in diesem Buch nirgends echt benutzt, als Anwendung zeigen wir hier:

$$|\mathrm{e}^z - 1| < |z| \quad \textit{für alle } z \in \mathbb{C} \textit{ mit } \operatorname{Re} z < 0.$$

Beweis. Da $\int_0^z \mathrm{e}^\zeta \mathrm{d}\zeta = \mathrm{e}^z - 1$ und $|\mathrm{e}^\zeta| = \mathrm{e}^{\operatorname{Re}\zeta} < 1$ für alle $\zeta \in \mathbb{C}$ mit $\operatorname{Re}\zeta < 0$, so folgt nach der verschärften Standardabschätzung (mit $\gamma := [0, z]$, $f(\zeta) := \mathrm{e}^\zeta$):

$$|\mathrm{e}^z - 1| = \left|\int_0^z \mathrm{e}^\zeta \mathrm{d}\zeta\right| < |z|, \quad \text{falls } \operatorname{Re} z < 0.$$

□

6.3.2 Vertauschungssätze

Mit Hilfe der Standardabschätzung folgt leicht, daß Integration und Limesbildung von Funktionen vertauschbar sind.

Satz 6.3.5 (Vertauschungssatz für Folgen). *Es sei γ ein Weg und $f_n \in \mathcal{C}(|\gamma|)$ eine Funktionenfolge, die in $|\gamma|$ gleichmäßig gegen eine Funktion $f : |\gamma| \to \mathbb{C}$ konvergiert. Dann gilt:*

$$\lim \int_\gamma f_n \mathrm{d}z = \int_\gamma (\lim f_n)\mathrm{d}z = \int_\gamma f\mathrm{d}z.$$

Beweis. Es gilt $f \in \mathcal{C}(|\gamma|)$ nach dem Stetigkeitssatz 3.1.2; daher existiert $\int_\gamma f\mathrm{d}z$. Nach der Standardabschätzung folgt wegen $\lim |f_n - f|_\gamma = 0$:

$$|\int_\gamma f_n \mathrm{d}z - \int_\gamma f\mathrm{d}z| = |\int_\gamma (f_n - f)\mathrm{d}z| \leq |f_n - f|_\gamma L(\gamma) \to 0.$$

□

Durch Betrachtung von Partialsummen gewinnt man den

Satz 6.3.6 (Vertauschungssatz für Reihen). *Es sei γ ein Weg und $\sum f_\nu$, $f_\nu \in \mathcal{C}(|\gamma|)$, eine Funktionenreihe, die in $|\gamma|$ gleichmäßig gegen eine Funktion $f : |\gamma| \to \mathbb{C}$ konvergiert. Dann gilt:*

$$\sum \int_\gamma f_\nu \mathrm{d}z = \int_\gamma \left(\sum f_\nu\right) \mathrm{d}z = \int_\gamma f \mathrm{d}z.$$

Die große Bedeutung der Vertauschungssätze für die Funktionentheorie wird erst nach und nach klar werden; z.B. folgt aus ihnen der Weierstraßsche Satz über die Holomorphie der Grenzfunktion von kompakt konvergenten Folgen holomorpher Funktionen (vgl. 8.4.1). Im nächsten Abschnitt geben wir eine erste Anwendung; dabei sind (wie fast immer) die vorkommenden Reihen normal konvergent.

6.3.3 Das Integral $\frac{1}{2\pi i} \int_{\partial B} \frac{d\zeta}{\zeta - z}$, $B = B_r(c)$

Die Berechnung durch explizite Integration über den Kreisrand bereitet Schwierigkeiten, falls $z \neq c$. Wir werten das Integral daher nicht direkt aus, sondern reduzieren es (durch einen Trick) auf den Fall $z = c$. Dies gelingt mittels der geometrischen Reihe.

Lemma 6.3.1. *Es gelten folgende Gleichungen*

(1)

$$\frac{1}{\zeta - z} = \frac{1}{\zeta - c} \sum_0^\infty \left(\frac{z-c}{\zeta - c}\right)^\nu \quad \textit{für alle } \zeta, z \textit{ mit } |z-c| < |\zeta - c|,$$

(2)

$$\frac{1}{\zeta - z} = \frac{-1}{z - c} \sum_0^\infty \left(\frac{\zeta - c}{z-c}\right)^\nu \quad \textit{für alle } \zeta, z \textit{ mit } |z-c| > |\zeta - c|;$$

die Reihe (1) bzw. (2) konvergiert als Reihe in ζ bei vorgegebener Kreisscheibe $B = B_r(c)$ normal auf ∂B für jedes $z \in \mathbb{C} \setminus \partial B$.

Beweis. Man hat

$$\frac{1}{\zeta - z} = \frac{1}{\zeta - c} \cdot \frac{1}{1 - (z-c)/(\zeta - c)} = \frac{1}{\zeta - c} \cdot \sum_{\nu=0}^\infty \left(\frac{z-c}{\zeta - c}\right)^\nu$$

für $|z - c| < |\zeta - c| =: r$, d.h. $z \in B_r(c)$, und

$$\frac{1}{\zeta - z} = \frac{1}{z - c} \cdot \frac{-1}{1 - (\zeta - c)/(z-c)} = \frac{1}{z-c} \cdot \sum_{\nu=0}^\infty \left(\frac{\zeta - c}{z-c}\right)^\nu$$

für $r < |z-c|$, d.h. $z \notin \overline{B_r(c)}$.

Setzt man $q := |z-c|r^{-1}$, so gilt $0 \le q < 1$ für festes $z \in B$ und $\max_{\zeta \in \partial B} \left| \left(\frac{z-c}{\zeta - c} \right)^n \right| = q^n$, $n \in \mathbb{N}$. Daher ist die Reihe (1) in ζ auf ∂B normal konvergent. Entsprechend folgt die normale Konvergenz der Reihe (2). □

Satz 6.3.7. $\displaystyle \frac{1}{2\pi \mathrm{i}} \int_{\partial B} \frac{\mathrm{d}\zeta}{\zeta - z} = \begin{cases} 1 & \textit{für } z \in B \\ 0 & \textit{für } z \in \mathbb{C} \setminus \overline{B}. \end{cases}$

Beweis. 1. Im Falle $z \in B$ gilt $\int_{\partial B} \frac{\mathrm{d}\zeta}{\zeta - z} = \sum_0^\infty (z-c)^\nu \int_{\partial B} \frac{\mathrm{d}\zeta}{(\zeta - c)^{\nu+1}}$ nach (1) und dem Vertauschungssatz für Reihen. Nach 6.2.3 verschwinden rechts alle Integrale bis auf das erste, welches den Wert $2\pi\mathrm{i}$ hat.

2. Im Falle $z \in \mathbb{C} \setminus \overline{B}$ gilt $\int_{\partial B} \frac{\mathrm{d}\zeta}{\zeta - z} = -\sum_0^\infty \frac{1}{(z-c)^{\nu+1}} \int_{\partial B} (\zeta - c)^\nu \mathrm{d}\zeta$ nach (2) und dem Vertauschungssatz. Jetzt verschwinden nach 6.2.3 alle Integrale ausnahmslos.

□

Einen weiteren Beweis für den Fall $z \in B$ mit Hilfe des Cauchyschen Integralsatzes findet man in 7.1.2.

Der in diesem Abschnitt benutzte Trick der geometrischen Reihenentwicklung von $1/(\zeta - z)$ um c spielt bei der Entwicklung holomorpher Funktionen in Potenzreihen eine Schlüsselrolle (vgl. auch 7.3.1).

In der *Indextheorie* wird für jeden *geschlossenen* Weg γ das Integral $\frac{1}{2\pi\mathrm{i}} \int_\gamma \frac{\mathrm{d}\zeta}{\zeta - z}$ als Funktion von $z \in \mathbb{C} \setminus |\gamma|$ studiert. Wir werden sehen, daß diese Integralfunktion lokal-konstant ist, nur Werte in $\mathbb{Z}$ hat und für „große Werte" von z stets verschwindet (vgl. 9.5.1).

Aufgaben

1. Sei $G := \{z \in \mathbb{E} : \operatorname{Re} z + \operatorname{Im} z > 1\}$. Konstruieren Sie einen Weg γ mit $\partial G = |\gamma|$ und berechnen Sie $\int_\gamma \operatorname{Im} \zeta \mathrm{d}\zeta$ sowie $\int_\gamma \frac{\zeta}{|\zeta|} \mathrm{d}\zeta$.
2. Es seien $p(z)$ ein komplexes Polynom, $c \in \mathbb{C}$, $r \in \mathbb{R}$, $r > 0$. Zeigen Sie:

$$\int_{\partial B_r(c)} \overline{p(\zeta)} \mathrm{d}\zeta = 2\pi \mathrm{i} r^2 \overline{p'(c)}.$$

3. Sei $\gamma : [a,b] \to \mathbb{C}$ eine stetig differenzierbarer Weg mit $\gamma'(t) \neq 0$ für alle $t \in [a,b]$. Dann gibt es einen zu γ äquivalenten Weg $\widehat{\gamma} : [\widehat{a}, \widehat{b}] \to \mathbb{C}$ mit $|\widehat{\gamma}(t)| = 1$ für alle $t \in [\widehat{a}, \widehat{b}]$.
4. Sei $t_n(z) := 1 + z + \frac{1}{2!} z^2 + \ldots + \frac{1}{n!} z^n$ das n-te Taylorpolynom zu e^z. Dann gilt $|\mathrm{e}^z - t_n(z)| \le |z|^{n+1}$ für alle $n \in \mathbb{N}$ und alle $z \in \mathbb{C}$ mit $\operatorname{Re} z < 0$.

6.4 Wegunabhängigkeit von Integralen, Stammfunktionen

Das Wegintegral $\int_\gamma f\mathrm{d}\zeta$ ist bei vorgegebenem $f \in \mathcal{C}(D)$ eine *Funktion der in D verlaufenden Wege* γ. Zwei Punkte $z_A, z_E \in D$ lassen sich, wenn überhaupt, auf mannigfache Weise in D durch Wege γ verbinden. Wir sahen in 6.2.3, daß selbst für eine in D holomorphe Funktion das Integral $\int_\gamma f\mathrm{d}\zeta$ i.allg. nicht nur vom Anfangspunkt z_A und dem Endpunkt z_E des Weges allein, sondern auch noch vom Verlauf des Weges γ in D selbst abhängt. Wir diskutieren hier Bedingungen, die eine *Wegunabhängigkeit* des Integrals $\int_\gamma f\mathrm{d}\zeta$ in dem Sinne garantieren, daß sein Wert allein durch den Anfangs- und Endpunkt des Weges allein bestimmt ist.

6.4.1 Stammfunktionen

Wir wollen den in 6.1.2 eingeführten Begriff der Stammfunktion auf holomorphe Funktionen (bzgl. der Ableitungen nach der komplexen Variablen) verallgemeinern. Grundlegend ist folgender

Satz 6.4.1. *Ist f stetig in D, so sind folgende Aussagen über eine Funktion $F : D \to \mathbb{C}$ äquivalent:*

i) F ist holomorph in D, und es gilt $F' = f$.
ii) Für jeden Weg γ in D mit Anfangspunkt w und Endpunkt z gilt:

$$\int_\gamma f\mathrm{d}\zeta = F(z) - F(w).$$

Beweis. i) $\Rightarrow$ ii). Ist $\gamma : [a, b] \to D$, $t \mapsto \zeta(t)$ stetig differenzierbar, so gilt

$$\int_\gamma f\mathrm{d}\zeta = \int_a^b f(\zeta(t))\zeta'(t)\mathrm{d}t = \int_a^b F'(\zeta(t))\zeta'(t)\mathrm{d}t.$$

Da $F'(\zeta(t))\zeta'(t) = \frac{\mathrm{d}}{\mathrm{d}t}F(\zeta(t))$ nach der Kettenregel (vgl. 6.1.2), so folgt wegen $w = \zeta(a)$ und $z = \zeta(b)$ und auf Grund des Fundamentalsatzes 6.1.5 für $F(\zeta(t))$:

$$\int_\gamma f\mathrm{d}\zeta = \int_a^b \frac{\mathrm{d}}{\mathrm{d}t}F(\zeta(t))\mathrm{d}t = F(\zeta(b)) - F(\zeta(a)) = F(z) - F(w).$$

Ist nun $\gamma = \gamma_1 + \ldots + \gamma_m$ irgendein Weg in D von w nach z und bezeichnet $z_A(\gamma_\mu)$ bzw. $z_E(\gamma_\mu)$ den Anfangs- bzw. Endpunkt von γ_μ, $1 \leq \mu < m$, so gilt $w = z_A(\gamma_1)$, $z_E(\gamma_\mu) = z_a(\gamma_{\mu+1})$ für $\mu = 1, \ldots, m-1$, $z_E(\gamma_m) = z$, so daß nach dem schon Bewiesenen folgt:

$$\int_\gamma f\mathrm{d}\zeta = \sum_{\mu=1}^{m} \int_{\gamma_\mu} f\mathrm{d}\zeta = \sum_{\mu=1}^{m}(F(z_E(\gamma_\mu)) - F(z_A(\gamma_\mu)) = F(z) - F(w).$$

□

ii) $\Rightarrow$ i). Wir zeigen, daß für jeden Punkt $c \in D$ gilt: $F'(c) = f(c)$. Es sei $\overline{B} \subset D$ eine Kreisscheibe um c. Nach Voraussetzung gilt

$$F(z) = F(c) + \int_{[c,z]} f d\zeta \quad \text{für alle } z \in B.$$

Wir setzen

$$F_1(z) := \frac{F(z) - F(c)}{z - c} = \frac{1}{z - c} \int_{[c,z]} f d\zeta \quad \text{für } z \in B \setminus \{c\}.$$

Zeigt man, daß $F_1(z)$ durch $F_1(c) := f(c)$ zu einer in $c \in B$ stetigen Funktion wird, so folgt, daß F in $z = c$ komplex differenzierbar ist und $F'(c) = f(c)$ gilt. Für $z \in B \setminus \{c\}$ gilt:

$$F_1(z) - F_1(c) = \frac{1}{z - c} \int_{[c,z]} (f(\zeta) - f(c)) d\zeta \quad \text{wegen} \int_{[c,z]} d\zeta = z - c.$$

Da die Strecke $[c, z]$ die Länge $|z - c|$ hat, so folgt (Standardabschätzung):

$$|F_1(z) - F_1(c)| \leq \frac{1}{|z - c|} |f - f(c)|_{[c,z]} \cdot |z - c| \leq |f - f(c)|_{\overline{B}}$$

für alle $z \in B$. Da f stetig in c ist, so ergibt sich die Stetigkeit von F_1 in c. □

Wir nennen fortan $F : D \to \mathbb{C}$ eine *Stammfunktion zu* $f \in \mathcal{C}(D)$, wenn F die Eigenschaften i) und ii) des Satzes erfüllt.

6.4.2 Bemerkungen über Stammfunktionen, Integrabilitätskriterium

Satz 6.4.1 liefert ein wichtiges Hilfsmittel zur Berechnung komplexer Wegintegrale. Sobald man eine Stammfunktion F zu f kennt, braucht man lediglich die Differenz zweier Werte von F zu bestimmen. Stammfunktionen lassen sich häufig auf Grund von 6.4.1 i) direkt angeben. So hat z.B. für jede ganze Zahl $n \neq -1$ die Funktion z^n in $\mathbb{C}^\times$ (bzw. in $\mathbb{C}$, falls $n \geq 0$) die Stammfunktion $\frac{z^{n+1}}{n+1}$; daher gilt $\int_\gamma \zeta^n d\zeta = 0$ für *jeden* geschlossenen Weg γ in $\mathbb{C}^\times$ und alle $n \in \mathbb{Z}$, $n \neq -1$.

Da $\int_{\partial B} (\zeta - c)^{-1} d\zeta = 2\pi i$ nach Satz 6.3.7 für jede Kreisscheibe B um c gilt, so ist klar:

Satz 6.4.2. *Ist $c \in \mathbb{C}$ irgendein Punkt, so gibt es keine Umgebung U von c, so daß die Funktion $(z - c)^{-1} \in \mathcal{O}(\mathbb{C} \setminus \{c\})$ in $U \setminus \{c\}$ eine Stammfunktion hat.*

Für $c := 0$ reflektiert dies die bereits in 5.4.4 gewonnene Einsicht, daß es in $\mathbb{C}^\times$ keine Logarithmusfunktion gibt.

Jede konvergente Potenzreihe $f(z) = \sum a_\nu (z-c)^\nu$ hat in ihrem Konvergenzkreis $B_R(c)$ die konvergente Potenzreihe $F(z) = \sum \frac{a_\nu}{\nu+1}(z-c)^{\nu+1}$ zur Stammfunktion; dies folgt unmittelbar aus Satz 4.3.2. □

Satz 6.4.3. *Ist F holomorph in D und gilt $F' = 0$ in D, so ist F lokalkonstant in D.*

Beweis. Nach Voraussetzung ist F Stammfunktion zur Nullfunktion 0. Da sich in jedem Kreis $B \subset D$ jeder Punkt $z \in B$ mit dem Mittelpunkt c radial verbinden läßt, so folgt:

$$F(z) - F(c) = \int_\gamma 0 \mathrm{d}\zeta = 0, \quad \text{d.h.} \quad F(z) = F(c) \quad \text{für alle } z \in B.$$

□

Damit haben wir, wie in 1.3.3 angekündigt, einen weiteren Beweis für den wichtigen Satz 1.3.4. – Es folgt nun auch unmittelbar:

Sind $F, \widehat{F} \in \mathcal{O}(D)$ Stammfunktionen zu f, so ist $\widehat{F} - F$ lokal-konstant in D.

Jede Funktion $f \in \mathcal{C}(I)$ hat Stammfunktionen (Existenzaussage des Fundamentalsatzes 6.1.5). Geht man von Intervallen zu Bereichen D in $\mathbb{C}$ über, so bleibt diese Aussage nicht mehr ohne weiteres richtig. Es ist vielmehr eine besondere Eigenschaft einer Funktion $f \in \mathcal{C}(D)$, eine Stammfunktion in D zu haben. Man nennt solche Funktionen *integrabel* in D (*im Sinne der Funktionentheorie*).

Nach Satz 6.4.1 ist klar, daß für eine in D integrable Funktion f alle Integrale $\int_\gamma f \mathrm{d}\zeta$ längs geschlossener Wege γ in D verschwinden. Diese Eigenschaft ist charakteristisch für Integrabilität; wir erhalten so als Analogon zur Existenzaussage des Fundamentalsatzes 6.1.5

Satz 6.4.4 (Integrabilitätskriterium). *Folgende Aussagen über eine in D stetige Funktion f sind äquivalent:*

i) f ist integrabel in D.
ii) Für jeden geschlossenen Weg γ gilt: $\int_\gamma f \mathrm{d}\zeta = 0$.

Ist ii) erfüllt und ist D ein Gebiet, so gewinnt man eine Stammfunktion F zu f in D wie folgt: man fixiert einen Punkt $z_1 \in D$, wählt zu jedem Punkt $z \in D$ „irgendwie" einen Weg γ_z in D von z_1 nach z und setzt:

$$F(z) := \int_{\gamma_z} f \mathrm{d}\zeta, \quad z \in D.$$

Beweis. Es ist nur die Implikation ii) $\Rightarrow$ i) zu verifizieren. Da Wege stets in Zusammenhangskomponenten von D verlaufen, vgl. 0.6.4, so darf man annehmen, daß D ein Gebiet ist. Um zu zeigen, daß F eine Stammfunktion von f ist, sei γ irgendein Weg in D von w nach z. Wir wählen Wege γ_w, γ_z in D von z_1 nach w bzw. z. Dann ist $\gamma_w + \gamma - \gamma_z$ ein geschlossener Weg in D, daher gilt

$$0 = \int_{\gamma_w+\gamma-\gamma_z} f d\zeta = \int_{\gamma_w} f d\zeta + \int_\gamma f d\zeta - \int_{\gamma_z} f d\zeta = F(w) + \int_\gamma f d\zeta - F(z).$$

Mithin erfüllt F die Eigenschaft ii) von Satz 6.4.1. □

Wir werden in 8.2.1 sehen, daß integrable Funktionen stets holomorph sind. Schreibt man $f = u+iv$, so geht die eine komplexe Gleichung $\int_\gamma f dz = 0$ auf Grund von Satz 6.2.1 über in die zwei reellen Gleichungen

$$\int_\gamma (u dx - v dy) = 0 \quad \text{und} \quad \int_\gamma (v dx + u dy) = 0$$

(vgl. hierzu auch 6.2.4).

6.4.3 Integrabilitätskriterium für Sterngebiete

Die Bedingung, daß *alle* Integrale $\int_\gamma f d\zeta$ längs *aller* in G geschlossener Wege γ verschwinden, ist in praxi nicht verifizierbar; daher ist das Integrabilitätskriterium 6.4.4 für Anwendungen weitgehend unbrauchbar. Es ist für die Cauchysche Theorie von fundamentaler Bedeutung, daß die in Rede stehende Bedingung für spezielle Gebiete in $\mathbb{C}$ wesentlich abgeschwächt werden kann.

Eine Menge $M \subset \mathbb{C}$ heißt *sternartig*, wenn es einen Punkt $z_1 \in M$ gibt, so daß für jeden Punkt $z \in M$ die Strecke $[z_1, z]$ in M liegt; alsdann heißt z_1 ein *Zentrum* von M (vgl. Figur links). Es ist klar, daß jeder sternartige Bereich D in $\mathbb{C}$ ein Gebiet ist, solche Gebiete heißen *Sterngebiete*.

Eine Menge $M \subset \mathbb{C}$ heißt *konvex*, wenn *alle* Strecken $[w, z]$, $w, z \in M$, in M liegen; konvexe Mengen wurden bereits im Altertum von ARCHIMEDES anläßlich seiner Untersuchungen über Flächeninhalte eingeführt. Jede konvexe Menge ist sternartig mit jedem ihrer Punkte als Zentrum. Speziell ist jeder konvexe Bereich in $\mathbb{C}$, z.B. jede Kreisscheibe, ein Sterngebiet. Die längs der negativen reellen Achse geschlitzte Ebene $\mathbb{C}^-$ (vgl. 2.2.3) ist ein (nicht konvexes) Sterngebiet, alle Punkte $x \in \mathbb{R}$, $x > 0$, (und keine anderen) sind Zentren von $\mathbb{C}^-$. Die punktierte Ebene $\mathbb{C}^\times$ ist kein Sterngebiet.

Wir wollen zeigen, daß es beim Studium des Integrabilitätsproblems in Sterngebieten genügt, anstelle aller geschlossenen Wege nur Dreiecksränder zu betrachten. Sind $z_1, z_2, z_3 \in \mathbb{C}$ drei Punkte, so heißt die kompakte Menge

$$\begin{aligned} \Delta &:= \{z \in \mathbb{C} : z = z_1 + s(z_2 - z_1) + t(z_3 - z_1), s \geq 0, t \geq 0, s + t \leq 1\} \\ &= \{z \in \mathbb{C} : z = t_1 z_1 + t_2 z_2 + t_3 z_3, t_1 \geq 0, t_2 \geq 0, t_3 \geq 0, t_1 + t_2 + t_3 = 1\} \end{aligned}$$

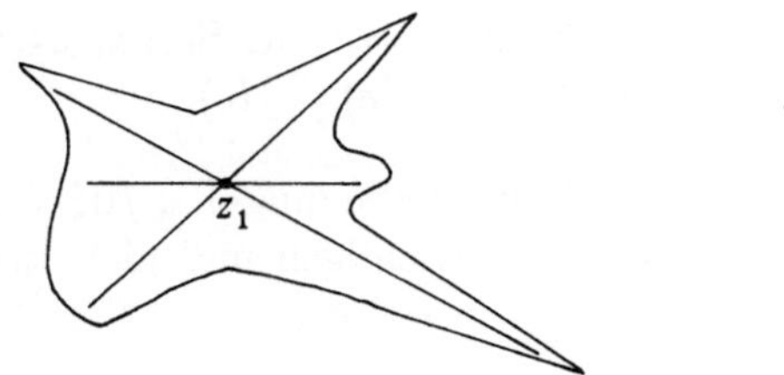

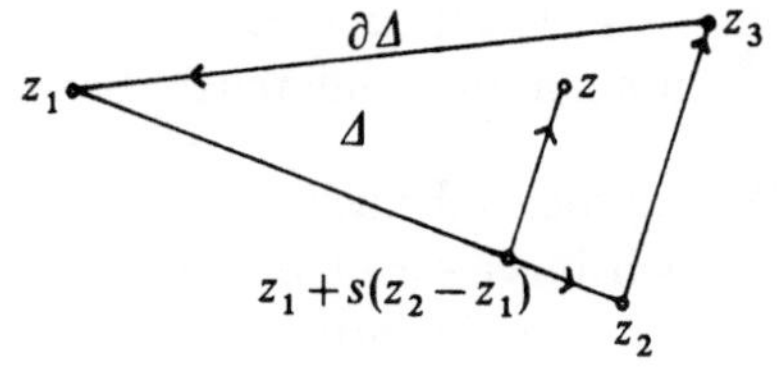

das *(kompakte)* Dreieck mit (den) *Eckpunkten* z_1, z_2, z_3 *(baryzentrische Darstellung).*

Der geschlossene Streckenzug

$$\partial\Delta := [z_1, z_2] + [z_2, z_3] + [z_3, z_1]$$

heißt *der Rand von* Δ (mit Anfangs- und Endpunkt z_1); der Träger $|\partial\Delta|$ ist wieder der mengentheoretische Rand von Δ (vgl. Figur rechts). Wir behaupten:

Satz 6.4.5 (Integrabilitätskriterium für Sterngebiete). *Es sei G ein Sterngebiet mit Zentrum z_1. Es sei $f \in \mathcal{C}(G)$, für den Rand $\partial\Delta$ eines jeden Dreiecks $\Delta \subset G$, das z_1 als Eckpunkt hat, gelte $\int_{\partial\Delta} f d\zeta = 0$.*

Dann ist f integrabel in G, die Funktion

$$F(z) := \int_{[z_1, z]} f d\zeta, \quad z \in G,$$

ist eine Stammfunktion zu f in G; speziell gilt $\int_\gamma f d\zeta = 0$ für jeden geschlossenen Weg γ in G.

Beweis. Da G ein Sterngebiet ist, so gilt $[z_1, z] \subset G$ für alle $z \in G$, daher ist F wohldefiniert. Sei $c \in G$ fixiert. Wird z nahe genug bei c gewählt, so liegt das Dreieck Δ mit den Eckpunkten z_1, c, z in G.

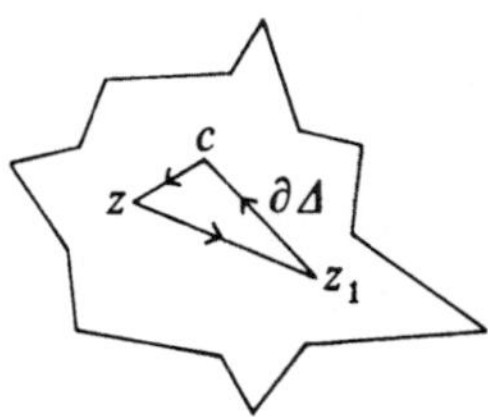

Da nach Voraussetzung das Integral von f längs $\partial\Delta = [z_1, c]+[c, z]+[z, z_1]$ verschwindet, so gilt:

$$F(z) = F(c) + \int_{[c,z]} f d\zeta, \quad z \in G \text{ nahe bei } c.$$

Hieraus folgt wörtlich wie im Beweis der Implikation ii) $\Rightarrow$ i) des Satzes 6.4.1, daß F in c komplex differenzierbar ist, und daß gilt: $F'(c) = f(c)$. $\square$

Wir werden im nächsten Kapitel sehen, daß die Bedingung $\int_{\partial\Delta} f d\zeta = 0$ des soeben bewiesenen Integrabilitätskriteriums in wichtigen und nicht trivialen Fällen verifizierbar ist.

Aufgaben

1. Es seien $G := \mathbb{C} \setminus [0,1]$, $f : G \to \mathbb{C}$, $f(z) = \frac{1}{z(z-1)}$. Dann gilt $\int_\gamma f(\zeta) d\zeta = 0$ für jeden geschlossenen Weg γ in G.
2. Sei f_n eine Folge stetiger, integrabler Funktionen, die in D kompakt gegen die Funktion $f : D \to \mathbb{C}$ konvergiert. Dann ist auch f integrabel.
3. Seien G_1, G_2 Gebiete in $\mathbb{C}$ und $f : G_1 \cup G_2 \to \mathbb{C}$ stetig. Für jeden geschlossenen Weg γ in G_1 bzw. G_2 gelte $\int_\gamma f(\zeta) d\zeta = 0$. Ist $G_1 \cap G_2$ zusammenhängend, so gilt $\int_\gamma f(\zeta) d\zeta = 0$ für jeden geschlossenen Weg γ in $G_1 \cup G_2$.
4. Seien $R, c > 0$ und $U := \{z \in \mathbb{C} : |z-c|\,|z+c| < R^2\}$ (CASSINI-Bereich). Zeichnen Sie U für $c < R$, $c = R$, $c > R$. Zeigen Sie, daß U im Falle $c < R$ ein Sterngebiet ist (∂U ist eine Lemniskate) und andernfalls zwei Komponenten hat. *Hinweis:* Polarkoordinaten.

7. Integralsatz, Integralformel und Potenzreihenentwicklung

> Integralsatz und Integralformel sind zusammen von solcher Tragweite, dass man ohne Uebertreibung sagen kann, in diesen beiden Integralen liege die ganze jetzige Functionentheorie conzentrirt vor (L. KRONECKER 1984).

Das Zeitalter der komplexen Integration beginnt mit CAUCHY. Es ist somit nur folgerichtig, daß sein Name mit nahezu jedem wichtigen Resultat dieser Theorie veknüpft ist. In diesem Kapitel werden die Cauchyschen Hauptsätze in ihrer einfachsten Form hergeleitet und ausführlich diskutiert (Paragraphen 1 und 2). Als wichtigste Anwendung zeigen wir im Paragraphen 3, daß holomorphe Funktionen lokal in Potenzreihen entwickelbar sind. „Ceci marque un des plus grands progrès qui aient jamais été réalisés dans l'Analyse" ([Lin], S. 9/10). Als Folgerung aus dem Entwicklungssatz von CAUCHY-TAYLOR beweisen wir in 7.3.4 sofort den für viele Überlegungen unentbehrlichen Riemannschen Fortsetzungssatz. Im Paragraphen 4 besprechen wir weitere Konsequenzen des Entwicklungssatzes. In einem abschließenden Paragraphen betrachten wir die Taylorreihen der speziellen Funktionen $z \cot z$, $\tan z$, $z(\sin z)^{-1}$ um den Nullpunkt, die Koeffizienten dieser Reihen sind durch die sog. Bernoullischen Zahlen bestimmt. „ Le dévelloppement de Taylor rend d'importants services aux mathématiciens" (J. HADAMARD 1892).

7.1 Cauchyscher Integralsatz für Sterngebiete

Um den Hauptsatz 7.1.2 dieses Paragraphen beweisen zu können, brauchen wir neben dem Integrabilitätskriterium (Satz 6.4.5) noch das

7.1.1 Integrallemma von Goursat

Satz 7.1.1. *Es sei f holomorph im Bereich D. Dann gilt für den Rand $\partial\Delta$ eines jeden Dreiecks $\Delta \subset D$*

$$\int_{\partial\Delta} f \mathrm{d}\zeta = 0.$$

Zum Beweis benötigen wir zwei elementargeometrische Fakten über den Umfang von Dreiecken:

1. $\max_{w,t\in\Delta}|w-z| \leq L(\partial\Delta)$.
2. $L(\partial\Delta') = \frac{1}{2}L(\partial\Delta)$ *für jedes der vier kongruenten Teildreiecke* Δ', *die durch Ziehen der Verbindungsstrecken der Seitenmittelpunkte von* Δ *entstehen* (vgl. Figur links).

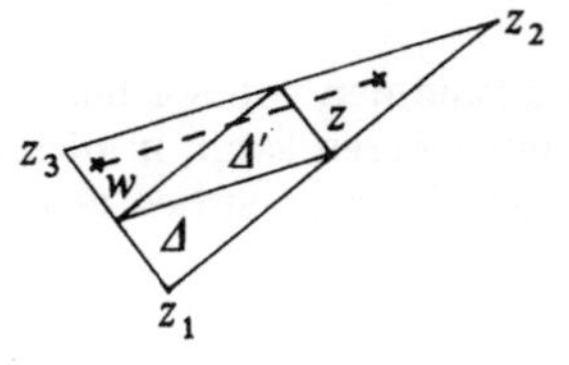

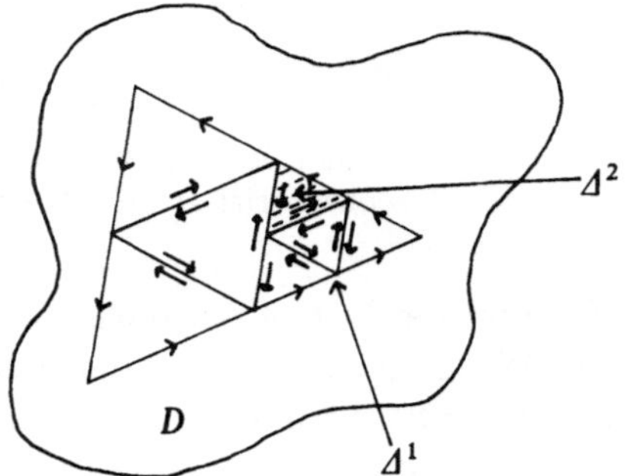

Beweis. Wir beweisen nun das Integrallemma. Wir setzen abkürzend $a(\Delta) := \int_{\partial\Delta} f d\zeta$. Teilt man Δ durch Ziehen der Verbindungsstrecken der Seitenmittelpunkte in vier kongruente Teildreiecke Δ_ν, $1 \leq \nu \leq 4$, so gilt:

$$a(\Delta) = \sum_1^4 \int_{\partial\Delta_\nu} f d\zeta = \sum_1^4 a(\Delta_\nu),$$

denn die Strecken zwischen den Seitenmittelpunkten werden je zweimal, und zwar entgegengesetzt, durchlaufen, so daß sich die zugehörigen Integrale wegheben (Umkehrregel), während die Summe der übrigen Seiten der Δ_ν gerade $\partial\Delta$ ist (vgl. Figur rechts).

Unter den vier Integralen $a(\Delta_\nu)$ wählen wir eines aus, das den größten Betrag hat. Wir bezeichnen das zugehörige Dreieck mit Δ^1, dann gilt also

$$|a(\Delta)| \leq 4|a(\Delta^1)|.$$

Man wendet nun das gleiche Unterteilungs- und Auswahlverfahren auf Δ^1 an. Man erhält ein Dreieck Δ^2, für das gilt: $|a(\Delta)| \leq 4|a(\Delta^1)| \leq 4^2|a(\Delta^2)|$. So fortfahrend entsteht eine absteigende Folge $\Delta^1 \supset \Delta^2 \ldots \supset \Delta^n \supset \ldots$ von kompakten Dreiecken, so daß gilt:

$$|a(\Delta)| \leq 4^n|a(\Delta^n)|, \quad n = 1, 2, \ldots. \tag{7.1}$$

Nach Vorbemerkung 2. folgt außerdem

$$L(\partial\Delta^n) = \frac{1}{2^n} L(\partial\Delta), \quad n = 1, 2, \ldots. \tag{7.2}$$

Der Durchschnitt $\bigcap_1^\infty \Delta^\nu$ besteht aus *genau einem* Punkt $c \in \Delta$ *(Prinzip der Intervallschachtelung)*. Wegen $f \in \mathcal{O}(D)$ gibt es eine Funktion $g \in \mathcal{C}(D)$, so daß

$$f(\zeta) = f(c) + f'(c)(\zeta - c) + (\zeta - c)g(\zeta), \quad \zeta \in D, \quad \text{wobei } g(c) = 0.$$

Da (z.B.) wegen der Existenz von Stammfunktionen

$$\int_{\partial\Delta^n} f(c)\mathrm{d}\zeta = 0 \quad \text{und} \quad \int_{\partial\Delta^n} f'(c)(\zeta - c)\mathrm{d}\zeta = 0 \quad \text{für alle } n \geq 1$$

gilt, so folgt:

$$a(\Delta^n) = \int_{\partial\Delta^n} (\zeta - c)g(\zeta)\mathrm{d}\zeta, \quad n = 1, 2, \ldots.$$

Wegen (7.1) und (7.2) folgt weiter

$$|a(\Delta)| \leq 4^n |a(\Delta^n)| \leq L(\partial\Delta)^2 |g|_{\partial\Delta^n}, \quad n = 1, 2, \ldots.$$

Wegen $g(c) = 0$ und der Stetigkeit von g in c gibt es zu jedem $\varepsilon > 0$ ein $\delta > 0$, so daß gilt $|g|_{B_\delta(c)} \leq \varepsilon$. Zu δ gibt es ein n_0, so daß $\Delta^n \subset B_\delta(c)$ für $n \geq n_0$. Damit ergibt sich: $|g|_{\partial\Delta^n} \leq \varepsilon$ für $n \geq n_0$, also

$$|a(\Delta)| \leq L(\Delta)^2 \varepsilon.$$

Da $\varepsilon > 0$ beliebig wählbar und $L(\Delta)$ eine feste Zahl ist, folgt $a|(\Delta)| = 0$. □

Es wird häufig mit Recht gesagt, daß sich aus dem Goursatschen Integrallemma die gesamte Cauchysche Funktionentheorie weitgehend ohne zusätzliche Rechnung entwickeln läßt.

7.1.2 Cauchyscher Integralsatz für Sterngebiete

Satz 7.1.2. *Es sei G ein Sterngebiet mit Zentrum c, es sei $f : G \to \mathbb{C}$ holomorph in G. Dann ist f integrabel in G; die Funktion $F(z) := \int_{[c,z]} f\mathrm{d}\zeta$, $z \in G$, ist eine Stammfunktion von f in G; speziell gilt:*

$$\int_\gamma f\mathrm{d}\zeta = 0 \quad \textit{für jeden geschlossenen Weg } \gamma \textit{ in } G.$$

Beweis. Da $f \in \mathcal{O}(G)$, so gilt $\int_{\partial\Delta} f\mathrm{d}\zeta = 0$ für den Rand eines jeden Dreiecks $\Delta \subset G$ auf Grund des Goursatschen Integrallemmas. Die Behauptung ergibt sich nun aus dem Integrabilitätskriterium 6.4.5 für Sterngebiete. □

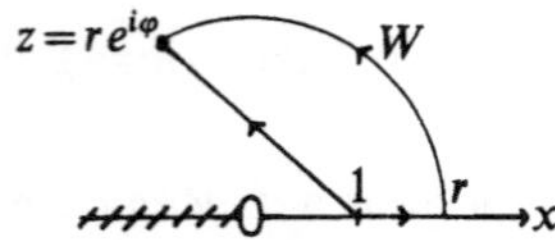

Wir machen sofort eine Anwendung: Im Sterngebiet $\mathbb{C}^-$ mit Zentrum 1 ist $\int_{[1,z]} \frac{d\zeta}{\zeta}$ eine Stammfunktion von $\frac{1}{z}$. Wählt man als Weg von 1 nach $z = re^{i\varphi}$ zunächst die Strecke $[1,r]$ und dann den Kreisbogen W von r nach z (vgl. Figur), so folgt wegen der Wegunabhängigkeit:

$$\int_{[1,z]} \frac{d\zeta}{\zeta} = \int_1^r \frac{dt}{t} + \int_0^{\varphi} \frac{ire^{it}}{re^{it}} dt = \log r + i\varphi.$$

Die angegebene Stammfunktion ist also der Hauptzweig der Logarithmusfunktion in $\mathbb{C}^-$; dies ist ein weiterer Beweis für die Existenz des Hauptzweiges.

7.1.3 Historisches zum Integralsatz

CAUCHY hat seinen Satz 1835 in $[C_2]$ aufgestellt. Die Publikationsart dieser klassischen Arbeit ist sehr seltsam. Sie war bald vergriffen und wurde erst 1874/75 – lange nachdem bereits RIEMANN und WEIERSTRASS ihre Funktionentheorie geschaffen hatten – als „Mélanges“ nachgedruckt im Bull. Sci. Math. Astron. 7, 265–304 (1874), nebst zwei Fortsetzungen im Bd. 8., 43–55 und 148–159 (1875). Eine deutsche Übersetzung *Abhandlung über bestimmte Integrale zwischen imaginären Grenzen* besorgte P. STÄCKEL 1900 in Ostwald's Klassikern, Nr. 112, 65 S.

Cauchys Schüler und Biograph VALSON lobte in seinem Werk *La vie et les travaux du baron Cauchy* (Paris 1868, 2 Bde, Nachdruck Paris, Blanchard 1970) die in der Tat epochemachende Schrift bereits 1868 enthusiastisch: „Ce Mémoire peut être considéré comme le plus important des travaux de Cauchy, et les hommes compétents n'hésitent pas à le comparer à tout ce que l'ésprit humain à jamais produit de plus beau dans la domaine de sciences.“ Um so erstaunlicher mutet es an, daß in den 27 Bänden der *Œuvres Complètes D'Augustin Cauchy*, die von der französischen Akademie der Wissenschaften von 1882 bis 1974 herausgegeben wurden (1. Serie mit 12 Bänden, 2. Serie mit 15 Bänden), diese Cauchysche Arbeit in gekürzter Form erst 1958 im 2. Band der 2. Serie (57–65) und vollständig gar erst 1974 im letzten Band der 2. Serie steht (41–89).

CAUCHY formuliert seinen Satz für Rechteckränder (vgl. Ostwald's Klassiker 112, S. 7):

„*Denken wir uns jetzt, die Function $f(x+iy)$ bleibe endlich und stetig, solange x zwischen den Grenzen x_0 und X und y zwischen den Grenzen y_0 und Y eingeschlossen bleibt. Dann beweist man leicht, daß der Werth des Integrals*

$$\int_{x_0+iy_0}^{X+iY} f(z)\mathrm{d}z = \int_{t_0}^{T} [\varphi'(t) + \mathrm{i}\chi'(t)] f[\varphi(t) + \mathrm{i}\chi(t)]\mathrm{d}t$$

unabhängig ist von der Natur der Functionen $x = \varphi(t)$, $y = \chi(t)$. "

Dies ist für Rechteckgebiete genau der Unabhängigkeitssatz des Integrals vom Weg $\varphi(t) + \mathrm{i}\chi(t)$, $t \in [t_0, T]$. Man ist erstaunt zu lesen, daß CAUCHY die Funktion f nur als endlich und stetig voraussetzt, im Beweis aber ohne Bedenken Existenz und Stetigkeit von f' benutzt. Hierin spiegelt sich die auf Eulersche Traditionen zurückgehende Überzeugung wieder, an der CAUCHY – zumindest in den ersten Jahren seines Schaffens – festhielt: stetige Funktionen werden durch analytische Ausdrücke gegeben und sind also differenzierbar nach den Regeln der Differentialrechnung.

CAUCHY beweist den Integralsatz mit Methoden der Variationsrechnung: er ersetzt die Funktionen $\varphi(t)$, $\chi(t)$ durch „benachbarte" Funktionen $\varphi(t) + \varepsilon U(t)$, $\chi(t) + \varepsilon v(t)$, wobei $u(t_0) = v(t_0) = u(T) = v(T) = 0$, und bestimmt die „Variation des Integrals " wie folgt (loc. cit. S. 7/8): „ Das Integral wird einen entsprechenden Zuwachs erfahren, den man nach steigenden Potenzen von ε entwickeln kann. Man erhält auf diese Weise eine Reihe, bei der das unendlich kleine Glied erster Ordnung das Produkt ist von ε mit dem Integral

$$\int_{t_0}^{T} [(u + iv)(x' + iy')f'(x + iy) + (u' + iv')f(x + iy)]\mathrm{d}t.^1 \qquad (7.3)$$

Nun findet man durch partielle Integration

$$\int_{t_0}^{T} (u' + iv')f(x + iy)\mathrm{d}t = -\int_{t_0}^{T} (u + iv)(x' + iy')f'(x + iy)\mathrm{d}t.$$

Mithin reduziert sich Integral (7.3) von selbst auf Null." Damit hat CAUCHY festgestellt, daß die Variation des Integrals verschwindet, womit für ihn die Richtigkeit seines Satzes dargelegt ist. Diese Beweismethode, die sich streng begründen läßt, ist heute in der Funktionentheorie vergessen.

Der Satz „Ich behaupte nun, dass das Integral $\int \varphi x \cdot \mathrm{d}x$ nach zweien verschiedenen Übergängen immer einerlei Werth erhalte, ... " im Gaußschen Brief an BESSEL vom 18. 12. 1811 (vgl. Einleitung zu Kapitel 6) zeigt, daß GAUSS bereits damals den Integralsatz kannte. „Aber es ist doch ein grosser Unterschied; ob Jemand eine mathematische Wahrheit mit vollem Beweise und der Darlegung ihrer ganzen Tragweite veröffentlicht, oder ob ein Anderer sie nur so nebenher einem Freunde unter Discretion mittheilt. Deshalb

[1] Setzt man abkürzend $\zeta := \varphi + \mathrm{i}\chi$, $\eta = u + iv$, so ergibt sich, wenn man $f(\zeta + \varepsilon\eta)$ in der Form $f(\zeta) + f'(\zeta) \cdot \varepsilon\eta +$ höhere Glieder in ε ansetzt, für den variierten Integranden:

$$f(\zeta + \varepsilon\eta)(\zeta' + \varepsilon\eta') = f(\zeta)\zeta' + [\eta\zeta' f'(\zeta) + \eta' f(\zeta)]\varepsilon + \text{höhere Glieder in } \varepsilon$$

und hieraus die Behauptung (7.3).

können wir den Satz mit Recht als das *Cauchy'sche Theorem* bezeichnen" (KRONECKER, 1894 in [Kr], S. 52).

7.1.4 Historisches zum Integrallemma

Edouard GOURSAT (1858–1936, französischer Mathematiker, Mitgl. der Académie des Sciences) hat seinen Beweis 1883 in einem Brief an HERMITE mitgeteilt (Démonstration du Théorème de Cauchy, Acta Math. 4, 197–200, 1884); er verwendet Rechtecke anstelle von Dreiecken und benutzt noch explizit die Stetigkeit der Ableitung (vgl. S. 199 unten). Er muß jedoch schon bald die Überflüssigkeit der Stetigkeitsannahme erkannt haben, so beginnt er 1899 seine Arbeit [G1] mit dem Satz: „J'ai reconnu depuis longtemps que la démonstration du théorème de Cauchy, que j'ai donnée en 1883, ne supposait pas la continuité de la dérivée." und im letzten Satz dieser Arbeit sagt er: „On voit qu'en se plaçant au point de vue de Cauchy il *suffit*, pour édifier la théorie des fonctions analytiques, de supposer la *continuité* de $f(z)$ at l'*existence* de la dérivée."

GOURSAT betrachtete Gebiete G mit allgemeinem Rand und wandte seine Bisektionsmethode auch auf Rechtecke an, die zum Teil aus G herausragen. Auf die dadurch bedingten technischen Schwierigkeiten hat bereits 1901 Alfred PRINGSHEIM (1850–1941, deutscher Mathematiker in München; Promotion 1872 in Heidelberg; 1877 gescheiterter Habilitationsversuch in Bonn „in Folge der grossen Unwissenheit des Candidaten" (angeblich soll PRINGSHEIM sich geweigert haben, der hohen Fakultät darzulegen, wie man quadratische Gleichungen löst); 1877 erfolgreiche Habilitation in München; nach Selbstzeugnis „einer der markantesten Vertreter der specifisch Weierstrassischen »elementaren« Functionen-Theorie"; Besitzer von Kohlebergwerken in Schlesien; befreundet mit Richard WAGNER; Schwiegervater von Thomas MANN, der 1905 seine bereits gedruckte Novelle *Wälsungenblut* auf Druck der Pringsheim-Familie zurückzog) in seiner Arbeit *Über den Goursatschen Beweis des Cauchyschen Integralsatzes* (Trans. Amer. Math. Soc. 2, 413–421), hingewiesen. PRINGSHEIM geht von Dreiecken aus, er sagt (S. 418): „Der wahre *Kern* jenes [Goursatschen] Integralsatzes liegt in seiner Gültigkeit für irgend einen *Special*-Bereich *einfachster* Art z.B. ein *Dreieck* .... Die Möglichkeit, ihn auf *krummlinig* begrenzte Bereiche zu übertragen, beruht dagegen lediglich auf *Stetigkeits*-Eigenschaften, welche den Integralen *jeder stetigen* Function zukommen"

PRINGSHEIM vereinfacht durch seinen „*Dreiecks*"-Beweis die Goursatsche Schlußweise wesentlich und gibt ihr die elegante, bis heute finale Form. Die Dreiecksvariante hat den ökonomischen Vorteil, daß sich der Integralsatz sofort für Sterngebiete ergibt, was mit der Rechtecksvariante nicht möglich ist.

7.1.5 * Reeller Beweis des Integrallemmas

In der reellen Analysis wird das Goursatsche Lemma gern als Spezialfall der Formel von STOKES aufgefaßt. Für Dreiecke in $\mathbb{R}^2$ lautet sie:

Es seien p, q reell-wertige und stetig differenzierbare Funktionen in einem Bereich $D \subset \mathbb{R}^2$. Dann gilt für den Rand $\partial\Delta$ eines jeden Dreiecks $\Delta \subset D$

$$\int_{\partial\Delta}(p\mathrm{d}x + q\mathrm{d}y) = \iint_{\Delta}\left(\frac{\partial q}{\partial x} - \frac{\partial p}{\partial y}\right)\mathrm{d}x\mathrm{d}y,$$

wobei $\iint \ldots \mathrm{d}x\mathrm{d}y$ das Flächenintegral über Δ bezeichnet.

Hieraus ergibt sich *sofort* das Integrallemma, *wenn man zusätzlich voraussetzt, daß die Ableitung f' von f stetig in D ist:* dann sind nämlich $u = \operatorname{Re} f$ und $v = \operatorname{Im} f$ *stetig reell differenzierbar*, so daß folgt (vgl. 6.2.6):

$$\begin{aligned}\int_{\partial\Delta} f\mathrm{d}z &= \int_{\partial\Delta}(u\mathrm{d}x - v\mathrm{d}y) + \mathrm{i}\int_{\partial\Delta}(v\mathrm{d}x + u\mathrm{d}y) \\ &= -\iint_{\Delta}\left(\frac{\partial v}{\partial x} + \frac{\partial u}{\partial y}\right)\mathrm{d}x\mathrm{d}y + \mathrm{i}\iint_{\Delta}\left(\frac{\partial u}{\partial x} - \frac{\partial v}{\partial y}\right)\mathrm{d}x\mathrm{d}y.\end{aligned}$$

In diesen Doppelintegralen sind beide Integranden null auf Grund der Cauchy-Riemannschen Differentialgleichungen; daher folgt $\int_{\partial\Delta} f\mathrm{d}z = 0$. □

Den vorangehenden Beweis kannte CAUCHY 1846, wie seine Comptes Rendus-Note *Sur les intégrales qui s'étendent à tous les points d'une courbe fermée* (Œuvres 10, 1. Ser., 70–74) zeigt. Es ist möglich, daß CAUCHY durch die Arbeiten von GREEN aus dem Jahre 1828 zu diesem Beweis angeregt wurde, den WEIERSTRASS übrigens schon 1842 gekannt haben soll. Die Stokes'sche Formel wird 1851 von RIEMANN ausgiebig diskutiert und verwendet ([R], Artikel 7 ff.). Cauchys Name wird in der Riemannschen Arbeit nirgends erwähnt. □

Wir haben mehrfach betont, daß man zum Aufbau der Cauchyschen Funktionentheorie – im Gegensatz zur reellen Analysis – lediglich die *Existenz der ersten Ableitung*, nicht aber deren Stetigkeit, benötigt. Obwohl in der mathematischen Natur für alle vorkommenden Funktionen f a fortiori die Stetigkeit von f' bekannt ist (meistens weiß man von vornherein, daß f beliebig oft komplex differenzierbar ist), bleibt es eine überraschende und tiefe Einsicht, daß man die Stetigkeit von f' nicht zu postulieren braucht. Überdies ist der Goursatsche Beweis „anspruchsloser“ als der reelle Beweis mit Hilfe der Stokes'schen Formel, die ja schließlich in der reellen Analysis auch nicht einfach vom Himmel fällt. Ein Goursatsches Lemma gilt natürlich auch in der reellen Integralrechnung, wenn man statt komplexer Differenzierbarkeit reelle Integrabilitätsbedingungen postuliert.

Diskussionen über Wert und besten Beweis eines mathematischen Satzes werden (und müssen wohl) immer aufs neue entflammen, solange Mathematik von Menschen gemacht wird: vielen Mathematikern indessen erscheinen die Polemiken dabei genauso unverständlich wie der Streit der Byzantiner über das Geschlecht der Engel.

7.1.6 * Die Fresnelschen Integrale

$\int_0^\infty \cos t^2 \mathrm{d}t$, $\int_0^\infty \sin t^2 \mathrm{d}t$ spielen in der Theorie der Lichtbeugung seit A.J. FRESNEL (1788–1827, französischer Ingenieur und Physiker) eine wichtige Rolle. Wir führen diese Integrale mit Hilfe des Cauchyschen Integralsatzes auf das „Fehlerintegral"

$$\lim_{R\to\infty} \int_0^R \mathrm{e}^{-t^2}\mathrm{d}t = \int_0^\infty \mathrm{e}^{-t^2}\mathrm{d}t = \tfrac{1}{2}\sqrt{\pi} \tag{7.4}$$

zurück (diese Formel wird später auf verschiedene Weise, u.a. mittels des Residuenkalküls, hergeleitet und verallgemeinert, vgl. 12.4.3, 12.4.6 sowie 14.3.2 und 14.3.3).

Satz 7.1.3. *Für alle* $a \in \mathbb{R}$ *mit* $|a| \le 1$ *gilt:*

$$\int_0^\infty \mathrm{e}^{-(1+\mathrm{i}a)^2t^2}\mathrm{d}t = \tfrac{1}{2}\frac{1-\mathrm{i}a}{1+a^2}\sqrt{\pi}. \tag{7.5}$$

Beweis. Im Fall $a = 0$ gilt die Formel nach (7.4). Sei $a > 0$. Mit $f(z) := \mathrm{e}^{-z^2}$ gilt nach dem Integralsatz für alle $r > 0$:

$$\int_{\gamma_3} f\mathrm{d}\zeta = \int_{\gamma_1} f\mathrm{d}\zeta + \int_{\gamma_2} f\mathrm{d}\zeta, \tag{7.6}$$

da f in $\mathbb{C}$ holomorph und $\gamma_1 + \gamma_2 - \gamma_3$ ein geschlossener Weg ist (Figur). Wegen

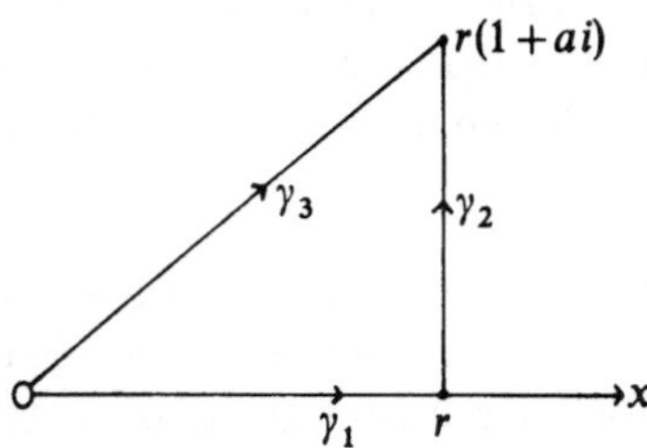

$\gamma_2(t) = r + \mathrm{i}t$, $0 \le t \le ar$ gilt:

$$|f(\gamma_2(t))| = \mathrm{e}^{-r^2+t^2} \le \mathrm{e}^{-r^2}\mathrm{e}^{rt} \quad \text{für } t \le r,$$

daher folgt wegen $\gamma_2'(t) = \mathrm{i}$ und $a \le 1$:

$$\left|\int_{\gamma_2} f\mathrm{d}\zeta\right| \le \int_0^{ar} |f(\gamma_2(t))|\mathrm{d}t \le \mathrm{e}^{-r^2}\int_0^r \mathrm{e}^{rt}\mathrm{d}t \le \frac{1}{r}, \quad \text{d.h. } \lim_{r\to\infty}\int_{\gamma_2} f\mathrm{d}\zeta = 0.$$

Wegen $\gamma_3(t) = (1 + \mathrm{i}a)t$, $0 \le t \le r$, und $\gamma_3'(t) = 1 + \mathrm{i}a$ folgt nun aus (7.6)

$$(1+\mathrm{i}a)\int_0^\infty \mathrm{e}^{-(1+\mathrm{i}a)^2t^2}\mathrm{d}t = \lim_{r\to\infty}\int_{\gamma_3} f\mathrm{d}\zeta = \lim_{r\to\infty}\int_{\gamma_1} f\mathrm{d}\zeta = \int_0^\infty \mathrm{e}^{-t^2} = \tfrac{1}{2}\sqrt{\pi}.$$

Analog wird der Fall $a < 0$ erledigt. □

Zerlegung von (7.5) in Real- und Imaginärteil ergibt

$$\begin{aligned} \int_0^\infty \mathrm{e}^{(a^2-1)t^2}\cos 2at^2\mathrm{d}t &= \frac{1}{2(1+a^2)}\sqrt{\pi}, \quad -1 \le a \le 1, \\ \int_0^\infty \mathrm{e}^{(a^2-1)t^2}\sin 2at^2\mathrm{d}t &= \frac{a}{2(1+a^2)}\sqrt{\pi}, \quad -1 \le a \le 1. \end{aligned} \tag{7.7}$$

Für $a := 1$ folgt, wenn man noch t statt $\sqrt{2}t$ substituiert:

$$\int_0^\infty \cos t^2\mathrm{d}t = \int_0^\infty \sin t^2\mathrm{d}t = \tfrac{1}{2}\sqrt{\tfrac{1}{2}\pi}. \tag{7.8}$$

FRESNEL kannte diese Formeln um 1819, EULER waren die Gleichungen (7.7) schon 1781 vertraut. In seiner Arbeit *De Valoribus Integralium A Termino Variabilis* $x = 0$ *Usque Ad* $x = \infty$ *Extensorum* (Opera Omnia 19, 1. Ser., 217–227) gewinnt er mit Hilfe seiner Gammafunktion $\Gamma(z)$, deren Theorie wir erst im zweiten Band entwickeln werden, folgende Aussage (S.225):

Für alle p, $q \in \mathbb{R}$ *mit* $p \ge 0$ *und* $f := \sqrt{p^2+q^2} \ne 0$ *gilt*

$$\int_0^\infty \mathrm{e}^{-px}\frac{\cos qx}{\sqrt{x}}\mathrm{d}x = \frac{\sqrt{\pi}}{f}\sqrt{\frac{f+p}{2}}, \quad \int_0^\infty \mathrm{e}^{-px}\frac{\sin qx}{\sqrt{x}}\mathrm{d}x = \frac{\sqrt{\pi}}{f}\sqrt{\frac{f-p}{2}}.$$

Substituiert man hier $t = \sqrt{x}$ und setzt man $p := 1 - a^2$, $q := 2a$, so entstehen die Gleichungen (7.7). □

Der oben beschriebene Weg zur Berechnung der Fresnelschen Integrale war bereits im 19.Jahrhundert wohlbekannt, vgl. z.B. H. LAURENT, *Traité d'Analyse*, Paris 1888, Bd. 3, S. 257–260.

7.1.7 * Das Integral $I(z) := \int_0^\infty t^{-1}(\mathrm{e}^{-t} - e^{-tz})\mathrm{d}t$

Sei $f(\zeta) := \mathrm{e}^{-\zeta}/\zeta$. Für Punkte a, b aus der *rechten* Halbebene $\mathbb{T} := \{z \in \mathbb{C} : \operatorname{Re} z > 0\}$ setze man $I_a^b := \int_{[a,b]} f\mathrm{d}\zeta \in \mathbb{C}$. Dann gilt $I_{rz}^{sz} = \int_{[r,s]} t^{-1}\mathrm{e}^{-tz}\mathrm{d}t$ für $0 < r < s < \infty$ und $z \in \mathbb{T}$. Damit folgt $I(z) = \lim_{r\to 0, s\to\infty}(I_r^s - T_{rz}^{sz})$, falls der Doppel-Limes existiert. Da f im Sterngebiet $\mathbb{T}$ holomorph ist, so gibt der *Cauchysche Integralsatz*, wenn man über den Rand des in $\mathbb{T}$ liegenden (eventuell entarteten) Vierecks mit den Eckpunkten r, s, sz, rz integriert:

$$I_r^s + I_s^{sz} = I_r^{rz} + I_{rz}^{sz}.$$

Man hat also, wenn man die Existenz der Limiten weiterhin unterstellt:

$$I(z) = \lim_{r\to 0} I_r^{rz} - \lim_{s\to\infty} I_s^{sz}, \quad z \in \mathbb{T}.$$

Nun gilt $|f(\zeta)| \leq \mathrm{e}^{-\alpha s}/(\alpha s)$ für alle $\zeta \in [s, sz]$, wobei $\alpha := \min\{1, \mathrm{Re}\, z\} > 0(!)$. Die Standardabschätzung (Satz 6.3.4) liefert dann sofort $\lim_{s\to\infty} I_s^{sz} = 0$ für alle $z \in \mathbb{T}$. Weiter gilt

$$I_r^{rz} = \log z - \int_{[r,rz]} t^{-1}(1 - e^{-t})\mathrm{d}t \quad \text{für jedes } z \in \mathbb{T}.$$

Da die Funktion $\zeta^{-1}(^{-}\mathrm{e}^{-\zeta})$ in $\mathbb{C}$ stetig(!) und also in jeder Scheibe beschränkt ist, so folgt $\lim_{r\to 0} \int_{[r,rz]} t^{-1}(1 - \mathrm{e}^{-t})\mathrm{d}t = 0$ wegen $\lim_{r\to 0} |rz - r| = 0$ (Standardabschätzung). Damit ist gezeigt:

Es gilt $\int_0^\infty t^{-1}(\mathrm{e}^{-t} - \mathrm{e}^{-tz})\mathrm{d}t = \log z$ *für alle* $z \in \mathbb{C}$ *mit* $\mathrm{Re}\, z > 0$.

Aufgabe

Zeigen Sie: $\int_{-\infty}^{\infty} \mathrm{e}^{-u^2x^2}\mathrm{d}x = u^{-1}\sqrt{\pi}$ für alle $u \in \mathbb{C}^\times$ mit $|\mathrm{Im}\, u| \leq \mathrm{Re}\, u$ (man darf so tun, als ob man $t := ux$ substituieren dürfte).

7.2 Cauchysche Integralformel für Kreisscheiben

Mit Hilfe der Integralsatzes 7.1.2 lassen sich Integrale durch Änderung des Integrationsweges berechnen. Wir demonstrieren dies in Abschnitt 1 an einem einfachen Zentrierungslemma. Als unmittelbare Folgerung erhalten wir im Abschnitt 2 die Cauchysche Integralformel für Kreisscheiben.

7.2.1 Zentrierungslemma

Wir betrachten stets Funktionen $g(\zeta)$, die in einem Bereich D mit eventueller Ausnahme eines festen Punktes $z \in D$ holomorph sind. Ist $B = B_r(c)$ eine Scheibe mit $z \in B$ und $\overline{B} \subset D$, so gilt i.a. $\int_{\partial B} g\mathrm{d}\zeta \neq 0$. Die Berechnung dieses Integrals macht Schwierigkeiten, wenn z nicht der Mittelpunkt c von B ist (vgl. 6.2.3, wo $g(\zeta) = 1/(\zeta - z)$). Wir zeigen, daß man den Integrationsweg ∂B stets durch Kreise ersetzen darf, die in z zentriert sind.

Satz 7.2.1 (Zentrierungslemma). *Ist $S \subset B$ ein Kreisrand um z mit Radius t, so gilt:*

$$\int_{\partial B} g\mathrm{d}\zeta = \int_S g\mathrm{d}\zeta. \tag{7.9}$$

Beweis. Es gibt eine Scheibe $B^* \supset B \cup \partial B$ um c, so daß g in $B^* \setminus \{z\}$ holomorph ist. Wir betrachten die geschlossenen Hilfswege

$$\gamma := \gamma_1 + \alpha + \gamma_3 + \beta \quad \text{und} \quad \gamma' := \gamma_2 - \beta + \gamma_4 - \alpha \quad \text{(Figur links)}.$$

Da $B^* \setminus [a, z]$ ein Sterngebiet ist (Figur rechts), so gilt $\int_\gamma g\mathrm{d}\zeta = 0$ nach dem Integralsatz 7.1.2. Analog ergibt sich $\int_{\gamma'} g\mathrm{d}\zeta = 0$. Mit $S := -(\gamma_3 + \gamma_4)$ folgt

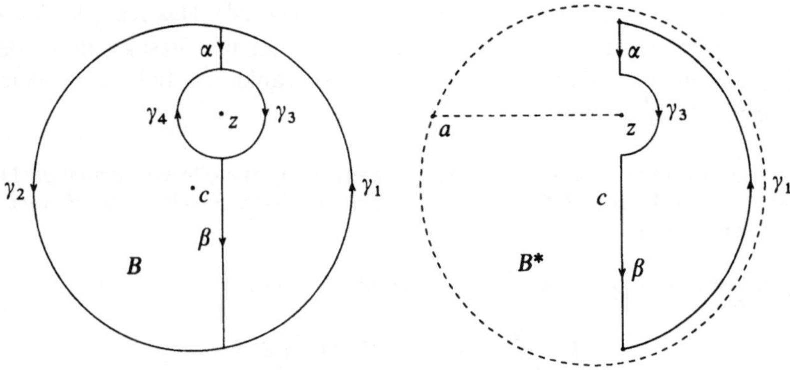

$$0 = \int_{\gamma} g\mathrm{d}\zeta + \int_{\gamma'} g\mathrm{d}\zeta = \int_{\partial B} g\mathrm{d}\zeta - \int_{S} g\mathrm{d}\zeta, \quad \text{also} \quad \int_{\partial B} g\mathrm{d}\zeta = \int_{S} g\mathrm{d}\zeta.$$

□

Für die Funktion $g(\zeta) = 1/(\zeta - z)$ liefert die explizite Rechnung aus 6.2.3

$$\int_{S} \frac{\mathrm{d}\zeta}{\zeta - z} = 2\pi \mathrm{i}. \tag{7.10}$$

Nach dem Zentrierungslemma stimmt dieses Integral mit

$$\int_{\partial B} \frac{\mathrm{d}\zeta}{\zeta - z}$$

überein, womit Satz 6.3.7, ohne eine geometrische Reihe zu benutzen, bewiesen ist.

Wichtig für den Beweis der Cauchyschen Integralformel ist folgendes

Korollar 7.2.1. *Ist g beschränkt um z, so gilt $\int_{\partial B} g\mathrm{d}\zeta = 0$.*

Beweis. Es gibt Zahlen $M > 0$, $\varepsilon > 0$, so daß für jeden Kreis $S \subset B$ um z mit Radius $t < \varepsilon$ gilt: $|g|_S \leq M$. Mit (7.9) und der Standardabschätzung folgt dann

$$|\int_{\partial B} g\mathrm{d}\zeta| = |\int_{S} g\mathrm{d}\zeta| \leq |g|_S 2\pi t \leq 2M\pi t \quad \text{für alle } t \in (0, \varepsilon),$$

$$\text{also} \int_{\partial B} g\mathrm{d}\zeta = 0.$$

□

Die Beschränktheit von g um z ist gewährleistet, wenn g stetig in den Punkt z fortsetzbar ist. Das Integral im Korollar verschwindet auch bereits dann, wenn man nur fordert: $\lim_{\zeta\to z}(\zeta - z)g(\zeta) = 0$ (Beweis!). Das Korollar ist eine Vorstufe des Riemannschen Fortsetzungssatzes, der u.a. besagt, daß jede in $D \setminus \{z\}$ holomorphe Funktion, die um z beschränkt ist, bereits in ganz D holomorph ist (vgl. 7.3.4).

Das Zentrierungslemma bleibt richtig, wenn man anstelle von Scheiben Dreiecke oder Rechtecke R in D betrachtet; der Beweis bleibt derselbe (mit R statt B). Insbesondere sieht man:

Ist R ein offenes Dreieck bzw. Rechteck in $\mathbb{C}$, so gilt

$$\int_{\partial R} \frac{d\zeta}{\zeta - z} = 2\pi i \qquad \text{für alle } z \in R.$$

7.2.2 Cauchysche Integralformel für Kreisscheiben

Satz 7.2.2. *Es sei f holomorph im Bereich D; es sei $B := B_r(c)$, $r > 0$, eine Kreisscheibe, die nebst Rand ∂B in D liegt. Dann gilt für alle $z \in B$:*

$$\boxed{f(z) = \frac{1}{2\pi i} \int_{\partial B} \frac{f(\zeta)}{\zeta - z} d\zeta.}$$

Beweis. Sei $z \in B$ fixiert. Die Funktion

$$g(\zeta) := \frac{f(\zeta) - f(z)}{\zeta - z} \quad \text{für } \zeta \in D \setminus \{z\}, \quad g(z) := f'(z)$$

ist holomorph in $D \setminus \{z\}$ und stetig in D. Also gilt $\int_{\partial B} g d\zeta = 0$ nach dem Korollar zum Zentrierungslemma. Mit (7.10) folgt

$$0 = \int_{\partial B} g d\zeta = \int_{\partial B} \frac{f(\zeta)}{\zeta - z} - f(z) \int_{\partial B} \frac{d\zeta}{\zeta - z} = \int_{\partial B} \frac{f(\zeta)}{\zeta - z} d\zeta - 2\pi i f(z).$$

□

Bemerkung. In den ersten drei Auflagen dieses Buches wurde anstelle des Zentrierungslemmas eine Verschärfung des Cauchyschen Integralsatzes für Sterngebiete benutzt.

Die übergroße Bedeutung der Cauchyschen Integralformel für die Funktionentheorie wird sich erst nach und nach herausstellen. Sofort springt ins Auge, daß man jeden Wert $f(z)$, $z \in B$, ausrechnen kann, wenn man nur die Werte von f auf dem Kreisrand ∂B kennt. Hierzu gibt es in der reellen Analysis kein Analogon; dies ist eine Vorstufe des Identitätssatzes und ein erster Hinweis auf den (sit venia verbo) „analytischen Kitt“ zwischen dem Wertevorrat holomorpher Funktionen. Im Integranden der Cauchyschen Integralformel kommt

z nur noch *in expliziter Form vor als Parameter im Nenner, und nicht mehr gebunden an die Funktion* f! Wir werden viele Informationen über holomorphe Funktionen aus der einfachen Struktur der Funktion $(\zeta - z)^{-1}$ gewinnen, u.a. die Potenzreihenentwicklung von f und die Cauchyschen Abschätzungen für höhere Ableitungen. Die Funktion $(\zeta - z)^{-1}$ wird häufig der *Cauchy-Kern (der Integralformel)* genannt.

Für den Kreismittelpunkt c geht die Integralformel, wenn man die Parametrisierung $c + re^{i\varphi}$, $\varphi \in [0, 2\pi]$, von ∂B einträgt, über in

Satz 7.2.3 (Mittelwertgleichung). *Unter den Voraussetzungen von Satz 7.2.2 gilt:*

$$f(c) = \frac{1}{2\pi} \int_0^{2\pi} f(c + re^{i\varphi}) d\varphi.$$

Hieraus folgt z.B. sofort auf Grund der Standardabschätzung (Satz 6.3.4)

Satz 7.2.4 (Mittelwertungleichung). $|f(c)| \leq |f|_{\partial B}$,

die aber nur ein Spezialfall der allgemeinen Cauchyschen Ungleichungen für Taylorkoeffizienten ist (vgl. 8.3.1).

Bemerkung. Mittels einen schönen Tricks von LANDAU (vgl. Acta Math. 40, S. 340, Fußnote [1)], 1916) läßt sich sofort mehr zeigen:

$$|f(z)| \leq |f|_{\partial B} \quad \text{für alle } z \in B. \tag{7.11}$$

Beweis. Cauchysche Integralformel und Standardabschätzung liefern zunächst $|f(z)| \leq a_z |f|_{\partial B}$, wobei $a_z := r|1/(\zeta - z)|_{\partial B}$, $z \in B$. Diese Abschätzung gilt auch für alle Potenzen $f^k \in \mathcal{O}(D)$, $k \geq 1$. Damit folgt $|f(z)| \leq \sqrt[k]{a_z}|f|_{\partial B}$, $z \in B$, was wegen $\lim_k \sqrt[k]{a_z} = 1$ die Behauptung liefert. □

Die Ungleichung (7.11) ist ein Vorläufer des Maximumprinzips für beschränkte Gebiete, vgl. 8.5.2.

Die Cauchysche Integralformel gilt nicht nur für Kreisscheiben. Wir notieren hier exemplarisch:

Satz 7.2.5. *Es sei $f \in \mathcal{O}(D)$, es sei R ein (offenes) Dreieck bzw. Rechteck, das nebst Rand in D liegt. Dann gilt*

$$f(z) = \frac{1}{2\pi i} \int_{\partial R} \frac{f(\zeta)}{\zeta - z} d\zeta \quad \textit{für alle } z \in R.$$

Beweis. Da es ein konvexes Gebiet G mit $\overline{R} \subset G \subset D$ gibt, folgt

$$0 = \int_{\partial R} \frac{f(\zeta)}{\zeta - z} d\zeta - f(z) \int_{\partial R} \frac{d\zeta}{\zeta - z}$$

wie oben für Kreisscheiben. Das letzte Integral hat nach 6.3.3 den Wert $2\pi i$ □

Eine wesentliche Verallgemeinerung findet man in 13.1.1

7.2.3 Historisches zur Integralformel

CAUCHY hat seine berühmte Formel 1831 in der Turiner Verbannung gefunden. Die erste Veröffentlichung findet sich in einer lithographischen Abhandlung *Sur la méchanique céleste et sur un nouveau calcul appelé calcul des limites*, lu à l'Académie de Turin le 11 octobre 1831. Allgemein zugänglich wurde die Integralformel aber erst 1841, als CAUCHY – wieder in Paris – sie im Band 2 seiner *Exercices D'Analyse Et De Physique Mathémathique* publizierte (Œvres 12,2. Ser., 58–112). CAUCHY schreibt seine Formel für $c = 0$ folgendermaßen (loc. cit. S. 61)

$$f(x) = \frac{1}{2\pi} \int_{-\pi}^{\pi} \frac{\overline{x} f(\overline{x})}{\overline{x} - x} \mathrm{d}p,$$

wobei er mit $\overline{x}$ die Integrationsvariable (und nicht das Konjugierte von x) bezeichnet und $\overline{x} = X\mathrm{e}^{p\sqrt{-1}}$ schreibt (also $X = |\overline{x}|$). Diese Formel stimmt natürlich mit unserer Formel überein, wenn man den Kreisrand durch $\zeta = r\mathrm{e}^{\mathrm{i}\varphi}$, $-\pi \leq \varphi \leq \pi$, beschreibt:

$$\frac{1}{2\pi\mathrm{i}} \int_{\partial B} \frac{f(\zeta)}{\zeta - z} \mathrm{d}\zeta = \frac{1}{2\pi\mathrm{i}} \int_{-\pi}^{\pi} \frac{f(\zeta)}{\zeta - z} \mathrm{i}r\mathrm{e}^{\mathrm{i}\varphi} \mathrm{d}\varphi = \frac{1}{2\pi} \int_{-\pi}^{\pi} \frac{\zeta f(\zeta)}{\zeta - z} \mathrm{d}\varphi.$$

□

Die Mittelwertgleichung $f(c) = \frac{1}{2\pi} \int_0^{2\pi} f(c + r\mathrm{e}^{\mathrm{i}\varphi})\mathrm{d}\varphi$ findet sich schon 1823 bei POISSON in *Suite du Mémoire sur les intégrales définies et sur la sommation des séries*, Journ. de l'École polytechnique, Cahier 19, 404–509, insbes. S. 498. POISSON hat die Tragweite seiner Formel nicht erkannt; sie wird „von gränzenlosen Zauberformeln dünenartig zugedeckt" (vgl. S. 120 der in 6.2.4 angegebenen Arbeit *Integration durch imaginäres Gebiet* von STÄCKEL; das Zitat findet sich in anderem Zusammenhang bei GOETHE, *Über Mathematik und deren Mißbrauch*, II. Abt., 11. Band, S. 85, der Weimarer Ausgabe von 1893, Verlag Hermann Böhlau).

7.2.4 * Die Cauchysche Integralformel für reell stetig differenzierbare Funktionen

Unter der Zusatzvoraussetzung der Stetigkeit von f' ist der Cauchysche Integralsatz ein Spezialfall des Satzes von STOKES (vgl. 7.1.5). Es wird daher nicht überraschen, daß auch die Cauchysche Integralformel unter derselben Zusatzvoraussetzung ein Spezialfall einer allgemeinen Integralformel für reell stetig differenzierbare Funktionen ist.

Satz 7.2.6. *Es sei $f : D \to \mathbb{C}$ reell stetig differenzierbar im Bereich D; es sei $B := B_r(c)$, $r > 0$, eine Kreisscheibe, die nebst Rand ∂B in D liegt. Dann gilt für alle $z \in B$:*

$$f(z) = \frac{1}{2\pi\mathrm{i}} \int_{\partial B} \frac{f(\zeta)}{\zeta - z} \mathrm{d}\zeta + \frac{1}{2\pi\mathrm{i}} \iint_B \frac{\partial f}{\partial \overline{\zeta}} \frac{1}{\zeta - z} \mathrm{d}\zeta \wedge \mathrm{d}\overline{\zeta}.$$

Das Gebietsintegral rechts ist das „*Korrekturglied*“, welches im Fall der Holomorphie von f verschwindet. Im allgemeinen Fall muß u.a. auch die Existenz dieses Integrals bewiesen werden; man beachte, daß zur Berechnung dieses Integrals die Werte von f überall in B bekannt sein müssen. Wir gehen auf diese Dinge nicht näher ein, da wir keine Anwendungen dieser sog. *inhomogenen Cauchyschen Integralformel* machen werden (bez. eines Beweises vgl. etwa [10]). Überhaupt war diese verallgemeinerte Integralformel in der klassischen Funktionentheorie unbekannt; sie scheint erstmals 1912 in einer Arbeit von D. POMPEIU *Sur le classe de fonctions d'une variable complexe ...* Rend. Circ. Mat. Palermo 35, 277–281 (1913) aufzutreten. Erst in den fünfziger Jahren dieses Jahrhunderts benutzten DOLBEAULT und GROTHENDIECK die Formel in der Funktionentheorie mehrerer Veränderlicher.

7.2.5 * Schwarzsche Integralformel

Aus den Cauchyschen Sätzen lassen sich durch geschickte Manipulation unzählige weitere Integralformeln herleiten, z.B.:

Satz 7.2.7. *Ist f holomorph in einer Umgebung von $\overline{B} = \overline{B_R(0)}$, so gilt*

$$f(z) = \frac{1}{2\pi \mathrm{i}} \int_{\partial B} \frac{f(\zeta)}{\zeta} \frac{R^2 - |z|^2}{|\zeta - z|^2} \mathrm{d}\zeta \quad \textit{für alle } z \in B. \tag{7.12}$$

Beweis. Für jeden Punkt $w \in B$ ist $f(z)/(R^2 - \overline{w}z)$ holomorph in einer Umgebung von $\overline{B}$. Daher gilt nach der Cauchyschen Integralformel

$$\frac{f(z)}{R^2 - \overline{w}z} = \frac{1}{2\pi \mathrm{i}} \int_{\partial B} \frac{f(\zeta)}{R^2 - \overline{w}\zeta} \frac{\mathrm{d}\zeta}{\zeta - z} \quad \text{für alle } w, z \in B$$

Setzt man nun $w := z$ und beachtet man $R^2 - \overline{z}\zeta = \zeta(\overline{\zeta} - \overline{z})$, so folgt (7.12). □

Die Gleichung (7.12) heißt *Poissonsche Integralformel für f*. Setzt man $z = re^{\mathrm{i}\varphi}$ und $\zeta = Re^{\mathrm{i}\theta}$, so entsteht

$$f(z) = \frac{1}{2\pi} \int_0^{2\pi} f(Re^{\mathrm{i}\theta}) \frac{R^2 - r^2}{|Re^{\mathrm{i}\theta} - re^{\mathrm{i}\varphi}|^2} \mathrm{d}\theta. \tag{7.13}$$

Übergang zum Realteil u von f liefert wegen $|Re^{\mathrm{i}\theta} - z|^2 = R^2 - 2Rr\cos(\theta - \varphi) + r^2$ die klassische Poissonsche Integralformel für harmonische Funktionen

$$u(re^{\mathrm{i}\varphi}) = \frac{1}{2\pi} \int_0^{2\pi} u(Re^{\mathrm{i}\theta}) \frac{R^2 - r^2}{R^2 - 2Rr\cos(\theta - \varphi) + r^2} \mathrm{d}\theta.$$

Im Jahre 1870 gab Hermann Amandus SCHWARZ (1843 – 1921, deutscher Mathematiker in Halle, Zürich und Göttingen, ab 1892 als Nachfolger von WEIERSTRASS in Berlin) in seiner Arbeit *Zur Integration der partiellen Differentialgleichung* $\frac{\partial^2 u}{\partial x^2} + \frac{\partial^2 u}{\partial y^2} = 0$ (Math. Abh. II, 175–210) eine Integralformel an, in der nur noch über den Realteil von f integriert wird; er zeigte (S. 186):

Satz 7.2.8 (Schwarzsche Integralformel für Kreisscheiben im 0). *Ist f holomorph in einer Umgebung der Kreisscheibe $\overline{B} = \overline{B_R(0)}$, so gilt*

$$f(z) = \frac{1}{2\pi i} \int_{\partial B} \frac{\operatorname{Re} f(\zeta)}{\zeta} \frac{\zeta + z}{\zeta - z} d\zeta + i \operatorname{Im} f(0) \quad \textit{für alle } z \in B. \tag{7.14}$$

Beweis. Durch die rechte Seite von (7.14) wird eine Funktion $F : B \to \mathbb{C}$ definiert. Diese Funktion ist holomorph in B, da der Integrand als Funktion von ζ, z in $|\partial B| \times B$ stetig und für jeden Punkt $\zeta \in |\partial B|$ in B holomorph ist (wir greifen vor auf Satz 8.2.3; man kann die Holomorphie auch direkt durch Entwicklung von $\frac{1}{\zeta}\frac{\zeta + z}{\zeta - z} = \frac{2}{\zeta - z} - \frac{1}{\zeta}$ in eine Potenzreihe nach z um 0 mit anschließender Vertauschung von Summation und Integration einsehen). Da $\operatorname{Re} \frac{\zeta + z}{\zeta - z} = \frac{R^2 - |z|^2}{|\zeta - z|^2}$ für $\zeta\overline{\zeta} = R^2$, so folgt $\operatorname{Re} F = \operatorname{Re} f$ wegen (7.13). Wegen $F - f \in \mathcal{O}(B)$ ist daher $F - f$ konstant (vgl. 1.3.3, Beispiel 1. Da $F(0) = f(0)$, so folgt $F = f$. □

Die Schwarzsche Formel lehrt, daß jeder Wert $f(z)$, $z \in B$, bereits durch die Werte des Realteils von f auf ∂B und die Zahl $\operatorname{Im} f(0)$ festgelegt ist. Setzt man $u := \operatorname{Re} f$ und $\zeta = Re^{i\theta}$, so entsteht

$$f(z) = \frac{1}{2\pi} \int_0^{2\pi} u(Re^{i\theta}) \frac{\zeta + z}{\zeta - z} d\theta + i \operatorname{Im} f(0), \quad z \in B.$$

Übergang zum Realteil liefert wieder die Poissonsche Formel für harmonische Funktionen. □

Eine überraschende Folgerung aus (7.14) ist die Formel

$$\overline{f}(0) = \frac{1}{2\pi i} \int_{\partial B} \frac{\overline{f}(\zeta)}{\zeta - z} d\zeta \quad \text{für alle } z \in B.$$

Beweis. Wegen $\frac{1}{\zeta}\frac{\zeta + z}{\zeta - z} = \frac{2}{\zeta - z} - \frac{1}{\zeta}$ und $2 \operatorname{Re} f = f + \overline{f}$ gilt nach (7.14):

$$f(z) - i \operatorname{Im} f(0) = \frac{1}{2\pi i} \int_{\partial B} \frac{f(\zeta) + \overline{f}(\zeta)}{\zeta - z} d\zeta - \frac{1}{4\pi i} \int_{\partial B} \frac{f(\zeta) + \overline{f}(\zeta)}{\zeta} d\zeta.$$

Wendet man rechts die Cauchysche Integralformel an, so folgt

$$f(z) - i \operatorname{Im} f(0) = f(z) + \frac{1}{2\pi i} \int_{\partial B} \frac{\overline{f}(\zeta)}{\zeta - z} d\zeta - \frac{1}{2} f(0) - \frac{1}{4\pi i} \int_{\partial B} \frac{\overline{f}(\zeta)}{\zeta} d\zeta.$$

Umformung ergibt

$$\frac{1}{2}\overline{f}(0) = \frac{1}{2\pi i} \int_{\partial B} \frac{\overline{f}(\zeta)}{\zeta - z} d\zeta - \frac{1}{4\pi i} \int_{\partial B} \frac{\overline{f}(\zeta)}{\zeta} d\zeta.$$

Das letzte Integral hat den Wert $\frac{1}{2}\overline{f}(0)$. (Man setze $z = 0$.)

Aufgaben

1. Berechnen Sie

$$\int_{\partial B_2(0)} \frac{e^z dz}{(z+1)(z-3)^2}, \quad \int_{\partial B_2(0)} \frac{\sin z}{z+i} dz, \quad \int_{\partial B_2(-2i)} \frac{dz}{z^2+1},$$
$$\int_{\partial B_1(0)} \frac{e^z}{(z-2)^3} dz.$$

2. Sei $r > 0$. Ist $f : \overline{B_r(0)} \to \mathbb{C}$ stetig und in $B_r(0)$ holomorph, so gilt

$$f(z) = \frac{1}{2\pi i} \int_{B_r(0)} \frac{f(\zeta)}{\zeta - z} d\zeta \quad \text{für alle } z \in B_r(0).$$

7.3 Entwicklung holomorpher Funktionen in Potenzreihen

Eine Funktion $f : D \to \mathbb{C}$ heißt im Kreis $B = B_r(c) \subset D$ *in eine Potenzreihe* $\sum a_\nu (z-c)^\nu$ *um c entwickelbar*, wenn die Potenzreihe in B gegen $f|B$ konvergiert. Aus der Vertauschbarkeit von Differentiation und Summation für Potenzreihen (Satz 4.3.2) folgt sofort:

Satz 7.3.1. *Ist f in B um c in eine Potenzreihe $\sum a_\nu (z-c)^\nu$ entwickelbar, so ist f in B beliebig oft komplex differenzierbar; es gilt: $a_\nu = \dfrac{f^{(\nu)}(c)}{\nu!}$ für alle $\nu \in \mathbb{N}$.*

Eine Potenzreihenentwicklung einer Funktion f um c ist also, unabängig vom Radius r des Kreises B, *eindeutig durch die Ableitungen von f in c bestimmt* und hat immer die Form

$$f(z) = \sum \frac{f^{(\nu)}(c)}{\nu!} (z-c)^\nu;$$

diese Reihe heißt (wie im Reellen) *die Taylorreihe von f um c*, sie konvergiert in B normal.

Als wichtigste Folgerung aus der Cauchyschen Integralformel gewinnt man für holomorphe Funktionen um jeden Punkt ihres Definitionsbereichs eine Potenzreihenentwicklung. Dieser Entwicklungssatz liefert leicht den Riemannschen Fortsetzungssatz. Ausgangspunkt unserer Überlegungen ist ein einfaches

7.3.1 Entwicklungslemma

Ist γ ein stückweise stetig differenzierbarer Weg in $\mathbb{C}$, so ordnen wir jeder stetigen Funktion $f : |\gamma| \to \mathbb{C}$ die Funktion

$$F(z) := \frac{1}{2\pi \mathrm{i}} \int_\gamma \frac{f(\zeta)}{\zeta - z} \mathrm{d}\zeta, \quad z \in \mathbb{C} \setminus |\gamma|, \tag{7.15}$$

zu. Wir behaupten:

Lemma 7.3.1 (Entwicklungslemma). *Die Funktion F ist in $\mathbb{C} \setminus |\gamma|$ holomorph. Ist $c \notin |\gamma|$ irgendein Punkt, so konvergiert die Potenzreihe*

$$\sum_0^\infty a_\nu (z-c)^\nu \quad \textit{mit} \quad a_\nu := \frac{1}{2\pi \mathrm{i}} \int_\gamma \frac{f(\zeta)}{(\zeta - z)^{\nu+1}} \mathrm{d}\zeta$$

in jeder Kreisscheibe um c, die $|\gamma|$ nicht trifft, gegen F.

Die Funktion F ist beliebig oft komplex differenzierbar in $\mathbb{C} \setminus |\gamma|$; es gilt:

$$F^{(k)}(z) = \frac{k!}{2\pi \mathrm{i}} \int_\gamma \frac{f(\zeta)}{(\zeta - z)^{k+1}} \mathrm{d}\zeta \quad \textit{für alle } z \in \mathbb{C} \setminus |\gamma| \textit{ und alle } k \in \mathbb{N}. \tag{7.16}$$

Beweis. Sei $B = B_r(c)$ mit $B \cap |\gamma| = \emptyset$ fixiert. Die in $\mathbb{E}$ konvergente Reihe $\frac{1}{(1-w)^{k+1}} = \sum_{\nu \geq k} \binom{\nu}{k} w^{\nu-k}$ liefert (mit $w := (z-c)(\zeta - c)^{-1}$):

$$\frac{1}{(\zeta - z)^{k+1}} = \sum_{\nu \geq k} \binom{\nu}{k} \frac{1}{(\zeta - c)^{\nu+1}} (z-c)^{\nu-k} \quad \text{für } z \in B, \zeta \in |\gamma|, k \in \mathbb{N}.$$

Mit $g_\nu(\zeta) := f(\zeta)/(\zeta - c)^{\nu+1}$, $\zeta \in |\gamma|$, folgt daher

$$\frac{k!}{2\pi \mathrm{i}} \int_\gamma \frac{f(\zeta)}{(\zeta - z)^{k+1}} \mathrm{d}\zeta = \frac{1}{2\pi \mathrm{i}} \int_\gamma \left[\sum_{\nu \geq k} k! \binom{\nu}{k} g_\nu(\zeta)(z-c)^{\nu-k} \right] \mathrm{d}\zeta, \quad z \in B. \tag{7.17}$$

Da $|\zeta - c| \geq r$ für alle $\zeta \in |\gamma|$, so folgt $|g_\nu|_\gamma \leq r^{-(\nu+1)} |f|_\gamma$ und also

$$\max_{\zeta \in \gamma} |g_\nu(\zeta)(z-c)^{\nu-k}| \leq \frac{1}{r^{k+1}} |f|_\gamma q^{\nu-k} \quad \text{mit} \quad q := \frac{|z-c|}{r}.$$

Da $0 \leq q \leq 1$ für jedes $z \in B$ und da $\sum_{\nu \geq k} \binom{\nu}{k} q^{\nu-k} = \frac{1}{(1-q)^{k+1}}$, so konvergiert in (7.17) die rechts unter dem Integral stehende Reihe für festes $z \in B$ in ζ normal auf γ. Daher gilt nach dem Vertauschungssatz 6.3.6 für Reihen:

$$\frac{k!}{2\pi \mathrm{i}} \int_\gamma \frac{f(\zeta)}{(\zeta - z)^{k+1}} \mathrm{d}\zeta = \sum_{\nu \geq k} k! \binom{\nu}{k} a_\nu (z-c)^{\nu-k} \quad \text{mit}$$

$$a_\nu := \frac{1}{2\pi \mathrm{i}} \int_\gamma \frac{f(\zeta)}{(\zeta - z)^{\nu+1}} \mathrm{d}\zeta.$$

Damit ist gezeigt, daß die durch (7.15) definierte Funktion F in der Kreisscheibe B durch die Potenzreihe $\sum a_\nu(z-c)^\nu$ dargestellt wird (k=0), wegen Satz 4.3.2 folgt weiter, daß F in B komplex-differenzierbar ist und daß gilt

$$F^{(k)}(z) = \sum_{\nu \geq k} k! \binom{\nu}{k} a_\nu (z-c)^{\nu-k}, \quad z \in B, k \in \mathbb{N}.$$

Da B irgendeine Kreisscheibe in $\mathbb{C} \setminus |\gamma|$ ist, so folgt (7.16) und insbesondere $F \in \mathcal{O}(\mathbb{C} \setminus |\gamma|)$. □

Der eben angewandte Trick, die Integralkerne $1/(\zeta - z)^{k+1}$ in Potenzreihen um c zu entwickeln und dann Integration und Summation zu vertauschen, wurde im Fall $k = 0$ bereits 1831 von CAUCHY benutzt, vgl. Werke, II-12, S. 61.

7.3.2 Entwicklungssatz von Cauchy-Taylor

Satz 7.3.2. *Es sei $c \in D$, und es sei $B_d(c)$ dir größte Kreisscheibe um c in D. Dann ist jede in D holomorphe Funktion f um c in eine Taylorreihe $\sum a_\nu(z-c)^\nu$ entwickelbar, die in $B_d(c)$ normal gegen f konvergiert. Die Taylorkoeffizienten a_ν werden gegeben durch die Integrale*

$$a_\nu = \frac{f^{(\nu)}(c)}{\nu!} = \frac{1}{2\pi \mathrm{i}} \int_{\partial B} \frac{f(\zeta)}{(\zeta - c)^{\nu+1}} \mathrm{d}\zeta, \quad \textit{wobei } B := B_r(c) \textit{ mit } 0 < r < d. \tag{7.18}$$

Insbesondere ist f beliebig oft komplex-differenzierbar in D; in jeder Kreisscheibe B gelten die Cauchyschen Integralformeln

$$f^{(k)}(z) = \frac{k!}{2\pi \mathrm{i}} \int_{\partial B} \frac{f(\zeta)}{(\zeta - z)^{k+1}} \mathrm{d}\zeta, \quad z \in B, \textit{ für alle } k \in \mathbb{N}. \tag{7.19}$$

Beweis. Wegen $f \in \mathcal{O}(D)$ gilt für jeden Kreis $B = B_r(c)$, $0 < r < d$, die Cauchysche Formel

$$f(z) = \frac{1}{2\pi \mathrm{i}} \int_{\partial B} \frac{f(\zeta)}{\zeta - z} \mathrm{d}\zeta, \quad z \in B.$$

Nach dem Entwicklungslemma (mit $F := f$, $\gamma = \partial B$) hat f also im c eine in $B_r(c)$ konvergente Taylorentwicklung mit den durch (7.18) gegebenen Taylorkoeffizienten. Jede Wahl von $r < d$ führt zur gleichen Reihe, insbesondere herrscht Konvergenz gegen f in $B_d(c)$.

Die Identitäten (7.19) folgen ebenfalls direkt aus dem Entwicklungslemma. □

Die Integralformeln (7.19) für die Ableitungen $f^{(k)}(z)$ fließen wegen

$$\frac{\mathrm{d}^k}{\mathrm{d}z^k}\left(\frac{1}{\zeta - z}\right) = \frac{k!}{(\zeta - z)^{k+1}}, \quad k \in \mathbb{N},$$

sofort aus der Cauchyschen Integralformel für f, wenn man weiß, daß Differentiation und Integration vertauschbar sind. Im obigen Beweis wird dieser Vertauschungssatz nicht benutzt (statt dessen wird *Summation* mit *Differentiation* und *Integration* vertauscht).

Das Entwicklungslemma beschreibt ein einfaches Verfahren, von gewissen Integralen zu Potenzreihen überzugehen. Der Garant für die Anwendungsmöglichkeit dieses Verfahrens im obigen Beweis ist die Cauchysche Integralformel.

Da Potenzreihen holomorph sind, ist vermöge des Entwicklungslemmas – mit $\gamma := \partial B$ – ein $\mathbb{C}$-Vektorraumhomomorphismus $\mathcal{C}(\partial B) \to \mathcal{O}(B)$, $f \mapsto F$, definiert. Die Funktion F hat, wenn f nicht zusätzlich noch in B holomorph und in $\overline{B}$ stetig ist, bei Annäherung an ∂B i.allg. *nicht* die Werte von f als Randwerte: für $B := \mathbb{E}$ und $f(\zeta) := \zeta^{-1}$ auf $\partial\mathbb{E}$ gilt z.B. $F \equiv 0$ in $\mathbb{E}$ wegen

$$F(z) = \frac{1}{2\pi i}\int_{\partial\mathbb{E}} \frac{d\zeta}{\zeta(\zeta - z)} = -\frac{1}{2\pi i z}\left[\int_{\partial\mathbb{E}} \frac{d\zeta}{\zeta} - \int_{\partial\mathbb{E}} \frac{d\zeta}{\zeta - z}\right] = 0 \quad \text{für } z \in \mathbb{E} \setminus \{0\}.$$

Dieses Beispiel zeigt auch, daß der Homomorphismus $\mathcal{C}(\partial B) \to \mathcal{O}(B)$ *nicht injektiv* ist.

7.3.3 Historisches zum Entwicklungssatz

Bei Brook TAYLOR *Methodus incrementorum directa et inversa*, Londini 1715, findet sich auf S. 21 ff. die erste Formulierung und Herleitung des Satzes im Reellen. Eine ausführliche Analyse gibt a. PRINGSHEIM *Zur Geschichte des Taylorschen Lehrsatzes*, Bibl. Math. (3), 1, 433–479 (1900), wo auch auf Cauchys Beiträge ausführlich eingegangen wird.

CAUCHY hat sogleich erkannt, daß seine Integralformel durch Entwicklung ihres Kerns $(\zeta - z)^{-1}$ in eine geometrische Reihe den Entwicklungssatz impliziert; er drückt dies 1841 so aus (Œvres 12, 2. Ser., S. 61 sowie Théorème I. auf S. 64):

„La fonction $f(x)$ sera développable par la formule de Maclaurin en une série convergente ordonée suivant les puissances ascendantes de x, si le module [=Absolutbetrag] de la variable réelle ou imaginaire x conserve une valeur inférieure à celle pour laquelle la fonction (ou sa dérivée du premier ordre) cesse d'être finie et continue." Um die letzte Zeile dieses Cauchyschen Textes zu verstehen, muß man sich vergegenwärtigen, daß die einzigen Singularitäten, die zu Cauchys Zeit akzeptiert wurden, Pole waren.

CAUCHY gibt übrigens, nach dem Vorbild der reellen Analysis, auch eine Restglieddarstellung durch ein Integral; er beschreibt genau, *wie gut* das Restglied gegen 0 konvergiert. CAUCHY nannte seine Methode „calcul des limites". KRONECKER schreibt 1894 über die Integralformel ([Kr], S. 176): „in diese[r] hat man das Prius, in ih[r] liegt implicite schon die Reihenentwicklung, wie alle Eigenschaften der Functionen, wohl darum, weil in [ihrer] Geltung alle die höchst verwickelten Bedingungen, die für die Function $f(z)$ bestehen müssen, zusammengefaßt sind".

7.3.4 Lokal endliche Mengen. Riemannscher Fortsetzungssatz

Für jede Menge $A \subset D$ zeigt man die Äquivalenz folgender Aussagen:

i) Jeder Punkt von A hat eine Umgebung U, so daß $U \cap A$ endlich ist.
ii) A ist abgeschlossen in D, und jeder Punkt $p \in A$ ist ein isolierter Punkt von A (d.h. hat eine Umgebung U mit $U \cap A = \{p\}$).
iii) Für jedes Kompaktum $K \subset D$ ist $K \cap A$ endlich.

Mengen, die i)-iii) erfüllen heißen *lokal endlich in D*. Endliche Mengen sind lokal endlich. Da D die Vereinigung abzählbar unendlich vieler Kompakta ist, so ist jede in D lokal endliche Menge höchstens abzählbar unendlich.

Ist $A \subset D$ abgeschlossen und f holomorph in $D \setminus A$, so heißt f *stetig bzw. holomorph nach A fortsetzbar*, wenn es eine in D stetige bzw. holomorphe Funktion $\widehat{f} : D \to \mathbb{C}$ gibt, so daß $\widehat{f}|D \setminus A = f$ ist.

Satz 7.3.3 (Riemannscher Fortsetzungssatz). *Ist A lokal endlich in D, so sind folgende Aussagen über eine in $D\setminus A$ holomorphe Funktion äquivalent:*

i) f ist holomorph nach A fortsetzbar.
ii) f ist stetig nach A fortsetzbar.
iii) f ist in einer Umgebung $U \subset D$ eines jeden Punktes $c \in A$ beschränkt.
iv) $\lim_{z\to c}(z-c)f(z) = 0$ für jeden Punkt $c \in A$.

Beweis. Man darf annehmen, daß A nur den Nullpunkt $c = 0$ enthält. i)⇒ii)⇒iii)⇒iv): Trivial. Um iv)⇒i) zu zeigen, betrachten wir die Funktionen

$$g(z) := zf(z) \quad \text{für } z \in D \setminus \{0\}, \quad g(0) := 0; \quad h(z) := zg(z).$$

g ist nach Annahme *stetig in 0*. Daher ist h wegen $h(z) = h(0) + zg(z)$ *im Nullpunkt komplex differenzierbar* mit $h'(0) = g(0) = 0$. Wegen $f \in \mathcal{O}(D \setminus \{0\})$ ist h somit holomorph in D; Nach dem Entwicklungssatz 7.3.2 gestattet h also um 0 eine Taylorentwicklung $a_0 + a_1 z + a_2 z^2 + a_3 z^3 + \dots$. Wegen $h(0) = h'(0) = 0$ folgt $h(z) = z^2(a_2 + a_3 z + \dots)$. Da $h(z) = z^2 f(z)$ für $z \neq 0$, so ist $\widehat{f} := a_2 + a_3 z + \dots$ die holomorphe Fortsetzung von f nach D. □

7.3.5 Historisches zum Riemannschen Fortsetzungssatz

Riemann leitet 1851 die Implikation i)⇒ii) für Mengen A her, die „keine Linie stetig erfüllen" ([R], Lehrsatz S. 23). Es hat im letzten Jahrhundert lange Diskussionen über richtige und falsche Beweise dieser Implikation gegeben. Der amerikanische Mathematikprofessor William Fogg Osgood (1864–1943, Professor in Harvard und Peking; promovierte 1890 in Erlangen bei Max Noether; verfaßte 1906 sein Lehrbuch [Os]) hat 1896 darüber in einem interessanten Artikel *Some points in the elements of the theory of functions*

(Bull. Amer. Math. Soc., 296–302) berichtet. Noch 1905 hat sich E. LANDAU an dieser Diskussion beteiligt und in seiner kurzen Note *On a familiar theorem of the theory of functions* (Bull. Amer. Math. Soc. 12, 155–156. Collected Works, Bd. 2, 204–205) mittels der Cauchyschen Integralformel für erste Ableitungen die Implikation iii)⇒i) bewiesen. Dieses hatte auch bereits 1841 WEIERSTRASS getan, vgl. $[W_1]$, S. 63; er benutzt dazu den Satz von der Laurententwicklung in Kreisgebieten, den er damals vor LAURENT bewiesen hat (vgl. hierzu Kapitel 12.1.5). Die Weierstraßsche Arbeit wurde aber erst 1894 publiziert.

Spätestens 1916 war die Sachlage klar: Friedrich Herrmann SCHOTTKY (deutscher Mathematiker, 1851–1935, o. Professor in Marburg und seit 1902 in Berlin) skizzierte damals in seiner auch heute noch lesenswerten Arbeit *Über das Cauchysche Integral*, vgl. [Sch], einen Weg von der (Riemannschen) Definition der Holomorphie zum Fortsetzungssatz. SCHOTTKY betont, daß es wesentlich auf eine Verschärfung des Goursatschen Integrallemmas ankommt, sein Beweis wurde in den ersten drei Auflagen dieses Buches wiedergegeben.

Aufgaben

1. Entwickeln Sie folgende Funktionen in eine Potenzreihe um 0:

$$\exp(z+\pi\mathrm{i}), \quad \sin^2 z, \quad \cos(z^2-1), \quad \frac{2z+1}{(z^2+1)(z+1)^2}.$$

2. Bestimmen Sie für $a, b \in \mathbb{C}$, $|a| < 1 < |b|$, $m, n \in \mathbb{N}$:

$$\int_{\partial B_1(0)} \frac{\mathrm{d}\zeta}{(\zeta-a)^m(\zeta-b)^n}.$$

3. Bestimmen Sie alle Funktionen $f \in \mathcal{O}(\mathbb{C})$ mit $f(z) + f''(z) = 0$ für alle $z \in \mathbb{C}$.
4. Es sei f holomorph in $B_r(0)$, $r > 1$. Berechnen Sie auf zweierlei Weise die Integrale $\int_{\partial\mathbb{E}}(2 \pm (\zeta + \zeta^{-1}))\frac{f(\zeta)}{\zeta}\mathrm{d}\zeta$ und folgern Sie:

$$\pi^{-1}\int_0^{2\pi} f(\mathrm{e}^{\mathrm{i}t})\cos^2(\tfrac{1}{2}t)\mathrm{d}t = f(0) + \tfrac{1}{2}f'(0),$$
$$\pi^{-1}\int_0^{2\pi} f(\mathrm{e}^{\mathrm{i}t})\sin^2(\tfrac{1}{2}t)\mathrm{d}t = f(0) - \tfrac{1}{2}f'(0).$$

5. Es seien $r > 0$, $D \subset \mathbb{C}$ offen mit $\overline{B}_r(0) \subset D$ und $f, g \in \mathcal{O}(D)$. Es gebe ein $a \in \partial B_r(0)$, so daß $g(a) = 0$, $g'(a) \neq 0$, $f(a) \neq 0$ und $g(z) \neq 0$ für alle $z \in \overline{B}_r(0) \setminus \{a\}$. Sei $\sum_{n\geq 0} a_n z^n$ die Potenzreihenentwicklung von f/g um 0. Zeigen Sie $\lim_n(a_n/a_{n+1}) = a$.
   Hinweis: Benutzen Sie die geometrische Reihe.
6. Es seien $D \subset \mathbb{C}$ offen, $a \in D$, $d : D \setminus \{a\} \to \mathbb{C}$ holomorph. Ist $f' : D \setminus \{a\} \to \mathbb{C}$ holomorph nach a fortsetzbar, so ist auch f holomorph nach a fortsetzbar.
7. Sei $B := B_r(0)$, $r \geq 1$, sei $f \in \mathcal{O}(B)$. Es gelte $f(z) = f(\zeta z)$ für alle $z \in B$, wobei $\zeta = \mathrm{e}^{2\pi\mathrm{i}/n}$, $n \in \mathbb{N}$, $n \geq 2$. Dann gibt es ein $g \in \mathcal{O}(B)$, so daß $f(z) = g(z^n)$ für alle $z \in B$.

7.4 Diskussion des Entwicklungssatzes

Wir ziehen einige unmittelbare Folgerungen aus dem Entwicklungssatz, u.a. besprechen wir den Umbildungssatz und den Produktsatz für Potenzreihen. Auf das Prinzip der analytischen Fortsetzung wird kurz eingegangen; weiter werden Konvergenzradien von Potenzreihen „direkt" bestimmt.

7.4.1 Holomorphie und unendlich häufige komplexe Differenzierbarkeit

Aus dem Entwicklungssatz zusammen mit Satz 4.3.2 ergibt sich unmittelbar

Satz 7.4.1. *Jede in D holomorphe Funktion ist beliebig oft komplex differenzierbar in D.*

Diese Aussage demonstriert besonders deutlich, wie stark sich reelle und komplexe Differenzierbarkeit unterscheiden: im Reellen ist die Ableitung einer differenzierbaren Funktion i.allg. nicht einmal mehr stetig; z.B. ist die Ableitung von $f(x) := x^2 \cdot \sin(1/x)$ für $x \in \mathbb{R} \setminus \{0\}$, $f(0) := 0$, im Nullpunkt unstetig.

Der Entwicklungssatz hat im Reellen kein Analogon: es gibt *unendlich oft differenzierbare* Funktionen $f : \mathbb{R} \to \mathbb{R}$, die in *keiner Umgebung* des Nullpunktes in eine Potenzreihe entwickelbar sind; das Standardbeispiel

$$f(x) := \exp(-x^{-2}) \quad \text{für } x \neq 0, \quad f(0) := 0,$$

findet sich bereits 1823 bei CAUCHY in seinem „*Calcul Infinitésimal*" (Œuvres 4, 2. Ser., S. 230): hier gilt $f^{(n)}(0) = 0$ für alle $n \in \mathbb{N}$. Im Reellen lassen sich grundsätzlich die Werte aller Ableitungen in einem Punkt beliebig vorschreiben. Dies hat 1895 der französische Mathematiker Émile BOREL (1871–1956) in seiner Thèse bewiesen; er zeigte (Ann. Ecole Norm. 12(3), S. 44, auch Œuvres 1, S. 274):

Satz 7.4.2. *Zu jeder Folge $(r_n)_{n\geq 0}$ reeller Zahlen gibt es eine in $\mathbb{R}$ unendlich oft differenzierbare Funktion $f : \mathbb{R} \to \mathbb{R}$ mit $f^{(n)}(0) = r_n$ für jedes n.*

Wir werden diesen Satz und mehr in 9.6.5 beweisen.

Der Entwicklungssatz ermöglicht, wie in 4.4.2 angekündigt, einen „Zweizeilenbeweis" des dortigen Einheitenlemmas: Ist $e = 1 - b_1 z - b_2 z^2 - \ldots$ eine konvergente Potenzreihe, so sind e und wegen $e(0) \neq 0$ auch $1/e$ um 0 holomorph; daher ist $1/e$ wieder eine konvergente Potenzreihe.

7.4.2 Umbildungssatz

Satz 7.4.3. *Ist $f(z) = \sum a_\nu (z-c)^\nu$ eine in $B_R(c)$ konvergente Potenzreihe, so ist f um jeden Punkt $z_1 \in B_R(c)$ in eine Potenzreihe $\sum b_\nu (z-z_1)^\nu$ entwickelbar; der Konvergenzradius dieser neuer Reihe ist mindestens $R - |z_1 - c|$. Es gilt:*

$$b_\nu = \sum_{j=\nu}^{\infty} \binom{j}{\nu} a_j (z_1 - c)^{j-\nu}, \quad \nu \in \mathbb{N}.$$

Beweis. Klar, da $f(z) = \sum \frac{f^{(\nu)}(z_1)}{\nu!}(z-z_1)^\nu$ auf Grund des Entwicklungssatzes und da $\frac{f^{(\nu)}(z_1)}{\nu!} = \sum_{j=\nu}^{\infty} \binom{j}{\nu} a_j (z_1 - c)^{j-\nu}$ nach Satz 4.3.2. □

Der Name „Umbildungssatz" ist folgendermaßen begründet: in der Situation des Satzes besteht die Gleichung

$$f(z) = \sum_{j=0}^{\infty} a_j[(z_1 - c) + (z - z_j)]^j = \sum_{j=0}^{\infty} \left[\sum_{\nu=0}^{j} a_j \binom{j}{\nu} (z_1 - c)^{j-\nu} (z - z_1)^\nu \right].$$

Bildet man die Doppelsumme rechts bedenkenlos um, als wäre sie endlich, so erhält man die Doppelsumme

$$\sum_{\nu=0}^{\infty} \left[\sum_{j=\nu}^{\infty} \binom{j}{\nu} a_j (z_1 - c)^{j-\nu} \right] (z - z_1)^\nu,$$

d.h. genau die angegebene Entwicklung von f um z_1. Der hier rein formal durchgeführte Umbildungsprozeß läßt sich ohne den Satz von CAUCHY-TAYLOR streng rechtfertigen, wenn man die Verschärfung des Umordnungssatzes 3.3.1 benutzt. Dieser Beweis verläuft ganz im Weierstraßschen Rahmen und gilt für beliebige vollständig bewertete Grundkörper der Charakteristik 0.

7.4.3 Analytische Fortsetzung

Ist f holomorph im Gebiet G und entwickelt man f um $c \in G$ gemäß Satz 7.3.2 in die Taylorreihe, so ist der Konvergenzradius R dieser Reihe mindestens gleich dem Randabstand $d_c(G)$; er kann aber größer sein (vgl. Figur links). In diesem Fall sagt man, daß f über G hinaus „analytisch fortgesetzt" ist (genauer wäre es von einer „holomorphen" Fortsetzung zu sprechen). So hat die geometrische Reihe $\sum z^\nu \in \mathcal{O}(\mathbb{E})$ um $c \in \mathbb{E}$ die Taylorreihe $\sum (z-c)^\nu / (1-c)^{\nu+1}$ mit dem Konvergenzradius $|1-c|$; im Falle $|1-c| > 1$ hat man also eine analytische Fortsetzung (in diesem Beispiel ist natürlich $(1-z)^{-1} \in \mathcal{O}(\mathbb{C} \setminus \{1\})$ die größtmögliche analytische Fortsetzung).

Das Prinzip der analytischen Fortsetzung spielt in der (Weierstraßschen) Funktionentheorie eine große Rolle. Wir können hierauf an dieser Stelle nicht

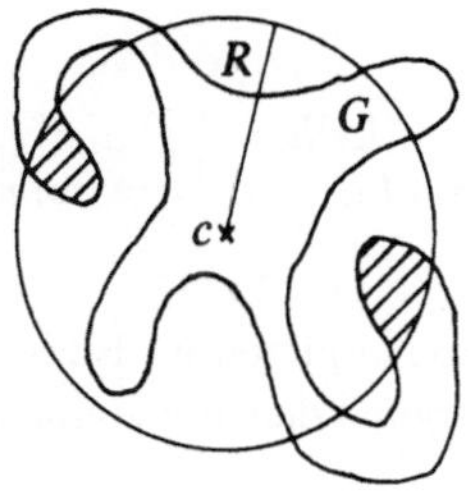

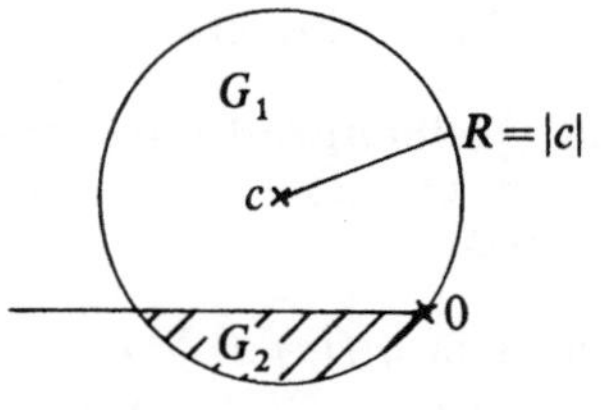

näher eingehen, wollen jedoch wenigstens noch auf das Problem der Mehrdeutigkeit hinweisen. Dies kann dann auftreten, wenn $B_R(c) \cap G$ unzusammenhängend ist; dann braucht die Taylorreihe keineswegs mehr in den Zusammenhangskomponenten von $B_R(c) \cap G$, die c nicht enthalten, die Ausgangsfunktion f darzustellen (in der Figur links sind dies die beiden schraffierten Gebiete)! Wir demonstrieren dieses Phänomen am Beispiel des in der geschlitzten Ebene $\mathbb{C}^-$ holomorphen Logarithmus $\log z$. Diese Funktion hat um $c \in \mathbb{C}^-$ die Taylorreihe

$$\log c + \sum_1^\infty \frac{(-1)^{\nu-1}}{\nu} \frac{1}{c^\nu}(z-c)^\nu,$$

deren Konvergenzradius $|c|$ ist. Falls $\operatorname{Re} c < 0$, so zerfällt $\mathbb{C}^- \cap B_{|c|}(c)$ in zwei Zusammenhangskomponenten G_1, G_2 (vgl. Figur rechts); in G_1 stellt die Reihe den Hauptzweig $\log z$ dar, in G_2 hingegen nicht mehr, da der Hauptzweig längs der negativen reellen Achse, die G_1 von G_2 trennt, „um $\pm 2\pi \mathrm{i}$ springt".

7.4.4 Produktsatz für Potenzreihen

Satz 7.4.4. *Es seien $f(z) = \sum a_\mu z^\mu$ bzw. $g(z) = \sum b_\nu z^\nu$ konvergent in Kreisen B_s bzw. B_t. Dann hat die Produktfunktion $(f \cdot g)(z)$ im Kreis B_r, wobei $r := \min(s,t)$, die Potenzreihendarstellung (Cauchyprodukt, vgl. 0.4.6)*

$$(f \cdot g)(z) = \sum p_\lambda z^\lambda \quad \textit{mit } p_\lambda := \sum_{\mu+\nu=\lambda} a_\mu b_\nu .$$

Beweis. Als Produkt holomorpher Funktionen ist $f \cdot g$ in B_r holomorph und dort nach dem Entwicklungssatz in die Taylorreihe

$$\sum \frac{(f \cdot g)^{(\lambda)}(0)}{\lambda!} z^\lambda$$

entwickelbar. Die Leibnizsche Produktregel für höhere Ableitungen

$$(f \cdot g)^{(\lambda)}(0) = \sum_{\mu+\nu=\lambda} \frac{\lambda!}{\mu!\nu!} f^{(\mu)}(0) \cdot g^{(\nu)}(0), \quad \lambda \in \mathbb{N},$$

liefert wegen $f^{(\mu)}(0) = \mu! a_\mu$, $g^{(\nu)}(0) = \nu! b_\nu$ die Behauptung.

Mit Hilfe des Abelschen Grenzwertsatzes folgt sofort

Satz 7.4.5 (Reihenproduktsatz von Abel). *Sind die Reihen* $\sum_0^\infty a_\mu z^\mu$, $\sum_0^\infty b_\nu z^\nu$ *und* $\sum_0^\infty p_\lambda$, $p_\lambda := a_0 b_\lambda + \cdots + a_\lambda b_0$ *konvergent, und sind* a, b, p *ihre Summen, so gilt* $ab = p$.

Beweis. Die Reihen $f(z) := \sum a_\mu z^\mu$, $g(z) := \sum b_\nu z^\nu$ konvergieren im Einheitskreis $\mathbb{E}$; daher gilt auch $(f \cdot g)(z) = \sum p_\lambda z^\lambda$ in $\mathbb{E}$. Die Konvergenz der drei Reihen $\sum a_\mu$, $\sum b_\nu$, $\sum p_\lambda$ impliziert (vgl. 4.2.5):

$$\lim_{x\to 1-0} f(x) = a, \quad \lim_{x\to 1-0} g(x) = b, \quad \lim_{x\to 1-0} (f \cdot g)(x) = p.$$

Wegen $\lim_{x\to 1-0}(f \cdot g)(x) = (\lim_{x\to 1-0} f(x))(\lim_{x\to 1-0} g)x))$ folgt die Behauptung. □

Den Reihenproduktsatz von ABEL findet man in [A], S. 318. Der Leser vergleiche diesen Satz mit dem Reihenproduktsatz von CAUCHY (0.4.6). Ein direkter Beweis des Reihenproduktsatzes von ABEL läßt sich wie folgt führen (vgl. CÉSARO: Bull. Sci. Math. (2), 14 (1890), S. 114): Man setzt $s_n := a_0 + \cdots + a_n$, $t_n := b_0 + \cdots + b_n$, $q_n := p_0 + \cdots + p_n$ und verifiziert $q_n = a_0 t_n + a_1 t_{n-1} + \cdots + a_n t_0$ und weiter

$$q_0 + q_1 + \cdots + q_n = s_0 t_n + s_1 t_{n-1} + \cdots + s_n t_0.$$

Hieraus folgt auf Grund von Aufgabe 3. aus 0.3

$$p = \lim \frac{s_0 t_n + s_1 t_{n-1} + \cdots + s_n t_0}{n+1} = ab.$$

7.4.5 Bestimmung von Konvergenzradien

Der Konvergenzradius R einer Taylorreihe $\sum a_\nu (z-c)^\nu$ ist durch die Koeffizienten bestimmt (Cauchy-Hadamarsche Formel (Satz 4.1.2) bzw. Quotientenkriterium 4.1.4). Der Entwicklungssatz gestattet es häufig, die Zahl R mit einem Blick aus Eigenschaften der zugehörigen holomorphen Funktionen, ohne Kenntnis der Koeffizienten, abzulesen. So gilt z.B.

Satz 7.4.6. *Es seien* f *und* g *holomorph in* $\mathbb{C}$ *und ohne gemeinsame Nullstellen in* $\mathbb{C}^\times$, *es sei* $c \in \mathbb{C}^\times$ *eine „kleinste" Nullstelle* $\neq 0$ *von* g *(d.h. es gelte* $|w| \geq |c|$ *für jede weitere Nullstelle* $w \neq 0$ *von* g*). Ist dann die in* $B_{|c|}(0) \setminus \{0\}$ *holomorphe Funktion* f/g *holomorph in den Nullpunkt fortsetzbar, so hat die Taylorreihe von* f/g *um* 0 *den Konvergenzradius* $|c|$.

Beweis. Klar nach dem Entwicklungssatz 7.3.2, da f/g bei Annäherung an c wegen $f(c) \neq 0$ gegen ∞ strebt. □

Beispiele 7.4.1. 1. Die Taylorreihe von $\tan z = \sin z / \cos z$ um 0 hat den Konvergenzradius $\frac{1}{2}\pi$, da $\frac{1}{2}\pi$ eine „kleinste" Nullstelle von $\cos z$ ist.

2. Die Funktionen $z \cot z = z \cos z / \sin z$, $z/\sin z$, $z/(\mathrm{e}^z - 1)$ sind holomorph nach 0 fortsetzbar (sämtlich mit Wert 1, denn die Potenzreihen der Nennerfunktionen um 0 beginnen alle mit dem Term z). Da π bzw. $2\pi\mathrm{i}$ eine „kleinste" Nullstelle von $\sin z$ bzw. $\mathrm{e}^z - 1$ ist, so ist π der Konvergenzradius von $z \cot z$ und $z/\sin z$ um 0; hingegen hat die Taylorreihe von $z/(\mathrm{e}^z - 1)$ um 0 den Konvergenzradius 2π. □

Die Konvergenzradien all dieser reellen Reihen lassen sich mit der Formel von CAUCHY-HADAMARD bzw. dem Quotientenkriterium nur mühsam bestimmen (vgl. 11.3.1). Der elegante Weg durchs Komplexe ist bei der Funktion $z/(\mathrm{e}^z - 1)$ besonders eindrucksvoll, da ihr Nenner keine reellen Nullstellen $\neq 0$ hat; wir haben hier ein sehr schönes Beispiel für die prophetischen GAUSS-Worte (vgl. Historische Einführung), nach denen die vollständige Kenntnis der Natur einer analytischen Funktion im Komplexen oft für die richtige Beurteilung der Gebarung der Funktion im Reellen unentbehrlich ist.

Das hier beschriebene Verfahren zur Bestimmung von Konvergenzradien läßt sich zu einer *Approximationsmethode* für Nullstellen umkehren. Ist etwa g ein Polynom mit lauter reellen Nullstellen $\neq 0$, so entwickle man $1/g$ in die Taylorreihe $\sum a_\nu z^\nu$ um 0 und betrachte die Folge $a_\nu / a_{\nu+1}$: existiert deren Limes r, so ist r oder $-r$ die kleinste Nullstelle von g. Dieses Verfahren wurde 1732 und 1738 von Daniel BERNOULLI (1700–1782) entwickelt und wird von EULER in [E], § 335 ff., ausführlich diskutiert; bez. der Bernoullischen Originalarbeiten, mit Kommentaren von L.P. BOUCKAERT, siehe auch *Die Werke von Daniel Bernoulli*, Bd. 2, Birkhäuser Verlag Basel Boston Stuttgart 1982. – Die BERNOULLI-EULER-Methode ist auf Polynome mit komplexen Nullstellen verallgemeinerbar, vgl. hierzu z.B. Aufg. 242 im 3. Abschnitt des ersten Bandes von G. PÓLYA und G. SZEGÖ.

Aufgaben

1. Entwickeln Sie die Funktionen $\frac{\mathrm{e}^z}{1-tz}$, $t \in \mathbb{C}$, und $\frac{\sin^2 z}{z}$ in eine Potenzreihe um 0 und bestimmen Sie deren Konvergenzradius.
2. Bestimmen Sie alle Funktionen $f \in \mathcal{O}(\mathbb{C})$ mit $f(z^2) = (f(z))^2$, $z \in \mathbb{C}$.
3. Seien $R > 0$, $D \subset \mathbb{C}$ offen mit $\overline{B}_R(0) \subset D$, $c \in \partial B_R(0)$ und $f \in \mathcal{O}(D \setminus \{c\})$. Sei $\sum_{k \geq 0} a_k z^k$ die Potenzreihenentwicklung von f um 0. Ist dann $f(z)(z-c)$ beschränkt um c, so gilt für hinreichend kleines $r > 0$ und alle $k \geq 0$

$$\int_{\partial B_r(c)} \frac{f(\zeta)\mathrm{d}\zeta}{(\zeta - c)^k} = 2\pi\mathrm{i} \sum_{\nu=k}^{\infty} \binom{\nu}{k} (a_{\nu-1} - c a_\nu) c^{\nu-k}, \quad \text{wobei } a_{-1} := 0.$$

7.5 * Spezielle Taylorreihen. Bernoullische Zahlen

Die in 4.2.1 angegebenen Reihenentwicklungen für $\exp z$, $\cos z$, $\sin z$, $\log(1+z)$ usw. sind die Taylorreihen dieser Funktionen um den Nullpunkt. Im Mittelpunkt dieses Paragraphen steht die Taylorreihe (um 0) der um 0 holomorphen

Funktion

$$g(z) := \frac{z}{e^z - 1} \quad \text{für } z \neq 0, g(0) := 1,$$

die in der klassischen Analysis eine große Rolle spielt. Diese Funktion ist auf Grund von 5.2.5 durch die Gleichungen

$$\cot z = \mathrm{i} + z^{-1} g(2\mathrm{i}z), \tag{7.20}$$

$$\tan z = \cot z - 2\cot 2z \tag{7.21}$$

mit der Cotangens- und Tangensfunktion veknüpft. Daher erhalten wir aus der Taylorreihe von $g(z)$ die Taylorreihen von $z\cot z$ und $\tan z$ um 0.

Die Taylorkoeffizienten der Potenzreihe von $g(z)$ um den Nullpunkt sind im wesentlichen die in vielen analytischen und zahlentheoretischen Problemen vorkommenden sog. *Bernoullischen Zahlen*. Diese Zahlen werden uns in 11.3.3 wieder begegnen.

7.5.1 Taylorreihe von $z(e^z - 1)^{-1}$. Bernoullische Zahlen

Aus historischen Gründen schreibt man die Taylorreihe von $g(z) = z(e^z - 1)^{-1}$ um 0 in der Form

$$\frac{z}{e^z - 1} = \sum_0^\infty \frac{B_\nu}{\nu!} z^\nu, \quad B_\nu \in \mathbb{C}.$$

Da $\cot z$ eine ungerade Funktion ist, so ist $z\cot z$ gerade. Da $g(z) + \frac{1}{2} = \frac{1}{2\mathrm{i}} z\cot(\frac{1}{2\mathrm{i}} z)$ nach Gleichung (7.20) der Einleitung, so ist auch $g(z) + \frac{1}{2}z$ eine *gerade* Funktion. Mithin gilt:

$$B_1 = -\tfrac{1}{2}; B_{2\nu+1} = 0 \quad \text{für alle } \nu \geq 1,$$

also

$$\frac{z}{e^z - 1} = 1 - \frac{z}{2} + \sum_1^\infty \frac{B_{2\nu}}{(2\nu)!} z^{2\nu}. \tag{7.22}$$

Aus $1 = \frac{e^z - 1}{z} \cdot \frac{z}{e^z - 1} = \left(\sum_1^\infty \frac{z^{\nu-1}}{\nu!}\right)\left(\sum_0^\infty \frac{B_\nu}{\nu!} z^\nu\right)$ gewinnt man durch Ausmultiplizieren und Koeffizientenvergleich (Eindeutigkeit der Taylorreihe, vgl. 4.3.2) die Formel

$$\binom{n}{0} B_0 + \binom{n}{1} B_1 + \binom{n}{2} B_2 + \cdots + \binom{n}{n-1} B_{n-1} = 0.$$

Die Zahlen $B_{2\nu}$ heißen *Bernoullische Zahlen* [2], sie lassen sich aus der letzten Gleichung *rekursiv* bestimmen:

[2] Die Numerierung der Bernoullischen Zahlen ist in der Literatur nicht einheitlich. So werden häufig die verschwindenden Zahlen $B_{2\nu+1}$ überhaupt nicht bezeichnet, und statt $B_{2\nu}$ wird $(-1)^{\nu-1} B_\nu$ gesetzt.

Satz 7.5.1. *Jede Bernoullische Zahl $B_{2\nu}$ ist rational, es gilt*

$$\begin{gathered} B_0 = 1, \quad B_2 = \tfrac{1}{6}, \quad B_4 = -\tfrac{1}{30}, \quad B_6 = \tfrac{1}{42}, \\ B_8 = -\tfrac{1}{30}, \quad B_{10} = \tfrac{5}{66}, \quad B_{12} = -\tfrac{691}{2730}, \quad B_{14} = \tfrac{7}{6}, \ldots . \end{gathered} \tag{7.23}$$

Da 2π der Konvergenzradius der Reihe (7.22) ist, so sieht man weiter:

Satz 7.5.2. *Die Folge $B_{2\nu}$ der Bernoullischen Zahlen ist unbeschränkt.*

Die expliziten Werte der ersten Bernoullischen Zahlen vermitteln also einen falschen Eindruck vom Verhalten der Folgeglieder; so gilt $B_{26} = \frac{8553103}{6}$ und B_{122} hat einen 107-stelligen Zähler und gleichfalls den Nenner 6.

7.5.2 Taylorreihen von $z \cot z$, $\tan z$ und $\frac{z}{\sin z}$

Aus den Gleichungen (7.20) und (7.21) der Einleitung und der Identität (7.22) erhält man sofort

$$\cot z = \frac{1}{z} + \sum_1^\infty (-1)^\nu \frac{4^\nu}{(2\nu)!} B_{2\nu} z^{2\nu-1}, \tag{7.24}$$

$$\begin{aligned} \tan z &= \sum_1^\infty (-1)^{\nu-1} \frac{4^\nu(4^\nu - 1)}{(2\nu)!} B_{2\nu} z^{2\nu-1} \\ &= z + \tfrac{1}{3} z^3 + \tfrac{2}{15} z^5 + \tfrac{17}{315} z^7 + \ldots . \end{aligned} \tag{7.25}$$

Die Gleichung (7.24) gilt in einer punktierten Kreisscheibe $B_R(0) \setminus \{0\}$, (es ist nicht nötig zu wissen, daß $R = \pi$ nach 7.4.5). Wir werden später sehen, daß $(-1)\nu - 1B_{2\nu}$, stets positiv ist (vgl. 11.2.4), daher sind in (7.24) alle Reihenkoeffizienten negativ und in (7.25) alle positiv.

Die Reihen (7.24) und (7.25) stammen von EULER, sie finden sich z.B. im 9. und 10. Kapitel seiner *Introductio* [E]; die Gleichung (7.24) läßt sich auch in der anmutigen Form schreiben:

$$\tfrac{1}{2} z \cot \tfrac{1}{2} z = 1 - B_2 \frac{z^2}{2!} + B_4 \frac{z^4}{4!} - B_6 \frac{z^6}{6!} + - \ldots . \tag{7.26}$$

Da $\cot z + \tan \frac{1}{2} z = \frac{1}{\sin z}$ (vgl. 5.2.5), so folgt aus (7.24) und (7.25) weiter

$$\frac{z}{\sin z} = \sum_0^\infty (-1)^{\nu-1} \frac{(4^\nu - 2)}{(2\nu)!} B_{2\nu} z^{2\nu}. \tag{7.27}$$

7.5.3 Potenzsummen und Bernoullische Zahlen

Satz 7.5.3. *Für alle $n, k \in \mathbb{N} \setminus \{0\}$ gilt:*

$$1^k + 2^k + \cdots + n^k = \frac{1}{k+1} n^{k+1} + \frac{1}{2} n^k + \sum_2^k \frac{B_\kappa}{\kappa} \binom{k}{\kappa - 1} n^{k+1-\kappa}.$$

Beweis. Mit $S(n^k) := \sum_1^n \nu^k$ und $S(n^0) := n + 1$ folgt:

$$E_n(w) := 1 + e^w + \cdots + e^{nw} = \sum_0^\infty \frac{1}{k!} S(n^k) w^k.$$

Andererseits hat man

$$E_{n-1}(w) = \frac{w}{e^w - 1} \cdot \frac{e^{nw} - 1}{w} = \left(\sum_{\kappa=0}^\infty \frac{B_\kappa}{\kappa!} w^\kappa \right) \left(\sum_{\lambda=0}^\infty \frac{n^{\lambda+1}}{(\lambda+1)!} w^\lambda \right).$$

Nach dem Produktsatz 7.4.4 gilt, da $\frac{k!}{\kappa!(k+1-\kappa)!} = \frac{1}{\kappa}\binom{k}{\kappa-1}$ und $B_0 = 1$, $B_1 = -\frac{1}{2}$:

$$S((n-1)^k) = \sum_{\kappa+\lambda=k} \frac{k!}{\kappa!(\lambda+1)!} B_\kappa n^{\lambda+1} = \frac{1}{k+1} n^{k+1} - \frac{1}{2} n^k + \sum_{\kappa=2}^k \frac{B_\kappa}{\kappa} \binom{k}{\kappa-1} n^{k+1-\kappa}.$$

Dies ist wegen $S(n^k) = S((n-1)^k) + n^k$ die Behauptung. □

Anmerkung 7.5.1. Jakob BERNOULLI (1655–1705) hat die nach ihm benannten Zahlen bei der Berechnung der Potenzsummen gefunden. In seiner 1713 posthum gedruckten *Ars Conjectandi* schreibt er A, B, C, D für B_2, B_4, B_6, B_8; er gibt die Summen $\sum_1^n \nu^k$ für $1 \le k \le 10$ explizit an, einen allgemeineren Beweis gibt er nicht (vgl. *Die Werke von Jakob Bernoulli*, Bd. 3, Birkhäuser Basel 1975, S. 166/167; siehe auch W. WALTER: *Analysis 1*, Grundwissen Mathematik).

Führt man die *rationalen* Polynome $(k+1)$-ten Grades

$$\Phi_k(w) := \frac{1}{k+1}(w-1)^{k+1} + \tfrac{1}{2}(w-1)^k + \sum_{\kappa=2}^k \frac{B_\kappa}{\kappa} \binom{k}{\kappa-1} (w-1)^{k+1-\kappa} \in \mathbb{Q}[W],$$

$k = 1, 2, \ldots$ ein, so besagt der Bernoullische Satz

$$1^k + 2^k + \cdots + (n-1)^k = \Phi_k(n), \quad n = 1, 2, \ldots. \tag{7.28}$$

Man verifiziert $\Phi_k(w) = \frac{1}{k+1} w^{k+1} - \frac{1}{2} w^k +$ niedere Glieder, z.B.

$$\Phi_1 = \tfrac{1}{2}(w^2 - w), \quad \Phi_2 = \tfrac{1}{6}(2w^3 - 3w^2 + w), \quad \Phi_3 = \tfrac{1}{4}(w^4 - 2w^3 + w^2).$$

Man hat ferner die Formel

$$\Phi_4 = \tfrac{1}{30}(6w^5 - 15w^4 + 10w^3 - w) = \tfrac{1}{10}(w-1)w(2w-1)(w^2 - w - \tfrac{1}{3}),$$

also nach (7.28):

$$1^4 + 2^4 + \cdots + (n-1)^4 = \tfrac{1}{10}(n-1)n(2n-1)(n^2 - n - \tfrac{1}{3}), \quad n = 2, 3, \ldots,$$

was rechnungsfreudige Leser auch sogleich durch Induktion nach n bestätigen. Die Gleichungen (7.28) charakterisieren die Polynomfolge $\Phi_1, \Phi_2, \ldots$: ist nämlich $\Phi(w)$ irgendein (komplexes!) Polynom, so daß (7.28) bei festem $k \ge 1$ für alle $n \ge 1$ gilt, so verschwindet $\Phi(w) - \Phi_k(w)$ für alle $w \in \mathbb{N}$, $w \ge 1$, d.h. $\Phi = \Phi_k$.

7.5.4 Bernoullische Polynome

Für jede komplexe Zahl w ist die Funktion $ze^{wz}/(e^z-1)$ holomorph in $\mathbb{C}\setminus\{\pm 2\nu\pi i : \nu = 1, 2, \dots\}$. Nach dem Entwicklungssatz haben wir für jedes $w \in \mathbb{C}$ (im Kreis vom Radius 2π) um 0 eine Taylorentwicklung

$$F(w,z) := \frac{ze^{wz}}{e^z - 1} = \sum \frac{B_k(w)}{k!} z^k. \tag{7.29}$$

Die Funktionen $B_k(w)$ lassen sich explizit angeben.

Satz 7.5.4. *$B_k(w)$ ist ein normiertes rationales Polynom k-ten Grades*

$$B_k(w) = \sum_{\kappa=0}^{k} \binom{k}{\kappa} B_\kappa w^{k-\kappa} = w^k - \tfrac{1}{2}kw^{k-1} + \cdots + B_k, \quad k \in \mathbb{N}, \tag{7.30}$$

speziell ist $B_k(0)$ die k-te Bernoullische Zahl.

Beweis. Wegen $F(w,z) = e^{wz}\frac{z}{e^z-1}$ und $\frac{z}{e^z-1} = \sum \frac{B_\nu}{\nu!} z^\nu$ gilt

$$\sum \frac{B_k(w)}{k!} z^k = \left(\sum \frac{1}{\mu!} w^\mu z^\mu\right)\left(\sum \frac{B_\nu}{\nu!} z^\nu\right) \quad \text{um } 0.$$

Hieraus folgt nach dem Produktsatz 7.4.4

$$B_k(w) = \sum_{\mu+\nu=k} \frac{k!}{\mu!\nu!} B_\nu w^\mu = \sum_{\nu=0}^{k} \binom{k}{\nu} B_\nu w^{k-\nu}.$$

□

Man nennt $B_k(w)$ das k-te *Bernoullische Polynom*. Wir notieren drei interessante Formeln:

$$B_k'(w) = kB_{k-1}(w), \qquad k \ge 1 \qquad \text{(Ableitungsformel)} \tag{7.31}$$

$$B_k(w+1) - B_k(w) = kw^{k-1}, \qquad k \ge 1 \qquad \text{(Differenzengleichung)} \tag{7.32}$$

$$B_k(1-w) = (-1)^k B_k(w), \qquad k \ge 1 \qquad \text{(Ergänzungsformel).} \tag{7.33}$$

Die Beweise ergeben sich, wenn man etwas rechnen will, direkt aus (7.30). Eleganter geht es, wenn man $F(w,z)$ als holomorphe Funktion in w auffaßt und die drei evidenten Gleichungen

$$\frac{d}{dw}F(w,z) = zF(w,z), \quad F(w+1,z) - F(w,z) = ze^{wz}, \quad F(1-w,z) = F(w,-z)$$

benutzt: durch Vergleich der Koeffizienten in den entsprechenden Potenzreihen (wobei man gliedweise nach w differenzieren darf, da die Reihe (7.29) in der Variablen w in $\mathbb{C}$ normal konvergiert) folgen (7.31) - (7.33) direkt. - Aus (7.32) erhält man sofort

$$1^k + 2^k + \cdots + n^k = \frac{1}{k+1}[B_{k+1}(n+1) - B_{k+1}(1)].$$

Es besteht ein einfacher Zusammenhang zwischen den im vorigen Abschnitt eingeführten Polynomen $\Phi_k(w)$ und den Bernoullischen Polynomen. Da

$$\frac{\mathrm{d}}{\mathrm{d}w}\left(\frac{\mathrm{e}^{wz}-\mathrm{e}^z}{\mathrm{e}^z-1}\right)=\frac{z\mathrm{e}^{wz}}{\mathrm{e}^z-1} \quad \text{und} \quad \frac{\mathrm{e}^{wz}-\mathrm{e}^z}{\mathrm{e}^z-1}=\frac{1}{z}(F(w,z)-F(1,z)),$$

so folgt unter Benutzung von Aufgabe 2. unmittelbar:

$$B_k(w)=\Phi_k'(w), \quad k\Phi_{k-1}(w)=B_k(w)-B_k(1), \quad k=1,2,\ldots. \tag{7.34}$$

Man sieht speziell: $\Phi_k(1)=0$ für alle $k\in\mathbb{N}$. – *Die ersten Bernoullischen Polynome sind:*

$$B_0(w)=1, \quad B_1(w)=w-\tfrac{1}{2}, \quad B_2(w)=w^2-w+\tfrac{1}{6},$$
$$B_3(w)=w^3-\tfrac{3}{2}w^2+\tfrac{1}{2}w, \quad B_4(w)=w^4-2w^3+w^2-\tfrac{1}{30}.$$

Aufgaben

1. Leiten Sie aus (7.25) durch Differentiation die Taylorreihe von $\tan^2 z$ um 0 her.
2. Zeigen Sie: $\frac{\mathrm{e}^{wz}-\mathrm{e}^z}{\mathrm{e}^z-1}=\sum_{\nu\geq 0}\frac{\Phi_\nu(w)}{\nu!}$, wobei $\Phi_0(w):=w-1$.
3. Zeigen Sie für $k,n\in\mathbb{N}$: $\sum_{j=1}^n j^k=\frac{1}{k+1}\sum_{\nu=0}^k\binom{k+1}{\nu}(n+1)^{k+1-\nu}B_\nu$.

8. Fundamentalsätze über holomorphe Funktionen

Die Theorie der Integration im Komplexen findet in der Cauchyschen Integralformel und dem Entwicklungssatz von CAUCHY-TAYLOR ihren vorläufigen Abschluß. Die Kraft dieser Aussagen ist bereits deutlich geworden; dieses Kapitel bringt weitere überzeugende Beispiele. Zunächst beweisen und diskutieren wir im Paragraphen 1 den Identitätssatz, der eine Aussage über die „Solidarität des Werteverhaltens holomorpher Funktionen" macht. Im Paragraphen 2 beleuchten wir den Holomorphiebegriff von verschiedenen Seiten. Im Paragraphen 3 werden die Cauchyschen Abschätzungen besprochen, als Anwendung gewinnen wir u.a. den Satz von LIOUVILLE und im Paragraphen 4 die Konvergenzsätze von WEIERSTRASS. Offenheitssatz und Maximumprinzip werden im Paragraphen 5 bewiesen.

8.1 Identitätssatz

Eine holomorphe Funktion wird lokal *eindeutig* durch ihre Taylorreihe dargestellt. Hierin ist bereits ein Identitätssatz enthalten, nämlich

Satz 8.1.1. *Sind f, g holomorph in D und gibt es einen Punkt $c \in D$ nebst einer (evtl. sehr kleinen) Umgebung $U \subset D$ von c, so daß $f|U = g|U$, so gilt bereits $f|B_d(c) = g|B_d(c)$, wobei $d := d_c(D)$ der Randabstand von c in D ist.*

Das ist klar, weil die Taylorreihen von f und g um c diese Funktion in $B_d(c)$ darstellen und wegen $f|U = g|U$ dieselben Taylorkoeffizienten haben.

Ein weiterer Identitätssatz folgt unmittelbar aus der Integralformel:

Satz 8.1.2. *Sind f, g holomorph in einer Umgebung einer abgeschlossenen Kreisscheibe $\overline{B}$ und gilt $f|\partial B = g|\partial B$, so gilt bereits $f|\overline{B} = g|\overline{B}$.*

Wir werden im folgenden einen Identitätssatz kennenlernen, der diese Aussagen als Spezialfälle enthält. Als Anwendung des Identitätssatzes zeigen wir u.a. (Abschnitt 5), daß Potenzreihen auf dem Rand ihres Konvergenzkreises irgendwo singulär werden müssen.

Satz 8.1.3 (Identitätssatz). *Folgende Aussagen über zwei in einem Gebiet $G \subset \mathbb{C}$ holomorphe Funktionen f, g sind äquivalent:*

i) $f = g$.

ii) Die „Identitätsmenge“ $\{w \in G : f(w) = g(w)\}$ *hat einen Häufungspunkt in* G.

iii) Es gibt einen Punkt $c \in G$, *so daß gilt:* $f^{(n)}(c) = g^{(n)}(c)$ *für alle* $n \in \mathbb{N}$.

Beweis. i)⇒ii) ist trivial. – ii)⇒iii): Wir setzen $h := f - g \in \mathcal{O}(G)$. Die Nullstellenmenge $M := \{w \in G : h(w) = 0\}$ von h hat nach Voraussetzung einen Häufungspunkt $c \in G$. Gäbe es ein $m \in \mathbb{N}$ mit $h^{(m)}(c) \neq 0$, so wählen wir m minimal. Dann gilt:

$$h(z) = (z-c)^m h_m(z) \quad \text{mit } h_m(z) := \sum_{\mu \geq m} \frac{h^{(\mu)}(c)}{\mu!}(z-c)^{\mu-m} \in \mathcal{O}(B)$$

für jeden Kreis $B \subset G$ um c nach dem Entwicklungssatz, wobei $h_m(c) \neq 0$. Aus Stetigkeitsgründen ist h_m dann in einer Umgebung $U \subset B$ von c nullstellenfrei. Es folgt $M \cap (U \setminus \{c\}) = \emptyset$, d.h. c wäre kein Häufungspunkt von M. Mithin gilt $h^{(n)}(c) = 0$ und also $f^{(n)}(c) = g^{(n)}(c)$ für alle $n \in \mathbb{N}$.

iii)⇒i): Wir setzen wieder $h := f - g$. Jede Menge $S_k := \{w \in G : h^{(k)}(w) = 0\}$ ist wegen der Stetigkeit von $h^{(k)} \in \mathcal{O}(G)$ abgeschlossen in G; daher ist auch der Durchschnitt $S := \bigcap_0^\infty S_k$ *abgeschlossen in* G. Diese Menge S ist indessen auch *offen in* G: ist nämlich $z_1 \in S$, so ist die Taylorreihe von h um z_1 in jedem Kreis $B \subset G$ die Nullreihe; dies impliziert $h^{(k)}|B \equiv 0$ für alle $k \in \mathbb{N}$, also $B \subset S$. Da G zusammenhängend und S wegen $c \in S$ nicht leer ist, folgt $S = G$ nach 0.6.1, also $f = g$. □

Für die Gültigkeit des Identitätssatzes ist der Zusammenhang von G, der beim Beweis der Implikation iii)⇒i) benutzt wird, wesentlich: ist z.B. D die Vereinigung zweier disjunkter Kreisscheiben B_0, B_1 und setzt man

$$f(z) :\equiv 0 \text{ in } D; \quad g(z) := 0 \text{ für } z \in B_0, \quad g(z) := 1 \text{ für } z \in B_1,$$

so sind f und g holomorph in D, sie haben die Eigenschaften ii) und iii), aber es gilt $f \neq g$ in D. Die Äquivalenz ii)⇔iii) gilt für beliebige Bereiche.

Die Bedingungen ii) und iii) des Identitätssatzes sind ihrem Wesen nach grundverschieden: die letzte verlangt die Gleichheit *aller* Ableitungen in einem Punkt, in der anderen kommen keine Ableitungen vor, dafür wird die Gleichheit der Funktionswerte in *genügend vielen* Punkten gefordert.

Der Leser beweise folgende Variante der Implikation iii)⇒i) des Identitätssatzes:

Satz 8.1.4. *Sind* f *und* g *holomorph in* G *und existiert ein Punkt* $c \in G$, *so daß fast alle Ableitungen von* f *und* g *übereinstimmen, so gibt es ein Polynom* $p \in \mathbb{C}[z]$, *so daß gilt:* $f(z) = g(z) + p(z)$, $z \in G$.

Eine im Gebiet G holomorphe Funktion f ist auf Grund des Identitätssatzes *vollständig bestimmt* durch ihre Werte auf „sehr dünnen“ Teilmengen von G, etwa auf einem noch so kleinen Kurvenstück W. Eigenschaften von f, die sich durch analytische Identitäten ausdrücken lassen, brauchen daher nur auf W verifiziert zu werden; sie setzen sich automatisch „von W nach ganz G analytisch fort". Wir illustrieren dieses *Permanenzprinzip* am Beispiel der Potenzregel $e^{w+z} = e^w e^z$. Kennt man diese Identität für reelle Argumente, so gilt sie von selbst für alle komplexen Argumente: zunächst stimmen für jede reelle Zahl $w := u$ die in z holomorphen Funktionen e^{u+z} und $e^u e^z$ für alle $z \in \mathbb{R}$ und also für alle $z \in \mathbb{C}$ überein; mithin stimmen bei festem $z \in \mathbb{C}$ die in w holomorphen Funktionen e^{w+z} und $e^w e^z$ für alle $w \in \mathbb{R}$ und also für alle $w \in \mathbb{C}$ überein. □

Wir sehen jetzt auch, daß die Definition der Funktionen exp, cos und sin durch ihre reellen Potenzreihen die *einzige* Möglichkeit ist, diese Funktionen vom Reellen holomorph ins Komplexe zu erweitern; allgemein gilt:

Ist $f : I \to \mathbb{R}$ eine im reellen Intervall $I := \{x \in \mathbb{R} : a < x < b\}$ definierte Funktion, und ist G ein I umfassendes Gebiet, so existiert höchstens eine holomorphe Funktion $F : G \to \mathbb{C}$ mit $F|I = f$. □

Eine wichtige Konsequenz des Identitätssatzes ist die Charakterisierung des Zusammenhangs durch die Nullteilerfreiheit.

Folgende Aussagen über einen Bereich $D \neq \emptyset$ in $\mathbb{C}$ sind äquivalent:

1. *D ist zusammenhängend (also ein Gebiet).*
2. *Die Algebra $\mathcal{O}(D)$ ist ein Integritätsring (also ohne Nullteiler $\neq 0$).*

Beweis. i)⇒ii): Seien $f, g \in \mathcal{O}(D)$; es sei $f \cdot g = 0$, d.h. $f(z)g(z) = 0$ für alle $z \in D$. Sei $f \neq 0$ in $\mathcal{O}(D)$. Dann gibt es ein $c \in D$ mit $f(c) \neq 0$ und aus Stetigkeitsgründen eine Umgebung $U \subset D$ von c, so daß $f|U$ nullstellenfrei ist. Dann ist $g|U$ die Nullfunktion. Da D ein Gebiet ist, so ist g nach dem Identitätssatz das Nullelement von $\mathcal{O}(D)$.

ii)⇒i): Wäre D nicht zusammenhängend, so gäbe es nicht leere disjunkte Bereiche D_1, D_2 in $\mathbb{C}$ mit $D_1 \cup D_2 = D$. Die durch

$$f(z) := \begin{cases} 0 & \text{für } z \in D_1, \\ 1 & \text{für } z \in D_2, \end{cases} \qquad g(z) := \begin{cases} 1 & \text{für } z \in D_1, \\ 0 & \text{für } z \in D_2, \end{cases}$$

definierten Funktionen f, g sind holomorph in D, es gilt $f \neq 0$, $g \neq 0$, $f \cdot g = 0$ im Widerspruch zur Nullteilerfreiheit von $\mathcal{O}(D)$. □

Der Leser vergleiche die eben bewiesene Aussage mit Satz 0.6.1.

In der reellen Analysis spielen *Funktionen mit kompaktem Träger* eine große Rolle: darunter versteht man unendlich oft differenzierbare Funktionen, deren Träger, d.i. die abgeschlossene Hülle der Menge der Nichtnullstellen, kompakt im Definitionsbereich liegt. Diese Funktionen benutzt man bekanntlich zur Konstruktion *unendlich oft differenzierbarer Partitionen der Eins.* In der Funktionentheorie gibt es keine holomorphen Partitionen der Eins, denn der Träger einer im Gebiet G holomorphen Funktion ist entweder leer oder – auf Grund des Identitätssatzes – ganz G.

8.1.1 Historisches zum Identitätssatz

Im 1827 erschienenen 2. Band des Crelleschen Journals steht aus S. 286:

Aufgaben und Lehrsätze,
erstere aufzulösen, letztere zu beweisen.

1.
(Von Herrn *N. H. Abel.*)

49. Theorème. Si la somme de la série infinie

$$a_0 + a_1 x + a_2 x^2 + a_3 x^3 + \ldots . + a_m x^m + \ldots .$$

est égale à zéro pour toutes les valeurs de x entre deux limites réelles α et β; on aura nécessairement

$$a_0 = 0, \; a_1 = 0, \; a_2 = 0 \ldots . a_m = 0 \ldots .,$$

en vertu de ce que la somme de la série s'évanouira pour une valeur quelconque de x.

Dies ist in nuce der Identitätssatz; nur im Fall $\alpha \leq 0 < \beta$ ist die Behauptung sofort ersichtlich, da die Reihe dann um 0 die Nullfunktion ist und alle Taylorkoeffizienten folglich verschwinden müssen. Den Fall $\alpha \leq 0 < \beta$ behandelte 1748 bereits EULER ([E], § 214). GAUSS hat 1840 in einem Artikel *Allgemeine Lehrsätze in Beziehung auf die im verkehrten Verhältnisse des Quadrats der Entfernung wirkenden Anziehungs- und Abstossungs-Kräfte* (Werke 5, 197–242) einen Identitätssatz für Potentiale von Massen ausgesprochen (S. 223), den RIEMANN 1851 in die Funktionentheorie übertrug und wie folgt aussprach ([R], S. 28): „Eine Function $w = u + iv$ von z kann nicht längs einer Linie constant sein, wenn sie nicht überall constant ist.“ Die Beweise von GAUSS und RIEMANN verwenden Integralformeln; sie sind nicht stichhaltig, man muß wohl oder übel Reihenentwicklungen und Stetigkeitsargumente heranziehen.

Ein Identitätssatz kommt auch bereits 1845 bei CAUCHY vor, er formuliert wie folgt (Œuvres 9, 1. Ser., S. 39): „Supposons que deux fonctions [holomorphes] de x soient toujours égales entre elles pour des valeurs de x très voisines d'une valeur donnée. Si l'on vient à faire varier x par degrés insensibles, ces deux fonctions seront encore égales tant qu'elles resteront l'une et l'autre fonctions continues [=holomorphes] de x.“ Anwendungen des Identitätssatzes macht CAUCHY nicht; die große Bedeutung des Satzes haben erst RIEMANN und WEIERSTRASS erkannt.

Einer Vorlesungsnachschrift des italienischen Mathematikers PINCHERLE (*Saggio di una introduzione alla teoria delle funzioni analitiche secondo i principii del Prof. C. Weierstraß, compilato dal Dott. S. Pincherle*, Giorn. Mat. 18, 178–254 und 317–357 (1880)) entnimmt man (S. 343/44), daß WEIERSTRASS in seinen Vorlesungen 1877/78 für Potenzreihen die Implikation ii)⇒i) mittels der Cauchyschen Ungleichungen für Taylorkoeffizienten herleitete; man muß zweifeln, ob WEIERSTRASS wirklich so umständlich argumentiert hat wie es bei PINCHERLE steht.

8.1.2 Lokale Endlichkeit der a-Stellen

Satz 8.1.5. *Es sei $f : G \to \mathbb{C}$ holomorph und nicht konstant. Dann ist für jede Zahl $a \in \mathbb{C}$ die Faser*

$$f^{-1}(a) := \{z \in G : f(z) = a\}$$

der a-Stellen von f lokal endlich in G. Speziell hat f höchstens abzählbar unendlich viele a-Stellen in G.

Beweis. Da f stetig ist, so ist jede Faser $f^{-1}(a)$ abgeschlossen in G. Hätte eine Faser $f^{-1}(a)$ nicht isolierte Punkte, so würde nach Satz 8.1.3 folgen $f(z) \equiv a$, was ausgeschlossen ist. Also ist $f^{-1}(a)$ lokal endlich in G, vgl. 0.2.5, und höchstens abzählbar. □

Der eben bewiesene Satz besagt insbesondere:

Die Nullstellenmenge einer in G nicht identisch verschwindenden holomorphen Funktion ist lokal endlich in G.

Man erinnere sich, daß die Nullstellen reeller unendlich oft differenzierbarer Funktionen diese Eigenschaft nicht haben: so ist etwa die Funktion

$$f(x) := \exp(-1/x^2) \cdot \sin(1/x) \quad \text{für } x \in \mathbb{R},\ x \neq 0; \quad f(0) := 0,$$

in $\mathbb{R}$ beliebig oft differenzierbar (mit $f^{(n)}(0) = 0$ für alle $n \in \mathbb{N}$), und der Nullpunkt ist Häufungspunkt der übrigen Nullstellen $1/(\pi n)$, $n \in \mathbb{Z}\setminus\{0\}$. □

Die Nullstellen holomorpher Funktionen $f \in \mathcal{O}(G)$ können sich sehr wohl gegen den Rand von G häufen! So hat etwa die Funktion $\sin \frac{z+1}{z-1} \in \mathcal{O}(\mathbb{C}\setminus\{1\})$ die Nullstellenmenge $\left\{\frac{n\pi+1}{n\pi-1} : n \in \mathbb{Z}\right\}$ mit 1 als Häufungspunkt.

8.1.3 Nullstellenordnung und Vielfachheit

Ist f holomorph und nicht identisch Null um c, so gibt es auf Grund des Identitätssatzes eine natürliche Zahl m, so daß gilt: $f(c) = f'(c) = \cdots =$

$f^{(m-1)}(c) = 0$, $f^{(m)}(c) \neq 0$ (diese Aussage ist eine starke Verallgemeinerung des Satzes, daß holomorphe Funktionen f mit $f' \equiv 0$ lokal-konstant sind). Wir setzen

$$o_c(f) := m = \min\{\nu \in \mathbb{N} : f^{(\nu)}(c) \neq 0\},$$

$o_c(f)$ mißt den Grad des Verschwindens von f in c und heißt die *Nullstellenordnung* oder einfach *Ordnung von f in c*. Es gilt

$$f(c) = 0 \Leftrightarrow o_c(f) > 0.$$

Für die Nullfunktion f um c setzt man ergänzend $o_c(f) := \infty$.

Beispiele 8.1.1. Für z^n, $n \in \mathbb{N}$, gilt $o_0(z^n) = n$, $o_c(z^n) = 0$ für $c \neq 0$. Die Funktion $\sin \pi z$ hat in allen Punkten von $\mathbb{Z}$ die Ordnung 1 und überall sonst die Ordnung 0. □

Man verifiziert direkt (mit den üblichen Verabredungen $n + \infty = \infty$, $\min(n, \infty) = n$):

Satz 8.1.6 (Rechenregeln). *Für alle um c holomorphen Funktionen f, g gilt:*

i) $o_c(fg) = o_c(f) + o_c(g)$ *(Produktregel),*
ii) $o_c(f + g) \geq \min(o_c(f), o_c(g))$, *dabei besteht Gleichheit stets dann, wenn* $o_c(f) \neq o_c(g)$.

In 4.4.1 wurde für die Algebra $\mathcal{A}$ der konvergenten Potenzreihen die Ordnungsfunktion $v : \mathcal{A} \to \mathbb{N} \cup \{\infty\}$ eingeführt. Ist $f = \sum a_\nu (z - c)^\nu$ holomorph um c, so gehört die vermöge $\tau_c(z) := z + c$ translatierte Funktion $f \circ \tau_c = \sum a_\nu z^\nu$ zu $\mathcal{A}$, ersichtlich gilt:

$$o_c(f) = v(f \circ \tau_c).$$

Neben der Ordnung betrachtet man auch die *Vielfachheit*

$$\nu(f, c) := o_c(f - f(c)) = 1 + o_c(f') \geq 1$$

von f in c. Statt Vielfachheit sagt man auch *Multiplizität* oder *Windungszahl*. Es gilt $\nu(f, c) = 1$ genau dann, wenn $f'(c) \neq 0$ ist. Die Äquivalenz folgender Aussagen ist evident:

1. *f hat in c die Vielfachheit $n < \infty$.*
2. *Es gilt $f(z) = f(c) + (z - c)^n \widehat{f}(z)$, wobei $\widehat{f}$ in c holomorph und $\widehat{f}(c) \neq 0$ ist.*

Es folgt

Satz 8.1.7 (Produktregel). *Sind f bzw. g holomorph in c bzw. $f(c)$, so ist*

$$\nu(g \circ f, c) = \nu(g, f(c)) \cdot \nu(f, c).$$

Beweis. Sei $d := f(c)$. Wir dürfen annehmen, daß $n := \nu(f, c)$ und $m := \nu(g, f(c))$ endlich sind. Dann gilt $f(z) = d + (z-c)^n \widehat{f}(z)$ und $g(w) = g(d) + (w-d)^m \widehat{g}(w)$ um c bzw. d, wobei $\widehat{f}(c)\widehat{g}(d) \neq 0$ ist. Es folgt $g(f(z)) = g(f(c)) + (z-c)^{mn} \widehat{f}(z)^m \cdot \widehat{g}(f(z))$ mit $\widehat{f}(c)^m \widehat{g}(f(c)) \neq 0$, also $\nu(g \circ f, c) = mn$. □

8.1.4 Existenz singulärer Punkte

Satz 8.1.8. *Auf dem Rand des Konvergenzkreises einer Potenzreihe $f(z) = \sum a_\nu (z-c)^\nu$ liegt immer mindestens ein singulärer Punkt von f.*

Beweis. (per absurdum) Sei $B := B_R(c)$ der Konvergenzkreis von f, wir dürfen $R < \infty$ annehmen. Wäre die Behauptung falsch, so gäbe es zu jedem Punkt $w \in \partial B$ eine Kreisscheibe $B_r(w)$ mit Radius $r = r(w) > 0$ und eine Funktion $g \in \mathcal{O}(B_r(w))$, so daß f und g in $B \cap B_r(w)$ übereinstimmen. Da ∂B kompakt ist, überdecken endlich viele dieser Kreise $B_r(w)$, etwa $K_1, \ldots, K_l$ bereits ∂B. Es sei $g_\lambda \in \mathcal{O}(K_\lambda)$ so gewählt, daß $f|B \cap K_\lambda = g_\lambda | B \cap K_\lambda$, $1 \leq \lambda \leq l$. Es gibt ein $\widehat{R} > R$, so daß $\widehat{B} := B_{\widehat{R}}(c) \subset B \cup K_1 \cup \cdots \cup K_l$. Wir

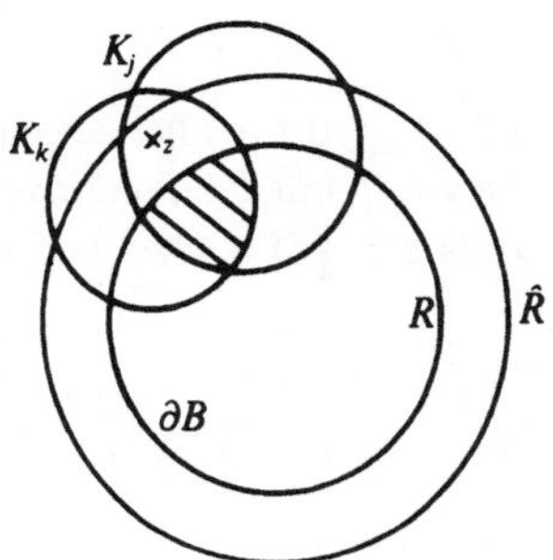

definieren nun in $\widehat{B}$ eine Funktion $\widehat{f}$ wie folgt: für $z \in B$ soll $\widehat{f}(z) := f(z)$ sein. Liegt dagegen z in $\widehat{B} \setminus B$, so wählen wir einen Kreis K_j mit $z \in K_j$ und setzen $\widehat{f}(z) := g_j(z)$. Diese Definition ist unabhängig von der Wahl des Kreises K_j: ist nämlich K_k ein weiterer Kreis mit $z \in K_k$, so ist $K_k \cap K_j \cap B$ nicht leer (Figur), hier stimmen g_k und g_j mit f überein; daraus folgt nach dem Identitätssatz, daß g_k und g_j im (konvexen) Gebiet $K_j \cap K_k$ übereinstimmen, also gilt $g_j(z) = g_k(z)$.

Die soeben definierte Funktion $\widehat{f}$ ist holomorph in $\widehat{B}$ und also nach dem Satz von CAUCHY-TAYLOR um c in eine in $\widehat{B}$ konvergente Potenzreihe entwickelbar. Da diese Potenzreihe auch die Potenzreihe von f um c ist, so wäre B nicht der Konvergenzkreis von f. Widerspruch! □

HURWITZ ([12], S. 51) nennt die eben bewiesene Aussage einen „fundamentalen Satz", er gibt einen direkten, wohl auf WEIERSTRASS zurückgehenden Beweis, der nicht den Cauchy-Taylorschen Satz heranzieht. Ohne Verwendung von Integralen ergibt sich so:

Satz 8.1.9. *Ist $f : B_R(c) \to \mathbb{C}$ um jeden Punkt $w \in B_R(c)$ in eine um w konvergente Potenzreihe entwickelbar („analytische" Funktion im Sinne von* WEIERSTRASS*), so konvergiert die Potenzreihe von f um c bereits in ganz $B_R(c)$.*

Dieser „globale Entwicklungssatz" ermöglicht einen *integralfreien* Aufbau der Weierstraßschen Theorie der analytischen Funktionen, vgl. hierzu auch den Scheefferschen Beweis des Laurentschen Entwicklungssatzes in 12.1.6.

Die geometrische Reihe $\sum z^\nu = (1-z)^{-1}$ hat $z := 1$ als einzigen singulären Punkt. Eine wesentliche Verallgemeinerung dieses Beispiels hat zuerst 1893 G. VIVANTI beschrieben (*Sulle serie di potenze*, Rivista di Matematica 3, 111–114) und 1894 PRINGSHEIM bewiesen (*Über Functionen, welche in gewissen Punkten endliche Differenzialquotienten jeder endlichen Ordnung, aber keine Taylor'sche Reihenentwicklung besitzen*, Math. Ann. 44, 41–56):

Satz 8.1.10. *Die Potenzreihe $f(z) = \sum a_\nu z^\nu$ habe einen positiven Konvergenzradius $R < \infty$, und fast alle Koeffizienten a_ν seien reell und nicht negativ. Dann ist $z := R$ ein singulärer Punkt von f.*

Beweis. Wir dürfen $R = 1$ und $a_\nu \geq 0$ für alle ν annehmen. Wäre f in 1 nicht singulär, so wäre die Taylorreihe von f um $\frac{1}{2}$ holomorph in 1, d.h. $\sum \frac{1}{\nu!} f^{(\nu)}(\frac{1}{2})(z - \frac{1}{2})^\nu$ hätte einen Konvergenzradius $s > \frac{1}{2}$. Da für alle ζ mit $|\zeta| = \frac{1}{2}$ gilt

$$\left|\frac{1}{n!} f^{(n)}(\zeta)\right| = \left|\sum_n^\infty \binom{\nu}{n} a_\nu \zeta^{\nu-n}\right| \leq \sum_n^\infty \binom{\nu}{n} a_\nu (\tfrac{1}{2})^{\nu-n} = \frac{1}{n!} f^{(n)}(\tfrac{1}{2})$$

wegen $a_\nu \geq 0$, so hätte die Taylorreihe $\sum \frac{1}{\nu!} f^{(\nu)}(\zeta)(z-\zeta)^\nu$ von f um jeden Punkt ζ mit $|\zeta| = \frac{1}{2}$ einen Konvergenzradius $\geq s > \frac{1}{2}$, d.h. kein Punkt von $\partial\mathbb{E}$ wäre singulärer Punkt von f. Widerspruch! □

Auf Grund des eben bewiesenen Satzes ist $z := 1$ z.B. ein singulärer Punkt der Reihe $\sum_{\nu \geq 1} \nu^{-2} z^\nu$, die in ganz $\mathbb{E} \cup \partial\mathbb{E}$ normal konvergiert. Zum Satz von VIVANTI-PRINGSHEIM vgl. auch [Lan], § 17.

Aufgaben

1. Es seien $c \in G$ und $B \subset G$ eine Kreisscheibe um c. Wann ist der $\mathbb{C}$-Algebra-Homomorphismus $\mathcal{O}(G) \to \mathcal{O}(B)$, $f \mapsto f|B$ injektiv, wann ist er surjektiv?
2. Seien $f, g \in \mathcal{O}(G)$ nullstellenfrei. Ist die Menge $\left\{z \in G : \frac{f'(z)}{f(z)} = \frac{g'(z)}{g(z)}\right\}$ nicht diskret in G, so ist $f = \lambda g$, mit $\lambda \in \mathbb{C}$.
3. Ist $G \subset \mathbb{C}$ ein Gebiet mit $G = \{\overline{z} : z \in G\}$, so gilt für $f \in \mathcal{O}(G)$ genau dann $f(G \cap \mathbb{R}) \subset \mathbb{R}$, wenn $f(\overline{z}) = \overline{f(z)}$ für alle $z \in G$.

4. Gibt es eine um 0 holomorphe Funktion f, so daß für fast alle $n \in \mathbb{N} \setminus \{0\}$ gilt:

$$f\left(\frac{1}{n}\right) = (-1)^n \frac{1}{n}, \quad f\left(\frac{1}{n}\right) = (n^2-1)^{-1}, \quad |f^{(n)}(0)| \geq (n!)^2,$$

$$\left|f\left(\frac{1}{n}\right)\right| \leq \mathrm{e}^{-n} \quad \text{und} \quad o_0(f) \neq \infty?$$

8.2 Der Holomorphiebegriff

Holomorphie ist laut Definition dasselbe wie komplexe Differenzierbarkeit in offenen Mengen. In diesem Paragraphen beschreiben wir weitere Möglichkeiten, den Fundamentalbegriff der Holomorphie einzuführen. Die Liste von Äquivalenzen ließe sich ohne sonderliche Mühe erheblich erweitern. Wir haben nur solche Charakterisierungen der Holomorphie aufgenommen, die besonders wichtig und historisch bedeutsam sind und die ein Student unbedingt kennen sollte.

8.2.1 Holomorphie, lokale Integrabilität und konvergente Potenzreihen

Eine in D stetige Funktion f heißt *lokal-integrabel* in D, wenn jeder Punkt $c \in D$ eine offene Umgebung $U \subset D$ besitzt, so daß $f|U$ integrabel in U ist. Jede in D integrable Funktion f ist lokal-integrabel.

Satz 8.2.1. *Folgende Aussagen über eine stetige Funktion $f : D \to \mathbb{C}$ sind äquivalent:*

i) f ist holomorph (=komplex differenzierbar) in D.
ii) Für jedes (kompakte) Dreieck $\Delta \subset D$ gilt: $\int_{\partial\Delta} f(\zeta)\mathrm{d}\zeta = 0$.
iii) f ist lokal integrabel in D (MORERA-Bedingung).
iv) Für jede Kreisscheibe B mit $\overline{B} \subset D$ gilt:

$$f(z) = \frac{1}{2\pi\mathrm{i}} \int_{\partial B} \frac{f(\zeta)}{\zeta - z}\mathrm{d}\zeta \quad \textit{für alle } z \in B.$$

v) f ist um jeden Punkt $c \in D$ in eine konvergente Potenzreihe entwickelbar.

Beweis. Im Schema (unten) sind alle Implikationen auf Grund der angegebenen Hinweise klar bis auf iii)⇒i); hier schließt man wie folgt: zu jedem $c \in D$ gibt es eine Kreisscheibe $B \subset D$ um c, so daß $f|B$ eine Stammfunktion F in $\mathcal{O}(B)$ besitzt, d.h. $F' = f|B$. Da F nach 7.4.1 in B beliebig oft komplex differenzierbar ist, folgt die Holomorphie von f in allen Punkten $c \in D$.

□

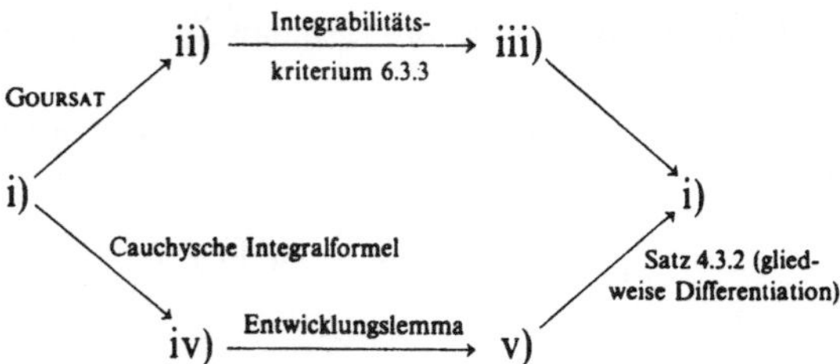

Wir sehen, daß die Gültigkeit der Cauchyschen Integralformel zur Charakterisierung holomorpher Funktionen dienen kann. Viel wichtiger ist aber, daß es bis heute keinen überzeugenden anderen Weg gibt, die Implikation i)⇒v) ohne Verwendung von Integralen herzuleiten (vgl. hierzu auch 8.5.1).

Unter allen Holomorphiekriterien hat die Äquivalenz der Begriffe „komplex differenzierbar“ und „in eine Potenzreihe entwickelbar“ in der Geschichte der Funktionentheorie die Hauptrolle gespielt. Geht man vom Differenzierbarkeitsbegriff aus, so spricht man vom *Cauchyschen* bzw. *Riemannschen Aufbau;* stellt man konvergente Potenzreihen an die Spitze, so spricht man vom *Weierstraßschen Aufbau.* Ergänzende Bemerkungen hierzu finden sich im Abschnitt 8.2.4.

Die Implikation iii)⇒i) von Theorem 8.2.1 heißt in der Literatur der

Satz 8.2.2 (Satz von Morera). *Jede in D lokal-integrable Funktion ist holomorph in D.*

Der italienische Mathematiker Giacinto Morera (1856–1909, Professor der analytischen Mechanik in Genua und ab 1900 in Turin) bewies diese „Umkehrung des Cauchyschen Integralsatzes“ 1886 in seiner Arbeit *Un teorema fondamentale nella teorica delle funzioni di una variabile complessa*, Rend. Reale Istituto Lombardo di scienze e lettere, 2. Reihe, Bd. 19, S. 304. Osgood hat 1896 in seiner bereits in 7.3.5 zitierten Arbeit wohl als erster die Äquivalenz i)⇔iii) herausgestellt und Holomorphie durch *lokale* Integrabilität erklärt, er kannte damals noch nicht die Morerasche Arbeit.

8.2.2 Holomorphie von Integralen

Die Holomorphieeigenschaft aus Satz 8.2.1 ii) läßt sich bei Funktionen, die selbst durch Integrale definiert werden, häufig einfach verifizieren. Wir geben ein einfaches Beispiel. Wie bezeichnen mit $\gamma : [a, b] \to \mathbb{C}$ einen stückweise stetig differenzierbaren Weg und behaupten

Satz 8.2.3. *Es sei $g(w, z)$ stetig in $|\gamma| \times D$; für jeden Punkt $w \in |\gamma|$ sei $g(w, z)$ holomorph in D. Dann ist die Funktion*

$$h(z) := \int_\gamma g(\xi, z) \mathrm{d}\xi, \quad z \in D,$$

holomorph in D.

Beweis. Wir verifizieren 8.2.1 ii) für h. Sei also $\Delta \subset D$ ein Dreieck. Es gilt

$$\int_{\partial\Delta} h(\zeta)\mathrm{d}\zeta = \int_{\partial\Delta} [\int_\gamma g(\xi,\zeta)\mathrm{d}\xi]\mathrm{d}\zeta = \int_\gamma [\int_{\partial\Delta} g(\xi,\zeta)\mathrm{d}\zeta]\mathrm{d}\xi, \qquad (8.1)$$

denn wegen der Stetigkeit des Integranden g auf $|\gamma| \times D$ sind die Integrationen vertauschbar (vgl. Lehrbücher der Infinitesimalrechnung). Da $g(\xi,\zeta)$ bei festem ξ holomorph in D ist, so gilt $\int_{\partial\Delta} g(\xi,\zeta) = 0$ nach 8.2.1 ii) für alle $\xi \in |\gamma|$. Damit folgt $\int_{\partial\Delta} h(\zeta)\mathrm{d}\zeta = 0$ aus (8.1). □

Eine Anwendung des Satzes werden wir in 9.5.3 kennenlernen.

8.2.3 Holomorphie, Winkel- und Orientierungstreue (endgültige Fassung)

In 2.1.2 wurde Holomorphie durch Winkel- und Orientierungstreue charakterisiert; die eventuellen Nullstellen der Ableitung, wo die Winkeltreue verletzt ist, zwangen allerdings zu Vorsichtsmaßnahmen. Identitätssatz und Riemannscher Fortsetzungssatz ermöglichen es, jene Resultate in eine Form zu bringen, in der die Bedingung $f'(z) \neq 0$ nicht mehr vorkommt.

Satz 8.2.4. *Folgende Aussagen über eine reell stetig differenzierbare Funktion $f : D \to \mathbb{C}$ sind äquivalent:*

i) f ist holomorph und nirgends lokal-konstant in D.
ii) Es gibt eine in D diskrete und abgeschlossene Menge A, so daß f in $D\setminus A$ winkel- und orientierungstreu ist.

Beweis. i)⇒ii): Da f' nirgends identisch verschwindet, so ist die Nullstellenmenge A von f' nach 8.1.3 diskret und abgeschlossen in D. In $D \setminus A$ ist f nach Satz 2.1.2 überall winkel- und orientierungstreu.

ii)⇒i): In $D \setminus A$ ist f wegen Satz 2.1.2 holomorph. Nach dem Riemannschen Fortsetzungssatz 7.3.3 ist f dann in ganz D holomorph. □

8.2.4 Cauchyscher, Riemannscher und Weierstraßscher Standpunkt. Das Glaubensbekenntnis von Weierstraß

CAUCHY übernimmt die Differenzierbarkeit, ohne überhaupt davon zu reden, einfach aus dem Reellen; für RIEMANN ist die „Aehnlichkeit in den kleinsten Theilen", d.h. Winkel- und Orientierungstreue, der tiefere Grund, komplex differenzierbare Funktionen zu studieren; WEIERSTRASS stellt konvergente Potenzreihen an die Spitze. Die Cauchy-Riemannsche Auffassung der Holomorphie als komplexe Differenzierbarkeit steht uns, seitdem das Studium der Mathematik mit reeller Analysis begonnen wird, näher als die von

WEIERSTRASS, wenngleich dessen Zugang nur einen einzigen Grenzprozeß benötigt: lokal-gleichmäßige Konvergenz; dadurch erhält dieser Aufbau eine große innere Geschlossenheit. Eine einwandfreie Entwicklung der Cauchy-Riemannschen Theorie, in der Wegintegrale im Mittelpunkt stehen, wurde erst möglich, nachdem die Infinitesimalrechnung streng begründet worden war (u.a. gerade durch WEIERSTRASS).

Man darf nicht übersehen, daß WEIERSTRASS die Integration im Komplexen von Jugend an durchaus geläufig war; er hat sie schon 1841, also lange vor RIEMANN und unabhängig von CAUCHY, zum Beweis für den Laurentschen Satz benutzt (vgl. [W_1]). Die Vorsicht, mit der WEIERSTRASS damals im Komplexen integrierte, zeigt deutlich, daß er die Schwierigkeiten eines Aufbaus der komplexen Integralrechnung klar gesehen hat; vielleicht liegt hier die Wurzel für seine Phobie gegen die Cauchytheorie[1].

Heute fallen alle diese Hemmungen fort. Integralbegriff und Integralsätze sind in einfacher, befriedigender Weise begründet; so erscheint der Cauchy-Riemannsche Ausgangspunkt natürlicher. Und es ist gerade die komplexe Integration, welche die elegantesten Methoden entwickelt hat und insbesondere für den einfachen Äquivalenznachweis der Cauchy-Riemannschen und Weierstraßschen Theorie unentbehrlich ist. Will man allerdings eine Funktionentheorie über allgemeinen vollständig bewerteten Körpern $K \neq \mathbb{R}, \mathbb{C}$ entwickeln (sog. p-adische Funktionentheorie), so kann man nur die Weierstraßsche Definition verwenden, da die Körper K dann *total-unzusammenhängend* sind und aus diesem Grunde keine Integralrechnung über K existiert; hier ist also allein der Weierstraßsche Standpunkt fruchtbar. Ein indischer Mathematiker hat einmal in diesem Zusammenhang geschrieben: WEIERSTRASS, the prince of analysis, was an algebraist.

D. HILBERT hat gelegentlich bemerkt, daß jede mathematische Disziplin drei Entwicklungsperioden hat: die *naive*, die *formale* und die *kritische.* In der Funktionentheorie ist die Zeit vor EULER gewiß die naive Periode, mit EULER beginnt die formale Periode. Die kritische Periode beginnt mit CAUCHY und erreicht 1860 mit WEIERSTRASS' Wirken in Berlin ihren Höhepunkt.

F. KLEIN [G5], S. 70, sagt, daß sich CAUCHY „mit seinen glänzenden Leistungen auf allen Gebieten der Mathematik fast neben Gauß stellen kann"; über RIEMANN und WEIERSTRASS urteilt er (S. 246): „Riemann ist der Mann der glänzenden Intuition. Wo sein Interesse geweckt ist, beginnt er neu, ohne sich durch Tradition beirren zu lassen und ohne den Zwang der Systematik anzuerkennen. Weierstraß ist in erster Linie Logiker; er geht langsam, systematisch, schrittweise vor. Wo er arbeitet, erstrebt er die abschließende Form." Man vergleiche diese Sätze mit dem in der Historischen Einführung dieses Buches zitierten Urteil von POINCARÉ.

[1] WEIERSTRASS soll CAUCHY kaum zitiert haben. Im hochinteressanten Artikel *Eléments d'analyse de Karl Weierstrass* von P. DUGAC, Arch. Hist. Ex. Sci. 10, 41–176 (1973), lesen wir sogar (S. 61), daß WEIERSTRASS 1882 der französischen Akademie nicht einmal den Empfang des ihm zugesandten 1. Bandes von Cauchys Werken bestätigt hat.

In einem Brief vom 3. Oktober 1875 an SCHWARZ faßt WEIERSTRASS sein „Glaubensbekenntnis, in welchem ich besonders durch eingehendes Studium der Theorie der analytischen Functionen mehrerer Veränderlichen bekräftigt worden bin“, in folgenden Sätzen zusammen (Math. Werke 2, S. 235):

„Je mehr ich über die Principien der Functionentheorie nachdenke – und ich thue dies unablässig –, um so fester wird meine Überzeugung, dass diese auf dem Fundament algebraischer Wahrheiten aufgebaut werden muss, und dass es deshalb nicht der richtige Weg ist, wenn umgekehrt zur Begründung einfacher und fundamentaler algebraischer Sätze das »Transcendente«, um mich kurz auszudrücken, in Anspruch genommen wird – so bestechend auch auf den ersten Anblick z.B. die Betrachtungen sein mögen, durch welche Riemann so viele der wichtigsten Eigenschaften algebraischer Functionen entdeckt hat. (Dass dem Forscher, so lange er sucht, jeder Weg gestattet sein muss, versteht sich von selbst; es handelt sich nur um die systematische Begründung).“

Aufgaben

1. Es sei $f : D \to \mathbb{C}$ stetig, es sei L eine (reelle) Gerade in $\mathbb{C}$. Ist dann f holomorph in $D \setminus L$, so ist f schon holomorph in D.
2. Es sei γ ein stückweise stetig differenzierbarer Weg in $\mathbb{C}$ und $g(w, z)$ stetig in $|\gamma| \times D$. Für jedes $w \in |\gamma|$ sei $g(w, z)$ holomorph in D mit stetiger Ableitung $\frac{\partial}{\partial z} g(w, z)$. dann ist auch $h(z) := \int_\gamma g(\zeta, z) d\zeta$, $z \in D$, holomorph in D und $h'(z) = \int_\gamma \frac{\partial}{\partial z} g(\zeta, z) d\zeta$, $z \in D$.

8.3 Cauchysche Abschätzungen und Ungleichungen für Taylorkoeffizienten

Holomorphe Funktionen genügen nach 7.2.2 der Mittelwertungleichung $|f(c)| \leq |f|_{\partial B}$. Diese Abschätzung läßt sich wesentlich verallgemeinern.

8.3.1 Cauchysche Abschätzung

Satz 8.3.1. *Es sei f holomorph in einer Umgebung des abgeschlossenen Kreises $\overline{B} = \overline{B}_r(c)$. Dann gilt für jedes $k \in \mathbb{N}$ und jedes $z \in B$ die Abschätzung*

$$|f^{(k)}(z)| \leq k! \frac{r}{d_z^{k+1}} |f|_{\partial B} \quad \textit{mit } d_z := d_z(B) = \min_{\zeta \in \partial B} |\zeta - z|.$$

Beweis. Auf Grund der Cauchyschen Integralformeln für Ableitungen aus 7.3.2 gilt

$$f^{(k)}(z) = \frac{k!}{2\pi i} \int_{\partial B} \frac{f(\zeta)}{(\zeta - z)^{k+1}} d\zeta, \quad z \in B.$$

Wendet man auf das Integral die Standardabschätzung aus 6.3.1 für Kurvenintegrale an, so folgt die Behauptung, da $L(\partial B) = 2\pi r$ und

$$\max_{\zeta\in\partial B} \frac{|f(\zeta)|}{|\zeta - z|^{k+1}} \leq |f|_{\partial B}(\min_{\zeta\in\partial B} |\zeta - z|)^{-k-1} = |f|_{\partial B} d_z^{-k-1}.$$

Korollar 8.3.1. *Ist f holomorph in einer Umgebung von $\overline{B}$, so gilt für jedes $k \in \mathbb{N}$ und jede positive Zahl $d < r$ die Abschätzung*

$$|f^{(k)}(z)| \leq k! \frac{r}{d^{k+1}} |f|_{\partial B} \quad \text{für alle } z \in \overline{B}_{r-d}(c).$$

Im Grenzfall $\lim d = r$ erhält man

Korollar 8.3.2 (Cauchysche Ungleichungen für Taylorkoeffizienten). *Es sei $f(z) = \sum a_\nu (z - c)^\nu$ eine Potenzreihe mit Konvergenzradius $> r$, es sei $M(r) := \max_{|z-c|=r} |f(z)|$. Dann gilt:*

$$|a_\nu| \leq \frac{M(r)}{r^\nu}, \quad \nu \in \mathbb{N}.$$

□

Ein einfaches Überdeckungsargument führt sofort zu

Korollar 8.3.3 (Cauchyschen Abschätzungen für Ableitungen in kompakten Mengen). *Es seien D ein Bereich in $\mathbb{C}$ und $K \subset D$ ein Kompaktum. Dann gibt es zu jeder kompakten Umgebung $L \subset D$ von K und zu jedem $k \in \mathbb{N}$ eine Konstante $M_k > 0$, so daß gilt:*

$$|f^{(k)}|_K \leq M_k |f|_L \quad \text{für alle } f \in \mathcal{O}(D).$$

Man beachte, daß man nicht $L = K$ wählen darf. Für $f_n := z^n \in \mathcal{O}(\mathbb{C})$ und $K := \mathbb{E}$ gilt z.B. $|f_n|_K = 1$, aber $|f_n'|_K = n$, $n \in \mathbb{N}$.

8.3.2 Gutzmersche Formel. Maximumprinzip

Die Ungleichungen für Taylorkoeffizienten lassen sich auch ohne Heranziehung der Integralformel für Ableitungen direkt herleiten und vertiefen, wenn man bemerkt, daß Potenzreihen $\sum a_\nu (z-c)^\nu$ auf Kreislinien $z(\varphi) = c + re^{i\varphi}$, $0 \leq \varphi \leq 2\pi$, *trigonometrische Reihen* $\sum a_\nu r^\nu e^{i\nu\varphi}$ sind. Die „Orthonormalitätsrelationen"

$$\frac{1}{2\pi i} \int_0^{2\pi} e^{i(m-n)\varphi} d\varphi = \begin{cases} 0 & \text{für } m \neq n \\ 1 & \text{für } m = n \end{cases}$$

geben sofort, da $f(c + re^{i\varphi})e^{-in\varphi} = \sum a_\nu r^\nu e^{i(\nu-n)\varphi}$ in $[0, 2\pi]$ normal konvergiert, folgende Darstellung der Taylorkoeffizienten:

Satz 8.3.2. *Hat die Reihe* $f(z) = \sum a_\nu (z-c)^\nu$ *einen Konvergenzradius* $> r$, *so gilt*

$$a_n r^n = \frac{1}{2\pi} \int_0^{2\pi} f(c + r\mathrm{e}^{\mathrm{i}\varphi}) \mathrm{e}^{-\mathrm{i}n\varphi} \mathrm{d}\varphi, \quad n \in \mathbb{N}. \tag{8.2}$$

Hieraus folgt unmittelbar

Satz 8.3.3 (Gutzmersche Formel). *Es sei* $f(z) = \sum a_\nu (z-c)^\nu$ *eine Potenzreihe mit Konvergenzradius* $> r$, *es sei* $M(r) := \max_{|z-c|=r} |f(z)|$. *Dann gilt:*

$$\sum |a_\nu|^2 r^{2\nu} = \frac{1}{2\pi} \int_0^{2\pi} |f(c + r\mathrm{e}^{\mathrm{i}\varphi})|^2 \mathrm{d}\varphi \leq M(r)^2.$$

Beweis. Wegen $\overline{f(c + r\mathrm{e}^{\mathrm{i}\varphi})} = \sum \overline{a}_\nu r^\nu \mathrm{e}^{-\mathrm{i}\nu\varphi}$ gilt $|f(c + r\mathrm{e}^{\mathrm{i}\varphi})|^2 = \sum \overline{a}_\nu r^\nu f(c + r\mathrm{e}^{\mathrm{i}\varphi})\mathrm{e}^{-\mathrm{i}\nu\varphi}$. Diese Reihe konvergiert normal in $[0, 2\pi]$; auf Grund von (8.2) folgt:

$$\int_0^{2\pi} |f(c + r\mathrm{e}^{\mathrm{i}\varphi})|^2 \mathrm{d}\varphi = \sum \overline{a}_\nu r^\nu \int_0^{2\pi} f(c + r\mathrm{e}^{\mathrm{i}\varphi}) \mathrm{e}^{-\mathrm{i}\nu\varphi} \mathrm{d}\varphi = 2\pi \sum |a_\nu|^2 r^{2\nu}.$$

Die Abschätzung $\int_0^{2\pi} |f(c + r\mathrm{e}^{\mathrm{i}\varphi})|^2 \mathrm{d}\varphi \leq 2\pi M(r)^2$ ist trivial. □

Die Ungleichungen $|a_\nu| r^\nu \leq M(r)$, $\nu \in \mathbb{N}$, sind natürlich in der Gutzmerschen Formel enthalten, überdies folgt direkt:

Korollar 8.3.4. *Konvergiert* $f(z) = \sum a_\nu (z-c)^\nu$ *in* $B_s(c)$, *und gibt es ein* $m \in \mathbb{N}$ *und ein* r *mit* $0 < r < s$ *und* $|a_m| r^m = M(r)$, *so gilt bereits* $f(z) = a_m (z-c)^m$.

Beweis. Nach Gutzmer gilt $\sum_{\nu \neq m} |a_\nu|^2 r^{2\nu} \leq 0$, also $a_\nu = 0$ für alle $\nu \neq m$. □

Das Korollar zusammen mit dem Identitätssatz impliziert

Satz 8.3.4 (Maximumprinzip). *Es sei* f *holomorph im Gebiet* G. *Es gebe einen Punkt* $c \in G$, *so daß* f *in* c *ein lokales Maximum hat, d.h. es gebe eine Umgebung* $U \subset G$ *von* c *mit* $|f(c)| = |f|_U$. *Dann ist* f *konstant in* G.

Beweis. Ist $\sum a_\nu (z-c)^\nu$ die Taylorreihe von f um c, so gilt nach Voraussetzung $|a_0| = |f|_U$. Für kleine $r > 0$ folgt dann $|a_0| \geq M(r)$. Nach dem Korollar (mit $m = 0$) ist f mithin konstant in einem Kreis um c. Nach dem Identitätssatz ist f dann konstant in G. □

Das Maximumprinzip, welches hier nebenbei angefallen ist, wird in 8.5.2 in einen größeren Zusammenhang eingeordnet.

Die Menge aller Potenzreihen um c mit Konvergenzradius $> r$ bildet einen komplexen Vektorraum V. Durch

$$\langle f, g\rangle := \frac{1}{2\pi}\int_0^{2\pi} f(c+re^{i\varphi})\overline{g(c+re^{i\varphi})}d\varphi, \quad f, g \in V,$$

wird eine *hermitesche Bilinearform* in V eingeführt. Die Familie $e_n := r^{-n}(z-c)^n$, $n \in \mathbb{N}$, bildet ein *Orthogonalsystem* in V:

$$\langle e_m, e_n\rangle = \begin{cases} 0 & \text{für } m \neq n \\ 1 & \text{für } m = n. \end{cases}$$

Jedes $f = \sum a_\nu(z-c)^\nu \in V$ ist eine *Orthogonalreihe* $f = \sum_0^\infty \langle f, e_\nu\rangle\, e_\nu$ mit den „Fourierkoeffizienten" $\langle f, e_\nu\rangle = a_\nu r^\nu$; Gutzmers Gleichung ist die

Parsevalsche Vollständigkeitsrelation: $\|f\|^2 := \langle f, f\rangle = \sum_0^\infty |\langle f, e_\nu\rangle|^2$.

Es gilt $\|f\| = 0 \Leftrightarrow \langle f, e_\nu\rangle = a_\nu r^\nu = 0$ für alle $\nu \in \mathbb{N} \Leftrightarrow f = 0$. Daher ist V bezüglich $\langle\ ,\ \rangle$ ein *unitärer Vektorraum.* V ist nicht vollständig, also *kein* Hilbertraum: für $c := 0$, $r := 1$ sind z.B. die Polynome $p_m := \sum_1^n \frac{z^\nu}{\nu}$ wegen

$$\|p_m - p_n\|^2 = \sum_{m+1}^n \frac{1}{\nu^2} \quad \text{für } m < n$$

eine Cauchyfolge in V bez. $\|\ \|$ ohne Limes in V, da der einzige Limeskandidat $\sum_1^\infty \frac{z^\nu}{\nu}$ den Konvergenzradius 1 hat.

8.3.3 Ganze Funktionen. Satz von Liouville

Nach WEIERSTRASS ([W_3], S. 84) heißen Funktionen, die überall in $\mathbb{C}$ holomorph sind, *ganze Funktionen.* Alle Polynome sind *ganze* und rationale Funktionen. Eine ganze Funktion heißt *transzendent,* wenn sie nicht rational, d.h. kein Polynom ist; $\exp z$, $\cos z$, $\sin z$ sind ganze transzendente Funktionen.

Die Cauchyschen Ungleichungen implizieren unmittelbar den berühmten

Satz 8.3.5 (Satz von Liouville). *Jede beschränkte ganze Funktion f ist konstant.*

Beweis. Die Taylorentwicklung $f(z) = \sum a_\nu z^\nu$ von f in 0 konvergiert *überall* in $\mathbb{C}$ (Entwicklungssatz 7.3.2); nach Abschnitt 1 gilt

$$r^\nu |a_\nu| \leq \max_{|z|=r} |f(z)| \quad \text{für alle } r > 0, \quad \nu = 0, 1, 2, \ldots.$$

Da f beschränkt ist, gibt es ein $M > 0$, so daß $|f(z)| \leq M$ für alle $z \in \mathbb{C}$. Es folgt $r^\nu |a_\nu| \leq M$ *für alle* $r > 0$ *und alle* $\nu \in \mathbb{N}$. Da r beliebig groß werden kann, folgt $a_\nu = 0$ für alle $\nu \geq 1$, d.h. $f(z) = a_0$. □

Variante des Beweises: Man benutzt die Cauchysche Ungleichung nur für $\nu = 1$, verwendet sie aber für jeden Punkt $c \in \mathbb{C}$; man erhält $|f'(c)| \le Mr^{-1}$ für alle $r > 0$, also $f'(c) = 0$, d.h. $f' \equiv 0$, also $f \equiv \text{const}$. □

Wir geben einen *zweiten direkten Beweis* mittels der Cauchyschen Integralformeln. Sei $c \in \mathbb{C}$ beliebig. Für $r > |c|$ und $S := \partial B_r(0)$ gilt:

$$f(c) - f(0) = \frac{1}{2\pi \mathrm{i}} \int_S \left(\frac{1}{\zeta - c} - \frac{1}{\zeta} \right) f(\zeta) \mathrm{d}\zeta = \frac{c}{2\pi \mathrm{i}} \int_S \frac{f(\zeta)\mathrm{d}\zeta}{(\zeta - c)\zeta}.$$

Wählt man $r \ge 2|c|$, so gilt $|\zeta - c| \ge \frac{1}{2} r$ für $\zeta \in S$; es folgt

$$|f(c) - f(0)| \le \frac{|c|}{2\pi} \max_{|\zeta|=r} \left| \frac{f(\zeta)}{(\zeta - c)\zeta} \right| 2\pi r \le 2|c| M r^{-1},$$

wenn M eine Schranke für f ist. Läßt man r wachsen, so folgt $f(c) = f(0)$ für alle $c \in \mathbb{C}$. □

Der Satz von LIOUVILLE folgt auch direkt aus der Gültigkeit der Mittelwertgleichung aus 7.2.2, einen eleganten Beweis findet man bei E. NELSON, *A Proof of Liouville's Theorem*, Proc. AMS 12 (1961), S. 995.

Wir werden den Satz von LIOUVILLE in 9.1.2 zu einem Beweis des Fundamentalsatzes der Algebra heranziehen. Als unmittelbare Anwendung des Satzes von LIOUVILLE erhalten wir:

Satz 8.3.6. *Jede holomorphe Abbildung $f : \mathbb{C} \to \mathbb{E}$ ist konstant, es gibt insbesondere keine biholomorphe Abbildung $\mathbb{E} \xrightarrow{\sim} \mathbb{C}$ bzw. $\mathbb{H} \xrightarrow{\sim} \mathbb{C}$.*

Es ist aber sehr wohl möglich, die Ebene *topologisch*, ja sogar *reell analytisch*, auf den Einheitskreis abzubilden. Eine solche Abbildung ist z.B. $\mathbb{C} \to \mathbb{E}$, $z \mapsto z/\sqrt{1 + |z|^2}$ mit der Umkehrabbildung $\mathbb{E} \to \mathbb{C}$, $z \mapsto z/\sqrt{1 - |z|^2}$.

Bemerkung. Die Algebra $\mathcal{O}(\mathbb{C})$ der ganzen Funktionen umfaßt die Polynomalgebra $\mathbb{C}[z]$. Die Reichhaltigkeit von $\mathcal{O}(\mathbb{C})$ an Funktionen gegenüber $\mathbb{C}[z]$ wird durch zwei Approximationssätze überzeugend deutlich: nach WEIERSTRASS (Math. Werke 3, S. 5) lassen sich alle stetigen Funktionen $f : \mathbb{R} \to \mathbb{C}$ auf kompakten Intervallen durch Polynome gleichmäßig approximieren. Auf ganz $\mathbb{R}$ geht dies nicht mehr, z.B. ist $\sin x$ gewiß nicht auf ganz $\mathbb{R}$ gleichmäßig durch Polynome approximierbar. Mit ganzen Funktionen kann man aber alles, was auf $\mathbb{R}$ stetig ist, gleichmäßig auf $\mathbb{R}$ approximieren. T. CARLEMAN hat 1927 in seiner Arbeit *Sur un théorème de Weierstrass*, Ark. Mat. Astron. Fys. 20B, 1–5, gezeigt:

Satz 8.3.7. *Es sei $\varepsilon : \mathbb{R} \to \mathbb{R}$ stetig und positiv (sog. „Fehlerfunktion"). Dann gibt es zu jeder stetigen Funktion $f : \mathbb{R} \to \mathbb{C}$ eine ganze Funktion $g \in \mathcal{O}(\mathbb{C})$, so daß für alle $x \in \mathbb{R}$ gilt:*

$$|f(x) - g(x)| < \varepsilon(x).$$

Einen Beweis findet man im Buch von D. GAIER: *Vorlesungen über Approximationen im Komplexen*, Birkhäuser Verlag Basel Boston Stuttgart 1980, S. 135.

8.3.4 Historisches zu den Cauchyschen Ungleichungen und zum Satz von Liouville

CAUCHY kannte die nach ihm benannten Ungleichungen für Taylorkoeffizienten spätestens 1835 (vgl. z.B. Œuvres 11, 2. Ser., S. 434). WEIERSTRASS hat 1841 die Cauchyschen Ungleichungen elementar bewiesen, er benutzt anstelle von Integralen eine arithmetische Mittelwertbildung ([W_2], 67–74 und [W_4] 224–226); wir reproduzieren diesen schönen Beweis im nächsten Abschnitt. August GUTZMER (1860–1925, o. Prof. in Halle, von 1901–1921 alleiniger Herausgeber der niveauvollen Jahresberichte der Deutschen Mathematiker-Vereinigung) hat seine Formel 1888 mitgeteilt in *Ein Satz über Potenzreihen*, Math. Ann. 32, 596–600.

Joseph LIOUVILLE (1809–1882, französischer Mathematiker, Professor am Collège de France) stellte 1847 den Satz „Une fonction doublement périodique qui ne devient jamais infinite est impossible“ an den Anfang seiner *Leçons sur les fonctions doublement périodiques.* Carl Wilhelm BORCHARDT (1817–1880, deutscher Mathematiker in Berlin, Schüler von JACOBI und enger Freund von WEIERSTRASS, von 1855-1880 Nachfolger Crelles als Herausgeber des „Journal für die reine und angewandte Mathematik“) hörte 1847 Liouvilles Vorlesungen, gab sie 1879 im Crelleschen Journal 88, 277–310, heraus und benannte den Satz nach LIOUVILLE (vgl. Fußnote auf S. 277). Der Satz stammt aber von CAUCHY, der ihn 1844 in seiner Note *Mémoires sur les fonctions complémentaires* (Œuvres 8, 1. Ser., 378–385, théorème II auf S. 378) mittels seines Residuenkalküls herleitete. Die direkte Herleitung aus den Cauchyschen Ungleichungen gab 1833 der französische Mathematiker Camille JORDAN (1838–1921, Professor an der École Polytechnique) im 2. Band seines *Cours D'Analyse*, théorème 312 auf S. 312 (in der 1913 erschienenen 3. Aufl. des 2. Bandes, die 1959 von Gauthier-Villar nachgedruckt wurde, siehe théorème 338 auf S. 364).

8.3.5 * Beweis der Cauchyschen Ungleichungen nach Weierstraß

Kernstück ist folgendes

Lemma 8.3.1. *Es seien $m, n \in \mathbb{N}$, es sei $q(z) = \sum_{-m}^{n} a_\nu (z-c)^\nu$. Dann gilt:*

$$|a_0| \le M(r) := \max_{|\zeta - c| = r} |q(\zeta)| \quad \textit{für alle } r > 0.$$

Beweis. Wir dürfen $c = 0$ annehmen. Wir fixieren r und setzen $M := M(r)$. Es sei $\lambda \in S^1$ so gewählt, daß für alle $\nu \in \mathbb{Z} \setminus \{0\}$ gilt: $\lambda^\nu \neq 1$, z.B. $\lambda := e^{i}$ oder (elementarer) $\lambda := (2-i)/(2+i)$. [2] Dann folgt, wenn $\sum'$ Ausschluß des Summationsindex 0 andeutet:

[2] Wäre λ^n mit $n \in \mathbb{N} \setminus \{0\}$, so wäre $(2-i)^n = (2i+2-i)^n = (2i)^n + n(2i)^{n-1}(2-i) + \ldots$, also $(2i)^n = (2-i)(\alpha + i\beta)$, $\alpha, \beta \in \mathbb{Z}$, also $4^n = 5(\alpha^2 + \beta^2)$, was absurd ist. – Man kann auch einfach bemerken, daß $2+i$ und $2-i$ Primelemente im *faktoriellen* Ring $\mathbb{Z}[i]$ sind, die nicht zueinander assoziiert sind.

$$\sum_{j=0}^{k-1} q(r\lambda^j) = ka_0 + {\sum_{-m}^{n}}' a_\nu r^\nu \frac{\lambda^{\nu k}-1}{\lambda^\nu - 1}, \quad k \geq 1.$$

Da stets $|q(r\lambda^j)| \leq M$ wegen $|r\lambda^j| = r$, so ergibt sich

$$|a_0| \leq M + \frac{1}{k} {\sum_{-m}^{n}}' |a_\nu| \frac{2r^\nu}{|\lambda^\nu - 1|}, \quad k \geq 1.$$

Da der Wert der Summe rechts von k unabhängig ist, und da k beliebig groß gewählt werden darf, folgt $|a_0| \leq M$. □

Satz 8.3.8. *Es sei $m \in \mathbb{N}$, es sei $f(z) = \sum_{-m}^{\infty} a_\nu (z-c)^\nu$ holomorph in einer punktierten Kreisscheibe $B_s(c) \setminus \{c\}$. Dann gilt für jedes r, $0 < r < s$.*

$$|a_\mu| \leq \frac{M(r)}{r^\mu} \quad \textit{mit } M(r) := \max_{|z-c|=r} |f(z)|, \quad \mu \geq -m.$$

Beweis. Sei wieder $c = 0$. Sei zunächst $\mu := 0$. Sei $\varepsilon > 0$ vorgegeben. Wir wählen $n \in \mathbb{N}$ so groß, daß für die Restreihe $g(z) := \sum_{n+1}^{\infty} a_\nu z^\nu$ gilt: $\max_{|z|=r} |g(z)| \leq \varepsilon$. Dann gilt

$$\max_{|z|=r} |q(z)| \leq M(r) + \varepsilon \quad \text{für } q(z) := f(z) - g(z) = \sum_{-m}^{n} a_\nu z^\nu.$$

Nach dem Lemma folgt $|a_0| \leq M(r) + \varepsilon$. Da $\varepsilon > 0$ beliebig ist, folgt $|a_0| \leq M(r)$.

Sei nun $\mu \geq -m$ beliebig. Die Funktion $z^{-\mu} f(z) = \sum_{-(m+\mu)}^{\infty} a_{\mu+\nu} z^\nu$ ist ebenfalls holomorph in $B_s(c) \setminus \{c\}$. Da a_μ ihr konstantes Glied ist, und da $\max_{|z|=r} |z^{-\mu} f(z)| = r^{-\mu} M(r)$, so folgt $|a_\mu| \leq r^{-\mu} M(r)$. □

Aufgaben

1. Verallgemeinern Sie die Gutzmersche Gleichung zu

$$\langle f, g \rangle = \sum_{\nu \geq 0} a_\nu \bar{b}_\nu r^{2\nu} \quad \text{für } f(z) = \sum_{\nu \geq 0} a_\nu (z-c)^\nu, \quad g(z) = \sum_{\nu \geq 0} b_\nu (z-c)^\nu \in V.$$

   (Zur Definition von V siehe Abschnitt 2.)

2. Beweisen Sie für $f \in \mathcal{O}(\mathbb{C})$ als Verschärfung des Satzes von LIOUVILLE:
   a) Gibt es ein $n \in \mathbb{N}$ und positive Konstanten R, M, so daß $|f(z)| \leq M|z|^n$ für $|z| > R$, dann ist f ein Polynom vom Grade $\leq n$.
   b) Ist die Funktion $\operatorname{Re} f(z)$ beschränkt, so ist f konstant.
3. Es seien $f, g \in \mathcal{O}(\mathbb{C})$ mit $|f(z)| \leq |g(z)|$ für alle $z \in \mathbb{C}$. Dann gibt es ein $\lambda \in \mathbb{C}$ mit $f(z) = \lambda g(z)$ für alle $z \in \mathbb{C}$.

8.4 Konvergenzsätze von Weierstraß

In diesem Paragraphen zeigen wir u.a., daß in der Funktionentheorie – anders als in der reellen Analysis – im Falle kompakter Konvergenz Differentiation und Limesbildung immer vertauschbar sind, und daß die Folge der Ableitungen wiederum kompakt konvergiert. Als Folgerung erhalten wir Differentiationssätze für Reihen.

8.4.1 Weierstraßscher Konvergenzsatz

Satz 8.4.1. *Es sei f_n eine Folge von in D holomorphen Funktionen, die in D kompakt gegen $f : D \to \mathbb{C}$ konvergiert. Dann ist f holomorph in D, und für jedes $k \in \mathbb{N}$ konvergiert die Folge $f_n^{(k)}$ der k-ten Ableitungen in D kompakt gegen $f^{(k)}$.*

Beweis. 1. Zunächst ist die Grenzfunktion f stetig in D (Stetigkeitssatz 3.1.2). Für jedes Dreieck $\Delta \subset D$ gilt (Vertauschungssatz für Folgen aus 6.3.2):

$$\int_{\partial\Delta} f\mathrm{d}\zeta = \lim_{n\to\infty} \int_{\partial\Delta} f_n\mathrm{d}\zeta.$$

Da alle Integrale rechts wegen $f_n \in \mathcal{O}(D)$ verschwinden (GOURSAT), so ist f in D holomorph (Satz 8.2.1 ii)$\Rightarrow$i)).

2. Es genügt, die Konvergenzbehauptung für $k = 1$ zu zeigen. Es sei $K \subset D$ ein Kompaktum. Nach den Cauchyschen Abschätzungen für Ableitungen in kompakten Mengen gibt es ein Kompaktum $L \subset D$ und eine Konstante $M > 0$, so daß $|f_n' - f'|_K \leq M|f_n - f|_L$ für alle n. Da $\lim |f_n - f|_L = 0$ nach Voraussetzung, so folgt $\lim |f_n' - f'|_K = 0$.

□

Die Holomorphie der Grenzfunktion f beruht in diesem Beweis auf der simplen Tatsache, daß sich bei kompakter Konvergenz lokale Integrabilität auf die Grenzfunktion vererbt, den Rest erledigt der Satz von MORERA. Daß die Funktionen in Potenzreihen entwickelbar sind, ist bei dieser Schlußweise belanglos. Im Reellen ist der Konvergenzsatz aus mehreren Gründen falsch: Grenzfunktionen von kompakt konvergenten Folgen reell differenzierbarer Funktionen sind i.allg. nicht reell differenzierbar, vgl. hierzu Abschnitt 2 der Einleitung von Kapitel 3.

8.4.2 Differentiationssätze für kompakt konvergente Reihen

Da Folgen f_n und Reihen $\sum(f_\nu - f_{\nu-1})$ dasselbe Konvergenzverhalten haben, so folgt aus Satz 8.4.1 sogleich:

Satz 8.4.2 (Weierstraßscher Differentiationssatz für kompakt konvergente Reihen). *Eine Reihe $\sum f_\nu$, von in D holomorphen Funktionen, die in D kompakt konvergiert, hat eine in D holomorphe Grenzfunktion f. Für jedes $k \in \mathbb{N}$ konvergiert die k-fach gliedweise differenzierte Reihe $\sum f_\nu^{(k)}$ in D kompakt gegen $f^{(k)}$:*

$$f^{(k)}(z) = \sum f_\nu^{(k)}(z), \quad z \in D.$$

Dies ist die Verallgemeinerung des Satzes, daß konvergente Potenzreihen holomorphe Funktionen darstellen und „gliedweise differenziert“ werden dürfen (man wähle für f_ν ein Monom $a_\nu(z-c)^\nu$). – Für Anwendungen benötigt man häufig

Satz 8.4.3 (Weierstraßscher Differentiationssatz für normal konvergente Reihen). *Konvergiert die Reihe $\sum f_\nu$, $f_\nu \in \mathcal{O}(D)$, in D normal gegen $f \in \mathcal{O}(D)$, so konvergiert die Reihe $\sum f_\nu^{(k)}$, $k \in \mathbb{N}$, in D normal gegen $f^{(k)}$.*

Beweis. Sei $K \subset D$ kompakt. Sei L eine kompakte Umgebung von K in D. Nach den Cauchyschen Abschätzungen für Ableitungen in kompakten Mengen gibt es zu jedem $k \geq 1$ eine Konstante M_k, so daß $|g^{(k)}|_K \leq M_k |g|_L$ für alle $g \in \mathcal{O}(D)$. Dies impliziert $\sum |f_\nu^{(k)}|_K \leq M_k \sum |f_\nu|_L < \infty$, d.h. alle abgeleiteten Reihen konvergieren überall in D normal. Der Limes ist jeweils $f^{(k)}$, da die Reihen auch kompakt konvergieren. □

Beispiel 8.4.1. Die in 5.5.4 eingeführte Riemannsche Zetafunktion $\zeta(z)$ ist in der rechten Halbebene $\{z \in \mathbb{C} : \operatorname{Re} z > 1\}$ holomorph, da die ζ-Reihe $\sum_{n \geq 1} n^{-z}$ dort normal konvergiert (Satz 5.5.2).

Als Anwendung des ersten Differentiationssatzes folgt

Satz 8.4.4 (Weierstraßscher Doppelreihensatz).
Es seien $f_\nu(z) = \sum a_\mu^{(\nu)}(z-c)^\mu$, $\nu \in \mathbb{N}$, Potenzreihen, die sämtlich im Kreis B um c konvergieren. Die Reihe $f(z) = \sum f_\nu(z)$ sei in B kompakt konvergent. Dann hat f in B die dort konvergente Potenzreihendarstellung

$$f(z) = \sum b_\mu (z-c)^\mu \quad \textit{mit } b_\mu := \sum_{\nu=0}^{\infty} a_\mu^{(\nu)} \in \mathbb{C}.$$

Beweis. Nach dem Differentiationssatz für kompakt konvergente Reihen gilt $f \in \mathcal{O}(B)$ und $f^{(\mu)} = \sum_{\nu=0}^{\infty} f_\nu^{(\mu)}$ für $\mu \in \mathbb{N}$. Nach dem Entwicklungssatz 7.3.2 hat daher f in B die dort konvergente Taylorreihe

$$\sum_0^\infty \frac{f^{(\mu)}(c)}{\mu!}(z-c)^\mu \quad \text{mit } \frac{f^{(\mu)}(c)}{\mu!} = \sum_{\nu=0}^{\infty} \frac{f_\nu^{(\mu)}(c)}{\mu!} = \sum_{\nu=0}^{\infty} a_\mu^{(\nu)}.$$

□

Die Bezeichnung „Doppelreihensatz“ versteht sich von selbst: man hat für f in B die Doppelreihe

$$f(z) = \sum_{\nu=0}^{\infty}(\sum_{\mu=0}^{\infty} a_\mu^{(\nu)}(z-c)^\mu),$$

und der Satz besagt, daß man die Summation wie bei Polynomen vertauschen und gliedweise addieren darf, ohne die Konvergenz in B zu zerstören:

$$f(z) = \sum_{\mu=0}^{\infty}(\sum_{\nu=0}^{\infty} a_\mu^{(\nu)})(z-c)^\mu.$$

8.4.3 Historisches zu den Konvergenzsätzen

Im 19. Jahrhundert betrachtete man statt Folgen vorwiegend Reihen, die man als „geschlossene analytische Ausdrücke“ begriff. Für WEIERSTRASS war der Doppelreihensatz der Schlüssel zur Konvergenztheorie. Es hat diesen Satz 1841 in seiner Jugendarbeit $[W_2]$ sofort für Potenzreihen in mehreren komplexen Veränderlichen ausgesprochen und bewiesen (S. 70ff.), ohne Kenntnis von der Cauchyschen Funktionentheorie zu haben; allerdings setzt er neben der kompakten Konvergenz von $\sum f_\nu(z)$ noch zusätzlich die unbedingte (=absolute) Konvergenz dieser Reihe in allen Punkten von B voraus. Der Weierstraßsche Beweis ist elementar: als Hilfsmittel werden lediglich die Cauchyschen Ungleichungen für Taylorkoeffizienten benutzt; diese Ungleichungen leitet WEIERSTRASS direkt ohne Verwendung von Integralen wie in 8.3.5 her. 1880 ist WEIERSTRASS in $[W_4]$ noch einmal auf seinen Konvergenzsatz für Reihen zurückgekommen; jetzt fordert er nicht mehr die unbedingte Konvergenz.

Aus dem Doppelreihensatz erhält WEIERSTRASS sofort den Differentiationssatz für kompakt konvergente Reihen ($[W_2]$, S. 73/74), indem er einfach alle Funktionen f_ν um jeden Punkt $c \in D$ in eine Taylorreihe entwickelt und bemerkt, daß sie sämtlich in einem festen Kreis $B \subset D$ konvergieren.

MORERA folgert 1886 den Konvergenzsatz für kompakt konvergente Reihen aus der von ihm entdeckten Umkehrung des Cauchyschen Integralsatzes, vgl. seine in 8.2.1 zitierte Originalarbeit (S. 306), und auch *Sulla rappresentazione delle funzioni di una variable complessa per mezzo di espressioni analitiche infinite*, Atti R. Accad. Sci. Torino, Bd. 21, S. 892–899; wir haben im Abschnitt 8.4.1 im Teil a) des Beweises diese Morerasche Schlußweise benutzt.

P. PAINLEVÉ (1863–1933, franz. Mathematiker; 1908 erster Flugpassagier von W. WRIGHT; 1915/16 Kriegsminister, 1917 franz. Ministerpräsident) beweist 1887 in *Sur les lignes singulières des fonctions analytiques*, Ann. Fac. Sci. Toulouse, Bd. 2, S. 11–12, den Weierstraßschen Satz mit Hilfe der Cauchyschen Integralformel.

OSGOOD gibt 1896 (S. 297/298 der in 7.3.4 angegebenen Arbeit) das Morerasche Argument, er schreibt: „It is to be noticed that this proof belongs to the most elementary class of proofs, in that it calls for no explicit representation of the functions entering (e.g., by Cauchy's integral or by a power series)."

8.4.4 * Weitere Konvergenzsätze

Im Konvergenzsatz 8.4.1 schließt man aus der kompakten Konvergenz einer Funktionenfolge auf die kompakte Konvergenz ihrer Ableitungsfolge. Unter einer naheliegenden Zusatzvoraussetzung gewinnt man auch die kompakte Konvergenz von Stammfunktionen.

Satz 8.4.5. *Es sei G ein Gebiet und $f_0, f_1, \dots$ eine Folge in $\mathcal{O}(G)$, die in G kompakt gegen $f \in \mathcal{O}(G)$ konvergiert. Es sei $F_n \in \mathcal{O}(G)$ eine Stammfunktion zu f_n, $n \in \mathbb{N}$. Dann konvergiert die Folge $F_0, F_1, \dots$ immer dann in G kompakt gegen eine Stammfunktion F von f, wenn es einen Punkt $c \in G$ gibt, so daß die Folge $F_n(c)$ konvergiert.*

Beweis. Zeigen wir, daß die Folge F_n in G kompakt konvergiert, so ist die Grenzfunktion F nach WEIERSTRASS holomorph in G, und es gilt $F' = f$. Sei $K = \overline{B}_r(a)$ irgendeine kompakte Scheibe in G. Dann gilt

$$F_n(z) = f_n(c) + \int_{\gamma+[a,z]} f_n(\zeta)\mathrm{d}\zeta \quad \text{für alle } n \in \mathbb{N} \text{ und alle } z \in K,$$

wenn γ ein (fester) Weg in G von c nach a ist. Die Standardabschätzung aus 6.3.1 liefert nun

$$|F_m - F_n|_K \leq |F_m(c) - F_n(c)| + L(\gamma)|f_m - f_n|_{|\gamma|} + r|f_m - f_n|_K.$$

Hieraus liest man die gleichmäßige Konvergenz der Folge F_n in K ab. □

Jede in G normal konvergente Reihe $\sum f_\nu$ konvergiert *kompakt absolut* in G, d.h. $\sum |f_\nu(z)|$ konvergiert kompakt in G. Wir beweisen die Umkehrung.

Satz 8.4.6. *Konvergiert $\sum f_\nu$ kompakt absolut in G, und sind alle Funktionen f_ν holomorph in G, so konvergiert $\sum f_\nu$ normal in G.*

Beweis (nach M. REINDERS). Es genügt, um jeden Punkt $a \in G$ eine kompakte Scheibe $B \subset G$ zu legen, so daß $\sum |f_\nu|_B < \infty$. Sei $B := \overline{B}_r(a)$, wobei $r > 0$ und $\overline{B}_{2r}(a) \subset G$. Wähle $z_\nu \in B$ so, daß $|f_\nu(z_\nu)| = |f_\nu|_B$. Mit der Cauchyschen Integralformel 7.2.2 folgt, wobei $\gamma := \partial B_{2r}(a)$,

$$\begin{aligned} |f_\nu|_B = \frac{1}{2\pi}\left|\int_\gamma \frac{f_\nu(\zeta)}{\zeta - z_\nu}\mathrm{d}\zeta\right| &= \frac{1}{2\pi}\left|\int_0^{2\pi} \frac{f_\nu(a + 2r\mathrm{e}^{\mathrm{i}t})}{a + 2r\mathrm{e}^{\mathrm{i}t} - z_\nu} \cdot 2r\mathrm{i}\mathrm{e}^{\mathrm{i}t}\mathrm{d}t\right| \\ &\leq \frac{1}{\pi}\int_0^{2\pi} |f_\nu(a + 2r\mathrm{e}^{\mathrm{i}t})|\mathrm{d}t. \end{aligned}$$

Da $\sum |f_\nu|_B$ auf γ gleichmäßig konvergiert und dort stetig ist, folgt

$$\sum |f_\nu|_B \leq \frac{1}{\pi}\int_0^{2\pi} \sum |f_\nu(a + 2r\mathrm{e}^{\mathrm{i}t})|\mathrm{d}t < \infty.$$

□

8.4.5 * Eine Bemerkung Weierstraß' zur Holomorphie

In $[W_4]$ beschäftigt WEIERSTRASS sich ausführlich mit folgendem Problem:

Es sei $\sum f_\nu$ eine Reihe *rationaler* Funktionen, die in einem Bereich D, der in disjunkte Gebiete $G_1, G_2, \ldots$ zerfällt, kompakt gegen $f \in \mathcal{O}(D)$ konvergiert. Welche „analytischen Zusammenhänge" bestehen dann zwischen den Grenzfunktionen $f|G_1, f|G_2, \ldots$ auf den verschiedenen Gebieten? (Natürlich ist WEIERSTRASS in seiner Formulierung präziser: er fragt, ob $f|G_1$ und $f|G_2$ „Zweige" ein und derselben „monogenen" holomorphen Funktion sind, d.h. ob sie durch „analytische Fortsetzung auseinander hervorgehen".)

WEIERSTRASS stellt zu seiner Überraschung fest, daß *keinerlei* Zusammenhänge zwischen $f|G_1$ und $f|G_2$ zu bestehen brauchen (S. 216), daß vielmehr disjunkte Gebiete G_1 und G_2 in $\mathbb{C}$ existieren, so daß eine Reihe $\sum f_\nu$ von rationalen und in $G_1 \cup G_2$ holomorphen Funktionen f_ν existiert, die in $G_1 \cup G_2$ kompakt konvergiert, und zwar gegen $+1$ in G_1 und gegen -1 in G_2. WEIERSTRASS entdeckt hier also Spezialfälle des in der heutigen Funktionentheorie zentralen Rungeschen Approximationssatzes. – Wir geben zunächst ein ganz einfaches Beispiel für Folgen.

Satz 8.4.7. *Die Folge $(1-z^n)^{-1}$ von rationalen und in $\mathbb{C}\setminus\partial\mathbb{E}$ holomorphen Funktionen konvergiert in $\mathbb{C}\setminus\partial\mathbb{E}$ kompakt gegen die Funktion*

$$h(z) := 1 \text{ für } |z| < 1, \quad h(z) := 0 \text{ für } |z| > 1.$$

Hieraus folgt sofort:

Satz 8.4.8. *Es seien $f, g \in \mathcal{O}(\mathbb{C})$ beliebig vorgegeben. Dann konvergiert die Folge*

$$f_n(z) := g(z) + \frac{f(z) - g(z)}{1 - z^n}$$

in $\mathbb{C}\setminus\partial\mathbb{E}$ kompakt gegen

$$G(z) := f(z) \text{ für } |z| < 1, \quad G(z) := g(z) \text{ für } |z| > 1.$$

Beweis. Klar wegen $G = g + (f-g)h$. □

Es lassen sich auch sofort einfache Beispiele für Reihen angeben:

Satz 8.4.9. *Die Reihe $\frac{1}{1-z} + \frac{z}{z^2-1} + \frac{z^2}{z^4-1} + \frac{z^4}{z^8-1} + \frac{z^8}{z^{16}-1} + \ldots$ von rationalen und in $\mathbb{C}\setminus\partial\mathbb{E}$ holomorphen Funktionen konvergiert in $\mathbb{C}\setminus\partial\mathbb{E}$ kompakt gegen die Funktion*

$$F(z) := 1 \text{ für } |z| < 1, \quad F(z) := 0 \text{ für } |z| > 1.$$

Beweis. Klar wegen

$$\sum_1^n \frac{z^{2^{\nu-1}}}{z^{2^\nu} - 1} = \sum_1^n \left(\frac{1}{1 - z^{2^\nu}} - \frac{1}{1 - z^{2^{\nu-1}}} \right) = \frac{1}{1 - z^{2^n}} - \frac{1}{1-z}.$$

□

Der Beispieltyp der Reihe für $F(z)$ geht auf TANNERY zurück; dessen Beispiel war

$$\frac{1+z}{1-z} + \frac{2z}{z^2-1} + \frac{2z^2}{z^4-1} + \frac{2z^4}{z^8-1} + \frac{2z^8}{z^{16}-1} + \cdots = \begin{cases} 1 & \text{für } |z| < 1 \\ -1 & \text{für } |z| > 1 \end{cases};$$

der Leser führe den Nachweis (vgl. auch [W_4], 231/232). WEIERSTRASS hat das weitaus kompliziertere Beispiel $\sum_1^\infty \frac{1}{z^n+z^{-n}}$ angegeben; für ihn war übrigens dieses Konvergenzphänomen Anlaß, kritisch zum Begriff der holomorphen Funktionen Stellung zu nehmen; er schreibt (loc. cit., S. 210):

„... so ist damit bewiesen, dass der Begriff einer monogenen Function einer complexen Veränderlichen mit dem Begriff einer durch (arithmetische) Grössenoperationen ausdrückbaren Abhängigkeit sich nicht vollständig deckt. Daraus aber folgt dann, dass mehrere der wichtigen Sätze der neueren Functionenlehre nicht ohne Weiteres auf Ausdrücke, welche im Sinne der älteren Analysten (Euler, Lagrange u.A.) Functionen einer complexen Veränderlichen sind, dürfen angewandt werden."

WEIERSTRASS vertritt damit einen anderen Standpunkt als RIEMANN, der in seiner Dissertation [R] am Schluß des § 20, S. 39, noch eine gegenteilige Ansicht vertritt.

8.4.6 * Eine Konstruktion von Weierstraß

Eine Zahl $\alpha \in \mathbb{C}$ heißt *algebraisch*, wenn es ein Polynom $p \in \mathbb{Z}[z]$, $p \neq 0$, mit $p(\alpha) = 0$ gibt. In der Algebra wird gezeigt, daß die Menge K aller algebraischen Zahlen ein abzählbarer Oberkörper $\neq \mathbb{C}$ von $\mathbb{Q}$ ist. WEIERSTRASS hat 1886 in einem Brief an L. KRONECKER (veröffentlicht in Acta Math. 39, 238–239 (1923)) folgendes gezeigt:

Satz 8.4.10. *Es gibt ganze transzendente Funktionen $f(z) = \sum a_\nu z^\nu$ mit $a_\nu \in \mathbb{Q}$ für alle ν, so daß $f(K) \subset K$ und $f(\mathbb{Q}) \subset \mathbb{Q}$.*

Beweis. Wir wählen eine Folge $p_0, p_1, \ldots$ von Polynomen aus $\mathbb{Z}[z]$, so daß jedes $\alpha \in K$ ein p_n annuliert, und setzen $q_n := p_0 p_1 \cdot \cdots \cdot p_n \in \mathbb{Z}[z]$, $n \in \mathbb{N}$. Bezeichnet r_n den Grad von q_n, so definieren wir eine Folge $m_n \in \mathbb{N}$ induktiv durch

$$m_0 := 0, \quad m_{n+1} := m_n + r_n + 1.$$

Für jede rationale Zahl $k_n \neq 0$ erhält dann das Polynom $k_n q_n(z) z^{m_n}$ höchstens die Potenzen z^l mit $l = m_n, \ldots, m_n + r_n$, wobei der Term $z^{m_n + r_n}$ wirklich vorkommt. Verschieden indizierte Polynome haben daher keine Potenzen gemeinsam, somit ist $f(z) := \sum k_n q_n(z) z^{m_n}$ eine formale Potenzreihe mit rationalen Koeffizienten, in der alle Summanden $z^{m_n + r_n}$, $n \in \mathbb{N}$, wirklich vorkommen. Wählt man nun k_n so klein, daß alle Koeffizienten von $k_n q_n(z) z^{m_n}$ kleiner als $[(m_n + r_n)!]^{-1}$ sind, so folgt $f \in \mathcal{O}(\mathbb{C})$, $f \notin \mathbb{C}[z]$.

Ist $\alpha \in K$ Nullstelle von p_s, so gilt $q_n(\alpha) = 0$ für alle $n \geq s$ und daher

$$f(\alpha) = \sum_0^{s-1} k_n q_n(\alpha) \alpha^{m_n} \in K; \quad \text{im Falle } \alpha \in \mathbb{Q} \text{ folgt } f(\alpha) \in \mathbb{Q}.$$

□

Die elegante Konstruktion von WEIERSTRASS wirkte seinerzeit sensationell, zumal die damals noch keineswegs allgemein akzeptierte Abzählungsmethode von CANTOR wesentlich benutzt wird. Im Anschluß an WEIERSTRASS schrieb P. STÄCKEL 1895 eine Arbeit *Über arithmetische Eigenschaften analytischer Funktionen*, Math. Ann. 46, 513–520, wo er zeigte:

Satz 8.4.11. *Ist $A \subset \mathbb{C}$ abzählbar und B dicht in $\mathbb{C}$, so gibt es ganze transzendente Funktionen f mit $f(A) \subset B$.*

Insbesondere gibt es also ganze transzendente Funktionen, deren Wert für *jedes* algebraische Argument *transzendent* (:=nicht algebraisch) ist; die Exponentialfunktion hat nach dem berühmten Satz von LINDEMANN-GELFOND-SCHNEIDER für alle algebraische Argumente $\neq 0$ transzendente Werte. G. FABER konstruierte 1904 (Math. Ann. 58, 545–557) ganze transzendente Funktionen, die an allen algebraischen Stellen samt allen ihren Ableitungen algebraische Werte annehmen.

Die Weierstraßsche Konstruktion widerlegt die Vorstellung, daß ganze Funktionen mit rationalen Koeffizienten, die an allen rationalen Argumenten rationale Werte haben, selbst rational, d.h. Polynome sind. Unter zusätzlichen Voraussetzungen ist dies allerdings richtig, so bemerkt HILBERT bereits 1892 am Ende seiner Arbeit *Über die Irreduzibilität ganzer rationaler Funktionen mit ganzzahligen Koeffizienten* (Crelle Journ. 110, 104–129; auch Ges. Abh. Bd. II, 264–286), daß eine Potenzreihe $f(z)$ mit positiven Konvergenzradius immer dann ein Polynom ist, wenn sie eine *algebraische* Funktion ist (d.h. wenn es ein Polynom $p(w, z) \neq 0$ in zwei Veränderlichen mit $p(f(z), z) \equiv 0$ gibt) und für alle rationalen Argumente eines beliebig kleinen reellen Intervalls stets rationale Werte annimmt.

Aufgaben

1. Die Reihe $\sum_{\nu\geq 1} \frac{1}{z^{2^\nu} - z^{-2^\nu}}$ konvergiert kompakt in $\mathbb{C}^\times \setminus \partial\mathbb{E}$. Bestimmen Sie die Grenzfunktion.
2. Die Reihe $\sum_{\nu\geq 1} \frac{(-1)^\nu}{z+\nu}$ konvergiert in $\mathbb{C} \setminus \{-1, -2, -3, \dots\}$ kompakt (Aufgabe 3.2, 3.) gegen eine holomorphe Funktion f. Geben Sie die Potenzreihenentwicklung von f um 0 an.
3. Sei f holomorph um 0. Die Reihe $\sum_{\nu\geq 1} f^{(\nu)}(z)$ konvergiere absolut in $z = 0$. Dann gilt $f \in \mathcal{O}(\mathbb{C})$, und die angegebene Reihe konvergiert normal in $\mathbb{C}$.
4. Ändern Sie den Beweis von Satz 8.4.5 so ab, daß der Konvergenzsatz von WEIERSTRASS nicht benutzt wird.
5. Formulieren und beweisen Sie einen Satz, der aus der normalen Konvergenz einer Reihe $\sum f_\nu$, $f_\nu \in \mathcal{O}(G)$, die normale Konvergenz einer Reihe $\sum F_\nu$ zugehöriger Stammfunktionen folgert.
6. Sei $0 \leq m_1 < m_2 < \dots$ eine streng monotone Folge natürlicher Zahlen. Weiter sei $p_\nu(z)$ eine Folge komplexer Polynome, so daß $\operatorname{grad}(z^{m_\nu} p_\nu(z)) < m_{\nu+1}$ für alle ν. Die Reihe $f(z) := \sum_{\nu\geq 0} z^{m_\nu} p_\nu(z)$ konvergiere kompakt in $\mathbb{E}$. Zeigen Sie: Die Taylorreihe von $f(z)$ um 0 enthält genau die Monome $a_k z^k$, die als Monom in einem Summanden $z^{m_\nu} p_\nu(z)$ vorkommen (Fortlassen der Klammern).

8.5 Offenheitssatz und Maximumprinzip

Die Fasern $f^{-1}(a)$ nicht konstanter holomorpher Funktionen f bestehen aus isolierten Punkten (vgl. 8.1.2) und sind also sehr „dünn“. Die Bildmengen $f(U)$ von offenen Mengen U werden dementsprechend „dick“ sein. Diese Vorstellung wird jetzt präzisiert. Dazu führen wir eine bequeme Redeweise ein.

Eine stetige Abbildung $f : X \to Y$ zwischen metrischen Räumen X, Y heißt *offen*, wenn das Bild $f(U)$ jeder in X offenen Menge U offen in Y ist (im Gegensatz hierzu bedeutet Stetigkeit, daß jede in Y offene Menge V ein in

X offenes Urbild $f^{-1}(V)$ hat). Jede topologische Abbildung (=Homöomorphismus) ist offen. Die Abbildung $\mathbb{R} \to \mathbb{R}$, $x \mapsto x^2$ ist *nicht* offen. Dieses Phänomen tritt bei holomorphen Abbildungen nicht auf; vielmehr gilt

8.5.1 Offenheitssatz

Satz 8.5.1. *Es sei f holomorph und nirgends lokal konstant im Bereich D. Dann ist die Abbildung $f : D \to \mathbb{C}$ offen.*

Den Beweis stützen wir auf einen an sich interessanten

Satz 8.5.2 (Existenzsatz für Nullstellen). *Es sei B eine Kreisscheibe um c mit $\overline{B} \subset D$; es sei f holomorph in D, und es gelte:* $\min_{z\in\partial B} |f(z)| > |f(c)|$. *Dann hat f eine Nullstelle in B.*

Beweis. Wäre f nullstellenfrei in B, so wäre f nullstellenfrei in einer offenen Umgebung $U \subset D$ von $\overline{B}$. Die Funktion $g : U \to \mathbb{C}$, $z \mapsto 1/f(z)$, wäre also holomorph in U, und die Mittelwertungleichung würde implizieren

$$|f(c)|^{-1} = |g(c)| \le \max_{z\in\partial B} |g(z)| = \max_{z\in\partial B} \frac{1}{f(z)} = (\min_{z\in\partial B} |f(z)|)^{-1},$$

also $|f(c)| \ge \min_{z\in\partial B} |f(z)|$ im Widerspruch zur Voraussetzung. □

Der eben bewiesene Existenzsatz liefert sofort

Satz 8.5.3 (Quantitative Form des Offenheitssatzes). *Es sei B eine Kreisscheibe um c mit $\overline{B} \subset D$; es sei f holomorph in D, und es gelte* $2\delta := \min_{z\in\partial B} |f(z) - f(c)| > 0$. *Dann gilt* $f(B) \supset B_\delta(f(c))$.

Beweis. Für jedes b mit $|b - f(c)| < \delta$ gilt

$$|f(z) - b| \ge |f(z) - f(c)| - |b - f(c)| > \delta \quad \text{für alle } z \in \partial B.$$

Es folgt $\min_{z\in\partial B} |f(z) - b| > |f(c) - b|$. Nach dem Existenzsatz für Nullstellen, angewendet auf $f(z) - b$, gibt es daher ein $\widehat{z} \in B$ mit $f(\widehat{z}) = b$. □

Nunmehr ist der Beweis des Offenheitssatzes trivial: Sei $U \subset D$ offen und sei $c \in U$. Wir müssen zeigen, daß $f(U)$ eine Kreisscheibe um $f(c)$ enthält. Da f um c nicht konstant ist, gibt es eine Kreisscheibe B um c mit $\overline{B} \subset U$, so daß $f(c) \notin f(\partial B)$ (Identitätssatz). Daher gilt $2\delta := \min_{z\in\partial B} |f(z) - f(c)| > 0$. Hieraus folgt: $B_\delta(f(c)) \subset f(B) \subset f(U)$. □

Der Offenheitssatz hat wichtige Konsequenzen. So ist z.B. sofort klar, daß holomorphe Funktionen mit konstantem Real- oder Imaginärteil oder Betrag selbst konstant sind. Allgemeiner mache sich der Leser klar:

Satz 8.5.4. *Ist $P(X,Y) \in \mathbb{R}[X,Y]$ ein nicht-konstantes reelles Polynom, so ist jede im Gebiet G holomorphe Funktion f, für welche* $P(\operatorname{Re} f(z), \operatorname{Im} f(z))$ *konstant ist, selbst konstant.*

Der Offenheitssatz wird häufig auch ausgesprochen als

Satz 8.5.5 (Satz von der Gebietstreue). *Es sei f holomorph und nicht konstant im Gebiet G. Dann ist $f(G)$ wieder ein Gebiet.*

Beweis. Da f nach dem Identitätssatz nirgends lokal konstant in G ist, so ist $f(G)$ nach dem Offenheitssatz offen. Da f stetig ist, so ist mit G auch $f(G)$ zusammenhängend. □

Unser Beweis des Offenheitssatzes geht aus CARATHÉODORY zurück ([5], 139/140), entscheidendes Hilfsmittel ist die Mittelwertgleichung und damit die Cauchysche Integralformel. Es ist möglich, wenngleich recht langwierig, den Beweis integralfrei zu führen, vgl. etwa G.T. WHYBURN: *Topological Analysis*, Princeton Univ. Press, 1964, S. 76. Mittels des Offenheitssatzes läßt sich elementar zeigen, daß holomorphe Funktionen lokal in Potenzreihen entwickelbar sind (siehe z.B. P. PORCELLI und E.H. CONNEL: *A Proof Of The Power Series Expansion Without Cauchy's Formula*, Bull. Amer. Math. Soc. 67, 177–181 (1961)).

8.5.2 Maximumprinzip

In 8.3.2 wurde mit Hilfe der Gutzmerschen Formel das Maximumprinzip hergeleitet:

Eine Funktion $f \in \mathcal{O}(G)$, die in G ein lokales Maximum (ihres Absolutbetrages) annimmt, ist konstant in G.

Diese Aussage ist ein Spezialfall des Offenheitssatzes: Gibt es nämlich ein $c \in G$ und eine Umgebung $U \subset G$ von c mit $|f(z)| \leq |f(c)|$ für alle $z \in U$, so gilt:

$$f(U) \subset \{W \in \mathbb{C} : |w| \leq |f(c)|\}.$$

Die Menge $f(U)$ ist also *keine* Umgebung von $f(c)$, d.h. f ist nicht offen. Nach dem Offenheitssatz ist f konstant (da G ein Gebiet ist). □

Deutet man die reelle Zahl $|f(c)|$ als Höhe im Punkt z (senkrecht zur z-Ebene), so gewinnt man über $G \subset \mathbb{C} = \mathbb{R}^2$ eine Fläche im $\mathbb{R}^3$, die man gelegentlich die *analytische Landschaft von f* nennt. Das Maximumprinzip läßt sich dann suggestiv so aussprechen:

In der analytischen Landschaft einer holomorphen Funktion gibt es keine echten Gipfel.

Das Maximumprinzip wird oft in folgender Variante benutzt:

Satz 8.5.6 (Maximumprinzip für beschränkte Gebiete). *Es sei G ein beschränktes Gebiet, und es sei f eine in $\overline{G} = G \cup \partial G$ stetige und in G*

holomorphe Funktion. Dann nimmt die Funktion $|f|$ ihr Maximum auf dem Rand von G an:

$$|f(z)| \le |f|_{\partial G} \quad \textit{für alle } z \in \overline{G}.$$

Der Leser lege sich einen Beweis zurecht. Die Voraussetzung der Beschränktheit von G ist wesentlich; so wird die Aussage falsch für die Funktion $h(z) := \exp(\exp z)$ im Streifengebiet $S := \{z \in \mathbb{C} : -\frac{1}{2}\pi < \operatorname{Im} z < \frac{1}{2}\pi\}$; in diesem Beispiel gilt $|h|_{\partial S} = 1$, aber $h(x) = \exp(\exp x) \to \infty$ für $x \in \mathbb{R}$, $x \to \infty$. □

Anwendung des Maximumprinzips auf $1/f$ führt unmittelbar zum

Satz 8.5.7 (Minimumprinzip). *Es sei f holomorph in G. Es gebe eine Punkt $c \in G$, so daß f in c ein lokales Minimum hat, d.h. es gebe eine Umgebung $U \subset G$ von c mit $|f(c)| = \inf_{z \in U} |f(z)|$. Dann gilt $f(c) = 0$, oder f ist konstant in G.*

Satz 8.5.8 (Minimumprinzip für beschränkte Gebiete). *Es sei G beschränkt, und es sei f stetig in $\overline{G}$ und holomorph in G. Dann hat f Nullstellen in G, oder $|f|$ nimmt das Minimum auf ∂G an:*

$$|f(z)| \ge \min_{\zeta \in G} |f(\zeta)| \quad \textit{für alle } z \in G.$$

Offensichtlich ist das Minimumprinzip eine Verallgemeinerung des Existenzsatzes für Nullstellen aus Abschnitt 8.5.1.

8.5.3 Historisches zum Maximumprinzip

Riemann schreibt 1851 (vgl. [R], S. 22): „*Eine harmonische Function u kann nicht in einem Punkt im Innern ein Minimum oder ein Maximum haben, wenn sie nicht überall constant ist.*“ Burkhardt formuliert 1897 diesen Satz für Real- und Imaginärteil holomorpher Funktionen auf S. 126 seines Lehrbuches [Bu] ; Osgood behandelt 1906 in seinem Werk [Os] das Maximum- und Minimumprinzip auch nur für harmonische Funktionen (5. Aufl., 1928, S. 625).

Es scheint schwierig zu sein herauszufinden, wann und wo der Satz erstmals für holomorphe Funktionen formuliert und ohne Reduktion auf den harmonischen Fall bewiesen wird; auch Experten für die Geschichte der Funktionentheorie konnten mir nicht sagen, ob das Maximumprinzip schon bei Cauchy vorkommt. Schottky spricht 1892 von „einem Satz der Functionentheorie“ (näheres hierzu findet der Leser in 11.2.2). C. Carathéodory (deutscher Mathematiker griechischer Abstammung, 1873–1950, ursprünglich Ingenieur, Assistent von A. Sommerfeld; ab 1924 in München) gibt 1912 in [Ca], S. 110, seinen einfachen Beweis des Schwarzschen Lemmas mittels des Maximumprinzips für holomorphe Funktionen (vgl. 9.2.5), er sagt dabei aber nichts zu diesem wichtigen Satz. Hurwitz bespricht den Satz in seinen

Vorlesungen über allgemeine Funktionentheorie und elliptische Funktionen, die erst 1922 bei Julius Springer, Berlin publiziert wurden ([12], S. 107).

1915 schreibt L. BIEBERBACH (1886–1982) in seinem Göschenbändchen *Einführung in die konforme Abbildung* ([3], S. 8): „*Wenn $f(z)$ im Innern eines Gebietes G regulär und endlich ist, so besitzt $|f(z)|$ kein Maximum im Innern des Gebietes.* Die Behauptung (bekanntlich eine leichte Folgerung des Cauchyschen Integralsatzes) kann auch unmittelbar aus der *Gebietstreue* [=Offenheitssatz] gefolgert werden." Im 1927 erschienen 2. Band seines Werkes [4] spricht BIEBERBACH auf S. 70 vom „Prinzip des Maximums".

8.5.4 Verschärfung des Weierstraßschen Konvergenzsatzes

Satz 8.5.9. *Es sei G beschränkt und f_n eine Folge von in $\overline{G}$ stetigen und in G holomorphen Funktionen. Die Folge $f_n|\partial G$ sei gleichmäßig konvergent in ∂G. Dann konvergiert die Folge f_n gleichmäßig in $\overline{G}$ gegen eine in $\overline{G}$ stetige und in G holomorphe Funktion.*

Beweis. Nach dem Maximumprinzip für beschränkte Gebiete gilt:

$$|f_m - f_n|_{\overline{G}} = |f_m - f_n|_{\partial G}.$$

Da $f_n|\partial G$ eine Cauchy-Folge bez. der Supremum-Seminorm $|\ |_{\partial G}$ ist, so ist $f_n|\overline{G}$ eine Cauchy-Folge bez. $|\ |_{\overline{G}}$. Nach dem Cauchyschen Konvergenzkriterium 3.2.1, dem Stetigkeitssatz 3.1.2 und dem Weierstraßschen Konvergenzsatz 8.4.1 folgt die Behauptung. □

Dieses Phänomen der „*Konvergenzfortsetzung nach Innen*" kannte schon WEIERSTRASS. Als einfache Folgerung seien notiert:

Folgerung 1. *Es sei A diskret in G, es sei $f_n \in \mathcal{O}(G)$ eine Folge, die in $G \setminus A$ kompakt konvergiert. Dann konvergiert die Folge f_n bereits in ganz G kompakt.*

Folgerung 2. *Zur Folge $f_n \in \mathcal{O}(G)$ gebe es eine in G kompakt konvergente Folge $g_n \in \mathcal{O}(G)$ mit einer Grenzfunktion $\neq 0$, so daß die Folge $g_n f_n$ in G kompakt konvergiert. Dann konvergiert auch die Folge f_n kompakt in G.*

Der Leser führe die Beweise aus.

8.5.5 Satz von Hurwitz

Es handelt sich um einen „Erhaltungssatz für Nullstellen" bei kompakter Konvergenz. Wir zeigen zunächst:

Lemma 8.5.1. *Konvergiert die Folge $f_n \in \mathcal{O}(G)$ in G kompakt gegen eine nicht konstante Funktion f, so gibt es zu jedem $c \in G$ einen Index $n_c \in \mathbb{N}$ und eine Folge $c_n \in G$, $n \geq n_c$, so daß gilt:*

$$\lim c_n = c \quad \textit{und} \quad f_n(c_n) = f(c) \quad \textit{für alle } n \geq n_c.$$

Beweis. Man darf $f(c) = 0$ annehmen. Dann gilt $f \neq 0$. Wir wählen eine Scheibe B um c mit $\overline{B} \subset G$, so daß f nullstellenfrei in $\overline{B} \setminus \{c\}$ ist (Identitätssatz). Da die f_n auf $\partial B \cup \{c\}$ gleichmäßig gegen f konvergieren, gibt es ein n_c, so daß $|f_n(c)| < \min\{|f_n(z)| : z \in \partial B\}$ für alle $n \geq n_c$. Nach dem Minimumprinzip (bzw. dem Existenzsatz 8.5.2 für Nullstellen) hat dann jede Funktion f_n, $n \geq n_c$, eine Nullstelle c_n in B. Es gilt $\lim c_n = c$, denn sonst gäbe es eine Teilfolge $c_{n'}$ mit einem Limes $d \in \overline{B} \setminus \{c\}$, und dann wäre (stetige Konvergenz) $0 = \lim f_{n'}(c_{n'}) = f(d)$, was nicht geht. □

Das Lemma wird nun quantitativ verschärft:

Satz 8.5.10 (Satz von Hurwitz). *Die Folge $f_n \in \mathcal{O}(G)$ konvergiere in G kompakt gegen $f \in \mathcal{O}(G)$. Es sei U ein beschränkter Bereich mit $\overline{U} \subset G$, so daß f keine Nullstelle auf dem Rand ∂U hat. Dann gibt es einen Index $n_U \in \mathbb{N}$, so daß alle Funktionen f, f_n mit $n \geq n_U$ in $\overline{U}$ gleich viele Nullstellen haben:*

$$\sum_{w \in \overline{U}} o_w(f) = \sum_{w \in \overline{U}} o_w(f_n) \quad \text{für alle } n \geq n_U.$$

Beweis. Da $f \neq 0$ und $\overline{U}$ kompakt ist, so gilt $m := \sum_{w \in \overline{U}} o_w(f) \in \mathbb{N}$ (Identitätssatz). Wir führen Induktion nach m. Im Fall $m = 0$ gilt $\varepsilon := \min\{|f(z)| : z \in \overline{U}\} > 0$; da $|f_n - f|_{\overline{U}} < \varepsilon$ für fast alle n, so sind fast alle f_n nullstellenfrei in $\overline{U}$.

Sei $m > 0$ und $c \in U$ eine Nullstelle von f. Nach dem Lemma gibt es ein n_c und eine Folge $c_n \in U$, $n \geq n_c$, so daß $\lim c_n = c$ und stets $f_n(c_n) = 0$. Es gelten Gleichungen

$$f_n(z) = (z - c_n)h_n(z), \quad f(z) = (z - c)h(z) \quad \text{mit } h, h_n \in \mathcal{O}(G), n \geq n_c. \tag{8.3}$$

Da $\lim(z - c_n) = (z - c)$, so konvergiert die Folge h_n auf Grund von Folgerung 2 aus Abschnitt 8.5.4 in G kompakt gegen h. Da h wegen (8.3) in $\overline{U}$ genau $(m-1)$ Nullstellen hat, von denen keine auf ∂U liegt, so gibt es nach Induktionsannahme ein $n_U \geq n_c$, so daß jede Funktion h_n, $n \geq n_U$, in $\overline{U}$ genau $(m-1)$ Nullstellen hat. Wegen (8.3) und $c_n \in U$ hat dann jede Funktion f_n, $n \geq n_U$ in $\overline{U}$ genau m Nullstellen. □

In 13.2.3 geben wir eine zweiten Beweis des Hurwitzschen Satzes mittels des Satzes von ROUCHÉ.

Der Hurwitzsche Satz ist immer anwendbar, wenn $f \neq 0$ ist. Dann gibt es um jede Nullstelle c von f kompakte Scheiben $\overline{B} \subset G$, so daß f auf $\overline{B} \setminus \{c\}$ nicht verschwindet. Man bemerke, daß es Folgen gibt, z.B. $f_n := z/n$, die kompakt gegen die Nullfunktion konvergieren.

Natürlich gilt der Satz von HURWITZ auch für a-Stellen (man betrachte die Folge $f_n(z) - a$). Der Satz von HURWITZ (bzw. das Lemma) besagt speziell:

Satz 8.5.11. *Ist f_n eine Folge von in G holomorphen und nullstellenfreien Funktionen, die in G kompakt gegen $f \in \mathcal{O}(G)$ konvergiert, so ist f entweder identisch null oder nullstellenfrei in G.*

Diese Bemerkung hat zur Konsequenz:

Satz 8.5.12. *Es sei f_n eine Folge von in G injektiven holomorphen Funktionen $f_n : G \to \mathbb{C}$, die in G kompakt gegen $f : G \to \mathbb{C}$ konvergiert. Dann ist f entweder konstant oder injektiv.*

Beweis. Sei f nicht konstant, sei $c \in G$ ein Punkt. Dann ist jede Funktion $f_n - f_n(c)$ wegen der Injektivität von f_n nullstellenfrei in $G \setminus \{c\}$. Auf Grund der Bemerkung – angewendet auf die Folge $f_n - f_n(c)$ in $G \setminus \{c\}$ – ist dann $f - f(c)$ nullstellenfrei in $G \setminus \{c\}$, d.h $f(z) \neq f(c)$ für alle $z \in G \setminus \{c\}$. Da c beliebig in G gewählt wurde, folgt die Injektivität von f in G. □

Die eben gewonnene Aussage wird im zweiten Band beim Beweis des Riemannschen Abbildungssatzes eine wichtige Rolle spielen.

Historische Notiz. HURWITZ hat seinen Satz im Jahre 1889 mit Hilfe des Satzes von ROUCHÉ bewiesen, vgl. *Über die Nullstellen der Bessel'schen Funktion*, Math. Werke 1, S. 268. HURWITZ beschreibt sein Resultat wie folgt (S. 269, wir behalten unsere Notation bei):

Die Nullstellen von f in G sind identisch mit denjenigen Stellen, an welchen sich die Wurzeln der Gleichungen $f_1(z) = 0, f_2(z) = 0, \ldots, f_\nu(z) = 0, \ldots$ „verdichten".

Aufgaben

1. Sei $f : B_R(0) \to \mathbb{C}$ holomorph. Dann ist die Funktion $M : [0, R) \to \mathbb{R}$, $\rho \mapsto M(\rho) := \sup_{|z|=\rho} |f(z)|$ monoton wachsend und stetig. Sie ist genau dann streng monoton, wenn f nicht konstant ist.
2. Es seien $G \subset \mathbb{C}$ ein beschränktes Gebiet, f und g zwei in $\overline{G}$ stetige und nullstellenfreie Funktionen, die in G holomorph sind. Gilt $|f(z)| = |g(z)|$ für alle $z \in \partial G$, so ist $f(z) = \lambda g(z)$, $z \in \overline{G}$, mit $\lambda \in S^1$.
3. Es sei $f \in \mathcal{O}(G)$. Hat $\operatorname{Re} f$ in einem Punkt $c \in G$ ein lokales Minimum, so ist f konstant.
4. (Verschärfung der quantitativen Form des Offenheitssatzes.) Sei $G \subset \mathbb{C}$ ein beschränktes Gebiet, sei $f : \overline{G} \to \mathbb{C}$ stetig in $\overline{G}$ und holomorph in G. Ist $a \in G$ mit $r := \min_{z \in \partial G} |f(z) - f(a)| > 0$, so gilt $B_r(f(a)) \subset f(G)$.
5. (Vgl. Bemerkung auf S. 72) Seien D, D' Bereiche in $\mathbb{C}$. Genau dann ist $f \in \mathcal{O}(D)$ eine biholomorphe Abbildung von D auf D', wenn $f(D) \subset D'$ gilt und es ein $g \in \mathcal{O}(D')$ mit $g(D') \subset D$ gibt, so daß $g \circ f = \mathrm{id}_D$.
6. Sei $f : \mathbb{E} \to \mathbb{E}$ holomorph und ζ eine n-te Einheitswurzel $n \geq 2$. ist $\sum_{\nu=0}^{n-1} f(\zeta^\nu z) = naz^n$ mit $a \in S^1$, so gilt bereits $f(z) = az^n$.
Hinweis: Zeigen Sie für $g(z) := f(z) - az^n$: $\sum_{\nu=0}^{n-1} g(\zeta^\nu z) = 0$ und $|g(z)|^2 < n(1 - |z|^{2n})$.

9. Miscellanea

Wer vieles bringt, wird manchem etwas bringen (J.W. von GOETHE).

Sobald die Cauchysche Integralformel zur Verfügung steht, läßt sich eine Fülle von klassischen Themen der Funktionentheorie direkt und unabhängig voneinander behandeln. Diese Freiheit der Themenwahl zwingt zur Selbstbeschränkung; bei CARATHÉODORY liest man ([5], S. 6): „Die größte Schwierigkeit bei der Planung eines Lehrbuches der Funktionentheorie liegt in der Auswahl des Stoffes. Man muß sich von vornherein entschließen, alle Fragen wegzulassen, deren Darstellung zu große Vorbereitungen verlangt."

Die in diesem Kapitel ausgewählten Themen gehören bis auf den Satz von RITT über asymptotische Potenzreihenentwicklung zum kanonischen Stoff der Funktionentheorie. Der Satz von RITT verdient, der Vergessenheit entrissen zu werden: seine überraschende Aussage verallgemeinert einen alten Satz von E. BOREL über die Willkür des Werteverhaltens unendlich oft differenzierbarer reeller Funktionen; dieser klassische Satz der reellen Analysis findet so eine funktionentheoretische Interpretation.

9.1 Fundamentalsatz der Algebra

Wir haben in [Zahlen], Kapitel 4, ausführlich über den Fundamentalsatz der Algebra und seine Geschichte berichtet und dort u.a. die Beweise von ARGAND und LAPLACE wiedergegeben. Im folgenden werden vier funktionentheoretische Beweise mitgeteilt.

9.1.1 Fundamentalsatz der Algebra

Satz 9.1.1. *Jedes nicht-konstante komplexe Polynom hat mindestens eine komplexe Nullstelle.*

Dieser Existenzsatz heißt bei GAUSS *Grundlehrsatz* der Theorie der algebraischen Gleichungen (vgl. Werke 3, S. 73); er ist, da sich Nullstellen stets als Linearfaktoren abspalten (vgl. hierzu z.B. [Zahlen], 4.3), äquivalent zum

Satz 9.1.2 (Faktorisierungssatz). *Jedes Polynom* $p(z) = a_0 + a_1 z + \cdots + a_n z^n \in \mathbb{C}[z]$ *vom Grad* n *(d.h.* $a_n \neq 0$*) ist eindeutig (bis auf die Reihenfolge der Faktoren) darstellbar als Produkt*

$$p(z) = a_n(z - c_1)^{m_1}(z - c_2)^{m_2} \cdot \dots \cdot (z - c_r)^{m_r},$$

wobei $c_1, \dots, c_r \in \mathbb{C}$ *paarweise verschieden,* $m_1, \dots, m_r \in \mathbb{N} \setminus \{0\}$, $n = m_1 + \cdots + m_r$.

Für reelle Polynome $p(z) \in \mathbb{R}[z]$ folgt hieraus, da wegen $\overline{p(z)} = p(\overline{z})$ mit c auch stets $\overline{c}$ eine Nullstelle ist und $(z - c)(z - \overline{c}) \in \mathbb{R}[z]$ gilt:

Satz 9.1.3. *Jedes reelle Polynom* $p(z)$ *vom Grad* $n \geq 1$ *ist eindeutig darstellbar als Produkt reeller Linearfaktoren und reeller quadratischer Polynome.*

Unter Benutzung der Ordnungsfunktion o_z läßt sich der Fundamentalsatz der Algebra auch als eine Gleichung formulieren:

Satz 9.1.4. *Für jedes komplexe Polynom* p *vom Grand* n *gilt* $\sum_{z \in \mathbb{C}} o_z(p) = n$.

Für ganze transzendente Funktionen hat man kein Analogon, z.B. gilt:

$$\sum_{z \in \mathbb{C}} o_z(\exp) = 0, \quad \sum_{z \in \mathbb{C}} o_z(\sin) = \infty.$$

Fast alle Beweise des Fundamentalsatzes benutzen, daß Polynome positiven Grades mit wachsendem z gleichmäßig gegen ∞ streben. Wir präzisieren diese Aussage im

Lemma 9.1.1 (Wachstumslemma). *Es sei* $p(z) = \sum_0^n a_\nu z^\nu \in \mathbb{C}[z]$ *ein Polynom* n*-ten Grades. Dann gibt es ein* $R > 0$, *so daß für alle* $z \in \mathbb{C}$ *mit* $|z| \geq R$ *gilt:*

$$\tfrac{1}{2}|a_n|\,|z|^n \leq |p(z)| \leq 2|a_n|\,|z|^n, \text{ speziell: } \lim_{z \to \infty} \frac{|z|^\nu}{|p(z)|} = 0, \quad 0 \leq \nu < n. \tag{9.1}$$

Beweis. Sei $n \geq 1$, sei $r(z) := \sum_0^{n-1} |a_\nu|\,|z|\nu$. Dann gilt stets:

$$|a_n|\,|z|^n - r(z) \leq |p(z)| \leq |a_n|\,|z|^n + r(z).$$

Für $|z| > 1$ und $\nu < n$ gilt $|z|^\nu \leq |z|^{n-1}$ und also $r(z) \leq m|z|^{n-1}$ mit $m := \sum_0^{n-1} |a_\nu|$. Daher leistet $R := \max\{1, 2m|a_n|^{-1}\}$ das Verlangte. □

Der eben geführte Beweis ist anspruchslos insofern, als er nur Rechenregeln für den Absolutbetrag verwendet; das Wachstumslemma gilt daher für Polynome über jedem *bewerteten* Körper.

9.1.2 Vier Beweise des Fundamentalsatzes

Die ersten drei Beweise werden indirekt geführt; wir nehmen also an, es gäbe ein Polynom $q(z) = \sum_0^n a_\nu z^\nu$ vom Grad $n \geq 1$ ohne Nullstellen.

1. Beweis (mittels des Satzes von LIOUVILLE). Da q nullstellenfrei ist, so ist $f := 1/q$ holomorph in $\mathbb{C}$. Nach dem Wachstumslemma gilt $\lim_{z\to\infty} |f(z)| = 0$. Daher wäre f in $\mathbb{C}$ beschränkt und also nach LIOUVILLE konstant, was wegen $n \geq 1$ nicht zutrifft.

2. Beweis (mittels der Mittelwertungleichung). Für $f := 1/q \in \mathcal{O}(\mathbb{C})$ gilt $|f(0)| \leq |f|_{\partial B}$ für jeden Kreis ∂B um 0, vgl. 7.2.2. Da – wie im 1. Beweis – $\lim_{z\to\infty} |f(z)| = 0$, so folgt $f(0) = 0$ entgegen $f(0) = q(0)^{-1} \neq 0$.

3. Beweis (nach R.P. BOAS: *Yet another proof of the fundamental theorem of algebra*, Amer. Math. Monthly 71, S. 180 (1964); es wird nur der Cauchysche Integralsatz herangezogen).

Für $q^*(z) := \sum_0^n \overline{a}_\nu z^\nu \in \mathbb{C}[z]$ gilt stets $q^*(\overline{c}) = \overline{q(c)}$, $c \in \mathbb{C}$; daher ist $g := qq^* \in \mathbb{C}[z]$ nullstellenfrei mit $g(x) = |q(x)|^2 > 0$ für alle $x \in \mathbb{R}$. Mit $\zeta := \mathrm{e}^{\mathrm{i}\varphi}$, $0 \leq \varphi \leq 2\pi$, gilt $\cos\varphi = \frac{1}{2}(\zeta + \zeta^{-1})$. Es folgt

$$0 < \int_0^{2\pi} \frac{\mathrm{d}\varphi}{g(2\cos\varphi)} = \frac{1}{\mathrm{i}} \int_{\partial\mathbb{E}} \frac{\mathrm{d}\zeta}{\zeta g(\zeta + \zeta^{-1})} = \frac{1}{\mathrm{i}} \int_{\partial\mathbb{E}} \frac{\zeta^{2n-1}}{h(\zeta)} \mathrm{d}\zeta, \tag{9.2}$$

wobei $h(z) := z^{2n} g(z + z^{-1}) \in \mathbb{C}[z]$. Da g nullstellenfrei in $\mathbb{C}$ ist, so hat h keine Nullstellen in $\mathbb{C}^\times$. Eine Verifikation zeigt $h(0) = |a_n|^2 \neq 0$. Da $n \geq 1$, so folgt $z^{2n-1}/h(z) \in \mathcal{O}(\mathbb{C})$. Nach dem Cauchyschen Integralsatz verschwindet daher das Integral rechts in (9.2). Widerspruch! [1]

4.Beweis (direkt, mittels des Minimumprinzips). Es sei $p(z) := \sum_0^n a_\nu z^\nu \in \mathbb{C}[z]$, $a_n \neq 0$ ein nichtkonstantes Polynom. Wir bestimmen $s > 0$ so, daß gilt $|p(0)| < \frac{1}{2}|a_n|s^n$. Nach dem Wachstumslemma folgt (evtl. ist s zu vergrößern): $|p(0)| < \min_{|z|=s} |p(z)|$. Daher hat $|p(z)|$ in einem Punkt $a \in B_s(0)$ ein lokales Minimum. Nach dem Minimumprinzip folgt $p(a) = 0$ (man kann übrigens auch direkt mit dem Existenzsatz 8.5.2 für Nullstellen schließen).

9.1.3 Satz von Gauß über die Lage der Nullstellen von Ableitungen

Ist $p(z)$ ein komplexes Polynom n-ten Gerades, und sind $c_1, \ldots, c_n \in \mathbb{C}$ die (nicht notwendig verschiedenen) Nullstellen von $p(z)$, so gilt

[1] In der ersten Auflage dieses Buches wurde anstelle von (9.2) das Integral $\int_{-r}^{r} \frac{\mathrm{d}x}{g(x)}$ betrachtet und mittels des Wachstumslemmas und des Cauchyschen Integralsatzes der Widerspruch in der Form $0 = \lim_{r\to\infty} \frac{\mathrm{d}x}{g(x)}$ gewonnen; im Beweis von BOAS „there is no need to discuss the asymptotic behaviour of any integrals“.

$$\frac{p'(z)}{p(z)} = \frac{1}{z-c_1} + \cdots + \frac{1}{z-c_n} = \overline{\sum_1^n \frac{z-c_\nu}{|z-c_\nu|^2}}; \tag{9.3}$$

dies ergibt sich durch Induktion nach n, da aus $p(z) = (z-c_1)q(z)$ folgt $p'(z) = q(z) + (z-c_1)q'(z)$ und also $p'(z)p(z)^{-1} = (z-c_1)^{-1} + q'(z)q(z)^{-1}$. Mit Hilfe von (9.3) folgt schnell:

Satz 9.1.5 (Gauß, Werke 3, S. 112). *Sind $c_1, \ldots, c_n$ die (nicht notwendig verschiedenen) Nullstellen des Polynoms $p(z) \in \mathbb{C}[z]$, so gibt es zu jeder Nullstelle $c \in \mathbb{C}$ der Ableitung $p'(z)$ reelle Zahlen $\lambda_1, \lambda_2, \ldots, \lambda_n$, so daß gilt:*

$$c = \sum_1^n \lambda_\nu c_\nu, \quad \lambda_1 \geq 0, \ldots, \lambda_n \geq 0, \quad \sum_1^n \lambda_\nu = 1.$$

Beweis. Sei c Nullstelle von p'. Falls c zugleich Nullstelle c_j von p ist, so setze man $\lambda_\nu := 0$ für $\nu \neq j$ und $\lambda_j := 1$. Gilt aber $p(c) \neq 0$, so folgt aus (9.3)

$$0 = \overline{\frac{p'(c)}{p(c)}} = \sum_1^n \frac{c-c_\nu}{|c-c_\nu|^2}$$

und weiter

$$mc = \sum_1^n m_\nu c_\nu \quad \text{mit } m := \sum_1^n |c-c_\nu|^{-2} > 0, \quad m_\nu := |c-c_\nu|^{-2} > 0.$$

Mithin haben $\lambda_1 := m_1/m, \ldots, \lambda_n := m_n/m$ die behauptete Eigenschaft. □

Für jede Menge $A \subset \mathbb{C}$ heißt der Durchschnitt aller A umfassenden *konvexen* Mengen die *konvexe Hülle* conv A von A. Es gilt

$$\operatorname{conv}\{c_1, \ldots, c_n\} = \left\{ z \in \mathbb{C} : z = \sum_1^n \lambda_n c_\nu ; \lambda_1 \geq 0, \ldots, \lambda_n \geq 0, \sum_1^n \lambda_\nu = 1 \right\}.$$

Der Satz von Gauss läßt sich folglich so aussprechen:

Jede Nullstelle von $p'(z)$ liegt in der konvexen Hülle der Nullstellenmenge von $p(z)$

Bemerkung. Aus (9.3) folgt für alle $z \in \mathbb{C}$ mit $p'(z) \neq 0$ die Ungleichung

$$\min_{1 \leq \nu \leq n} |z - c_\nu| \leq n|p(z)/p'(z)|.$$

Im Kreis um z mit Radius $n|p(z)/p'(z)|$ liegt also mindestens eine Nullstelle von p. Diese Information wird bei der numerischen Suche nach komplexen Nullstellen von p mittels des Newton-Verfahrens mit Erfolg verwendet.

Aufgaben

1. Sei $p \in \mathbb{C}[z]$ nicht-konstant. Zeigen Sie mit Hilfe des Wachstumslemmas und des Offenheitssatzes (ohne den Fundamentalsatz der Algebra zu benutzen): $p(\mathbb{C}) = \mathbb{C}$.
2. Sei f eine ganze Funktion mit endlich vielen Nullstellen $c_1, \ldots, c_n$, jede so oft aufgeführt, wie ihre Ordnung angibt.
   a) Es gilt genau dann $\frac{f'(c)}{f(c)} = \sum_1^n \frac{1}{z-c_j}$, wenn f ein Polynom ist.
   b) Geben Sie ein Beispiel einer ganzen Funktion f an, so daß nicht alle Nullstellen von f' in der konvexen Hülle der Nullstellen von f liegen.

9.2 Schwarzsches Lemma und die Gruppen Aut $\mathbb{E}$, Aut $\mathbb{H}$

Ziel dieses Paragraphen ist es zu zeigen, daß die in 2.3.1-2.3.3 beschriebenen Automorphismen des Einheitskreises $\mathbb{E}$ bzw. der oberen Halbebene $\mathbb{H}$ *alle* Automorphismen von $\mathbb{E}$ bzw. $\mathbb{H}$ sind. Das Hilfsmittel dazu ist ein auf H.A. SCHWARZ zurückgehendes Lemma über mittelpunktstreue Abbildungen des Einheitskreises.

9.2.1 Schwarzsches Lemma

Lemma 9.2.1. *Für jede holomorphe Abbildung $f : \mathbb{E} \to \mathbb{E}$ mit $f(0) = 0$ gilt:*

$$|f(z)| \leq |z| \quad \textit{für alle } z \in \mathbb{E}, \quad |f'(0)| \leq 1.$$

Gibt es wenigstens einen Punkt $c \in \mathbb{R} \setminus \{0\}$ mit $|f(c)| = |c|$, oder gilt $|f'(0)| = 1$, so ist f eine Drehung um 0, d.h. es gibt ein $a \in S^1$, so daß gilt:

$$f(z) = a \cdot z \quad \textit{für alle } z \in \mathbb{E}.$$

Beweis. Sei $f(z) = \sum_1^\infty a_\nu z^\nu$. Mit $g(z) := \sum_1^\infty a_\nu z^{\nu-1} \in \mathcal{O}(\mathbb{E})$ folgt:

$$f(z) = zg(z) \quad \text{für } z \in \mathbb{E}, \quad \text{wobei } g(0) = a_1 = f'(0).$$

Da stets $|f(z)| < 1$, so gilt $r \max_{|z|=r} |g(z)| \leq 1$ für jede positive reelle Zahl $r < 1$. Nach dem Maximumprinzip folgt $|g(z)| \leq r^{-1}$ für $z \in B_r(0)$, $0 < r < 1$. Für $r \to 1$ folgt $|g(z)| \leq 1$, d.h. $|f(z)| \leq |z|$ für alle $z \in \mathbb{E}$ und $|f'(0)| = |g(0)| \leq 1$. Falls $|f'(0)| = 1$ oder $|f(c)| = |c|$ mit $c \in \mathbb{E} \setminus \{0\}$, so gilt $|g(0)| = 1$ oder $|g(c)| = 1$, d.h. g nimmt in $\mathbb{E}$ ein Maximum an. Nach dem Maximumprinzip ist g dann eine Konstante vom Betrag 1. □

Die Ungleichung $|f'(0)| \leq 1$ ergibt sofort den Satz von LIOUVILLE (S. 218): Ist $M > 0$ eine Schranke von $f \in \mathcal{O}(\mathbb{C})$, so betrachte man $f_c(z) := (f(rz + c) - f(c))/2M \in \mathcal{O}(\mathbb{C})$, wobei $c \in \mathbb{C}$ und $r > 0$ beliebige Konstanten sind. Es ist $f_c(\mathbb{E}) \subset \mathbb{E}$ und $f_c(0) = 0$, also $|f_c'(0)| \leq 1$. Wegen $f_c'(0) = rf'(c)/2M$ folgt $|f'(c)| \leq 2M/r$ für alle $r > 0$, also $f'(c) = 0$ für alle $c \in \mathbb{C}$. □

9.2.2 Mittelpunktstreue Automorphismen von $\mathbb{E}$. Die Gruppen Aut $\mathbb{E}$ und Aut $\mathbb{H}$

Für jeden Punkt c eines Bereiches D in $\mathbb{C}$ und jede Untergruppe L von Aut D ist die Menge aller Automorphismen aus L, die c festhalten, eine Untergruppe von L. Man nennt sie *die Isotropiegruppe von c bez. L*; im Falle $L =$ Aut D bezeichnen wir sie mit $\operatorname{Aut}_c D$. Für die Gruppe $\operatorname{Aut}_0 \mathbb{E}$ aller *mittelpunktstreuen* Automorphismen von $\mathbb{E}$ gilt:

Satz 9.2.1. *Jeder Automorphismus $f : \mathbb{E} \to \mathbb{E}$ mit $f(0) = 0$ ist eine Drehung:*

$$\operatorname{Aut}_0 \mathbb{E} = \{f : \mathbb{E} \to \mathbb{E}, z \mapsto f(z) = az : a \in S^1\}.$$

Beweis. Sicher gehören alle Drehungen zu $\operatorname{Aut}_0 \mathbb{E}$. Sei umgekehrt $f \in \operatorname{Aut}_0 \mathbb{E}$, also auch $f^{-1} \in \operatorname{Aut}_0 \mathbb{E}$. Dann folgt nach dem Schwarzschen Lemma:

$$|f(z)| \leq |z| \quad \text{und} \quad |z| = |f^{-1}(f(z))| \leq |f(z)| \quad \text{für } z \in \mathbb{E},$$

d.h. stets $|f(z)| = |z|$. Also ist $|f(z) \cdot z^{-1}| = 1$ in $\mathbb{E} \setminus \{0\}$, d.h. $f(z)z^{-1} = a \in S^1$. □

Die explizite Angabe aller Automorphismen von $\mathbb{E}$ ist nun einfach. Wir stützen uns auf folgenden elementaren

Satz 9.2.2 (Hilfssatz). *Es sei J eine Untergruppe von* $\operatorname{Aut} D$ *mit folgenden Eigenschaften:*

i) J wirkt transitiv auf D.
ii) J enthält eine Isotropiegruppe $\operatorname{Aut}_c D$, $c \in D$.

Dann gilt $J = \operatorname{Aut} D$.

Beweis. Sei $h \in \operatorname{Aut} D$. Wegen i) gibt es ein $g \in J$ mit $g(h(c)) = c$. Wegen ii) folgt $f := g \circ h \in J$, also $h = g^{-1} \circ f \in J$. □

Satz 9.2.3.

$$\begin{aligned} \operatorname{Aut} \mathbb{E} &= \left\{ \frac{az + b}{\bar{b}z + \bar{a}} : a, b \in \mathbb{C}, |a|^2 - |b|^2 = 1 \right\} \\ &= \left\{ e^{i\varphi} \frac{z - w}{\overline{w}z - 1} : w \in \mathbb{E}, 0 \leq \varphi < 2\pi \right\}. \end{aligned}$$

Beweis. Die beiden Mengen rechts sind gleich und bilden eine Untergruppe J von $\operatorname{Aut} \mathbb{E}$, die transitiv auf $\mathbb{E}$ wirkt (vgl. 2.3.2-4.). Auf Grund des obigen Satzes gilt $\operatorname{Aut}_0 \mathbb{E} = \{e^{i\varphi} z : 0 \leq \varphi < 2\pi\} \subset J$, daher folgt $J = \operatorname{Aut} \mathbb{E}$ aus dem Hilfssatz. □

Nach 2.3.2 ist die Abbildung $\operatorname{Aut} \mathbb{E} \to \operatorname{Aut} \mathbb{H}$, $h \mapsto h_{C'} \circ h \circ h_C$, wo $h_{C'}$, h_C die Cayleyabbildungen bezeichnen, ein Gruppenhomomorphismus. Da

$$\begin{aligned} &\left\{ \frac{\alpha z + \beta}{\gamma z + \delta} : \begin{pmatrix} \alpha & \beta \\ \gamma & \delta \end{pmatrix} \in SL(2, \mathbb{R}) \right\} \\ &\qquad = \left\{ h_{C'} \circ \frac{az + b}{\bar{b}z + \bar{a}} \circ h_C : a, b \in \mathbb{C}, |a|^2 - |b|^2 = 1 \right\}. \end{aligned}$$

nach 2.3.2, so folgt als

Korollar 9.2.1.

$$\operatorname{Aut} \mathbb{H} = \left\{ \frac{\alpha z + \beta}{\gamma z + \delta} : \begin{pmatrix} \alpha & \beta \\ \gamma & \delta \end{pmatrix} \in SL(2, \mathbb{R}) \right\}.$$

9.2.3 Fixpunkte von Automorphismen

Da die Gleichung $\frac{az+b}{cz+d} = z$ höchstens zwei Lösungen hat (es sei denn, daß $b = c = 0$ und $a = d$), so haben Automorphismen $\neq$ id von $\mathbb{E}$ bzw. $\mathbb{H}$ höchstens zwei Fixpunkte in $\mathbb{C}$; dabei versteht man unter einem *Fixpunkt* einer Abbildung $f : D \to \mathbb{C}$ jeden Punkt $p \in D$ mit $f(p) = p$.

Satz 9.2.4. *Jeder Automorphismus h von $\mathbb{E}$ bzw. $\mathbb{H}$ mit zwei verschiedenen Fixpunkten in $\mathbb{E}$ bzw. $\mathbb{H}$ ist die Identität.*

Beweis. Wegen der Isomorphie der Gruppen Aut $\mathbb{E}$ und Aut $\mathbb{H}$ genügt es, den Satz für $\mathbb{E}$ zu zeigen. Da $\mathbb{E}$ homogen ist, dürfen wir annehmen, daß ein Fixpunkt der Nullpunkt ist. Dann gilt bereits $h(z) = az$, $a \in S^1$, nach Satz 9.2.1. Gibt es nun noch einen Punkt $\widehat{a} \in \mathbb{E}$, $\widehat{a} \neq 0$, mit $h(\widehat{a}) = a\widehat{a} = \widehat{a}$, so folgt $a = 1$, d.h. $h = \text{id}$. □

Wie in 2.2.1 bezeichne $h_A \in \text{Aut}\,\mathbb{H}$ den durch die Matrix $A = \begin{pmatrix} \alpha & \beta \\ \gamma & \delta \end{pmatrix} \in SL(2,\mathbb{R})$ gegebene Automorphismus $z \mapsto \frac{\alpha z+\beta}{\gamma z+\delta}$ von $\mathbb{H}$. Die Zahl $\text{Spur}\,A := \alpha + \delta$ heißt die *Spur* von A. Eine direkte Verifikation zeigt:

Satz 9.2.5. *Der Automorphismus* $h_A \in \text{Aut}\,\mathbb{H}$, $A \in SL(2,\mathbb{R}) \setminus \{\pm E\}$ *hat genau dann einen Fixpunkt in* $\mathbb{H}$, *wenn* $|\text{Spur}\,A| < 2$.

Alle Automorphismen $h_A : \mathbb{H} \xrightarrow{\sim} \mathbb{H}$, $h_A \neq \text{id}$, mit $|\text{Spur}\,A| \geq 2$ sind also *fixpunktfrei* in $\mathbb{H}$, darunter sind insbesondere alle *Translationen* $z \mapsto z + 2\tau$, $\tau \in \mathbb{R}\setminus\{0\}$. Diesen Transformationen entsprechen in $\mathbb{E}$ die dort fixpunktfreien Automorphismen

$$z \mapsto \frac{(1+i\tau)z - i\tau}{i\tau z + (1-i\tau)}, \quad \tau \neq 0 \quad \text{(Beweis!)}.$$

9.2.4 Historisches zum Schwarzschen Lemma

H.A. SCHWARZ, Lieblingsschüler von WEIERSTRASS, hat 1869 in der Arbeit *Zur Theorie der Abbildung* (Programm der eidgenössischen polytechnischen Hochschule in Zürich für das Schuljahr 1869-70; Math. Abhandl. II, 108–132) einen lange nicht beachteten Satz aufgestellt und bei einem Konvergenzargument im Beweis des Riemannschen Abbildungssatzes benutzt; SCHWARZ formuliert seine Aussage im wesentlichen wie folgt (vgl. 109–111):

Satz 9.2.6. *Es sei $f : \mathbb{E} \to G$ eine biholomorphe Abbildung des Einheitskreises $\mathbb{E}$ auf ein Gebiet G in $\mathbb{C}$ mit $f(0) = 0 \in G$. Es bezeichne ρ_1 den kleinsten und ρ_2 den größten Wert der Abstandsfunktion $|z|$, $|z| \in \partial G$, (vgl. Figur). Dann gilt:*

$$\rho_1|z| \leq |f(z)| \leq \rho_2|z| \quad \textit{für alle } z \in \mathbb{E}.$$

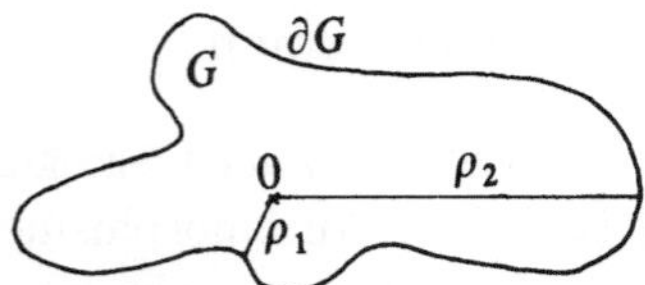

SCHWARZ beweist dies durch Betrachtung des Realteils der Funktion $\log[f(z)/z]$; einfacher gewinnt man seine Abschätzung nach oben bzw. unten durch Anwendung des Maximumprinzips auf $f(z)/z$ bzw. $z/f(z)$.

Im Jahre 1912 hat CARATHÉODORY in seiner Arbeit [Ca] die Wichtigkeit des von SCHWARZ benutzten Satzes für die Funktionentheorie herausgestellt und vorgeschlagen, eine besonders wichtige Variante des Satzes das Schwarzsche Lemma zu nennen (S. 110). Der im Abschnitt 9.2.1 geführte und heute allgemein übliche elegante Beweis mittels des Maximumprinzips findet sich in dieser Carathéodoryschen Arbeit, kommt aber schon 1907 bei CARATHÉODORY in seiner Note *Sur quelques applications du théorème de Landau-Picard*, C.R. Acad. Sci. 144, 1203–1206 (1907), Ges. Math. Schriften 3, 6–9, vor. Dort sagt CARATHÉODORY in einer Fußnote, daß er den Beweis Erhard SCHMIDT verdanke: „Je dois cette démonstration si élégante d'un théorème connu de M. *Schwarz* (Ges. Abh., t. 2, p. 108) à une communication orale de M.E. *Schmidt.* "

9.2.5 Lemma von Schwarz-Pick

Der österreichische Mathematiker Georg PICK (geb. 1859 in Wien, 1892 o. Prof. an der deutschen Universität in Prag, gest. 1942 im Ghetto Theresienstadt) hat 1915 bemerkt, daß im Schwarzschen Lemma die Auszeichnung des Nullpunktes überflüssig wird, wenn man die Funktion

$$\Delta(w,z) := \frac{|z-w|}{|\overline{w}z-1|}, \quad w, z \in \mathbb{E},$$

einführt. Dann gilt, vgl. PICK, G.: *Über eine Eigenschaft der konformen Abbildung kreisförmiger Bereiche*, Math. Ann. 77, 1–6 (1915):

Lemma 9.2.2 (Lemma von Schwarz-Pick). *Für jede holomorphe Abbildung $f : \mathbb{E} \to \mathbb{E}$ gilt:*

$$\Delta(f(w), f(z)) \leq \Delta(w,z) \quad \text{für alle } w, z \in \mathbb{E}. \tag{9.4}$$

Falls $\Delta(f(a), f(b)) = \Delta(a,b)$ für zwei Punkte $a, b \in \mathbb{E}$, $a \neq b$, so gilt bereits $f \in \operatorname{Aut}\mathbb{E}$, und (9.4) ist für alle w, z eine Gleichung.

Beweis. Jede Abbildung $g_w : \mathbb{E} \to \mathbb{E}$, $z \mapsto (z-w)/(\overline{w}z-1)$, $w \in \mathbb{E}$, ist ein Automorphismus von $\mathbb{E}$, es gilt $g_w \circ g_w = \mathrm{id}$, vgl. 2.3.3. Wir betrachten die holomorphe Abbildung $h_w := g_{f(w)} \circ f \circ g_w$ von $\mathbb{E}$ in sich. Da $h_w(0) = 0$, so folgt $|h_w(z)| \le |z|$ für alle $w, z \in \mathbb{E}$ nach SCHWARZ. Da $g_{f(w)} \circ f = h_w \circ g_w$, so folgt weiter:

$$\Delta(f(w), f(z)) = |g_{f(w)}(f(z))| = |h_w(g_w(z))| \le |g_w(z)| = \Delta(w, z).$$

Ist dies für $a \neq b$ eine Gleichung, so gilt $|h_a(g_a(b))| = |g_a(b)|$. Da $g_a(b) \neq 0$, so ist h_a nach SCHWARZ eine Drehung um 0. Es folgt $f = g_{f(a)} \circ h_a \circ g_a \in \operatorname{Aut} \mathbb{E}$ sowie, daß (9.4) stets eine Gleichung ist. □

Setzt man

$$\delta(w, z) := \left| \frac{z - w}{z - \overline{w}} \right|, \quad w, z \in \mathbb{H},$$

so gilt das Lemma von SCHWARZ-PICK wörtlich auch für holomorphe Abbildungen $f : \mathbb{H} \to \mathbb{H}$ mit δ anstelle von Δ. Das folgt sofort mit Hilfe der CAYLEY-Abbildung: man beachte

$$\delta(w, z) = \Delta(h_C(w), h_C(z)) \quad \text{für } w, z \in \mathbb{H} \text{ mit } h_C : \mathbb{H} \to \mathbb{E}, z \mapsto \frac{z - \mathrm{i}}{z + \mathrm{i}},$$

und wende das für $\mathbb{E}$ bewiesene Lemma auf $g := h_C \circ f \circ h_C^{-1}$ an.

9.2.6 Satz von Study

Eine schöne Anwendung des Schwarzschen Lemmas, die wenig bekannt ist, führt zum

Satz 9.2.7 (Satz von Study). *Es sei $f : \mathbb{E} \to G$ biholomorph und $G : r := f(B_r(0))$ das f-Bild des Kreises $B_r(0)$, $0 < r < 1$. Dann gilt:*

i) Ist G konvex, so ist jedes Gebiet G_r konvex, $0 < r < 1$.
ii) Ist G ein Sterngebiet mit Zentrum $f(0)$, so ist jedes Gebiet G_r ein Sterngebiet mit Zentrum $f(0)$.

Beweis. Wir nehmen $f(0) = 0$ an (sonst ersetze man $f(z)$ durch $f(z) - f(0)$).

a) Seien $p, q \in G_r$, $p \neq q$. Es ist zu zeigen, daß jeder Punkt der Strecke von p nach q zu G_r gehört. Dazu sei $t \in [0, 1]$ fest gewählt und $v := (1 - t)p + tq$. Seien $a, b \in B_r(0)$ die f-Urbilder von p, q. Wir dürfen annehmen, daß $|a| \le |b|$ und $b \neq 0$. Dann gilt $zab^{-1} \in \mathbb{E}$ für alle $z \in \mathbb{E}$; daher ist die Funktion

$$g(z) := (1 - t)f(zab^{-1}) + tf(z), \quad z \in \mathbb{E},$$

wohldefiniert. Da G konvex ist, gilt $g(\mathbb{E}) \subset G$, so daß wir die holomorphe Abbildung

$$h : \mathbb{E} \to \mathbb{E}, \quad h(z) := f^{-1}(g(z)),$$

betrachten können. Wegen $f(0) = 0$ gilt $g(0) = 0$ und also $h(0) = 0$. Nach dem Schwarzschen Lemma folgt $|h(z)| \le |z|$ für alle $z \in \mathbb{E}$, speziell also

$$|f^{-1}(g(b))| \le |b|.$$

Da $g(b) = (1 - t)f(a) + tf(b) = v$ und $|b| < r$, so folgt $f^{-1}(v) \in B_r(0)$, d.h. $v \in G_r$.

b) Man schließt wie in a) mit $p = f(0)$. □

Historische Notiz. Der eben bewiesene Satz von Eduard STUDY (deutscher Mathematiker, 1862–1930; Professor in Marburg, Greifswald, ab 1903 in Bonn; wichtige Arbeiten zur koordinatenfreien und projektiven Geometrie, ferner Beiträge zur Algebra und zur Philosophie) ist ein Spezialfall eines allgemeinen Studyschen Satzes über die Konvexität von Bildmengen unter biholomorphen Abbildungen, vgl. E. STUDY: *Konforme Abbildungen einfach zusammenhängender Bereiche, Vorlesungen über ausgewählte Gegenstände der Geometrie*; 2. Heft, herausgeg. unter Mitwirkung von M. BLASCHKE, Teubner, Berlin und Leipzig 1913, S. 110ff.; siehe hierzu auch PÓLYA G. und G. SZEGÖ, Bd. 1., Aufg. III, 317 und 318 sowie Bd. 2, Aufg. IV, 163.

Den oben wiedergegebenen „sehr elementaren Beweis dieses schönen Satzes“ hat T. RADÓ 1929 mitgeteilt: *Bemerkung über die konformen Abbildungen konvexer Gebiete*, Math. Ann. 102, 428–429.

9.2.7 Schwarzsches Lemma und Abschätzung der ersten Ableitung

Die Homogenität von $\mathbb{E}$ ermöglicht es auch, aus der Ungleichung $|f'(0)| \leq 1$ des Schwarzschen Lemmas eine Abschätzung von $|f'(z)|$ *für alle* $z \in \mathbb{E}$ zu gewinnen, wobei man sogar noch auf die Annahme $f(0) = 0$ verzichten kann. Man benutzt wieder die Involutionen $g_w(z) = (z - w)/(\overline{w}z - 1)$ von $\mathbb{E}$. Für sie gilt $g'_w(z) = (|w|^2 - 1)/(\overline{w}z - 1)^2$.

Satz 9.2.8. *Für jede holomorphe Abbildung $f : \mathbb{E} \to \mathbb{E}$ gilt:*

$$|f'(z)| \leq \frac{1 - |f(z)|^2}{1 - |z|^2} \quad \text{für alle } z \in \mathbb{E}. \tag{9.5}$$

Besteht Gleichheit für ein $c \in \mathbb{E}$, so gilt $f \in \operatorname{Aut}\mathbb{E}$, und (9.5) ist stets eine Gleichung.

Beweis. Sei $a \in \mathbb{E}$ und $b := f(a)$. Für $f_a := g_b \circ f \circ g_a : \mathbb{E} \to \mathbb{E}$ ist $f_a(0) = 0$, also $|f'_a(0)| \leq 1$. Da $f'_a(0) = g'_b(b) \cdot f'(a) \cdot g'_a(0) = (|b|^2 - 1)^{-1} \cdot f'(a) \cdot (|a|^2 - 1)$ ist (Kettenregel), so folgt (9.5). – Besteht Gleichheit für $c \in \mathbb{E}$, so ist f_c nach dem Schwarzschen Lemma eine Drehung um 0, und es gilt $|f'_c(z)| = 1$ für alle $z \in \mathbb{E}$. Hieraus folgt die zweite Behauptung. □

Korollar 9.2.2. *Sei B die Scheibe vom Radius $r > 0$ um $c \in \mathbb{C}$. Sei f holomorph in B und sei M eine Schranke von $|f|$ auf B. Dann gilt*

$$|f'(z)| \leq \frac{r}{r^2 - |z - c|^2} M \quad \text{für alle } z \in B. \tag{9.6}$$

Beweis. Für $h(w) := f(rw + c)/M$ gilt $h(\mathbb{E}) \subset \mathbb{E}$. Da $h'(w) = rf'(rw + c)/M$ ist, so folgt $|f'(rw + c)| \leq M/[r(1 - |w|^2)]$. Mit $z := rw + c \in B$ ist dies (9.6). □

Die Abschätzung (9.6) enthält die Abschätzung von f' im Korollar 8.3.1 (Seite 216). Denn für jedes $d \in (0, r)$ und alle $z \in B_{r-d}(c)$ ist $r^2 - |z - c|^2 \geq (r - |z - c|)^2 \geq d^2$. – Man hat so einen neuen Zugang zur Cauchyschen Abschätzung der ersten Ableitung auf kompakten Mengen (siehe Seite 216).

Aufgaben

1. Beweisen Sie folgende Verschärfung des Schwarzschen Lemmas: Ist $f : \mathbb{E} \to \mathbb{E}$ holomorph mit $o_0(f) = n \in \mathbb{N}$, $n \geq 1$, so gilt:

$$|f(z)| \leq |z|^n \quad \text{für alle } z \in \mathbb{E}, \quad |f^{(n)}(0)| \leq n!.$$

Gibt es einen Punkt $c \in \mathbb{E} \setminus \{0\}$ mit $|f(c)| = |c|^n$, oder gilt $|f^{(n)}| = n!$, so ist $f(z) = az^n$, $a \in S^1$.

2. a) Beweisen Sie die Aussagen des Satzes 9.2.8 für holomorphe Abbildungen $f : \mathbb{H} \to \mathbb{H}$, wobei (9.5) durch die folgende Ungleichung zu ersetzen ist:

$$\frac{|f'(z)|}{\operatorname{Im} f(z)} \leq \frac{1}{\operatorname{Im} z}.$$

b) Jede holomorphe Abbildung $f : \mathbb{E} \to \mathbb{E}$ mit $|f'(0)| = 1$ ist eine Drehung um 0.

3. Für jede Untergruppe G von $\operatorname{Aut}\mathbb{E}$ mit $\operatorname{Aut}_0\mathbb{E} \subset G$ gilt $G = \operatorname{Aut}_0\mathbb{E}$ oder $G = \operatorname{Aut}\mathbb{E}$.
Hinweis: Sei $h_{w,\Psi}$ der Automorphismus $z \mapsto e^{i\Psi}\frac{z-w}{\overline{w}z-1}$ von $\mathbb{E}$. Mit $h_{w,\Psi} \in G$ gilt auch $h_{a,\alpha} \in G$ für alle $\alpha \in \mathbb{R}$ und alle $a \in \mathbb{C}$ mit $|a| = |w|$. Betrachten Sie nun $h_{|w|,0} \circ h_{|w|,\alpha} \in G$ für beliebiges $\alpha \in \mathbb{R}$.

4. Ist $f : \mathbb{E} \to \mathbb{H}$ holomorph mit $f(0) = \mathrm{i}$, so gilt

$$\frac{1-|z|}{1+|z|} \leq |f(z)| \leq \frac{1+|z|}{1-|z|} \quad \text{für alle } z \in \mathbb{E} \quad \text{und} \quad |f'(0)| \leq 2.$$

5. Ist $f : \mathbb{E} \to \mathbb{E}$ holomorph mit $f(0) = 0$ und ist $\zeta := e^{2\pi i/n}$, $n \in \mathbb{N}$, $n \geq 2$, so gilt

$$|f(\zeta z) + f(\zeta^2 z) + \cdots + f(\zeta^n z)| \leq n|z|^n, \quad z \in \mathbb{E}. \tag{9.7}$$

Gibt es einen Punkt $c \in \mathbb{E} \setminus \{0\}$, so daß in (9.7) die Gleichheit gilt, so ist $f(z) = az^n$ mit $a \in S^1$.
Hinweis: Betrachten Sie $h(z) := \frac{f(\zeta z)+\cdots+f(\zeta^n z)}{nz^{n-1}}$ und verwenden Sie Aufgabe 4. aus 8.5.

9.3 Holomorphe Logarithmen und holomorphe Wurzeln

In 5.4.1 wurden holomorphe Logarithmusfunktionen $l(z)$ durch die Forderung $\exp(l(z)) = z$ eingeführt; in 7.1.2 sahen wir, daß in der geschlitzten Ebene $\mathbb{C}^-$ der Hauptzweig $\log z$ des Logarithmus die Integraldarstellung $\int_{[1,z]} \frac{d\zeta}{\zeta}$ besitzt. Ist f irgendeine im Bereich D holomorphe Funktion, so nennen wir jede in D holomorphe Funktion g, die der Gleichung

$$\exp(g(z)) = f(z)$$

genügt, einen *(holomorphen) Logarithmus zu f in D*. Besitzt f in D einen Logarithmus, so ist f *nullstellenfrei* in D. Weiter folgt sofort:

Satz 9.3.1. *Ist g ein Logarithmus zu f in D, so ist $\widehat{g} \in \mathcal{O}(D)$ genau dann ein Logarithmus zu f, wenn $\widehat{g} - g$ eine lokal konstante Abbildung von D in $2\pi\mathrm{i}\mathbb{Z}$ ist.*

Wir beweisen im folgenden mittels Integralrechnung Existenzaussagen für holomorphe Logarithmen. Um bequem formulieren zu können, arbeiten wir im Abschnitt 2 mit *homologisch einfach zusammenhängenden* Bereichen.

Aus der Existenz holomorpher Logarithmen folgt sofort die Existenz holomorpher Wurzeln, vgl. Abschnitt 3; eine Umkehrung dieses Wurzelsatzes findet man im Abschnitt 5. Im Abschnitt 4 wird u.a. die Ganzzahligkeit aller Integrale $\frac{1}{2\pi\mathrm{i}}\int_\gamma \frac{f'(\zeta)}{f(\zeta)}\mathrm{d}\zeta$ für geschlossene Wege γ hergeleitet.

9.3.1 Logarithmische Ableitung. Existenzlemma

Ist g ein Logarithmus zu f in D, so gilt $f = \mathrm{e}^g$ und also:

$$g' = f'/f. \tag{9.8}$$

Mann nennt allgemein für jede in D nullstellenfreie holomorphe Funktion f den Quotienten f'/f die *logarithmische Ableitung von f* (die Bezeichnung wird durch die gefährliche Schreibweise $g = \log f$ suggeriert, die man im Fall der Existenz eines Logarithmus gern benutzt). Die Produktregel $(f\widehat{f})' = f'\widehat{f} + f\widehat{f}'$ liefert für logarithmische Ableitungen

Satz 9.3.2 (Summenformel).

$$(f\widehat{f})'/f\widehat{f} = f'/f + \widehat{f}'/\widehat{f}.$$

Jeder Logarithmus zu f ist wegen (9.8) eine Stammfunktion von f'/f; daher existieren höchstens dann Logarithmen zu f, wenn die logarithmische Ableitung von f integrabel ist. Wir beweisen die Umkehrung.

Lemma 9.3.1 (Existenzlemma). *Es sei f holomorph und nullstellenfrei im Gebiet G, und es sei die logarithmische Ableitung f'/f integrabel in G. Es sei $c \in G$ fixiert und γ_z irgendein Weg in G von c nach $z \in G$. Dann ist jede Funktion*

$$g(z) := \int_{\gamma_z} \frac{f'(\zeta)}{f(\zeta)}\mathrm{d}\zeta + b \quad \mathit{mit} \quad \mathrm{e}^b = f(c) \tag{9.9}$$

ein holomorpher Logarithmus zu f in G.

Beweis. Da $fg' = f'$, so verschwindet die Ableitung von $f\mathrm{e}^{-g}$ identisch in G. Es gilt also $f = a\mathrm{e}^g$ mit einer Konstanten a. Wegen $\mathrm{e}^{g(c)} = f(c) \neq 0$ folgt $a = 1$. □

Die Gleichung (9.9) führt sofort zur Gleichung

$$f(z) = f(c) \exp \int_{\gamma_z} \frac{f'(\zeta)}{f(\zeta)} \mathrm{d}\zeta; \tag{9.10}$$

ersichtlich verallgemeinern (9.9) und (9.10) die Gleichungen

$$\log z = \int_{[1,z]} \frac{\mathrm{d}\zeta}{\zeta} \quad \text{und} \quad z = \exp(\log z) \quad (\text{man setze } f(z) := z).$$

9.3.2 Homologisch einfach zusammenhängende Bereiche. Existenz holomorpher Logarithmusfunktionen

Ein Bereich D in $\mathbb{C}$, in dem *alle* holomorphen Funktionen $g \in \mathcal{O}(D)$ integrabel sind, heißt *homologisch einfach zusammenhängend* [2], nach dem Integrabilitätskriterium (Satz 6.4.5) trifft dies für D genau dann zu, wenn gilt:

$$\int_\gamma g \mathrm{d}\zeta = 0 \quad \textit{für alle } g \in \mathcal{O}(D) \textit{ und alle geschlossenen Wege } \gamma \textit{ in } D.$$

Alle Sterngebiete in $\mathbb{C}$ hängen auf Grund des Cauchyschen Integralsatzes 7.1.2 homologisch einfach zusammen, es gibt aber viele andere Beispiele.

Als wichtige unmittelbare Folgerung aus dem Existenzlemma 9.3.1 erhalten wir

Satz 9.3.3 (Existenzsatz für holomorphe Logarithmen). *Ist D homologisch einfach zusammenhängend, so besitzt jede in D holomorphe und dort nullstellenfreie Funktion einen holomorphen Logarithmus.*

In homologisch einfach zusammenhängenden Bereichen D, insbesondere in Sterngebieten, also z.B. in $\mathbb{C}$ und in der geschlitzten Ebene $\mathbb{C}^-$, ist somit jede nullstellenfreie holomorphe Funktion stets in der Form e^g mit $g \in \mathcal{O}(D)$ darstellbar.

9.3.3 Holomorphe Wurzelfunktionen

Es sei $n \geq 1$ eine natürliche Zahl. Eine Funktion $q \in \mathcal{O}(D)$ heißt eine *(holomorphe) n-te Wurzel aus $f \in \mathcal{O}(D)$*, wenn gilt $q^n = f$.

[2] Dieser Begriff, der eine *funktionentheoretische* Eigenschaft von Bereichen beschreibt, ist für viele Überlegungen nützlich und bequem. Es handelt sich allerdings um einen eigentlich überflüssigen Begriff: Wenn man genügend viel Topologie der Ebene benutzt, so weiß man nämlich, daß die homologisch einfach zusammenhängenden Bereiche in $\mathbb{C}$ genau die *topologisch* einfach zusammenhängenden Bereiche, d.h. „die Bereiche ohne Löcher", sind. Diese Äquivalenz einer funktionentheoretischen und einer topologischen Bedingung ist indessen für das Folgende unerheblich; wir gehen darauf im zweiten Band näher ein.

Satz 9.3.4. *Ist q eine n-te Wurzel aus $f \neq 0$ und ist D ein Gebiet, so sind $q, \zeta q, \zeta^2 q, \dots, \zeta^{n-1} q$ mit $\zeta := \exp(2\pi \mathrm{i}/n)$ alle n-ten Wurzeln aus f.*

Beweis. Wegen $f \neq 0$ gibt es eine Kreisscheibe $B \subset D$, so daß $1/q$ in B holomorph ist. Ist nun $\widetilde{q} \in \mathcal{O}(D)$ irgendeine n-te Wurzel aus f, so gilt $(\widetilde{q}/q)^n = 1$ in B. In B nimmt $\widetilde{q}/q$ also nur die Werte $1, \zeta, \dots, \zeta^{n-1}$ an, es folgt $\widetilde{q} = \zeta^k q$ in B mit $0 \leq k < n$. Auf Grund des Identitätssatzes folgt $\widetilde{q} = \zeta^k q$ in ganz D. □

Satz 9.3.5 (Wurzelsatz). *Ist $g \in \mathcal{O}(D)$ ein Logarithmus zu f in D, so ist $q := \exp(\frac{1}{n} g)$ eine n-te Wurzel aus f, $n = 1, 2, 3, \dots$.*

Beweis. Nach dem Additionstheorem der Exponentialfunktion gilt:

$$q^n = [\exp(\tfrac{1}{n} g)]^n = \exp g = f.$$

□

Aus dem Existenzsatz 9.3.3 folgt jetzt sofort:

Satz 9.3.6 (Existenzsatz für holomorphe Wurzeln). *Ist D homologisch einfach zusammenhängend und $f \in \mathcal{O}(D)$ nullstellenfrei in D, so existiert für jedes $n \geq 1$ eine n-te Wurzel aus f.*

9.3.4 Die Gleichung $f(z) = f(c) \exp \int_\gamma \frac{f'(\zeta)}{f(\zeta)} \mathrm{d}\zeta$

In homologisch einfach zusammenhängenden Bereichen ist $\int_\gamma \frac{f'(\zeta)}{f(\zeta)} \mathrm{d}\zeta$ wegunabhängig. Im Allgemeinfall ist dies Integral zwar selbst nicht mehr wegunabhängig, wohl aber sein Exponential.

Satz 9.3.7. *Es sei D irgendein Bereich, und es sei f holomorph und nullstellenfrei in D. Dann gilt für jeden Weg γ in D mit Anfangspunkt c und Endpunkt z die Gleichung*

$$f(z) = f(c) \exp \int_\gamma \frac{f'(\zeta)}{f(\zeta)} \mathrm{d}\zeta.$$

Beweis. Es sei $\gamma : [a, b] \to D$. Wir wählen endlich viele Punkte $a =: t_0 < t_1 < \cdots < t_b := b$ und Kreisscheiben $U_1, \dots, U_n$ in D, so daß der Weg $\gamma_\nu := \gamma | [t_{\nu-1}, t_\nu]$ ganz in U_ν verläuft. Dann gilt (vgl. (9.10)):

$$\exp \int_{\gamma_\nu} \frac{f'(\zeta)}{f(\zeta)} \mathrm{d}\zeta = \frac{f(\gamma(t_\nu))}{f(\gamma(t_{\nu-1}))}, \quad 1 \leq \nu \leq n.$$

Da $\gamma = \gamma_1 + \gamma_2 + \cdots + \gamma_n$, so folgt (Additionstheorem)

$$\exp \int_\gamma \frac{f'(\zeta)}{f(\zeta)} \mathrm{d}\zeta = \prod_{\nu=1}^{n} \exp \int_{\gamma_\nu} \frac{f'(\zeta)}{f(\zeta)} \mathrm{d}\zeta = \frac{f(\gamma(b))}{f(\gamma(a))} = \frac{f(z)}{f(c)}.$$

□

Korollar 9.3.1. *Es sei f holomorph und nullstellenfrei im Bereich D, es sei γ irgendein geschlossener Weg in D. Dann gilt*

$$\int_\gamma \frac{f'(\zeta)}{f(\zeta)} \mathrm{d}\zeta \in 2\pi\mathrm{i}\mathbb{Z}.$$

Beweis. Auf Grund des Satzes gilt $\exp \int_\gamma \frac{f'(\zeta)}{f(\zeta)} \mathrm{d}\zeta = 1$; hieraus folgt wegen Kern(exp) $= 2\pi\mathrm{i}\mathbb{Z}$ die Behauptung. □

Das Korollar wird in 9.5.1 benutzt, um die Ganzzahligkeit der Indexfunktion herzuleiten; mit dem Integral $\int_\gamma \frac{f'(\zeta)}{f(\zeta)} \mathrm{d}\zeta$ wird in 9.5.1 die Anzahl der Null- und Polstellen von f gezählt.

9.3.5 Die Kraft der Quadratwurzel

Mit Hilfe des Korollars 9.3.1 läßt sich der Wurzelsatz 9.3.5 umkehren:

Satz 9.3.8. *Es sei $M \subset \mathbb{N}$ eine unendliche Menge und $f \in \mathcal{O}(D)$ eine Funktion, die nirgends lokal identisch verschwindet. Hat dann f für jedes $m \in M$ eine holomorphe m-te Wurzel in D, so hat f einen holomorphen Logarithmus in D.*

Beweis. Zunächst ist f nullstellenfrei in D: Ist nämlich $q_m \in \mathcal{O}(D)$ eine m-te Wurzel zu f, so gilt $o_z(f) = m o_z(q_m)$, $z \in D$. Hieraus folgt $o_z(f) = 0$ für alle $z \in D$, da sonst die rechte Seite beliebig groß wird, f aber nach Voraussetzung keine Nullstelle der Ordnung ∞ besitzt.

Nach dem Existenzlemma 9.3.1 genügt es zu zeigen, daß f'/f integrabel in D ist, d.h. daß für jeden geschlossenen Weg γ in D gilt (vgl. Integrabilitätskriterium 6.3.2): $\int_\gamma (f'/f)\mathrm{d}\zeta = 0$. Aus $q_m^m = f$ folgt $m q_m^{m-1} q_m' = f'$, also

$$\int_\gamma \frac{f'(\zeta)}{f(\zeta)} \mathrm{d}\zeta = m \int_\gamma \frac{q_m'(\zeta)}{q_m(\zeta)} \mathrm{d}\zeta, \quad m \in M.$$

Nach Korollar 9.3.1 haben beide Integrale Werte in $2\pi\mathrm{i}\mathbb{Z}$. Die rechte Seite muß irgendwann verschwinden, da ihr Absolutbetrag sonst $\geq 2m\pi$, also beliebig groß würde. Mithin gilt $\int_\gamma (f'/f)\mathrm{d}\zeta = 0$. □

Es folgt nun sofort:

Satz 9.3.9. *Jede im Bereich D nullstellenfreie holomorphe Funktion habe eine holomorphe Quadratwurzel in D. Dann hat jede nullstellenfreie Funktion aus $\mathcal{O}(D)$ auch einen holomorphen Logarithmus und eine holomorphe n-te Wurzel in D, $n \in \mathbb{N}$.*

Beweis. Man wähle $M := \{2^n, n \in \mathbb{N}\}$ in Satz 9.3.8. □

Bemerkung. Die Kraft des (iterierten) Quadratwurzelziehens hat A. Hurwitz 1911 eindrucksvoll durch seine Einführung der reellen Logarithmusfunktion demonstriert, vgl. *Über die Einführung der elementaren Funktionen in der algebraischen Analysis*, Math. Ann. 70, 33–47, Math. Werke 1, 706–721.

Aufgaben

1. Bestimmen Sie alle Paare $f_1, f_2 \in \mathcal{O}(\mathbb{C})$ mit $f_1^2 + f_2^2 = 1$.
2. Im Kreisring $\{z \in \mathbb{C} : 1 < |z| < 2\}$ besitzt $f(z) := z$ keine Quadratwurzel.
3. Es seien $D \subset \mathbb{C}$ eine offene Umgebung des Nullpunktes und $f \in \mathcal{O}(D)$ mit $f(0) = 0$. Dann gibt es eine offene Umgebung $U \subset D$ der Null, so daß zu jedem $m \in \mathbb{N} \setminus \{0\}$ ein $g \in \mathcal{O}(U)$ existiert mit $g(z)^m = f(z^m)$ für alle $z \in U$.
4. Hängt $D_1 \cap D_2$ zusammen, so ist mit D_1 und D_2 auch $D_1 \cup D_2$ homologisch einfach zusammenhängend.
5. Sei $a \in D$ und $f \in \mathcal{O}(D)$ mit $o_a(f) \in \mathbb{N}$. Genau dann ist $o_a(f)$ gerade, wenn es eine offene Umgebung $U \subset D$ von a und eine holomorphe Quadratwurzel zu $f|U$ gibt.

9.4 Biholomorphe Abbildungen. Lokale Normalform

Die reelle Funktion $\mathbb{R} \to \mathbb{R}$, $x \mapsto x^3$ ist stetig umkehrbar und beliebig oft differenzierbar, indessen ist die Umkehrfunktion $\mathbb{R} \to \mathbb{R}$, $y \mapsto \sqrt[3]{y}$ im Nullpunkt nicht differenzierbar. Dieses Phänomen kann im Komplexen nicht auftreten; holomorphe Injektionen sind von selbst biholomorph (Abschnitt 1). Wie im Reellen sind Funktionen f mit $f'(c) \neq 0$ in einer Umgebung von c injektiv. Wir geben hierfür zwei Beweise (Abschnitt 2): einen mittels Integralrechnung (der auch im Reellen gilt) und einen mittels Potenzreihen. Insgesamt folgt, daß holomorphe Abbildungen f um jeden Punkt c mit $f'(c) \neq 0$ lokal-biholomorph sind. Hieraus ergibt sich weiter, daß nicht konstante holomorphe Funktionen f im Kleinen eine eindeutige Normalform

$$f(z) = f(c) + h(z)^n \quad \text{mit } h'(c) \neq 0$$

haben (Abschnitt 3). Dies bedeutet abbildungstheoretisch, daß f um c eine Überlagerungsabbildung ist, die höchstens in c verzweigt ist (Abschnitt 4).

9.4.1 Biholomorphiekriterium

Satz 9.4.1. *Es sei $f : D \to \mathbb{C}$ eine holomorphe Injektion. Dann ist $D' := f(D)$ ein Bereich in $\mathbb{C}$, und es gilt $f'(z) \neq 0$ für alle $z \in D$.*

Die Abbildung $f : D \to D'$ ist biholomorph; für die Umkehrabbildung f^{-1} gilt:

$$(f^{-1})'(w) = 1/f'(f^{-1}(w)) \quad \textit{für alle } w \in D.$$

Beweis. a) Da f nirgends lokal-konstant ist, so ist f nach dem Offenheitssatz offen, daher ist D' ein Bereich. Die Umkehrabbildung $f^{-1} : D' \to D$ ist *stetig*, denn für jede in D offene Menge U ist das f^{-1}-Urbild $(f^{-1})^{-1}(U) = f(U)$ offen in D'.

Die Ableitung f' ist wegen der Injektivität lokal nirgends identisch null in D, nach dem Identitätssatz ist daher die Nullstellenmenge $N(f')$ diskret und abgeschlossen in D. Wegen der Offenheit von f ist dann $M := f(N(f'))$ *diskret und abgeschlossen in* D'.

b) Sei $d \in D' \setminus M$ und sei $c := f^{-1}(d)$. Es gilt $f(z) = f(c) + (z-c)f_1(z)$, wobei $f_1 : D \to \mathbb{C}$ in c stetig ist mit $f_1(c) = f'(c) \neq 0$. Setzt man $z := f^{-1}(w)$, $w \in D'$, so folgt $w = d + (f^{-1}(w) - c)f_1(f^{-1}(w))$. Die Funktion $q := f_1 \circ f^{-1}$ ist stetig in d mit $q(d) = f'(c) \neq 0$, daher folgt

$$f^{-1}(w) = f^{-1}(d) + (w-d)/q(w) \quad \text{für alle } w \in D' \text{ nahe bei } d.$$

Hieraus entnehmen wir, daß f^{-1} in d komplex differenzierbar ist, und daß

$$(f^{-1})'(d) = 1/f'(c) = 1/f'(f^{-1}(d)) \quad \text{für alle } d \in D' \setminus M.$$

c) Nach dem eben Gezeigten ist f^{-1} in $D' \setminus M$ holomorph. Da f^{-1} stetig in D' ist, folgt $f^{-1} \in \mathcal{O}(D')$ auf Grund des Riemannschen Fortsetzungssatzes 7.3.3. Die in $D' \setminus M$ bestehende Gleichung $(f^{-1})'(w) \cdot f'(f^{-1}(w)) = 1$ gilt nun aus Stetigkeitsgründen in ganz D', speziell folgt $f'(z) \neq 0$ für alle $z \in D$. □

Im eben geführten Beweis wurden der Offenheitssatz, der Identitätssatz und der Riemannsche Fortsetzungssatz benutzt; in diesem Sinne ist der Beweis „anspruchsvoll". Teil b) des Beweises ist völlig elementar (Variante der Kettenregel).

9.4.2 Lokale Injektivität und lokal-biholomorphe Abbildungen

Um das Biholomorphiekriterium anwenden zu können, benötigt man Bedingungen für die Injektivität holomorpher Abbildungen. Wie im Reellen gilt

Lemma 9.4.1 (Injektivitätslemma). *Es sei $f : D \to \mathbb{C}$ holomorph, es sei $c \in D$ ein Punkt mit $f'(c) \neq 0$. Dann gibt es eine Umgebung $U \subset D$ von c, so daß die Einschränkung $f|U : U \to \mathbb{C}$ injektiv ist.*

1. Beweis. Wir benutzen, daß Differentialquotienten durch Differenzenquotienten gleichmäßig approximierbar sind, genauer:

Lemma 9.4.2 (Approximationslemma). *Ist $B \subset D$ eine Kreisscheibe um c, und ist f holomorph in D, so gilt*

$$\left| \frac{f(w) - f(z)}{w - z} - f'(c) \right| \leq |f' - f'(c)|_B \quad \textit{für alle } w, z \in B, w \neq z. \tag{9.11}$$

Zum Beweis bemerke man, daß $f(\zeta) - f'(c)\zeta$ eine Stammfunktion von $f'(\zeta) - f'(c)$ in D ist; daher gilt

$$f(w) - f(z) - f'(c)(w-z) = \int_z^w (f'(\zeta) - f'(c))\mathrm{d}\zeta \quad \text{für alle } w, z \in B,$$

wobei längs der Strecke $[z,w] \subset B$ integriert wird; die Standardabschätzung für Integrale liefert $\left|\int_z^w (f'(\zeta) - f'(c))\mathrm{d}\zeta\right| \leq |f' - f'(c)|_B|w - z|$ und also (9.11). $\square$

Der Beweis des Injektivitätslemmas ist nun trivial: Ist nämlich $f'(c) \neq 0$, so läßt sich aus Stetigkeitsgründen $r > 0$ so klein wählen, daß

$$|f' - f'(c)|_B < |f'(c)| \quad \text{für } B := B_r(c).$$

Für alle $w, z \in B$, $w \neq z$, gilt dann $f(w) \neq f(z)$, denn sonst ergäbe sich auf Grund von (9.11) der Widerspruch $|f'(c)| < |f'(c)|$. Mithin ist $f|B : B \to \mathbb{C}$ injektiv. $\square$

2. Beweis. Wir benutzen folgendes

Lemma 9.4.3 (Injektivitätslemma für Potenzreihen). *Es sei* $f(z) = \sum a_\nu (z-c)^\nu$ *konvergent in* $B := B_r(c)$, $r > 0$; *es gelte* $|a_1| > \sum_{\nu\geq 2} \nu|a_\nu|r^{\nu-1}$. *Dann ist* $f : B \to \mathbb{C}$ *injektiv.*

Das verifiziert man durch Nachrechnen: Für $w, z \in B$ mit $f(w) = f(z)$ gilt, wenn man $p := w - c$, $q := z - c$ setzt: $0 = \sum a_\nu(p^\nu - q^\nu)$. Da

$$p^\nu - q^\nu = (w - z)(p^{\nu-1} + p^{\nu-2}q + \cdots + q^{\nu-1}),$$

so folgt $-a_1 = \sum_{\nu\geq 2} a_\nu(p^{\nu-1} + \cdots + q^{\nu-1})$, falls $w \neq z$. Da $|p| < r$ und $|q| < r$, so folgt der Widerspruch $|a_1| \leq \sum_{\nu\geq 2} |a_\nu|\nu r^{\nu-1}$. $\square$

Der Beweis des Injektivitätslemmas ist nun wiederum trivial: man betrachtet die Taylorreihe $\sum a_\nu(z - c)^\nu$ von f um c. Da $a_1 = f'(c) \neq 0$ und da $\sum_{\nu\geq 2} \nu|a_\nu|t^{\nu-1}$ um $t = 0$ stetig ist, so gibt es ein $r > 0$ mit $\sum_{\nu\geq 2} \nu|a_\nu|r^{\nu-1} < |a_1|$, mithin ist $f|B_r(c)$ injektiv. $\square$

Eine holomorphe Abbildung $f : D \to \mathbb{C}$ heißt *lokal-biholomorph um* $c \in D$, wenn es eine offene Umgebung $U \subset D$ von c gibt, so daß die Einschränkung $f|U : U \to f(U)$ biholomorph ist. Aus dem Biholomorphiekriterium und dem Injektivitätslemma folgt unmittelbar

Satz 9.4.2 (Lokales Biholomorphiekriterium). *Eine holomorphe Abbildung* $f : D \to \mathbb{C}$ *ist genau dann lokal-biholomorph um* $c \in D$, *wenn* $f'(c) \neq 0$.

Beweis. Falls $f'(c) \neq 0$, so gibt es nach dem Injektivitätslemma eine offene Umgebung $U \subset D$ von c, so daß $f|U : U \to \mathbb{C}$ injektiv ist. Nach dem Biholomorphiekriterium ist $f|U : U \to f(U)$ dann biholomorph. Die Umkehrung folgt trivial. $\square$

Beispiel 9.4.1. Jede Funktion $f_n : \mathbb{C}^\times \to \mathbb{C}$, $z \mapsto z^n$, $n = \pm 1, \pm 2, \ldots$ ist überall lokal-biholomorph, aber im Fall $n \neq \pm 1$ nie biholomorph.

9.4.3 Lokale Normalform

Satz 9.4.3. *Es sei $f \in \mathcal{O}(D)$ nicht konstant um $c \in D$. Dann gilt*

1) *Existenzaussage: Es gibt eine Kreisscheibe $B \subset D$ um c und eine biholomorphe Abbildung $h : B \xrightarrow{\sim} h(B)$, so daß*

$$f|B = f(c) + h^n \quad \text{mit } n := \nu(f, c) \quad (=\text{Vielfachheit von } f \text{ in } c). \tag{9.12}$$

2) *Eindeutigkeitsaussage: Ist $\widehat{B} \subset D$ eine Kreisscheibe um c und $\widehat{h}$ holomorph in $\widehat{B}$ mit*

$$f|\widehat{B} = f(c) + \widehat{h}^m, \quad m \in \mathbb{N} \quad \text{und} \quad \widehat{h}'(c) \neq 0,$$

so folgt $m = n$, und es gibt eine n-te Einheitswurzel ξ, so daß $\widehat{h}(z) = \xi h(z)$ für $z \in B \cap \widehat{B}$, wobei h die Funktion aus 1) ist.

Beweis. ad 1) Nach 8.1.3 gilt in D eine Gleichung $f(z) = f(c) + (z-c)^n g(z)$, wobei $1 \leq n = \nu(f, c) < \infty$ und g in D holomorph ist mit $g(c) \neq 0$. Wir wählen $B \subset D$ um c so klein, daß g nullstellenfrei in B ist. Nach dem Existenzsatz 9.3.6 für holomorphe Wurzeln existiert ein $q \in \mathcal{O}(B)$ mit $q^n = g|B$. Wir setzen nun $h := (z-c)q \in \mathcal{O}(B)$. Dann gilt (9.12), wegen $q^n(c) = g(c) \neq 0$ folgt weiter $h'(c) = q(c) \neq 0$. Nach dem lokalen Biholomorphiekriterium kann man B so verkleinern, daß $h : B \to h(B)$ biholomorph ist.

ad 2) In $B \cap \widehat{B}$ gilt $h^n = \widehat{h}^m$ mit $h(c) = \widehat{h}(c) = 0$. Da $h'(c) \neq 0$ und $\widehat{h}' \neq 0$, so folgt $o_c(h) = o_c(\widehat{h}) = 1$ und also $n = o_c(h^n) = o_c(\widehat{h}^m) = m$. Es gilt somit $h^n = \widehat{h}^n$ in $B \cap \widehat{B}$, d.h. h und $\widehat{h}$ sind n-te Wurzeln aus h^n. Da dies nicht die Nullfunktion ist, folgt $\widehat{h} = \xi h$ in $B \cap \widehat{B}$ mit $\xi^n = 1$ nach 9.3.3. □

Die Darstellung (9.12) von $f|B$ heißt *lokale Normalform* von f um c. Der Leser vergleiche (9.12) mit der Normalform aus 4.4.3.

9.4.4 Geometrische Interpretation der lokalen Normalform

Es sei wieder $f \in \mathcal{O}(D)$ nicht konstant in $c \in D$. Der folgende Satz zeigt die geometrische Signifikanz der Windungszahl $n := \nu(f, c)$.

Satz 9.4.4. *Es gibt Umgebungen U von c und V von $f(c)$ mit $U \subset D$ und $V := f(U)$ sowie biholomorphe Abbildungen $u : U \xrightarrow{\sim} \mathbb{E}$, $v : V \xrightarrow{\sim} \mathbb{E}$ mit $u(c) = v(f(c)) = 0$, so daß folgendes Diagramm kommutativ ist.*

$$\begin{array}{ccc} U & \xrightarrow{\;f\;} & V \\ {\scriptstyle u}\downarrow & & \downarrow{\scriptstyle v} \\ \mathbb{E} & \xrightarrow[z \mapsto z^n]{} & \mathbb{E} \end{array}$$

Beweis. Sei $d := f(c)$. Nach Satz 9.4.3 gibt es eine Kreisscheibe $B \subset D$ um c und eine biholomorphe Abbildung $h : B \xrightarrow{\sim} h(B)$, so daß $f|B = d + h^n$ ist. Wegen $h(c) = 0$ gibt es ein $r > 0$ mit $B_r(0) \subset h(B)$. Wir setzen

$$U := h^{-1}(B_r(0)), \quad u(z) := r^{-1}h(z), \quad v(z) := r^{-n}(z - d).$$

Dann ist $u : U \to \mathbb{E}$ biholomorph mit $u(c) = 0$, und es ist $u^n = r^{-n}(f - d)$ auf U. Weiter gilt $v(V) = \mathbb{E}$ und $v(d) = 0$. □

Nicht konstante holomorphe Abbildungen haben also im Kleinen „bis auf Isomorphie" dieselbe Gestalt wie eine „Windungsabbildung" $\mathbb{E} \to \mathbb{E}$, $z \mapsto z^n$. Setzt man $U^* = U \setminus \{c\}$, $V^* := V \setminus \{f(c)\}$, so hat die Abbildung $f|U^* : U^* \to V^*$ demnach folgende Eigenschaft: Jeder Punkt aus V^* hat eine offene Umgebung $W \subset V^*$, deren Urbild $(f|U^*)^{-1}(W)$ aus genau n offenen Zusammenhangskomponenten $U_1, \ldots, U_n$ besteht, so daß die induzierte Abbildung $f|U_\nu : U_\nu \to W$ biholomorph ist, $1 \le \nu \le n$ (der Leser konstruiere W). Dies drückt man in der Topologie so aus:

Die Abbildung $f|U^* : U^* \to V^*$ ist eine unbegrenzte, unverzweigte, holomorphe Überlagerung von V^* durch U^* mit n Blättern.

Anschaulich gesprochen winden sich diese Blätter n-mal um den Punkt c herum. Im Falle $n \ge 2$ (d.h. wenn f um c nicht biholomorph ist) heißt c ein *Windungspunkt*, man nennt dann $f|U : U \to V$ eine *über $f(c)$ verzweigte* holomorphe Überlagerung.

9.4.5 Faktorisierung holomorpher Funktionen

Ist $g : G \to G'$ holomorph, so ist auf Grund der Kettenregel für jede in G' holomorphe Funktion h die zusammengesetzte Funktion $h(g(z))$ holomorph in G. Damit ist eine Abbildung

$$g^* : \mathcal{O}(G') \to \mathcal{O}(G), \quad h \mapsto h \circ g,$$

definiert, welche die in G' holomorphen Funktionen zu in G holomorphen Funktionen „liftet". Man verifiziert direkt:

Satz 9.4.5. *$g^* : \mathcal{O}(G') \to \mathcal{O}(G)$ ist ein $\mathbb{C}$-Algebra-Homomorphismus. Die Abbildung g^* ist genau dann injektiv, wenn g nicht konstant ist.*

Jede geliftete Funktion $f = g^*(h)$ ist auf den Fasern von g konstant. Diese notwendige Bedingung ist in wichtigen Fällen auch hinreichend dafür, daß f im Bild von g^* liegt.

Satz 9.4.6 (Faktorisierungssatz). *Es sei $g : G \to G'$ eine holomorphe Abbildung eines Gebietes G auf ein Gebiet G'. Es sei f eine in G holomorphe Funktion, die auf allen g-Fasern $g^{-1}(w)$, $w \in G'$ konstant ist. Dann gibt es (genau eine) in G' holomorphe Funktion h, so daß gilt $g^*(h) = f$, d.h. $h(g(z)) = f(z)$ für alle $z \in G$.*

Beweis. Da alle Mengen $f(g^{-1}(w))$, $w \in G'$, einpunktig sind, gibt es eine wohlbestimmte Funktion $h : G' \to \mathbb{C}$ mit $f = h \circ g$. Zu zeigen ist: $h \in \mathcal{O}(G')$.

Da g nicht konstant ist, so ist die Abbildung g offen (vgl. 8.5.1). Für jede offene Menge $V \subset \mathbb{C}$ ist mithin $h^{-1}(V) = g(f^{-1}(V))$ offen in G', daher ist die Funktion h stetig in G'.

Die Nullstellenmenge $N(g')$ der Ableitung von g ist diskret und abgeschlossen in G. Die Offenheit von g impliziert, daß die Menge

$$M := \{b \in G' : g^{-1}(b) \subset N(g')\}$$

diskret und abgeschlossen in G' ist (der Leser führe den einfachen topologischen Schluß aus). Auf Grund des Riemannschen Fortsetzungssatzes 7.3.3 genügt es zu zeigen, daß $h|G' \setminus M$ holomorph in $G' \setminus M$ ist. Zu jedem Punkt $v \in G' \setminus M$ gibt es ein g-Urbild $c \in G$ mit $g'(c) \neq 0$. Nach dem lokalen Biholomorphiekriterium 9.4.2 ist g dann lokal-biholomorph um c, daher gibt es eine offene Umgebung $V \subset G'$ von v und eine holomorphe Funktion $\widehat{g} : V \to G$, so daß $g \circ \widehat{g} = \mathrm{id}$ auf V. Es folgt $h|V = h \circ g \circ \widehat{g} = f \circ \widehat{g}$, d.h. $h \in \mathcal{O}(V)$. Damit ist gezeigt, daß h in $G' \setminus M$ holomorph ist.

Aufgaben

1. Es seien $g : D \to \mathbb{C}$, $h : D' \to \mathbb{C}$ stetig mit $g(D) \subset D'$; es seien h und $h \circ g$ holomorph, h sei nirgends lokal-konstant in D. Zeigen Sie (ohne Aufgabe 9.1,4) zu verwenden): $g \in \mathcal{O}(D)$.
2. Zeigen Sie, daß $\tan z$ um 0 lokal biholomorph ist. Geben Sie für die Umkehrfunktion die Potenzreihe explizit an.
3. Zeigen Sie anhand eines Beispiels, daß die Bedingung $|a_1| > \sum_{\nu \geq 2} \nu |a_\nu| r^{\nu-1}$ des Injektivitätslemmas für Potenzreihen für die Injektivität von f nicht notwendig ist.
4. Es sei $h : G \to \widetilde{G}$ holomorph. Es bezeichne $\mathcal{O}'(G)$ den $\mathbb{C}$-Vektorraum $\{f' : f \in \mathcal{O}(G)\}$. Zeigen Sie:
   a) Der $\mathbb{C}$-Algebra-Homomorphismus $\mathcal{O}(\widetilde{G}) \to \mathcal{O}(G)$, $f \mapsto f \circ h$, bildet i.allg. den Raum $\mathcal{O}'(\widetilde{G})$ nicht in den Raum $\mathcal{O}'(G)$ ab.
   b) Die Abbildung $\varphi : \mathcal{O}(\widetilde{G}) \to \mathcal{O}(G)$, $f \mapsto (f \circ h)h'$, ist ein $\mathbb{C}$-Vektorraum-Homomorphismus, der $\mathcal{O}'(\widetilde{G})$ in $\mathcal{O}'(G)$ abbildet.
   c) Ist h biholomorph, so ist φ ein Isomorphismus, der $\mathcal{O}'(\widetilde{G})$ bijektiv auf $\mathcal{O}'(G)$ abbildet.

9.5 Allgemeine Cauchy-Theorie

Der Integralsatz und die Integralformel wurden in 7.1 bzw. 7.2 nur für Sterngebiete bzw. Kreisscheiben bewiesen. Das reicht aus, um viele wichtige Resultate der Funktionentheorie herzuleiten. Die mathematische Neugier indessen verlangt, soweit wie möglich zu verallgemeinern. Man stellt sich zwei Fragen:

Wie lassen sich bei vorgegebenem Bereich D die in D geschlossenen Wege γ beschreiben, für welche die Cauchyschen Sätze gelten?

Wann sind Integralsatz und/oder Integralformel für alle in D geschlossenen Wege richtig?

In diesem Paragraphen werden beide Fragen behandelt. Die erste wird zufriedenstellend beantwortet durch den sog. Hauptsatz der Cauchyschen Funktionentheorie (Abschnitte 3, 4): die notwendige und hinreichende Bedingung ist, daß *das Innere von γ in D liegt.* Unsere Antwort auf die zweite Frage bleibt formal; den Satz, daß es sich genau um topologisch einfach zusammenhängende Bereiche handelt, werden wir erst im zweiten Band diskutieren.

Alle vorkommenden Wege sind stückweise stetig differenzierbar.

9.5.1 Die Indexfunktion $\mathrm{ind}_\gamma(z)$

Ist γ ein geschlossener Weg in $\mathbb{C}$ und $z \in \mathbb{C}$ ein Punkt, der nicht auf γ liegt, so sucht man ein Maß dafür, wie oft der Weg γ den Punkt z umläuft. Wir wollen zeigen, daß

$$\mathrm{ind}_\gamma(z) := \frac{1}{2\pi \mathrm{i}} \int_\gamma \frac{\mathrm{d}\zeta}{\zeta - z} \in \mathbb{C} \tag{9.13}$$

eine ganze Zahl ist und diese „Umläufe" sehr gut mißt: nach Satz 6.3.7 gilt z.B.

$$\mathrm{ind}_{\partial B}(z) = \begin{cases} 1 & \text{für } z \in B, \\ 0 & \text{für } z \in \mathbb{C} \setminus \overline{B}, \end{cases}$$

für jede Kreisscheibe B, was dem anschaulich klaren Sachverhalt entspricht, daß alle Punkte im „Innern des Kreises" beim Durchlaufen des Kreisrandes (im Gegenuhrzeigersinn) genau einmal umlaufen werden, während alle Punkte im „Äußeren des Kreises" überhaupt nicht umlaufen werden.

Wir nennen die durch (9.13) definierte Zahl $\mathrm{ind}_\gamma(z)$ den *Index* (oder auch die *Umlaufzahl*) *von γ bezüglich* $z \in \mathbb{C}\backslash\gamma$. Die Überlegungen dieses Abschnitts basieren auf dem Korollar 9.3.1.

Satz 9.5.1 (Eigenschaften der Indexfunktion). *Es sei γ ein fest vorgegebener geschlossener Weg in $\mathbb{C}$. Dann gilt:*

1) *Für jedes $z \in \mathbb{C} \setminus \gamma$ ist* $\mathrm{ind}_\gamma(z) \in \mathbb{Z}$.
2) *Die Funktion* $\mathrm{ind}_\gamma(z)$, $z \in \mathbb{C} \setminus \gamma$, *ist lokal-konstant in $\mathbb{C} \setminus \gamma$.*
3) *Für jeden geschlossenen Weg $\widetilde{\gamma}$ in $\mathbb{C}$ mit demselben Anfangspunkt wie γ gilt:*
$$\mathrm{ind}_{\gamma+\widetilde{\gamma}}(z) = \mathrm{ind}_\gamma(z) + \mathrm{ind}_{\widetilde{\gamma}}(z), \quad z \in \mathbb{C} \setminus (\gamma + \widetilde{\gamma}).$$
Speziell gilt $\mathrm{ind}_{-\gamma}(z) = -\,\mathrm{ind}_\gamma(z)$ *für alle* $z \in \mathbb{C} \setminus \gamma$.

Beweis. Die erste Behauptung folgt aus Korollar 9.3.1 mit $f(\zeta) := \zeta - z$. Zum Beweis der zweiten Behauptung hat man nur zu beachten, daß die Indexfunktion stetig in $\mathbb{C} \setminus \gamma$ ist (Beweis!). Die Rechenregel 3) ist trivial. □

Ist γ ein geschlossener Weg in $\mathbb{C}$, so heißen die Mengen

$$\operatorname{Int}\gamma := \{z \in \mathbb{C}\setminus\gamma : \operatorname{ind}_\gamma(z) \neq 0\} \quad \text{bzw.} \quad \operatorname{Ext}\gamma := \{z \in \mathbb{C}\setminus\gamma : \operatorname{ind}_\gamma(z) = 0\}$$

das *Innere* (Interior) bzw. *Äußere* (Exterior) *von* γ. Dann ist

$$\mathbb{C} = \operatorname{Int}\gamma \cup \gamma \cup \operatorname{Ext}\gamma \tag{9.14}$$

eine disjunkte Zerlegung von $\mathbb{C}$. Da $\operatorname{ind}_\gamma(z)$ lokal-konstant ist, so folgt:

Die Mengen $\operatorname{Int}\gamma$ *und* $\operatorname{Ext}\gamma$ *sind offen in* $\mathbb{C}$*; für den topologischen Rand von* $\operatorname{Int}\gamma$ *und* $\operatorname{Ext}\gamma$ *gilt:* $\partial\operatorname{Int}\gamma \subset \gamma$, $\partial\operatorname{Ext}\gamma \subset \gamma$.

Für jede offene Kreisscheibe B gilt: $\operatorname{Int}\partial B = B$. $\operatorname{Ext}\partial B = \mathbb{C} \setminus \overline{B}$, $\partial\operatorname{Int}\partial B = \partial\operatorname{Ext}\partial B = \partial B$; analoge Gleichungen bestehen für offene Dreiecke, Rechtecke usf. Wir zeigen noch allgemein:

Die Menge $\operatorname{Int}\gamma$ *ist beschränkt; die Menge* $\operatorname{Ext}\gamma$ *ist nicht leer und unbeschränkt, genauer: falls* $\gamma \subset B_r(c)$, *so gilt*

$$\operatorname{Int}\gamma \subset B_r(c), \quad \mathbb{C} \setminus B_r(c) \subset \operatorname{Ext}\gamma.$$

Beweis. Da $V := \mathbb{C} \setminus B_r(c) \neq \emptyset$ zusammenhängend ist, so ist die Indexfunktion konstant in V. Da $\lim_{z\to\infty} \int_\gamma \frac{d\zeta}{\zeta - z} = 0$, so folgt $\operatorname{ind}_\gamma(z) = 0$ für $z \in V$, d.h. $V \subset \operatorname{Ext}\gamma$. Die Inklusion $\operatorname{Int}\gamma \subset B_r(c)$ folgt jetzt aus (9.14). □

Für Punktwege ist das Innere leer.

9.5.2 Hauptsatz der Cauchyschen Funktionentheorie

Satz 9.5.2. *Folgende Aussagen über einen geschlossenen Weg* γ *in* D *sind äquivalent:*

i) Für alle $f \in \mathcal{O}(D)$ *gilt der Integralsatz* $\int_\gamma f(\zeta)d\zeta = 0$.
ii) Für alle $f \in \mathcal{O}(D)$ *gilt die Integralformel*

$$\operatorname{ind}_\gamma(z) f(z) = \frac{1}{2\pi i} \int_\gamma \frac{f(\zeta)}{\zeta - z} d\zeta, \quad z \in D \setminus \gamma. \tag{9.15}$$

iii) Das Innere $\operatorname{Int}\gamma$ *von* γ *liegt in* D.

Die Äquivalenz von i) und ii) läßt sich rasch einsehen:

i)⇒ii). Wir führen – wie in 7.2.2 – bei festem $z \in D$ den in D holomorphen Differenzenquotienten $g(\zeta) := [f(\zeta) - f(z)](\zeta - z)^{-1}$, $\zeta \in D \setminus \gamma$, ein, dessen Wert in z durch $g(z) := f'(z)$ erklärt wird. Wegen $\int_\gamma g(\zeta)\mathrm{d}\zeta = 0$ gilt dann

$$\frac{1}{2\pi\mathrm{i}}\int_\gamma \frac{f(\zeta)}{\zeta - z}\mathrm{d}\zeta = \frac{f(z)}{2\pi\mathrm{i}}\int_\gamma \frac{\mathrm{d}\zeta}{\zeta - z} = \mathrm{ind}_\gamma(z)f(z), \quad \text{falls } z \in D \setminus \gamma.$$

ii)⇒i). Man wendet die Integralformel bei festem $z \in D \setminus \gamma$ auf die Funktion $h(\zeta) := (\zeta - z)f(\zeta) \in \mathcal{O}(D)$ an. Wegen $h(z) = 0$ folgt $\int_\gamma f(\zeta)\mathrm{d}\zeta = 0$.

Auch der Beweis von i)⇒iii) gelingt leicht: Da $(\zeta - w)^{-1} \in \mathcal{O}(D)$ für jeden Punkt $w \notin D$, so folgt

$$\mathrm{ind}_\gamma(w) = \frac{1}{2\pi\mathrm{i}}\int_\gamma \frac{\mathrm{d}\zeta}{\zeta - w} = 0 \quad \text{für alle } w \notin D, \text{ d.h. } \mathrm{Int}\,\gamma \subset D.$$

Die Implikation iii)⇒ii) ist nicht so einfach zu verifizieren. Hier liegt die eigentliche Beweislast. Man hat lange nach einem einfachen Argument dafür gesucht, daß die Inklusion $\mathrm{Int}\,\gamma \subset D$ die Cauchysche Integralformel zur Folge hat. 1971 gab J.D. Dixon in seiner Arbeit *A brief proof of Cauchy's integral theorem*, Proc. AMS 29, 625–626 (1971) einen verblüffend einfachen Beweis, der erneut die Kraft des Liouvilleschen Satzes zeigt. Dixon schreibt: „[We] present a very short and transparent proof of Cauchy's theorem. ... The proof is based on simple 'local properties' of analytic functions that can be derived from Cauchy's theorem for analytic functions on a disk. ... We ... emphasize the elementary nature of the proof." Wir reproduzieren im nächsten Abschnitt diesen Dixonschen Beweis.

9.5.3 Beweis von iii)⇒ii) nach Dixon

Sei $f \in \mathcal{O}(D)$. Wir betrachten den Differenzenquotienten

$$g(w, z) := \frac{f(w) - f(z)}{w - z} \text{ falls } w \neq z, \quad g(z, z) := f'(z), \quad w, z \in D. \tag{9.16}$$

Die Integralformel (9.15) ist auf Grund der Gleichung $\mathrm{ind}_\gamma(z) = \frac{1}{2\pi\mathrm{i}}\int_\gamma \frac{\mathrm{d}\zeta}{\zeta - z}$ äquivalent mit der Formel

$$\int_\gamma g(\zeta, z)\mathrm{d}\zeta = 0, \quad z \in D \setminus \gamma. \tag{9.17}$$

Den Beweis von (9.17) stützen wir auf folgenden

Satz 9.5.3 (Hilfssatz). *Der Differenzenquotient g einer jeden Funktion $f \in \mathcal{O}(D)$ ist stetig in $D \times D$. Die Funktion $h(z) := \int_\gamma g(\zeta, z)\mathrm{d}\zeta$, $z \in D$, ist holomorph in D.*

Beweis. Wegen (9.16) ist $g(w,z)$ bei festem $w \in D$ holomorph in D. Auf Grund von Satz 8.2.3 ist also nur zu zeigen, daß g in $D \times D$ stetig ist. Das ist wegen (9.16) trivial in allen Punkten $(a,b) \in D \times D$, $a \neq b$. Sei $(c,c) \in D \times D$. Ist $\sum a_\nu (z-c)^\nu$ die Taylorreihe von f in einer Kreisscheibe $B \subset D$ um c, so verifiziert man für alle $w, z \in B$ die Gleichung

$$g(w,z) = g(c,c) + \sum_{\nu \geq 2} a_\nu q_\nu(w,z) \quad \text{mit} \quad q_\nu(w,z) := \sum_{j=1}^{\nu} (w-c)^{\nu-j}(z-c)^{j-1}.$$

Da $|q_\nu(w,z)| \leq \nu t^{\nu-1}$ für alle w, z mit $|w-c| < t$, $|z-c| < t$, so folgt

$$|g(w,z) - g(c,c)| \leq t(2|a_2| + 3|a_3|t + \cdots + n|a_n|t^{n-2} + \ldots)$$

für alle $w, z \in B_t(c) \subset B$. Da die Potenzreihe rechts stetig in $t = 0$ ist, so gilt also $\lim_{(w,z)\to(c,c)} g(w,z) = g(c,c)$. □

Die Gleichung (9.17) wird nun auf Grund des Satzes von LIOUVILLE bewiesen sein, wenn wir zeigen, daß die Funktion $h \in \mathcal{O}(D)$ zu einer ganzen Funktion $\widehat{h} \in \mathcal{O}(\mathbb{C})$ mit $\lim_{z\to\infty} \widehat{h}(z) = 0$ fortsetzbar ist(!). Wir betrachten im Äußeren $\operatorname{Ext}\gamma$ von γ die Funktion

$$\widetilde{h}(z) := \int_\gamma \frac{f(\zeta)}{\zeta - z} d\zeta \qquad z \in \operatorname{Ext}\gamma.$$

Nach 8.2.2 gilt $\widetilde{h} \in \mathcal{O}(\operatorname{Ext}\gamma)$ und $\lim_{z\to\infty} \widetilde{h}(z) = 0$. Da $\int_\gamma \frac{d\zeta}{\zeta - z} = 0$ für $z \in \operatorname{Ext}\gamma$, so folgt

$$h(z) = \widetilde{h}(z) \quad \text{für alle } z \in D \cap \operatorname{Ext}\gamma.$$

Nun hat die Voraussetzung $\operatorname{Int}\gamma \subset D$ wegen $\mathbb{C} = \operatorname{Int}\gamma \cup \gamma \cup \operatorname{Ext}\gamma$ zur Konsequenz, daß $D \cup \operatorname{Ext}\gamma = \mathbb{C}$. Mithin wird durch

$$\widehat{h}(z) := \begin{cases} h(z) & \text{für } z \in D, \\ \widetilde{h}(z) & \text{für } z \in \operatorname{Ext}\gamma, \end{cases}$$

die Funktion h zu einer *ganzen* Funktion $\widehat{h}$ fortgesetzt. Da für genügend großes $r > 0$ die Inklusion $\operatorname{Int}\gamma \subset B_r(0)$ besteht, so stimmen $\widetilde{h}$ und $\widehat{h}$ außerhalb von $B_r(0)$ überein. Mit $\widetilde{h}$ genügt daher auch $\widehat{h}$ der Gleichung $\lim_{z\to\infty} \widehat{h}(z) = 0$.

□

Bemerkung. Im zweiten Band werden wir einen recht kurzen Beweis für die Implikation iii)⇒i) mit Hilfe des Rungeschen Approximationssatzes und des Residuenkalküls geben.

9.5.4 Nullhomologie. Charakterisierung homologisch einfach zusammenhängender Bereiche

Geschlossene Wege in D mit den äquivalenten Eigenschaften i), ii) und iii) des Satzes 9.5.2 haben für die Funktionentheorie eine Schlüsselstellung, sie heißen *nullhomolog in D*. Diese Redeweise kommt aus der algebraischen Topologie, sie drückt dort aus, daß der Weg „ein Flächenstück in D berandet". In $\mathbb{C}^\times$ sind die Kreislinien $\gamma := \partial B_r(0)$, $r > 0$, nicht nullhomolog, da $\int_\gamma f d\zeta \neq 0$ für $f(z) := 1/z \in \mathcal{O}(\mathbb{C}^\times)$.

Die Cauchysche Funktionentheorie eines Bereiches D ist am einfachsten, wenn *jeder* geschlossene Weg in D nullhomolog in D ist. Nach 9.3.2 sind dies genau die homologisch einfach zusammenhängenden Bereiche. Sie lassen sich mit Hilfe von Satz 9.5.2 und der Ergebnisse des Paragraphen 3 wie folgt charakterisieren:

Satz 9.5.4. *Folgende Aussagen über einen Bereich D sind äquivalent:*

i) D hängt homologisch einfach zusammen.
ii) Jede in D holomorphe Funktion ist integrabel in D.
iii) Für alle $f \in \mathcal{O}(D)$ und jeden geschlossenen Weg $\gamma \in D$ gilt:

$$\operatorname{ind}_\gamma(z) f(z) = \frac{1}{2\pi i} \int_\gamma \frac{f(\zeta)}{\zeta - z} d\zeta, \quad z \in D \setminus |\gamma|.$$

iv) Das Innere $\operatorname{Int}\gamma$ *eines jeden geschlossenen Weges γ in D liegt in D.*
v) Jede Einheit in $\mathcal{O}(D)$ besitzt einen holomorphen Logarithmus in D.
vi) Jede Einheit in $\mathcal{O}(D)$ besitzt eine holomorphe Quadratwurzel in D.

Beweis. Die Aussagen i) bis iv) sind äquivalent nach Satz 9.5.2 und Satz 9.3.3. Die Äquivalenz v)$\Leftrightarrow$vi) folgt aus dem Wurzelsatz 9.3.5 und Satz 9.3.6. Die Implikation ii)$\Rightarrow$v) erhält man auf Grund des Existenzlemmas 9.3.1. Zum Beweis von v)$\Rightarrow$iv) sei $a \in \mathbb{C} \setminus D$ und γ ein geschlossener Weg in D. Die Einheit $f(z) := z - a \in \mathcal{O}(D)$ besitzt einen holomorphen Logarithmus in D. Daher ist $f'(z)/f(z) = 1/(z-a)$ in D integrabel (Existenzlemma 9.3.1). Es folgt $\operatorname{ind}_\gamma(a) = 0$ für alle $a \in \mathbb{C} \setminus D$. Das Innere von γ liegt also in D. □

Im zweiten Band werden wir u.a. sehen, daß D genau dann homologisch einfach zusammenhängt, wenn D keine „Löcher" hat, und daß homologisch einfach zusammenhängende Gebiete $\neq \mathbb{C}$ stets biholomorph auf $\mathbb{E}$ abbildbar sind (Riemannscher Abbildungssatz).

Aufgaben

1. Zeigen Sie an Beispielen, daß im allgemeinen weder $\operatorname{Int}\gamma$ noch $\operatorname{Ext}\gamma$ zusammenhängen.

2. Es seien $a, b \in \mathbb{R}$, $a < b$, $\omega : [a,b] \to \mathbb{R}$ und $r : [a,b] \to \mathbb{R}^+$ stetig differenzierbare Funktionen. Für $t \in [a,b]$ sei $\gamma(t) := r(t)\mathrm{e}^{2\pi\mathrm{i}\omega(t)}$. Dann gilt

$$\frac{1}{2\pi\mathrm{i}} \int_\gamma \frac{\mathrm{d}\zeta}{\zeta} = \frac{1}{2\pi\mathrm{i}} \log \frac{r(b)}{r(a)} + \omega(b) - \omega(a).$$

Leiten Sie hieraus eine geometrische Interpretation der Indexfunktion ab.

3. a) Ist γ ein geschlossener Weg in $\mathbb{C}^\times$, $n \in \mathbb{N}$ und $g(z) := z^n$, so gilt $\operatorname{ind}_{g\circ\gamma}(0) = n \operatorname{ind}_\gamma(0)$.

   b) Seien $c \in D$, $w \in D'$ und $f : D \to D'$ biholomorph mit $f(c) = w$. Ist γ ein geschlossener Weg in D mit $c \notin |\gamma|$ und $\operatorname{Int}\gamma \subset D$, so gilt $\operatorname{ind}_\gamma(c) = \operatorname{ind}_{f\circ\gamma}(w)$.

   Hinweis zu b): Die Funktion

$$h(z) := \begin{cases} f'(z)\frac{z-c}{f(z)-w} & \text{für } z \in D \setminus \{c\}, \\ 1 & \text{für } z = c, \end{cases}$$

   ist holomorph in D.

9.6 * Asymptotische Potenzreihenentwicklungen

Mit G wird in diesem Paragraphen stets ein Gebiet bezeichnet, das den *Nullpunkt 0 als Randpunkt* hat. Wir wollen zeigen, daß gewisse in G holomorphe Funktionen in $0 \in \partial G$, wo sie i.allg. gar nicht definiert sind, „in Potenzreihen entwickelbar" sind. Eine besondere Rolle spielen *Kreissektoren um* 0, das sind Gebiete der Form

$$S = S(r, \alpha, \beta) = \{z = |z|\mathrm{e}^{\mathrm{i}\varphi} : 0 < |z| < r, \alpha < \varphi < \beta\}, \quad 0 < r \le \infty.$$

Kreissektoren mit Radius ∞ nennen wir auch Winkelräume. Unser Hauptresultat ist ein Satz von RITT über das asymptotische Verhalten holomorpher Funktionen in der „Spitze" 0 solcher Kreissektoren (Abschnitt 4). Dieser Satz von RITT enthält den bereits in 7.4.1 angegebenen Satz von E. BOREL als Spezialfall (Abschnitt 5). Hilfsmittel zum Beweis des Rittschen Satzes ist der Weierstraßsche Konvergenzsatz, zur Herleitung des Borelschen Satzes benötigt man überdies noch die Cauchyschen Abschätzungen für Ableitungen (vgl. Abschnitt 3).

Als weiterführende Literatur zu diesem Paragraphen verweisen wir auf W. WASOW: *Asymptotic Expansions for Ordinary Differential Equations*, Interscience Publishers New York, London, Sydney 1965, insb. Chapter III (Nachdruck bei R.E. Krieger, Huntington, New York 1976).

Mit $\overline{\mathcal{A}}$ bezeichnen wir (wie im Kapitel 4.4) die $\mathbb{C}$-Algebra der formalen Potenzreihen um 0.

9.6.1 Definition und elementare Eigenschaften

Eine formale Potenzreihe $\sum a_\nu z^\nu$ heißt *asymptotische Entwicklung* bzw. *Darstellung von $f \in \mathcal{O}(G)$ in $0 \in \partial G$*, wenn gilt:

$$\lim_{z\to 0} z^{-n}\left(f(z) - \sum_0^n a_\nu z^\nu\right) = 0 \quad \text{für alle } n \in \mathbb{N}. \tag{9.18}$$

Eine Funktion $f \in \mathcal{O}(G)$ hat *höchstens eine* asymptotische Entwicklung in 0; aus (9.18) folgen nämlich sogleich die Rekursionsformeln

$$a_0 = \lim_{z\to 0} f(z), \quad a_n = \lim_{z\to 0} z^{-n}\left(f(z) - \sum_0^{n-1} a_\nu z^\nu\right) \quad \text{für } n > 0.$$

Wir schreiben $f \sim_G \sum a_\nu z^\nu$, wenn die Reihe rechts die asymptotische Entwicklung von f in 0 ist. Die Bedingung (9.18) besagt

(1') Es gibt eine Folge $f_n \in \mathcal{O}(G)$, so daß für jedes $n \in \mathbb{N}$ gilt:

$$f(z) = \sum_0^n a_\nu z^\nu + f_n(z) z^n \quad \textit{und} \quad \lim_{z\to 0} f_n(z) = 0.$$

Die Existenz asymptotischer Entwicklungen hängt wesentlich vom Gebiet G ab. So hat $\exp(1/z) \in \mathcal{O}(\mathbb{C}^\times)$ *keine* asymptotische Entwicklung in 0; hingegen gilt in *jedem* Winkelraum $W := S(\infty, \frac{1}{2}\pi + \varepsilon, \frac{3}{2}\pi - \varepsilon)$, $0 < \varepsilon < \frac{1}{2}\pi$, der linken Halbebene (mit Öffnungswinkel $< \pi$):

$$\exp(1/z) \sim_W \sum a_\nu z^\nu, \quad \text{wobei stets } a_\nu = 0. \tag{9.19}$$

Der Leser beweise dies und zeige zugleich, daß (9.18) im Fall $\varepsilon = 0$ falsch ist.

Hat $f \in \mathcal{O}(G)$ eine holomorphe Fortsetzung $\widehat{f}$ in ein Gebiet $\widehat{G} \supset G$ mit $0 \in \widehat{G}$, so ist *die* Taylorentwicklung von $\widehat{f}$ um 0 die asymptotische Entwicklung von f in 0. Mittels des Riemannschen Fortsetzungssatzes und der Gleichung $a_0 = \lim_{z\to 0} f(z)$ folgt sofort:

Ist 0 ein isolierter Randpunkt von G, so hat $f \in \mathcal{O}(G)$ genau dann eine asymptotische Entwicklung $\sum a_\nu z^\nu$ in 0, wenn f um 0 beschränkt ist; alsdann ist $\sum a_\nu z^\nu$ die Taylorreihe von f in 0.

Wir bezeichnen mit $\mathcal{B}$ die Menge aller Elemente aus $\mathcal{O}(G)$, die eine asymptotische Entwicklung in 0 besitzen.

Satz 9.6.1. *$\mathcal{B}$ ist eine $\mathbb{C}$-Unteralgebra von $\mathcal{O}(G)$; die Abbildung*

$$\varphi : \mathcal{B} \to \overline{\mathcal{A}}, f \mapsto \sum a_\nu z^\nu, \quad \textit{wenn } f \sim_G \sum a_\nu z^\nu,$$

ist ein $\mathbb{C}$-Algebrahomomorphismus.

Der Beweis ist kanonisch: um z.B. $\varphi(fg) = \varphi(f)\varphi(g)$ einzusehen, schreibe man $f(z) = \sum_0^n a_\nu z^\nu + f_n(z)z^n$, $g(z) = \sum_0^n b_\nu z^\nu + g_n(z)z^n$, wobei für alle $n \in \mathbb{N}$ gilt: $\lim_{z\to 0} f_n(z) = \lim_{z\to 0} g_n(z) = 0$. Mit $c_\nu := \sum_{\kappa+\lambda=\nu} a_\kappa b_\lambda$ gilt dann

$$f(z)g(z) = \sum_0^n c_\nu z^\nu + h_n(z)z^n,$$

wobei

$$h_n \in \mathcal{O}(G) \quad \text{und} \quad \lim_{z\to 0} h_n(z) = 0, \quad n \in \mathbb{N}.$$

Es folgt $fg \sim_G \sum c_\nu z^\nu$. Da die Reihe rechts das Produkt der Reihen $\sum a_\nu z^\nu$, $\sum b_\nu z^\nu$ ist, folgt $\varphi(fg) = \varphi(f)\varphi(g)$. □

Der Homomorphismus φ ist i.allg. *nicht injektiv*, wie obiges Beispiel $\exp(1/z) \sim_G \sum 0z^\nu$ zeigt. Im Fall $G := \mathbb{C}^\times$ ist φ injektiv, aber *nicht surjektiv*. Vgl. auch Abschnitt 9.6.4.

9.6.2 Eine hinreichende Bedingung für die Existenz asymptotischer Entwicklungen

Satz 9.6.2. *Es sei G ein Gebiet mit $0 \in \partial G$ derart, daß es zu jedem Punkt $z \in G$ eine Nullfolge c_k gibt, so daß jede Strecke $[c_k, z]$ in G liegt. Ist dann f eine in G holomorphe Funktion, für die alle Limiten $f^{(\nu)}(0) := \lim_{z\to 0} f^{(\nu)}(z)$, $\nu \in \mathbb{N}$, existieren, so hat f in 0 die asymptotische Entwicklung $\sum \frac{f^{(\nu)}(0)}{\nu!} z^\nu$.*

Beweis. Sei $n \in \mathbb{N}$ beliebig, aber fest gewählt. Da $\lim_{z\to 0} f^{(n)}(z)$ existiert, gibt es eine Kreisscheibe B um 0, so daß $|f^{(n+1)}|_{B\cap G} \le M$ mit geeignetem $M > 0$. Seien nun $c, z \in B \cap G$ derart, daß $[c, z] \subset B \cap G$. Wie im Reellen gilt für alle $m \in \mathbb{N}$ die Taylorsche Formel mit Restglied

$$f(z) = \sum_0^m \frac{f^{(\nu)}(c)}{\nu!}(z-c)^\nu + r_{m+1}(z),$$

wobei

$$r_{m+1} := \frac{1}{m!}\int_{[c,z]} f^{(m+1)}(\zeta)(z-\zeta)^m \mathrm{d}\zeta.$$

(Dies folgt durch Induktion nach m, indem man das Integral für r_{m+1} partiell integriert.) Für r_{m+1} bekommt man mit der Standardabschätzung

$$|r_{m+1}(z)| \le \frac{1}{m!} \sup_{\zeta\in[c,z]} |f^{(m+1)}(\zeta)(z-\zeta)^m|\,|z-c| \le \frac{1}{m!}|f^{(m+1)}|_{[c,z]}|z-c|^{m+1}.$$

Wählt man $m = n$ und eine Nullfolge c_k mit $[c_k, z] \subset G$, so ergibt sich im Limes

$$\left| f(z) - \sum_0^n \frac{f^{(\nu)}(0)}{\nu!} z^\nu \right| \leq \frac{M}{n!} |z|^{n+1}.$$

Hieraus folgt $\lim_{z\to 0} z^{-n} \left(f(z) - \sum_0^n \frac{f^{(\nu)}(0)}{\nu!} z^\nu \right) = 0$ für jedes $n \in \mathbb{N}$. □

Die über die Ableitungen von f gemachten Limesvoraussetzungen sind naheliegend, wenn man sich an der Gestalt der Taylorschen Formel orientiert: dann wird man im Fall $f \sim_G \sum a_\nu z^\nu$ die Gleichungen $\nu! a_\nu = \lim_{z\to 0} f^{(\nu)}(z)$ erwarten. Die gewählte Schreibweise $f^{(\nu)}(0)$ für $\lim_{z\to 0} f^{(\nu)}(z)$ ist suggestiv; natürlich ist $f^{(\nu)}(0)$ keine Ableitung.

Die über G gemachte Voraussetzung ist für alle *Kreissektoren um* 0 erfüllt.

9.6.3 Asymptotische Entwicklungen und Differentiation

Wir betrachten Kreissektoren $S = S(r, \alpha, \beta)$, $T = S(r, \gamma, \delta)$ um 0 mit gleichem Radius. Wir setzen $S \neq B_r(0)\setminus\{0\}$ voraus, d.h. $\beta - \alpha \leq 2\pi$. Wie nennen T *echt in* S *enthalten*, wenn $\{z = |z|e^{i\varphi} : 0 < |z| < r, \gamma \leq \varphi \leq \delta\} \subset S$ gilt (vgl. Figur). Wir schreiben dann $T \Subset S$.

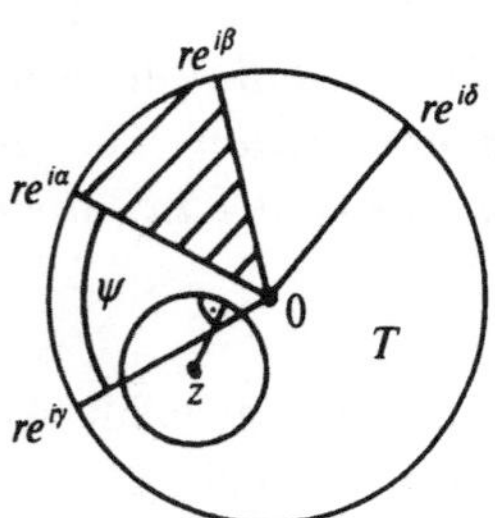

Lemma 9.6.1. *Es seien* S, T *Kreisbögen um* 0 *mit* $T \Subset S$, *es sei* g *holomorph in* S, *und es gelte:* $\lim_{z\in S, z\to 0} g(z) = 0$. *Dann folgt:* $\lim_{z\in T, z\to 0} z g'(z) = 0$.

Beweis. Es gibt ein $a > 0$, so daß für jeden Punkt $z \in T$, $|z| < \frac{1}{2}r$, der kompakte Kreis $\overline{B_{a|z|}(z)}$ in S liegt (z.B. $a := \sin\psi$ in der Figur). Nach dem Cauchyschen Abschätzungen 8.3.1 folgt

$$|g'(z)| \leq \frac{1}{a|z|} |g|_{\overline{B_{a|z|}(z)}}, \quad \text{also } a|zg'(z)| \leq |g|_{\overline{B_{a|z|}(z)}}$$

für alle $z \in T$ mit $|z| < \frac{1}{2}r$. Da a konstant ist und die rechte Seite nach Voraussetzung bei Annäherung an 0 gegen 0 strebt, folgt die Behauptung. □

Satz 9.6.3. *Es sei f holomorph im Kreissektor $S \neq B_r(0) \setminus \{0\}$ um 0 und es gelte $f \sim_S \sum a_\nu z^\nu$. Dann folgt $f' \sim_T \sum_{\nu \geq 1} \nu a_\nu z^{\nu-1}$ für jeden Kreissektor $T \Subset S$.*

Beweis. Für alle $n \in \mathbb{N}$ gilt $f(z) = \sum_0^n a_\nu z^\nu + f_n(z) z^n$, wobei $f_n \in \mathcal{O}(S)$ und $\lim_{z \to 0} f_n(z) = 0$. Es folgt

$$f'(z) = \sum_1^n \nu a_\nu z^{\nu-1} + g_n(z) z^{n-1} \quad \text{mit} \quad g_n(z) := z f_n'(z) + n f_n(z) \in \mathcal{O}(S),$$

wobei $\lim_{z \in T, z \to 0} g_n(z) = 0$ auf Grund des Lemmas. □

Es folgt jetzt schnell, daß die Limesbedingungen des Abschnitts 9.6.2 für $f^{(n)}$ bei Kreissektoren auch notwendig sind; genauer gilt

Korollar 9.6.1. *Ist f holomorph im Kreissektor S um 0 und gilt $f \sim_S \sum a_\nu z^\nu$, so folgt $\lim_{z \in T, z \to 0} f^{(n)}(z) = n! a_n$ für alle $n \in \mathbb{N}$ und jeden Kreissektor $T \Subset S$.*

Beweis. Durch n-malige Anwendung des Satzes erhält man

$$f^{(n)}(z) \sim_T \sum_{\nu \geq n} \nu(\nu - 1) \cdot \dots \cdot (\nu - n + 1) a_\nu z^{\nu - n}.$$

Dies impliziert $\lim_{z \in T, z \to 0} f^{(n)}(z) = n! a_n$ laut Definition 9.6.1. □

Das hier bewiesene Korollar wird in Abschnitt 5 wesentlich benutzt.

9.6.4 Satz von Ritt

Die Frage, welche Bedingungen Potenzreihen erfüllen müssen, um als asymptotische Entwicklung holomorpher Funktionen aufzutreten, hat für Kreissektoren S um 0 eine überraschend einfache Antwort: es gibt keine solchen Bedingungen. Wir werden zu *jeder* formalen Potenzreihe $\sum a_\nu z^\nu$, also auch zu $\sum \nu^\nu z^\nu$, eine in S holomorphe Funktion f konstruieren, für die gilt: $f \sim_S \sum a_\nu z^\nu$. Die Konstruktionsidee ist einfach: Man ersetzt die vorgelegte Potenzreihe durch eine Funktionenreihe des Typs

$$f(z) := \sum_0^\infty a_\nu f_\nu(z) z^\nu,$$

wobei die „Konvergenzfaktoren" $f_\nu(z)$ wie folgt zu wählen sind:

1. Die Reihe soll in S normal konvergieren: dies verlangt, daß die $f_\nu(z)$ für große ν schnell klein werden.
2. Es soll $f \sim_S \sum a_\nu z^\nu$ gelten: dies verlangt, daß $f_\nu(z)$ bei festem ν schnell gegen 1 strebt, wenn z gegen 0 geht.

Wir werden sehen, daß Funktionen des Typs

$$f_\nu(z) := 1 - \exp(-b_\nu/\sqrt{z}), \quad \text{wobei } \sqrt{z} = e^{\frac{1}{2}\log z} \in \mathcal{O}(\mathbb{C}^-),$$

diese Wunscheigenschaften haben, wenn $b_\nu > 0$ geeignet gewählt wird. Wir benötigen folgenden

Satz 9.6.4 (Hilfssatz). *Es sei* $S := S(r, -\pi + \psi, \pi - \psi)$, $0 < \psi < \pi$, *ein Kreissektor um* 0 *in der geschlitzten Ebene* $\mathbb{C}^-$. *Dann hat die in* $\mathbb{C}^-$ *holomorphe Funktion* $h(z) := 1 - \exp(-b/\sqrt{z})$, $b \in \mathbb{R}$, $b > 0$, *folgende Eigenschaften:*

1) $|h(z)| \le b/|\sqrt{z}|$ *für* $z \in S$.
2) $\lim_{z\in S, z\to 0} z^{-m}(1 - h(z)) = 0$ *für jedes* $m \in \mathbb{N}$.

Beweis. ad 1). Jedes $z \in S$ hat die Form $z = |z|e^{i\varphi} \in \mathbb{C}^\times$ mit $|\varphi| < \pi - \psi$. Für $w := b/\sqrt{z}$ gilt dann $\operatorname{Re} w = be^{-\frac{1}{2}\log|z|}\cos\frac{1}{2}\varphi > 0$ wegen $b > 0$ und $|\frac{1}{2}\varphi| < \frac{1}{2}\pi$, da $\cos x$ im Intervall $(-\frac{1}{2}\pi, \frac{1}{2}\pi)$ positiv ist. Daher folgt $|h(z)| = |1 - \exp(-b/\sqrt{z})| \le b/|\sqrt{z}|$ für $z \in S$, denn allgemein gilt $|1 - e^{-w}| \le |w|$, falls $\operatorname{Re} w > 0$ (vgl. 6.3.1).

ad 2). Es gilt $z^{-m}(1 - h(z)) = z^{-m}\exp(-b/\sqrt{z})$ und also

$$|z^{-m}(1 - h(z))| = |z^{-m}|\,|\exp(-b/\sqrt{z})| = |z|^{-m}\exp(-b|z|^{-\frac{1}{2}}\cos\tfrac{1}{2}\varphi).$$

Für $z \in S$ gilt $|\varphi| < \pi - \psi$, also $\cos\frac{1}{2}\varphi > \cos\frac{1}{2}(\pi - \psi) = \sin\frac{1}{2}\psi$. Es folgt wegen $b > 0$:

$$|z^{-m}(1 - h(z))| < |z|^{-m}\exp(-b|z|^{-\frac{1}{2}}\sin\tfrac{1}{2}\psi) \quad \text{für } z \in S.$$

Setzt man $t := b/\sqrt{|z|}$, so folgt wegen $\sin\frac{1}{2}\psi > 0$:

$$\lim_{z\in S, z\to 0}|z^{-m}(1 - h(z))| = b^{-2m}\lim_{t\to+\infty} t^{2m}e^{-t\sin\frac{1}{2}\psi} = 0 \quad \text{für jedes } m \in \mathbb{N},$$

da e^{tq}, $q > 0$, mit wachsendem t schneller als jede Potenz von t gegen null strebt. □

Ein Kreissektor $S = S(r, \alpha, \beta)$ heißt *echt*, wenn $B_r(0) \setminus S$ innere Punkte[3] hat, d.h. wenn $\beta - \alpha < 2\pi$. Wir behaupten:

Satz 9.6.5 (Satz von Ritt). *Ist* S *ein echter Kreissektor um* 0, *so existiert zu jeder formalen Potenzreihe* $\sum a_\nu z^\nu$ *eine in* S *holomorphe Funktion* f, *so daß gilt:* $f \sim_S \sum a_\nu z^\nu$.

[3] Allgemein heißt ein Punkt x einer Teilmenge A eines topologischen Raumes X ein innerer Punkt von A, wenn es eine Umgebung U von x in X gibt, die in A enthalten ist.

Beweis. Dreht man S vermöge $z \mapsto e^{i\gamma} z$ in einen Kreissektor S^* und gilt $f^*(z) \sim_{S^*} \sum a_\nu e^{i\nu\gamma} z^\nu$ mit $f^* \in \mathcal{O}(S^*)$, so gilt $f(z) \sim_S \sum a_\nu z^\nu$ mit $f(z) := f^*(e^{-i\gamma} z) \in \mathcal{O}(S)$. Da S ein echter Kreissektor ist, können wir somit voraussetzen, daß S die Gestalt $S(r, -\pi+\psi, \pi-\psi)$ mit $0 < \psi < \pi$ hat. Offensichtlich brauchen wir nur Winkelräume, also den Fall $r = \infty$, zu betrachten. Wir setzen $f(z) := \sum_0^\infty a_\nu f_\nu(z) z^\nu$, wobei $f_\nu(z) := 1 - \exp(-b_\nu/\sqrt{z})$ und

$$b_\nu := (|a_\nu|\nu!)^{-1} \quad \text{falls } a_\nu \neq 0, \quad b_\nu := 0 \quad \text{sonst}, \quad \nu \in \mathbb{N}.$$

Nach Aussage 1) des Hilfssatzes gilt dann

$$|a_\nu f_\nu(z) z^\nu| \leq |b_\nu a_\nu z^{\nu-\frac{1}{2}}| \leq \left| \frac{1}{\nu!} z^\nu \right| |z|^{-\frac{1}{2}}, \quad z \in S.$$

Da $\sum \frac{1}{\nu!}$ in $\mathbb{C}$ normal konvergiert, so konvergiert f normal in S. Nach dem Weierstraßschen Konvergenzsatz (vgl. 8.4.1) folgt $f \in \mathcal{O}(S)$. In der rechten Seite der Gleichung

$$z^{-n}\left(f(z) - \sum_0^n a_\nu z^\nu\right) = -\sum_0^n a_\nu (1 - f_\nu(z)) z^{-(n-\nu)} + \sum_{\nu>n} a_\nu f_\nu(z) z^{\nu-n}$$

konvergiert die erste Summe gegen 0, falls $z \in S$ gegen 0 strebt, da jeder Summand nach Aussage 2) des Hilfssatzes diese Eigenschaft hat. Für die zweite Summe gilt, falls $z \in S$, $|z| < 1$:

$$|\sum_{\nu>n} a_\nu f_\nu(z) z^{\nu-n}| \leq \sum_{\nu>n} |a_\nu f_\nu(z) z^{\nu-n}| \leq \sum_{\nu>n} |z|^{\nu-\frac{1}{2}-n} = \frac{\sqrt{|z|}}{1-|z|},$$

daher konvergiert auch dieser Term gegen 0, wenn $z \in S$ gegen 0 strebt. □

Da es zu jedem *konvexen* Gebiet D in $\mathbb{C}$ mit $0 \in \partial G$ einen G umfassenden echten Winkelraum mit der Spitze 0 gibt (Beweis!), so folgt insbesondere, daß die Aussage des Rittschen Satzes richtig bleibt, wenn man anstelle von S konvexe Gebiete mit dem Nullpunkt als Randpunkt wählt. □

In der Terminologie des Abschnittes 1 haben wir gezeigt:

Für jeden echten Kreissektor S um 0 ist der Homomorphismus $\varphi : \mathcal{B} \to \overline{\mathcal{A}}$ surjektiv.

Der hier bewiesene Satz wurde in Spezialfällen 1916 von dem amerikanischen Mathematiker J.F. Ritt in seiner Arbeit *On the derivates of a function at a point*, Ann. Math. 18 (2. Ser.), 18–23, bewiesen. Ritt benutzt etwas andere Konvergenzfaktoren $f_\nu(z)$, indessen weist er bereits darauf hin, daß die oben benutzten Funktionen mit $\sqrt{z}$ im Nenner des Arguments von exp wohl am besten geeignet sind (S. 21). Vergleiche hierzu auch das Buch von Wasow, 41/42.

Aus dem Satz von Ritt erhält man sofort den

9.6.5 Satz von Borel

Satz 9.6.6. *Es sei* $q_0, q_1, q_2, \ldots$ *irgendeine Folge reeller Zahlen; es sei* $I := (-r, r)$, $0 < r < \infty$, *ein reelles Intervall. Dann gibt es eine Funktion* $g : I \to \mathbb{R}$ *mit folgenden Eigenschaften:*

i) In $I \setminus \{0\}$ *ist* g *reell-analytisch, d.h. um jeden Punkt von* $I \setminus \{0\}$ *in eine konvergente Potenzreihe entwickelbar.*
ii) In I *ist* g *unendlich oft differenzierbar, es gilt* $g^{(n)}(0) = q_n$ *für alle* $n \in \mathbb{N}$.

Beweis. Wir wählen einen echten Kreissektor S um 0 vom Radius r, der $I \setminus \{0\}$ enthält. Nach Satz 9.6.5 gibt es ein $f \in \mathcal{O}(S)$ mit $f \sim_S \sum \frac{q_\nu}{\nu!} z^\nu$. Setzt man $g(x) := \operatorname{Re} f(x)$ für alle $x \in I \setminus \{0\}$, so ist $g : I \setminus \{0\} \to \mathbb{R}$ reell-analytisch, insbesondere existieren alle Ableitungen $g^{(n)} : I \setminus \{0\} \to \mathbb{R}$. Da q_n reell ist, so gilt

$$\lim_{x \to 0} g^{(n)}(x) = \lim_{x \to 0} f^{(n)}(x) = n! \frac{q_n}{n!} = q_n \quad \text{für alle } n \in \mathbb{N}$$

(vgl. Abschnitt 3); mithin wird $g^{(n)}$ vermöge $g^{(n)}(0) := q_n$ zu einer stetigen Funktion $I \to \mathbb{R}$ fortgesetzt. Da $g^{(n)}$ in $I \setminus \{0\}$ die Ableitung von $g^{(n-1)}$ ist, gilt dies auch noch im Nullpunkt (sind nämlich $u : I \to \mathbb{R}$ und $v : I \to \mathbb{R}$ stetig und ist u in $I \setminus \{0\}$ differenzierbar und gilt $u' = v$ in $I \setminus \{0\}$, so ist u auch in 0 differenzierbar, und es gilt $u'(0) = v(0)$. Beweis!). Mithin ist $g^{(n)} : I \to \mathbb{R}$ die n-te Ableitung von $g = g^{(0)}$ in I. Da $g^{(n)}(0) = q_n$, so ist der Satz bewiesen. □

Übrigens hat RITT den Borelschen Satz neu entdeckt, erst nach Abfassung seiner Arbeit erfuhr er (vgl. Einleitung seiner Arbeit) von der Borelschen Dissertation, in der allerdings nur die Existenz einer in I unendlich oft differenzierbaren Funktion g mit in 0 vorgegebenen Ableitungen bewiesen wird.

Der Satz von BOREL hat, was nicht recht verständlich ist, kaum Eingang in die Lehrbuchliteratur zur reellen Analysis gefunden. Man findet den Satz etwa im Buch von R. NARASIMHAN: *Analysis on Real and Complex Manifolds*, North-Holland, Amsterdam 1968, auf den Seiten 26–31 für den Fall des $\mathbb{R}^n$; als Problem wird der Satz dem Leser gestellt bei J. DIEUDONNÉ: *Foundations of Modern Analysis*, Bd. I, Academic Press New York London 1969 (S. 192 für beliebig oft differenzierbare Abbildungen zwischen Banachräumen), vgl. auch die deutsche Übersetzung *Grundzüge der modernen Analysis*, Bd. I, Vieweg Verlag, Braunschweig 1971, S. 193.

Dabei gibt es ganz kurze reelle Beweise (die allerdings nicht zeigen, daß g in $I \setminus \{0\}$ sogar reell-analytisch gewählt werden kann), man kann z.B. wie folgt vorgehen (nach H. MIRKIL: *Differentiable Functions, Formal Power Series, And Moments*, Proc. AMS 7, 650–652 (1956)): Man verschafft sich zunächst – etwa mittels der CAUCHY-Funktion $\exp(-1/x^2)$ – eine unendlich oft differenzierbare Funktion $\varphi : \mathbb{R} \to \mathbb{R}$, so daß gilt: $\varphi(x) = 1$ für $x \in [-1, 1]$, $\varphi(x) = 0$ für $x \in \mathbb{R} \setminus (-2, 2)$. Man setzt nun

$$g_\nu(x) := \frac{q_\nu}{\nu!} x^\nu \varphi(r_\nu x), \quad \nu \in \mathbb{N},$$

wobei die positiven Zahlen $r_0, r_1, r_2, \ldots$ so gewählt werden, daß gilt:

$$|g_\nu^{(n)}|_\mathbb{R} < \frac{1}{2^\nu} \quad \text{für } n = 0, 1, \ldots, \nu - 1, \quad \nu \in \mathbb{N};$$

dies ist nach Wahl von φ möglich. Nun ist $g(x) := \sum g_\nu(x)$ nach geläufigen Konvergenzsätzen der reellen Analysis unendlich oft differenzierbar in $\mathbb{R}$. Da φ in $[-1, 1]$ konstant ist, folgt für $x \in [-r_\nu^{-1}, r_\nu^{-1}]$:

$$g_\nu^{(n)}(x) = \begin{cases} \frac{q_\nu}{(\nu-n)!} x^{\nu-n} \varphi(r_\nu x) & \text{für } n = 0, 1, \ldots, \nu; \\ 0 \quad \text{für } n > \nu. \end{cases}$$

Man sieht $g_\nu^{(n)}(0) = 0$ für $\nu \neq n$ und $g_\nu^{(n)}(0) = q_n$, also $g^{(n)}(0) = q_n$, $n \in \mathbb{N}$.

10. Isolierte Singularitäten. Meromorphe Funktionen

Funktionen mit Singularitäten sind aus der Infinitesimalrechnung wohlbekannt; z.B. sind die Funktionen

$$1/x, \quad x\sin(1/x), \quad \exp(-1/x^2), \quad x \in \mathbb{R}\setminus\{0\},$$

im Nullpunkt singulär. Das Problem der Klassifizierung isolierter Singularitäten ist im Reellen nicht befriedigend lösbar. Ganz anders liegen die Verhältnisse im Komplexen. Wir zeigen im Paragraphen 1, daß sich isolierte Singularitäten holomorpher Funktionen in einfacher Weise beschreiben lassen; als Anwendungen studieren wir im Paragraphen 2 die Automorphismen punktierter Bereiche; wir zeigen u.a., daß jeder Automorphismus von $\mathbb{C}$ linear ist.

Im Paragraphen 3 wird der Begriff der holomorphen Funktion wesentlich erweitert. Es werden meromorphe Funktionen eingeführt. In dieser größeren Funktionenalgebra kann man auch dividieren. Es gilt wie für holomorphe Funktionen ein Identitätssatz.

10.1 Isolierte Singularitäten

Ist f holomorph in einem Bereich D mit Ausnahme eines Punktes c, so heißt der Punkt c eine *isolierte Singularität von* f. Ziel dieses Paragraphen ist zu zeigen, daß es für holomorphe Funktionen lediglich drei Arten von isolierten Singularitäten gibt:

1. *hebbare* Singularitäten, die bei näherem Hinsehen überhaupt keine Singularitäten sind,
2. *Pole*, die durch Reziprokenbildung holomorpher Funktionen mit Nullstellen entstehen und in deren Nähe die Funktion *gleichmäßig über alle Grenzen wächst*,
3. *wesentliche* Singularitäten, in deren Nähe die Funktion sich so sprunghaft verhält, daß sie jedem Wert beliebig nahe kommt.

Singularitäten, wie sie die reellen Funktionen $|x|$ oder $x\sin(1/x)$ im Nullpunkt haben, gibt es in der Funktionentheorie nicht.

Wir schreiben im folgenden durchweg $D\setminus c$ statt $D\setminus\{c\}$.

10.1.1 Hebbare Singularitäten. Pole

Eine isolierte Singularität c einer holomorphen Funktion $f \in \mathcal{O}(D \setminus c)$ heißt *hebbar*, wenn f holomorph nach c fortsetzbar ist (vgl. 7.3.4).

Beispiel 10.1.1. Die Funktionen $\frac{z^2-1}{z-1}$, $\frac{z}{e^z-1}$ haben hebbare Singularitäten in 1 bzw. in 0.

Aus dem Riemannschen Fortsetzungssatz 7.3.3 folgt direkt der

Satz 10.1.1 (Hebbarkeitssatz). *Der Punkt c ist genau dann eine hebbare Singularität von $f \in \mathcal{O}(D \setminus c)$, wenn es eine Umgebung $U \subset D$ von c gibt, so daß f in $U \setminus c$ beschränkt ist.*

Ist c keine hebbare Singularität von $f \in \mathcal{O}(D \setminus c)$, so ist f um c also *nicht* beschränkt. Dann ist es naheliegend zu fragen, ob eventuell ein Produkt $(z-c)^n f(z)$ für hinreichend großes $n \in \mathbb{N}$ um c beschränkt bleibt. Trifft dies zu, so nennt man c einen *Pol von f*, alsdann heißt die natürliche Zahl

$$m := \min\{\nu \in \mathbb{N} : (z-c)^\nu f(z) \text{ ist beschränkt um } c\} \geq 1$$

die *Ordnung des Pols c von f*. Polordnungen sind also stets positiv. Die Funktion $(z-c)^{-m}$, $m \geq 1$, hat in c einen Pol der Ordnung m. Pole erster Ordnung heißen *einfach*.

Satz 10.1.2. *Folgende Aussagen über $f \in \mathcal{O}(D \setminus c)$ und $m \in \mathbb{N}$, $m \geq 1$, sind äquivalent:*

i) f hat in c einen Pol der Ordnung m.
ii) Es gibt eine Funktion $g \in \mathcal{O}(D)$ mit $g(c) \neq 0$, so daß gilt:

$$f(z) = \frac{g(z)}{(z-c)^m} \quad \text{für } z \in D \setminus c.$$

iii) Es gibt eine offene Umgebung $U \subset D$ von c und eine in $U \setminus c$ nullstellenfreie Funktion $h \in \mathcal{O}(U)$ mit einer Nullstelle m-ter Ordnung in c, so daß $f = 1/h$ in $U \setminus c$.
iv) Es gibt eine Umgebung $U \subset D$ von c und Konstanten $M > 0$, $\widehat{M} > 0$, so daß für $z \in U \setminus c$ gilt: $M|z-c|^{-m} \leq f(z) \leq \widehat{M}|z-c|^{-m}$.

Beweis. i)⇒ii): Da $(z-c)^m f(z) \in \mathcal{O}(D \setminus c)$ um c beschränkt ist, gibt es nach dem Hebbarkeitssatz ein $g \in \mathcal{O}(D)$ mit $g(z) = (z-c)^m f(z)$ in $D \setminus c$. Wäre $g(c) = 0$, so wäre $g(z) = (z-c)\widehat{g}(z)$ mit $\widehat{g} \in \mathcal{O}(D)$, und es würde folgen $\widehat{g}(z) = (z-c)^{m-1} f(z)$ in $D \setminus c$. Damit wäre $(z-c)^{m-1} f(z)$, wo $m-1 \geq 0$, um c beschränkt, was der Minimalität von m widerspricht.

ii)⇒iii): Wegen $g(c) \neq 0$ ist g in einer offenen Umgebung $U \subset D$ von c nullstellenfrei. Dann leistet $h(z) := (z-c)^m g(z)^{-1} \in \mathcal{O}(U)$ das Verlangte.

iii)$\Rightarrow$iv): Wird U klein genug gewählt, so gilt $h(z) = (z-c)^m\widehat{h}(z)$ mit einer nullstellenfreien Funktion $\widehat{h} \in \mathcal{O}(U)$, so daß $M := \inf_{z\in U}(|\widehat{h}(z)|^{-1}) > 0$, $\widehat{M} := \sup_{z\in U}(|\widehat{h}(z)|^{-1}) < \infty$. Wegen $|f(z)| = |z-c|^m|\widehat{h}(z)|^{-1}$ folgt die Behauptung.

iv)$\Rightarrow$i): Da $|(z-c)^m f(z)| \leq \widehat{M}$ für $z \in U \setminus c$, so ist $(z-c)^m f(z)$ um c beschränkt. Da $|(z-c)^{m-1} f(z)| \geq M|z-c|^{-1}$, so ist $(z-c)^{m-1}f(z)$ um c nicht beschränkt. Daher ist c ein Pol von f der Ordnung m. □

Pole entstehen also auf Grund von i)$\Leftrightarrow$iii) grundsätzlich aus Nullstellen durch *Reziprokenbildung*. Die Äquivalenz i)$\Leftrightarrow$iv) charakterisiert Pole durch das *Werteverhalten* von f um c. Man sagt, daß f *um c gleichmäßig gegen ∞ wächst*, wenn es zu jedem $M > 0$ eine Umgebung $U \subset D$ von c gibt mit $\inf_{z\in U\setminus c}|f(z)| \geq M$; man schreibt dann $\lim_{z\to c} f(z) = \infty$. (Der Leser mache sich klar, daß die Gleichung $\lim_{z\to c} f(z) = \infty$ genau dann besteht, wenn für jede Folge z_n, $z_n \in D \setminus c$, mit $\lim_{n\to\infty} z_n = c$ gilt: $\lim_{n\to\infty} f(z_n) = \infty$.) Dies gilt genau dann, wenn $\lim_{z\to c} 1/f(z) = 0$. Daher folgt aus i)$\Leftrightarrow$iii) direkt (Abschwächung von iv)):

Korollar 10.1.1. *Die Funktion $f \in \mathcal{O}(D \setminus c)$ hat genau dann einen Pol in c, wenn gilt:*

$$\lim_{z\to c} f(z) = \infty.$$

10.1.2 Entwicklung von Funktionen um Polstellen

Satz 10.1.3. *Es sei f holomorph in $D\setminus c$, und es sei c ein Pol m-ter Ordnung von f, Dann gibt es komplexe Zahlen $b_1, \ldots, b_m$ mit $b_m \neq 0$ und eine in D holomorphe Funktion $\widetilde{f}$, so daß gilt:*

$$f(z) = \frac{b_m}{(z-c)^m} + \frac{b_{m-1}}{(z-c)^{m-1}} + \cdots + \frac{b_1}{z-c} + \widetilde{f}(z), \quad z \in D \setminus c; \tag{10.1}$$

die Zahlen $b_1, \ldots, b_m$ und die Funktion $\widetilde{f}$ sind eindeutig durch f bestimmt.

Umgekehrt hat jede Funktion $f \in \mathcal{O}(D \setminus c)$, für die Gleichung (10.1) gilt, in c einen Pol der Ordnung m.

Beweis. Nach Theorem 10.1.2 gibt es eine in D holomorphe Funktion g mit $g(c) \neq 0$ und $f(z) = (z-c)^{-m}g(z)$, $z \in D \setminus c$; dabei ist g eindeutig durch f bestimmt. Die Taylorreihe von g um c läßt sich schreiben als

$$g(z) = b_m + b_{m-1}(z-c) + \cdots + b_1(z-c)^{m-1} + (z-c)^m\widetilde{f}(z) \quad \text{mit} \quad b_m = g(c) \neq 0,$$

wobei $\widetilde{f}$ in einer Kreisscheibe $B \subset D$ um c holomorph ist. Einsetzen der Reihe von g in die Gleichung $f(z) = (z-c)^{-m}g(z)$ liefert (10.1) für $z \in B \setminus c$. In $D\setminus B$ benutze man (10.1) zur Definition von $\widetilde{f}$. Die Eindeutigkeitsbehauptung ist klar wegen der Eindeutigkeit von g, ebenso ist die Umkehraussage evident.

□

Die Reihe (10.1) ist eine „Laurentreihe mit endlichem Hauptteil"; solche Reihen und Verallgemeinerungen werden in Kapitel 12 intensiv studiert. Aus (10.1) folgt

$$f'(z) = \frac{-mb_m}{(z-c)^{m+1}} + \cdots + \frac{-b_1}{(z-c)^2} + \widetilde{f}'(z), \tag{10.2}$$

damit ist wegen $mb_m \neq 0$ klar:

Ist c ein Pol der Ordnung $m \geq 1$ von $f \in \mathcal{O}(D \setminus c)$, so hat $f' \in \mathcal{O}(D \setminus c)$ in c einen Pol der Ordnung $m+1$; in der Entwicklung von f' um c kommt kein Term $a/(z-c)$ vor.

Die Zahl 1 ist also niemals die Polstellenordnung der Ableitung einer holomorphen Funktion, die als isolierte Singularitäten nur Pole hat. Wir zeigen darüber hinaus, daß es überhaupt keine holomorphen Funktionen mit isolierten Singularitäten irgendwelcher Art gibt, deren Ableitung irgendwo einen Pol erster Ordnung hat.

Satz 10.1.4. *Ist f holomorph in $D \setminus c$ und hat f' in c einen Pol k-ter Ordnung, so gilt $k \geq 2$, und f hat in c einen Pol der Ordnung $k-1$.*

Beweis. Wir dürfen $c = 0$ annehmen. Nach dem Entwicklungssatz gilt

$$f'(z) = d_k z^{-k} + \cdots + d_1 z^{-1} + h(z), \quad h \in \mathcal{O}(D), \quad d_k \neq 0, \quad z \in D \setminus 0.$$

Für jede Kreisscheibe $\overline{B} \subset D$ folgt, da f Stammfunktion von f' in $D \setminus 0$ ist:

$$0 = \int_{\partial B} f' d\zeta = 2\pi i d_1 + \int_{\partial B} h d\zeta \quad \text{wegen} \quad \int_{\partial B} \zeta^{-\kappa} d\zeta = 0 \quad \text{für } \kappa \neq 1.$$

Da $\int_{\partial B} h d\zeta = 0$ nach dem Cauchyschen Integralsatz, so folgt $d_1 = 0$. Wegen $d_k \neq 0$ ergibt sich $k > 1$. Für

$$F(z) := -\frac{1}{k-1} d_k z^{-(k-1)} - \cdots - d_2 z^{-1} + H(z),$$

wobei $H(z) \in \mathcal{O}(B)$ mit $H' = h|B$, folgt $f' = F'$, also $f = F + \text{const}$ in $B \setminus 0$. Mit F hat also auch f in 0 einen Pol der Ordnung $k-1$. □

10.1.3 Wesentliche Singularitäten. Satz von Casorati-Weierstraß

Eine isolierte Singularität c von $f \in \mathcal{O}(D \setminus c)$ heißt *wesentlich*, wenn c keine hebbare Singularität und kein Pol von f ist; z.B. ist der Nullpunkt eine wesentliche Singularität von $\exp(1/z)$ (Beweis!).

Hat f in c eine wesentliche Singularität, so sind einerseits alle Produkte $(z-c)^n f(z)$, $n \in \mathbb{N}$, *unbeschränkt um c*; andererseits gibt es aber Folgen z_n in $D \setminus c$ mit $\lim z_n = c$, so daß $\lim f(z_n)$ existiert und *endlich* ist. Unter Benutzung des in 0.2.3 eingeführten Begriffs der dicht liegenden Mengen zeigen wir mehr:

Satz 10.1.5 (Casorati, Weierstraß). *Folgende Aussagen über eine in $D \setminus c$ holomorphe Funktion f sind äquivalent:*

i) Der Punkt c ist eine wesentliche Singularität von f.
ii) Für jede Umgebung $U \subset D$ von c liegt das Bild $f(U \setminus c)$ dicht in $\mathbb{C}$.
iii) Es gibt eine Folge z_n in $D \setminus c$ mit $\lim z_n = c$, so daß die Bildfolge $f(z_n)$ keinen Limes in $\mathbb{C} \cup \{\infty\}$ hat.

Beweis. i)⇒ii): Indirekt. Wir nehmen an, es gäbe eine Umgebung $U \subset D$ von c, so daß $f(U \setminus c)$ nicht dicht in $\mathbb{C}$ liegt. Dann gibt es eine Kreisscheibe $B_r(a)$, $r > 0$, mit $f(U \setminus c) \cap B_r(a) = \emptyset$, d.h. $|f(z) - a| \geq r$ für $z \in U \setminus c$; die Funktion $g(z) := (f(z) - a)^{-1}$ ist also holomorph in $U \setminus c$ und hat, da sie durch r^{-1} beschränkt ist, eine hebbare Singularität in c. Dann hat $f(z) = a + g(z)^{-1}$ im Fall $\lim_{z \to c} g(z) \neq 0$ eine hebbare Singularität und im Fall $\lim_{z \to c} g(z) = 0$ einen Pol in c, also keine wesentliche Singularität im Widerspruch zur Voraussetzung.

ii)⇒iii⇒i): Klar nach Definition. □

Da nicht konstante holomorphe Funktionen offene Abbildungen sind, so ist in der Situation des Satzes von CASORATI-WEIERSTRASS jede Menge $f(U \setminus c)$ sogar *offen und dicht* in $\mathbb{C}$ (falls U offen ist). Es läßt sich – weit darüber hinausgehend – zeigen, daß $f(U \setminus c)$ *entweder stets ganz* $\mathbb{C}$ *ist* (wie im Fall $f(z) = \sin(1/z)$) *oder stets ganz* $\mathbb{C}$ *mit Ausnahme eines einzigen Punktes ist* (wie im Fall $f(z) = \exp(1/z)$, wo 0 als Funktionswert nicht angenommen wird); dies ist der berühmte große Satz von PICARD, den wir im zweiten Band herleiten werden.

Als einfache Folgerung aus dem Casorati-Weierstraßschen Satz notieren wir

Satz 10.1.6 (Satz von Casorati-Weierstraß für ganze Funktionen). *Ist $f(z)$ ganz transzendent, so gibt es zu jeder Zahl $a \in \mathbb{C}$ eine Folge z_n in $\mathbb{C}$ mit $|\lim z_n| = \infty$ und $\lim f(z_n) = a$.*

Der Beweis ergibt sich mit Hilfe des allgemeinen Satzes direkt aus folgendem

Lemma 10.1.1. *Die Funktion $f \in \mathcal{O}(\mathbb{C})$ ist genau dann transzendent, wenn die in $\mathbb{C}^\times$ holomorphe Funktion $f(1/z)$ im Nullpunkt eine wesentliche Singularität hat.*

Beweis. Sei $f = \sum a_\nu z^\nu$ ganz transzendent. Wäre 0 keine wesentliche Singularität von $f(1/z)$, so wäre $z^n f(1/z) = \sum_0^\infty a_\nu z^{n-\nu} \in \mathcal{O}(\mathbb{C}^\times)$ für fast alle $n \in \mathbb{N}$ holomorph nach $0 \in \mathbb{C}$ fortsetzbar. Der Cauchysche Integralsatz impliziert

$$0 = \int_{\partial \mathbb{E}} \zeta^n f(1/\zeta) \mathrm{d}\zeta = \sum_0^\infty a_\nu \int_{\partial \mathbb{E}} \zeta^{n-\nu} \mathrm{d}\zeta = 2\pi \mathrm{i} a_{n+1}$$

für fast alle n, d.h. f wäre ein Polynom. Widerspruch!

Sei $f(1/z)$ in 0 wesentlich singulär. Wäre f ein Polynom $a_0 + a_1 z + \cdots + a_n z^n$, so würde gelten

$$f(1/z) = a_n z^{-n} + \cdots + a_1 z^{-1} + a_0$$

und der Nullpunkt wäre nach Satz 10.1.3 ein Pol bzw. im Fall $n = 0$ eine hebbare Singularität von $f(1/z)$. □

Das Lemma folgt auch direkt aus Satz 12.2.4.

10.1.4 Historisches zur Charakterisierung isolierter Singularitäten

Die Beschreibung von Polen durch das Wachstumsverhalten sowie den Entwicklungssatz 10.1.3 findet man bereits 1851 bei RIEMANN ([R], Art. 13). Das Wort „Pol" wurde 1875 von BRIOT und BOUQUET eingeführt ([BB], 2. Aufl., S. 15); WEIERSTRASS benutzt die Redeweise „außerwesentliche singuläre Stelle" als Gegensatz zu den „wesentlich singulären Stellen" ([W_3], S. 78).

Üblicherweise nennt man die Implikation i)⇒ii) des Satzes 10.1.5 den Satz von CASORATI-WEIERSTRASS. Dieser Satz wurde 1868 von dem italienischen Mathematiker Felice CASORATI (1825–1890, Professor in Padua) gefunden, der hier wiedergegebene Beweis geht auf ihn zurück (*Un teorema fondamentale nella teorica delle discontinuità delle funzioni*, Opere 1, 279–281). WEIERSTRASS hat den Satz 1876 unabhängig von CASORATI angegeben; er formuliert ihn so ([W_3]), S. 124):

„Hiernach ändert sich die Function $f(x)$ in einer unendlich kleinen Umgebung der Stelle c in der Art discontinuierlich, dass sie jedem willkürlich angenommenen Werthe beliebig nahe kommen kann, für $x = c$ also einen bestimmten Werth nicht besitzt."

Den Satz von CASORATI und WEIERSTRASS für ganze Funktionen kannten BRIOT und BOUQUET bereits 1859, ihre Formulierung ist allerdings inkorrekt ([BB], 1. Aufl., § 38). Der Zustand der Theorie um 1882 ist sehr schön wiedergegeben im Artikel von O. HÖLDER: *Beweis des Satzes, dass eine eindeutige analytische Function in unendlichen Nähe einer wesentlichen Stelle jedem Werth beliebig nahe kommt*, Math. Ann. 20, 138–142 (1882). Zum Satz von CASORATI-WEIERSTRASS vgl. man auch: E. NEUENSCHWANDER, *The Casorati-Weierstraß theorem (studies in the history of complex functiontheory I)*, Hist. Math. 5, 139–166 (1978).

Aufgaben

1. Klassifizieren Sie die isolierten Singularitäten der folgenden Funktionen, und geben Sie im Falle eines Pols dessen Ordnung an:

$$\frac{z^4}{(z^4+16)^2}, \quad \frac{1-\cos z}{\sin z}, \quad \frac{z}{e^z - z + 1},$$

$$\frac{z^2 - \pi^2}{\sin^2 z}, \quad \frac{1}{e^z - 1} - \frac{1}{z - 2\pi i}, \quad \exp(1/z^3).$$

2. Zeigen Sie, daß eine nicht hebbare Singularität c von $f \in \mathcal{O}(D \setminus c)$ stets eine wesentliche Singularität von $\exp f(z)$ ist.
3. Sei $f \in \mathcal{O}(D \setminus c)$ und $p \in \mathbb{C}[z]$ nicht-konstant. Genau dann ist c eine hebbare Singularität (bzw. ein Pol bzw. eine wesentliche Singularität) von $f(z)$, wenn c eine hebbare Singularität (bzw. ein Pol bzw. eine wesentliche Singularität) von $p(f(z))$ ist.

10.2 * Automorphismen punktierter Bereiche

Die Resultate des Paragraphen 1 gestatten es, Automorphismen von $D \setminus c$ zu Automorphismen von D fortzusetzen. Damit ist es möglich, die Gruppen $\operatorname{Aut}\mathbb{C}$ und $\operatorname{Aut}(\mathbb{C}^\times)$ explizit anzugeben, ferner lassen sich beschränkte Gebiete angeben, die überhaupt keine von der identischen Abbildung verschiedenen Automorphismen haben (Starrheit).

10.2.1 Isolierte Singularitäten holomorpher Injektionen

Satz 10.2.1. *Es sei A lokal endlich in D; es sei $f : D \setminus A \to \mathbb{C}$ holomorph und injektiv. Dann gilt:*

a) Kein Punkt $c \in A$ ist eine wesentliche Singularität von f.
b) Ist $c \in A$ ein Pol von f, so ist c ein Pol 1. Ordnung.
c) Ist jeder Punkt von A eine hebbare Singularität von f, so ist die holomorphe Fortsetzung $\widehat{f} : D \to \mathbb{C}$ injektiv.

Beweis. a) Sei B eine Kreisscheibe um c, so daß $B \cap A = \{c\}$ und $D' := D \setminus (A \cup \overline{B}) \neq \emptyset$. Dann ist $f(D')$ nicht leer und offen (Offenheitssatz). Da $f(B \setminus c)$ wegen der Injektivität die Menge $f(D')$ nicht trifft, so ist c nach dem Satz von CASORATI-WEIERSTRASS keine wesentliche Singularität von f.

b) Ist c ein Pol von f der Ordnung $m \geq 1$, so gibt es eine Umgebung $U \subset D$ von c mit $U \cap A = \{c\}$, so daß $g := (1/f)|U$ in U holomorph ist und in c eine Nullstelle der Ordnung m hat, vgl. Satz 10.1.2. Mit f ist $g : U \setminus c \to \mathbb{C} \setminus 0$ injektiv, daher ist auch $g : U \to \mathbb{C}$ injektiv. Nach Satz 9.4.1 folgt $g'(c) \neq 0$, d.h. $m = 1$.

c) Gibt es zwei verschiedene Punkte $a, a' \in D$ mit $p := \widehat{f}(a) = \widehat{f}(a')$, so wählen wir Kreisscheiben B, B' um a, a' mit $B \cap B' = \emptyset$ und $B \setminus a \subset D \setminus A$, $B' \setminus a' \subset D \setminus A$. Dann ist $\widehat{f}(B) \cap \widehat{f}(a')$ eine Umgebung von p, es gibt also Punkte $b \in B \setminus a$, $b' \in B' \setminus a'$ mit $f(b) = f(b')$. Da $b \neq b'$ und $b, b' \in D \setminus A$, so haben wir einen Widerspruch zur Injektivität von f. □

10.2.2 Die Gruppen Aut $\mathbb{C}$ und Aut($\mathbb{C}^\times$)

Jede Abbildung $\mathbb{C} \to \mathbb{C}$, $z \mapsto az + b$, $a \in \mathbb{C}^\times$, $b \in \mathbb{C}$, ist biholomorph, speziell eine holomorphe Injektion. Wir zeigen umgekehrt:

Satz 10.2.2. *Jede injektive holomorphe Abbildung $f : \mathbb{C} \to \mathbb{C}$ ist linear:*

$$f(z) = az + b, \quad a \in \mathbb{C}^\times, b \in \mathbb{C}.$$

Beweis. Mit f ist auch $f(1/z)$, $z \in \mathbb{C}^\times$, injektiv. Nach Satz 10.2.1 a) mit $D := \mathbb{C}$, $A := \{0\}$ ist 0 keine wesentliche Singularität von $f(1/z)$, nach Lemma 10.1.1 ist f dann ein Polynom, also auch f'. Da f' wegen der Injektivität von f keine Nullstellen hat, ist f' nach dem Fundamentalsatz der Algebra konstant, f mithin linear. □

Holomorphe Injektionen $\mathbb{C} \to \mathbb{C}$ bilden also $\mathbb{C}$ stets biholomorph auf $\mathbb{C}$ ab, speziell folgt

$$\mathrm{Aut}\,\mathbb{C} = \{f : \mathbb{C} \to \mathbb{C},\ z \mapsto az + b : a \in \mathbb{C}^\times, b \in \mathbb{C}\}.$$

Diese sog. *affine* Gruppe von $\mathbb{C}$ ist nicht abelsch. Die Menge

$$T := \{f \in \mathrm{Aut}\,\mathbb{C} :\ f(z) = z + b, b \in \mathbb{C}\}$$

der Translationen ist ein abelscher Normalteiler von Aut $\mathbb{C}$; die Ebene $\mathbb{C}$ ist homogen bezüglich T.

Die hier betrachtete Gruppe Aut $\mathbb{C}$ darf nicht mit der Gruppe der *Körperautomorphismen* von $\mathbb{C}$ verwechselt werden. □

Die Abbildungen $z \mapsto az$ und $z \mapsto az^{-1}$, $a \in \mathbb{C}^\times$, sind Automorphismen von $\mathbb{C}^\times$. Die Umkehrung enthält folgender

Satz 10.2.3. *Jede injektive holomorphe Abbildung $f : \mathbb{C}^\times \to \mathbb{C}^\times$ hat die Form*

$$f(z) = az \quad \textit{oder} \quad f(z) = az^{-1}, \quad a \in \mathbb{C}^\times.$$

Beweis. Nach Satz 10.2.1 mit $D := \mathbb{C}$, $A := \{0\}$ sind zwei Fälle möglich:

a) Der Nullpunkt ist hebbare Singularität von f. Die holomorphe Fortsetzung $f : \mathbb{C} \to \mathbb{C}$ ist dann injektiv; es folgt $f(z) = az + b$ $a \in \mathbb{C}^\times$, $b \in \mathbb{C}$, nach obigem Satz. Wegen $f(\mathbb{C}^\times) \subset \mathbb{C}^\times$ und $f(-ba^{-1}) = 0$ folgt $b = 0$.

b) Der Nullpunkt ist ein Pol (1. Ordnung) von f. Da $w \mapsto w^{-1}$ ein Automorphismus von $\mathbb{C}^\times$ ist, so ist auch $z \mapsto g(z) := 1/f(z)$ eine injektive holomorphe Abbildung von $\mathbb{C}^\times$ in sich. Da 0 nach Theorem 10.1.2 eine Nullstelle von g ist, folgt $g(z) = dz$, $d \in \mathbb{C}^\times$, nach a), also $f(z) = az^{-1}$ mit $a := d^{-1}$. □

Holomorphe Injektionen $\mathbb{C}^\times \to \mathbb{C}^\times$ bilden also stets $\mathbb{C}^\times$ biholomorph auf $\mathbb{C}^\times$ ab, speziell folgt:

$$\begin{aligned}\operatorname{Aut}\mathbb{C}^\times = &\{f : \mathbb{C}^\times \to \mathbb{C}^\times,\ z \mapsto az; a \in \mathbb{C}^\times\}\\ &\cup\{f : \mathbb{C}^\times \to \mathbb{C}^\times,\ z \mapsto az^{-1}; a \in \mathbb{C}^\times\}.\end{aligned}$$

Diese Gruppe ist nicht abelsch, sie zerfällt in zwei „zu $\mathbb{C}^\times$ isomorphe Zusammenhangskomponenten"; die Komponente $L := \{f : \mathbb{C}^\times \to \mathbb{C}^\times,\ z \mapsto az; a \in \mathbb{C}^\times\}$ ist ein abelscher Normalteiler von $\operatorname{Aut}\mathbb{C}^\times$: die punktierte Ebene $\mathbb{C}^\times$ ist homogen bezüglich L (vgl. 2.3.4).

10.2.3 Automorphismen punktierter beschränkter Bereiche

Für jede Teilmenge M von D ist die Menge

$$\operatorname{Aut}_M D := \{f \in \operatorname{Aut} D : f(M) = M\}$$

aller Automorphismen von D, die M (bijektiv) auf sich abbilden, eine Untergruppe von $\operatorname{Aut} D$, besteht M aus einem einzigen Punkt c, so ist dies gerade die in 9.2.2 eingeführte Isotropiegruppe von c bez. $\operatorname{Aut} D$. Ist $D \setminus M$ wieder ein Bereich, so bestimmt jede Abbildung $f \in \operatorname{Aut}_M D$ vermöge Einschränkung auf $D \setminus M$ einen Automorphismus von $D \setminus M$. Damit ist ein Gruppenhomomorphismus $\operatorname{Aut}_M D \to \operatorname{Aut}(D \setminus M)$ definiert. Liegen Punkte von $D \setminus M$ in jeder Zusammenhangskomponente von D, so ist diese Abbildung *injektiv* (denn dann ist jeder Automorphismus $g \in \operatorname{Aut}_M D$, der auf $D \setminus M$ die Identität ist, nach dem Identitätssatz auf ganz D die Identität); speziell gilt also:

Ist M abgeschlossen in D und hat M keine inneren Punkte, so ist $\operatorname{Aut}_M D$ *in natürlicher Weise eine Untergruppe von* $\operatorname{Aut}(D \setminus M)$.

In interessanten Fällen ist $\operatorname{Aut}_M D$ bereits die volle Gruppe $\operatorname{Aut}(D \setminus M)$.

Satz 10.2.4. *Ist D beschränkt und hat D keine isolierten Randpunkte, so ist für jede lokal endliche Teilmenge A von D der Homomorphismus* $\operatorname{Aut}_A D \to \operatorname{Aut}(D \setminus A)$ *bijektiv.*

Beweis. Es ist nur zu zeigen, daß zu jedem $f \in \operatorname{Aut}(D \setminus A)$ ein $\widehat{f} \in \operatorname{Aut}_A D$ mit $\widehat{f}|D \setminus A = f$ existiert. Da D beschränkt ist, so sind f und die Umkehrabbildung $g := f^{-1}$ wegen $f(D \setminus A) = g(D \setminus A) = D \setminus A \subset D$ beschränkt. Da A diskret und abgeschlossen in D ist, und da f und g um jeden Punkt von A beschränkt sind, so sind f und g nach dem Riemannschen Fortsetzungssatz zu holomorphen Funktionen $\widehat{f} : D \to \mathbb{C}$, $\widehat{g} : D \to \mathbb{C}$ fortsetzbar. Nach Satz 10.2.1 c) sind $\widehat{f}$ und $\widehat{g}$ injektiv.

Wir zeigen als nächstes: $\widehat{f}(D) \subset D$. Da $\widehat{f}$ insbesondere stetig ist, so liegt $\widehat{f}(D)$ jedenfalls in der abgeschlossenen Hülle $\overline{D}$ von D. Gäbe es einen Punkt

$p \in D$ mit $\widehat{f}(p) \in \partial D$, so wäre $p \in A$, und es gäbe, da A diskret ist, eine Kreisscheibe B um p mit $B \setminus p \subset D \setminus A$. Da $\widehat{f}$ offen abbildet, so wäre $\widehat{f}(B)$ eine Umgebung von $\widehat{f}(p)$; da $\widehat{f}$ injektiv ist, würde folgen

$$\widehat{f}(B) \setminus \widehat{f}(p) = \widehat{f}(B \setminus p) \subset D,$$

d.h. $\widehat{f}(p)$ wäre ein isolierter Randpunkt von D im Widerspruch zur Voraussetzung. Es folgt $\widehat{f}(D) \subset D$. Ebenso zeigt man $\widehat{g}(D) \subset D$. Mithin sind die Abbildungen $\widehat{f} \circ \widehat{g} : D \to \mathbb{C}$ und $\widehat{g} \circ \widehat{f} : D \to \mathbb{C}$ wohldefiniert. Da $f \circ g = g \circ f = \text{id}$ auf $D \setminus A$, so folgt $\widehat{f} \circ \widehat{g} = \widehat{g} \circ \widehat{f} = \text{id}$ auf D, d.h. $\widehat{f} \in \operatorname{Aut} D$. Wegen $\widehat{f}(D \setminus A) = D \setminus A$ folgt $\widehat{f}(A) = A$, d.h. $\widehat{f} \in \operatorname{Aut}_A D$. □

Beispiel 10.2.1. Für den punktierten Einheitskreis $\mathbb{E}^\times := \mathbb{E} \setminus 0$ ist $\operatorname{Aut} \mathbb{E}^\times$ zur Kreisgruppe S^1 isomorph:

$$\operatorname{Aut} \mathbb{E}^\times = \{f : \mathbb{E}^\times \to \mathbb{E}^\times, z \mapsto az;\ a \in S^1\}.$$

Beweis. Nach unserem Satz gilt $\operatorname{Aut} \mathbb{E}^\times = \operatorname{Aut}_0 \mathbb{E}$; daher folgt die Behauptung aus Satz 9.2.1. □

Der in diesem Abschnitt bewiesenen Satz ist ein Fortsetzungssatz für Automorphismen von $D \setminus A$ zu Automorphismen von D. Die Beschränktheit von D ist wesentlich, wie das Beispiel $D := \mathbb{C}$, $A := \{0\}$, $f(z) := z^{-1}$ zeigt. Der Satz wird ebenfalls falsch, wenn D isolierte Randpunkte hat: setzt man etwa $D := \mathbb{E}^\times$ (0 ist isolierter Randpunkt von $\mathbb{E}^\times$), $A := \{c\}$, $c \in \mathbb{E}^\times$, so folgt $\operatorname{Aut}_c \mathbb{E}^\times = \{\text{id}\}$ auf Grund des vorangehenden Beispiels, indessen ist

$$z \mapsto \frac{z - c}{\bar{c}z - 1}.$$

ein Automorphismus $\neq$ id von $\mathbb{E}^\times \setminus c$ (der als Automorphismus von $\mathbb{E}$ die Punkte 0 und c vertauscht!) (vgl. auch Korollar 10.2.1 im nächsten Abschnitt).

10.2.4 Starre Gebiete

Ein Bereich D heißt *starr*, wenn D keinen Automorphismus $\neq$ id besitzt. Wir wollen starre beschränkte Gebiete konstruieren. Dazu beweisen wir vorbereitend

Satz 10.2.5. *Es sei $A \subset \mathbb{E}^\times$ nicht leer und endlich. Dann gibt es einen natürlichen Gruppenmonomorphismus $\pi : \operatorname{Aut}(\mathbb{E}^\times \setminus A) \to \operatorname{Perm}(A \cup \{0\})$ in die (zu einer symmetrischen Gruppe $\mathfrak{S}_n$ isomorphe) Permutationsgruppe der Menge $A \cup \{0\}$.*

Beweis. Wegen $\mathbb{E}^\times \setminus A = \mathbb{E} \setminus (A \cup \{0\})$ gilt $\operatorname{Aut}(\mathbb{E}^\times \setminus A) = \operatorname{Aut}_{A \cup \{0\}} \mathbb{E}$ nach Satz 10.2.4 Jeder Automorphismus f von $\mathbb{E}^\times \setminus A$ bildet also $A \cup \{0\}$ bijektiv auf sich ab und induziert folglich eine Permutation $\pi(f)$ von $A \cup \{0\}$. Es ist klar, daß die Zuordnung $f \mapsto \pi(f)$ ein Gruppenhomomorphismus $\pi : \operatorname{Aut}(\mathbb{E}^\times \setminus A) \to \operatorname{Perm}(A \cup \{0\})$ ist. Da Automorphismen $\neq$ id von $\mathbb{E}$ höchstens einen Fixpunkt haben (Satz 9.2.4), so ist π wegen $A \neq \emptyset$ injektiv. □

Korollar 10.2.1. *Jede Gruppe* $\mathrm{Aut}(\mathbb{E}^\times \setminus c)$, $c \in \mathbb{E}^\times$ *ist zur zyklischen Gruppe* $\mathfrak{S}_2$ *isomorph; die Abbildung* $g(z) := \frac{z-c}{\bar{c}z-1}$ *ist der einzige Automorphismus* $\neq \mathrm{id}$ *von* $\mathbb{E}^\times \setminus c$.

Beweis. Nach dem Satz ist $\mathrm{Aut}(\mathbb{E}^\times \setminus c)$ isomorph zu einer Untergruppe von $\mathrm{Perm}\{0, c\} \cong \mathfrak{S}_2$; nach Satz 2.3.3 gilt $g \in \mathrm{Aut}(\mathbb{E}^\times \setminus c)$. □

Korollar 10.2.2. *Es seien* $a, b \in \mathbb{E}^\times$, $a \neq b$. *Dann gilt* $\mathrm{Aut}(\mathbb{E}^\times \setminus \{a, b\}) \neq \{id\}$ *genau dann, wenn* a *und* b *einer der folgenden Bedingungen genügen:*

$$a = -b \quad oder \quad 2b = a + \bar{a}b^2 \quad oder \quad 2a = b + \bar{b}a^2 \quad oder$$

$$|a| = |b| \quad und \quad a^2 + b^2 = ab(1 + |b|^2).$$

Beweis. Da $\mathrm{Aut}(\mathbb{E}^\times \setminus \{a, b\}) = \mathrm{Aut}_{\{0,a,b\}} \mathbb{E}$ nach Satz 10.2.4, so hat nach Theorem 9.2.3 jedes $f \in \mathrm{Aut}(\mathbb{E}^\times \setminus \{a, b\})$ die Form $f(z) = e^{i\varphi} \frac{z-w}{\bar{w}z-1}$, $w \in \mathbb{E}, \varphi \in (0, 2\pi]$. Es gilt $f \neq \mathrm{id}$ genau dann, wenn $f : \{0, a, b\} \to \{0, a, b\}$ nicht die identische Abbildung ist. Es sind *fünf* Fälle möglich, von denen wir zwei diskutieren:

$$f(0) = 0, f(a) = b, f(b) = a \quad \Leftrightarrow \quad f(z) = e^{i\varphi} z \text{ mit } e^{i\varphi} a = b \text{ und } e^{i\varphi} b = a.$$

Das tritt genau dann ein, wenn $e^{2i\varphi} = 1$, d.h. wenn $e^{i\varphi} = \pm 1$, d.h. wenn $a = -b$ (wegen $a \neq b$).

$$f(0) = a, f(a) = b, f(b) = 0 \quad \Leftrightarrow \quad f(z) = e^{i\varphi} \frac{z-b}{\bar{b}z-1}$$

$$\text{mit } a = e^{i\varphi} b \text{ und } b(\bar{b}a - 1) = e^{i\varphi}(a - b).$$

Dies führt zum Fall $|a| = |b|$ und $a^2 + b^2 = ab(1 + |b|^2)$. Analog werden die restlichen drei Fälle erledigt.

Folgerung 3. *Das Gebiet* $\mathbb{E} \setminus \{0, \frac{1}{2}, \frac{3}{4}\}$ *ist starr.*

Aufgaben

1. Ist $f : \mathbb{C}^\times \to \mathbb{C}$ holomorph und injektiv, so gilt $f(\mathbb{C}^\times) = \mathbb{C} \setminus c$ mit $c \in \mathbb{C}$.
2. Zeigen Sie: $\mathrm{Aut}(\mathbb{C} \setminus \{0, 1\}) = \{z \mapsto z^{\pm 1}, z \mapsto [z(z-1)^{-1}]^{\pm 1}$.
3. Für welche $c \in \mathbb{H}$ ist das Gebiet $\mathbb{H} \setminus \{i, 2i, c\}$ starr?

10.3 Meromorphe Funktionen

Holomorphe Funktionen mit Polen spielten in der Funktionentheorie seit Anbeginn eine so große Rolle, daß für sie schon früh ein eigener Name eingeführt wurde. Bereits 1875 nennen BRIOT und BOUQUET solche Funktionen *meromorph* ([BB], 2. Aufl., S. 15): „Lorsqu'une fonction est holomorphe dans une partie du plan, excepté en certains pôles, nous dirons qu'elle est *méromorphe* dans cette partie du plan, c'est-à-dire semblable aux fractions rationnelles."

Meromorphe Funktionen lassen sich nicht nur addieren, subtrahieren und multiplizieren, sondern auch – und das ist ihr großer Vorteil gegenüber holomorphen Funktionen – dividieren; dadurch wird ihre algebraische Struktur im

Vergleich zu holomorphen Funktionen einfacher; speziell bilden die in einem Gebiet meromorphen Funktionen einen Körper.

In den Abschnitten 1 bis 3 werden die algebraischen Grundlagen der Theorie der meromorphen Funktionen besprochen; im Abschnitt 4 wird die Ordnungsfunktion o_c auf meromorphe Funktionen erweitert.

10.3.1 Definition der Meromorphie

Eine Funktion f heißt *meromorph* in D, wenn es eine (von f abhängende) diskrete Teilmenge $P(f)$ von D gibt, so daß f in $D \setminus P(f)$ holomorph ist und in jedem Punkt von $P(f)$ einen Pol hat. Die Menge $P(f)$ heißt die *Polstellenmenge* von f. Wegen der Offenheit von $D \setminus P(f)$ ist insbesondere $P(f)$ eine *lokal endliche* Menge.

Man beachte, daß der Fall einer leeren Polstellenmenge zugelassen wird:

Es sind in D holomorphe Funktionen insbesondere meromorph.

Da $P(f)$ lokal endlich in D ist, so folgt für a-Stellen (vgl. 8.1.2):

Die Polstellenmenge einer jeden in D meromorphen Funktion ist leer oder endlich oder abzählbar unendlich.

In D meromorphe Funktionen f mit $P(f) \neq \emptyset$ sind *keine* Abbildungen $D \to \mathbb{C}$. Im Hinblick auf Korollar 10.1.1 ist es natürlich und bequem, als Funktionswert in einem Pol das Element ∞ zu wählen:

$$f(t) := \infty \quad \text{für } z \in P(f).$$

Meromorphe Funktionen in D sind dann spezielle Abbildungen $D \to \mathbb{C} \cup \infty$.

Beispiele 10.3.1. 1. Jede *rationale* Funktion

$$h(z) = \frac{a_0 + a_1 z + \cdots + a_m z^m}{b_0 + b_1 z + \cdots + b_n z^n}, \quad b_n \neq 0,\ m, n \in \mathbb{N},$$

ist meromorph in $\mathbb{C}$, die Polstellenmenge von $h(z)$ ist *endlich* und in der Nullstellenmenge des Nennerpolynoms enthalten.

2. Die Cotangensfunktion $\cot \pi z = \cos \pi z / \sin \pi z$ ist meromorph, aber nicht rational in $\mathbb{C}$; die Polstellenmenge ist abzählbar unendlich:

$$P(\cot \pi z) = N(\sin \pi z) = \mathbb{Z}.$$

□

Eine Funktion f heißt *meromorph* in c, wenn f in einer Umgebung von c meromorph ist. Nach dem Entwicklungssatz 10.1.3 hat jede solche Funktion $f \neq 0$ um c eine Darstellung

$$f(z) = \sum_{\nu=m}^{\infty} a_\nu (z-c)^\nu$$

mit eindeutig bestimmten Zahlen $a_\nu \in \mathbb{C}$, $a_m \neq 0$, $m \in \mathbb{Z}$; man nennt $\sum_m^{-1} a_\nu(z-c)^\nu$ *Hauptteil von* f *in* c (falls $m \geq 0$, so sei der Hauptteil null).

Da $\sin \pi z = (-1)^n \pi(z-n) + \ldots$ und $\cos \pi z = (-1)^n + a(z-n)^2 + \ldots$, so folgt

$$\pi \cot \pi z = \frac{1}{z-n} + \text{Potenzreihe in } (z-n) \quad \text{für jedes } n \in \mathbb{Z}. \tag{10.3}$$

Diese Gleichung wird in 11.2.1 zur Gewinnung der Partialbruchreihe des Cotangens herangezogen.

10.3.2 Die $\mathbb{C}$-Algebra $\mathcal{M}(D)$ der in D meromorphen Funktionen

Für die Gesamtheit aller in D meromorphen Funktionen gibt es keine allgemein verbindliche Bezeichnung. In neuerer Zeit hat sich, vor allem in der Funktionentheorie mehrerer Veränderlicher, die Notation

$$\mathcal{M}(D) := \{h : h \text{ ist meromorph in } D\}$$

durchgesetzt, die auch wir benutzen werden. Es gilt $\mathcal{O}(D) \subsetneqq \mathcal{M}(D)$.

Meromorphe Funktionen lassen sich addieren, subtrahieren und multiplizieren. Sind nämlich $f, g \in \mathcal{M}(D)$ mit Polstellenmengen $P(f)$, $P(g)$ gegeben, so ist $P(f) \cup P(g)$ wieder lokal endlich in D, in $D \setminus (P(f) \cup P(g))$ sind f und g holomorph, daher sind die holomorphen Funktionen $f \pm g$ und $f \cdot g$ in $D \setminus (P(f) \cup P(g))$ eindeutig bestimmt. Zu jedem Punkt $c \in P(f) \cup P(g)$ gibt es natürliche Zahlen m, n und eine Umgebung $U \subset D$ von c mit $U \cap (P(f) \cup P(g)) = c$, so daß $(z-c)^m f(z)$ und $(z-c)^n g(z)$ beschränkt in $U \setminus c$ sind (vgl. Theorem 10.1.2; es ist $m = 0$ bzw. $n = 0$, falls $c \notin P(f)$ bzw. $c \notin P(g)$). Dann ist auch jede Funktion

$$(z-c)^{m+n} \cdot [f(z) \pm g(z)]$$

beschränkt in $U \setminus c$. Der Punkt c ist also, falls er keine hebbare Singularität ist, ein Pol von $f \pm g$. Die Polstellenmenge dieser Funktionen sind also Teilmengen von $P(f) \cup P(g)$ und als solche wieder lokal endlich, damit folgt $f \pm g \in \mathcal{M}(D)$. Die Rechenregeln für holomorphe Funktionen implizieren:

$\mathcal{M}(D)$ ist eine $\mathbb{C}$-Algebra (bezüglich punktweiser Addition, Subtraktion und Multiplikation). Die $\mathbb{C}$-Algebra $\mathcal{O}(D)$ ist eine $\mathbb{C}$-Unteralgebra von $\mathcal{M}(D)$. Für $f, g \in \mathcal{M}(D)$ gilt:

$$P(-f) = P(f), \quad P(f \pm g) \subset P(f) \cup P(g)$$

$P(f \pm g)$ ist i.allg. echt kleiner als $P(f) \cup P(g)$. Setzt man für $D := \mathbb{C}$ z.B. $f(z) := z^{-1}$, $g(z) := z - z^{-1}$, so gilt $P(f) = P(g) = \{0\}$, aber $P(f+g) = \emptyset \neq P(f) \cup P(g)$; für $f(z) := z^{-1}$, $g(z) := z$ gilt $P(f) = \{0\}$, $P(g) = \emptyset$, aber $P(fg) = \emptyset \neq P(f) \cup P(g)$. □

Die $\mathbb{C}$-Algebra $\mathcal{M}(D)$ ist wie $\mathcal{O}(D)$ abgeschlossen bezüglich Differentiation, genauer gilt (aus Grund der Ergebnisse aus 10.1.2):

Mit f ist auch f' meromorph in D; f und f' haben dieselbe Polstellenmenge: $P(f') = P(f)$; ist q der Hauptteil von f in $c \in D$, so ist q' der Hauptteil von f' in c.

10.3.3 Division von meromorphen Funktionen

Im Ring $\mathcal{O}(D)$ der in D holomorphen Funktionen darf man genau dann durch $g \in \mathcal{O}(D)$ dividieren, wenn g nullstellenfrei in D ist. Im Ring $\mathcal{M}(D)$ darf man – und das ist von großem Vorteil – auch durch Funktionen dividieren, die Nullstellen haben. Unter der *Nullstellenmenge $N(f)$ einer meromorphen Funktion $f \in \mathcal{M}(D)$* verstehen wir die Nullstellenmenge der holomorphen Funktion $f|D \setminus P(f) \in \mathcal{O}(D \setminus P(f))$. Offensichtlich ist $N(f)$ in ganz D abgeschlossen.

Satz 10.3.1 (Einheitensatz). *Folgende Aussagen über eine meromorphe Funktion $e \in \mathcal{M}(D)$ sind äquivalent:*

i) e ist Einheit in $\mathcal{M}(D)$, d.h. es gilt $e\widehat{e} = 1$ mit $\widehat{e} \in \mathcal{M}(D)$.
ii) Die Nullstellenmenge $N(e)$ ist lokal endlich in D.

Ist i) erfüllt, so gilt: $P(\widehat{e}) = N(e)$, $N(\widehat{e}) = P(e)$.

Beweis. i)⇒ii): Die Gleichung $e\widehat{e} = 1$ impliziert unmittelbar:

$$e(c) = 0 \Leftrightarrow \widehat{e}(c) = \infty \quad \text{und} \quad e(c) = \infty \Leftrightarrow \widehat{e}(c) = 0.$$

Dies bedeutet $N(e) = P(\widehat{e})$ und $P(e) = N(\widehat{e})$, insbesondere ist also $N(e)$ als Polstellenmenge einer in D meromorphen Funktion diskret in D.

ii)⇒i): Die Menge $A := N(e) \cup P(e)$ ist lokal endlich und abgeschlossen in D. In $D \setminus A$ ist $\widehat{e} := 1/e$ holomorph. Jeder Punkt von $N(e)$ ist ein Pol von $\widehat{e}$ (vgl. Theorem 10.1.2); jeder Punkt $c \in P(e)$ ist wegen $\lim_{z \to c} 1/e(z) = 0$ eine hebbare Singularität (Nullstelle) von $\widehat{e}$. Dies bedeutet $\widehat{e} \in \mathcal{M}(D)$. □

Auf Grund des Einheitensatzes ist im Ring $\mathcal{M}(D)$ der Quotient f/g zweier Elemente $f, g \in \mathcal{M}(D)$ genau dann definiert, wenn $N(g)$ lokal endlich in D ist. Insbesondere gilt $f/g \in \mathcal{M}(D)$ für $f, g \in \mathcal{O}(D)$, falls $N(g)$ lokal endlich in D ist.

Eine wichtige Folgerung aus dem Einheitensatz ist

Korollar 10.3.1. *Die $\mathbb{C}$-Algebra $\mathcal{M}(G)$ aller in einem Gebiet G meromorphen Funktionen ist ein Körper.*

Beweis. Sei $f \in \mathcal{M}(G)$ nicht das Nullelement. Dann ist $f|G \setminus P(f)$ nicht das Nullelement von $\mathcal{O}(G \setminus P(f))$. Da mit G auch $G \setminus P(f)$ ein Gebiet ist (Beweis!), so ist $N(f)$ diskret in G (vgl. 8.1.2). Nach dem Einheitensatz sind folglich alle Elemente $\neq 0$ aus $\mathcal{M}(G)$ Einheiten in $\mathcal{M}(G)$. □

Der Körper $\mathcal{M}(\mathbb{C})$ enthält den Körper $\mathbb{C}(z)$ der rationalen Funktionen als *echten* Unterkörper, da z.B. $\exp z, \cot z \notin \mathbb{C}(z)$.

Jeder Integritätsring besitzt einen kleinsten umfassenden Körper, seinen sog. *Quotientenkörper.* Der Quotientenkörper von $\mathcal{O}(G)$, der aus allen Quotienten f/g, $f, g \in \mathcal{O}(G)$, $g \neq 0$ besteht, ist mithin im Körper $\mathcal{M}(G)$ enthalten. Eine selbst für $G = \mathbb{C}$ nichttriviale Einsicht, die wir erst im zweiten Band mittels des Weierstraßschen Produktsatzes beweisen werden, ist:

Der Körper $\mathcal{M}(G)$ ist der Quotientenkörper von $\mathcal{O}(G)$.

In 9.4.5 wurde jeder nichtkonstanten holomorphen Abbildung $g : G \to G'$ der Liftungsmonomorphismus $g^* : \mathcal{O}(G') \to \mathcal{O}(G)$, $h \mapsto h \circ g$, zugeordnet. Wir zeigen:

Die Abbildung $g^* : \mathcal{O}(G') \to \mathcal{O}(G)$ ist zu einem Algebra-Monomorphismus $g* : \mathcal{M}(G') \to \mathcal{M}(G)$ des Körpers der in G' meromorphen Funktionen in den Körper der in G meromorphen Funktionen fortsetzbar; für jedes $h \in \mathcal{M}(G')$ gilt dabei $P(g^*(h)) = g^{-1}(P(h))$.

Beweis. Da g nicht konstant und jede Menge $P(h)$, $h \in \mathcal{M}(G')$, lokal endlich in G' ist, so ist $g^{-1}(P(h))$ stets lokal endlich in G (siehe 8.1.2). In $G \setminus g^{-1}(P(h))$ ist $h \circ g$ holomorph. Da

$$\lim_{z \to c}(h \circ g)(z) = \lim_{w \to g(c)} h(w) = \infty \quad \text{für alle } c \in g^{-1}(P(h)),$$

so ist $g^*(h) := h \circ g$ meromorph in G mit der Polstellenmenge $g^{-1}(P(h))$. Offensichtlich ist die so definierte Abbildung g^* ein $\mathbb{C}$-Algebra-Monomorphismus von $\mathcal{M}(G')$ in $\mathcal{M}(G)$. □

Der Identitätssatz 8.1.3 wird verallgemeinert zum

Satz 10.3.2 (Identitätssatz für meromorphe Funktionen). *Zwei in einem Gebiet g meromorphe Funktionen f und g stimmen überein, wenn die Menge $M := \{w \in G \setminus (P(f) \cup P(g)) : f(w) = g(w)\}$ einen Häufungspunkt in G besitzt.*

Beweis. Die Menge M besitze einen Häufungspunkt in $z_0 \in G$. Wir betrachten die meromorphe Funktion $f - g$, deren Polstellenmenge $P(f - g)$ in $P(f) \cup P(g)$ enthalten ist. In der Umgebung eines Poles z_1 von $f - g$ ist $(f(z) - g(z)) \cdot (z - z_1)^m$ für ein $m > 0$ eine nullstellenfreie holomorphe Funktion, also $z_0 \notin P(f - g)$. Die Behauptung folgt nun aus dem Identitätssatz 8.1.3, angewandt auf die in $G \setminus P(f-g)$ holomorphe Funktion $f - g$. □

10.3.4 Die Ordnungsfunktion o_c

Ist $f \neq 0$ meromorph in c, so hat f eine eindeutige Entwicklung

$$f(z) = \sum_m^\infty a_\nu (z-c)^\nu \quad \text{mit } a_\nu \in \mathbb{C}, a_m \neq 0, m \in \mathbb{Z} \quad \text{(vgl. Abschnitt 1).}$$

Die durch diese Gleichung *eindeutig bestimmte ganze Zahl* m heißt *die Ordnung von* f *in* c; wir setzen $o_c(f) := m$. Ist f holomorph in c, so ist dies die bereits in 8.1.3 eingeführte Ordnung. Aus der Definition folgt unmittelbar:

Es sei f *meromorph in* c. *Dann gilt*

1. f *ist holomorph in* $c \Leftrightarrow o_c(f) \geq 0$.
2. *Falls* $m = o_c(f) < 0$, *so ist* c *ein Pol von* f *der Ordnung* $-m$.

Polstellen von f sind also genau die Stellen, wo die Ordnung von f negativ ist. Es ist ein unglücklicher Zufall, daß dem Wort „Ordnung" bei meromorphen Funktionen eine doppelte Bedeutung zukommt: zum einen hat f in c stets ein evtl. negative Ordnung, zum anderen kann f in c einen Pol von notwendig positiver Ordnung haben. Der Leser lasse sich hierdurch nicht verwirren.

Wie in 8.1.3 hat man auch jetzt wieder

Satz 10.3.3 (Rechenregeln für die Ordnungsfunktion). *Für alle in* c *meromorphen Funktionen* f, g *gilt:*

1) $o_c(fg) = o_c(f) + o_c(g)$ *(Produktregel),*
2) $o_c(f+g) \geq \min(o_c(f), o_c(g))$, *dabei besteht Gleichheit stets dann, wenn* $o_c(f) \neq o_c(g)$.

Der Beweis kann dem Leser überlassen bleiben.

Die Menge aller in c meromorphen Funktionen ist in kanonischer Weise der Quotientenkörper $\mathcal{M}_c$ des Integritätsringes $\mathcal{O}_c$ aller in c holomorphen Funktionen (dabei sieht man zwei Funktionen um c als gleich an, wenn sie in einer (evtl. sehr kleinen) Umgebung von c übereinstimmen). Alsdann ist die hier eingeführte Ordnungsfunktion nichts anderes als die natürliche Fortsetzung der Ordnungsfunktion von $\mathcal{O}_c$ zu einer nichtarchimedischen Bewertung von $\mathcal{M}_c$, vgl. hierzu auch 4.4.3.

Aufgaben

1. Ist $f \in \mathcal{M}(D)$ und ist $P(f)$ endlich, so gibt es eine rationale Funktion h mit $P(h) = P(f)$, so daß $f = (h|D) + g$ mit $g \in \mathcal{O}(D)$.
2. a) Für zwei Funktionen $f, g \in \mathcal{M}(G)$ gilt $f = g$, wenn die Menge $\{w \in G \setminus (P(f) \cup P(g)) : f(w) = g(w)\}$ einen Häufungspunkt in G hat.
   b) Gibt es Funktionen $f \in \mathcal{M}(\mathbb{C})$ mit $f(1/n) = 0$ für alle $n \in \mathbb{N}$?
3. Sei $f \in \mathcal{M}(\mathbb{C})$. Es gebe $r > 0$, $M > 0$, $n \in \mathbb{N} \setminus \{0\}$, mit $|f(z)| \leq M|z|^n$ für alle $z \in \mathbb{C} \setminus (B_r(0) \cup P(f))$. Dann ist f rational.

11. Konvergente Reihen meromorpher Funktionen

Der Berliner Mathematiker Gotthold EISENSTEIN (Studierenden der Algebravorlesungen durch sein Irreduzibilitätskriterium bekannt) hat 1847 in die Theorie der trigonometrischen Funktionen die heute vielfach nach ihm benannten Reihen

$$\sum_{\nu=-\infty}^{\infty} \frac{1}{(z+\nu)^k}, \quad k = 1, 2, \ldots$$

eingeführt. Diese Eisensteinschen Reihen sind die einfachsten Beispiele von in $\mathbb{C}$ normal konvergenten Reihen meromorpher Funktionen. In diesem Kapitel wird im Paragraphen 1 zunächst allgemein der Begriff einer kompakt bzw. normal konvergenten Reihe meromorpher Funktionen eingeführt. Im Paragraphen 2 wird die Partialbruchreihe der Cotangensfunktion

$$\pi \cot \pi z = \frac{1}{z} + \sum_{1}^{\infty} \frac{2z}{z^2 - \nu^2} = \frac{1}{z} + \sum_{1}^{\infty} \left(\frac{1}{z+\nu} + \frac{1}{z-\nu} \right)$$

studiert, die zu den fundamentalen Reihenentwicklungen der klassischen Analysis gehört. Durch Koeffizientenvergleich der Taylorreihen von $\sum_1^\infty \frac{2z}{z^2-\nu^2}$ und $\pi \cot \pi z - \frac{1}{z}$ um 0 gewinnen wir im Paragraphen 3 die berühmten Eulerschen Identitäten

$$\sum_{1}^{\infty} \frac{1}{\nu^{2n}} = (-1)^{n-1} \frac{(2\pi)^{2n}}{2(2n)!} B_{2n}, \quad n = 1, 2, \ldots.$$

Im Paragraphen 4 skizzieren wir den Eisensteinschen Zugang zu den trigonometrischen Funktionen.

11.1 Allgemeine Konvergenztheorie

Bei der Definition der Konvergenz von Reihen meromorpher Funktionen machen naturgemäß die Pole der Summanden Schwierigkeiten. Da die Grenzfunktion der Reihe jedenfalls wieder meromorph in D sein soll, ist es naheliegend zu fordern, daß in kompakten Mengen von D jeweils nur endlich viele Summanden wirklich Pole haben. Diese „Polverschiebungsbedingung“, die in allen späteren Anwendungen erfüllt ist, stellt das eigentlich Neue dar; alles weitere verläuft dann wie in der Konvergenztheorie von Reihen holomorpher Funktionen.

11.1.1 Kompakte und normale Konvergenz

Eine Reihe $\sum f_\nu$ von in D meromorphen Funktionen f_ν heißt *kompakt konvergent in* D, wenn es zu jedem Kompaktum $K \subset D$ einen Index $m = m(K) \in \mathbb{N}$ gibt, so daß gilt:

1) Jede Polstellenmenge $P(f_\nu)$, $\nu \geq m$, ist punktfremd zu K.
2) Die Reihe $\sum_{\nu \geq m} f_\nu|K$ konvergiert gleichmäßig auf K.

Man nennt $\sum f_\nu$ *normal konvergent in* D, wenn 1) erfüllt ist und wenn anstelle von 2) gilt:

2′) $\sum_{\nu \geq m} |f_\nu|_K < \infty$.

Die Bedingungen 2) bzw. 2′) sind sinnvoll, da alle Funktionen f_ν, $\nu \geq m$, auf Grund der „*Polstellenverschiebungsbedingung*“ 1) polstellenfrei in K und also stetig in K sind. Wegen 1) ist $\bigcup_0^\infty P(f_\nu)$ diskret und abgeschlossen in D. – Es ist klar, daß die Bedingungen 1) und 2) bzw. 1) und 2′) für alle Kompakta in D gelten, wenn sie für alle kompakten Kreisscheiben in D erfüllt sind.

Normale Konvergenz impliziert (wieder) kompakte Konvergenz. Sind alle Funktionen f_ν holomorph in D, so ist Forderung 1) inhaltsleer, und es handelt sich um eine kompakt bzw. normal konvergente Reihe holomorpher Funktionen.

Kompakt konvergente Reihen meromorpher Funktionen haben meromorphe Grenzfunktionen, genauer gilt:

Satz 11.1.1 (Konvergenzsatz). *Es sei $\sum f_\nu$, $f_\nu \in \mathcal{M}(D)$, kompakt bzw. normal konvergent in D. Dann gibt es genau eine in D meromorphe Funktion f mit folgender Eigenschaft:*

Ist $U \subset D$ offen und m so beschaffen, daß keine Funktion f_ν, $\nu \geq m$ einen Pol in U hat, so konvergiert die Reihe $\sum_{\nu \geq m} f_\nu|U$ von in U holomorphen Funktionen in U kompakt bzw. normal gegen eine Funktion $F \in \mathcal{O}(U)$, so daß gilt

$$f|U = f_0|U + f_1|U + \cdots + f_{m-1}|U + F. \tag{11.1}$$

Speziell ist f holomorph in $D \setminus \bigcup_0^\infty P(f_\nu)$, d.h. $P(f) \subset \bigcup_0^\infty P(f_\nu)$.

Der Beweis ist eine einfache Übungsaufgabe. Wir nennen (natürlich) die Funktion f die Summe der Reihe $\sum f_\nu$ und schreiben $f = \sum f_\nu$. Man beachte, daß auf Grund der Polstellenverschiebungsbedingung für jeden *relativ-kompakten*[1] Teilbereich $U \subset D$ die Gleichung (11.1) für geeignetes m und

[1] Eine Teilmenge M eines metrischen Raumes X heißt *relativ-kompakt* in X, wenn ihre abgeschlossene Hülle $\overline{M}$ in X kompakt ist.

$F \in \mathcal{O}(U)$ gilt. Für das Rechnen mit Reihen meromorpher Funktionen gilt folgendes Grundprinzip:

In jedem relativ-kompakten Teilbereich U von D verbleibt nach Subtraktion endlich vieler Anfangsglieder eine Reihe von in U holomorphen Funktionen, die in U kompakt bzw. normal gegen eine in U holomorphe Funktion konvergiert.

11.1.2 Rechenregeln

Man zeigt sofort:

Sind $f = \sum f_\nu$, $g = \sum g_\nu$ in D kompakt bzw. normal konvergente Reihen meromorpher Funktionen, so konvergiert jede Reihe $\sum(af_\nu + bg_\nu)$, $a, b \in \mathbb{C}$, kompakt bzw. normal in D gegen $af + bg$.

Jede Teilreihe einer in D normal konvergenten Reihe $\sum f_\nu$, $f_\nu \in \mathcal{M}(D)$, konvergiert in D normal; ebenso gilt (vgl. 3.3.1):

Satz 11.1.2 (Umordnungssatz). *Konvergiert $\sum_0^\infty f_\nu$, $f_\nu \in \mathcal{M}(D)$, in D normal gegen f, so konvergiert für jede Bijektion $\tau : \mathbb{N} \to \mathbb{N}$ die umgeordnete Reihe $\sum_0^\infty f_{\tau(\nu)}$ in D normal gegen f.*

Weiter gilt der

Satz 11.1.3 (Differentiationssatz). *Ist $f = \sum f_\nu$, $f_\nu \in \mathcal{M}(D)$, in D kompakt bzw. normal konvergent, so konvergiert für jedes $k \geq 1$ die k-fach gliedweise differenzierte Reihe $\sum f_\nu^{(k)}$, $f_\nu^{(k)} \in \mathcal{M}(D)$, in D kompakt bzw. normal gegen $f^{(k)}$.*

Beweis. Es genügt den Fall $k = 1$ zu betrachten. Ist $U \subset D$ offen und relativkompakt, so wähle man m so groß, daß alle f_ν, $\nu \geq m$, in U holomorph sind. Dann konvergiert $\sum_{\nu \geq m} f_\nu | U$ kompakt bzw. normal in U gegen eine Funktion $F \in \mathcal{O}(U)$, wobei (11.1) gilt. Nach 8.4.2 konvergiert die Reihe $\sum_{\nu \geq m} f_\nu' | U$ mit $f_\nu' | U \in \mathcal{O}(U)$ in U kompakt bzw. normal gegen $F' \in \mathcal{O}(U)$. Damit ist gezeigt, daß $\sum f_\nu'$ in D kompakt bzw. normal konvergiert, für ihre Summe $g \in \mathcal{M}(D)$ gilt wegen (11.1):

$$g|U = f_0'|U + \cdots + f_{m-1}'|U + F' = (f_0|U + \cdots + f_{m-1}|U + F)' = (f|U)'.$$

Dies beweist $g = f'$. □

Es gibt kein direktes Analogon zum Reihenproduktsatz (vgl. 8.4.2). Bildet man nämlich aus in D normal konvergenten Reihen $f = \sum f_\nu$, $g = \sum g_\nu$ von in D meromorphen Funktionen eine Produktreihe $\sum h_\lambda$, wo h_λ irgendwie genau einmal alle Produkte $f_\mu g_\nu$ durchläuft, so genügt die Folge h_λ i.a. nicht der „Polstellenverschiebungsbedingung", allerdings konvergiert $\sum h_\lambda$ normal in $D \setminus (\bigcup_\mu P(f_\mu) \cup \bigcup_\nu P(g_\nu))$.

11.1.3 Beispiele

Ist $r > 0$ beliebig, so gelten folgende Ungleichungen:

$$|z \pm n|^k \geq (n-r)^k \quad \text{für } k \geq 1, n \in \mathbb{N} \text{ mit } n > r, |z| \leq r.$$

Hieraus folgen mit $K := B_r(0)$ die Abschätzungen

$$\left|\frac{1}{z+n} - \frac{1}{n}\right|_K \leq \frac{r}{n(n-r)} \quad \text{für } |n| > r;$$

$$\left|\frac{1}{(z \pm n)^k}\right|_K \leq \frac{1}{(n-r)^k} \quad \text{für } k \geq 1, n > r.$$

Da die Reihen $\sum n^{-k}$, $k > 1$, und $\sum(n(n-r))^{-1}$ konvergieren, und da jedes Kompaktum von $\mathbb{C}$ in einer Kreisscheibe $B_r(0)$ liegt, so sieht man (vgl. 3.3.2):

Die Reihen von in $\mathbb{C}$ meromorphen Funktionen

$$\sum_1^\infty \left(\frac{1}{z+\nu} - \frac{1}{\nu}\right), \sum_1^\infty \left(\frac{1}{z-\nu} + \frac{1}{\nu}\right), \sum_0^\infty \frac{1}{(z+\nu)^k}, \sum_0^\infty \frac{1}{(z-\nu)^k}, \quad k \geq 2,$$

sind normal konvergent in $\mathbb{C}$.

Addition der ersten beiden Reihen zeigt, daß auch $\sum_1^\infty \frac{2\nu}{z^2-\nu^2}$ in $\mathbb{C}$ normal konvergiert.

Neben Reihen $\sum_0^\infty f_\nu$ betrachtet man allgemeiner Reihen der Form

$$\sum_{-\infty}^\infty f_\nu := \sum_{-\infty}^{-1} f_\nu + \sum_0^\infty f_\nu, \quad \text{wobei } \sum_{-\infty}^{-1} f_\nu := \lim_{n\to\infty} \sum_{-n}^{-1} f_\nu.$$

Eine solche Funktionenreihe heißt (absolut) konvergent in $c \in \mathbb{C}$, wenn die Reihen $\sum_{-\infty}^{-1} f_\nu$ und $\sum_0^\infty f_\nu$ in c (absolut) konvergieren. Kompakte bzw. normale Konvergenz von $\sum_{-\infty}^\infty f_\nu$ soll kompakte bzw. normale Konvergenz von $\sum_{-\infty}^{-1} f_\nu$ und $\sum_0^\infty f_\nu$ bedeuten. Solche verallgemeinerten Reihen spielen später in der Theorie der Laurentreihen eine große Rolle (vgl. 12.1.3).

Nach dem Vorangehenden ist dann klar:

Die Reihen von in $\mathbb{C}$ meromorphen Funktionen

$$\sum_{-\infty}^{\infty}{}' \left(\frac{1}{z+\nu} + \frac{1}{\nu}\right) = \sum_1^\infty \frac{2z}{z^2-\nu^2}, \quad \sum_{-\infty}^\infty \frac{1}{(z+\nu)^k}, \quad k \geq 2,$$

sind normal konvergent in $\mathbb{C}$ (dabei ist gesetzt $\sum{}'^{\infty}_{-\infty} := \sum_{-\infty}^{-1} + \sum_1^\infty$).

Aufgaben

1. Die Reihe $\sum\limits_{\nu \geq 1} \frac{(-1)^{\nu-1}}{z+\nu}$ konvergiert in $\mathbb{C}$ kompakt, aber nicht normal.
2. Die folgenden Reihen konvergieren normal in $\mathbb{C}$:
   a) $\sum\limits_{\nu=0}^{\infty} \left(\frac{2^\nu}{z - 2^\nu} + 1 \right)$
   b) $\sum\limits_{\nu=1}^{\infty} \left(\frac{\nu^2}{(z-\nu)^2} - 1 - \frac{2z}{\nu} \right)$
3. Für $\nu \geq 2$ sei $a_\nu := \frac{\nu-1}{\nu}$. Zeigen Sie:
   a) $\sum\limits_{\nu=2}^{\infty} \left(\frac{1}{z - a_\nu} + \frac{1}{a_\nu} \sum\limits_{k=0}^{\nu} \left(\frac{z}{a_\nu} \right)^k \right)$ konvergiert normal in $\mathbb{E}$ und divergiert in jedem Punkt von $\mathbb{C} \setminus \mathbb{E}$.
   b) $\sum\limits_{\nu=2}^{\infty} \left(\frac{1}{z - a_\nu} + \sum\limits_{k=0}^{\nu} \left(\frac{1}{\nu} \right)^k \left(\frac{1}{1-z} \right)^{k+1} \right)$ konvergiert normal in $\mathbb{C} \setminus \{1\}$.

11.2 Die Partialbruchentwicklung von $\pi \cot \pi z$

Auf Grund von 11.1.3 wird durch

$$\varepsilon_1(z) := \lim_{n \to \infty} \sum_{-n}^{n} \frac{1}{z+\nu} = \frac{1}{z} + \sum_{1}^{\infty} \left(\frac{1}{z+\nu} + \frac{1}{z-\nu} \right) = \frac{1}{z} + \sum_{1}^{\infty} \frac{2z}{z^2 - \nu^2}$$

eine in $\mathbb{C}$ normal konvergente Reihe meromorpher Funktionen definiert. Nach dem Konvergenzsatz 11.1.1 ist ε_1 meromorph in $\mathbb{C}$, wir schreiben ästhetisch und suggestiv

$$\varepsilon_1(z) = \sum_{-\infty}^{\infty}{}_e \frac{1}{z+\nu},$$

wo $\sum_e{}_{-\infty}^{\infty} := \lim \sum_{-n}^{n}$ die sog. „Eisensteinsummation“ bedeutet (man bemerke, daß $\sum_{-\infty}^{\infty} \frac{1}{z+\nu}$ nicht existiert!). Es gilt

$$\varepsilon_1(z) = \frac{1}{z} + \sum_{-\infty}^{\infty}{}' \left(\frac{1}{z+\nu} - \frac{1}{\nu} \right).$$

Das Studium der Funktion $\varepsilon_1(z)$ steht im Mittelpunkt dieses Paragraphen. Wir charakterisieren zunächst die Cotangensfunktion.

11.2.1 Cotangens und Verdopplungsformel. Die Identität $\pi \cot \pi z = \varepsilon_1(z)$

Die Funktion $\pi \cot \pi z$ ist in $\mathbb{C} \setminus \mathbb{Z}$ holomorph, jeder Punkt $m \in \mathbb{Z}$ ist ein Pol erster Ordnung mit dem Hauptteil $(z-m)^{-1}$, vgl. 10.3.1. Weiter ist diese

Funktion ungerade, und es gilt die

Verdopplungsformel:

$$2\pi \cot 2\pi z = \pi \cot \pi z + \pi \cot \pi(z + \tfrac{1}{2}) \quad \text{(vgl. 5.2.5)}.$$

Wir zeigen, daß diese Eigenschaften den Cotangens charakterisieren.

Lemma 11.2.1. *Es sei g eine in $\mathbb{C} \setminus \mathbb{Z}$ holomorphe Funktion, die in $m \in \mathbb{Z}$ jeweils den Hauptteil $(z-m)^{-1}$ hat. Weiter sei $g(z)$ ungerade, und es gelte*

$$2g(2z) = g(z) + g(z + \tfrac{1}{2}) \quad \textit{(Verdopplungsformel)}.$$

Dann gilt $g(z) = \pi \cot \pi z$.

Beweis. Die Funktion $h(z) := g(z) - \pi \cot \pi z$ ist ganz und ungerade, es gilt:

$$2h(2z) = h(z) + h(z + \tfrac{1}{2}), \quad h(0) = 0. \tag{11.2}$$

Wäre h nicht identisch null, so gäbe es nach dem Maximumprinzip 8.5.2 ein $c \in \overline{B_2(0)}$, so daß $|h(z)| < |h(c)|$ für alle $z \in B_2(0)$. Da $\frac{1}{2}c, \frac{1}{2}(c+1) \in B_2(0)$, so folgt

$$|h(\tfrac{1}{2}c) + h(\tfrac{1}{2}(c+1))| \leq |h(\tfrac{1}{2}c)| + |h(\tfrac{1}{2}(c+1))| < 2|h(c)|.$$

im Widerspruch zu (11.2). Also gilt $h(z) \equiv 0$. □

Es folgt nun schnell

Satz 11.2.1. *Die Cotangensfunktion besitzt in $\mathbb{C} \setminus \mathbb{Z}$ die Reihendarstellung*

$$\pi \cot \pi z = \varepsilon_1(z) = \sum_{-\infty}^{\infty}{}_e \frac{1}{z+\nu} = \frac{1}{z} + \sum_{-\infty}^{\infty}{}' \left(\frac{1}{z+\nu} - \frac{1}{\nu}\right) = \frac{1}{z} + \sum_{1}^{\infty} \frac{2z}{z^2 - \nu^2}. \tag{11.3}$$

Beweis. Der Definition von ε_1 entnimmt man unmittelbar, daß ε_1 in $\mathbb{C} \setminus \mathbb{Z}$ holomorph ist und in $m \in \mathbb{Z}$ den Hauptteil $(z-m)^{-1}$ hat; weiter folgt direkt $\varepsilon_1(z) = -\varepsilon_1(z)$. Für die Partialsumme $s_n(z) = \frac{1}{z} + \sum_1^n \left(\frac{1}{z+\nu} + \frac{1}{z-\nu}\right)$ verifiziert man sofort

$$s_n(z) + s_n(z + \tfrac{1}{2}) = 2s_{2n}(2z) + \frac{2}{2z + 2n + 1};$$

hieraus entsteht im Limes die Verdopplungsformel $2\varepsilon_1(2z) = \varepsilon_1(z) + \varepsilon_1(z + \frac{1}{2})$. Damit folgt $\varepsilon_1(z) = \pi \cot \pi z$ auf Grund des Lemmas. □

Die Gleichung (11.3) heißt die *Partialbruchdarstellung* von $\pi \cot \pi z$. Einen weiteren, ganz anderen Beweis der Gleichung (11.3), der auf EISENSTEIN zurückgeht, geben wir in 11.4.3.

11.2.2 Historisches zur Cotangensreihe und zu ihrem Beweis

Die Partialbruchreihe für $\pi \cot \pi z$ war EULER wohlvertraut; bereits 1740 kannte er die allgemeinere Formel (*De Seriebus Quibusdam Considerationes*, Opera Omnia 12, 1. Ser., 407–462)

$$\frac{\pi}{n} \frac{\cos[\pi(w-z)/2n]}{\sin[\pi(w+z)/2n] - \sin[\pi(w-z)/2n]} = \frac{1}{z} + \sum_{1}^{\infty} \left[\frac{2w}{(2\nu-1)^2 n^2 - w^2} - \frac{2z}{(2\nu)^2 n^2 - z^2} \right],$$

die für $n := 1$, $w := -z$ in die Cotangensreihe übergeht. EULER hat 1748 die Cotangensreihe in seine *Introductio* aufgenommen (vgl. [E],§ 178 unten).

Die Verdopplungsformel für den Cotangens wurde bereits 1868 von H. SCHRÖTER benutzt, um die Partialbruchreihe „in der elementarsten Weise" zu gewinnen, vgl. *Ableitung der Partialbruch- und Produkt-Entwicklungen für die trigonometrischen Funktionen*, Zeitsch. Math. Phys. 13, 254–259. Den im Abschnitt 1 wiedergegebenen eleganten Beweis der Gleichung $\pi \cot \pi z = \varepsilon_1(z)$ publizierte 1892 Friedrich Hermann SCHOTTKY (deutscher Mathematiker, 1851–1935, o. Professor in Marburg und seit 1902 in Berlin) in seiner vergessenen Arbeit *Über das Additionstheorem der Cotangente...*, Crelles Journ. 110, 324–337, vgl. insb S. 325. Von Gustav HERGLOTZ (deutscher Mathematiker, 1881-1953, von 1909–1925 o. Professor in Leipzig, danach in Göttingen; Lehrer von Emil ARTIN) wurde bemerkt, daß man im Schottkyschen Beweis das Maximumprinzip gar nicht zu bemühen braucht. Es läßt sich nämlich ganz elementar zeigen:

Lemma 11.2.2 (Herglotz). *Jede in einem Kreis $B_r(0)$, $r > 1$, holomorphe Funktion h, die der Verdopplungsformel genügt*

$$2h(2z) = h(z) + h(z + \tfrac{1}{2}), \quad \textit{falls } z, z + \tfrac{1}{2}, 2z \in B_r(0), \tag{11.4}$$

ist konstant.

Beweis. Aus (11.4) folgt $4h'(2z) = h'(z) + h'(z + \frac{1}{2})$. Ist nun M das Maximum von $|h'(z)|$ in einem Kreis um 0 vom Radius t, $1 < t < r$, so folgt, da mit z auch immer $\frac{1}{2}z$ und $\frac{1}{2}(1+z)$ in $B_t(0)$ liegen:

$$4|h'(z)| \le 2M, \quad \text{also } 4M \le 2M, \quad \text{also } M = 0,$$

d.h. $h' = 0$, d.h. $h = \text{const.}$ □

Diesen Beweis, der aus 2 den Faktor 4 macht, nennt man den HERGLOTZ-Trick; man hat damit einen besonders bequemen Zugang zur Partialbruchdarstellung des Cotangens im Komplexen. HERGLOTZ hat seinen Trick zwar in seinen Vorlesungen vorgetragen, aber nie publiziert. Gedruckt findet man seinen Schluß m.W. erst 1950 bei CARATHÉODORY, [5], S. 258/259; indessen steht er schon 1936 in einer mimeographierten Vorlesungsnachschrift von S. BOCHNER über Funktionentheorie mehrerer komplexer Veränderlicher. Im Zusammenhang mit der Gammafunktion hat E. ARTIN den HERGLOTZ-Trick bereits 1931 in seinem Büchlein *Einführung in die Theorie der Gammafunktion*, Teubner-Verlag Leipzig Berlin, benutzt (S. 25).

Es sei bemerkt, daß sich die Gleichung (11.3) für *reelle* z unmittelbar verifizieren läßt: Die der Verdopplungsformel (11.4) genügende Funktion h ist dann nämlich auf $\mathbb{R}$ *reell* und *stetig*, überdies ist h als Differenz ungerader Funktionen *ungerade. Sei M das Maximum von $|h(x)|$ in einem Intervall $[-r, r]$, $r \geq 1$. Wäre $M > 0$, so gäbe es wegen $h(-x) = -h(x)$ und $h(0) = 0$ eine* kleinste *positive reelle Zahl* $2t \leq r$ *mit $|h(2t)| = M$. Nach (11.4) gilt $2M \leq |h(t)| + |h(t + \frac{1}{2})|$. Da $|h(t)| \leq M$ wegen $t, t + \frac{1}{2} \in [-r, r]$, so folgt $|h(t)| = M$ im Widerspruch zur Minimalität von t. Also gilt $M = 0$ und somit, da $r \geq 1$ beliebig sein darf: $h(x) \equiv 0$ in $\mathbb{R}$. Damit ist (11.3) für reelle z verifiziert. Um hieraus die Formel im Komplexen zu erhalten, muß man allerdings den Identitätssatz bemühen.*

11.2.3 Partialbruchreihen für $\frac{\pi^2}{\sin^2 \pi z}$ und $\frac{\pi}{\sin \pi z}$

Aus der Gleichung $\varepsilon_1(z) = \pi \cot \pi z$ gewinnt man, wenn man auf die normal konvergente Reihe $\frac{1}{z} + \sum_{-\infty}^{\prime\infty} \left(\frac{1}{z+\nu} - \frac{1}{\nu}\right)$ den Differentiationssatz 11.1.3 anwendet und $(\cot z)' = -(\sin z)^{-2}$ beachtet, die klassische Partialbruchentwicklung

$$\frac{\pi^2}{\sin^2 \pi z} = \sum_{-\infty}^{\infty} \frac{1}{(z+\nu)^2}; \tag{11.5}$$

nochmalige Differentiation ergibt:

$$\pi^3 \frac{\cot \pi z}{\sin^2 \pi z} = \sum_{-\infty}^{\infty} \frac{1}{(z+\nu)^3}. \tag{11.6}$$

Wegen $\pi \tan \frac{1}{2}\pi z = \pi \cot \frac{1}{2}\pi z - 2\pi \cot \pi z$ (vgl. 5.2.5) folgt aus $\pi \cot \pi z = \varepsilon_1(z)$ direkt

$$\pi \tan \frac{1}{2}\pi z = \sum_{0}^{\infty} \frac{4z}{(2\nu+1)^2 - z^2}. \tag{11.7}$$

Die Formel $\frac{\pi}{\sin \pi z} = \pi \cot \pi z + \pi \tan \frac{1}{2}\pi z$ (vgl. 5.2.5) liefert weiter

$$\frac{\pi}{\sin \pi z} = \frac{1}{z} + \sum_{1}^{\infty} (-1)^\nu \frac{2z}{z^2 - \nu^2}. \tag{11.8}$$

Dies ergibt wegen $\frac{2z}{z^2-\nu^2} = \frac{1}{z+\nu} + \frac{1}{z-\nu}$ die klassische Partialbruchentwicklung

$$\frac{\pi}{\sin \pi z} = \sum_{-\infty}^{\infty} \frac{(-1)^\nu}{z+\nu}. \tag{11.9}$$

Wegen $\cos \pi z = \sin \pi(z + \frac{1}{2})$ gewinnt man durch Einsetzen in (11.9) weiter (wenn man jeweils die Summanden mit den Indices ν und $-(\nu+1)$, $\nu \in \mathbb{N}$, addiert):

$$\frac{\pi}{\cos \pi z} = 2\sum_{0}^{\infty} (-1)^\nu \frac{(\nu + \frac{1}{2})}{(\nu + \frac{1}{2})^2 - z^2}, \tag{11.10}$$

für $z := 0$ hat man hier die Leibnizsche Reihe $\frac{\pi}{4} = 1 - \frac{1}{3} + \frac{1}{5} - + \dots$ vor sich; für $z := \frac{1}{4}$ erhält man aus (11.9) bzw. (11.10) überraschende Reihen für $\pi\sqrt{2}$.

11.2.4 * Charakterisierung des Cotangens durch sein Additionstheorem bzw. seine Differentialgleichung

Nach 5.2.5 gilt

$$\cot z = \mathrm{i}\frac{\mathrm{e}^{2\mathrm{i}z} + 1}{\mathrm{e}^{2\mathrm{i}z} - 1}, \quad \cot(w+z) = \frac{\cot w \cot z - 1}{\cot w + \cot z}, \quad (\cot z)' + (\cot z)^2 + 1 = 0.$$

Wir zeigen, daß $\cot z$ sowohl durch das Additionstheorem als auch durch die Differentialgleichung charakterisiert ist. Dazu benötigen wir folgenden

Satz 11.2.2 (Hilfssatz). *Es sei g meromorph im Gebiet G. Dann besteht die Gleichung $g' + g^2 + 1 = 0$ genau für die folgenden Funktionen:*

$$g(z) \equiv \mathrm{i}, \quad g(z) = \mathrm{i}\frac{a\mathrm{e}^{2\mathrm{i}z} + 1}{a\mathrm{e}^{2\mathrm{i}z} - 1}, \quad a \in \mathbb{C} \textit{ beliebig.}$$

Beweis. Man verifiziert direkt, daß die angeschriebenen Funktionen die Gleichung $g' + g^2 + 1 = 0$ erfüllen. Genügt umgekehrt $g \in \mathcal{M}(G)$ dieser Gleichung und gilt $g \not\equiv \mathrm{i}$, so besteht für die „Cayley-Transformierte" $f := (g+i)/(g-i) \in \mathcal{M}(G)$ die Gleichung $f'(z) = 2\mathrm{i}f(z)$. Nach Satz 5.1.1 folgt $f(z) = a\exp(2\mathrm{i}z)$, zunächst in $G \setminus P(f)$ und dann überall in G (z.B. nach dem Identitätssatz 10.3.2). Wegen $g = \mathrm{i}(f+1)/(f-1)$ folgt die Behauptung. □

Bemerkung. Der Trick im vorangehenden Beweis ist der Übergang zur „Cayley-Transformierten": dadurch wird die „Riccatische" Differentialgleichung $y' + y^2 + 1 = 0$ linearisiert.

Satz 11.2.3. *Folgende Aussagen über eine in einer Umgebung U des Nullpunktes meromorphen Funktion g sind äquivalent:*

i) g hat in 0 den Hauptteil $1/z$, und es gilt

$$g(w+z) = \frac{g(w)g(z) - 1}{g(w) + g(z)} \quad \textit{für } w, z, w+z \in U \backslash P(g) \quad \textit{(Additionstheorem).}$$

ii) g hat einen Pol in 0, und es gilt $g' + g^2 + 1 = 0$.
iii) $g(z) = \cot z$.

Beweis. i)⇒ii): Aus dem Additionstheorem folgt

$$g'(z) = \lim_{h\to 0} \frac{g(z+h) - g(z)}{h} = -\lim_{h\to 0} \frac{g(z)^2 + 1}{hg(z) + hg(h)} = -g(z)^2 - 1,$$

da $\lim_{h\to 0} hg(h) = 1$ und $\lim_{h\to 0} hg(z) = 0$ für alle $z \in U \setminus P(g)$.

ii)⇒iii): Da $g(z) \not\equiv \mathrm{i}$, so gilt $g(z) = \mathrm{i}\frac{ae^{2\mathrm{i}z}+1}{ae^{2\mathrm{i}z}-1}$, $a \in \mathbb{C}$, nach dem Hilfssatz. Da g in 0 einen Pol hat, verschwindet der Nenner in 0, d.h. $a = 1$ und also $g(z) = \cot z$.

iii)⇒i): Klar. □

Aufgaben

1. Leiten Sie aus den Formeln des Abschnitts 3 durch Differentiation bzw. Verwendung einfacher Identitäten zwischen trigonometrischen Funktionen folgende Partialbruchentwicklungen her:

$$\pi^2 \frac{\sin \pi z}{\cos^2 \pi z} = \sum_{-\infty}^{\infty} \frac{(-1)^\nu}{(z + \nu - \frac{1}{2})^2},$$

$$\pi \frac{\cos \frac{\pi}{2}(w - z)}{\sin \frac{\pi}{2}(w + z) - \sin \frac{\pi}{2}(w - z)} = \frac{1}{z} + \sum_{1}^{\infty} \left[\frac{2w}{(2\nu - 1)^2 - w^2} - \frac{2z}{(2\nu)^2 - z^2} \right]$$

(Euler 1740)

2. Geben Sie Partialbruchentwicklungen für die folgenden Funktionen an:
a) $f(z) = (e^z - 1)^{-1}$,
b) $f(z) = \pi(\cos \pi z - \sin \pi z)^{-1}$,
c) $f(z) = \pi(\cos \pi z + \sin \pi z)^{-1}$.
Hinweis zu a): Verwenden Sie die Partialbruchentwicklung von $\cot \pi z$.

11.3 Die Eulerschen Formeln für $\sum_{\nu\geq 1} \frac{1}{\nu^{2n}}$

In diesem Paragraphen bestimmen wir zunächst die Zahlen $\zeta(2n)$, $n \geq 1$; weiter leiten wir eine interessante Identität zwischen Bernoullischen Zahlen her. Schließlich besprechen wir kurz die Eisensteinreihen $\varepsilon_k(z)$, $k \geq 2$.

11.3.1 Entwicklung von $\varepsilon_1(z)$ um 0 und Eulersche Formeln für $\zeta(2n)$

Die Funktion $\varepsilon_1(z) - z^{-1}$ ist im Einheitskreis $\mathbb{E}$ holomorph und hat Pole in ± 1. Ihre Taylorreihe um 0, die also den Konvergenzradius 1 hat, läßt sich explizit angeben:

$$\varepsilon_1(z) = \frac{1}{z} - \sum_1^\infty q_{2n} z^{2n-1} \quad \text{für } z \in \mathbb{E}^\times, \quad \text{wobei } q_{2n} := 2\zeta(2n) = 2\sum_{\nu\geq 1}\frac{1}{\nu^{2n}}. \tag{11.11}$$

Beweis. Wegen $(-2/\nu^2)\sum_{\mu=0}^\infty (z/\nu)^{2\mu} = 2/(z^2-\nu^2)$ ist $-2/\nu^{2n}$ der $(2n-2)$-te Taylorkoeffizient von $2(z^2-\nu^2)^{-1}$ und also $-q_{2n}$ nach dem Doppelreihensatz 8.4.4 der entsprechende Taylorkoeffizient von $\sum_{\nu\geq 1} 2(z^2-\nu^2)^{-1}$ um 0. Da diese Reihe gerade ist, folgt $\sum_1^\infty 2(z^2-\nu^2)^{-1} = \sum_1^\infty -q_{2n}z^{2n-2}$, $z \in \mathbb{E}$. Hieraus ergibt sich wegen $\varepsilon_1(z) = \frac{1}{z} + z\sum_1^\infty 2(z^2-\nu^2)^{-1}$, $z \in \mathbb{E}^\times$, die Behauptung. □

In 7.5.1 wurden die Bernoullischen Zahlen B_{2n} eingeführt. Wir gewinnen nun in drei Zeilen die berühmten **Formeln von Euler**

$$\zeta(2n) = (-1)^{n-1}\frac{(2\pi)^{2n}}{2(2n)!}B_{2n}, \quad n = 1, 2, \ldots.$$

Beweis. Nach (11.11) und (7.24) gilt um 0:

$$z^{-1} - \sum_1^\infty q_{2n}z^{2n-1} = \varepsilon_1(z) = \pi\cot\pi z = z^{-1} + \sum_1^\infty (-1)^n \frac{2^{2n}}{(2n)!}B_{2n}\pi^{2n}z^{2n-1}.$$

Durch Koeffizientenvergleich folgt wegen $q_{2n} = 2\zeta(2n)$ die Behauptung. □

Den Formeln von EULER entnimmt man nebenbei, daß die Bernoullischen Zahlen $B_2, B_4, \ldots, B_{2n}, \ldots$ abwechselnde Vorzeichen haben (wie es die Gleichungen (7.23) in 7.5.1 bereits andeuten). Ferner läßt sich jetzt die Unbeschränktheitsaussage über die Folge B_{2n} aus 7.5.1 präzisieren: da stets $1 < \sum \nu^{-2n} < 2$, so folgt:

$$2\frac{(2n)!}{(2\pi)^{2n}} < |B_{2n}| < 4\frac{(2n)!}{(2\pi)^{2n}}, \quad \text{speziell: } \lim\left|\frac{B_{2n+2}}{B_{2n}}\right| = \infty.$$

Weiter folgt aus $\frac{|B_{2n}|}{(2n)!} = \frac{2\zeta(2n)}{(2\pi)^{2n}}$ auf Grund der Cauchy-Hadamardschen Formel wegen $1 < \zeta(2n) < 2$, daß die Taylorreihe von $z/(e^z-1)$ um 0 den Konvergenzradius 2π hat, dies ist die in 7.4.5 angedeutete direkte Bestimmung des Konvergenzradius.

Die Eulerschen Formeln werden in 14.3.4 verallgemeinert.

11.3.2 Historisches zu den Eulerschen $\zeta(2n)$-Formeln

Bereits 1673 hatte J. PELL, ein Experte der Reihensummierung, LEIBNIZ bei seinem Besuch in London das Problem der Summation der reziproken Quadratzahlen vorgelegt. LEIBNIZ hatte in jugendlichem Überschwang behauptet, *alle* Reihen summieren zu können, durch die Pellsche Fragestellung wurden ihm seine Grenzen deutlich. Auch die Brüder Jakob und Johann BERNOULLI (letzterer war der Lehrer von EULER) hatten sich lange vergeblich bemüht, den Wert der Summe $1 + \frac{1}{4} + \frac{1}{9} + \frac{1}{16} + \ldots$ zu finden.

EULER bewies schließlich im Jahre 1734 in seiner Arbeit *De Summis Serierum Reciprocarum* (Opera Omnia 14, 1. Ser., 72–86) mit Hilfe der von ihm entdeckten Produktformel für die Sinusfunktion seine berühmten Identitäten

$$\sum_1^\infty \frac{1}{\nu^2} = \frac{\pi^2}{6}, \quad \sum_1^\infty \frac{1}{\nu^4} = \frac{\pi^4}{90}, \quad \sum_1^\infty \frac{1}{\nu^6} = \frac{\pi^6}{945}, \quad \sum_1^\infty \frac{1}{\nu^8} = \frac{\pi^8}{9450}, \dots,$$

es wird häufig gesagt, daß die erste Identität zu den schönsten Formeln Eulers gehört.

Die Bemühungen Eulers um die Summation der Reihen $\sum \nu^{-2n}$ hat P. STÄCKEL in einer Note *Eine vergessene Abhandlung Leonhard Eulers über die Summe der reziproken Quadrate der natürlichen Zahlen*, Bibl. Math. 8, 3. Ser., 37–54 (1907/08) (auch in Eulers Opera Omnia 14, 1. Ser., 156–176) ausführlich beschrieben. Interessant zu lesen ist auch der Artikel *Die Summe der reziproken Quadratzahlen* von O. SPIESS in der Festschrift zum 60. Geburtstag von Prof. Dr. Andreas Speiser, Orell Füssli Verlag, Zürich 1945, 66–86.

11.3.3 Differentialgleichung für ε_1 und eine Identität für Bernoullische Zahlen

Da $(\cot z)' = -1 - (\cot z)^2$ (vgl. 5.2.5), so folgt

$$\varepsilon_1' = -\varepsilon_1^2 - \pi^2; \tag{11.12}$$

die Funktion ε_1 löst also die Differentialgleichung $y' = -y^2 - \pi^2$. Mit Hilfe von (11.12) gewinnt man eine nicht durchweg bekannte, elegante Rekursionsformel für die Zahlen $\zeta(2n)$, nämlich

$$(n + \tfrac{1}{2})\zeta(2n) = \sum_{\substack{k+l=n \\ k\geq 1, l\geq 1}} \zeta(2k)\zeta(2l) \quad \text{für } n > 1, \quad \zeta(2) = \frac{\pi^2}{6}. \tag{11.13}$$

Beweis. Aus (11.12) folgt auf Grund des Differentiationssatzes 11.1.3 und des Reihenproduktsatzes aus 8.4.2

$$\varepsilon_1'(z) = -\frac{1}{z^2} - 2\sum_1^\infty (2n-1)\zeta(2n)z^{2n-2},$$

$$\varepsilon_1^2 = \frac{1}{z^2} - 4\sum_1^\infty \zeta(2n)z^{2n-2} + 4\sum_{n=2}^\infty \sum_{\substack{k+l=n \\ k\geq 1, l\geq 1}} \zeta(2k)\zeta(2l)z^{2n-2}, \quad z \in \mathbb{E}^\times.$$

Einsetzen in (11.12) und Koeffizientenvergleich ergibt (11.13). □

Benutzt man die Eulerschen Formeln für $\zeta(2n)$, so ergibt sich aus (11.13):

$$(2n+1)B_{2n} + (2n)! \sum_{\substack{k+l=n \\ k\geq 1, l\geq 1}} \frac{1}{(2k)!(2l)!} B_{2k}B_{2l} = 0, \quad n \geq 2, \tag{11.14}$$

Auf die Gleichungen (11.13),(11.14) und ihre Ableitungen aus der Differentialgleichung des Cotangens hat mich Herr M. KOECHER aufmerksam gemacht.

11.3.4 Die Eisensteinreihen $\varepsilon_k(z) := \sum_{-\infty}^{\infty} \frac{1}{(z+\nu)^k}$

sind nach 11.3.1 für alle Zahlen $k \geq 2$ in $\mathbb{C}$ normal konvergent und stellen also nach dem Konvergenzsatz 11.1.1 in $\mathbb{C}$ meromorphe Funktionen dar. Aus der Definition folgt unmittelbar, daß ε_k in $\mathbb{C} \setminus \mathbb{Z}$ holomorph ist und in $n \in \mathbb{Z}$ einen Pol k-ter Ordnung mit dem Hauptteil $(z-n)^{-k}$ hat. Die Funktionen ε_{2l} bzw. ε_{2l+1} sind *gerade* bzw. *ungerade*. Die Reihe $\varepsilon_1(z)$ ordnet sich diesen Reihen unter, wenn man für $k = 1$ die Eisensteinsummation verabredet. Wir haben in 11.2.3 gesehen

$$\varepsilon_2(z) = \frac{\pi^2}{\sin^2 \pi z}, \quad \varepsilon_3(z) = \pi^3 \frac{\cot \pi z}{\sin^2 \pi z}.$$

Es gilt somit $\varepsilon_3 = \varepsilon_2 \varepsilon_1$, was man den Reihendarstellungen keineswegs direkt ansieht (vgl. hierzu auch 11.4.3).

Satz 11.3.1 (Periodizitätssatz). *Sei $k \geq 1$ und $\omega \in \mathbb{C}$. Dann gilt:*

$$\varepsilon_k(z+\omega) = \varepsilon_k(z) \quad \text{für alle } z \in \mathbb{C} \Leftrightarrow \omega \in \mathbb{Z}.$$

Beweis. Falls $\varepsilon_k(z+\omega) = \varepsilon_k(z)$, so ist mit 0 auch ω ein Pol von ε_k, d.h. $\omega \in \mathbb{Z}$. Da man die Reihen wegen ihrer normalen Konvergenz beliebig umordnen darf, so gilt stets $\varepsilon_k(z+1) = \varepsilon_k(z)$. Hieraus folgt $\varepsilon_k(z+n) = \varepsilon_k(z)$ für alle $n \in \mathbb{Z}$. □

Aus dem Differentiationssatz 11.1.3 folgt (für ε_1 benutze man die normal konvergente Reihe $\frac{1}{z} + \sum_{-\infty}^{\prime\infty}\left(\frac{1}{z+\nu} - \frac{1}{\nu}\right)$):

$$\varepsilon_k' = -k\varepsilon_{k+1} \quad \text{für } k \geq 1. \tag{11.15}$$

Hieraus erhält man durch Induktion nach k:

$$\varepsilon_k = \frac{(-1)^{k-1}}{(k-1)!}\varepsilon_1^{(k-1)} \quad \text{für } k \geq 2. \tag{11.16}$$

Aus der Entwicklung (11.1) für ε_1 folgt nun (wieder induktiv):

$$\varepsilon_k(z) = \frac{1}{z^k} + (-1)^k \sum_{2n\geq k} \binom{2n-1}{k-1} q_{2n} z^{2n-k} \quad \text{für } k \geq 2, \tag{11.17}$$

speziell:

$$\varepsilon_2(z) = \frac{1}{z^2} + q_2 + 3q_4 z^2 + \ldots, \quad \varepsilon_3(z) = \frac{1}{z^3} - 3q_4 z - 10q_6 z^3 - \ldots. \tag{11.18}$$

11.4 * Eisenstein-Theorie trigonometrischer Funktionen

Die Theorie der trigonometrischen Funktionen, die man heute durchweg mittels der Exponentialfunktion begründet, läßt sich auch ab ovo mittels der Eisensteinfunktionen ε_k und einfachen nichtlinearen Relationen zwischen ihnen entwickeln. Dieser Aufbau der Theorie der Kreisfunktionen wurde 1847 von EISENSTEIN in seiner heute berühmten Arbeit [Ei], in der z.B. die Weierstraßsche $\wp$-Funktion und ihre Differentialgleichung vorkommen, nebenbei skizziert. EISENSTEIN schreibt (S. 396):

„Die Fundamental-Eigenschaften dieser einfach-periodischen Functionen ergeben sich aus der Betrachtung einer einzigen identischen Gleichung, nämlich der folgenden:

$$\frac{1}{p^2q^2} = \frac{1}{(p+q)^2}\left(\frac{1}{p^2}+\frac{1}{q^2}\right) + \frac{2}{(p+q)^3}\left(\frac{1}{p}+\frac{1}{q}\right).\text{“} \tag{11.19}$$

Man verifiziert (11.19), worin p, q Unbestimmte sind, durch Nachrechnen oder (einfacher) durch Differentiation der evidenten Identität $p^{-1}q^{-1} = (p+q)^{-1}(p^{-1}+q^{-1})$ nach p und q. EISENSTEIN wurde als Schüler von Karl Heinrich SCHELLBACH (deutscher Mathematiker, 1805–1892, Professor für Mathematik und Physik am Friedrich-Wilhelms Gymnasium Berlin, sein 1843 zugleich Lehrer für Mathematik an der allgemeinen Kriegsschule Berlin) unterrichtet. SCHELLBACH veröffentlichte 1845 im Schulprogramm seines Gymnasiums eine Abhandlung *Die einfachsten periodischen Functionen*, in der zur Konstruktion periodischer Funktionen erstmals Formeln wie

$$\sum_{-\infty}^{\infty} f(x+s) \quad \text{und} \quad \prod_{-\infty}^{\infty} f(x+\lambda)$$

verwendet werden. Diese Abhandlung Schellbachs hat großen Einfluß auf EISENSTEIN ausgeübt (vgl. [Ei], S. 401).

André WEIL hat 1976 im zweiten Kapitel seines Ergebnisberichtes [We] die Theorie von EISENSTEIN knapp dargestellt und dabei dessen Rechnungen ergänzt und erläutert. „Man wird bei diesen Ausführungen an ein musikalisches Analogon, die Diabelli-Variationen von Beethoven erinnert“ (E. HLAWAKA in Monatsh. Math. 83, S. 225 (1977)). WEIL wählte zu Ehren Eisensteins die Notation ε_k; EISENSTEIN selbst schreibt (k,z) statt $\varepsilon_k(z)$ ([Ei], S. 395).

Wir stellen im folgenden die Anfänge der Eisensteinschen Theorie im Anschluß an [We] dar. Wir werden nur mit den vier ersten Funktionen ε_1, ε_2, ε_3, ε_4 arbeiten. Die Identität $\varepsilon_1(z) = \pi\cot\pi z$ wird unabhängig von den Überlegungen des vorangehenden Paragraphen mit Hilfe des Satzes 11.2.3 über die Lösungen der Differentialgleichung $g' + g^2 + 1 = 0$ aufs neue bewiesen.

11.4.1 Additionstheorem

Satz 11.4.1.

$$\varepsilon_2(w)\varepsilon_2(z) - \varepsilon_2(w)\varepsilon_2(w+z) - \varepsilon_2(z)\varepsilon_2(w+z) = 2\varepsilon_3(w+z)[\varepsilon_1(w) + \varepsilon_1(z)].$$

Beweis (nach [We], S. 8). Wir setzen $p := z + \mu$, $q := w + \nu - \mu$ in (11.19) und erhalten

$$\frac{1}{(z+\mu)^2(w+\nu-\mu)^2} - \frac{1}{(w+z+\nu)^2}\left(\frac{1}{(z+\mu)^2} + \frac{1}{(w+\nu-\mu)^2}\right)$$
$$= \frac{2}{(w+z+\nu)^3}\left(\frac{1}{z+\mu} + \frac{1}{w+\nu-\mu}\right).$$

Eisensteinsummation bezüglich μ bei festem $\nu \in \mathbb{Z}$ liefert

$$\sum_{\mu=-\infty}^{\infty}{}_e \frac{1}{(z+\mu)^2(w+\nu-\mu)^2} - \frac{1}{(w+z+\nu)^2}(\varepsilon_2(z) + \varepsilon_2(w+\nu))$$
$$= \frac{2}{(w+z+\nu)^3}[\varepsilon_1(z) + \varepsilon_1(w+\nu)].$$

Da ν die Periode von ε_k ist (vgl. Periodizitätssatz 11.3.1), darf man $\varepsilon_2(w)$ bzw. $\varepsilon_1(w)$ statt $\varepsilon_2(w+\nu)$ bzw. $\varepsilon_1(w+\nu)$ schreiben, ferner steht ganz links wegen der normalen Konvergenz eine gewöhnliche Summe $\sum_{-\infty}^{\infty}$. Summation bezüglich ν gibt nun

$$\sum_{\nu=-\infty}^{\infty}\sum_{\mu=-\infty}^{\infty} \frac{1}{(z+\mu)^2(w+\nu-\mu)^2} - \varepsilon_2(w+z)[\varepsilon_2(z) + \varepsilon_2(w)]$$
$$= 2\varepsilon_3(w+z)[\varepsilon_1(z) + \varepsilon_1(w)].$$

Vertauscht man links die Reihenfolge der Summation (dies ist wegen der normalen Konvergenz legitim), so erhält man wegen $\varepsilon_2(w-\mu) = \varepsilon_2(w)$ die Formel

$$\sum_{\mu=-\infty}^{\infty} \frac{1}{(z+\mu)^2} \sum_{\nu=-\infty}^{\infty} \frac{1}{((w-\mu)+\nu)^2} = \sum_{\mu=-\infty}^{\infty} \frac{\varepsilon_2(w-\mu)}{(z+\mu)^2} = \varepsilon_2(w)\varepsilon_2(z).$$

Damit ist das Additionstheorem verifiziert. □

11.4.2 Eisensteins Grundformeln

Das Additionstheorem 11.4.1 kommt bei EISENSTEIN nicht explizit vor. Er leitet vielmehr die Identitäten

$$3\varepsilon_4(z) = \varepsilon_2^2(z) + 2\varepsilon_1(z)\varepsilon_3(z) \tag{11.20}$$

$$\varepsilon_2^2(z) = \varepsilon_4(z) + 2q_2\varepsilon_2(z) \tag{11.21}$$

direkt aus (11.19) her ([Ei], 396–398). Wir gewinnen jetzt diese Eisensteinschen Grundformeln aus dem Additionstheorem ([We], S. 8); dazu benötigen wir folgende trivial zu verifizierende Aussage (zur Herleitung von (11.22) benutze man (11.15)):

Für jedes $z \in \mathbb{C} \setminus \mathbb{Z}$ und für alle $k \geq 1$ gilt in einer Umgebung von $w = 0$: $\varepsilon_k(w+z) = \sum_{\nu \geq 0} \frac{1}{\nu!}\varepsilon_k^{(\nu)}(z)w^\nu$; speziell:

$$\begin{aligned}
\varepsilon_1(w+z) &= \varepsilon_1(z) - \varepsilon_2(z)w + \varepsilon_3(z)w^2 - \varepsilon_4(z)w^3 + - \dots \\
\varepsilon_2(w+z) &= \varepsilon_2(z) - 2\varepsilon_3(z)w + 3\varepsilon_4(z)w^2 - + \dots \\
\varepsilon_3(w+z) &= \varepsilon_3(z) - 3\varepsilon_4(z)w + 6\varepsilon_5(z)w^2 - + \dots
\end{aligned} \tag{11.22}$$

□

Wir beweisen nun Gleichung (11.20): Bei festem $z \in \mathbb{C} \setminus \mathbb{Z}$ stehen im Additionstheorem meromorphe Funktionen in w. Wir entwickeln sie um $w = 0$ und vergleichen die (in w) konstanten Glieder. Die Entwicklung (11.18) für ε_2 sowie obige Gleichung (11.22) für $\varepsilon_2(w+z)$ ergeben für die Funktion links im Additionstheorem, da sich $\varepsilon_2(w)\varepsilon_2(z)$ heraushebt und $\varepsilon_2(z)\varepsilon_2(w+z)$ das konstante Glied $\varepsilon_2^2(z)$ hat:

$$\begin{aligned}
-\left(\frac{1}{w^2} + q_2 + \dots\right)(-2\varepsilon_3(z)w + 3\varepsilon_4(z)w^2 + \dots) - \varepsilon_2^2(z) + \dots \\
= -3\varepsilon_4(z) - \varepsilon_2^2(z) + \dots,
\end{aligned}$$

wobei die letzten Punkte Glieder in w^{-1}, w, w^2, ... andeuten. Für die Funktion rechts im Additionstheorem erhält man unter Verwendung der Entwicklung (11.11) für ε_1 und der Gleichung (11.22) für $\varepsilon_3(w+z)$:

$$\begin{aligned}
2(\varepsilon_3(z) - 3\varepsilon_4(z)w + \dots)\left(\frac{1}{w} - q_2 w + \dots\right) + 2\varepsilon_3(z)\varepsilon_1(z) + \dots \\
= -6\varepsilon_4(z) + 2\varepsilon_3(z)\varepsilon_1(z) + \dots.
\end{aligned}$$

Damit folgt $-3\varepsilon_4(z) - \varepsilon_2^2(z) = -6\varepsilon_4(z) + 2\varepsilon_3(z)\varepsilon_1(z)$, also (11.20).

Der Beweis von (11.21) wird ähnlich geführt: Wir fixieren wieder $z \in \mathbb{C} \setminus \mathbb{Z}$, betrachten diesmal aber $\zeta := w + z$ als Variable im Additionstheorem. Wir entwickeln um $\zeta = 0$, setzen $w = \zeta - z$ und vergleichen die (in ζ) konstanten Glieder. Unter Benutzung der Entwicklung (11.18) für $\varepsilon_2(\zeta)$ sowie der Gleichung (11.22) für $\varepsilon_2(\zeta - z)$ (man beachte, daß ε_{2l} bzw. ε_{2l+1} gerade bzw. ungerade ist) sieht man, daß links im Additionstheorem der konstante

Term $\varepsilon_2^2(z) - 2q_2\varepsilon_2(z) - 3\varepsilon_4(z)$ steht. Da $\varepsilon_3(\zeta)\varepsilon_1(\zeta - z)$ auf Grund von (11.18) und (11.22) das konstante Glied $-\varepsilon_4(z)$ hat und $\varepsilon_3(\zeta)\varepsilon_1(z)$ als ungerade Funktion in ζ kein konstantes Glied hat, so steht rechts im Additionstheorem das konstante Glied $-2\varepsilon_4(z)$. Damit folgt (11.21).

11.4.3 Weitere Eisensteinsche Formeln und die Identität $\varepsilon_1(z) = \pi \cot \pi z$

Aus (11.20) und (11.21) folgt, wenn man $\varepsilon_4(z)$ eliminiert:

$$\varepsilon_1(z)\varepsilon_3(z) = \varepsilon_2^2(z) - 3q_2\varepsilon_2(z). \tag{11.23}$$

Differentiation von (11.23) gibt $\varepsilon_2\varepsilon_3 = \varepsilon_1\varepsilon_4 + 2q_2\varepsilon_3$ wegen (11.15). Eliminiert man hier ε_4 mittels (11.21), so gewinnt man nach Division durch $\varepsilon_2 - 2q_2$:

$$\varepsilon_3(z) = \varepsilon_1(z)\varepsilon_2(z). \tag{11.24}$$

Trägt man dies in (11.23) ein, so folgt nach Division durch ε_2:

$$\varepsilon_1^2(z) = \varepsilon_2(z) - 3q_2. \tag{11.25}$$

Der Leser ziehe aus den gewonnenen Relationen die

Folgerung ([Ei], S. 400). *Jede Funktion ε_k ist ein reelles Polynom in ε_1.*

Gleichung (11.25) läßt sich wegen $\varepsilon_2 = -\varepsilon_1'$ auch als Differentialgleichung

$$\varepsilon_1'(z) = -\varepsilon_1^2 - 3q_2 \tag{11.26}$$

für die Funktion ε_1 interpretieren. Mittels (11.26) allein erhält man nun (aufs neue)

$$\varepsilon_1(z) = \pi \cot \pi z \quad \text{und} \quad \tfrac{1}{6}\pi^2 = \sum_{\nu \geq 1} \frac{1}{\nu^2} \quad (\text{also } q_2 = \tfrac{1}{3}\pi^2). \tag{11.27}$$

Beweis. Man wähle $a > 0$ mit $a^2 := 3q_2 = 6\sum \nu^{-2}$. Für $g(z) := a^{-1}\varepsilon_1(a^{-1}z) \in \mathcal{M}(\mathbb{C})$ gilt dann $g' + g^2 + 1 = 0$. Da g im Nullpunkt einen Pol hat, so folgt $g(z) = \cot z$ nach Satz 11.2.3, also $\varepsilon_1(z) = a \cot az$. Da $\mathbb{Z}$ bzw. $\pi a^{-1}\mathbb{Z}$ die Periodenmengen von $\varepsilon_1(z)$ bzw. $\cot az$ sind (man beachte, daß $\mathrm{Per}(\cot) = \pi\mathbb{Z}$ nach 5.2.5), so folgt $\mathbb{Z} = \pi a^{-1}\mathbb{Z}$, also $a = \pi$ wegen $a > 0$. □

Das Additionstheorem des Cotangens (vgl. 5.2.5) besagt

$$\varepsilon_1(w + z) = \frac{\varepsilon_1(w)\varepsilon_1(z) - \pi^2}{\varepsilon_1(w) + \varepsilon_1(z)}.$$

Eisenstein beweist auch diese Formel direkt durch Reihenmanipulation ([Ei], S. 408/409); interessierte Leser seien auf [We], S. 8/9 verwiesen.

11.4.4 Skizze der Theorie der Kreisfunktionen nach Eisenstein

Die vorangehenden Überlegungen zeigen, daß sich die Theorie der trigonometrischen Funktionen grundsätzlich allein aus der einen Eisensteinfunktion $\varepsilon_1(z)$ entwickeln läßt. Man definiert zunächst π als $\sqrt{3q_2}$ und macht die Gleichung $\pi \cot \pi z = \varepsilon_1(z)$ zur *Definition des Cotangens.* Alle weiteren Kreisfunktionen lassen sich nun auf $\varepsilon_1(z)$ zurückführen. Wenn man die Formel

$$\frac{1}{\sin z} = \frac{1}{2}\left(\cot\frac{z}{2} - \cot\frac{z+\pi}{2}\right)$$

benutzt (die in [Ei] auf S. 409 nebenbei erwähnt wird), so ist klar, daß man in einer Eisensteinschen Theorie die Gleichung

$$\frac{\pi}{\sin \pi z} = \frac{1}{2}\left[\varepsilon_1\left(\frac{z}{2}\right) - \varepsilon_1\left(\frac{z+1}{2}\right)\right]$$

zur Definition des Sinus erheben wird, die Partialbruchreihe

$$\frac{\pi}{\sin \pi z} = \frac{1}{2}\sum_{-\infty}^{\infty}{}_e \frac{2}{z+2\nu} - \frac{1}{2}\sum_{-\infty}^{\infty}{}_e \frac{2}{z+1+2\nu} = \sum_{-\infty}^{\infty} \frac{(-1)^\nu}{z+\nu}$$

fällt nebenbei ab. Wegen $\cos \pi z = \sin \pi(z + \frac{1}{2})$ kann man

$$\frac{\pi}{\cos \pi z} = \frac{1}{2}\left[\varepsilon_1\left(\frac{2z+1}{4}\right) - \varepsilon_1\left(\frac{2z+3}{4}\right)\right]$$

als Definition des Cosinus ansehen.

Auch die Exponentialfunktion läßt sich allein mittels $\varepsilon_1(z)$ definieren: für

$$e(z) := \frac{\varepsilon_1(z) + \pi\mathrm{i}}{\varepsilon_1(z) - \pi\mathrm{i}} = \frac{1 + \pi\mathrm{i}z + \dots}{1 - \pi\mathrm{i}z + \dots} \in \mathcal{M}(\mathbb{C})$$

folgt wegen $-\varepsilon_1' = \varepsilon_1^2 + \pi^2$ sofort

$$e'(z) = -2\pi\mathrm{i}\frac{\varepsilon_1'(z)}{(\varepsilon_1(z) - \pi\mathrm{i})^2} = 2\pi\mathrm{i}\frac{\varepsilon_1^2(z) + \pi^2}{(\varepsilon_1(z) - \pi\mathrm{i})^2} = 2\pi\mathrm{i}e(z).$$

Da $e(0) = 1$, so hat man (auf Grund von Satz 5.1.1 und des Identitätssatzes) gerade die Funktion $\exp(2\pi\mathrm{i}z)$ eingeführt.

Der hier skizzierte Aufbau der Theorie der Kreisfunktionen scheint nirgendwo konsequent ausgeführt, wir müssen aus Platzgründen ebenfalls darauf verzichten. Der Eisensteinsche Zugang hat den Vorteil, daß die Periodizität aller Kreisfunktionen auf Grund der expliziten Form der Reihe für ε_1 evident ist.

Aufgabe

Zeigen Sie (unter Benutzung der Verdopplungsformel $2\varepsilon_1(2z) = \varepsilon_1(z) + \varepsilon_1(z+\frac{1}{2})$):

$$\varepsilon_1(z)\varepsilon_1(z+\frac{1}{2}) + \pi^2 = 0.$$

Was besagt diese Formel für die klassischen trigonometrischen Funktionen?

12. Laurentreihen und Fourierreihen

At quantropere doctrina de seribus infinitis Analysin sublimiorem amplificaveret, nemo est, qui ignoret[1] (L. EULER 1748, *Introductio*).

In diesem Kapitel diskutieren wir zwei Typen von Reihen, die nach den Potenzreihen zu den wichtigsten Reihen der Funktionentheorie gehören: *Laurentreihen* $\sum_{-\infty}^{\infty} a_\nu(z-c)^\nu$ und *Fourierreihen* $\sum_{-\infty}^{\infty} c_\nu e^{2\pi i\nu z}$. Die Theorie der Laurentreihen ist eine Theorie der Potenzreihen für Kreisringe; WEIERSTRASS hat übrigens Laurentreihen auch Potenzreihen genannt (vgl. $[W_2]$, S. 67). Fourierreihen sind Laurentreihen um $c := 0$ mit $e^{2\pi iz}$ anstelle von z, die große Bedeutung dieser Reihen liegt darin, daß sich holomorphe periodische Funktionen in solche Reihen entwickeln lassen. Eine besonders wichtige Fourierreihe ist die *Thetareihe* $\sum_{-\infty}^{\infty} e^{-\nu^2\pi\tau}e^{2\pi i\nu z}$, die der Mathematik des 19. Jahrhunderts ganz entscheidende Impulse gegeben hat.

12.1 Holomorphe Funktionen in Kreisringen und Laurentreihen

Es seien $r, s \in \mathbb{R} \cup \{\infty\}$ mit $0 \le r < s$. Die in $\mathbb{C}$ offene Menge

$$A_{r,s}(c) := \{z \in \mathbb{C} : r < |z-c| < s\}$$

heißt der *Kreisring um* c mit *innerem Radius* r und *äußerem Radius* s. Für $s < \infty$ ist $A_{0,s} = B_s(c) \setminus c$ eine punktierte Kreisscheibe, weiter gilt $A_{0,\infty}(0) = \mathbb{C}^\times$. Wenn Mißverständnisse ausgeschlossen sind, schreiben wir kurz A anstelle von $A_{r,s}(c)$.

Der Kreisring A mit Radien r, s ist in natürlicher Weise der Durchschnitt

$$A = A^+ \cap A^- \quad \textit{mit } A^+ := B_s(c) \quad \textit{und} \quad A^- := \{z \in \mathbb{C} : |z-c| > r\};$$

diese Schreibweise wird im folgenden durchweg benutzt. Mit S_ρ bezeichnen wir wie in früheren Kapiteln den Kreisrand $\partial B_\rho(c)$.

[1] Bekanntlich hat gerade durch die Lehre von den unendlichen Reihen die höhere Analysis sehr bedeutende Erweiterungen erfahren (Übersetzung H. MASER).

12.1.1 Cauchytheorie für Kreisringe

Ausgangspunkt der Theorie der holomorphen Funktionen in Kreisringen ist

Satz 12.1.1 (Cauchyscher Integralsatz für Kreisringe). *Es sei f holomorph im Kreisring A um c mit Radien r und s. Dann gilt*

$$\int_{S_\rho} f d\zeta = \int_{S_\sigma} f d\zeta \quad \textit{für alle } \rho, \sigma \in \mathbb{R} \quad \textit{mit } r < \rho \leq \sigma < s. \tag{12.1}$$

Wir geben für diesen grundlegenden Satz drei Beweise, dabei nehmen wir $c = 0$ an.

1. Beweis (durch Reduktion auf Satz 7.1.2 mittels Zerlegung in konvexe Gebiete). Sei ρ vorgegeben. Wir wählen ρ' mit $r < \rho' < \rho$ und bestimmen auf $S_{\rho'}$ ein reguläres n-Eck, das ganz im Kreisring mit den Radien r und ρ' liegt; dies ist für große n stets der Fall (Figur mit $n := 6$).

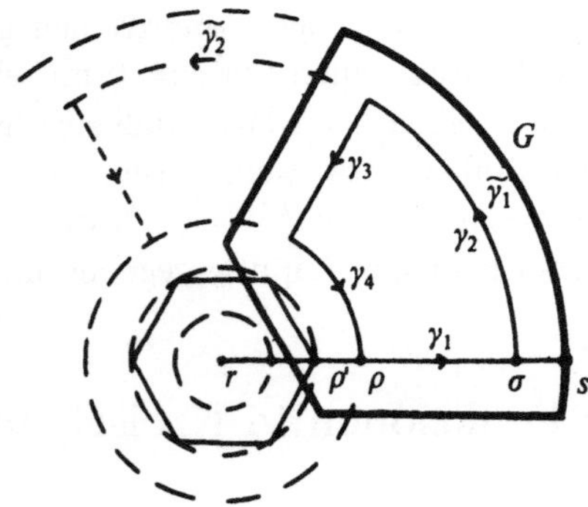

Für alle σ mit $\rho \leq \sigma < s$ gilt nun $\int_{\widetilde{\gamma}_1} f d\zeta = 0$, denn $\widetilde{\gamma}_1 := \gamma_1 + \gamma_2 + \gamma_3 + \gamma_4$ ist ein geschlossener Weg in einem konvexen Gebiet G, in dem f holomorph ist (vgl. Figur). Analog gilt $\int_{\widetilde{\gamma}_2} f d\zeta = 0$, wo der Weg $\widetilde{\gamma}_2$ (siehe Figur) mit dem Teilweg $-\gamma_3$ beginnt. So fortfahrend definiert man die Wege $\widetilde{\gamma}_\nu$, wobei in $\widetilde{\gamma}_n$ der Weg $-\gamma_1$ als Teilweg vorkommt. Es folgt nun

$$0 = \sum_{\nu=1}^{n} \int_{\widetilde{\gamma}_\nu} f d\zeta = \int_{S_\sigma} f d\zeta - \int_{S_\rho} f d\zeta,$$

da sich die Teilintegrale über γ_1, γ_3 usw. aufheben.

2. Beweis (durch Reduktion auf Satz 7.1.2 mittels der Exponentialabbildung). Wir nehmen $0 < r < s < \infty$ an und wählen $a, \alpha, \beta, b \in \mathbb{R}$ mit $e^a = r$, $e^\alpha = \rho$, $e^\beta = \sigma$, $e^b = s$. Vermöge $z \mapsto \exp z$ wir der Rand ∂R des Rechtecks $R := \{z \in$

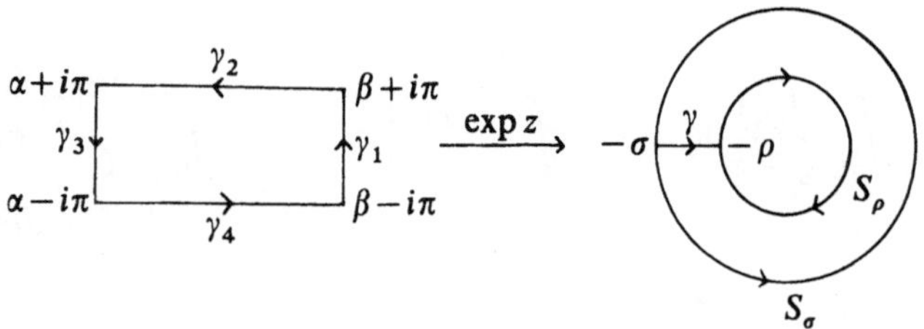

$\mathbb{C}: \alpha < \operatorname{Re} z < \beta, |\operatorname{Im} z| < \pi\}$ auf den Weg $\Gamma := \sum_1^4 \exp(\gamma_\nu) = S_\sigma + \gamma - S_\rho - \gamma$ abgebildet (vgl. Figur und 5.2.3).

Nach der Transformationsregel (Satz 6.3.3) folgt

$$\int_\Gamma f(z)\mathrm{d}z = \int_{\partial R} f(\exp\zeta)\exp\zeta\mathrm{d}\zeta.$$

Da das ∂R umfassende konvexe Gebiet $G := \{z \in \mathbb{C} : a < \operatorname{Re} z < b\}$ vermöge $\exp z$ in A abgebildet wird, so ist der Integrand rechts in G holomorph und das Integral also null nach Satz 7.1.2. Hieraus folgt die Behauptung.

3. Beweis (durch Vertauschung von Integration und Differentiation). Da mit $f(z)$ auch $z^{-1}f(z)$ alle in A holomorphen Funktionen durchläuft, genügt es zu zeigen, daß bei vorgegebenem $f \in \mathcal{O}(A)$ die Funktion

$$J(t) := \int_{S_t} \frac{f(\zeta)}{\zeta}\mathrm{d}\zeta = \mathrm{i}\int_0^{2\pi} f(t\mathrm{e}^{\mathrm{i}\varphi})\mathrm{d}\varphi, \quad t \in (r,s),$$

konstant ist. Da die Ableitung des Integranden nach t in φ und t stetig ist und über eine kompakte Menge integriert wird, ist $J(t)$ nach der Leibnizschen Regel differenzierbar, und es gilt:

$$\begin{aligned} J'(t) &= \mathrm{i}\int_0^{2\pi} \frac{\mathrm{d}}{\mathrm{d}t} f(t\mathrm{e}^{\mathrm{i}\varphi})\mathrm{d}\varphi = \mathrm{i}\int_0^{2\pi} f'(t\mathrm{e}^{\mathrm{i}\varphi})\mathrm{e}^{\mathrm{i}\varphi}\mathrm{d}\varphi \\ &= t^{-1}\int_{S_t} f'(\zeta)\mathrm{d}\zeta \quad \text{für } t \in (r,s). \end{aligned}$$

Da f' eine Stammfunktion hat, folgt $J'(t) \equiv 0$, d.h. $J(t) = \text{const.}$ □

Bemerkung. Vom „höheren Standpunkt" sind die Integrale über S_ρ, S_σ gleich, weil diese Wege in A ineinander deformierbar sind. Auf die allgemeine Integrationstheorie für solche „homotopen" Wege werden wir erst im zweiten Band näher eingehen. □

Aus dem Integralsatz folgt (analog wie in 7.2.2 für Kreisscheiben)

Satz 12.1.2 (Cauchysche Integralformel für Kreisringe). *Es sei f holomorph im Bereich D; es sei $A = A^+ \cap A^-$ ein Kreisring um c, der nebst Rand in D liegt. Dann gilt*

$$f(z) = \frac{1}{2\pi \mathrm{i}} \int_{\partial A} \frac{f(\zeta)}{\zeta - z} \mathrm{d}\zeta = \frac{1}{2\pi \mathrm{i}} \int_{\partial A^+} \frac{f(\zeta)}{\zeta - z} \mathrm{d}\zeta - \frac{1}{2\pi \mathrm{i}} \int_{\partial A^-} \frac{f(\zeta)}{\zeta - z} \mathrm{d}\zeta$$

für alle $z \in A$.

Beweis. Bei festem $z \in A$ ist die Funktion

$$g(\zeta) := \begin{cases} \frac{f(\zeta)-f(z)}{\zeta - z} & \text{für } z \in D \setminus z, \\ f'(z) & \text{für } \zeta = z \end{cases}$$

stetig in D und holomorph in $D \setminus z$. Es folgt $g \in \mathcal{O}(D)$ auf Grund von Satz 7.3.3. Nach dem Integralsatz für Kreisringe gilt daher $\int_{\partial A^+} g \mathrm{d}\zeta = \int_{\partial A^-} g \mathrm{d}\zeta$; d.h.

$$\int_{\partial A^-} \frac{f(\zeta)}{\zeta - z} \mathrm{d}\zeta - f(z) \int_{\partial A^-} \frac{\mathrm{d}\zeta}{\zeta - z} = \int_{\partial A^+} \frac{f(\zeta)}{\zeta - z} \mathrm{d}\zeta - f(z) \int_{\partial A^+} \frac{\mathrm{d}\zeta}{\zeta - z}.$$

In der letzten Gleichung verschwindet das zweite Integral links, da $|z-c| > r$; das zweite Integral rechts hat wegen $|z - c| < s$ den Wert $2\pi \mathrm{i}$. □

12.1.2 Laurentdarstellung in Kreisringen

Wir führen zunächst eine bequeme Schreibweise ein: ist h eine komplexe Funktion in einem *unbeschränkten* Bereich W, so schreiben wir $\lim_{z\to\infty} h(z) = b$, wenn es zu jeder Umgebung V von $b \in \mathbb{C}$ ein $R > 0$ gibt, so daß $h(z) \in V$ für alle $z \in W$ mit $|z| \geq R$. Man bemerke, daß diese Definition von W abhängt. Im folgenden ist W das Äußere einer Kreisscheibe, also die Menge A^-.

Satz 12.1.3. *Es sei f holomorph im Kreisring $A = A^+ \cap A^-$ um c mit Radien r, s. Dann gibt es zwei Funktionen $f^+ \in \mathcal{O}(A^+)$, $f^- \in \mathcal{O}(A^-)$, so daß gilt:*

$$f = f^+ + f^- \text{ in } A \quad \text{und} \quad \lim_{z\to\infty} f^-(z) = 0.$$

Die Funktionen f^+, f^- sind hierdurch eindeutig bestimmt; für jedes $\rho \in (r, s)$ gilt:

$$f^+(z) = \frac{1}{2\pi \mathrm{i}} \int_{S_\rho} \frac{f(\zeta)}{\zeta - z} \mathrm{d}\zeta, \qquad z \in B_\rho(c);$$

$$f^-(z) = \frac{-1}{2\pi \mathrm{i}} \int_{S_\rho} \frac{f(\zeta)}{\zeta - z} \mathrm{d}\zeta, \qquad z \in \mathbb{C} \setminus \overline{B_\rho(c)}.$$

Beweis. a) Existenz: Die Funktion

$$f_\rho^+(z) := \frac{1}{2\pi \mathrm{i}} \int_{S_\rho} \frac{f(\zeta)}{\zeta - z} \mathrm{d}\zeta, \quad z \in B_\rho(c),$$

ist holomorph in $B_\rho(c)$. Für $\sigma \in (\rho, s)$ gilt $f_\rho^+ = f_\sigma^+ | B_\rho(c)$ nach dem Integralsatz. Es gibt also eine Funktion $f^+ \in \mathcal{O}(A^+)$, die in $B_\rho(c)$ mit f_ρ^+ übereinstimmt. Ebenso ist

$$f^-(z) := f_\sigma^-(z) := \frac{-1}{2\pi\mathrm{i}} \int_{S_\sigma} \frac{f(\zeta)}{\zeta - z} \mathrm{d}\zeta, \quad z \in A^-, r < \sigma < \min\{s, |z - c|\},$$

holomorph in A^-. Die Integralformel, angewendet auf alle Kreisringe A' um c mit $\overline{A'} \subset A$, liefert in A die Darstellung $f = f^+ + f^-$. Die Standardabschätzung für Integrale gibt für $z \in A^-$

$$|f^-(z)| \leq \sigma \max_{\zeta \in S_\sigma} |f(\zeta)(\zeta - z)^{-1}| \leq \frac{\sigma}{|z - c| - \sigma} |f|_{S_\sigma}, \quad \text{also } \lim_{z \to \infty} f^-(z) = 0.$$

b) Eindeutigkeit: Es seien $g^+ \in \mathcal{O}(A^+)$, $g^- \in \mathcal{O}(A^-)$ weitere Funktionen mit $f = g^+ + g^-$ in A und $\lim_{z\to\infty} g^-(z) = 0$. Dann gilt $f^+ - g^+ = g^- - f^-$ auf A; daher wird durch $h := f^+ - g^+$ auf A^+ und $h := g^- - f^-$ auf A^- eine ganze Funktion $h : \mathbb{C} \to \mathbb{C}$ mit $\lim_{z\to\infty} h(z) = 0$ gegeben. Nach dem Liouvilleschen Satz folgt $h \equiv 0$, also $f^+ = g^+$, $f^- = g^-$. □

Man nennt die Darstellung von f als Summe $f^+ + f^-$ die *Laurentdarstellung* (bzw. die *Laurenttrennung* bzw. die *Laurentheftung*) *von f in A*. Die Funktion f^- heißt der *Hauptteil*, die Funktion f^+ der *Nebenteil* von f.

Ist f meromorph in $D \setminus c$, so ist die im Entwicklungssatz 10.1.3 beschriebene Darstellung von f nichts anderes als die Laurentdarstellung von f in $B \setminus c$ (mit $B \subset D$, $r = 0$), insbesondere verallgemeinert also der hier für Laurentdarstellungen eingeführte Begriff des Hauptteils den in 10.3.1 für meromorphe Funktionen erklärten Begriff des Hauptteils in einem Pol.

12.1.3 Laurententwicklungen

Reihen der Form $\sum_{-\infty}^{\infty} a_\nu (z - c)^\nu$ heißen *Laurentreihen um c*; die Reihen

$$\sum_{-\infty}^{-1} a_\nu (z - c)^\nu = \sum_{1}^{\infty} a_{-\nu} (z - c)^{-\nu} \quad \text{bzw.} \quad \sum_{0}^{\infty} a_\nu (z - c)^\nu$$

heißen *Hauptteil* bzw. *Nebenteil*. Laurentreihen sind also spezielle Funktionenreihen der Form $\sum_{-\infty}^{\infty} f_\nu(z)$, die in 11.3.1 eingeführt wurden. Insbesondere sind die Begriffe der absoluten, kompakten und normalen Konvergenz für Laurentreihen in Kreisringen erklärt.

Laurentreihen sind verallgemeinerte Potenzreihen. Die Verallgemeinerung des Entwicklungssatzes von CAUCHY-TAYLOR ist der

Satz 12.1.4 (Entwicklungssatz von Laurent). *Jede im Kreisring A um c mit den Radien r, s holomorphe Funktion f ist in A eindeutig in eine Laurentreihe*

$$f(z) = \sum_{-\infty}^{\infty} a_\nu (z-c)^\nu \tag{12.2}$$

entwickelbar, die in A normal gegen f konvergiert. Es gilt:

$$a_\nu = \frac{1}{2\pi \mathrm{i}} \int_{S_\rho} \frac{f(\zeta)}{(\zeta - c)^{\nu+1}} \mathrm{d}\zeta \quad \textit{für } r < \rho < s,\ \nu \in \mathbb{Z}. \tag{12.3}$$

Beweis. Sei $f = f^+ + f^-$ die Laurentdarstellung von f in $A = A^+ \cap A^-$ gemäß Satz 12.1.3. Dann hat der Nebenteil $f^+ \in \mathcal{O}(A^+)$ von f nach dem Satz von CAUCHY-TAYLOR in $A^+ = B_s(c)$ eine Taylorentwicklung $\sum a_\nu (z - c)^\nu$. Doch auch der Hauptteil $f^- \in \mathcal{O}(A^-)$ von f gestattet eine einfache Reihenentwicklung in $A^- = \{z \in \mathbb{C} : |z - c| > r\}$: Da die Abbildung

$$B_{r^{-1}}(0) \setminus 0 \to A^-,\ w \mapsto z := c + w^{-1}$$

biholomorph ist mit $z \mapsto w = (z - c)^{-1}$ als Umkehrabbildung, so gilt

$$g(w) := f^-(c + w^{-1}) \in \mathcal{O}(B_{r^{-1}}(0) \setminus 0).$$

Wegen $\lim_{z\to\infty} f^-(z) = 0$ folgt $\lim_{w\to 0} g(w) = 0$, daher wird g nach dem Riemannschen Fortsetzungssatz vermöge $g(0) := 0$ holomorph fortgesetzt. Man hat somit eine Taylorentwicklung $g(w) = \sum_{\nu\geq 1} b_\nu w^\nu \in \mathcal{O}(B_{r^{-1}}(0))$, die in $B_{r^{-1}}(0)$ normal konvergiert. Wegen $f^-(z) = g((z - c)^{-1})$, $z \in A^-$, erhält man hieraus die Darstellung $f^-(z) = \sum_{\nu\geq 1} b_\nu (z - c)^{-\nu}$, die in A^- normal gegen f^- konvergiert. Mit der Festsetzung $a_{-\nu} := b_\nu$, $\nu \geq 1$, schreibt sich diese Reihe als $f^-(z) = \sum_{-\infty}^{-1} a_\nu (z - c)^\nu$. Insgesamt hat man so eine Laurentreihe $\sum_{-\infty}^{\infty} a_\nu (z-c)^\nu$ gefunden, die in A normal gegen f konvergiert. Die Eindeutigkeit folgt, sobald die Gleichungen (12.3) verifiziert sind. Dazu betrachte man für jedes $n \in \mathbb{Z}$ die Gleichung

$$(z - c)^{-n-1} f(z) = \sum_{\nu=-\infty}^{-1} a_{\nu+n+1} (z - c)^\nu + \sum_{\nu=0}^{\infty} a_{\nu+n+1} (z - c)^\nu,$$

die man wegen der normalen Konvergenz gliedweise integrieren darf; dabei bleibt nur der Summand mit $\nu = -1$ übrig:

$$\int_{S_\rho} (\zeta - c)^{-n-1} f(\zeta) \mathrm{d}\zeta = a_n \int_{S_\rho} (\zeta - c)^{-1} \mathrm{d}\zeta = 2\pi \mathrm{i} a_n, \quad n \in \mathbb{Z}.$$

□

Wir nennen die Reihenentwicklung (12.2) *die Laurententwicklung von f um c in A.*

12.1.4 Beispiele

Die Bestimmung der Laurentkoeffizienten mittels der Integralformel (12.3) ist nur in seltenen Fällen möglich. Man zieht vielmehr, um f in eine Laurentreihe zu entwickeln, nach Möglichkeit bekannte Taylorreihen und zwar vorwiegend geometrische Reihen heran.

1. Die Funktion $f(z) = \frac{1}{1+z^2}$ ist holomorph in $\mathbb{C}\setminus\{\mathrm{i}, -\mathrm{i}\}$. Sei $c \in \mathbb{H}$ irgendein Punkt der oberen Halbebene. Dann gilt (vgl. Figur) $|c-\mathrm{i}| < |c+\mathrm{i}|$ wegen

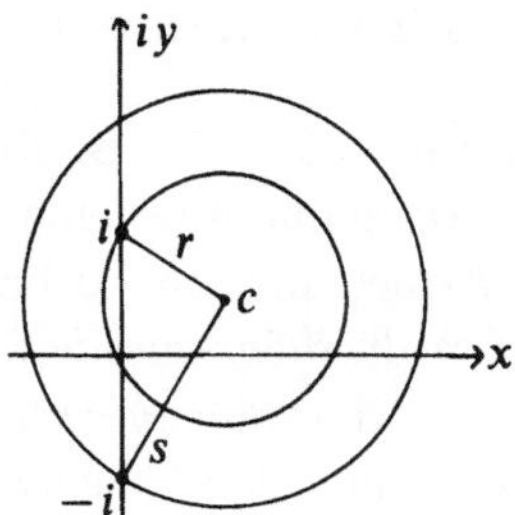

   $\operatorname{Im} c > 0$, und f hat im Kreisring A um c mit innerem Radius $r := |c-\mathrm{i}|$ und äußerem Radius $s := |c+\mathrm{i}|$ eine Laurententwicklung, die man schnell mit Hilfe der Partialbruchzerlegung

$$\frac{1}{1+z^2} = \frac{1}{2\mathrm{i}}\frac{1}{z-\mathrm{i}} + \frac{(-1)}{2\mathrm{i}}\frac{1}{z+\mathrm{i}}, \quad z \in \mathbb{C}\setminus\{\mathrm{i}, -\mathrm{i}\},$$

   findet. Man setze

$$f^+(z) := \frac{-1}{2\mathrm{i}}\frac{1}{z+\mathrm{i}}, \quad f^-(z) := \frac{1}{2\mathrm{i}}\frac{1}{z-\mathrm{i}}.$$

   Dann ist ersichtlich $f = f^+|A + f^-|A$ die Laurentdarstellung von f in A. Die zugehörigen Reihen sind:

$$f^+(z) = \frac{-1}{2\mathrm{i}(\mathrm{i}+c)}\frac{1}{1+\frac{z+c}{\mathrm{i}+c}} = \sum_0^\infty \frac{1}{2\mathrm{i}}\frac{(-1)^{\nu+1}}{(\mathrm{i}-c)^{\nu+1}}(z-c)^\nu, \quad |z-c| < s.$$

$$f^-(z) = \frac{1}{2\mathrm{i}(z-c)}\frac{1}{1-\frac{\mathrm{i}-c}{z-c}} = \sum_{-\infty}^{-1} \frac{1}{2\mathrm{i}}\frac{1}{(\mathrm{i}-c)^{\nu+1}}(z-c)^\nu, \quad |z-c| > r.$$

   Man beachte, daß der Fall $c = \mathrm{i}$ zugelassen ist. Welche Gestalt haben dann $f^+(z)$ und $f^-(z)$? Man bemerke weiter, daß $(1+z^2)^{-1}$ auch im Kreisäußeren $\{z \in \mathbb{C} : |z-c| > s\}$ eine Laurententwicklung hat. Wie sieht diese Reihe aus?

2. Die Funktion $f(z) = 6/[z(z+1)(z-2)]$ ist in $\mathbb{C}\setminus\{0,-1,2\}$ holomorph und besitzt daher um den Nullpunkt *drei* Laurententwicklungen: im punktierten Einheitskreis $\mathbb{E}^\times$, im Kreisring $\{z \in \mathbb{C} : 1 < |z| < 2\}$ und im Kreisäußeren $\{z \in \mathbb{C} : |z| > 2\}$. Man bestimme die zugehörigen Laurententwicklungen durch Partialbruchzerlegung von f.
3. Die Funktion $\exp(z^{-k}) \in \mathcal{O}(\mathbb{C}^\times)$ hat um 0 die Laurententwicklung

$$\exp(z^{-k}) = 1 + \frac{1}{1!}\frac{1}{z^k} + \frac{1}{2!}\frac{1}{z^{2k}} + \cdots + \frac{1}{n!}\frac{1}{z^{nk}} + \ldots, \qquad k = 1, 2, \ldots.$$

12.1.5 Historisches zum Satz von Laurent

Im Jahre 1843 berichtet CAUCHY (C.R. 17, S. 938; auch Œuvres 8, 1. Ser., 115–117) in der französichen Akademie über eine Arbeit von P.A. LAURENT (1813–1854, Ingenieur in der Armee und am Ausbau des Hafens von Le Havre tätig) mit dem Titel *Extension du théorème de M. Cauchy relatif à la convergence du développement d'une fonction suivant les puissances ascendantes de la variable x*. LAURENT zeigt hier, daß Cauchys Satz von der Darstellbarkeit holomorpher Funktionen in Kreisscheiben durch Potenzreihen sogar für Kreisringe gilt, wenn man Reihen zuläßt, in denen auch negative Potenzen von $z - c$ vorkommen. Die Originalarbeit von LAURENT wurde nie veröffentlicht; erst 1863 wurde durch das Engagement seiner Witwe im Journ. de l'Ecole Polytechn. 23, 75–204, ein *Mémoire sur la théorie des imaginaires, sur l'équilibre des températures et sur l'équilibre d'élasticité* publiziert, das Laurents Beweis wiedergibt; die Darstellung (insbes. S. 106, 145) ist leider sehr schwerfällig.

CAUCHY spricht 1843 in seinem Referat mehr über sich selbst als über Laurents Ergebnis; er betont, daß LAURENT zu seinem Satz durch eine sorgfältige Analyse seines eigenen Beweises für Potenzreihenentwicklungen gelangt sei. Immerhin erklärt er: „L'extension donnée par M. Laurent ... nous paraît digne de remarque“. LAURENT beweist seinen Satz mit der von ihm verallgemeinerten Cauchyschen Integralmethode, die auch wir benutzten. Bis heute gibt es keinen Beweis, der nicht irgendwie – wenn auch in verkappter Form – komplexe Integrale benutzt (vgl. hierzu auch den nächsten Abschnitt).

Bei CAUCHY findet sich der Integralsatz für Kreisringe 1840 in den *Exercises D'Analyse* (Œuvres 11, 2. Ser., S. 337); er formuliert ihn allerdings ohne Integrale für Mittelwerte; in seinem Referat zur Laurentschen Arbeit sagt er, daß dessen Satz hieraus unmittelbar folge („Le théorème de M. Laurent peut se déduire immédiatement ... “ S. 116).

WEIERSTRASS bewies den in Rede stehenden Satz bereits 1841 in seiner Abhandlung [W_1], die aber erst 1894 gedruckt wurde. Manche Autoren nennen den Satz daher auch den Satz von LAURENT-WEIERSTRASS. Zum Namensdisput sagt KRONECKER 1894 beißend (vgl. [Kr], S. 177). „Diese Entwicklung wird manchmal als Laurent'scher Satz bezeichnet; aber da sie eine unmittelbare Folge des Cauchy'schen Integrals ist, so ist es unnütz, einen besonderen Urheber zu nennen" (über seinen Kollegen WEIERSTRASS verliert KRONECKER kein Wort).

Die Unabhängigkeit der Integrale (12.1) vom Radius ist das Herzstück der Weierstraßschen Arbeit [W_2]: es heißt dort (S. 57):„. . . , d.h. der Werth des Integrals ist für alle Werthe von x_0, deren absoluter Betrag zwischen den Grenzen A, B [$= r$, s] enthalten ist, derselbe."

WEIERSTRASS hat zeitlebens seinen Satz nicht herausgestellt – wohl ob der Integrale in seinem Beweis (vgl. hierzu auch 6.2.4 und 8.2.3). Es wundert sich z.B. 1896 PRINGSHEIM in seiner Arbeit *Ueber Vereinfachungen in der elementaren Theorie der analytischen Funktionen*, Math. Ann. 47, 121–154, daß WEIERSTRASS den Satz in seinen Vorlesungen „weder explicite bewiesen noch direct angewendet" habe[2]. PRINGSHEIM beklagt, daß dieser Satz in der *elementaren Funktionentheorie* – und darunter versteht er die lediglich auf die Lehre von Potenzreihen gegründete Theorie der holomorphen Funktionen ohne Verwendung von Integralen – noch nicht „den ihm eigentlich zukommenden Platz erhalten hat"; er weist mit Recht darauf hin, daß „die elementare Functionentheorie *ohne* den Laurent'schen Satz keinerlei Hülfsmittel zu besitzen" scheint, um z.B. den Riemannschen Fortsetzungssatz zu erschließen, selbst dann nicht, wenn man bereits die Funktion f in die isolierte Singularität c stetig fortgesetzt hat und wenn überdies die in der Nähe von c zur Darstellung von f dienenden Potenzreihen in c sämtlich absolut konvergieren (vgl. auch 11.2.2).

PRINGSHEIM hält es 1896 für „dringend wünschenwerth", den Satz von LAURENT auf „möglichst elementarem Wege" zu begründen. Er glaubt, dieses Ziel zu erreichen durch „Einführung gewisser Mittelwerthe an Stelle der sonst benutzten Integrale"; sein elementarer direkter Beweis des Laurentschen Satzes wirkt aber sehr gekünstelt. Da sich – wie er selbst sagte (S. 125) – seine Mittelwerte „stets als Spezialfälle bestimmte Integrale ansehen" lassen, setzte sich sein nur nach außen hin integralfreier Beweis nicht durch. PRINGSHEIM hat seine „reine Lehre" in dem 1223 Seiten umfassenden Werk [P] niedergelegt. Darauf läßt sich ein Wort anwenden, mit dem PRINGSHEIM selbst einen von MITTAG-LEFFLER geführten sog. elementaren Beweis des Laurentschen Satzes wertet (S. 124): „Die Consequenz der Methode [wird] auf Kosten der Einfachheit allzu theuer erkauft."

12.1.6 * Herleitung des Satzes von Laurent aus dem Satz von Cauchy-Taylor

Der im Abschnitt 3 geführte Existenzbeweis beruht auf der Laurentdarstellung (Satz 12.1.4) und damit auf der Cauchyschen Integralformel für Kreisringe. Es wird gelegentlich die Ansicht vertreten, daß die Cauchytheorie für Kreisringe für den Beweis des Satzes von LAURENT unabdingbar ist. Dem ist nicht so. Bereits 1884 hat

[2] PRINGSHEIM scheint erst während des Druckes seiner Arbeit von der Existenz der Weierstraßschen Jugendarbeit erfahren zu haben (vgl. Fußnote S. 123).

L. SCHEEFFER (1859–1885) in einer kurzen Arbeit *Beweis des Laurent'schen Satzes* (Acta Math. 4, 375–380) den Satz auf den Cauchy-Taylorschen Satz zurückgeführt. Wir geben im folgenden diesen vergessenen Beweis wieder. Wir benutzen die Notation des Abschnittes 3 und nehmen $c = 0$ an; es ist also $A = A_{r,s}(0)$. Wir zeigen zunächst

Lemma 12.1.1. *Es sei $f \in \mathcal{O}(A)$, und es gebe einen Kreisring $A' \subset A$ um 0, so daß f in A' eine Laurententwicklung um 0 hat:*

$$f(z) = \sum_{-\infty}^{\infty} a_\nu z^\nu, \quad z \in A'.$$

Dann konvergiert diese Laurentreihe bereits in A normal gegen f.

Beweis. Auf Grund des Identitätssatzes ist nur die normale Konvergenz der Laurentreihe in A zu zeigen. Sei $A' = A_{\rho,\sigma}(0)$. Es genügt, die beiden Spezialfälle $\rho = r$ bzw. $\sigma = s$ zu betrachten; man darf sich weiter sogar auf den Fall $\rho = r$ beschränken (indem man statt $f(z) \in \mathcal{O}(A_{r,s})$ gegebenenfalls $f(z^{-1}) \in \mathcal{O}(A_{s^{-1},r^{-1}})$ betrachtet).

Die Reihen $\sum_{-\infty}^{-1} a_\nu z^\nu$ bzw. $\sum_0^\infty a_\nu z^\nu$ konvergieren normal in $A_{r,\infty}(0)$ bzw. $B_\sigma(0)$. Daher ist die Funktion

$$f_1(z) := \begin{cases} f(z) - \sum\limits_{-\infty}^{-1} a_\nu z^\nu, & z \in A, \\ \sum\limits_{0}^{\infty} a_\nu z^\nu, & z \in B_\sigma(0), \end{cases}$$

holomorph in $B_s(0)$. Da $\sum_0^\infty a_\nu z^\nu$ die Taylorreihe von f_1 um 0 ist, konvergiert diese Reihe nach dem Entwicklungssatz 7.3.2 von CAUCHY-TAYLOR normal in $B_s(0)$; daher ist $\sum_{-\infty}^{\infty} a_\nu z^\nu$ in A normal konvergent. □

Wir bemerken weiter, daß es genügt, die Existenz von Laurententwicklungen für *ungerade* Funktionen aus $\mathcal{O}(A)$ zu beweisen. Eine beliebige Funktion $f \in \mathcal{O}(A)$ läßt sich nämlich stets als Summe $f_1(z) + zf_2(z)$ mit ungeraden Funktionen

$$f_1(z) := \tfrac{1}{2}(f(z) - f(-z)), \quad f_2(z) := \tfrac{1}{2}z^{-1}(f(z) + f(-z)), \quad z \in A,$$

schreiben. Aus den Laurentreihen von f_1, f_2 erhält man sogleich die Laurententwicklung von f um 0 in A.

Wir beginnen nun mit dem eigentlichen Beweis. Vorgegeben ist also eine *ungerade* holomorphe Funktion f im Kreisring $A = A_{r,s}(0)$. Auf Grund des Lemmas dürfen wir annehmen, daß $0 < r < s < \infty$. Ohne Einschränkung sei $rs = 1$ (sonst substituiere man $v := (\sqrt{rs})^{-1}z$ und arbeitet mit der Variablen v), dann gilt $s > 1$. Wir ziehen die Abbildung $q : \mathbb{C}^\times \to \mathbb{C}$, $z \mapsto \frac{1}{2}(z + z^{-1})$ heran und benutzen folgende Eigenschaft (vgl. Aufgaben 3. und 4. zu 2.1).

Jede q-Faser $q^{-1}(b)$, $b \neq \pm 1$, besteht aus zwei verschiedenen Punkten $a, a^{-1} \in \mathbb{C}^\times$. Falls $s > 1 + \sqrt{2}$, so ist einerseits das q-Urbild der Kreisscheibe $B := B_R(0)$, wobei $R := \frac{1}{2}(s - s^{-1}) > 1$, in A enthalten, andererseits umfaßt $q^{-1}(B)$ den Kreisring $A' := A_{\rho,\sigma} \subset A$, wobei $\sigma := R + \sqrt{R^2 - 1}$, $\rho := \sigma^{-1}$. (Bilder von Kreislinien vom Radius r sind Ellipsen mit den Halbachsen $\frac{1}{2}(r \pm \frac{1}{r})$.)

Wir setzen zunächst $s > 1+\sqrt{2}$ voraus. Wegen $q^{-1}(B) \subset A$ ist $f(z)+f(z^{-1})$ holomorph in $q^{-1}(B)$ und konstant auf den Fasern von q. Nach dem Faktorisierungssatz 9.4.6 gibt es daher ein $g \in \mathcal{O}(B)$, so daß gilt:

$$f(z)+f(z^{-1}) = g(\tfrac{1}{2}(z+z^{-1})), \quad z \in q^{-1}(B).$$

Ist $g(w) = \sum_0^\infty a_\mu w^\mu$ die Taylorentwicklung von g in B, so folgt für $z \in A' \subset q^{-1}(B)$:

$$f(z)+f(z^{-1}) = \sum_{\mu=0}^{\infty} a_\mu 2^{-\mu}(z+z^{-1})^\mu = \sum_{\mu=0}^{\infty}\sum_{\nu=0}^{\mu} a_\mu 2^{-\mu}\binom{\mu}{\nu} z^{\mu-2\nu}.$$

Wir zeigen, daß für jedes Kompaktum $K \subset A'$

$$\sum_{\mu=0}^{\infty}\sum_{\nu=0}^{\mu} \left| a_\mu 2^{-\mu}\binom{\mu}{\nu} z^{\mu-2\nu}\right|_K < \infty \tag{12.4}$$

gilt.

Dann kann man die Summanden der Doppelsumme rechts nach Potenzen von z ordnen und erhält nach der Verschärfung des Umordnungssatzes 3.3.1 eine in A' normal konvergente Laurententwicklung

$$f(z)+f(z^{-1}) = \sum_{-\infty}^{\infty} b_\nu z^\nu;$$

nach dem Lemma gilt diese Laurententwicklung in ganz A. Analoge Überlegungen mit der Abbildung $\widehat{q}: \mathbb{C}^\times \to \mathbb{C}$, $z \mapsto -\mathrm{i}q(\mathrm{i}z) = \frac{1}{2}(z-z^{-1})$ liefern eine in A normal konvergente Laurententwicklung

$$f(z)+f(-z^{-1}) = \sum_{-\infty}^{\infty} b'_\nu z^\nu.$$

Da f ungerade ist, folgt

$$f(z) = \sum_{-\infty}^{\infty} \tfrac{1}{2}(b_\nu + b'_\nu) z^\nu, \quad z \in A.$$

Zum Beweis von (12.4) können wir $K = \overline{A}_{u,v}$, $\rho < u < v < \sigma$, $uv = 1$, annehmen. Für alle $\mu, \nu \geq 0$ gilt dann $|z^{\mu-2\nu}|_K = v^{|\mu-2\nu|}$. Mit Hilfe von $\binom{\mu}{\nu} = \binom{\mu}{\mu-\nu}$ folgt leicht

$$\sum_{\nu=0}^{\mu}\binom{\mu}{\nu}|z^{\mu-2\nu}|_K \leq 2(v+1/v)^\mu = 2^{\mu+1}q(v)^\mu.$$

Da $q(v)$ in B liegt, erhalten wir (12.4):

$$\sum_{\mu=0}^{\infty}\sum_{\nu=0}^{\mu} \left| a_\mu 2^{-\mu}\binom{\mu}{\nu} z^{\mu-2\nu}\right|_K \leq 2\sum_{\mu=0}^{\infty}|a_\mu q(v)^\mu| < \infty.$$

Sei nun $s > 1$ beliebig. Dann gibt es eine (minimale) natürliche Zahl n mit $s^{2^n} > 1+\sqrt{2}$. Da der Fall $n=0$ bereits erledigt ist (auch für nicht notwendig ungerade Funktionen!), folgt die Behauptung durch Induktion nach n, wenn man zeigt:

Hat jede Funktion aus $\mathcal{O}(A_{r^2,s^2})$ eine Laurententwicklung um 0 in A_{r^2,s^2}, so hat jede ungerade Funktion $f \in \mathcal{O}(A)$ eine Laurententwicklung um 0 in A.

Das Bild von A unter Quadrierung $z \mapsto z^2$ ist A_{r^2,s^2}, dabei hat jeder Punkt $b \in A_{r^2,s^2}$ genau zwei Urbilder $a, -a \in A$. Da $zf(z)$ nach Voraussetzung gerade ist, gibt es nach 9.4.5 ein $h \in \mathcal{O}(A_{r^2,s^2})$, so daß $zf(z) = h(z^2)$ in A. Nach Annahme hat h eine Laurententwicklung $h(w) = \sum_{-\infty}^{\infty} a_\nu w^\nu$ in A_{r^2,s^2}. Dann ist $f(z) \sum_{-\infty}^{\infty} a_\nu z^{2\nu-1}$ die Laurententwicklung von f in A um 0. □

Bemerkung zum Scheefferschen Beweis. Sowohl im Beweis des Lemmas als auch im eigentlichen Beweis wird die *globale* Entwicklung von holomorphen Funktionen in Potenzreihen entscheidend benutzt (dagegen wird der Faktorisierungssatz 9.4.6 nur der Bequemlichkeit halber herangezogen, hier könnte man auch direkt schließen, wie es z.B. SCHEEFFER tut). Der Entwicklungssatz 7.3.2 wird aus der Cauchyschen Integralformel 7.2.2 hergeleitet. In diesem Sinne ist Scheeffers Beweis also nicht integralfrei; er macht aber die Cauchytheorie für Kreisringe zu einem Korollar, denn für jedes $f \in \mathcal{O}(A)$ folgt, wenn man die Laurentreihe $\sum_{-\infty}^{\infty} a_\nu z^\nu$ von f hat, sofort die fundamentale Gleichung (12.1):

$$\int_{S_\rho} f d\zeta = 2\pi i a_{-1} = \int_{S_\sigma} f d\zeta \quad \text{für alle } \rho, \sigma \in \mathbb{R} \quad \text{mit} \quad r < \rho \le \sigma < s.$$

Den natürlichen Zugang zum Laurentschen Entwicklungssatz bildet indessen Cauchys Integralformel für Kreisringe, welcher üblicherweise in einer Vorlesung gewählt wird. Weiteres zu diesem Themenkreis findet man bei P. ULLRICH: *Wie man beim Weierstraßschen Aufbau der Funktionentheorie das Cauchysche Integral vermeidet*, Jber. DMV 92, 89–110 (1990).

Aufgaben

1. Entwickeln Sie die folgenden Funktionen in den angegebenen Kreisringen in eine Laurentreihe:
   a) $f(z) = \dfrac{4z - z^2}{(z^2-4)(z+1)}$ in $A_{1,2}(0)$, $A_{2,\infty}(0)$, $A_{0,1}(-1)$,
   b) $f(z) = \dfrac{1}{(z-c)^n}$, $n \in \mathbb{N}$, $n \ge 1$, $c \in \mathbb{C}^\times$ in $A_{|c|,\infty}(0)$, $A_{0,\infty}(c)$,
   c) $f(z) = \sin\left(\dfrac{z-1}{z}\right)$ in $\mathbb{C}^\times$.
2. Es seien f, g holomorph in $A = A_{r,s}(0)$ $0 \le r < s \le \infty$. Hat f bzw. g in A die Laurentdarstellung $\sum a_\nu (z-c)^\nu$ bzw. $\sum b_\mu (z-c)^\mu$, so gilt $(fg)(z) = \sum c_k (z-c)^k$ für alle $z \in A$ mit $c_k = \sum_{\nu=-\infty}^{\infty} a_\nu b_{k-\nu}$.

   Hinweis: Es gilt $c_k = \frac{1}{2\pi i} \int_{S_\rho} \frac{f(\zeta)g(\zeta)d\zeta}{(\zeta-c)^{k+1}}$ für $r < \rho < s$.
3. Es gelte $f(z) = \sum a_\nu z^\nu$ in einem offenen Kreisring $A \ne \emptyset$ um 0. Dann ist f genau dann gerade bzw. ungerade, wenn $a_\nu = 0$ für alle ungeraden bzw. geraden ν.
4. Sei $A \ne \emptyset$ ein offener Kreisring um 0. Es sei $f \in \mathcal{O}(A)$ eine Einheit.
   a) Ist $\sum a_\nu z^\nu$ die Laurentdarstellung von f'/f in A, so ist $n := a_{-1} \in \mathbb{Z}$. Die Funktion f hat genau dann einen holomorphen Logarithmus in A, wenn $n = 0$ gilt.

b) Beweisen Sie das *Einheitenlemma für* $f \in \mathcal{O}(A)$: Es gibt eine Funktion $g \in \mathcal{O}(A)$, so daß gilt: $f(z) = z^n e^{g(z)}$, $z \in A$. Ist $f(z) = z^m e^{h(z)}$ mit $m \in \mathbb{Z}$, $h \in \mathcal{O}(A)$, so gilt $m = n$.

Hinweis zu a): Verwenden Sie Korollar 9.3.1.

5. Sei $A := A_{r,s}(0) \neq \emptyset$ und $f \in \mathcal{O}(A)$, sei γ ein geschlossener Weg in A mit $0 \in \mathrm{Int}(\gamma)$. Gibt es eine Polynomfolge, die auf $|\gamma|$ gleichmäßig gegen f konvergiert, so gibt es ein $\widehat{f} \in \mathcal{O}(B_s(0))$ mit $\widehat{f}|A = f$.
6. (Besselfunktionen) Für $\nu \in \mathbb{Z}$, $w \in \mathbb{C}$, sei $J_\nu(w)$ der Koeffizient von z^ν in der Laurentreihe der Funktion $\exp[\frac{1}{2}(z - z^{-1})w] \in \mathcal{O}(\mathbb{C}^\times)$. Zeigen Sie:
   a) $J_{-\nu}(w) = J_\nu(-w)$ für alle $\nu \in \mathbb{Z}$, $w \in \mathbb{C}$.
   b) $J_\nu(w) = \frac{1}{2\pi} \int_0^{2\pi} \cos(\nu\varphi - w \sin\varphi) \mathrm{d}\varphi$
   c) Die Funktionen $J_\nu : \mathbb{C} \to \mathbb{C}$, $w \mapsto J_\nu(w)$, sind holomorph. Ihre Potenzreihenentwicklungen um 0 lauten (für $\nu \geq 0$):

$$J_\nu(w) = \sum_{k=0}^{\infty} \frac{(-1)^k (\frac{1}{2}w)^{2k+\nu}}{k!(\nu + k)!}.$$

Die Funktionen J_ν, $\nu \geq 0$ heißen *Besselfunktionen (erster Art)*. J_ν erfüllt die *Besselsche Differentialgleichung* $z^2 f''(z) + z f'(z) + (z^2 - \nu^2) f(z) = 0$.

12.2 Eigenschaften von Laurentreihen

In diesem Paragraphen übertragen wir elementare Aussagen von Potenzreihen auf Laurentreihen. Außerdem zeigen wir, daß die Entwicklung holomorpher Funktionen in Laurentreihen um isolierte Singularitäten eine einfache Charakterisierung der Singularitätentypen durch die Laurentkoeffizienten ermöglicht.

12.2.1 Konvergenzsatz und Identitätssatz

Auf Grund von Satz 12.1.4 ist jede in einem Kreisring A holomorphe Funktion f um den Mittelpunkt c von A in eine Laurentreihe entwickelbar, die in A normal gegen f konvergiert. Um diese Aussage umzukehren, ordnen wir jeder Laurentreihe $\sum_{-\infty}^{\infty} a_\nu (z-c)^\nu$ den Konvergenzradius s ihres Nebenteils und den Konvergenzradius $\widehat{r}$ der Potenzreihe $\sum_{\nu \geq 1} a_{-\nu} w^\nu$ zu. Wir setzen $r := \widehat{r}^{-1}$, also $r = 0$ bzw. $r = \infty$ im Fall $\widehat{r} = \infty$ bzw. $\widehat{r} = 0$, und zeigen

Satz 12.2.1 (Konvergenzsatz für Laurentreihen). *Ist $r < s$, so konvergiert die Laurentreihe $\sum_{-\infty}^{\infty} a_\nu (z-c)^\nu$ im offenen Kreisring $A := A_{r,s}(c)$ normal gegen eine in A holomorphe Funktion; die Laurentreihe konvergiert in keinem Punkt von $\mathbb{C} \setminus \overline{A}$.*

Ist $r \geq s$, so konvergiert die Laurentreihe in keiner offenen Menge $\neq \emptyset$ von $\mathbb{C}$.

Beweis. Wir setzen

$$f^+(z) := \sum_0^\infty a_\nu (z-c)^\nu \in \mathcal{O}(B_s(c)), \quad g(w) := \sum_1^\infty a_{-\nu} w^\nu \in \mathcal{O}(B_{\widehat{r}}(0)).$$

Dann konvergiert $\sum_{-\infty}^{-1} a_\nu (z-c)^\nu$ in $\mathbb{C} \setminus \overline{B_r(c)}$ normal gegen $f^-(z) := g((z-c)^{-1}) \in \mathcal{O}(A^-)$. Falls $r < s$, so konvergiert die Laurentreihe in A also normal gegen $f^+ + f^- \in \mathcal{O}(A)$.

Die übrigen Aussagen des Satzes folgen aus dem Konvergenzverhalten der Potenzreihen f^+, g in ihren Konvergenzkreisen (man benutze Satz 4.1.1). □

In der Funktionentheorie kommen nur Laurentreihen mit $r < s$ vor. Laurentreihen mit $r \geq s$ sind uninteressant, für sie gibt es *keinen sinnvollen Rechenkalkül.* Für $L := \sum_{-\infty}^{\infty} z^\nu$ mit $r = s = 1$ führt z.B. formales Ausrechnen von $z \cdot L$ zu $\sum_{-\infty}^{\infty} z^{\nu+1}$, also wieder zu L, so daß man $(z-1)L = 0$ erhält, was in der Funktionentheorie nicht sein darf.

Für Laurentreihen gilt ein einfacher

Satz 12.2.2 (Identitätssatz). *Sind $\sum_{-\infty}^{\infty} a_\nu (z-c)^\nu$, $\sum_{-\infty}^{\infty} b_\nu (z-c)^\nu$ Laurentreihen, die beide auf einer Kreislinie S_ρ, $\rho > 0$, um c gleichmäßig gegen dieselbe Grenzfunktion f konvergieren, so gilt:*

$$a_\nu = b_\nu = \frac{1}{2\pi\rho^\nu} \int_0^{2\pi} f(c + \rho e^{i\varphi}) e^{-i\nu\varphi} d\varphi, \quad \nu \in \mathbb{Z}. \tag{12.5}$$

Beweis. Zunächst existieren die Integrale, da f auf S_ρ stetig ist. Setzt man nun für f die Laurentreihe ein, so folgen, da Summation und Integration vertauschbar sind, wegen der Orthonormalitätsrelationen in 8.3.2 die Gleichungen (12.5). □

Natürlich sind die Gleichungen (12.5) nichts anderes als die Formeln (12.3) aus 12.1.3. Die Annahme, daß eine Laurentreihe um c auf einer Kreislinie S_ρ um c kompakt konvergiert, ist stets dann erfüllt, wenn die Laurentreihe in einem S_ρ umfassenden Kreisring A um c konvergiert. Auf Grund des Identitätssatzes und des Satzes von LAURENT ist insgesamt bewiesen, wenn wir mit $L(A)$ die Menge der im Kreisring A (normal) konvergenten Laurentreihen bezeichnen:

Die Abbildung $\mathcal{O}(A) \to L(A)$, die jeder in A holomorphen Funktion ihre Laurentreihe in A um c zuordnet, ist bijektiv.

Die in A holomorphen Funktionen und die in A konvergenten Laurentreihen entsprechen sich also *eineindeutig.*

Historische Bemerkung. CAUCHY hat obigen Identitätssatz für Laurentreihen 1841 bewiesen (Œuvres 6, 1. Ser., S. 361). Er setzt aber voraus, daß die Reihen auf S_ρ punktweise gegen dieselbe Grenzfunktion konvergieren und integriert dann unbekümmert gliedweise (was unzulässig ist). Daraufhin hat LAURENT der Pariser Akademie seine Untersuchungen mitgeteilt und im Begleitschreiben bemerkt (C.R. 17, Paris 1843, S. 348), er sei im Besitze der Konvergenzbedingungen „für alle bisher von den Mathematikern benutzten Reihenentwicklungen".

12.2.2 Gutzmersche Formel und Cauchysche Ungleichungen

Satz 12.2.3. *Konvergiert die Laurentreihe $\sum_{-\infty}^{\infty} a_\nu(z-c)^\nu$ auf der Kreislinie S_ρ um c gleichmäßig gegen $f : S_\rho \to \mathbb{C}$, so gilt die Gutzmersche Formel*

$$\sum_{-\infty}^{\infty} |a_\nu|^2 \rho^{2\nu} = \frac{1}{2\pi} \int_0^{2\pi} |f(c+\rho e^{i\varphi})|^2 d\varphi \le M(\rho)^2 \quad \text{mit } M(\rho) := |f|_{S_\rho}; \tag{12.6}$$

insbesondere bestehen die Cauchyschen Ungleichungen

$$|a_\nu| \le \frac{M(\rho)}{\rho^\nu} \text{für alle } \nu \in \mathbb{Z}. \tag{12.7}$$

Der Beweis von Satz 12.2.3 verläuft analog wie der Beweis in 8.3.2. □

Ist die Laurentreihe in einem Kreisring $A_{r,s}(c)$ mit $r < \rho < s$ holomorph, so erhält man die Ungleichungen (12.7) natürlich sofort direkt aus (12.3); WEIERSTRASS hat übrigens seinen in 8.3.5 wiedergegebenen Beweis in $[W_2]$, S. 68/69, schon für Laurentreihen eingeführt.

Mit Hilfe der Ungleichungen (12.7) versteht man unmittelbar und besser als bisher, warum der Riemannsche Fortsetzungssatz richtig ist: Ist nämlich $f = \sum_{-\infty}^{\infty} a_\nu(z-c)^\nu$ die Laurententwicklung von f in einer Umgebung einer isolierten Singularität c und ist M eine Schranke von f um c, so hat man für alle hinreichend kleinen Radien $\rho > 0$ die Abschätzung $\rho^\nu |a_\nu| \le M$, $\nu \in \mathbb{Z}$. Da $\lim_{\rho\to 0} \rho^\nu = \infty$ für jedes $\nu \le -1$, so ist $a_\nu = 0$ für $\nu \le -1$ der einzige Ausweg, d.h. die Laurentreihe ist eine Potenzreihe und f folglich vermöge $f(c) := a_0$ holomorph nach c fortsetzbar. Auf diese Weise hat WEIERSTRASS bereits 1841 den Fortsetzungssatz bewiesen ($[W_1]$, S. 63).

12.2.3 Charakterisierung isolierter Singularitäten

Der Satz von LAURENT ermöglicht einen neuen Zugang zur Klassifizierung isolierter Singularitäten holomorpher Funktionen. Ist f holomorph in $D \setminus c$, $c \in D$, so gibt es eine eindeutig bestimmte Laurentreihe $\sum_{-\infty}^{\infty} a_\nu(z-c)^\nu$, die f in jedem punktierten Kreis $B_r(c) \setminus c \subset D \setminus c$ darstellt. Wir nennen diese Laurentreihe die *Laurententwicklung von f um c* und zeigen

Satz 12.2.4 (Klassifizierung isolierter Singularitäten). *Es sei $c \in D$ eine isolierte Singularität von $f \in \mathcal{O}(D \setminus c)$, und es sei*

$$f(z) = \sum_{-\infty}^{\infty} a_\nu (z-c)^\nu$$

die Laurententwicklung von f um c. Dann ist c

1) hebbare Singularität $\Leftrightarrow a_\nu = 0$ für $\nu < 0$,

2) Pol der Ordnung $m \geq 1$ $\Leftrightarrow a_\nu = 0$ für $\nu < -m$ und $a_{-m} \neq 0$,

3) wesentliche Singularität $\Leftrightarrow a_\nu \neq 0$ für unendlich viele $\nu < 0$.

Beweis. ad 1) Die Singularität c ist genau dann hebbar, wenn es eine Taylorreihe um c gibt, die f um c darstellt. Wegen der Eindeutigkeit der Laurententwicklung trifft dies genau dann zu, wenn $a_\nu = 0$ für $\nu < 0$.

ad 2) Auf Grund von Satz 10.1.2 ist c genau dann ein Pol m-ter Ordnung von f, wenn um c eine Gleichung

$$f(z) = \frac{b_m}{(z-c)^m} + \cdots + \frac{b_1}{z-c} + \widetilde{f}(z) \quad \text{mit } b_m \neq 0$$

besteht, wo $\widetilde{f}$ eine Potenzreihenentwicklung um c besitzt. Wegen der Eindeutigkeit der Laurententwicklung trifft dies genau dann zu, wenn $a_\nu = 0$ für $\nu < -m$ und $a_{-m} = b_m \neq 0$.

ad 3) Eine wesentliche Singularität liegt in c genau dann vor, wenn weder der Fall 1) noch der Fall 2) vorliegt, d.h. wenn unendlich viele a_ν, $\nu < 0$, nicht verschwinden. □

Es folgt jetzt trivial, daß $\exp z^{-1}$, $\cos z^{-1}$ im Nullpunkt wesentlich singulär sind, da ihre Laurentreihen

$$\sum_0^\infty \frac{1}{\nu!}\frac{1}{z^\nu}, \quad \sum_0^\infty \frac{(-1)^\nu}{(2\nu)!}\frac{1}{z^{2\nu}}$$

einen unendlichen Hauptteil haben. Weiter folgt Lemma 10.1.1 direkt. □

Wir heben noch hervor:

Ist c eine isolierte Singularität von f, so ist der Hauptteil der Laurententwicklung von f um c holomorph in $\mathbb{C} \setminus c$.

Dies folgt sofort aus Satz 12.1.3, da jetzt $A^- = \mathbb{C} \setminus c$. □

Eine Laurentreihe in einer punktierten Kreisscheibe $B \setminus c$ um c ist als Reihe der in B meromorphen Funktionen $f_\nu := a_\nu(z-c)^\nu$ genau dann normal konvergent in B im Sinne von 11.1.1, wenn ihr Hauptteil endlich ist (denn nur dann ist die Polverschiebungsbedingung erfüllt).

Aufgaben

1. Bestimmen Sie die Konvergenzbereiche der folgenden Laurentreihen:

$$\sum_{\nu=-\infty}^{\infty} \frac{z^\nu}{|\nu|!}, \quad \sum_{\nu=-\infty}^{\infty} \frac{(z-1)^{2\nu}}{\nu^2+1}, \quad \sum_{\nu=-\infty}^{\infty} \frac{(z-3)^{2\nu}}{(\nu^2+1)^\nu},$$

$$\sum_{\nu=-\infty}^{\infty} c^\nu (z-d)^\nu, \; c \in \mathbb{C}^\times, \; d \in \mathbb{C}.$$

2. Beweisen Sie die folgende Variante des *Riemannschen Hebbarkeitssatzes*: Gilt $\iint_{\mathbb{E}^\times} |f(z)|^2 \mathrm{d}x\,\mathrm{d}y < \infty$ für $f \in \mathcal{O}(\mathbb{E}^\times)$, so ist 0 eine hebbare Singularität von f. *Hinweis*: Verwenden Sie Polarkoordinaten.
3. Es seien $0 < r < s < \infty$ und $A = A_{r,s}(0)$, $f \in \mathcal{O}(A)$. Gilt $\lim f(z_n) = 0$ entweder für jede Folge z_n in A mit $\lim |z_n| = r$ oder für jede Folge z_n in A mit $\lim |z_n| = s$, so ist $f(z) = 0$ für alle $z \in A$. Bleiben diese Aussagen auch in den Grenzfällen $r = 0$ bzw. $s = \infty$ richtig?
4. Klassifizieren Sie die isolierten Singularitäten der folgenden Funktionen im Nullpunkt. Geben Sie jeweils den Hauptteil der Laurententwicklung an.

$$\frac{\sin z}{z^n}, \; n \in \mathbb{N}; \qquad \frac{z}{(z+1)\sin(z^n)}, \; n \in \mathbb{N}; \quad \cos(z^{-1})\sin(z^{-1});$$

$$(1 - z^{-n})^{-k}, \; n, k \in \mathbb{N} \setminus \{0\}.$$

12.3 Periodische holomorphe Funktionen und Fourierreihen

Die einfachsten holomorphen Funktionen mit komplexer Periode $\omega \neq 0$ sind die ganzen Funktionen $\cos \frac{2\pi}{\omega} z$, $\sin \frac{2\pi}{\omega} z$, $\exp \frac{2\pi \mathrm{i}}{\omega} z$. Reihen der Gestalt

$$\sum_{-\infty}^{\infty} c_\nu \exp(\frac{2\pi \mathrm{i}}{\omega} \nu z), \quad c_\nu \in \mathbb{C}, \tag{12.8}$$

heißen komplexe Fourierreihen zur Periode ω. Ziel dieses Paragraphen ist zu zeigen, daß sich jede holomorphe Funktion mit der Periode ω in eine normal konvergente Fourierreihe (12.8) entwickeln läßt. Der Nachweis gelingt, indem man jede solche Funktion f in der Form $f(z) = F(\exp \frac{2\pi \mathrm{i}}{\omega} z)$ darstellt, wo F in einem Kreisring holomorph ist (vgl. Abschnitt 2), die Laurententwicklung von F gibt dann automatisch die Fourierentwicklung von f.

12.3.1 Streifengebiete und Kreisringe

Im folgenden bezeichne ω stets eine komplexe Zahl $\neq 0$. Ein Gebiet G heißt *ω-invariant*, wenn für alle $z \in G$ gilt: $z \pm \omega \in G$; dies trifft genau dann zu, wenn jede Transformation $z \mapsto z + n\omega$, $n \in \mathbb{Z}$, einen Automorphismus von G induziert. Für jedes Paar $a, b \in \mathbb{R}$ mit $a < b$ nennen wir

$$T_\omega := T_\omega(a,b) := \{z \in \mathbb{C} : a < \operatorname{Im}(\tfrac{2\pi}{\omega}z) < b\}$$

das „*Streifengebiet*“ zu ω, a, b; Streifengebiete T_ω sind ω-invariant; mit d liegt stets die Strecke $[d, d+\omega]$ in T_ω. Das Argument von ω bestimmt die Richtung des Streifengebietes. Wir lassen auch $a = -\infty$ bzw. $b = \infty$ zu; ersichtlich ist $T_\omega(-\infty, b)$, $b \in \mathbb{R}$, eine Halbebene, während $T_\omega(-\infty,\infty) = \mathbb{C}$. Die Figur zeigt das Streifengebiet $T_{1+\mathrm{i}}(0,2)$; $\pi/4$ ist das Argument von $1+\mathrm{i}$.

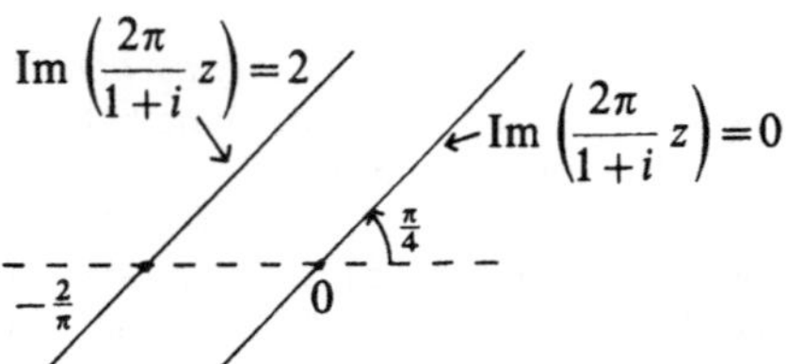

Durch $z \mapsto z/w$ wird $T_\omega(a,b)$ biholomorph auf $T_1(a,b)$ abgebildet. Man darf sich daher auf den Fall $\omega = 1$ beschränken. Vermöge $z \mapsto w := \exp 2\pi\mathrm{i}z$ wird die durch $\{z \in \mathbb{C} : \operatorname{Im}(2\pi z) = s\}$ gegebene reelle Grade L_s auf die Kreislinie $\{w \in \mathbb{C} : |w| = \mathrm{e}^{-s}\}$ abgebildet, $s \in \mathbb{R}$. Hieraus folgt unmittelbar:

Das Streifengebiet $T_1(a,b)$ wird vermöge

$$h : T_1(a,b) \to A_{\mathrm{e}^{-b},\mathrm{e}^{-a}}(0), \quad z \mapsto \exp 2\pi\mathrm{i}z$$

holomorph auf den Kreisring $A_{\mathrm{e}^{-b},\mathrm{e}^{-a}}(0)$ um 0 mit innerem Radius e^{-b} und äußerem Radius e^{-a} abgebildet.

Speziell ist $h(T_1(a,\infty))$ die *punktierte* Kreisscheibe $\{w \in \mathbb{C} : 0 < |w| < \mathrm{e}^{-a}\}$, weiter gilt $h(\mathbb{C}) = \mathbb{C}^\times$.

12.3.2 Periodische holomorphe Funktionen in Streifengebieten

Ist f holomorph in einem ω-invarianten Gebiet G, so ist für alle $z \in G$, $n \in \mathbb{N}$, die Zahl $f(z+n\omega)$ wohldefiniert. Die Funktion f heißt *periodisch* in G mit der *Periode* ω, wenn gilt

$$f(z+\omega) = f(z) \quad \text{für alle } z \in G,$$

dann folgt von selbst: $f(z+n\omega) = f(z)$ für $z \in G$, $n \in \mathbb{Z}$.

Die Menge $\mathcal{O}_\omega(G)$ aller in einem ω-invarianten Gebiet G holomorphen Funktionen mit der Periode ω ist eine *bezüglich kompakter Konvergenz abgeschlossene $\mathbb{C}$-Unteralgebra von $\mathcal{O}(G)$.*

Es sei nun wieder $\omega = 1$ und G ein Streifengebiet T_1. Die im Abschnitt 1 betrachtete Abbildung $h : G \to A$ von g auf den Kreisring $A = A_{\mathrm{e}^{-b},\mathrm{e}^{-a}}(0)$

induziert einen *Algebra-Monomorphismus* $h^* : \mathcal{O}(A) \to \mathcal{O}(G)$, $F \mapsto f := F \circ h$, der jeder in A holomorphen Funktion F die nach G geliftete holomorphe Funktion $f(z) = F(\exp 2\pi i z)$ mit der Periode 1 zuordnet. Die Bildalgebra $h^*(\mathcal{O}(A))$ ist also in der Algebra $\mathcal{O}_1(G)$ enthalten. Als unmittelbare Folgerung aus dem Faktorisierungssatz 9.4.6 ergibt sich:

Satz 12.3.1. *Zu jeder in G holomorphen Funktion f mit der Periode* 1 *gibt es (genau) eine in A holomorphe Funktion F mit $f(z) = F(\exp 2\pi i z)$.*

Wir sehen insgesamt, daß die Abbildung $h^* : \mathcal{O}(A) \to \mathcal{O}_1(G)$ ein $\mathbb{C}$-*Algebra-Isomorphismus* ist.

12.3.3 Fourierentwicklung in Streifengebieten

In Streifengebieten T_ω sind alle dort normal konvergenten (komplexen) Fourierreihen $\sum_{-\infty}^{\infty} c_\nu \exp(\frac{2\pi i}{\omega}\nu z)$, $c_\nu \in \mathbb{C}$, holomorph und periodisch mit der Periode ω. Es ist eine fundamentale Einsicht, daß man so bereits alle Funktionen $f \in \mathcal{O}_\omega(T_\omega)$ erhält.

Satz 12.3.2. *Es sei f holomorph im Streifengebiet $G = T_\omega$ und dort periodisch mit der Periode ω. Dann ist f in G eindeutig in eine Fourierreihe*

$$f(z) = \sum_{-\infty}^{\infty} c_\nu \exp(\tfrac{2\pi i}{\omega}\nu z) \tag{12.9}$$

entwickelbar, die in G normal gegen f konvergiert (die Konvergenz ist in jedem Teilstreifen $T_\omega(a', b')$ von T_ω mit $a < a' < b' < b$ gleichmäßig).

Für jeden Punkt $d \in G$ gilt:

$$c_\nu = \frac{1}{\omega} \int_{[d,d+\omega]} f(\zeta) \exp(-\tfrac{2\pi i}{\omega}\nu\zeta) d\zeta, \quad \nu \in \mathbb{Z}. \tag{12.10}$$

Beweis. Wir beschränken uns wieder auf den Fall $\omega = 1$. Nach Satz 12.3.1 existiert im Kreisring $A := \{w \in \mathbb{C} : e^{-b} < |w| < e^{-a}\}$ genau eine holomorphe Funktion F, so daß gilt $f(z) = F(\exp 2\pi i z)$. Die Funktion F hat in A eine eindeutige Laurententwicklung

$$F(w) = \sum_{-\infty}^{\infty} c_\nu w^\nu \quad \text{mit } c_\nu = \frac{1}{2\pi i} \int_S F(\xi)\xi^{-\nu-1} d\xi,$$

wobei S irgendeine Kreislinie um 0 in A ist. Damit ist die Existenz der Darstellung (12.9) klar; die Eindeutigkeit und die Konvergenzaussagen folgen aus den entsprechenden Aussagen über Laurentreihen.

Die Strecke $[d, d+1]$ wird durch $\zeta(t) := d + \frac{1}{2\pi}t$, $t \in [0, 2\pi]$, gegeben. Setzt man $q := \exp(2\pi i d) \in A$ und wählt man für S die Kreislinie $\xi(t) = q e^{it}$, $t \in [0, 2\pi]$, durch q, so gilt $\xi(t) = \exp(2\pi i \zeta(t))$, und es folgt

$$\begin{aligned}\tfrac{1}{2\pi\mathrm{i}}\int_S F(\xi)\xi^{-\nu-1}\mathrm{d}\xi &= \tfrac{1}{2\pi}\int_0^{2\pi} f(\zeta(t))(q\mathrm{e}^{\mathrm{i}t})^{-\nu}\mathrm{d}t\\ &= \int_{[d,d+1]} f(\zeta)\exp(-2\pi\mathrm{i}\nu\zeta)\mathrm{d}\zeta,\end{aligned}$$

d.h. für den Koeffizienten c_ν gilt (12.10). □

In einfachen Fällen läßt sich, wie bei Laurentreihen, die Fourierreihe einer Funktion direkt – ohne Rückgriff auf die Integralformeln (12.10) für die Fourierkoeffizienten – angeben. Wir diskutieren einige

12.3.4 Beispiele

1. Die Eulerschen Formeln
$$\cos z = \tfrac{1}{2}\mathrm{e}^{-\mathrm{i}z} + \tfrac{1}{2}\mathrm{e}^{\mathrm{i}z}, \quad \sin z = -\tfrac{1}{2\mathrm{i}}\mathrm{e}^{-\mathrm{i}z} + \tfrac{1}{2\mathrm{i}}\mathrm{e}^{\mathrm{i}z}$$
sind die komplexen Fourierreihen von $\cos z$ und $\sin z$ in $\mathbb{C}$.
2. Die Funktion $\frac{1}{\cos z}$ ist in der oberen und unteren Halbebene holomorph mit der Periode $\omega := 2\pi$; wegen $\frac{1}{\cos z} = 2\mathrm{e}^{\mathrm{i}z}\frac{1}{1+\mathrm{e}^{2\mathrm{i}z}}$ sind
$$\frac{1}{\cos z} = \begin{cases}\sum\limits_0^\infty 2\mathrm{e}^{\mathrm{i}\pi\nu}\mathrm{e}^{(2\nu+1)\mathrm{i}z} & \text{für } \operatorname{Im} z > 0,\\ \sum\limits_{-\infty}^0 2\mathrm{e}^{\mathrm{i}\pi\nu}\mathrm{e}^{(2\nu-1)\mathrm{i}z} & \text{für } \operatorname{Im} z < 0\end{cases}$$
die entsprechenden Fourierentwicklungen.
3. Die Funktion $\cot z$ ist in der oberen und unteren Halbebene holomorph mit der Periode π; wegen $\cot z = \mathrm{i}\left(1 - \frac{2}{1-\mathrm{e}^{2\mathrm{i}z}}\right)$ sind
$$\cot z = \begin{cases}-\mathrm{i} - \sum\limits_1^\infty 2\mathrm{i}\mathrm{e}^{2\mathrm{i}\nu z} & \text{für } \operatorname{Im} z > 0,\\ \mathrm{i} + \sum\limits_{-\infty}^{-1} 2\mathrm{i}\mathrm{e}^{2\mathrm{i}\nu z} & \text{für } \operatorname{Im} z < 0\end{cases}$$
die Fourierdarstellungen.
4. Da $\varepsilon_1(z) = \pi\cot\pi z$ und $(k-1)!\varepsilon_k = (-1)^{k-1}\varepsilon_1^{(k-1)}$ nach (11.16), so erhält man aus 3. durch Differentiation die Fourierentwicklungen aller Eisensteinfunktionen für $k \geq 2$:
$$\varepsilon_k(z) = \begin{cases}\dfrac{(-2\pi\mathrm{i})^k}{(k-1)!}\sum\limits_1^\infty \nu^{k-1}\mathrm{e}^{2\pi\mathrm{i}\nu z} & \text{für } \operatorname{Im} z > 0,\\ -\dfrac{(-2\pi\mathrm{i})^k}{(k-1)!}\sum\limits_{-\infty}^{-1} \nu^{k-1}\mathrm{e}^{2\pi\mathrm{i}\nu z} & \text{für } \operatorname{Im} z < 0.\end{cases}$$

Der Leser leite die Fourierreihen von $\tan z$, $(\sin z)^{-1}$ und $(\cos z)^{-2}$ her.

12.3.5 Historisches zu Fourierreihen

Bereits D. Bernoulli und L. Euler haben 1753 trigonometrische Reihen

$$\tfrac{1}{2}a_0 + \sum_1^\infty (a_\nu \cos \nu x + b_\nu \sin \nu x), \quad a_\nu, b_\nu \in \mathbb{R},$$

zur Lösung der Differentialgleichung $\frac{\partial^2 y}{\partial t^2} = \alpha^2 \frac{\partial^2 y}{\partial x^2}$ der schwingenden Saite benutzt. Der eigentliche Schöpfer der Theorie der trigonometrischen Reihen ist aber der französische Physiker und Mathematiker Jean Baptiste Joseph de Fourier (geb. 1768, nahm am Ägypten-Feldzug Napoléons teil; später Politiker von Beruf, langjähriger enger Mitarbeiter Napoléons, u.a. als Präfekt des Département Isère, betrieb Physik und Mathematik nur in seiner knappen Freizeit, gest. 1830 in Paris); ihm zu Ehren heißen solche Reihen Fourierreihen. Fourier hat die Theorie seiner Reihen ab 1807 entwickelt. Ausgangspunkt war das Problem der Wärmeleitung in festen Körpern, das zur „Wärmeleitungsgleichung“ führt, vgl. 12.4.1. Obwohl die physikalischen Anwendungen für Fourier wichtiger waren als die neuen mathematischen Erkenntnisse (vgl. die berühmten Sätze von Jacobi über seine und Fouriers Auffassung in 12.4.5), hat er sofort die große Bedeutung der trigonometrischen Reihen innerhalb der „sog. reinen Mathematik“ gesehen und sich auch damit intensiv beschäftigt. Seine Untersuchungen veröffentlichte er 1822 in Paris in dem grundlegenden und auch heute noch spannend zu lesenden Buch *La Théorie Analytique de la Chaleur* (Œuvres 1; deutsche Übersetzung 1884 von B. Weinstein bei Julius Springer); eine sehr gute historische Darstellung der Entwicklung der Theorie in der ersten Hälfte des 19. Jahrhunderts gibt Riemann 1854 in seiner Göttinger Habilitationsschrift *Ueber die Darstellbarkeit einer Funktion durch eine trigonometrische Reihe* (Werke, 227–264).

12.4 Die Thetafunktion

Im Mittelpunkt dieses Paragraphen steht die Thetafunktion

$$\vartheta(z,\tau) := \sum_{-\infty}^{\infty} \mathrm{e}^{-\nu^2\pi\tau}\mathrm{e}^{2\pi i\nu z},$$

die ersichtlich eine Fourierreihe ist. „Die Eigenschaften dieser Transcendenten lassen sich durch Rechnung leicht erhalten, weil sie durch unendliche Reihen mit einem Bildungsgesetz von elementarer Einfachheit dargestellt werden können“, so sagt Frobenius 1893 in seiner Antrittsrede bei der Berliner Akademie (Ges. Abhandl. 2, S. 575).

Nach dem notwendigen Konvergenzbeweis (Abschnitt 1) konstruieren wir im Abschnitt 2 zunächst *doppelt-periodische* meromorphe Funktionen mittels der Thetafunktion. Durch Fourierentwicklung von $e^{-z^2\pi\tau}\vartheta(i\tau z, \tau)$ erhalten wir im Abschnitt 4 die klassische

Transformationsformel:

$$\vartheta(z, \frac{1}{\tau}) = \sqrt{\tau}e^{-z^2\pi\tau}\vartheta(i\tau z, \tau),$$

dabei fällt als Nebenprodukt die berühmte Gleichung

$$\int_{-\infty}^{\infty} e^{-x^2} dx = \sqrt{\pi}$$

für das Fehlerintegral ab, wobei wir allerdings (mit Hilfe des Cauchyschen Integralsatzes) vorher eine „Translationsinvarianz" dieses Integrals herleiten müssen (Abschnitt 3).

Historische Bemerkungen zur Thetafunktion und zum Fehlerintegral findet man in den Abschnitten 5 und 6.

12.4.1 Konvergenzsatz

Satz 12.4.1. *Die Thetareihe* $\vartheta(z, \tau) = \sum_{-\infty}^{\infty} e^{-\nu^2\pi\tau}e^{2\pi i\nu z}$ *ist normal konvergent im Gebiet* $\{(z, \tau) \in \mathbb{C}^2 : \operatorname{Re}\tau > 0\}$.

Beweis. Für $(w, q) \in \mathbb{C}^\times \times \mathbb{E}$ ist die Laurentreihe

$$I(w, q) := \sum_{-\infty}^{\infty} q^{\nu^2} w^\nu$$

normal konvergent (Beweis!). Da $I(e^{2\pi iz}, e^{-\pi\tau}) = \vartheta(z, \tau)$, und da $|e^{-\pi\tau}| < 1$ für alle τ mit $\operatorname{Re}\tau > 0$, so folgt die Behauptung. □

Wir bezeichnen mit $\mathbb{T}$ die „rechte" Halbebene $\{\tau \in \mathbb{C} : \operatorname{Re}\tau > 0\}$. Nach allgemeiner Theorie ist $\vartheta(z, \tau)$ stetig in $\mathbb{C} \times \mathbb{T}$ und bei festem $\tau \in \mathbb{T}$ bzw. z jeweils holomorph in der anderen Variablen. Wir fassen τ vorwiegend als Parameter auf; dann ist $\vartheta(z, \tau)$ jeweils eine nicht konstante holomorphe Funktion in z. Es gilt

$$\vartheta(z, \tau) = 1 + 2\sum_{1}^{\infty} e^{-\nu^2\pi\tau} \cos 2\pi\nu z, \quad (z, \tau) \in \mathbb{C} \times \mathbb{T}.$$

Wegen der normalen Konvergenz darf man die Thetareihe beliebig oft gliedweise nach z und τ differenzieren. Man erhält

$$\frac{\partial^2\vartheta}{\partial z^2} = 4\pi\frac{\partial\vartheta}{\partial\tau} \quad \text{in } \mathbb{C} \times \mathbb{T}.$$

Die Thetafunktion löst also die partielle Differentialgleichung $\frac{\partial^2 y}{\partial x^2} = 4\pi\frac{\partial y}{\partial\tau}$, die in der Theorie der Wärmeleitung (mit τ als Zeitparameter) zentral ist.

12.4.2 Konstruktion doppelt-periodischer Funktionen

Zunächst ist trivial

$$\vartheta(z+1,\tau)=\vartheta(z,\tau). \tag{12.11}$$

Weiter gilt

$$\vartheta(z+i\tau,\tau)=\sum_{-\infty}^{\infty}\mathrm{e}^{-\nu^2\pi\tau-2\pi\nu\tau}\mathrm{e}^{2\pi\mathrm{i}\nu z}=\mathrm{e}^{\pi\tau-2\pi\mathrm{i}z}\sum_{-\infty}^{\infty}\mathrm{e}^{-(\nu+1)^2\pi\tau}\mathrm{e}^{2\pi\mathrm{i}(\nu+1)z},$$

d.h., wenn man wieder ν statt $\nu+1$ schreibt:

$$\vartheta(z+\mathrm{i}\tau,\tau)=\mathrm{e}^{\pi\tau}\mathrm{e}^{-2\pi\mathrm{i}z}\vartheta(z,\tau). \tag{12.12}$$

Die Thetafunktion hat also in z die Periode 1 und „die Quasiperiode $\mathrm{i}\tau$ mit dem Periodizitätsfaktor $\mathrm{e}^{\pi\tau}\mathrm{e}^{-2\pi\mathrm{i}z}$“. Dieses Verhalten ermöglicht die Konstruktion doppelt-periodischer Funktionen.

Satz 12.4.2. *Für jedes $\tau\in\mathbb{T}$ ist die Funktion*

$$E_\tau(z):=\frac{\vartheta(z+\frac{1}{2},\tau)}{\vartheta(z,\tau)}$$

meromorph und nicht konstant in $\mathbb{C}$; es gilt:

$$E_\tau(z+1)=E_\tau(z)\quad \textit{und}\quad E_\tau(z+\mathrm{i}\tau)=-E_\tau(z). \tag{12.13}$$

Beweis. Offensichtlich ist $E_\tau(z)$ meromorph, und wegen (12.11) und (12.12) gelten die Gleichungen (12.13). Gäbe es ein $\sigma\in\mathbb{T}$, so daß $E_\sigma(z)$ konstant wäre, so gäbe es eine Konstante $a\in\mathbb{C}$, so daß gilt: $\vartheta(z+\frac{1}{2},\sigma)=a\vartheta(z,\sigma)$. Nun ist

$$\vartheta(z+\tfrac{1}{2},\sigma)=\sum_{-\infty}^{\infty}(-1)^\nu\mathrm{e}^{-\nu^2\pi\sigma}\mathrm{e}^{2\pi\mathrm{i}\nu z}$$

die Fourierentwicklung von $\vartheta(z+\frac{1}{2},\sigma)$; wegen der Eindeutigkeit dieser Entwicklung hätte man also den Widerspruch $a=(-1)^\nu$, $\nu\in\mathbb{Z}$. □

Eine in $\mathbb{C}$ meromorphe Funktion heißt *doppelt-periodisch* oder auch *elliptisch*, wenn sie zwei reell linear unabhängige Perioden hat. Auf Grund des vorangehenden Satzes ist wegen $\mathrm{Re}\,\tau\neq 0$ klar:

Die Funktionen $E_\tau(z)$ bzw. $E_\tau(z)^2$ sind nicht konstante doppelt-periodische Funktionen mit den beiden Perioden 1 *und* $2\mathrm{i}\tau$ *bzw.* 1 *und* $\mathrm{i}\tau$.

12.4.3 Die Fourierreihe von $e^{-z^2\pi\tau}\vartheta(i\tau z,\tau)$

Zur Diskussion der angeschriebenen Funktion benötigen wir folgende „Translationsinvarianz“ des Fehlerintegrals:

$$\int_{-\infty}^{\infty} e^{-b(x+a)^2} dx = \sqrt{b^{-1}} \int_{-\infty}^{\infty} e^{-x^2} dx$$
$$\textit{für alle } a \in \mathbb{C}, b \in \mathbb{R}^+ = \{x \in \mathbb{R} : x > 0\}. \qquad (12.14)$$

Beweis. Für alle $b > 0$ ist $\lim_{x\to\infty} x^2 e^{-bx^2} = 0$. Daher existiert das Integral $\int_{-\infty}^{\infty} e^{-bx^2} dx$[3]. Wir betrachten die ganze Funktion $g(z) := e^{-bx^2}$. Nach dem Cauchyschen Integralsatz gilt für alle $r, s > 0$ (Figur)

$$\int_{-r}^{s} g dx + \int_{\gamma_1+\gamma_3} g d\zeta = \int_{\gamma_2} g d\zeta. \qquad (12.15)$$

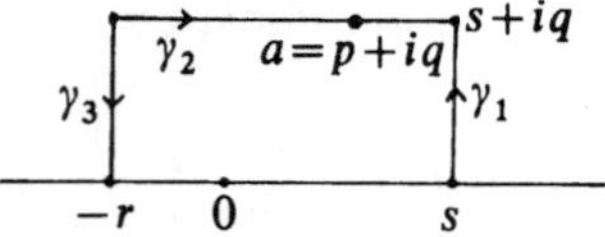

Mit $\gamma_1(t) = s + it$, $0 \le t \le q$, folgt

$$|\int_{\gamma_1} g d\zeta| \le q \max_{0\le t\le q} |e^{-b(s+it)^2}| = M \cdot e^{-bs^2},$$

wobei $M := qe^{bq^2}$ unabhängig von s ist. Wegen $b > 0$ gilt

$$\lim_{s\to\infty} \int_{\gamma_1} g d\zeta = 0 \quad \text{und analog} \quad \lim_{r\to\infty} \int_{\gamma_3} g d\zeta = 0.$$

Da $\gamma_2(t) = t + a$, $t \in [-r-p, s-p]$, so gilt $\int_{\gamma_2} g d\zeta = \int_{-r-p}^{s-p} e^{-b(t+a)^2} dt$. Da in (12.15) links der Grenzübergang $r, s \to \infty$ erlaubt ist, folgt die Existenz des uneigentlichen Integrals von $e^{-b(t+a)^2}$ und weiter

$$\int_{-\infty}^{\infty} e^{-b(t+a)^2} dt = \int_{-\infty}^{\infty} e^{-bt^2} dt.$$

Substituiert man rechts noch $x := \sqrt{b}t$, so erhält man (12.14). □

[3] Zur Existenz uneigentlicher Integrale vergleiche auch die Bemerkungen in 14.1.1. In den nächsten Abschnitten schreiben wir übrigens wie bereits in 5.4.4 häufiger $\mathbb{R}^+$ für die Menge der positiven reellen Zahlen.

Wer die Vertauschung von Differentiation und uneigentlicher Integration nicht scheut, mag (12.14) wie folgt herleiten: die Funktion $h(a) = \int_{-\infty}^{\infty} \eta(x,a)\mathrm{d}x$ mit $\eta(x,a) := \mathrm{e}^{-b(x+a)^2}$ hat in ganz $\mathbb{C}$ die Ableitung

$$h'(a) = -\int_{-\infty}^{\infty} 2b(x+a)\mathrm{e}^{-b(x+a)^2}\mathrm{d}x = \mathrm{e}^{-b(x+a)^2}\Big|_{-\infty}^{\infty} = 0.$$

Also ist h konstant, d.h. $h(a) = h(0)$. Um diesen Schluß zu begründen, bedarf es einiger Arbeit. (Man stellt fest, daß der Integrand stetig ist mit stetiger Ableitung nach a, sowie daß die uneigentlichen Integrale $\int_{-\infty}^{\infty} \eta(x,a)\mathrm{d}x$ und $\int_{-\infty}^{\infty} (\partial/\partial a)\eta(x,a)\mathrm{d}x$ existieren, wobei außerdem die letzteren Integrale gleichmäßig konvergieren sollen. Dies kann mit dem Majorantenkriterium gezeigt werden.) □

Mit Hilfe von Gleichung (12.14) läßt sich nun zeigen (wir bezeichnen mit $\sqrt{\tau}$ die gemäß 9.3.3 in $\mathbb{T}$ existierende und durch $\sqrt{1} := 1$ eindeutig bestimmte holomorphe Quadratwurzelfunktion zu τ):

Satz 12.4.3. *Die Funktion $\mathrm{e}^{-z^2\pi\tau}\vartheta(\mathrm{i}\tau z,\tau)$ ist für jedes $\tau \in \mathbb{T}$ eine ganze Funktion in z mit der Periode 1 und der Fourierentwicklung*

$$\mathrm{e}^{-z^2\pi\tau}\vartheta(\mathrm{i}\tau z,\tau) = \frac{1}{\sqrt{\tau}}\sum_{-\infty}^{\infty} \mathrm{e}^{-n^2\pi/\tau}\mathrm{e}^{2\pi \mathrm{i}nz}. \tag{12.16}$$

Beweis. Auf Grund der Definition von $\vartheta(z,\tau)$ gilt:

$$\mathrm{e}^{-z^2\pi\tau}\vartheta(\mathrm{i}\tau z,\tau) = \sum_{-\infty}^{\infty} \mathrm{e}^{-(z+\nu)^2\pi\tau}, \quad (z,\tau) \in \mathbb{C}\times\mathbb{T}. \tag{12.17}$$

Für jedes $\tau \in \mathbb{T}$ hat diese in z ganze Funktion die Periode 1. Nach dem Theorem 12.3.2 gilt daher für alle $(z,\tau) \in \mathbb{C}\times\mathbb{T}$ die Gleichung

$$\mathrm{e}^{-z^2\pi\tau}\vartheta(\mathrm{i}\tau z,\tau) = \sum_{n=-\infty}^{\infty} c_n(\tau)\mathrm{e}^{2\pi\mathrm{i}nz}$$

$$\text{mit} \quad c_n(\tau) := \int_0^1 \mathrm{e}^{-t^2\pi\tau}\vartheta(\mathrm{i}\tau t,\tau)\mathrm{e}^{-2\pi\mathrm{i}nt}\mathrm{d}t.$$

Wegen $(t+\nu)^2 + 2\mathrm{i}tn/\tau = (t+\nu+\mathrm{i}n\tau)^2 - 2\nu\mathrm{i}n/\tau + n^2/\tau^2$ und wegen der normalen Konvergenz der Thetafunktion folgt auf Grund von (12.17)

$$c_n(\tau) = \sum_{\nu=-\infty}^{\infty}\int_0^1 \mathrm{e}^{-(\tau+\nu)^2\pi\tau}\mathrm{e}^{-2\pi\mathrm{i}nt}\mathrm{d}t = \sum_{\nu=-\infty}^{\infty}\int_0^1 \mathrm{e}^{-\pi\tau(t+\nu+\mathrm{i}n/\tau)^2-\pi n^2/\tau}\mathrm{d}t.$$

Da $\int_0^1 \mathrm{e}^{-\pi\tau(t+\nu+\mathrm{i}n/\tau)^2}\mathrm{d}t = \int_\nu^{\nu+1} \mathrm{e}^{-\pi\tau(t+\mathrm{i}n/\tau)^2}\mathrm{d}t$, so gilt wegen (12.14)

$$\begin{aligned} c_n(\tau) &= \mathrm{e}^{-n^2\pi/\tau} \int_{-\infty}^{\infty} \mathrm{e}^{-\pi\tau(t+\mathrm{i}n/\tau)^2} \mathrm{d}t \\ &= \frac{1}{\sqrt{\pi\tau}} \mathrm{e}^{-n^2\pi/\tau} \int_{-\infty}^{\infty} \mathrm{e}^{-t^2} \mathrm{d}t, \quad \text{falls } t \in \mathbb{R}^+. \end{aligned}$$

Damit folgt für alle $(z,\tau) \in \mathbb{C} \times \mathbb{R}^+$:

$$\mathrm{e}^{-z^2\pi\tau} \vartheta(\mathrm{i}\tau z, \tau) = \frac{1}{\sqrt{\pi\tau}} \int_{-\infty}^{\infty} \mathrm{e}^{-t^2} \mathrm{d}t \sum_{-\infty}^{\infty} \mathrm{e}^{-n^2\pi/\tau} \mathrm{e}^{2\pi \mathrm{i} n z}. \tag{12.18}$$

Setzt man $z := 0$, $\tau := 1$, so steht hier

$$\vartheta(0,1) = \left(\frac{1}{\sqrt{\pi}} \int_{-\infty}^{\infty} \mathrm{e}^{-t^2} \mathrm{d}t \right) \vartheta(0,1), \quad \text{also} \int_{-\infty}^{\infty} \mathrm{e}^{-t^2} \mathrm{d}t = \sqrt{\pi}$$

wegen $\vartheta(0,1) = \sum_{-\infty}^{\infty} \mathrm{e}^{-\nu^2\pi} > 0$. Damit geht (12.18) für $(z,\tau) \in \mathbb{C} \times \mathbb{R}^+$ in (12.16) über. Auf Grund des Identitätssatzes 8.1.3 (man halte z fest) gilt (12.16) dann in ganz $\mathbb{C} \times \mathbb{T}$. □

12.4.4 Transformationsformel der Thetafunktion

Der Fourierdarstellung (12.16) entnimmt man unmittelbar

Satz 12.4.4 (Transformationsformel).

$$\vartheta\left(z, \frac{1}{\tau}\right) = \sqrt{\tau} \mathrm{e}^{-z^2\pi\tau} \vartheta(\mathrm{i}\tau z, \tau), \quad (z,t) \in \mathbb{C} \times \mathbb{T};$$

diese Gleichung läßt sich auch in der reellen Gestalt schreiben

$$\sum_{-\infty}^{\infty} \mathrm{e}^{-n^2\pi\tau - 2n\pi\tau z} = \frac{\mathrm{e}^{z^2\pi\tau}}{\sqrt{\tau}} \left(1 + 2 \sum_{1}^{\infty} \mathrm{e}^{-n^2\pi/\tau} \cos 2n\pi z \right).$$

Die Funktion

$$\vartheta(\tau) := \vartheta(0,\tau) = \sum_{-\infty}^{\infty} \mathrm{e}^{-\nu^2\pi\tau}, \quad \tau \in \mathbb{T},$$

ist die klassische Thetafunktion („Theta-Nullwert"); für sie gilt

Satz 12.4.5 (Transformationsformel).

$$\vartheta\left(\frac{1}{\tau}\right) = \sqrt{\tau} \vartheta(\tau).$$

In dieser Identität steckt eine starke numerische Kraft: Setzt man etwa $q := \mathrm{e}^{-\pi\tau}$ und $r := \mathrm{e}^{-\pi/\tau}$, so steht hier

$$1 + 2q + 2q^4 + 2q^9 + \cdots = \sqrt{1/\tau}(1 + 2r + 2r^4 + 2r^9 + \dots).$$

Ist q nur sehr wenig kleiner als 1 (d.h. ist τ sehr klein), so konvergiert die Reihe links sehr langsam; dann ist aber r sehr klein, und rechts ergeben schon ganz wenige Summanden hohe Genauigkeit.

Die Transformationsformel für $\vartheta(z,\tau)$ ist nur die Spitze eines Eisberges von interessanten Gleichungen für die Thetafunktion. FROBENIUS sagt 1893 (loc. cit., S. 575/6): „In der Theorie der Thetafunctionen ist es leicht, eine beliebig grosse Menge von Relationen aufzustellen, aber die Schwierigkeit beginnt da, wo es sich darum handelt, aus diesem Labyrinth von Formeln einen Ausweg zu finden. Die Beschäftigung mit jenen Formelmassen scheint auf die mathematische Phantasie eine verdorrende Wirkung auszuüben."

12.4.5 Historisches zur Thetafunktion

Im Jahre 1823 hat POISSON die Thetafunktion $\vartheta(\tau)$ für reelle Argumente $\tau > 0$ betrachtet und die Transformationsformel $\vartheta(\tau^{-1}) = \sqrt{\tau}\vartheta(\tau)$ hergeleitet. (Journ. de l'École Polytechn., 12 Cahier 19, S. 420). RIEMANN benutzte diese Formel 1859 in seiner revolutionierenden, kurzen Arbeit *Über die Anzahl der Primzahlen unter einer gegebenen Grösse* (Werke, 145–153) für die Funktion $\psi(\tau) := \sum_1^\infty \mathrm{e}^{-\nu^2\pi\tau} = \frac{1}{2}(\vartheta(\tau) - 1)$, um „einen sehr bequemen Ausdruck der Function $\zeta(s)$" zu erhalten (S. 147).

Carl Gustav Jacob JACOBI (geb. 1804 in Potsdam, 1826–1844 Professor in Königsberg, Gründer der Königsberger Schule; ab 1844 Akademiker an der Preußischen Akademie der Wissenschaften in Berlin; gest. 1851 an Blattern; einer der bedeutendsten Mathematiker des 19. Jahrhunderts; sehr informativ ist die JACOBI-Biographie von L. KOENIGSBERGER, Leibzig, Teubner-Verlag 1904) hat ϑ-Reihen ab 1825 systematisch studiert und mit ihnen seine Theorie der elliptischen Funktionen begründet; grundlegend wurden seine 1829 in Königsberg veröffentlichten *Fundamenta Nova Theoriae Functionum Ellipticarum* (Ges. Werke 1, 49–239); dieses an Inhalt überreiche Werk schließt mit dem analytischen Beweis des Satzes von LAGRANGE, daß jede natürliche Zahl Summe von vier Quadraten ist. Unsere Transformationsformel ist bei JACOBI ein Spezialfall allgemeiner Transformationsgleichungen (vgl. etwa loc. cit. S. 235).

JACOBI hat die Eigenschaften der ϑ-Funktion rein algebraisch gewonnen. Seit den Vorlesungen von LIOUVILLE benutzt man vorwiegend Methoden der Cauchyschen Funktionentheorie, so z.B. bereits im Buch [BB].

Man spricht von der Thetafunktion, weil JACOBI die Funktion $\vartheta(z,\tau)$ zufällig so bezeichnet hat (mit Θ statt ϑ). In der Gedächtnisrede auf JACOBI sagt DIRICHLET (Werke 2, S. 239): „... die Mathematiker würden nur eine Pflicht der Dankbarkeit erfüllen, wenn sie sich vereinigten, [dieser Funktion]

JACOBI's Namen beizulegen, um das Andenken des Mannes zu ehren, zu dessen schönsten Entdeckungen es gehört, die innere Natur und die hohe Bedeutung dieser Transcendente zuerst erkannt zu haben."

Die Funktion $\vartheta(z, \tau)$ genügt nach Abschnitt 1 der Wärmeleitungsgleichung. So ist es nicht verwunderlich, daß Thetafunktionen bereits 1822 – sieben Jahre vor Erscheinen von Jacobis *Fundamenta Nova* – in Fouriers *La Théorie Analytique de la Chaleur* vorkommen (vgl. z.B. Œuvres 1, S. 295 und 298), allerdings hat FOURIER die große mathematische Bedeutung dieser Funktionen nicht gesehen.[4] Für ihn liegt überhaupt der Wert der Mathematik in ihren Anwendungen; JACOBI erkennt solche Kriterien nicht an. In einem Brief an LEGENDRE vom 2. Juli 1830 hat er seine Ansicht wunderbar ausgedrückt (Ges. Werke 1, S. 454/5): „Il est vrai que M. Fourier avait l'opinion que le but principal des mathématiques était l'utilité publique et l'explication des phénomènes naturels: mais un philosophe comme lui aurait dû savior que le but unique de la science, c'est l'honneur de l'esprit humain...".

12.4.6 Über das Fehlerintegral

Im Beweis von Theorem 12.4.3 fiel die Gleichung

$$\int_{-\infty}^{\infty} e^{-x^2} dx = \sqrt{\pi} \tag{12.19}$$

nebenbei ab. Das Integral links wird häufig das Gaußsche Fehlerintegral genannt. Implizit kommt es schon bei Abraham DE MOIVRE vor in seinem berühmten Werk *The Doctrine of Chances* zur Wahrscheinlichkeitsrechnung (Erstaufl. 1718, Nachdruck der 3. Aufl. 1967 bei der Chelsea Company mit einer Biographie De Moivres, vgl. insbes 243–259). (A. DE MOIVRE, 1667–1754, Hugenotte; emigrierte nach der Aufhebung des Ediktes von Nante 1685 nach London; 1697 Mitglied der Royal Society und später der Akademien in Paris und Berlin; entdeckte vor STIRLING die „Stirlingsche Formel" $n! \approx \sqrt{2\pi n}(n/e)^n$; 1712 von der Royal Society bestellter Bevollmächtigter im Streit zwischen NEWTON und LEIBNIZ über die Entdeckung der Infinitesimalrechnung; NEWTON soll im fortgeschrittenen Alter gesagt haben, wenn man ihn etwas Mathematisches fragte: „Go to Mr. De Moivre; he knows these things better than I do."). GAUSS hat das Integral nie für sich beansprucht, so gibt er 1809 in seiner *Theoria Motus Corporum Coelestium* (Werke 7, S. 244) LAPLACE als Inventor an; später korrigiert er sich (Werke 7, S. 302) und sagt, daß (12.19) in der Form

[4] WEIERSTRASS sagt 1857 in seiner ersten Vorlesung über die Theorie der elliptischen Funktionen zur Wärmeleitungsgleichung (vgl. L. KOENIGSBERGER, Jahr. Ber. DMV 25, 394–424 (1917), insbes. S. 400): „..., die schon Fourier für die Temperatur eines Drahtes aufstellt, in der er jedoch diese wichtige Transcendente nicht erkannt hat."

$$\int_0^1 \sqrt{\ln(1/x)}\mathrm{d}x = \tfrac{1}{2}\sqrt{\pi}$$

schon 1771 bei EULER steht (*Evolutio formulae integralis* $\int x^{f-1}\mathrm{d}x(lx)^{\frac{m}{n}}$ *integratione a volare* $x = 0$ *ad* $x = 1$ *extensa*, Opera Omnia 17, 1. Ser., 316–357). Bei EULER findet sich sogar allgemeiner (S. 333):

$$\int_0^1 (\ln(1/x))^{\frac{2n-1}{2}}\mathrm{d}x = \frac{1}{2}\cdot\frac{3}{2}\cdot\frac{5}{2}\cdot\ldots\cdot\frac{2n-1}{2}\sqrt{\pi}, \quad n = 1,2,\ldots; \tag{12.20}$$

diese Formel geht durch die Substitution $x := \mathrm{e}^{-t^2}$, d.h. $t = \sqrt{\ln(1/x)}$, direkt über in die Formel

$$\int_{-\infty}^{\infty} x^{2n}\mathrm{e}^{-x^2}\mathrm{d}x = \frac{(2n)!}{4^n n!}\sqrt{\pi}, \quad n \in \mathbb{N}, \tag{12.21}$$

die sich 1785 bei LAPLACE in seinem *Mémoire sur les approximations des formules qui sont fonctions de très grands nombres* (Œuvres 10, 209–291) auf S. 269 findet. Die Gleichungen (12.21) folgen überdies sofort induktiv aus (12.19) durch partielle Integration (mit $f' := x^{2n}$, $g := \mathrm{e}^{-x^2}$), wenn man $\lim_{x\to\pm\infty} x^{2n+1}\mathrm{e}^{-x^2} = 0$ beachtet.

EULER hat die Formel (12.20) in den Fällen $n = 1, 2$ schon 1729 gekannt (Opera Omnia 14, 1. Ser., 1–24, insbes. S. 10-11), die Gleichung (12.19) scheint indessen explizit bei EULER nicht vorzukommen.

In der Theorie der Gammafunktion (die wir erst im zweiten Band entwickeln werden) ist die Gleichung (12.19) als Trivialfall in der Formel $\Gamma(z) = \int_0^\infty t^{z-1}\mathrm{e}^{-t}\mathrm{d}t$ und der Eulerschen Funktionalgleichung $\Gamma(z)\Gamma(1-z) = \frac{\pi}{\sin \pi z}$ enthalten, da $\Gamma(\frac{1}{2}) = \int_0^\infty \frac{\mathrm{e}^{-t}}{\sqrt{t}}\mathrm{d}t = 2\int_0^\infty \mathrm{e}^{-x^2}\mathrm{d}x$ ($x := \sqrt{t}$). EULER kannte die Gleichung $\Gamma(\frac{1}{2}) = \sqrt{\pi}$; den einfachen Beweis, daß man vermöge Substitution wie oben die Gleichung $\Gamma(\frac{1}{2}) = 2\int_0^\infty \mathrm{e}^{-x^2}\mathrm{d}x$ erhält, hat er aber nirgends angegeben (vgl. Opera Omnia 19, 1. Ser., S. LXI). In Kapitel 14 werden wir mittels des Residuenkalküls weitere Beweise für die Formel $\int_{-\infty}^\infty \mathrm{e}^{-x^2}\mathrm{d}x = \sqrt{\pi}$ geben.

Am schnellsten gelangt man zum Wert I des Fehlerintegrals durch Rückführung auf ein mehrfaches Integral, das sich elementar angeben läßt (auf diese Weise hat EULER bereits Integrale ausgewertet, vgl. z.B. Opera Omnia 18, 1. Ser., S. 70/71). In Polarkoordinaten $x = r\cos\varphi$, $y = r\sin\varphi$ gilt

$$\begin{aligned} I^2 &= \int_{-\infty}^{\infty} \mathrm{e}^{-x^2}\mathrm{d}x \int_{-\infty}^{\infty} \mathrm{e}^{-y^2}\mathrm{d}y = \iint_{\mathbb{R}^2} \mathrm{e}^{-x^2-y^2}\mathrm{d}x\mathrm{d}y \\ &= \int_0^{2\pi}\int_0^\infty \mathrm{e}^{-r^2}\mathrm{d}r\mathrm{d}\varphi = \pi\int_0^\infty \mathrm{e}^{-t}\mathrm{d}t = \pi; \end{aligned}$$

diesen von POISSON stammenden Beweis nahm E. PICARD bereits 1891 in seinen *Traité d'analyse* Bd. 1, 102–104, auf.

Es ist auch auf ganz elementare Weise möglich, den Wert I zu bestimmen (vgl. hierzu R. WEINSTOCK: *Elementary Evaluation of* $\int e^{-x^2}dx$, $\int \cos x^2 dx$ *and* $\int \sin x^2 dx$, Amer. Math. Monthly 97, 39–42 (1990)): Die Funktion

$$f(x) := \int_0^1 \frac{e^{-x(1+t^2)}}{1+t^2}dt$$

ist differenzierbar in $\mathbb{R}$; es gilt $f(0) = \arctan 1 = \pi/4$. Weiter folgt

$$0 < f(x) = e^{-x}\int_0^1 \frac{e^{-xt^2}}{1+t^2}dt < \frac{\pi}{4}e^{-x^2} \quad \text{für } x > 0, \quad \text{also} \quad \lim_{x\to\infty} f(x) = 0.$$

Durch Differenzieren gewinnt man für $x > 0$:

$$f'(x) = -\int_0^1 e^{-x(1+t^2)}dt = -e^{-x}\int_0^1 e^{-xt^2}dt = -\frac{e^{-x}}{\sqrt{x}}\int_0^{\sqrt{x}} e^{-t^2}dt.$$

Mit $g(r) := \int_0^r e^{-t^2}dt$ folgt durch Integration für $R > 0$, wenn man $r := \sqrt{x}$ substituiert:

$$\begin{aligned} f(R) - f(0) &= -\int_0^R \frac{e^{-x}}{\sqrt{x}}g(\sqrt{x})dx = -2\int_0^{\sqrt{R}} e^{-r^2}g(r)dr \\ &= -2\int_0^{\sqrt{R}} g'(r)g(r)dr = g(0)^2 - g(\sqrt{R})^2. \end{aligned}$$

Wegen $f(0) = \pi/4$, $\lim_{R\to\infty} f(R) = 0$, $g(0) = 0$ und $\lim_{R\to\infty} g(\sqrt{R}) = I/2$ folgt $I = \sqrt{\pi}$. □

In ähnlicher Weise lassen sich auch die FRESNEL-Integrale aus 7.1.6 elementar berechnen.

Abschließend sei hier noch bemerkt, daß die Translationsinvarianzformel (12.14) auch in allgemeinerer Form gilt:

$$\int_{-\infty}^{\infty} e^{-u(w+a)^2}dx = \int_{-\infty}^{\infty} e^{-ux^2}dx \quad \text{für alle } a \in \mathbb{C},\ u \in \mathbb{T},$$

der Beweis aus Abschnitt 3, wo $u = b > 0$, überträgt sich wegen $\operatorname{Re} u > 0$ fast wörtlich. Damit folgt (mit der Aufgabe zu 7.1 bzw. Satz 7.1.3):

Für alle $(u, v, w) \in \mathbb{T} \times \mathbb{C} \times \mathbb{C}$ *gilt:*

$$\int_{-\infty}^{\infty} \mathrm{e}^{-(ux^2+2vx+w)}\mathrm{d}x = \frac{\sqrt{\pi}}{\sqrt{u}}\mathrm{e}^{(v^2/u)-w},$$

$$\textit{wobei } \sqrt{u} = \sqrt{|u|}\mathrm{e}^{\mathrm{i}\varphi} \quad \textit{mit } |\varphi| < \tfrac{1}{4}\pi. \qquad (12.22)$$

Hieraus erhält man z.B. unmittelbar

$$\int_{0}^{\infty} \mathrm{e}^{-ux^2}\cos(vx)\mathrm{d}x = \frac{\sqrt{\pi}}{2\sqrt{u}}\mathrm{e}^{-v^2/4u}; \qquad (12.23)$$

diese letzte Formel findet sich für reelle Parameter u, v im Buch *Théorie analytique des probabilités* von LAPLACE (1. Aufl. Paris 1812) in der 3. Aufl. 1820 auf S. 96. Der Leser leite aus (12.23) durch Zerlegung in Real- und Imaginärteil zwei reelle Integralformeln her.

13. Residuenkalkül

Bereits im 18. Jahrhundert wurden viele reelle Integrale durch Übergang vom Reellen ins Komplexe ausgewertet (passage du réel á l'imaginaire). Vor allem EULER (Calcul intégral), LEGENDRE (Exercices de Calcul intégral) und LAPLACE bedienten sich dieser Methode bereits zu einer Zeit, als die Theorie der komplexen Zahlen nicht streng begründet war und „alle Konvergenzfragen noch in dichtem Nebel verhüllt" lagen. Das Bestreben, für jenes Vorgehen eine sichere Grundlage zu schaffen, führte CAUCHY zum Residuenkalkül.

In diesem Kapitel werden die theoretischen Grundlagen des Kalküls entwickelt, im nächsten Kapitel werden mittels des Residuenkalküls klassische reelle Integrale bestimmt. Um bequem und allgemein genug formulieren zu können, arbeiten wir mit Umlaufzahlen und nullhomologen Wegen; der Residuensatz 13.1.6 ist eine natürliche Verallgemeinerung der Cauchyschen Integralformel. Die klassische Literatur zum Residuenkalkül ist sehr umfangreich; besondere Erwähnung verdient das 1904 von dem finnischen Mathematiker Ernst LINDELÖF (1807–1946) verfaßte und heute noch gut lesbare Büchlein [Lin], das auch viele historische Bemerkungen enthält.

13.1 Residuensatz

Im Mittelpunkt dieses Paragraphen steht der Begriff des Residuums, der ausführlich diskutiert und an Beispielen erläutert wird (Abschnitte 2 und 3). Der Residuensatz selbst ist die natürliche Verallgemeinerung des Cauchyschen Integralsatzes auf holomorphe Funktionen mit isolierten Singularitäten; der Beweis wird mit Hilfe des Laurentschen Entwicklungssatzes auf den Integralsatz zurückgeführt.

Um den Residuensatz hinreichend allgemein formulieren zu können, ziehen wir die in 9.5.1 eingeführte Indexfunktion $\text{ind}_\gamma(z)$ heran. Die spezielle Situation, in der diese Zahl eins ist, wird vorab im Abschnitt 1 betrachtet.

13.1.1 Einfach geschlossene Wege

Ein geschlossener Weg γ heißt *einfach geschlossen*, wenn

$$\text{Int}\,\gamma \neq \emptyset \quad \text{und} \quad \text{ind}_\gamma(z) = 1 \quad \text{für alle } z \in \text{Int}\,\gamma;$$

dabei benutzen wir die in 9.5.1 eingeführten Notationen

$$\mathrm{ind}_\gamma(z) = \frac{1}{2\pi \mathrm{i}} \int_\gamma \frac{\mathrm{d}\zeta}{\zeta - z} \in \mathbb{Z},\ z \notin \gamma; \quad \mathrm{Int}\,\gamma = \{z \in \mathbb{C} \setminus \gamma : \mathrm{ind}_\gamma(z) \neq 0\}.$$

Einfach geschlossene Wege sind besonders angenehm, nach Satz 6.3.7 ist jeder Kreisrand einfach geschlossen. Wir geben im folgenden weitere Beispiele an, die für die Anwendung des Residuenkalküls im nächsten Kapitel ausreichen.

1. *Kreisabschnitt-*, *Dreieck-* und *Rechteckränder* sind *einfach geschlossen.*

   Beweis. Sei zunächst A ein (offener) Kreisabschnitt. Es ist $\partial A = \partial B - \partial A'$, wobei $\partial B = \gamma + \gamma''$ ein Kreisrand und $\partial A' = \gamma'' - \gamma'$ der Rand des zu A komplementären Kreisabschnitts ist (vgl. Figur). Es folgt $\mathrm{ind}_{\partial A}(z) =$

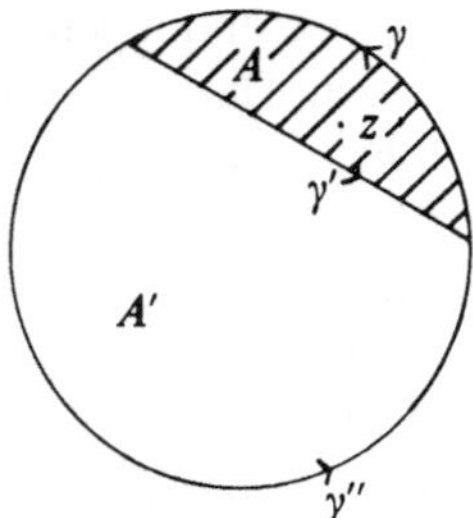

   $1 - \mathrm{ind}_{\partial A'}(z)$ für $z \in A$. Nun gilt $\mathrm{ind}_{\partial A'}(z) = 0$ für jeden Punkt $z \in A$, denn dann liegt z im Äußeren von A' (man lasse etwa z radial gegen ∞ laufen). Also ist ∂A einfach geschlossen.
   Der soeben durchgeführte Schluß ist wiederholbar, wenn man von A erneut mittels Geraden Segmente abschneidet. Da jedes Dreieck bzw. Rechteck einen Umkreis besitzt, ergibt sich so, daß auch jeder Dreieck- und Rechteckrand einfach geschlossen ist.(Man vergleiche die Aussage $\mathrm{ind}_{\partial R}(z) = 1$, $z \in R$, für Rechteckränder ∂R mit Aufgabe 1. aus 6.1)

2. Der Rand jedes offenen *Kreissektors* A (Figur links) ist *einfach geschlossen.*

   Beweis. Es gilt $\partial A = \gamma + \gamma_1 + \gamma_2$ und $\partial A = \partial B - \partial A'$, wenn A' den zu A komplementären Kreissektor im Gesamtkreis B bezeichnet (Figur links). Es folgt $\mathrm{ind}_{\partial A}(z) = 1 - \mathrm{ind}_{\partial A'}(z)$ für $z \in A$. Der letzte Term ist null, da z im Äußeren von A' liegt (man lasse etwa z radial gegen ∞ laufen). □

3. Der Rand jedes offenen *konvexen* n*-Ecks* V ist *einfach geschlossen.*

   Beweis. Konvexe n-Ecke sind in Dreiecke zerlegbar, z.B. $\partial V = \partial \Delta_1 + \partial \Delta_2$ (vgl. Figur rechts). Für $z \in \Delta_1$ folgt $\mathrm{ind}_{\partial V}(z) = 1$ nach 6.3.3, da z im Äußeren von Δ_2 liegt und also $\mathrm{ind}_{\partial \Delta_2}(z) = 0$ gilt. Da V ein Gebiet und der Index lokal-konstant ist, folgt $\mathrm{ind}_{\partial V}(z) = 1$ für alle $z \in V$. □

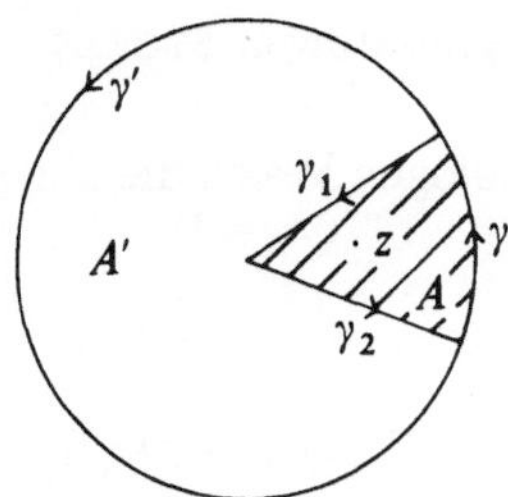

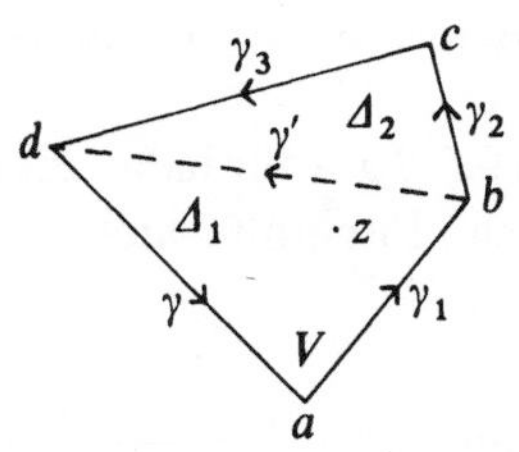

4. Der Rand jedes offenen *eingerundeten Vierecks* $\widehat{V}$ vom Typ wie in der Figur links, wo γ' z.B. ein Kreisbogen ist, ist *einfach geschlossen.*

   Beweis. Das Viereck $V = a\,b\,c\,d$ ist konvex, daher folgt die Behauptung wegen $\partial\widehat{V} = \partial V - \partial A$ aus Beispiel 3, da $z \in \widehat{V}$ im Äußeren von A liegt. □

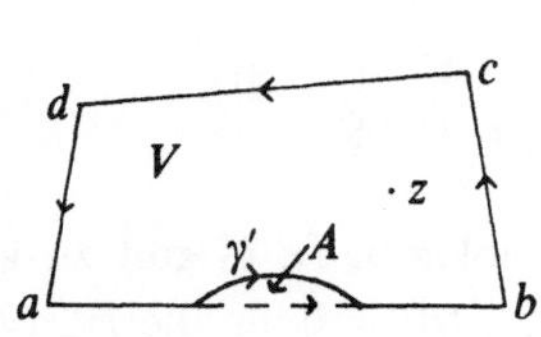

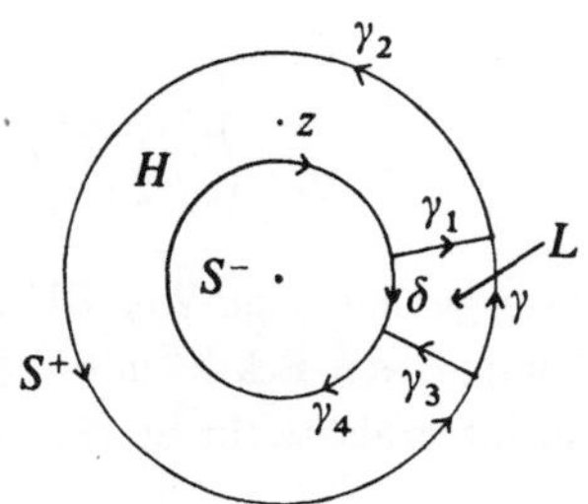

5. Der Rand jedes offenen *Kreishufeisens* H ist *einfach geschlossen.*

   Beweis. Es gilt (vgl. Figur rechts)

$$\partial H = \gamma_1 + \gamma_2 + \gamma_3 + \gamma_4 = \gamma_1 + S^+ - \gamma + \gamma_3 - S^- - \delta,$$

   wobei S^+ bzw. S^- der äußere bzw. innere Kreisrand ist. Da $\operatorname{ind}_{S^+}(z) = 1$ für $z \in H$, und da $z \in H$ im Äußeren von S^- und des von $\gamma - \gamma_1 + \delta - \gamma_3$ berandeten Kreisringausschnitts L liegt, folgt $\operatorname{ind}_{\partial H}(z) = 1$ für $z \in H$.

Die vorangehenden Beispiele lassen sich beliebig vermehren. Sie sind sämtlich Spezialfälle des folgenden Satzes:

Ein geschlossener Weg $\gamma : [a,b] \to \mathbb{C}$ ist einfach geschlossen, wenn gilt:

1. *γ ist zur Kreislinie S^1 homöomorph (d.h. $\gamma : [a,b) \to \mathbb{C}$ ist injektiv).*
2. $\operatorname{Int}\gamma \neq \emptyset$ *liegt „links von γ“ (d.h. ist $\gamma(u) + \gamma'(u)t$, $t \in \mathbb{R}$, die Tangente an γ in irgendeinem Punkt von γ mit $\gamma'(u) \neq 0$, so hat die “um $\frac{1}{2}\pi$ gedrehte“ Gerade $\gamma(u) + \mathrm{i}\gamma'(u)t$ für beliebig kleine $t > 0$ Punkte mit* $\operatorname{Int}\gamma$ *gemeinsam).*

Den Beweis stützt man in der Regel auf den Integralsatz von STOKES.

Nach 9.5.2 gilt für jeden im Bereich D nullhomologen Weg γ die allgemeine Cauchysche Integralformel

$$\operatorname{ind}_\gamma(z)f(z) = \frac{1}{2\pi i}\int_\gamma \frac{f(\zeta)}{\zeta - z}d\zeta \quad \text{für alle } f \in \mathcal{O}(D), z \in D \setminus \gamma.$$

Speziell gilt für *einfach geschlossene und in D nullhomologe Wege γ* stets

$$f(z) = \frac{1}{2\pi i}\int_\gamma \frac{f(\zeta)}{\zeta - z}d\zeta \quad \text{für alle } f \in \mathcal{O}(D), z \in \operatorname{Int}\gamma.$$

Wir heben explizit hervor:

Satz 13.1.1 (Cauchysche Integralformel für konvexe n-Ecke). *Es sei V ein offenes, konvexes n-Eck mit $\overline{V} \subset D$, $n \geq 3$. Dann gilt für jede Funktion $f \in \mathcal{O}(D)$ die Gleichung*

$$\frac{1}{2\pi i}\int_{\partial V} \frac{f(\zeta)}{\zeta - z}d\zeta = \begin{cases} f(z), & \textit{falls } z \in V \\ 0 & \textit{falls } z \in D \setminus \overline{V}. \end{cases}$$

Der einfach geschlossene Weg ∂V ist nämlich nullhomolog in D: es gibt zu V ein offenes komplexes n-Eck V' mit $\overline{V} \subset V' \subset D$; es gilt $\int_{\partial V} f d\zeta = 0$ für alle $f \in \mathcal{O}(V')$ nach dem Integralsatz für Sterngebiete.

13.1.2 Das Residuum

Ist f holomorph in $D \setminus c$, und ist $\sum_{-\infty}^{\infty} a_\nu (z-c)^\nu$ die Laurententwicklung von f in einer punktierten Kreisscheibe $B^\times$ um c, so gilt nach 12.1.3,2):

$$a_{-1} = \frac{1}{2\pi i}\int_S f(\zeta)d\zeta$$

für jede Kreislinie $S \subset B^\times$ um c. Von allen Laurentkoeffizienten bleibt also bei Integration von f um c nur a_{-1} übrig; dieses „Überbleibsel" heißt *das Residuum von f im Punkte c*; Wir schreiben

$$\operatorname{res}_c f := a_{-1}.$$

Das Residuum von f ist in allen isolierten Singularitäten von f definiert.

Satz 13.1.2. *Das Residuum von $f \in \mathcal{O}(D \setminus c)$ in c ist die eindeutig bestimmte komplexe Zahl a, so daß $f(z) - a(z-c)^{-1}$ in einer in c punktierten Umgebung von c eine Stammfunktion hat.*

Beweis. Ist $\sum_{-\infty}^{\infty} a_\nu(z-c)^\nu$ die Laurentreihe von f in $B^\times = B_r(c) \setminus c$, so hat die Funktion $F := \sum_{\nu \neq -1} \frac{1}{\nu+1} a_\nu (z-c)^{\nu+1} \in \mathcal{O}(B^\times)$ die Ableitung $F' = f - a_{-1}(z-c)^{-1}$. In einer in c punktierten Umgebung von c ist daher H genau dann Stammfunktion von $f - a(z-c)^{-1}$, wenn dort gilt $(F-H)' = (a - a_{-1})(z-c)^{-1}$. Da $(z-c)^{-1}$ nach 6.4.2 keine Stammfunktion um c hat, so existiert H mit $H := F + \text{const}$ genau dann, wenn $a = a_{-1}$. □

Ist f holomorph in c, so gilt $\operatorname{res}_c f = 0$; diese Gleichung kann aber auch sonst gelten, z.B.

$$\operatorname{res}_c \left(\frac{1}{(z-c)^n} \right) = 0 \quad \text{für } n \geq 2.$$

Für jedes $f \in \mathcal{O}(D \setminus c)$ gilt $\operatorname{res}_c f' = 0$, denn die Laurententwicklung von f' um c hat die Form $\sum_{-\infty}^{\infty} \nu a_\nu (z-c)^{\nu-1}$ und enthält keinen Term $a(z-c)^{-1}$. □

Wir besprechen nun einige Regeln für das Rechnen mit Residuen. Unmittelbar klar ist die $\mathbb{C}$-*Linearität*

$$\operatorname{res}_c(af + bg) = a \operatorname{res}_c f + b \operatorname{res}_c g \quad \text{für } f, g \in \mathcal{O}(D \setminus c); \quad a, b \in \mathbb{C}.$$

Für Anwendungen ist entscheidend, daß Residuen, die als Integrale definiert sind, häufig algebraisch berechenbar sind. Besonders einfach ist die Situation bei Polen erster Ordnung:

Satz 13.1.3 (Regel 1). *Ist c ein einfacher Pol von f, so gilt:*

$$\operatorname{res}_c f = \lim_{z \to c} (z-c) f(z).$$

Beweis. Trivial, da $f = a_{-1}(z-c)^{-1} + h$, wobei h holomorph um c ist. □

Aus dieser Regel erhalten wir ein für die Praxis äußerst nützliches

Lemma 13.1.1. *Es seien g und h holomorph in einer Umgebung von c, wobei $g(c) \neq 0$, $h(c) = 0$ und $h'(c) \neq 0$. Dann hat $f := g/h$ in c einen einfachen Pol, und es gilt:*

$$\operatorname{res}_c f = \frac{g(c)}{h'(c)}.$$

Beweis. Da h um c die Taylorentwicklung $h(z) = h'(c)(z-c) + \ldots$ besitzt, so folgt

$$\lim_{z \to c} (z-c) f(z) = \lim_{z \to c} (z-c) \frac{g(z)}{h(z)} = \frac{g(c)}{h'(c)} \neq 0.$$

Mithin ist c ein Pol erster Ordnung von f mit dem Residuum $g(c)/h'(c)$. □

Für Pole höherer Ordnung gibt es kein solch handliches Kriterium zur Residuenbestimmung:

Satz 13.1.4 (Regel 2). *Hat $f \in \mathcal{M}(D)$ in c einen Pol höchstens m-ter Ordnung, und ist g die holomorphe Fortsetzung von $(z-c)^m f(z)$ nach c, so gilt:*

$$\operatorname{res}_c f = \frac{1}{(m-1)!} g^{(m-1)}(c).$$

Beweis. Um c gilt $f = \frac{b_m}{(z-c)^m} + \cdots + \frac{b_1}{z-c} + h$, wobei h in c holomorph ist. Dann ist $g(z) = b_m + b_{m-1}(z-c) + \cdots + b_1(z-c)^{m-1} + \ldots$ die Taylorreihe von g um c, so daß folgt $\operatorname{res}_c f = b_1 = \frac{1}{(m-1)!} g^{(m-1)}(c)$. □

Zur Berechnung von Residuen in wesentlichen Singularitäten gibt es kein einfaches Verfahren.

13.1.3 Beispiele

1. Für $f(z) = \frac{z^2}{1+z^4}$ ist $c := \exp\left(\frac{\pi \mathrm{i}}{4}\right) = \frac{1}{\sqrt{2}}(1+\mathrm{i})$ ein einfacher Pol von f; wegen $c^{-1} = \bar{c}$ gilt daher nach Lemma 13.1.1

$$\operatorname{res}_c f = \frac{c^2}{4c^3} = \frac{1}{4}\bar{c} = \frac{1}{4\sqrt{2}}(1-\mathrm{i}).$$

Die Punkte $\mathrm{i}c$, $-c$, $-\mathrm{i}c$ sind ebenfalls Pole erster Ordnung von f, man findet:

$$\operatorname{res}_{\mathrm{i}c} f = -\frac{\mathrm{i}}{4}\bar{c}, \quad \operatorname{res}_{-c} f = -\frac{1}{4}\bar{c}, \quad \operatorname{res}_{-\mathrm{i}c} f = \frac{\mathrm{i}}{4}\bar{c}.$$

2. Sei $g \in \mathcal{O}(\mathbb{C})$; es gelte $g(c) \neq 0$ für $c \in \mathbb{C}$ mit $c^n = -1$, $n \in \mathbb{N} \setminus \{0\}$. Dann hat $f(z) := \frac{g(z)}{1+z^n}$ in c einen einfachen Pol, und es gilt:

$$\operatorname{res}_c f = \frac{g(c)}{nc^{n-1}} = -\frac{c}{n} g(c).$$

3. Es sei $p \in \mathbb{R}$ und $p > 1$. Die rationale Funktion $\widetilde{R}(z) = \frac{4z}{(z^2+2pz+1)^2}$ hat in $c := -p + \sqrt{p^2-1} \in \mathbb{E}$, $d := -p - \sqrt{p^2-1} \notin \mathbb{E}$ Pole 2. Ordnung. Da $z^2 + 2pz + 1 = (z-c)(z-d)$, so ist $g(z) := 4z(z-d)^{-2}$ die holomorphe Fortsetzung von $(z-c)^2 \widetilde{R}(z)$ nach c. Es gilt $g'(c) = -4(c+d)(c-d)^{-3}$, also nach Regel 2

$$\operatorname{res}_c \widetilde{R} = \frac{p}{(\sqrt{p^2-1})^3}.$$

4. *Es seien g, h holomorph um c, es sei c eine a-Stelle der Vielfachheit* $\nu(g,c)$ *von g. Dann gilt:*

$$\operatorname{res}_c\left(h(z)\frac{g'(z)}{g(z)-a}\right) = h(c)\nu(g,c).$$

Beweis. Mit $n := \nu(g,c)$ gilt $g(z) = a + (z-c)^n\widehat{g}(z)$ um c, wobei $\widehat{g}$ holomorph um c ist mit $\widehat{g}(c) \neq 0$ (vgl. 8.1.4). Es folgt:

$$\frac{g'(z)}{g(z)-a} = \frac{n(z-c)^{n-1}\widehat{g}(z) + (z-c)^n\widehat{g}'(z)}{(z-c)^n\widehat{g}(z)} = \frac{n}{(z-c)} + \text{holomorph}$$

um c. Hieraus folgt die Behauptung. □

Als Spezialfall heben wir hervor:

Hat g in c eine Nullstelle der Ordnung $o_c(g) < \infty$, *so gilt*

$$\operatorname{res}_c\left(\frac{g'}{g}\right) = o_c(g).$$

Analog wie 4. beweist man:

5. *Hat g in c einen Pol und ist h holomorph in c, so gilt*

$$\operatorname{res}_c\left(h(z)\frac{g'(z)}{g(z)-a}\right) = h(c)o_c(g) \quad \textit{für alle } a \in \mathbb{C}.$$

Als Anwendung von 4. ergibt sich

Satz 13.1.5 (Transformationsregel für Residuen). *Es sei* $g := \widehat{D} \to D$, $\tau \mapsto z := g(\tau)$, *holomorph mit* $g(\widehat{c}) = c$, $g'(\widehat{c}) \neq 0$. *Dann gilt:*

$$\operatorname{res}_c f = \operatorname{res}_{\widehat{c}}((f \circ g)g') \quad \textit{für alle } f \in \mathcal{M}(D).$$

Beweis. Sei $a := \operatorname{res}_c f$. Nach Satz 13.1.2 existiert in einer in c punktierten Umgebung $V^\times$ von c eine Funktion $F \in \mathcal{O}(V^\times)$ mit $F'(z) = f(z) - \frac{a}{z-c}$. In der in $\widehat{c}$ punktierten Umgebung $g^{-1}(V^\times)$ von $\widehat{c}$ gilt dann

$$(F \circ g)'(\tau) = F'(g(\tau))g'(\tau) = f(g(\tau))g'(\tau) - a\frac{g'(\tau)}{g(\tau)-c}.$$

Da Ableitungen überall das Residuum 0 haben (Abschnitt 1), so folgt:

$$\operatorname{res}_{\widehat{c}}((f \circ g)g') = a \operatorname{res}_c\left(\frac{g'(\tau)}{g(\tau)-c}\right).$$

Da g in $\widehat{c}$ wegen $g'(\widehat{c}) \neq 0$ eine c-Stelle der Vielfachheit 1 hat, folgt die Behauptung aus 4. □

Die Transformationsformel besagt, daß der Begriff des Residuums invariant wird, wenn man ihn für Differentialformen anstatt für Funktionen einführt.

13.1.4 Residuensatz

Satz 13.1.6. *Es sei γ ein nullhomologer Weg in einem Bereich D, und es sei A eine endliche Menge in D, so daß kein Punkt von A auf γ liegt. Dann gilt*

$$\boxed{\frac{1}{2\pi \mathrm{i}}\int_\gamma h\mathrm{d}\zeta = \sum_{c\in\operatorname{Int}\gamma} \operatorname{ind}_\gamma(c)\cdot \operatorname{res}_c h} \tag{13.1}$$

für jede in $D \setminus A$ holomorphe Funktion h.

Bemerkung. Da $\operatorname{res}_c h = 0$, falls $z \notin A$, so wird (13.1) rechts in Wahrheit nur über alle $c \in A \cap \operatorname{Int}\gamma$ summiert, diese Summe ist endlich.

Beweis. Sei $A = \{c_1, \ldots, c_n\}$. Wir betrachten den Hauptteil $h_\nu = b_\nu(z - c_\nu)^{-1} + \widetilde{h}_\nu$ der Laurententwicklungen von h um c_ν, wobei $\widetilde{h}_\nu$ alle Summanden mit Potenzen $(z - c_\nu)^k$, $k \leq -2$, enthält. Nach 12.2.3 ist h_ν holomorph in $\mathbb{C} \setminus c_\nu$. Da $\widetilde{h}_\nu$ in $\mathbb{C} \setminus c_\nu$ eine Stammfunktion hat, so folgt wegen $c_\nu \notin \gamma$ auf Grund der Definition des Index:

$$\int_\gamma h_\nu \mathrm{d}\zeta = b_\nu \int_\gamma \frac{\mathrm{d}\zeta}{\zeta - c_\nu} = 2\pi \mathrm{i} b_\nu \operatorname{ind}_\gamma(c_\nu), \quad 1 \leq \nu \leq n. \tag{13.2}$$

Da $h-(h_1+\cdots+h_n)$ holomorph in D ist, so gilt $\int_\gamma (h-h_1-\cdots-h_n)\mathrm{d}\zeta = 0$, denn γ ist nullhomolog in D (Integralsatz). Wegen (13.2) und $b_\nu = \operatorname{res}_{c_\nu} h$ folgt

$$\frac{1}{2\pi \mathrm{i}}\int_\gamma h\mathrm{d}\zeta = \frac{1}{2\pi \mathrm{i}}\sum_1^n \int_\gamma h_\nu \mathrm{d}\zeta = \sum_1^n \operatorname{ind}_\gamma(c_\nu)\cdot \operatorname{res}_{c_\nu} h.$$

Da $\operatorname{ind}_\gamma(c_\nu) = 0$, falls $c_\nu \in \operatorname{Ext}\gamma$, so ist dies die Gleichung (13.1). □

In der Gleichung (13.1) stehen rechts Residuen, die von der Funktion $h \in \mathcal{O}(D \setminus A)$ abhängen und analytisch ermittelbar sind, sowie Umlaufzahlen, die vom Weg γ abhängen und keiner direkten Berechnung zugänglich sind. Für *einfach geschlossene Wege* wird der Residuensatz besonders elegant:

Ist $\gamma \subset D$ einfach geschlossen und nullhomolog in D, so gilt unter den Voraussetzungen des Residuensatzes

Satz 13.1.7 (Residuenformel).

$$\frac{1}{2\pi \mathrm{i}}\int_\gamma h\mathrm{d}\zeta = \sum_{c\in\operatorname{Int}\gamma} \operatorname{res}_c h$$

□

In den späteren Anwendungen ist D stets ein Sterngebiet; dann ist die Voraussetzung der Nullhomologie von γ von selbst erfüllt.

Die allgemeine Cauchysche Integralformel ist ein Spezialfall des Residuensatzes: Ist nämlich f holomorph in D und $z \in D$ ein Punkt, so ist $f(\zeta)(\zeta - z)^{-1}$ als Funktion in ζ holomorph in $D \setminus z$ mit $f(z)$ als Residuum in z; daher gilt für jeden in D nullhomologen Weg γ die Gleichung

$$\frac{1}{2\pi\mathrm{i}} \int_\gamma \frac{f(\zeta)}{\zeta - z} \mathrm{d}\zeta = \mathrm{ind}_\gamma(z) f(z) \quad \text{für } z \in D \setminus \gamma.$$

13.1.5 Historisches zum Residuensatz

Cauchys erste Untersuchungen zur Funktionentheorie sind zugleich die Anfänge des Residuenkalküls. Das bereits mehrfach zitierte Mémoire $[C_1]$ aus dem Jahre 1814 hat vorrangig zum Ziel, allgemeine Methoden zur Berechnung bestimmter Integrale durch Übergang vom Reellen ins Komplexe zu entwickeln; die damals von CAUCHY eingeführten „singulären Integrale" ($[C_1]$, S. 394) sind letzten Endes bereits erste Residuenintegrale. „Der Sache nach kommt das Residuum bereits in der Jacobi'schen Doctor-Dissertation [aus dem Jahre 1825] vor" (Zitat nach [Kr], S. 170). Das Wort „Residuum" wird von Cauchy erstmals 1826 benutzt (Œuvres 6, 2. Ser., S. 23), allerdings ist jene Definition noch recht kompliziert. Wegen Einzelheiten verweisen wir auf das Lindelöfsche Buch [Lin], insb. S. 12 ff.

Als Anwendungen seiner Theorie leitet CAUCHY nahezu alle bekannten Integralformeln her, z.B. „la belle formule d'Euler, relative à l'intégrale"

$$\int_0^\infty \frac{x^{a-1}\mathrm{d}x}{1+x^b} \quad ([C_1], \text{ S. } 432),$$

darüber hinaus entdeckt CAUCHY viele neue Integralformeln (vgl. hierzu auch das nächste Kapitel).

POISSON war allerdings von der Abhandlung $[C_1]$ nicht sonderlich beeindruckt, so schreibt er (vgl. Cauchys Œuvres 2, 2. Ser., 194–198): „...je n'ai remarqué aucune intégrale qui ne fût pas déjà connue, ...".

Natürlich kommen bei CAUCHY nirgends nullhomologe Wege vor. Auch arbeitet CAUCHY, da er keine wesentlichen isolierten Singularitäten kennt, ausschließlich mit Funktionen, die höchstens Pole haben.

Aufgaben

1. Bestimmen Sie die Residuen folgender Funktionen in allen isolierten Singularitäten.

$$\frac{z^2+z+5}{z(z^2+1)^2}, \quad (z^4+a^4)^{-2}, \quad \cos\left(\frac{1-z}{z}\right),$$

$$\tan^3 z, \quad \cos\left(\frac{z}{1-z}\right), \quad \sin(1+z^{-1})\cos(1+z^{-2}).$$

2. Zeigen Sie $\operatorname{res}_0 \exp(z+z^{-1}) = \sum_{n=0}^{\infty} \frac{1}{n!(n+1)!}$.
3. Es seien f, g holomorph um c, es gelte $g(c) = g'(c) = 0$ und $g''(c) \neq 0$. Zeigen Sie:
$$\operatorname{res}_c(f/g) = \frac{6f'(c)g''(c) - 2f(c)g'''(c)}{(3g''(c)^2)}.$$
4. Berechnen Sie mit Hilfe des Residuensatzes:
$$\int_{\partial B_2(0)} \frac{\mathrm{d}z}{\sin^2 z \cos z}, \quad \int_{\partial \mathbb{E}} \frac{\sin z}{z^4(z^2+2)}\mathrm{d}z, \quad \int_\gamma \frac{\mathrm{e}^{\pi z}}{(z^2+1)}\mathrm{d}z,$$
wobei γ der Rand von $B_2(0) \cap \mathbb{H}$ ist.
5. Ist $q(z)$ eine rationale Funktion, deren Nennergrad um mindestens 2 größer ist als der Zählergrad, so gilt $\sum_{c\in\mathbb{C}} \operatorname{res}_c q = 0$.
6. a) Sei f holomorph in $\mathbb{C}$ mit Ausnahme endlich vieler isolierter Singularitäten. Dann ist $g(z) := z^{-2}f(z^{-1})$ in einer punktierten Umgebung von 0 holomorph, und es gilt $\operatorname{res}_0(g) = \sum_{c\in\mathbb{C}} \operatorname{res}_c f$.
   b) Zeigen Sie $\int_{\partial\mathbb{E}} \frac{5z^6+4}{2z^7+1}\mathrm{d}z = 5\pi\mathrm{i}$.
   c) Lösen Sie mit Hilfe von a) noch einmal die letzten beiden Teilaufgaben von 1.

13.2 Folgerungen aus dem Residuensatz

Die wohl berühmteste Anwendung des Residuensatzes ist eine Anzahlformel für Null- und Polstellen meromorpher Funktionen. Wir leiten diese Formel aus einer allgemeineren Gleichung her. Als besondere Anwendung diskutieren wir den Satz von ROUCHÉ.

13.2.1 Das Integral $\frac{1}{2\pi\mathrm{i}}\int_\gamma F(\zeta)\frac{f'(\zeta)}{f(\zeta)-a}\mathrm{d}\zeta$

Satz 13.2.1. *Es sei f meromorph in D mit höchstens endlich vielen Polen; es sei γ ein in D nullhomologer Weg, auf dem keine Pole von f liegen. Ist dann $a \in \mathbb{C}$ irgendeine Zahl, deren Faser $f^{-1}(a)$ endlich ist und den Weg γ nicht trifft, so gilt für jede in D holomorphe Funktion F:*

$$\frac{1}{2\pi\mathrm{i}}\int_\gamma F(\zeta)\frac{f'(\zeta)}{f(\zeta)-a}\mathrm{d}\zeta =$$
$$\sum_{c\in f^{-1}(a)} \operatorname{ind}_\gamma(c)\cdot\nu(f,c)\cdot F(c) + \sum_{d\in P(f)} \operatorname{ind}_\gamma(d)\cdot o_d(f)\cdot F(d).$$

Bemerkung. Die rechts stehenden Summen sind endlich; es spielen nur die a-Stellen und Pole eine Rolle, die im Innern von γ liegen.

Beweis. Nach dem Residuensatz 13.1.6 gilt

$$\frac{1}{2\pi i}\int_\gamma F(\zeta)\frac{f'(\zeta)}{f(\zeta)-a}d\zeta = \sum_{z\in D\setminus\gamma} \operatorname{ind}_\gamma(z)\operatorname{res}_c\left(F(\zeta)\frac{f'(\zeta)}{f(\zeta)-a}\right).$$

Die Funktion $F(\zeta)\frac{f'(\zeta)}{f(\zeta)-a}$ besitzt höchstens in den Punkten der Polstellenmenge $P(f)$ oder der Faser $f^{-1}(a)$ Residuen $\neq 0$. Ist f holomorph in $c \in D$ und hat f in c eine a-Stelle der Vielfachheit $\nu(f,c)$, so gilt nach 13.1.3,4.

$$\operatorname{res}_c\left(F(\zeta)\frac{f'(\zeta)}{f(\zeta)-a}\right) = F(c)\nu(f,c).$$

Ist hingegen c ein Pol von f der Ordnung $o_c(f)$, so gilt nach 13.1.3,5.

$$\operatorname{res}_c\left(F(\zeta)\frac{f'(\zeta)}{f(\zeta)-a}\right) = F(c)o_c(f).$$

Hieraus folgt die Behauptung. □

In Anwendungen ist γ in der Regel einfach geschlossen; dann gilt z.B. (unter den Voraussetzungen des Satzes):

$$\frac{1}{2\pi i}\int_\gamma \zeta^n\frac{f'(\zeta)}{f(\zeta)}d\zeta = \sum c^n o_c(f),$$

wobei über alle Null- und Polstellen c von f aus dem Innern von γ summiert wird.

Vermöge des eben bewiesenen Satzes lassen sich Umkehrabbildungen biholomorpher Abbildungen lokal explizit durch Integrale beschreiben.

Es sei $f : D \xrightarrow{\sim} D'$, $z \mapsto w := f(z)$, biholomorph mit der Umkehrabbildung $f^{-1} : D' \xrightarrow{\sim} D$, $w \mapsto z := f^{-1}(w)$. Ist dann $\overline{B}$ irgendeine kompakte Kreisscheibe in D, so wird die Abbildung $f^{-1}|f(B) : f(B) \to \mathbb{C}$ gegeben durch die Formel

$$f^{-1}(w) = \frac{1}{2\pi i}\int_{\partial B} \zeta\frac{f'(\zeta)}{f(\zeta)-w}d\zeta, \quad w \in f(B).$$

Beweis. Das Integral rechts hat, da ∂B einfach geschlossen und nullhomolog in D ist, wegen $P(f) = \emptyset$ den Wert

$$\frac{1}{2\pi i}\int_{\partial B} \zeta\frac{f'(\zeta)}{f(\zeta)-w}d\zeta = \sum_{c\in f^{-1}(w)} \nu(f,c)c.$$

Wegen der Biholomorphie von f ist $f^{-1}(w)$ einpunktig, und es gilt stets $\nu(f, f^{-1}(w)) = 1$. Daher steht rechts die Zahl $f^{-1}(w)$.

13.2.2 Anzahlformel für Null- und Polstellen

Ist f meromorph in D und ist M eine Teilmenge von D, so daß f nur endlich viele a-Stellen und Polstellen in M hat, so sind die Zahlen

$$\operatorname{Anz}_f(a,M) := \sum_{c\in f^{-1}(a)\cap M} \nu(f,c),\ a\in\mathbb{C};\quad \operatorname{Anz}_f(\infty,M) := \sum_{c\in P(f)\cap M} |o_c(f)|$$

endlich; wir nennen $\operatorname{Anz}_f(a,M)$ bzw. $\operatorname{Anz}_f(\infty,M)$ die in ihrer Vielfachheit gezählte *Anzahl* der a-Stellen bzw. Polstellen von f in M. Aus Satz 13.2.1 folgt unmittelbar:

Satz 13.2.2. *Es sei f meromorph in D mit höchstens endlich vielen Polen; es sei $\gamma \subset D \setminus P(f)$ ein einfach geschlossener und in D nullhomologer Weg, so daß f null- und polstellenfrei auf γ ist. dann gilt*

$$\frac{1}{2\pi \mathrm{i}} \int_\gamma \frac{f'(\zeta)}{f(\zeta)-a} \mathrm{d}\zeta = \operatorname{Anz}_f(a, \operatorname{Int}\gamma) - \operatorname{Anz}_f(\infty, \operatorname{Int}\gamma). \tag{13.3}$$

Als Spezialfall dieser Gleichung erhalten wir

Satz 13.2.3 (Anzahlformel für Null- und Polstellen). *Es sei f meromorph in D mit nur endlich vielen Null-und Polstellen in D. Es sei γ ein einfach geschlossener und in D nullhomologer Weg, so daß f null- und polstellenfrei auf γ ist. Dann gilt*

$$\frac{1}{2\pi \mathrm{i}} \int_\gamma \frac{f'(\zeta)}{f(\zeta)} \mathrm{d}\zeta = N - P, \tag{13.4}$$

wobei $N := \operatorname{Anz}_f(0, \operatorname{Int}\gamma)$, $P := \operatorname{Anz}_f(\infty, \operatorname{Int}\gamma)$.

Aus (13.4) ergibt sich beiläufig ein weiterer Beweis für den Fundamentalsatz der Algebra. Ist nämlich $p(z) = z^n + a_1 z^{n-1} + \cdots + a_n \in \mathbb{C}[z]$, $n \geq 1$, und ist r so groß gewählt, daß $|p(z)| \geq 1$ für $|z| \geq r$, so gilt für $|z| \geq r$:

$$\frac{p'(z)}{p(z)} = \frac{nz^{n-1} + \ldots}{z^n + \ldots} = \frac{n}{z} + \text{Glieder in } \frac{1}{z^\nu},\quad \nu \geq 2.$$

Integriert man nun über $\partial B_r(0)$, so folgt $N = n$ nach (13.4), da p in $\mathbb{C}$ keine Pole hat. Wegen $n \geq 1$ folgt die Behauptung.

13.2.3 Satz von Rouché

Satz 13.2.4. *Es seien f und g holomorph in D. Es sei γ ein einfach geschlossener, in D nullhomologer Weg, so daß gilt:*

$$|f(\zeta) - g(\zeta)| < |g(\zeta)| \quad \textit{für alle } \zeta \in \gamma. \tag{13.5}$$

Dann haben f und g gleich viele Nullstellen im Innern von γ:

$$\operatorname{Anz}_f(0, \operatorname{Int}\gamma) = \operatorname{Anz}_g(0, \operatorname{Int}\gamma).$$

Beweis. Man kann ohne Einschränkung annehmen, daß f und g nur endlich viele Nullstellen in D haben. Zur in D meromorphen Funktion $h := f/g$ gibt es wegen (13.5) eine Umgebung $U \subset D$ von γ, so daß h in U holomorph ist mit

$$|h(z) - 1| < 1 \quad \text{für } z \in U, \quad \text{d.h. } h(U) \subset B_1(1) \subset \mathbb{C}^-.$$

Damit ist $\log h$ wohldefiniert in U und dort eine Stammfunktion von h'/h. Da $h'/h = f'/f - g'/g$, und da f und g wegen (13.5) nullstellenfrei auf γ sind, so folgt:

$$0 = \frac{1}{2\pi \mathrm{i}} \int_\gamma \frac{f'(\zeta)}{f(\zeta)} \mathrm{d}\zeta - \frac{1}{2\pi \mathrm{i}} \int_\gamma \frac{g'(\zeta)}{g(\zeta)} \mathrm{d}\zeta$$

und also die Behauptung nach Formel (13.4) des vorangehenden Abschnitts.

□

Wir geben einen zweiten Beweis: Die Funktionen $h_t := g + t(f-g)$, $0 \le t \le 1$, sind holomorph in D; wegen (13.5) gilt: $|h_t(\zeta)| \ge |g(\zeta)| - |f(\zeta) - g(\zeta)| > 0$ für jedes $\zeta \in \gamma$.

Alle Funktionen h_t sind also nullstellenfrei auf γ, daher gilt nach Satz 13.2.2

$$\mathrm{Anz}_{h_t}(0, \mathrm{Int}\,\gamma) = \frac{1}{2\pi \mathrm{i}} \int_\gamma \frac{h_t'(\zeta)}{h_t(\zeta)} \mathrm{d}\zeta, \quad 0 \le t \le 1.$$

Da die rechte Seite stetig von t abhängt und nach 9.3.4 ganzzahlig ist, so ist sie unabhängig von t. Speziell gilt $\mathrm{Anz}_{h_0}(0, \mathrm{Int}\,\gamma) = \mathrm{Anz}_{h_1}(0, \mathrm{Int}\,\gamma)$. Wegen $h_0 = g$ und $h_1 = f$ folgt die Behauptung. □

Bemerkung. *Die Aussage des Satzes von* ROUCHÉ *gilt bereits dann, wenn man anstelle der Ungleichung (13.5) nur verlangt:*

$$|f(\zeta) - g(\zeta)| < |f(\zeta)| + |g(\zeta)| \quad \textit{für alle } \zeta \in \gamma. \tag{13.6}$$

Alsdann gilt bereits $g(\zeta) \ne 0$ für alle $\zeta \in \gamma$, weiter nimmt $h = f/g$ auf γ keinen reellen Wert ≤ 0 an, denn $h(a) = r \le 0$ mit $a \in \gamma$ würde auf Grund von (13.6) den Widerspruch $|r - 1| < |r| + 1$ liefern. Man kann folglich wie im obigen ersten Beweis U so wählen, daß $h \in \mathcal{O}(U)$ und $h(U) \subset \mathbb{C}^-$.

Auch der zweite Beweis bleibt durchführbar, denn $h_t(\zeta) \ne 0$ bleibt für alle $t \in [0,1]$ und alle $\zeta \in \gamma$ richtig, da $h_0 = g$ und für $t > 0$ aus $h_t(a) = 0$, $a \in \gamma$, die Gleichung $h(a) = 1 - 1/t \le 0$ folgen würde. □

Wir geben fünf typische Anwendungen des Rouchéschen Satzes. Es kommt jeweils darauf an, bei vorgegebener Funktion f eine Vergleichsfunktion g mit bekannter Nullstellenzahl so zu finden, daß die Ungleichung (13.6) erfüllt ist.

1. *Weiterer Beweis des Fundamentalsatzes der Algebra*: Für $f(z) := z^n + a_{n-1}z^{n-1} + \cdots + a_0$, wobei $n \ge 1$, setze man $g(z) := z^n$. Für hinreichend großes r gilt dann $|f(\zeta) - g(\zeta)| < |g(\zeta)|$ für $|\zeta| = r$ (Wachstumslemma), also folgt: $\mathrm{Anz}_f(0, B_r(0)) = \mathrm{Anz}_g(0, B_r(0)) = n$.

2. Man kann Informationen über die Nullstellen einer Funktion aus der Kenntnis der Taylorpolynome gewinnen, genauer:
Ist g ein Polynom vom Grad $\leq n-1$ und $f(z) = g(z) + z^n h(z)$ die Taylorentwicklung von f in einer Umgebung von $\overline{B}$, wobei $B = B_r(0)$, und gilt $r^n|h(\zeta)| < |g(\zeta)|$ für alle $\zeta \in \partial B$, so haben f und g gleich viele Nullstellen in B. – Das ist klar nach ROUCHÉ. – Für das Polynom $f(z) = 3 + az + 2z^4$, $a \in \mathbb{R}$, $a > 5$, gilt z.B. $2 < |3 + a\zeta|$, falls $\zeta \in \partial\mathbb{E}$; da $3 + az$ in $\mathbb{E}$ genau eine Nullstelle hat, so besitzt also auch $3 + az + 2z^4$ in $\mathbb{E}$ genau eine Nullstelle.
3. *Ist h holomorph in einer Umgebung von $\overline{\mathbb{E}}$ und gilt $h(\partial\mathbb{E}) \subset \mathbb{E}$, so hat h in $\mathbb{E}$ genau einen Fixpunkt.* – Mit $f(z) := h(z) - z$, $g(z) := -z$ gilt:
$$|f(\zeta) - g(\zeta)| = |h(\zeta)| < 1 = |g(\zeta)| \quad \text{für alle } \zeta \in \partial\mathbb{E};$$
daher haben $h(z) - z$ und $-z$ in $\mathbb{E}$ gleich viele Nullstellen, d.h. es gibt genau ein $c \in \mathbb{E}$ mit $h(c) = c$.
4. *Für jede reelle Zahl $\lambda > 1$ hat die Funktion $f(z) := ze^{\lambda - z} - 1$ in $\mathbb{E}$ genau eine Nullstelle, diese ist reell und positiv* – Mit $g(z) := ze^{\lambda - z}$ gilt $1 = |f(\zeta) - g(\zeta)| < |g(\zeta)|$ für alle $\zeta \in \partial\mathbb{E}$ wegen $\lambda > 1$; daher haben f und g in $\mathbb{E}$ gleich viele Nullstellen, also genau eine. Die von f ist reell, denn im Intervall $[0, 1]$ hat $f(x)$ nach dem Zwischenwertsatz eine Nullstelle, da $f(0) = -1$, $f(1) = e^{\lambda - 1} - 1 > 0$.
5. *Beweis des Satzes von* HURWITZ: – Wir benutzen die Bezeichnungen aus 8.5.5. Sei zunächst U eine Kreisscheibe. Es gilt $\varepsilon := \min\{|f(\zeta)| : \zeta \in \partial U\} > 0$. Wir wählen n_U so groß, daß $|f_n - f|_{\partial U} < \varepsilon$ für alle $n \geq n_U$. Dann gilt $|f_n(\zeta) - f(\zeta)| < |f(\zeta)|$ für alle $\zeta \in \partial U$, falls $n \geq n_U$. Nach ROUCHÉ (mit f statt g und f_n statt f) folgt die Behauptung.
Ist nun U beliebig, so hat f im Kompaktum $\overline{U}$ nur *endlich viele* Nullstellen (Identitätssatz). Es gibt also paarweise disjunkte Kreisscheiben $U_1, \ldots, U_k$ in U, $k \in \mathbb{N}$, so daß f im Kompaktum $K := \overline{U} \setminus \bigcup_1^k U_\nu$ nicht verschwindet. Dann sind fast alle f_n nullstellenfrei in K. Mit dem bereits Bewiesenem erhält man die Aussage des Satzes. □

Historische Notiz. Der französische Mathematiker Eugène ROUCHÉ (1832–1910) hat seinen Satz 1862 in dem *Mémoire Sur la Série De Lagrange* (Journ. l'École Imp. Polytechn. 22, (39. Heft), 192–224) bewiesen, er formuliert ihn wie folgt (S. 217/218; wir benutzen unsere Notationen):

Es sei α eine Konstante, so daß auf dem Rand ∂B von $B := B_r(0)$ gilt
$$\left|\alpha \frac{f(z)}{g(z)}\right| < 1$$
mit Funktionen f, g die in einer Umgebung von $\overline{B}$ holomorph sind. Dann haben die Gleichungen $g(z) - \alpha \cdot f(z) = 0$ und $g(z) = 0$ gleich viele Wurzeln in B.

ROUCHÉ benutzt zum Beweis Logarithmusfunktionen. HURWITZ hat 1889 den Satz von ROUCHÉ als Hilfssatz formuliert und damit (wie oben in 5.) seinen Satz bewiesen, vgl. Zitate in 8.5.5. Der Name ROUCHÉ wird von HURWITZ nicht erwähnt.

Die Verschärfung des Satzes von ROUCHÉ mittels der Ungleichung (13.6) findet sich 1962 im Lehrbuch von T. ESTERMANN: *Complex Numbers and Functions*, Athlone Press London, S. 156.

Aufgaben

1. Bestimmen Sie die Anzahl der Nullstellen der folgenden Funktionen in den jeweils angegebenen Bereichen.
   a) $z^5 + \frac{1}{3}z^3 + \frac{1}{4}z^2 + \frac{1}{3}$ in $\mathbb{E}$ und $B_{1/2}(0)$.
   b) $z^5 + 3z^4 + 9z^3 + 10$ in $B_2(0)$.
   c) $9z^5 + 5z - 4$ in $\{z \in \mathbb{C} : \frac{1}{2} < |z| < 5\}$.
2. Sei $p(z) = z^n + a_{n-1}z^{n-1} + \cdots + a_0 \in \mathbb{C}[z]$ und $n \geq 1$. Dann gibt es ein $c \in \partial\mathbb{E}$ mit $|p(c)| > 1$. Falls $p(\partial\mathbb{E}) \subset \overline{\mathbb{E}}$, so folgt $p(z) = z^n$.
3. Es sei λ reell, $\lambda > 1$. Dann hat $f(z) := \lambda - z - \mathrm{e}^{-z}$ in $\{z \in \mathbb{C} : \operatorname{Re} z \geq 0\}$ genau eine Nullstelle; diese liegt in $B_1(\lambda)$ und ist reell.
   Hinweis: Setzen Sie im Satz von ROUCHÉ $g(z) := \lambda - z$ und $\gamma := \partial B_1(\lambda)$.
4. Es sei f meromorph in G mit einfachen Polen. Für jeden geschlossenen Weg γ in G, der die Pole meidet, gelte $\int_\gamma f(\zeta)\mathrm{d}\zeta \in 2\pi\mathrm{i}\mathbb{Z}$. Dann gibt es eine in G meromorphe Funktion g, so daß gilt: $f = g'/g$.

14. Bestimmte Integrale und Residuenkalkül

Le calcul des résidus constitue la source naturelle des intégrales définies (E. LINDELÖF).

Der Residuenkalkül ist hervorragend geeignet, reelle Integrale zu berechnen, für deren Integranden sich keine Stammfunktionen explizit angeben lassen. Die Grundidee ist einfach: das reelle Integrationsintervall wird zu einem geschlossenen Integrationsweg γ in der komplexen Ebene erweitert und der Integrand zu einer Funktion im von γ berandeten Gebiet fortgesetzt, die dort bis auf isolierte Singularitäten holomorph ist; das Integral über γ wird dann mittels des Residuensatzes bestimmt, wobei die Residuen algebraisch berechnet werden. EULER, LAPLACE und POISSON benötigten noch analytischen Erfindergeist, um ihre Integrale zu finden. Heute gehört dazu vor allem Geläufigkeit in der Benutzung der Cauchyschen Formeln. Allerdings gibt es keine kanonische Methode, bei vorgegebenem Integranden und Integrationsintervall den besten Weg γ in $\mathbb{C}$ zu finden.

Wir erläutern in den Paragraphen 1 und 2 die Techniken an ausgewählten typischen Beispielen, „but even complete mastery does not guarantee success" (AHLFORS [1], S. 154). Der Leser möge sich in allen Fällen überzeugen, daß die herangezogenen Integrationswege jeweils einfach geschlossen sind. Im Paragraphen 3 werden Gaußsche Summen residuentheoretisch ausgewertet.

14.1 Berechnung von Integralen

In diesem Paragraphen werden erste Beispiele zusammengestellt. Wir erinnern zunächst an den Begriff des uneigentlichen Integrals und an ein einfaches Existenzkriterium; wegen Einzelheiten verweisen wir auf den Band *Analysis 1* dieser Lehrbuchreihe.

14.1.1 Uneigentliche Integrale

Ist $f : [a, \infty) \to \mathbb{C}$ stetig, so setzt man bekanntlich

$$\int_a^\infty f(x)\mathrm{d}x := \lim_{s\to\infty} \int_a^s f(x)\mathrm{d}x,$$

falls der Limes rechts existiert; man nennt $\int_a^\infty f(x)\mathrm{d}x$ ein *uneigentliches* Integral. Es gelten naheliegende Rechenregeln, z.B.

$$\int_a^\infty f(x)\mathrm{d}x = \int_a^b f(x)\mathrm{d}x + \int_b^\infty f(x)\mathrm{d}x \quad \text{für alle } b > a.$$

Nach gleichem Vorbild definiert man uneigentliche Integrale $\int_{-\infty}^a f(x)\mathrm{d}x$ und schließlich

$$\int_{-\infty}^\infty f(x)\mathrm{d}x := \int_{-\infty}^a f(x)\mathrm{d}x + \int_a^\infty f(x)\mathrm{d}x = \lim_{r,s\to\infty} \int_{-r}^s f(x)\mathrm{d}x.$$

Hier ist wichtig, daß r, s *unabhängig voneinander* gegen ∞ laufen; aus der Existenz von $\lim_{r\to\infty} \int_{-r}^r f(x)\mathrm{d}x$ folgt keineswegs die Existenz von $\int_{-\infty}^\infty f(x)\mathrm{d}x$, z.B. gilt $\lim_{r\to\infty} \int_{-r}^r x\mathrm{d}x = 0$, aber das Integral $\int_{-\infty}^\infty x\mathrm{d}x$ existiert natürlich nicht.

Grundlegend für die Theorie der uneigentlichen Integrale ist folgender

Satz 14.1.1 (Existenzkriterium). *Ist $f : [a,\infty) \to \mathbb{C}$ stetig und gibt es ein $k > 1$, so daß $x^k f(x)$ beschränkt ist, so existiert $\int_a^\infty f(x)\mathrm{d}x$.*

Im Reellen folgt dies aus dem CAUCHY-Kriterium für uneigentliche Integrale wegen der Existenz von $\int_1^\infty x^{-k}\mathrm{d}x$; der komplexe Fall wird auf den reellen Fall durch Übergang zu den Funktionen $\mathrm{Re}\, f$ und $\mathrm{Im}\, f$ zurückgespielt. Die Voraussetzung $k > 1$ ist wesentlich, z.B. existiert $\int_2^\infty \frac{\mathrm{d}x}{x \log x}$ nicht, wenngleich $x(x\log x)^{-1} = (\log x)^{-1}$ für $x \to \infty$ gegen 0 strebt. Die Beschränktheit von $x^k f(x)$, $k > 1$, ist eine hinreichende, aber keine notwendige Bedingung für die Existenz von $\int_a^\infty f(x)\mathrm{d}x$, z.B. existieren die Integrale

$$\int_0^\infty \frac{\sin x}{x}\mathrm{d}x, \quad \int_0^\infty \sin x^2 \mathrm{d}x,$$

es gibt jedoch kein $k > 1$, so daß $x^k \frac{\sin x}{x}$ bzw. $x^k \sin x^2$ beschränkt ist. Im letzten Beispiel strebt nicht einmal der Integrand mit wachsendem x gegen null; auf dieses Phänomen hat wohl erstmals DIRICHLET 1837 hingewiesen (Crelles Journal 17, S. 60, in: Werke I, S. 263). Das Existenzkriterium gilt mutatis mutandis auch für Integrale $\int_{-\infty}^a f(x)\mathrm{d}x$.

Bei CAUCHY finden sich 1825 in $[C_2]$ wohl beinahe alle damals bekannten uneigentlichen Integrale. Aus der umfangreichen weiteren klassischen Literatur über (uneigentliche) Integrale erwähnen wir Dirichlets *Vorlesungen über die Lehre von den einfachen und mehrfachen bestimmten Integralen* (gehalten im Sommer 1854; gedruckt 1904 vom Vieweg Verlag in Braunschweig) und Kroneckers *Vorlesungen über die Theorie der einfachen und der vielfachen Integrale* (gehalten im Winter 1883/84 und in den Sommern 1885, 1887, 1889 und 1891, zuletzt als sechsstündige Vorlesung; vgl. [Kr]).

14.1.2 Trigonometrische Integrale $\int_0^{2\pi} R(\cos\varphi, \sin\varphi)\mathrm{d}\varphi$

Satz 14.1.2. *Es sei $R(x,y)$ eine komplexe rationale Funktion in $(x,y) \in \mathbb{R}^2$, die auf der Kreislinie $\partial\mathbb{E}$ endlich ist. Dann gilt:*

$$\int_0^{2\pi} R(\cos\varphi, \sin\varphi)\mathrm{d}\varphi = 2\pi \sum_{w\in\mathbb{E}} \operatorname{res}_w \widetilde{R}(z) \tag{14.1}$$

mit

$$\widetilde{R}(z) := \frac{1}{z} R\left(\frac{1}{2}\left(z+\frac{1}{z}\right), \frac{1}{2\mathrm{i}}\left(z-\frac{1}{z}\right)\right).$$

Beweis. Mit $\zeta := \mathrm{e}^{\mathrm{i}\varphi}$, $0 \le \varphi \le 2\pi$, gilt $\cos\varphi = \frac{1}{2}(\zeta+\zeta^{-1})$, $\sin\varphi = \frac{1}{2\mathrm{i}}(\zeta-\zeta^{-1})$, also

$$\int_0^{2\pi} R(\cos\varphi, \sin\varphi)\mathrm{d}\varphi = \frac{1}{\mathrm{i}} \int_{\partial\mathbb{E}} R(\tfrac{1}{2}(\zeta+\zeta^{-1}), \tfrac{1}{2\mathrm{i}}(\zeta-\zeta^{-1})) \cdot \zeta^{-1}\mathrm{d}\zeta.$$

Hieraus folgt (14.1) nach dem Residuensatz. □

Beispiele 14.1.1. 1. Für $\int_0^{2\pi} \frac{\mathrm{d}\varphi}{1-2p\cos\varphi+p^2}$, $p \in \mathbb{C}$ und $|p| \neq 1$ gilt $R(x,y) = (1-2px+p^2)^{-1}$, also

$$\widetilde{R}(z) = \frac{1}{z}\frac{1}{1-pz-pz^{-1}+p^2} = \frac{1}{(z-p)(1-pz)}.$$

$\widetilde{R}$ hat genau einen Pol in $\mathbb{E}$, nämlich p, falls $|p| < 1$, und p^{-1}, falls $|p| > 1$. In beiden Fällen liegt ein Pol erster Ordnung vor, es folgt:

$$\int_0^{2\pi} \frac{\mathrm{d}\varphi}{1-2p\cos\varphi+p^2} = \begin{cases} \dfrac{2\pi}{1-p^2}, & \text{falls } |p| < 1, \\ \dfrac{2\pi}{p^2-1}, & \text{falls } |p| > 1. \end{cases}$$

2. Im Fall $\int_0^{2\pi} \frac{\mathrm{d}\varphi}{(p+\cos\varphi)^2}$, $p \in \mathbb{R}$ und $p > 1$ gilt $R(x,y) = (p+x)^{-2}$, also

$$\widetilde{R}(z) = \frac{1}{z}(p + \tfrac{1}{2}(z+z^{-1}))^{-2} = \frac{4z}{(z^2+2pz+1)^2}.$$

Diese Funktion hat nach 13.1.3,3. in $\mathbb{E}$ genau einen Pol (zweiter Ordnung) in $c := -p + \sqrt{p^2-1}$ mit dem Residuum $p(\sqrt{p^2-1})^{-3}$. Damit erhält man

$$\int_0^{2\pi} \frac{\mathrm{d}\varphi}{(p+\cos\varphi)^2} = \frac{2\pi p}{(\sqrt{p^2-1})^3} \quad \text{für } p > 1.$$

Bemerkung. Die Methode des Satzes läßt sich auch auf Integrale der Form

$$\int_0^{2\pi} R(\cos\varphi, \sin\varphi) \cdot \cos m\varphi \cdot \sin n\varphi \mathrm{d}\varphi, \quad m, n \in \mathbb{Z},$$

anwenden, da $\cos m\varphi = \frac{1}{2}(\zeta^m + \zeta^{-m})$, $\sin n\varphi = \frac{1}{2\mathrm{i}}(\zeta^n - \zeta^{-n})$.

14.1.3 Uneigentliche Integrale $\int_{-\infty}^{\infty} f(x)\mathrm{d}x$

Mit D bezeichnen wir einen Bereich, der die abgeschlossene obere Halbebene $\overline{\mathbb{H}} = \mathbb{H} \cup \mathbb{R}$ umfaßt; ferner bezeichne $\Gamma(r) : [0, \pi] \to \overline{\mathbb{H}}$, $\varphi \mapsto r\mathrm{e}^{\mathrm{i}\varphi}$, die Peripherie des Kreises $B_r(0)$ in $\overline{\mathbb{H}}$ (vgl. Figur).

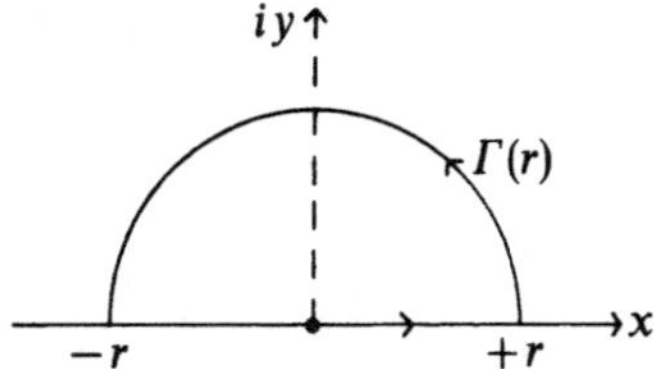

Satz 14.1.3. *Es sei f bis auf höchstens endlich viele Punkte, von denen keiner reell ist, holomorph in D. Es existiere $\int_{-\infty}^{\infty} f(x)\mathrm{d}x$, und es sei $\lim_{z\to\infty} zf(z) = 0$. Dann gilt:*

$$\int_{-\infty}^{\infty} f(x)\mathrm{d}x = 2\pi\mathrm{i} \sum_{w\in\mathbb{H}} \mathrm{res}_w f. \tag{14.2}$$

Beweis. Für große r liegen alle Singularitäten von f in $B_r(0)$; daher folgt nach dem Residuensatz

$$\int_{-r}^{r} f(x)\mathrm{d}x + \int_{\Gamma(r)} f(\zeta)\mathrm{d}\zeta = 2\pi\mathrm{i} \sum_{w\in\mathbb{H}} \mathrm{res}_w f. \tag{14.3}$$

Die Standardabschätzung für Integrale gibt $|\int_{\Gamma(r)} f(\zeta)\mathrm{d}\zeta| \le \pi r |f|_{\Gamma(r)}$. Da $\lim_{r\to\infty} r|f|_{\Gamma(r)} = 0$ wegen $\lim_{z\to\infty} zf(z) = 0$, so folgt (14.2) aus (14.3). □

Es ist leicht, Funktionen f anzugeben, für welche die Voraussetzungen des Satzes erfüllt sind. Wir benutzen

Lemma 14.1.1 (Wachstumslemma für rationale Funktionen). *Es seien $p, q \in \mathbb{C}[z]$ Polynome vom Grad m, n. Dann gibt es reelle Zahlen $K, L, R > 0$, so daß gilt*

$$K \cdot |z|^{m-n} \le \left|\frac{p(z)}{q(z)}\right| \le L \cdot |z|^{m-n} \quad \textit{für alle } z \in \mathbb{C} \quad \textit{mit} \quad |z| \ge R.$$

Beweis. Nach 9.1.1 gibt es ein $R > 0$ und Zahlen $K_1, K_2, L_1, L_2 > 0$, so daß $K_1|z|^m \leq |p(z)| \leq L_1|z|^m$ und $K_2|z|^n \leq |q(z)| \leq L_2|z|^n$ für $|z| \geq R$. Daher leisten $K := K_1 L_2^{-1}$ und $L := L_1 K_2^{-1}$ das Verlangte. □

Korollar 14.1.1. *Ist $f(z) = \frac{p(z)}{q(z)} \in \mathbb{C}(z)$ und ist der Nennergrad um l größer als der Zählergrad, so gilt $\lim_{z\to\infty} z^k f(z) = 0$ für alle $k \in \mathbb{N}$ mit $0 \leq k < l$.*

Insbesondere sind die Voraussetzungen des Satzes für $f = p/q$ erfüllt, wenn q keine Nullstellen in $\mathbb{R}$ hat und wenn der Grad von q um mindestens 2 größer ist als der Grad von p.

Zum Beweis ziehe man das Existenzkriterium für uneigentliche Integrale aus Abschnitt 1 heran.

Beispiel 14.1.2. Sei $f(z) := \frac{z^2}{1+z^4}$. In $\mathbb{H}$ hat f genau zwei Pole erster Ordnung, nämlich $c := \exp(\frac{1}{4}\mathrm{i}\pi)$ und $\mathrm{i}c$. Nach 13.1.3, Beispiel 1) gilt $\mathrm{res}_c f = \frac{1}{4}\overline{c}$, $\mathrm{res}_{\mathrm{i}c} f = -\frac{\mathrm{i}}{4}\overline{c}$. Da $\overline{c} - \mathrm{i}\overline{c} = (1-\mathrm{i})\overline{c}$ und $\overline{c} = \frac{1}{\sqrt{2}}(1-\mathrm{i})$, so sehen wir:

$$\int_{-\infty}^{\infty} \frac{x^2}{1+x^4}\mathrm{d}x = 2\pi\mathrm{i}\frac{(1-\mathrm{i})^2}{2\sqrt{2}} = \frac{\pi}{\sqrt{2}}.$$

Mit Hilfe von (14.2) lassen sich unzählige Integrale ausrechnen, der Leser findet weitere Beispiele in Aufgabe 3.

14.1.4 Das Integral $\int_0^\infty \frac{x^{m-1}}{1+x^n}\mathrm{d}x$ für $m, n \in \mathbb{N}$, $0 < m < n$

Der Integrand $f(z) := \frac{z^{m-1}}{1+z^n}$ hat in $c := \exp(\mathrm{i}\pi/n)$ einen Pol erster Ordnung, nach 13.1.3,2. gilt: $\mathrm{res}_c f = -c^m/n$. Zur Auswertung des Integrals ziehen wir keinen Halbkreis als Hilfsweg heran, vielmehr integrieren wir längs des Randes $\gamma_1 + \gamma_2 + \gamma_3$ des Kreissektors S, wobei $r > 1$ (vgl. Figur).

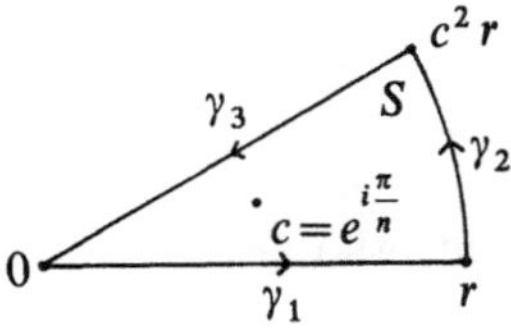

Da f in $S \setminus c$ holomorph ist (!), folgt (Residuensatz!)

$$\int_0^r f(x)\mathrm{d}x + \int_{\gamma_2} f(\zeta)\mathrm{d}\zeta + \int_{\gamma_3} f(\zeta)\mathrm{d}\zeta = -\frac{2\pi\mathrm{i}}{n}c^m. \tag{14.4}$$

Der Weg $-\gamma_3$ wird durch $\zeta(t) = tc^2$, $t \in [0, r]$, gegeben; daher gilt, wenn man noch $c^{2n} = 1$ beachtet:

$$\int_{\gamma_3} f(\zeta)\mathrm{d}\zeta = -\int_0^r \frac{t^{m-1}c^{2m-2}}{1+t^n c^{2n}} c^2 \mathrm{d}t = -c^{2m}\int_0^r \frac{t^{m-1}}{1+t^n}\mathrm{d}t = -c^{2m}\int_0^r f(x)\mathrm{d}x.$$

Da $|\int_{\gamma_2} f(\zeta)\mathrm{d}\zeta| \le |f|_{\gamma_2}\frac{2\pi}{n}r$ und da $\lim_{r\to\infty}|f|_{\gamma_2}\frac{2\pi}{n}r = 0$ wegen $m < n$, so geht (14.4) über in

$$(c^{2m}-1)\int_0^\infty f(x)\mathrm{d}x = \frac{2\pi\mathrm{i}}{n}c^m.$$

Nun gilt $c^m(c^{2m}-1)^{-1} = (c^m - c^{-m})^{-1} = \left(2\mathrm{i}\sin\frac{m}{n}\pi\right)^{-1}$ wegen $c = \mathrm{e}^{\mathrm{i}\frac{\pi}{n}}$. Es folgt:

$$\int_0^\infty \frac{x^{m-1}}{1+x^n}\mathrm{d}x = \frac{\pi}{n}\left(\sin\frac{m}{n}\pi\right)^{-1} \quad \textit{für alle } m,n\in\mathbb{N},\ 0<m<n. \tag{14.5}$$

Diese Formel war EULER bereits 1743 bekannt (Opera Omnia 17, 1. Ser., S. 54).

Falls m *ungerade* und $n = 2q$ gerade ist, so gilt $\int_0^\infty \frac{x^{m-1}}{1+x^n}\mathrm{d}x = \frac{1}{2}\int_{-\infty}^\infty \frac{x^{m-1}}{1+x^n}\mathrm{d}x$. Das Integral rechts läßt sich auch mit Hilfe von Satz 14.1.2 auswerten: es sind nämlich $c_\nu := c^{2\nu+1}$, $0 \le \nu \le q-1$, *alle* Pole (1. Ordnung) von f in $\mathbb{H}$ mit jeweiligem Residuum $-n^{-1}c_\nu^m$; wegen

$$\sum_0^{q-1} c_\nu^m = c^m \sum_0^{q-1} c^{2m\nu} = c^m\frac{c^{mn}-1}{c^{2m}-1} = \frac{(-1)^m - 1}{c^m - c^{-m}}$$

und $c^m - c^{-m} = 2\mathrm{i}\sin\frac{m}{n}\pi$ folgt damit in diesem Fall nach Satz 14.1.3

$$\frac{1}{2}\int_{-\infty}^\infty \frac{x^{m-1}}{1+x^n}\mathrm{d}x = \pi\mathrm{i}\sum_{w\in\mathbb{H}}\mathrm{res}_w f = -\frac{\pi\mathrm{i}}{n}\sum_0^{q-1} c_\nu^m = \frac{\pi}{n}\left(\sin\frac{m}{n}\pi\right)^{-1}.$$

Aufgaben

1. Sei $a > 1$. Beweisen Sie die Identitäten

$$\int_0^{2\pi}\frac{\mathrm{d}\varphi}{a+\sin\varphi} = \frac{2\pi}{\sqrt{a^2-1}}$$

und

$$\int_0^{2\pi}\frac{\sin(2\varphi)}{(a+\cos\varphi)(a-\sin\varphi)}\mathrm{d}\varphi = -4\pi\left(1 - \frac{2a\sqrt{a^2-1}}{2a^2-1}\right).$$

2. Verifizieren Sie

$$\int_0^{2\pi}\frac{(1-4\sin^2\varphi)\cos(2\varphi)}{2-\cos\varphi}\mathrm{d}\varphi = \frac{2\pi(91-52\sqrt{3})}{\sqrt{3}}.$$

3. Beweisen Sie:

$$\int_{-\infty}^{\infty} \frac{2x^2+x+1}{x^4+5x^2+4}\mathrm{d}x = \frac{5}{6}\pi, \quad \int_{-\infty}^{\infty} \frac{\mathrm{d}x}{(1+x^2)^{n+1}} = \frac{\pi}{2^{2n}}\frac{(2n)!}{(n!)^2}, \quad n \in \mathbb{N},$$

$$\int_{-\infty}^{\infty} \frac{\mathrm{d}x}{(x^4+a^4)^2} = \frac{3}{8}\frac{\sqrt{2}}{a^7}\pi \quad \text{für } a > 0.$$

14.2 Weitere Integralauswertungen

In diesem Paragraphen diskutieren wir uneigentliche Integrale, die komplizierter sind als die bisher betrachteten. Am Beispiel $\int_0^\infty \frac{\sin x}{x}\mathrm{d}x$ zeigen wir, daß die Residuenmethode nicht um jeden Preis angewendet werden sollte.

14.2.1 Uneigentliche Integrale $\int_{-\infty}^{\infty} g(x)\mathrm{e}^{\mathrm{i}ax}\mathrm{d}x$

Die Voraussetzungen von Satz 14.1.3 lassen sich abschwächen, wenn $f(z)$ die Form $g(z)\mathrm{e}^{\mathrm{i}az}$, $a \in \mathbb{R}$, hat. Als Integrationsweg wählen wir jetzt anstelle der

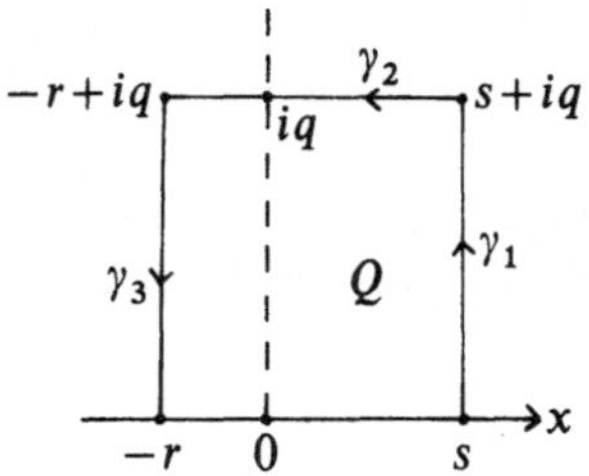

Halbkreisperipherie $\Gamma(r)$ den Randstreckenzug $\gamma_1 + \gamma_2 + \gamma_3$ eines Quadrates Q in $\overline{H}$ mit Eckpunkten $-r$, s, $s + \mathrm{i}q$, $-r + \mathrm{i}q$, wobei $q := r + s$ (Figur).

Satz 14.2.1. *Es sei g bis auf höchstens endlich viele Punkte, von denen keiner reell ist, holomorph in $\mathbb{C}$. Es sei $\lim_{z\to\infty} g(z) = 0$. Dann gilt:*

$$\int_{-\infty}^{\infty} g(x)\mathrm{e}^{\mathrm{i}ax}\mathrm{d}x = \begin{cases} 2\pi\mathrm{i} \sum\limits_{w\in\mathbb{H}} \mathrm{res}_w(g(z)\mathrm{e}^{\mathrm{i}az}), & \textit{falls } a > 0, \\ -2\pi\mathrm{i} \sum\limits_{-w\in\mathbb{H}} \mathrm{res}_w(g(z)\mathrm{e}^{\mathrm{i}az}), & \textit{falls } a < 0. \end{cases} \tag{14.6}$$

Beweis. Sei $a > 0$. Wir wählen r, s so groß, daß alle Singularitäten von g in $\mathbb{H}$ im Quadrat Q liegen. Wir behaupten, daß für $r, s \to \infty$ gilt:

$$\lim I_\nu = 0 \quad \text{mit } I_\nu := \int_{\gamma_\nu} g(\zeta)\mathrm{e}^{\mathrm{i}a\zeta}\mathrm{d}\zeta, \quad \nu = 1, 2, 3; \tag{14.7}$$

alsdann folgt die Behauptung aus dem Residuensatz.

Da $(-\gamma_2)(t) = t + \mathrm{i}q$, $t \in [-r, s]$, und $|\mathrm{e}^{\mathrm{i}a\zeta}| = \mathrm{e}^{-a\,\mathrm{Im}\,\zeta}$, so gilt

$$|I_2| \leq |g(\zeta)\mathrm{e}^{\mathrm{i}a\zeta}|_{\gamma_2}(r+s) \leq |g|_{\gamma_2}\mathrm{e}^{-aq}q \leq |g|_{\gamma_2}, \quad \text{sobald } \mathrm{e}^{aq} > q.$$

Da $\gamma_1(t) = s + \mathrm{i}t$, $t \in [0, q]$, so folgt weiter[1]:

$$|I_1| \leq \int_0^q |g(s+\mathrm{i}t)|\mathrm{e}^{-at}\mathrm{d}t \leq |g|_{\gamma_1} \int_0^q \mathrm{e}^{-at}\mathrm{d}t = |g|_{\gamma_1} a^{-1}(1 - \mathrm{e}^{-aq}) \leq |g|_{\gamma_1} a^{-1};$$

ebenso sieht man $|I_3| \leq |g|_{\gamma_3}a^{-1}$. Da $\lim_{r,s\to\infty} |g|_{\gamma_\nu} = 0$ für $\nu = 1, 2, 3$ wegen $\lim_{z\to\infty} g(z) = 0$, so folgt (14.7).

Falls $a < 0$, so betrachtet man ein Quadrat in der unteren Halbebene und schätzt analog ab (man beachte, daß wieder $aq > 0$ wegen $q < 0$). □

Bemerkung. Integrale von Typ (14.6) heißen FOURIER-*Transformationen* (wenn man sie als Funktionen von a auffaßt). Im eben geführten Beweis ist es nicht zweckmäßig, wie in 14.1.3 über Halbkreisbögen zu Integrieren. Die Abschätzungen werden mühsamer, und überdies erhielte man so nur die Existenz von $\lim_{r\to\infty} \int_{-r}^{r} g(x)\mathrm{e}^{\mathrm{i}ax}\mathrm{d}x$, was nicht die Existenz von $\int_{-\infty}^{\infty} g(x)\mathrm{e}^{\mathrm{i}ax}\mathrm{d}x$ impliziert. □

Die Limesbedingung $\lim_{z\to\infty} g(z) = 0$ des Satzes ist für jede rationale Funktion g erfüllt, *deren Nennergrad größer als ihr Zählergrad* ist (vgl. Korollar 14.1.1). So folgt z.B.

$$\int_{-\infty}^{\infty} \frac{\mathrm{e}^{\mathrm{i}ax}}{x - \mathrm{i}b}\mathrm{d}x = 2\pi\mathrm{i}\mathrm{e}^{-ab}, \quad \int_{-\infty}^{\infty} \frac{\mathrm{e}^{\mathrm{i}ax}}{x + \mathrm{i}b}\mathrm{d}x = 0 \tag{14.8}$$

für $a > 0$, $b \in \mathbb{C}$ mit $\mathrm{Re}\, b > 0$.

Da $x\cos ax$ und $\sin ax$ ungerade Funktion sind und da $\lim_{r\to\infty} \int_{-r}^{r} f(x)\mathrm{d}x = 0$ für jede ungerade stetige Funktion $f : \mathbb{R} \to \mathbb{C}$ gilt, so folgen aus (14.8) durch Addition bzw. Subtraktion die Formeln von LAPLACE (1810)

$$\int_0^\infty \frac{b\cos ax}{x^2 + b^2}\mathrm{d}x = \int_0^\infty \frac{x\sin ax}{x^2 + b^2}\mathrm{d}x = \tfrac{1}{2}\pi\mathrm{e}^{-ab} \tag{14.9}$$

für $a, b > 0$.

CAUCHY hat hieraus, indem er den verbotenen Wert $b = 0$ einsetzt, bedenkenlos

[1] Hier wird anstelle der Standardabschätzung die für alle im Intervall $I = [a, b] \subset \mathbb{R}$ positiven stetigen Funktionen $u(t)$, $v(t)$ geltende schärfere Ungleichung $\int_a^b u(t)v(t)\mathrm{d}t \leq |u|_I \int_a^b v(t)\mathrm{d}t$ benutzt.

$$\int_0^\infty \frac{\sin x}{x} \mathrm{d}x = \tfrac{1}{2}\pi$$

gefolgert (siehe $[C_2]$, Ostwald's Klassiker, S. 60); wir werden diese richtige Gleichung im übernächsten Abschnitt herleiten.

Setzt man im Satz zusätzlich voraus, daß $g(x)$ reelle Werte auf $\mathbb{R}$ hat, so folgt aus (14.6) wegen $\cos ax = \operatorname{Re} \mathrm{e}^{\mathrm{i}ax}$, $\sin ax = \operatorname{Im} \mathrm{e}^{\mathrm{i}ax}$ sofort:

$$\int_{-\infty}^{\infty} g(x) \cos ax \mathrm{d}x = -2\pi \operatorname{Im}(\sum_{w \in \mathbb{H}} \operatorname{res}_w(g(z)\mathrm{e}^{\mathrm{i}az})), \quad a > 0, \tag{14.10}$$

$$\int_{-\infty}^{\infty} g(x) \sin ax \mathrm{d}x = 2\pi \operatorname{Re}(\sum_{w \in \mathbb{H}} \operatorname{res}_w(g(z)\mathrm{e}^{\mathrm{i}az})), \quad a > 0; \tag{14.11}$$

entsprechend erhält man Gleichungen für den Fall $a < 0$.

14.2.2 Uneigentliche Integrale $\int_0^\infty q(x)x^{a-1}\mathrm{d}x$

Für $a \in \mathbb{C}$ und $z = |z|\mathrm{e}^{\mathrm{i}\varphi} \in \mathbb{C}^\times$, $0 \leq \varphi < 2\pi$, setzen wir

$$\ln z := \log |z| + \mathrm{i}\varphi, \quad z^a := \exp(a \ln z);$$

diese Funktionen sind in der längs der *positiven reellen Achse geschlitzten* Ebene

$$\widetilde{\mathbb{C}} := \mathbb{C} \setminus \{t \in \mathbb{R} : t \geq 0\}$$

holomorph. Man beachte, daß $\ln z$ nicht der Hauptzweig des Logarithmus und entsprechend z^a nicht die übliche Potenzfunktion ist; für reelle $z = x > 0$ gilt indessen $x^a = \mathrm{e}^{a \log x}$. Wir benötigen folgende Aussage:

Ist I ein Intervall auf der positiven reellen Achse und ist $\varepsilon > 0$, so gilt:

$$\lim_{\varepsilon \to 0}(x + \mathrm{i}\varepsilon)^a = x^a, \quad \lim_{\varepsilon \to 0}(x - \mathrm{i}\varepsilon)^a = x^a \mathrm{e}^{2\pi \mathrm{i}a} \quad \textit{für alle } a \in \mathbb{C}, \tag{14.12}$$

wobei diese Konvergenz gleichmäßig in 1 *ist.*

Dies ist klar wegen $\lim_{\varepsilon \to 0} \ln(x + \mathrm{i}\varepsilon) = \log x$ und $\lim_{\varepsilon \to 0} \ln(x - \mathrm{i}\varepsilon) = \log x + 2\pi\mathrm{i}$.

Satz 14.2.2. *Die Polstellenmenge der Funktion $q \in \mathcal{M}(\mathbb{C})$ sei endlich und in $\widetilde{\mathbb{C}}$ enthalten, ferner möge es ein $a \in \mathbb{C} \setminus \mathbb{Z}$ geben, so daß gilt:*

$$\lim_{z \to 0} q(z)z^a = 0 \quad \textit{und} \quad \lim_{z \to \infty} q(z)z^a = 0. \tag{14.13}$$

Dann folgt

$$\int_0^\infty q(x)x^{a-1}\mathrm{d}x = \frac{2\pi\mathrm{i}}{1-\mathrm{e}^{2\pi\mathrm{i}a}} \sum_{w\in\widetilde{\mathbb{C}}} \mathrm{res}_w(q(z)z^{a-1}). \tag{14.14}$$

Beweis. Seien $\varepsilon, r, s > 0$. Wir betrachten den Weg $\gamma := \gamma_1 + \gamma_2 + \gamma_3 + \gamma_4$, wobei γ_1 bzw. γ_3 Strecken auf der Geraden $\mathrm{Im}\, z = \varepsilon$ bzw. $\mathrm{Im}\, z = -\varepsilon$ und γ_2 bzw. γ_4 Kreisbögen um 0 vom Radius s bzw. r sind. Wir wählen ε, r so klein und s so groß, daß alle Pole von q im von γ berandeten Gebiet liegen (Figur). Der Residuensatz liefert dann, da γ nach 13.1.1,4. einfach geschlossen ist:

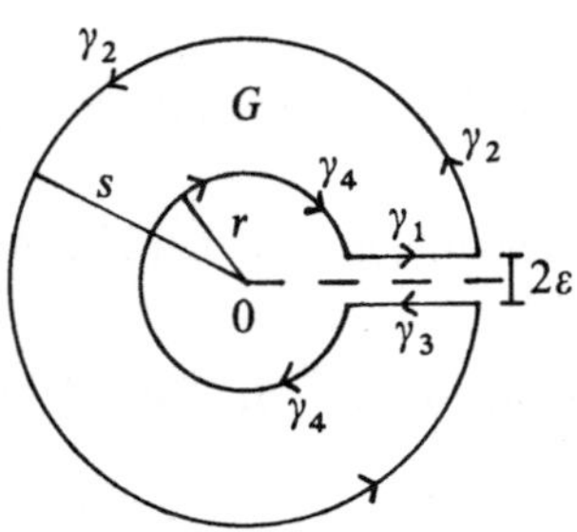

$$\int_\gamma q(\zeta)\zeta^{a-1}\mathrm{d}\zeta = 2\pi\mathrm{i} \sum_{w\in\widetilde{\mathbb{C}}} \mathrm{res}_w(q(z)z^{a-1})$$

unabhängig von ε, r, s. Wir diskutieren die Teilintegrale längs $\gamma_1, \ldots, \gamma_4$. Da $s = |\zeta|$ für $\zeta \in \gamma_2$, so gilt

$$|\int_{\gamma_2} q(\zeta)\zeta^{a-1}\mathrm{d}\zeta| \le |q(\zeta)\zeta^{a-1}|_{\gamma_2} \cdot 2\pi s = 2\pi|\zeta^a q(\zeta)|_{\gamma_2},$$

eine analoge Überlegung folgt für den Weg γ_4. Daher gilt nach (14.13)

$$\lim_{r\to 0}\lim_{\varepsilon\to 0} \int_{\gamma_4} q(\zeta)\zeta^{a-1}\mathrm{d}\zeta = 0, \quad \lim_{s\to\infty}\lim_{\varepsilon\to 0} \int_{\gamma_2} q(\zeta)\zeta^{a-1}\mathrm{d}\zeta = 0.$$

Da γ_1 bzw. $-\gamma_3$ durch $x \mapsto x + \mathrm{i}\varepsilon$ bzw. $x \mapsto x - \mathrm{i}\varepsilon$ mit gleichem Definitionsintervall $I \subset \mathbb{R}$ gegeben werden, so folgt wegen (14.12):

$$\lim_{\varepsilon\to 0} \int_{\gamma_1} q(\zeta)\zeta^{a-1}\mathrm{d}\zeta = \int_r^s q(x)x^{a-1}\mathrm{d}x,$$

$$\lim_{\varepsilon\to 0} \int_{\gamma_3} q(\zeta)\zeta^{a-1}\mathrm{d}\zeta = -\mathrm{e}^{2\pi\mathrm{i}a} \int_r^s q(x)x^{a-1}\mathrm{d}x.$$

Insgesamt erhalten wir für $\varepsilon \to 0$, $r \to 0$, $s \to \infty$, daß $\int_\gamma q(\zeta)\zeta^{a-1}\mathrm{d}\zeta$ gegen $(1-\mathrm{e}^{2\pi\mathrm{i}a}) \int_0^\infty q(x)x^{a-1}\mathrm{d}x$ konvergiert. □

Integrale von Typ (14.14) heißen MELLIN-*Transformationen* (als Funktionen in a). Wir betrachten $2\pi\mathrm{i}(1-\mathrm{e}^{2\pi\mathrm{i}a})^{-1} = -\pi\mathrm{e}^{-\pi\mathrm{i}a}(\sin\pi a)^{-1}$ und gewinnen das

Korollar 14.2.1. *Es sei q eine rationale Funktion, die keine Pole auf der positiven reellen Achse (einschließlich des Nullpunktes) hat; der Nennergrad von q sei größer als der Zählergrad von q. Dann gilt*

$$\int_0^\infty q(x)x^{a-1}\mathrm{d}x = -\frac{\pi\mathrm{e}^{-\pi\mathrm{i}a}}{\sin\pi a}\sum_{w\in\widetilde{\mathbb{C}}}\mathrm{res}_w(q(z)z^{a-1}) \qquad (14.15)$$

für alle $a\in\mathbb{C}$ mit $0<\mathrm{Re}\,a<1$.

Beweis. Es gilt $|z^a q(z)| \le \mathrm{e}^{2\pi|\mathrm{Im}\,a|}|z|^{\mathrm{Re}\,a}|q(z)|$. Da q in 0 holomorph ist, folgt wegen $\mathrm{Re}\,a>0$ die erste Limesgleichung (14.13). Da für große z eine Abschätzung $|q(z)|\le M|z|^{-1}$ mit festem $M>0$ gilt, folgt wegen $\mathrm{Re}\,a<1$ auch die zweite Limesgleichung. □

Beispiel 14.2.1. Wir bestimmen $\int_0^\infty \frac{x^{a-1}}{x+\mathrm{e}^{\mathrm{i}\varphi}}\mathrm{d}x$, wo $a\in\mathbb{R}$, $0<a<1$, $-\pi<\varphi<\pi$. Die Funktion $q(z):=\frac{1}{z+\mathrm{e}^{\mathrm{i}\varphi}}$ hat in $-\mathrm{e}^{\mathrm{i}\varphi}$ einen Pol 1. Ordnung. Wegen $-\mathrm{e}^{\mathrm{i}\varphi}=\mathrm{e}^{\mathrm{i}(\varphi+\pi)}$ gilt

$$\mathrm{res}_{-\mathrm{e}^{\mathrm{i}\varphi}}(q(z)z^{a-1}) = \mathrm{e}^{\mathrm{i}(\varphi+\pi)(a-1)} = -\mathrm{e}^{\mathrm{i}(a-1)\varphi}\mathrm{e}^{\pi\mathrm{i}a},$$

also nach (14.15):

$$\int_0^\infty \frac{x^{a-1}}{x+\mathrm{e}^{\mathrm{i}\varphi}}\mathrm{d}x = \frac{\pi}{\sin\pi a}\cdot\mathrm{e}^{\mathrm{i}(a-1)\varphi}, \quad a\in\mathbb{R},\ 0<a<1,\ -\pi<\varphi<\pi. \quad (14.16)$$

Das Integral (14.16) mit $\varphi=0$ spielt in der Theorie der Gamma- und Betafunktion eine Rolle; es reflektiert die Gleichung

$$B(a,1-a) = \int_0^\infty \frac{x^{a-1}}{1+x}\mathrm{d}x = \Gamma(a)\Gamma(a-1) = \frac{\pi}{\sin\pi a}.$$

Mit Hilfe von (14.16) läßt sich $\int_0^\infty \frac{x^{m-1}}{x^n+\mathrm{e}^{\mathrm{i}\varphi}}\mathrm{d}x$, $m,n\in\mathbb{N}$, $0<m<n$, $-\pi<\varphi<\pi$, elegant bestimmen. Man substituiert $t:=x^n$ und findet

$$\begin{aligned}\int_0^\infty \frac{x^{m-1}}{x^n+\mathrm{e}^{\mathrm{i}\varphi}}\mathrm{d}x &= \frac{1}{n}\int_0^\infty \frac{t^{m/n-1}}{t+\mathrm{e}^{\mathrm{i}\varphi}}\mathrm{d}t \\ &= \frac{\pi}{n}\left(\sin\frac{m}{n}\pi\right)^{-1}\mathrm{e}^{\mathrm{i}(m/n-1)\varphi}, \quad 0<m<n,\ -\pi<\varphi<\pi,\end{aligned} \quad (14.17)$$

speziell also (14.5) falls $\varphi=0$. Übergang zum Imaginärteil liefert (Erweiterung des Integranden mit $x^n+\mathrm{e}^{-\mathrm{i}\varphi}$):

$$\int_0^\infty \frac{x^{m-1}}{x^{2n}+2x^n\cos\varphi+1}\mathrm{d}x = \frac{\pi}{n}\frac{\sin(1-m/n)\varphi}{\sin\frac{m}{n}\pi\cdot\sin\varphi}, \quad 0<m<n,\ -\pi<\varphi<\pi. \tag{14.18}$$

Diese Formel findet sich 1785 bei EULER (Opera Omnia 18, 1. Ser., S. 202).

14.2.3 Die Integrale $\int_0^\infty \frac{\sin^n x}{x^n}\mathrm{d}x$

Spätestens 1781 kannte EULER die Gleichung $\int_0^\infty \frac{\sin x}{x}\mathrm{d}x = \frac{1}{2}\pi$ (vgl. Opera Omnia 19, 1. Ser., S. 226/227). Der Versuch, diese Formel mittels Satz 14.2.1 aufgrund der naheliegenden Gleichung $\int_0^\infty \frac{\sin x}{x}\mathrm{d}x = \operatorname{Im}\int_0^\infty \frac{\mathrm{e}^{\mathrm{i}x}}{x}\mathrm{d}x$ zu gewinnen, gelingt nicht ohne weiteres, denn $z^{-1}\mathrm{e}^{\mathrm{i}z}$ hat im Nullpunkt einen Pol (während $z^{-1}\sin z$ in ganz $\mathbb{C}$ holomorph ist). Hier werden Grenzen des Residuenkalküls deutlich. Man kann Satz 14.2.1 zwar auf solche Situationen erweitern und dann in der Tat das Integral bestimmen (vgl. hierzu etwa [7], 115–116, oder [10], 155–156), doch ist folgendes in der Literatur weniger bekannte Vorgehen weitaus bequemer. Mit Hilfe der Partialbruchentwicklung $\frac{\pi^2}{\sin^2\pi z} = \sum_{-\infty}^{\infty}\frac{1}{(z+\nu)^2}$, vgl. (11.5), gewinnt man zunächst auf amüsante Weise:

$$\int_0^\infty \frac{\sin^2 x}{x^2}\mathrm{d}x = \frac{1}{2}\pi. \tag{14.19}$$

Beweis. Die Existenz des Integrals ist klar nach dem Cauchyschen Kriterium für uneigentliche Integrale. Schreibt man $\pi^{-1}z$ statt z in obiger Formel und beachtet man $\sin^2(z+\nu\pi)=\sin^2 z$, so hat man die Identität

$$\sum_{-\infty}^{\infty}\frac{\sin^2(z+\nu\pi)}{(z+\nu\pi)^2} = 1.$$

Hier darf man über $[0,\pi]$ gliedweise integrieren. Man erhält

$$\pi = \sum_{-\infty}^{\infty}\int_0^\pi \frac{\sin^2(x+\nu\pi)}{(x+\nu\pi)^2}\mathrm{d}x = \sum_{-\infty}^{\infty}\int_{\nu\pi}^{(\nu+1)\pi}\frac{\sin^2 x}{x^2}\mathrm{d}x = \int_{-\infty}^{\infty}\frac{\sin^2 x}{x}\mathrm{d}x.$$

□

Durch partielles Integrieren entsteht nun für alle $s>0$ die Formel

$$\int_0^s \frac{\sin^2 x}{x^2}\mathrm{d}x = -\frac{\sin^2 x}{x}\Big|_0^s + \int_0^s \frac{\sin 2x}{x}\mathrm{d}x = -\frac{\sin^2 s}{s} + \int_0^{2s}\frac{\sin x}{x}\mathrm{d}x.$$

Wegen (14.19) und $\lim_{s\to\infty}\frac{\sin^2 s}{s} = 0$ folgt die Existenz von $\int_0^\infty \frac{\sin x}{x}\mathrm{d}x$ und

$$\int_0^\infty \frac{\sin x}{x} \mathrm{d}x = \frac{1}{2}\pi. \qquad (14.20)$$

Die Herleitung der Gleichungen (14.19) und (14.20) zeigt, daß zur Berechnung uneigentlicher Integrale nicht stets der Weg durchs Komplexe zu empfehlen ist (man beachte, daß die verwendete Formel $\varepsilon_2(x) = \pi^2(\sin \pi x)^{-2}$ auch in der reellen Analysis einfach zu gewinnen ist, vgl. 11.2.2[2]. KRONECKER (vgl. [Kr], S. 84) schreibt in einer ähnlichen Situation etwas spöttisch: „Wir brauchen hier übrigens zum Zwecke unserer Beweise das Gebiet der reellen Größen nicht zu verlassen. *Der Glaube an die Unwirksamkeit des Imaginären* trägt auch hier wie anderweitig gute Früchte.“

Das Integral (14.19) kommt in der Literatur an prominenter Stelle vor, man braucht es z.B. beim Beweis des Satzes von WIENER und IKEHARA, der die Grundlage bildet für den wohl kürzesten Beweis des Primzahlsatzes, vgl. hierzu K. CHANDRASEKHARAN, *Introduction to Analytic Number Theory*, Grdl. Math. Wiss. 148, Springer-Verlag 1968, S. 124 und 126.

Aus (14.20) folgt weiter, wenn man $2x$ statt x schreibt und $\sin^2 2x = 4(\sin^2 x - \sin^4 x)$ beachtet

$$\int_0^\infty \frac{\sin^2 x - \sin^4 x}{x^2} \mathrm{d}x = \tfrac{1}{4}\pi, \quad \text{also} \int_0^\infty \frac{\sin^4 x}{x^2} = \tfrac{1}{4}\pi.$$

Leiten Sie hieraus (durch partielle Integration) her:

$$\int_0^\infty \frac{\sin^4 x}{x^4} \mathrm{d}x = \tfrac{1}{3}\pi.$$

Für jede natürliche Zahl $n \geq 1$ existiert das Integral $I_n := \int_0^\infty \frac{\sin^n x}{x^n} \mathrm{d}x$.

Alle Zahlen I_n sind rationale Vielfache von π. Es gilt

$$I_3 = \tfrac{3}{8}\pi, \quad I_5 = \tfrac{115}{384}\pi, \quad I_6 = \tfrac{11}{40}\pi$$

und allgemein

$$I_n = \frac{\pi}{2^n(n-1)!} \sum_{0 \leq \nu < n/2} (-1)^\nu \binom{n}{\nu} (n-2\nu)^{n-1}, \quad n \geq 1;$$

eine elegante Herleitung gibt T.M. APOSTOL in Math. Magazine 53, S. 183 (1980).

Aufgaben

1. Zeigen Sie

$$\int_{-\infty}^\infty \frac{x}{1+x^2} \mathrm{e}^{2\mathrm{i}x} \mathrm{d}x = \mathrm{i}\pi\mathrm{e}^{-2}, \quad \int_0^\infty \frac{\cos x}{(1+x^2)^3} \mathrm{d}x = \frac{7\pi}{16\mathrm{e}},$$

[2] Weitere Beweise von (14.20) findet man bei G.H. HARDY: *The Integral* $\int_0^\infty \frac{\sin x}{x} \mathrm{d}x$. The Math. Gazette 5, 98–103 (1909).

$$\int_{-\infty}^{\infty} \frac{e^{2ix}}{x^4+10x^2+9}dx = \frac{\pi}{8}(e^{-2} - \tfrac{1}{3}e^{-6}), \quad \int_{-\infty}^{\infty} \frac{\sin^2 x}{x^2+a^2}dx = \tfrac{1}{2}\frac{\pi}{a}(1-e^{-2a}),$$

$$\int_{-\infty}^{\infty} \frac{\cos x}{(x^2+a^2)^2}dx = \frac{\pi(1+a)}{2a^3e^a}, \quad a > 0.$$

2. Beweisen Sie:

$$\int_0^{\infty} \frac{\sqrt{x}}{x^2+a^2}dx = \frac{\pi}{\sqrt{2a}} \quad \text{und} \quad \int_0^{\infty} \frac{\sqrt{x}}{(x^2+4)^2}dx = \tfrac{1}{32}\pi.$$

3. Es sei q eine rationale Funktion ohne Pole in $[0,\infty)$. Der Nennergrad von q sei um mindestens 2 größer als der Zählergrad. Zeigen Sie durch Abänderung des Beweises von Satz 14.2.2: $\int_0^\infty q(z)dz = -\sum_{w\in\widetilde{\mathbb{C}}} \mathrm{res}_w(q(z)\ln z)$. (Dabei sei $\ln z$ auf $\widetilde{\mathbb{C}}$ definiert wie zu Beginn von Abschnitt 2.)
4. Berechnen Sie mit Hilfe von Aufgabe 3 die Integrale

$$\int_0^{\infty} \frac{dx}{x^3+x^3+x+1} \quad \text{und} \quad \int_{-1}^{\infty} \frac{dx}{x^4-x^3-3x^2-x+3}.$$

14.3 Gaußsche Summen

GAUSS notierte Mitte Mai 1801 in seinem Tagebuch (Notiz 118) Formeln, die man heute in der einen Summenformel

$$\sum_0^{n-1} e^{\frac{2\pi i}{n}\nu^2} = \frac{1+(-i)^n}{1-i}\sqrt{n} \tag{14.21}$$

zusammenfaßt und als *Gaußsche Summen* bezeichnet. *Gauß* leitete 1801 mit Hilfe seiner Summenformel, ohne das genaue Vorzeichen der Quadratwurzel zu kennen, in seinen *Disquisitiones Arithmeticae* (Werke 1, S. 442/443) das quadratische Reziprozitätsgesetz her. Die Bestimmung des Vorzeichens erwies sich als äußerst schwierig und gelang GAUSS erst nach mehrjährigem Bemühen am 30. August 1805. In einem Brief vom 3. September 1805 an OLBERS (Werke 10, 1, S. 24/25) schildert er bewegt, wie er mit dem Problem gerungen hat: „Die Bestimmung des Wurzelzeichens ist es gerade, was mich immer gequält hat. Dieser Mangel hat mir alles Übrige, was ich fand, verleidet; und seit 4 Jahren wird selten eine Woche hingegangen sein, wo ich nicht einen oder den anderen vergeblichen Versuch, diesen Knoten zu lösen, gemacht hätte .... Endlich vor ein paar Tagen ist's gelungen – aber nicht meinem mühsamen Suchen, sondern bloss durch die Gnade Gottes möchte ich sagen. Wie der Blitz einschlägt, hat sich das Räthsel gelöst."

Wir geben im Abschnitt 2 einen Beweis für (14.21) mittels des Residuenkalküls, der noch einmal den Wert für das Fehlerintegral mitliefert. Dieser „diabolic proof" stammt von L.J. MORDELL *On a simple summation of the series* $\sum_{s=0}^{n-1} e^{2s^2\pi i/n}$, Mess. Math. 48, 54–56 (1918). Die erste Berechnung der Gaußschen Summen (14.21) durch Anwendung des Residuensatzes auf das Integral $\int e^{2\pi i z^2/n}(e^{2\pi i z}-1)^{-1}dz$ stammt von L. KRONECKER *Summirung der*

Gauss'schen Reihen $\sum_{h=0}^{h=n-1} \mathrm{e}^{\frac{2h^2\pi\mathrm{i}}{n}}$, Crelles Journ. 105, 267–268 (1889), vgl. auch Werke 4, 295–300.

Zur Bestimmung der Gaußschen Summen benötigen wir eine Beschränktheitsaussage für die Funktion $\mathrm{e}^{uz}(\mathrm{e}^z - 1)^{-1}$, $0 \leq u \leq 1$, die wir vorweg im Abschnitt 1 herleiten. Diese Abschätzung ermöglicht auch eine einfache Bestimmung der reellen Fourierreihen der Bernoullischen Polynome, die als Spezialfall die Eulerschen Formeln aus 11.3.1 enthalten (Abschnitt 4).

14.3.1 Abschätzung von $\frac{\mathrm{e}^{uz}}{\mathrm{e}^z-1}$ für $0 \leq u \leq 1$

Die Funktion $\varphi(z) := (\mathrm{e}^z - 1)^{-1}$ hat in den Punkten $2\pi\mathrm{i}\nu$, $\nu \in \mathbb{Z}$ Pole erster Ordnung. Um jeden dieser Pole legen wir einen abgeschlossenen Kreis $\overline{B}_\nu$ vom Radius $r < 1$. Dann gilt, wenn wir mit $Z := \mathbb{C} \setminus \bigcup_{\nu\in\mathbb{Z}} B_\nu$ die unendlich oft gelochte Ebene bezeichnen:

Lemma 14.3.1. *Die Funktion* $\mathrm{e}^{uz}\varphi(z)$ *ist beschränkt in der Menge*

$$\{(u,z) \in \mathbb{R} \times \mathbb{C} : 0 \leq u \leq 1, z \in Z\}.$$

Beweis. Da $|\mathrm{e}^{uz}\varphi(z)|$ für $u \in \mathbb{R}$ die Periode $2\pi\mathrm{i}$ hat, genügt es zu zeigen, daß diese Funktion in $[0,1] \times S$ beschränkt ist, wobei $S := \{z \in \mathbb{C} : |\operatorname{Im} z| \leq \pi, |z| \geq r\}$ ein gelochter Streifen ist (Figur).

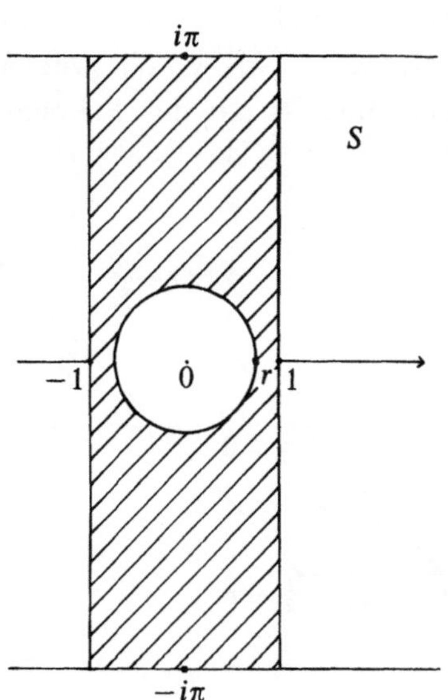

Im Kompaktum $[0,1] \times \{z \in S : |\operatorname{Re} z| \leq 1\}$ ist die Funktion stetig und also beschränkt. Sei $z := x + \mathrm{i}y$. Im Falle $x \geq 1$ gilt

$$|\varphi(z)| \leq \frac{1}{|e^z| - 1} = \frac{1}{e^x - 1} \leq 2e^{-x},$$

während für $x \leq -1$ ganz trivial folgt $|\varphi(z)| \leq \frac{1}{1-e^{-1}}$. Damit sieht man

$$|e^{uz}\varphi(z)| \leq \begin{cases} 2e^{(u-1)x} & \text{für } x \geq 1, \\ (1-e^{-1})^{-1}e^{ux} & \text{für } x \leq -1. \end{cases}$$

Da $0 \leq u \leq 1$, so folgt $e^{(u-1)x} \leq 1$ für $x \geq 1$ und $e^{ux} \leq 1$ für $x \leq -1$, womit die Beschränktheit von $e^{uz}\varphi(z)$ in $[0,1] \times S$ bewiesen ist. □

14.3.2 Berechnung der Gaußschen Summen $G_n := \sum_{\nu=0}^{n-1} e^{\frac{2\pi i}{n}\nu^2}$, $n \geq 1$

Es gilt

$$G_1 = 1, \quad G_2 = 0, \quad G_3 = 1 + e^{\frac{2\pi i}{3}} + e^{\frac{2\pi i}{3} \cdot 4} = i\sqrt{3}.$$

Um G_n allgemein zu bestimmen, führen wir die ganzen Funktionen

$$G_n(z) := \sum_{\nu=0}^{n-1} \exp \frac{2\pi i}{n}(z+\nu)^2, \quad n \geq 1,$$

ein, dann gilt $G_n = G_n(0)$. Um den Residuensatz anwenden zu können, zerstören wir die Holomorphie und betrachten mit MORDELL die in $\mathbb{C}$ meromorphen Funktionen $M_n(z) := \frac{G_n(z)}{e^{2\pi i z}-1}$. Wir wählen $r > 0$ groß und diskutieren M_n im Parallelogramm P mit den Eckpunkten $-\frac{1}{2} - cr$, $\frac{1}{2} - cr$, $\frac{1}{2} + cr$, $-\frac{1}{2} + cr$, wobei $c := e^{i\frac{\pi}{4}} = \frac{1}{\sqrt{2}}(1+i)$, also $c^2 = i$. In P hat M_n nur im

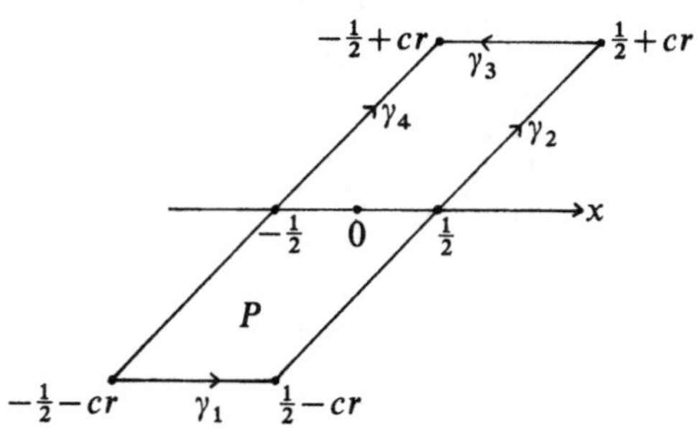

Nullpunkt einen Pol erster Ordnung mit dem Residuum $(2\pi i)^{-1}G_n(0)$; daher liefert der Residuensatz:

$$\int_{\partial P} M_n(\zeta)\mathrm{d}\zeta = G_n(0) \quad \text{mit} \quad \partial P = \gamma_1 + \gamma_2 + \gamma_3 - \gamma_4 \text{ (vgl. Figur).} \qquad (14.22)$$

Wir setzen abkürzend $I(r) := \int_{\gamma_2} M_n(\zeta)\mathrm{d}\zeta - \int_{\gamma_4} M_n(\zeta)\mathrm{d}\zeta$ und zeigen als erstes:

$$\lim_{r\to\infty} I(r) = (1+(-\mathrm{i})^n)c\sqrt{\frac{n}{2\pi}}\int_{-\infty}^{\infty} \mathrm{e}^{-t^2}\mathrm{d}t. \qquad (14.23)$$

Beweis. Es gilt $G_n(z+1) - G_n(z) = \mathrm{e}^{\frac{2\pi\mathrm{i}}{n}z^2}(\mathrm{e}^{4\pi\mathrm{i}z} - 1)$, also

$$M_n(z+1) - M_n(z) = \mathrm{e}^{\frac{2\pi\mathrm{i}}{n}z^2}(\mathrm{e}^{2\pi\mathrm{i}z} + 1).$$

Da $\int_{\gamma_2} M_n(\zeta)\mathrm{d}\zeta = \int_{\gamma_4} M_n(\zeta+1)\mathrm{d}\zeta$, so folgt $I(r) = \int_{\gamma_4} \mathrm{e}^{\frac{2\pi\mathrm{i}}{n}\zeta^2}(\mathrm{e}^{2\pi\mathrm{i}\zeta}+1)\mathrm{d}\zeta$. Wegen $\frac{2\pi\mathrm{i}}{n}\zeta^2 + 2\pi\mathrm{i}\zeta = \frac{2\pi\mathrm{i}}{n}(\zeta+\frac{1}{2}n)^2 - \frac{1}{2}\pi\mathrm{i}n$ und $\mathrm{e}^{-\frac{1}{2}\pi\mathrm{i}n} = (-\mathrm{i})^n$ folgt weiter

$$I(r) = \int_{\gamma_4} \mathrm{e}^{\frac{2\pi\mathrm{i}}{n}\zeta^2}\mathrm{d}\zeta + (-\mathrm{i})^n \int_{\gamma_4} \mathrm{e}^{\frac{2\pi\mathrm{i}}{n}(\zeta+\frac{1}{2}n)^2}\mathrm{d}\zeta.$$

Da γ_4 durch $\zeta(t) = -\frac{1}{2} + ct$, $t \in [-r, r]$, gegeben wird, so steht hier ($c^2 = \mathrm{i}$):

$$I(r) = c\int_{-r}^{r} \mathrm{e}^{-\frac{2\pi}{n}\left(t-\frac{1}{2c}\right)^2}\mathrm{d}t + (-\mathrm{i})^n c\int_{-r}^{r} \mathrm{e}^{-\frac{2\pi}{n}\left(t+\frac{1}{2c}(n-1)\right)^2}\mathrm{d}t.$$

Damit folgt die Gleichung (14.23), da beide Integrale rechts denselben Limes haben (Translationsinvarianz, vgl. (12.14)). □

Wir zeigen weiter

$$\lim_{r\to\infty}\int_{\gamma_1} M_n(\zeta)\mathrm{d}\zeta = \lim_{r\to\infty}\int_{\gamma_3} M_n(\zeta)\mathrm{d}\zeta = 0. \qquad (14.24)$$

Beweis. Da γ_1 bzw. $-\gamma_3$ durch $t \mapsto t - cr$ bzw. $t \mapsto t + cr$, $t \in I := [-\frac{1}{2}, \frac{1}{2}]$, gegeben werden, so genügt es zu zeigen: $\lim_{r\to\infty} |M_n(t \pm cr)|_I = 0$. Auf Grund von Lemma 14.3.1 ist $\varphi(2\pi\mathrm{i}z) := (\mathrm{e}^{2\pi\mathrm{i}z} - 1)^{-1}$ für große r auf γ_1 und γ_3 beschränkt. Da $M_n(z)$ die Summanden $\exp(a\mathrm{i}(z+\nu)^2)\cdot\varphi(2\pi\mathrm{i}z)$, $0 \le \nu < n$, mit $a := \frac{2\pi}{n}$ hat und da $\mathrm{Re}[a\mathrm{i}(t \pm cr + \nu)^2] = -ar^2 \mp \sqrt{2}(t+\nu)ar$, so ist also nur zu zeigen, daß

$$|\exp a\mathrm{i}(t \pm cr + \nu)^2|_I = \mathrm{e}^{-ar^2}\cdot(\max_{t\in I} \mathrm{e}^{\mp\sqrt{2}(t+\nu)ar})$$

mit $r \to \infty$ gegen 0 strebt. Das ist aber wegen $a > 0$ klar, da der Exponent des zweiten Faktors rechts linear in r ist. □

Aus den Gleichungen (14.22), (14.23) und (14.24) folgt nun direkt

$$G_n(0) = (1+(-\mathrm{i})^n)\cdot\frac{1+\mathrm{i}}{\sqrt{2}}\sqrt{\frac{n}{2\pi}}\int_{-\infty}^{\infty}\mathrm{e}^{-t^2}\mathrm{d}t.$$

Wegen $G_1(0) = 1$ ergibt sich erneut $\int_{-\infty}^{\infty} e^{-t^2} dt = \sqrt{\pi}$ und damit die Gleichung (14.19) der Einleitung

$$\boxed{\sum_{0}^{n-1} e^{\frac{2\pi i}{n}\nu^2} = \frac{1+(-i)^n}{1-i}\sqrt{n}.}$$

Speziell gilt also

$$\sum_{\nu=0}^{n-1} e^{\frac{2\pi i}{n}\nu^2} = \sqrt{(-1)^{\frac{1}{2}(n-1)}n} \quad \text{für ungerade Zahlen } n.$$

Die Gaußsche Summenformel läßt sich verallgemeinern. So gilt für alle natürlichen Zahlen $m, n \geq 1$ die „Reziprozitätsformel"

$$\sum_{\nu=0}^{n-1} e^{\frac{m\pi i}{n}\nu^2} = e^{\frac{\pi i}{4}}\sqrt{\frac{n}{m}}\sum_{\nu=0}^{m-1} e^{-\frac{n\pi i}{m}\nu^2},$$

die für $m = 2$ mit der Gaußschen Formel übereinstimmt. Der Leser vergleiche hierzu [Lin], S. 75.

14.3.3 Direkter residuentheoretischer Beweis der Formel $\int_{-\infty}^{\infty} e^{-t^2} dt = \sqrt{\pi}$

Es ist verlockend, mittels des Residuensatzes auf möglichst einfache Weise den Wert des Fehlerintegrals zu bestimmen. Ein direkter Ansatz mit e^{-z^2} allein läuft ins Leere, da e^{-z^2} nirgends Residuen $\neq 0$ hat. Anstelle der Mordellschen Hilfsfunktion M_1 betrachten wir die Funktion

$$g(z) := e^{-z^2}/(1+\exp(-2az)) \in \mathcal{M}(\mathbb{C}) \quad \text{mit} \quad a := (1+i)\sqrt{\frac{1}{2}\pi}.$$

Wegen $a^2 = i\pi$ ist a Periode von $\exp(-2az)$, daraus folgt

$$g(z) - g(z+a) = e^{-z^2}. \tag{14.25}$$

Genau an den Stellen $-\frac{1}{2}a + na$, $n \in \mathbb{Z}$, hat g einfache Pole. Von diesen liegt

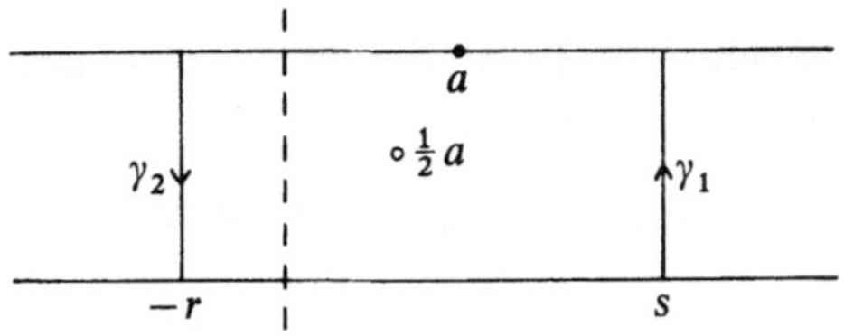

jedoch nur der Punkt $\frac{1}{2}a$ im von der reellen Achse und der Waagerechten durch a bestimmten Streifen (Figur). Es gilt

$$\operatorname{res}_{\frac{1}{2}a} g = \frac{\exp(-\frac{1}{4}a^2)}{-2a\exp(-a^2)} = \frac{-\mathrm{i}}{2\sqrt{\pi}}.$$

Wegen (14.25) und auf Grund des Residuensatzes folgt nun

$$\int_{-r}^{s} \mathrm{e}^{-x^2}\mathrm{d}x + \int_{\gamma_1} g(\zeta)\mathrm{d}z + \int_{\gamma_2} g(\zeta)\mathrm{d}\zeta = 2\pi\mathrm{i}\operatorname{res}_{\frac{1}{2}a} g = \sqrt{\pi}.$$

Die Integrale längs γ_1 und γ_2 konvergieren mit wachsendem r, s gegen 0 (Beweis!), so daß die Behauptung folgt. □

Der hier wiedergegebene Beweis findet sich bei H. KNESER [14], S. 121. In der älteren Literatur wurde gelegentlich behauptet, das Fehlerintegral sei nicht mittels des Residuenkalküls berechenbar, siehe z.B. G.N. WATSON: *Complex Integration and Cauchy's theorem*, Cambridge Tracts in Mathematics and Mathematical Physics 15, London 1914, Nachdruck New York 1960, S. 79 oder auch E.T. COPSON: *An introduction to the theory of functions of a complex variable*, Oxford, At the Clarendon Press 1935, Nachdrucke 1944 und 1946, S. 125.

Eine interessante Darstellung des Problemkreises gab 1945 G. PÓLYA in *Remarks on computing the probability integral in one and two dimensions*, Proceed. Berkeley Symp. Math. Statistics and Probability, Berkeley and Los Angeles 1949, 63–78; Coll. Papers 4, 209–224; PÓLYA integriert $\mathrm{e}^{\pi\mathrm{i}\zeta^2}\tan\pi\zeta$ längs des Parallelogramms mit den Eckpunkten $R+\mathrm{i}R$, $-R-\mathrm{i}R$, $-R+1-\mathrm{i}R$, $R+1+\mathrm{i}R$.

14.3.4 Fourierreihen der Bernoullischen Polynome

Es sei $w_0, w_1, w_2, \ldots$ eine Folge in $\mathbb{C}$ *ohne Häufungspunkte*, es sei f holomorph in $\mathbb{C}\setminus\{w_0, w_1, \ldots\}$, es gebe eine Folge γ_n einfach geschlossener Wege und eine streng monotone Folge k_n aus $\mathbb{N}$, so daß von den w_ν genau $w_0, w_1, \ldots, w_{k_n}$ in $\operatorname{Int}\gamma_n$ liegen, $n \in \mathbb{N}$. Ist dann f holomorph auf jedem Weg γ_n, so folgt unmittelbar aus dem Residuensatz

$$\lim_{n\to\infty}\sum_{0}^{k_n}\operatorname{res}_{w_\nu} f(z) = \frac{1}{2\pi\mathrm{i}}\lim_{n\to\infty}\int_{\gamma_n} f(\zeta)\mathrm{d}\zeta, \tag{14.26}$$

falls der Limes rechts existiert. □

Wir wenden die Formel (14.26) an auf die in $\mathbb{C}$ meromorphen Funktionen

$$h_k(z) := z^{-k-1}F(w,z) \quad \text{mit} \quad F(w,z) := z\mathrm{e}^{wz}(\mathrm{e}^z - 1)^{-1}, k \geq 1,$$

wobei $w \in \mathbb{C}$ zunächst beliebig ist. In $\mathbb{C}\setminus 2\pi\mathrm{i}\mathbb{Z}$ ist h_k holomorph, jeder Punkt $2\pi\mathrm{i}\nu$, $\nu \neq 0$, ist ein einfacher Pol mit dem Residuum $(2\pi\mathrm{i}\nu)^{-k}\mathrm{e}^{2\pi\mathrm{i}\nu w}$. Da

$$F(w,z) = \sum_{0}^{\infty}\frac{B_\mu(w)}{\mu!}z^\mu \quad \text{um 0 (vgl. 7.5.4)},$$

so ist $0 \in \mathbb{C}$ ein Pol $(k+1)$-ter Ordnung von h_k mit $\operatorname{res}_0 h_k(z) = \frac{B_k(w)}{k!}$, wobei $B_k(w)$ genau das k-te Bernoullische Polynom ist. Im Kreis vom Radius $(2n+1)\pi$ um 0 liegen genau die Pole $0, \pm 2\pi\mathrm{i}, \ldots, \pm 2\pi\mathrm{i}n$. Für $\gamma_n := \partial B_{(2n+1)\pi}(0)$ gilt daher nach (14.26)

$$\frac{B_k(w)}{k!} + \sum_{\nu=1}^{\infty}[(2\pi i\nu)^{-k}e^{2\pi i\nu w} + (-2\pi i\nu)^{-k}e^{-2\pi i\nu w}] = \frac{1}{2\pi i}\lim_{n\to\infty}\int_{\gamma_n} h_k(\zeta)d\zeta,$$

falls der Limes rechts existiert. Nun ist

$$|\int_{\gamma_n} h_k(\zeta)d\zeta| \leq |h_k|_{\gamma_n}L(\gamma_n) \leq |z^{-k}|_{\gamma_n}|e^{wz}\varphi(z)|_{\gamma_n}L(\gamma_n) =$$

$$\frac{2\pi}{((2n+1)\pi)^{k-1}}|e^{wz}\varphi(z)|_{\gamma_n}.$$

Da γ_n in der gelochten Ebene Z liegt, so ist die Folge $|e^{wz}\varphi(z)|_{\gamma_n}$ nach Lemma 14.3.1 beschränkt für jede reelle Zahl $w = u$ mit $0 \leq u \leq 1$. Für solche u und alle $k > 1$ konvergieren die Integrale also gegen 0. Damit ist bewiesen, wenn wir noch x statt u schreiben:

Für alle $x \in \mathbb{R}$ mit $0 \leq x \leq 1$ und alle $k \geq 2$ gilt:

$$B_k(x) = \frac{-k!}{(2\pi i)^k}\sum_{1}^{\infty}\frac{1}{\nu^k}[e^{2\pi i\nu x} + (-1)^k e^{-2\pi i\nu x}].$$

Für gerade bzw. ungerade Indices ergeben sich hieraus, wenn man zu cos bzw. sin übergeht, die *reellen Fourierreihen für die Bernoullischen Polynome*:

$$B_{2k}(x) = (-1)^{k-1}\frac{2(2k)!}{(2\pi)^{2k}}\sum_{\nu=1}^{\infty}\frac{\cos 2\pi\nu x}{\nu^{2k}} \quad \textit{für } 0 \leq x \leq 1, k \geq 1$$

$$B_{2k+1}(x) = (-1)^{k-1}\frac{2(2k+1)!}{(2\pi)^{2k+1}}\sum_{\nu=1}^{\infty}\frac{\sin 2\pi\nu x}{\nu^{2k+1}} \quad \textit{für } 0 \leq x \leq 1, k \geq 1.$$

Man kann (z.B. durch feinere Abschätzung von $e^{uz}\varphi(z)$) zeigen, daß die letzte Formel auch noch für $k = 0$, d.h. für $B_1(x) = x - \frac{1}{2}$ gilt, dann allerdings nur für $0 < x < 1$, vgl. hierzu auch [14], S. 122.

Es gilt $B_n = B_n(0)$. Für ungerade Indices verschwindet die obige Fourierreihe in 0, daher erhalten wir nur die bereits bekannte Tatsache, daß $B_{2k+1} = 0$. Für gerade Indices hingegen gewinnen wir erneut die Eulerschen Formeln aus 11.3.1.

Kurzbiographien von Abel, Cauchy, Eisenstein, Euler, Riemann und Weierstraß

Nils Henrik Abel, norwegischer Mathematiker: geb. 1802 in Finhö bei Stavanger; 1822 als völliger Autodidakt Student an der Universität Kristiania; publizierte 1824 einen Beweis für die Nichtauflösbarkeit algebraischer Gleichungen fünften und höheren Grades durch Wurzelausdrücke als Flugblatt auf eigene Kosten; 1825/1826 Bekanntschaft mit CRELLE[3] in Berlin; 1826/1827 enttäuschender Aufenthalt in Paris; 1827 weltberühmt, aber ohne Anstellung, Rückkehr nach Kristiania als „studiosus Abel"; gest. 1829 in Armut an Tuberkulose in Fronland bei Arendal wenige Tage von dem Eintreffen der Berufung nach Berlin; 1. Nachruf 1829 von CRELLE im 4. Band seines Journals; 1830 posthum Träger des großen Preises der Pariser Akademie, gemeinsam mit JACOBI. 1922 schreibt MITTAG-LEFFLER: *Viele große Männer sind einmal Studenten gewesen. Keiner ist mehr als Abel schon als Student in die Unsterblichkeit eingegangen.* Lesenswert ist das Buch von Ö. ORE: *Nils Henrik Abel; Mathematician Extraordinary.* Oxford University Press 1957, Nachdruck 1974 bei Chelsea Publ. Comp., New York.

Baron Augustin-Louis Cauchy, französischer Mathematiker: geb. 1789 in Paris; 1810 mit 21 Jahren unter Napoléon I. Ingénieur des Ponts et Chaussées in Cherbourg; ab 1813 wieder in Paris; 1816 mit 27 Jahren Mitglied der Académie des Sciences, bald darauf Professor an der École Polytechnique, später auch an der Sorbonne und am Collège de France; Ritter der Légion d'honneur. Als Katholik und Anhänger der Bourbonen verweigerte CAUCHY 1830 den Eid auf die neue Regierung; er emigrierte zunächst nach Freiburg (Schweiz), war vorübergehend Professor für mathematische Physik in Turin, von 1833–38 Erzieher des Sohnes Karls X. in Prag; 1838 Rückkehr nach Paris mit dem Titel eines Barons und wieder an der Akademie tätig; ab 1848 nach Abschaffung des Treueides wieder Professor (für Astronomie) an der Sorbonne; 1849 Ritter des Ordens „Pour le Mérite für Wissenschaften und Künste"; gest. 1857 in Sceaux. – Bereits 1868 erschien in Paris eine zweibändige CAUCHY-Biographie *La vie et les traveaux du baron de Cauchy* von C.-A. VALSON mit einem Vorwort von C. HERMITE (Nachdruck Blanchard, Paris 1970).

[3] August Leopold CRELLE, 1780–1855; Straßenbauingenieur und Amateurmathematiker, 1838 maßgeblich beteiligt am Bau der ersten preußischen Eisenbahnlinie Berlin – Potsdam, Förderer junger Mathematiker, insbesondere Protektor Abels; gründete 1826, ermutigt durch ABEL und den Geometer Jakob STEINER, die erste deutsche mathematische Zeitschrift *Journal für die reine und angewandte Mathematik*; gründete auch das *Journal für die Baukunst.*

Ferdinand Gotthold Max Eisenstein, deutscher Mathematiker: geb. 1823 in Berlin; 1843 Immatrikulation an der Berliner Universität; 1844 Veröffentlichung von 25 Arbeiten in den Bänden 27, 28 des Crelleschen Journals; 1845 als Student im dritten Semester auf Vorschlag Kummers Ehrendoktor der Universität Breslau, GAUSS erwägt Vorschlag für die Friedensklasse des Ordens „Pour le Mérite"; 1846 Prioritätsquerelen mit JACOBI; 1847 Privatdozent in Berlin, RIEMANN hört *Elliptische Funktionen* bei EISENSTEIN; 1848 Inhaftierung in Spandau; 1849 Kürzung des „Gnadengehalts" von 500 Talern jährlich auf 300 Taler „in Folge von Verläumdungen als Republikaner"; 1850 als „sehr roth" bezeichnet, DIRICHLET, JACOBI und A. VON HUMBOLDT beantragen Verleihung einer Universitäts-Professur (ohne Erfolg); 1851 EISENSTEIN wird gleichzeitig mit KUMMER korresp. Mitglied der Göttinger Sozietät; 1852 ord. Mitglied der Berliner Akad. der Wiss.; gest. 1852 an Tuberkulose, der 83jährige A. VON HUMBOLDT erweist ihm die letzte Ehre. –

Bereits 1847 wurde ein Sammelband von Mathematischen Abhandlungen Eisensteins mit einer Vorrede von GAUSS veröffentlicht (Nachdruck 1967 durch Georg Olms Verlagsbuchhandlung, Hildesheim). Die Mathematischen Werke von EISENSTEIN wurden erst 1975 von der Chelsea Publ. Comp., New York, herausgegeben (zwei Bände). Äußerst lesenswert ist deren Besprechung durch A. WEIL im Bull. Amer. Math. Soc. 82, 658–663 (1976); Höhen und Tiefen von Eisensteins Leben und mathematischem Schaffen werden dem Knaben an der Wiege von Feen vorhergesagt.

1895 erschien *Eine Autobiographie von Gotthold Eisenstein*, herausgegeben von F. RUDIO (Zeitsch. Math. Phys. 40, Suppl. 143–168, auch Math. Werke 2, 879–904). Sehr informativ ist der Artikel von K.-R. BIERMANN *Gotthold Eisenstein. Die wichtigsten Daten seines Lebens und Wirkens* (Crelles Journ. 214, 19–30 (1964), auch Math. Werke 2, 919–929).

Leonhard Euler, schweizerischer Mathematiker: geb. 1707 in Basel; 1720 Student in Basel; 1727 Übersiedlung nach St. Petersburg, wo 1724 Zar Peter I. eine Akademie gegründet hatte; 1730 Professor für Physik, ab 1733 Professor für Mathematik in St. Petersburg als Nachfolger von Daniel BERNOULLI; 1735 Verlust der Sehkraft des rechten Auges; 1741 Übersiedlung nach Berlin; 1744 Direktor der mathematischen Klasse der Preußischen Akademie der Wissenschaften; 1766 Rückkehr nach St. Petersburg, u.a. wegen seines gespannten Verhältnisses zum preußischen König, der für Eulers mathematisches Schaffen wenig Verständnis hatte; 1771 Erblindung; gest. 1783 in St. Petersburg. –

Nikolaus FUSS, ein mit einer Enkelin Eulers verheirateter Schüler, gab 1786 seine *Lobrede auf Herrn Leonhard Euler* heraus (Opera Omnia 1, 1. Ser., S. XLIII). Empfehlenswert zu lesen ist der Artikel *Analysis Incarnate* in E.T. BELL, [G2]; von Interesse ist auch die Kurzbiographie *Leonhard Euler* von R. FUETER im Beiheft Nr. 3 zur Zeitschrift *Elemente der Mathematik*, Basel 1948. Eine ausführliche Würdigung Eulers gibt der Gedenkband des Kantons Basel-Stadt *Leonhard Euler 1707–1783, Beiträge zu Leben und Werk*, Birkhäuser Verlag, Basel 1983. In der 1783 erschienenen *Éloge de M. Euler par le Marquis de Condorcet* (in Eulers Opera Omnia 12, 3. Ser., 287–310) wird Eulers Tod wie folgt geschildert (S. 309): „la pipe qu'il tenoit à la main lui échappa, et il cessa de calculer et de vivre".

Georg Friedrich Bernhard Riemann, deutscher Mathematiker: geb. 1826 in Breselenz im Landkreis Lüchow-Dannenberg; 1846 Student zu Göttingen, zunächst Theologie; 1847–1849 Student zu Berlin, Hörer bei DIRICHLET und JACOBI, Bekanntschaft mit EISENSTEIN; 1849 Rückkehr nach Göttingen; 1850 Assistent von W. WEBER bei physikalischen Übungen, 1851 Promotion mit der epochemachenden Inauguraldissertation *Grundlagen für eine allgemeine Theorie der Functionen einer veränderlichen complexen Grösse*; 1853 Habilitationsschrift *Über die Darstellbarkeit einer Function durch eine trigonometrische Reihe*, wo sich u.a. das RIEMANN-Integral findet; 1854 Habilitationsvortrag *Über die Hypothesen, welche der Geometrie zu Grunde liegen*, womit die moderne Differentialgeometrie geboren wurde; Privatdozent in Göttingen ohne Gehalt; 1855 jährliche Remuneration von 200 Talern; 1857 Extraordinarius in Göttingen mit 300 Talern Jahresgehalt, 1859 Nachfolger Dirichlets auf dem GAUSS-Lehrstuhl, Mitglied der Göttinger Gesellschaft und korrespondierendes Mitglied der Berliner Akademie, Publikation der Arbeit *Ueber die Anzahl der Primzahlen unter einer gegebenen Grösse* mit der bis heute unbewiesenen Vermutung über die Nullstellen der Riemannschen ζ-Funktion; gest. 1866 an Tuberkulose in Selasca, Italien; sein noch vorhandener Grabstein auf dem Friedhof zu Biganzolo (Lago Maggiore) trägt die Inschrift: „Denen, die Gott lieben, müssen alle Dinge zum Besten dienen“ (Röm 8, 28), vgl. Photographie S. 379. – Lesenswert ist *Bernhard Riemann's Lebenslauf*, geschrieben von seinem Freund Richard DEDEKIND und abgedruckt in Riemanns Werken, 539–558.

Karl Theodor Wilhelm Weierstraß, deutscher Mathematiker: geb. 1815 in Ostenfelde, Kreis Warendorf, Westf.; 1834–38 (schlagender) Student der Kameralistik in Bonn; 1839–40 Studium der Mathematik an der Akademie Münster, Staatsexamen bei GUDERMANN; 1842–1848 Lehrer am Progymnasium in Deutsch-Krone, Westpreußen, für Mathematik, Schönschreiben und Turnen; 1848–1855 Lehrer am Gymnasium in Braunsberg, Ostpreußen; 1854 Publikation von bereits 1849 gewonnenen bahnbrechenden Resultaten in der Arbeit *Zur Theorie der Abelschen Functionen* im Crelleschen Journal, Bd. 47, daraufhin Ehrenpromotion durch die Universität Königsberg und Beförderung zum Oberlehrer; 1856 auf Betreiben von A. VON HUMBOLDT und L. CRELLE Berufung als Professor an das Gewerbeinstitut (spätere Technische Hochschule) in Berlin; 1857 nebenamtlich außerordentlicher Professor an der Universität Berlin; ab 1860 Vorlesungen mit häufig mehr als 200 Hörern; 1861 Zusammenbruch infolge Überarbeitung; 1864, fast 50jährig, Berufung auf eine für ihn geschaffene ordentliche Professur in Berlin; 1873/74 Rektor magnificus der Universität Berlin; Mitglied zahlreicher Akademien des In- und Auslandes, 1875 Ritter deutscher Nation des Ordens „Pour Le Mérite für Wissenschaften und Künste“; 1885 Prägung einer WEIERSTRASS-Gedenkmünze (70. Geburtstag); 1890 Beendigung der Lehrtätigkeit wegen schwerer Erkrankung, Fesselung an den Rollstuhl; 1895 feierliche Enthüllung seines Bildnisses in der Nationalgalerie (80. Geburtstag); gest. 1897 in Berlin. –

Eine erschöpfende WEIERSTRASS-Biographie gibt es bis heute nicht. Überaus lesenswert sind der von P. DUGAC 1973 im Archive for History of Exact Sciences 10, 41–176, veröffentlichte Artikel *Eléments d'analyse de Karl Weierstrass* und die 1966 in Crelles Journal 223, 191–220, abgedruckte Rede von K. BIERMANN *Karl Weierstraß: Ausgewählte Aspekte seiner Biographie*. Sehr treffend dürften die persönlichen Bemerkungen von A. KNESER in seinem Artikel *Leopold Kronecker* (Jahresber. DMV 33, 210–228 (1925)) sein, wo er u.a. das mathematische Leben in Berlin in den 80er Jahren des 19. Jahrhunderts beschreibt (vgl. S. 211/12): „Der unbestrittene Beherrscher des ganzen Betriebs war zweifellos W e i e r s t r a ß, eine königliche, in jeder Weise imponierende Gestalt. Man kennt den prachtvollen, weiß umlockten Schädel, das leuchtend blaue, etwas schief verhängte Auge des reinrassigen westfälischen Landkindes. Seine Vorlesungen hatten sich damals zu hoher auch äußerer Vollendung entwickelt, und nur selten kamen jene aufregenden Minuten, wo der große Mann stockte, auch der Zuspruch des treuen Gehilfen an der Tafel, etwa meines Freundes Richard Müller, ihm nicht auf den Weg helfen konnte, und nun versank er für einige Minuten in ein majestätisches Schweigen; zweihundert junge Augenpaare ruhten auf dem prachtvollen Schädelrund mit der andächtigen Vorstellung, daß hinter dieser glänzenden Hülle die höchste Wissenschaft arbeitete. Zweihundert Jünglinge waren es in der Tat, die bei Weierstraß die elliptischen Funktionen hörten und durchhörten mit dem vollen Bewußtsein, daß diese Dinge damals in keinem Staatsexamen vorkamen, ein glänzendes Zeugnis für den wissenschaftlichen Geist in jener Zeit. Ja auch von den Anwendungen dieser Dinge wußte man wenig, obwohl deren schon sehr schöne vorlagen; die Lehre vom Primat der angewandten Mathematik, von der höheren Würdigkeit der Anwendungen gegenüber der reinen Mathematik, war damals noch nicht entdeckt. Auch an diesem großen Manne übte sich der Humor der Jugend; er galt als guter Weinkenner, und die Berliner, die über die hart westfälische Sprechweise des Meisters lästerten, zitierten als Musterausspruch, den man gehört haben wollte: Ein chutes Chlas Burchunder trink ich chanz chern.“ (Hinweis: ch wie in Telgte). WEIERSTRASS hat wie kein anderer durch seine Berliner Vorlesungen die Mathematik in Deutschland beeinflußt. Der Oberlehrer aus Ostpreußen wurde zum „praeceptor mathematicus Germaniae“.

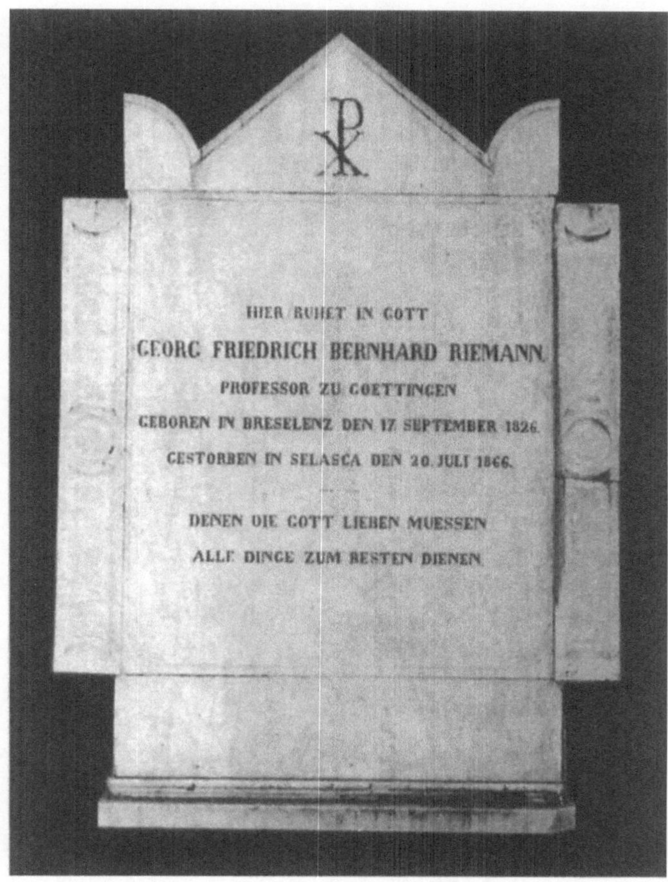

DEDEKIND sagt in *Bernhard Riemann's Lebenslauf*, der Grabstein sei bei einer Verlegung des Friedhofs beseitigt worden. Die Grabplatte ging indessen nicht verloren; der Besucher findet sie am Eingang zum Friedhof von Selasca als Erinnerung an RIEMANN über Sarg und Zeit hinaus.

Literatur

Klassische Literatur zur Funktionentheorie

Die Lehrbuchliteratur zur Funktionentheorie ist unerschöpflich und in den letzten Jahrzehnten nahezu unüberschaubar geworden. In der Eulerzeit gab es nach kein ausgeprägtes Gefühl für das, was man später „mathematische Strenge" nannte; die damals meist gelesenen Autoren waren BERNOULLI(S), DE L'HOSPITAL, MACLAURIN, LAGRANGE u.a. Ihre Bücher sind heute noch für Historiker interessant, „die Verfasser verfallen mehr oder weniger in den Fehler, die algebraische Allgemeingültigkeit ihrer Formeln stillschweigend vorauszusetzen und daraus oft voreilige Schlüsse zu ziehen."
Im folgenden sind – ohne Anspruch auf Vollständigkeit – besonders wichtige klassische Abhandlungen und Lehrbücher in alphabetischer Folge zusammengestellt (auch wenn sie heute vielfach vergessen sind). Weitere historisch bedeutsame Literaturangaben finden sich im laufenden Text.
Literatur

[A] ABEL, N.H.: Untersuchungen über die Reihe $1 + \frac{m}{1}x + \frac{m(m-1)}{1 \cdot 2}x^2 + \frac{m(m-1)(m-2)}{1 \cdot 2 \cdot 3}x^3 + \dots$ usw. Crelles Journ. 1, 311-339 (1826); auch Œuvres 1, 219–250 sowie Ostwald's Klassiker Nr. 71

[BB] BRIOT, Ch. und J.-C. BOUQUET: Théorie des fonctions doublement périodiques et, en particulier, des fonctions elliptiques. Mallat-Bachelier, Paris 1859, 2. Aufl. 1875. Deutsch von H. FISCHER, Halle 1862

[Bu] BURKHARDT, H.: Einführung in die Theorie der analytischen Functionen einer complexen Veränderlichen. Verlag von Veit & Comp., Leipzig 1897

[Ca] CARATHÉODORY, C.: Untersuchungen über die konformen Abbildungen von festen und veränderlichen Gebieten. Math. Ann. 72, 107–144 (1912)

[C] CAUCHY, A.L.: Cours D'Analyse De L'Ecole Royale Polytechnique (Analyse Algébrique). Paris 1821; auch Œuvres 3, 2. Ser., 1–331. Deutsch von B. HUZLER 1828 im Verlag der Gebrüder Bornträger, Königsberg mit dem Titel „Lehrbuch der algebraischen Analysis"; 1885 erschien bei Julius Springer, Berlin, eine Übersetzung von C. Itzigsohn

[C_1] CAUCHY, A.L.: Mémoire sur les intégrales définies. 1814; Œuvres 1, 1. Ser., 319–506

[C_2] CAUCHY, A.L.: Mémoire sur les intégrales définies, prises entre des limites imaginaires. 1825; Œuvres 15, 2. Ser., 41–89 (dieser Band erschien 1974!), auch Ostwald's Klassiker Nr. 112

[E] EULER, L.: Introductio in Analysin Infinitorum, 1. Band Lausanne 1748 bei M.M. Bousquet, auch Opera Omnia 8, 1. Ser. Deutsch von A.C. MICHELSEN, Berlin 1788, und von H. MASER 1885 bei Julius Springer mit dem Titel „Einleitung in die Analysis des Unendlichen". Ein Nachdruck mit einer Einleitung von W. WALTER erschien 1983 im Springer-Verlag

[Ei] EISENSTEIN, F.G.M.: Genaue Untersuchung der unendlichen Doppelproducte, aus welchen die elliptischen Functionen als Quotienten zusammengesetzt sind, und der mit ihnen zusammenhängenden Doppelreihen (als eine Begründungsweise der Theorie der elliptischen Functionen, mit besonderer Berücksichtigugn ihrer Analogie zu den Kreisfunctionen). Crelles Journ. 35, 153–274 (1847), auch Math. Werke 1, 357–478

[G_1] GOURSAT, E.: Sur la définition générale des fonctions analytique, d'aprés Cauchy. Trans. Amer. Mat. Soc. 1, 14–16 (1900)

[G_2] GOURSAT, E.: Cours D'Analyse Mathématique, Bd. 2. Gauthier–Villars, Paris 1905, 7. Aufl. 1949

[Kr] KRONECKER, L.: Theorie der einfachen und der vielfachen Integrale, ed. E. NETTO. Teubner, Leipzig 1894

[Lan] LANDAU, E.: Darstellung und Begründung einiger neuerer Ergebnisse der Funktionentheorie. Springer, Berlin 1916, 2. Aufl. 1929; 3. Aufl. gemeinsam mit D. GAIER, Springer 1986

[Lau] LAURENT, P.A.: Extension du théorème de M. Cauchy relatif à la convergence du développement d'une fonction suivant les puissances ascendantes de la variable x. 1843 unveröffentlicht; vgl. Comptes Rendues 17, S. 938

[Lin] LINDELÖF, E.: Le Calcul des Résidus et ses Applications à la Théorie des Fonctions. Gaulthier-Villars, Paris 1905; Nachdruck 1947 bei Chelsea Publ. Comp., New York

[Liou] LIOUVILLE, J.: Leçons sur les fonctions doublement périodiques. 1847; veröffentl. in Crelles Journ. 88, 277-310 (1879)

[M] MORERA, G.: Un teorema fondamentale nella teorica delle funzioni di una variabile complessa. Rend. Reale Ist. Lomb. di scienze e lettere 19, 2. Reihe, 304–307 (1886)

[Os] OSGOOD, W.F.: Lehrbuch der Funktionentheorie. 2 Bände, Teubner, Leipzig 1906; Nachdruck 1965 bei Chelsea Publ. Comp., New York

[P] PRINGSHEIM, A.: Vorlesungen über Funktionenlehre. Teubner, Leipzig. Erste Abteilung: Grundlagen der Theorie der Analytischen Funktionen einer komplexen Veränderlichen 1925, 624 Seiten; Zweite Abteilung: Eindeutige Analytische Funktionen 1932, 600 Seiten; Nachdruck 1968 bei Johnson Reprint Corp., New

York

[R] RIEMANN, B.: Grundlagen für eine allgemeine Theorie der Functionen einer veränderlichen complexen Grösse. Inauguraldissertation Göttingen 1851, Werke, 5–43

[Sch] SCHOTTKY, F.: Über das Cauchysche Integral. Crelles Journal 146, 234–244 (1916)

[W_1] WEIERSTRASS, K.: Darstellung einer analytischen Function einer complexen Veränderlichen, deren absoluter Betrag zwischen zwei gegebenen Grenzen liegt. Münster 1841; erstmals veröffentlicht 1894 in Math. Werke 1, 51–66

[W_2] WEIERSTRASS, K.: Zur Theorie der Potenzreihen. Münster 1841; erstmals veröffentlicht 1894 in Math. Werke 1, 67–74

[W_3] WEIERSTRASS, K.: Zur Theorie der eindeutigen analytischen Functionen. (Aus den Abhandlungen der Königl. Akademie der Wissenschaften vom Jahre 1876); Math. Werke 2, 77-124

[W_4] WEIERSTRASS, K.: Zur Functionenlehre. (Aus dem Monatsber. Königl. Akad. Wiss., Berlin 1880; nebst Nachtrag 1881); Math. Werke 2, 201–233

[W_5] WEIERSTRASS, K.: Einleitung in die Theorie der analytischen Funktionen, nach einer Vorlesungsmitschrift von Wilhelm Killing aus dem Jahre 1868, Schriftenreihe Math. Inst. Univ. Münster, 2. Serie, Heft 38, 1986

[W_6] WEIERSTRASS, K.: Einleitung in die Theorie der analytischen Funktionen, Vorlesung Berlin 1878, in einer Mitschrift von Adolf Hurwitz, bearbeitet von Peter Ullrich, Dokumente zur Geschichte der Mathematik, Band 4, Vieweg, Braunschweig, Wiesbaden 1988

[We] WEIL, A.: Elliptic functions according to Eisenstein and Kronecker. Erg. Math. 88, Springer-Verlag, Heidelberg 1976

[WW] WHITTAKER, E.T. und G.N. WATSON: A Course of Modern Analysis. Cambridge at the University Press, 1. Aufl. 1902

Wir kommentieren nun einige Werke aus der angegebenen Literatur in chronologischer Folge.

[E] **Euler** 1748: Dies ist das erste Lehrbuch zur Analysis, das heute noch von Studenten ohne große Anstrengungen gelesen werden kann. Die Redeweisen und Bezeichnungen sind nahezu „modern“, ein großer Teil unserer heutigen Terminologie wird hier von EULER erstmals eingeführt. Komplexe Zahlen stehen gleichberechtigt neben reellen Zahlen. Funktionen sind analytische Ausdrücke (§ 4), also holomorph. Im § 28 findet sich (ohne Beweis) der Fundamentalsatz der Algebra. Die binomische Reihe wird im § 71 ohne nähere Erklärung als ein „Theorema universale“ angeführt und dann ausgiebig verwendet; merkwürdigerweise sagt EULER nichts zum Beweis. Exponentialfunktion, Logarithmus und Kreisfunktionen werden in der *Introductio* zum ersten Male systematisch behandelt und durch Rechnen mit unendlich kleinen Zahlen in Potenzreihen entwickelt

(§§ 115 ff.). Die Eulersche Formel $e^{ix} = \cos x + i \sin x$ steht im § 138; sein Sinusprodukt leitet er im § 158 her; die Partialbruchreihe für $\pi \cot \pi z$ gibt er im § 178 an.
Potenzreihen sind für EULER nicht abbrechende Polynome, in der Einleitung zu seinem Werk schreibt er: „Es hat bekanntlich gerade durch die Lehre von den unendlichen Reihen die höhere Analysis sehr bedeutende Erweiterungen erfahren." EULER beherrscht den Kalkül der unendlich kleinen und unendlich großen Zahlen so souverän, daß man ihn heute ob dieser Kunst beneidet. „He is the great manipulator and pointed the way to thousands of results later established rigorously" (M. KLINE, [G6], S. 453).
Die *Introductio* erlebte mehrere Auflagen und wurde 1922 in Eulers *Opera Omnia* von A. KRAZER und F. RUDIO neu herausgegeben. In ihrem Vorwort schreiben die Herausgeber u.a.: „... (ein) Werk, das auch heute noch verdient, nicht nur gelesen, sondern mit Andacht studiert zu werden. Kein Mathematiker wird es ohne reichen Gewinn aus der Hand legen. Dieses Werk ist nicht nur durch seinen Inhalt, sondern auch durch seine Sprache maßgebend geworden für die ganze Entwicklung der mathematischen Wissenschaft."

[C] **Cauchy** 1821: Auf Wunsch von LAPLACE und POISSON legte CAUCHY seine Kursvorlesungen „pour la plus grande utilité des élèves" schriftlich nieder (es dürfte das erste Vorlesungsskriptum für Hörer sein). Der Stoff ist in etwa derselbe wie in [E], aber gerade ein Vergleich macht die neue kritische Betrachtungsweise deutlich. Die Analysis wird *ab ovo konsequent* und im Prinzip einwandfrei entwickelt, das Werk hat richtungsweisenden und nachhaltigen Einfluß auf die Entwicklung der Analysis und insbesondere der Funktionentheorie im 19. Jahrhundert ausgeübt. Es wurde recht bald seiner Trefflichkeit wegen in fast allen höheren Schulanstalten Frankreichs eingeführt und auch in Deutschland allgemein bekannt; so erschien bereits 1828 die deutsche Übersetzung von HUZLER (Conrektor an der höheren Stadtschule in Königsberg). CAUCHY beschreibt sein Programm mit den Sätzen (Einleitung, S. i/ij): „Je traite succesivement des diverses espèces de fonctions réelles ou imaginaires, des séries convergentes ou divergentes, de la résolution des équations, et de la décomposition des fractions rationnelles." So findet sich das Cauchysche Konvergenzkriterium für Reihen im Kapitel VI; in den Kapiteln VII–X werden zum ersten Mal prinzipiell und mit genauer Umgrenzung ihrer Gültigkeit Funktionen eines komplexen Arguments eingeführt. Allerdings werden komplex-wertige Funktionen *nicht bewußt* eingeführt, es spielen immer die *beiden* reellen Funktionen u, v und nicht die *eine* komplexe Funktion $u + \sqrt{-1}v$ die dominierende Rolle. Der Begriff der Stetigkeit ist sorgfältig herausgestellt, die Konvergenz einer Reihe mit komplexen Gliedern wird auf diejenige der Reihe der Absolutbeträge zurückgeführt (auf S. 240 steht z.B., daß jede komplexe Potenzreihe einen Konvergenzkreis besitzt, dessen Radius durch die bekannte Limes superior-Formel bestimmt ist). Im Kapitel X wird der Fundamentalsatz der Algebra hergeleitet: die Existenz von Nullstellen eines Polynoms $p(z)$ wird nachgewiesen mit Hilfe der Betrachtung der reellen Funktion $|p(z)|^2$ und ihrer Minima.
Mit dem *Cours D'Analyse* beginnt das Zeitalter der Strenge und die *Arithmetisierung* der Analysis. Lediglich der wichtige Begriff der (lokal) gleichmäßigen Konvergenz fehlt noch, um dem Werk den letzten Schliff zu geben; in Unkenntnis dieses Begriffs spricht CAUCHY den unrichtigen Satz aus, daß konvergente Reihen stetiger Funktionen immer stetige Grenzfunktionen haben. Zur Methode seines Buches sagt CAUCHY (Einleitung, S. ij): „Quant aux méthodes, j'ai cherché à leur donner toute la rigueur q'on exige en géométrie, de manière à ne jamais recourir aux raisons tirées de la généralité de l'algèbre."

[A] **Abel** 1826: Die Arbeit entstand in Berlin, wo ABEL in Crelles Bibliothek Cauchys *Cours D'Analyse* kennenlernte. Dieses Werk nimmt er als Vorbild, er schreibt: „Die vortreffliche Schrift von Cauchy, welche von jedem Analysten gelesen werden sollte, der die Strenge bei mathematischen Untersuchungen liebt, wird uns dabei zum Leitfaden dienen." Abels Arbeit ist selbst ein Muster exakter Schlußweisen, sie enthält u.a. das Abelsche Lemma und den Abelschen Grenzwertsatz. Es finden sich auch bereits kritische Bemerkungen zum *Cours D'Analyse.*

[W_1]-[W_6] **Weierstraß** 1841 bis 1880: Seine frühen Publikationen wurden den Mathematikern erst mit dem Erscheinen seiner Mathematischen Werke 1894 bekannt. Ab den 60er Jahren des 19. Jahrhunderts hielt WEIERSTRASS in Berlin mathematische Vorlesungen im Stil, wie sie heute üblich sind. Seine Vorlesung über *Allgemeine Theorie der analytischen Functionen* hat er erstmals im Winter 1863/64, und zwar 6stündig, gehalten (vgl. Math. Werke 3, S. 355/60). Leider hat WEIERSTRASS nicht - wie CAUCHY - seine Vorlesungen in Buchform niedergelegt, indessen gibt es Nachschriften seiner Schüler. So existiert z.B. von H.A. SCHWARZ eine Ausarbeitung einer Vorlesung *Differentialrechnung* vom Sommersemester 1861, die am Königlichen Gewerbeinstitut gehalten wurde; weiter gibt es von A. HURWITZ eine Nachschrift der Vorlesung *Einleitung in die Theorie der analytischen Funktionen* aus dem Sommersemester 1878.
Die Weierstraßschen Vorlesungen wurden bald weltberühmt; als MITTAG-LEFFLER 1873 - zwei Jahre nach dem deutsch-französichen Krieg - zum Studium nach Paris kam, sagte ihm HERMITE: „Vous avez fait erreur, Monsieur, vous auriez dû suivre les cours de Weierstrass à Berlin. C'est notre maître à tous."

Der Name WEIERSTRASS wurde von Laienmathematikern als Gütezeichen für Lehrbücher mißbraucht. So erschien 1887 bei Teubner ein Buch *Theorie der analytischen Funktionen* eines Dr. O. BIERMANN, das in der Vorrede den Passus hat „Der Plan dieses Werkes ist Herrn Weierstrass bekannt." ITZIGSOHN (Übersetzer des *Cours D'Analyse*) schreibt darüber 1888 empört an BURKHARDT: „Herr(n) Biermann (soll) in nächster Zeit gründlich heimgeleuchtet werden, weil er den Glauben erwecken wollte, er habe im Einverständnis mit Herrn Professor Weierstrass dessen Funktionen-Theorie veröffentlicht. Herr Prof. (so!) Biermann hat *niemals* Funktionentheorie bei Herrn Prof. Weierstrass gehört. Das Werk ist alles, nur nicht die Weierstrass'sche Funktionentheorie." WEIERSTRASS äußert sich zu der Angelegenheit 1888 in einem Brief an SCHWARZ wie folgt: „Dr. Biermann, Privatdocent in Prag, besuchte mich am Tage vor oder nach meinem 70ten Geburtstag. Er theilte mir mit, daß er die Absicht habe, eine ‚allgemeine Funktionentheorie' auf der in meinen Vorlesungen gegebenen Grundlage zu schreiben und fragte mich, ob ich ihm die Benutzung meiner Vorlesung für diesen Zweck gestatte. Ich antwortete ihm, daß er sich wohl eine zu schwierige Aufgabe gestellt habe, die ich selbst zur Zeit noch nicht zu lösen getraute. Da er aber ... die angegebene Frage wiederholte, sagte ich ihm zum Abschiede: ‚Wenn Sie aus meinen Vorlesungen etwas gelernt haben, so kann ich Ihnen nicht verbieten, davon in angemessener Weise Gebrauch zu machen.' Er hatte sich mir als früherer Zuhörer vorgestellt und ich nahm selbstverständlich an, daß er meine Vorlesung über Funktionenlehre gehört habe. Dies ist aber nicht der Fall... Er hat also sein Buch nach dem Hefte eines anderen gearbeitet. Eine derartige Buchmacherei kann nicht geduldet werden."

[R] **Riemann** 1851: Die Ideen zu diesem bahnbrechenden, in der Darstellung knappen Werk entwickelte RIEMANN bereits in den Herbstferien 1847. Die Arbeit blieb zunächst nach außen hin ohne Wirkung; seine neuen Gedanken haben sich nur langsam und ganz allmählich verbreitet; sie wirkten nicht, wie man heute glauben möchte, als Offenbarungen. Die Dissertation fand eine sehr anerkennende Beurteilung von GAUSS, der RIEMANN allerdings bei dessen Besuch mitteilte, daß er seit Jahren eine Schrift vorbereite, welche denselben Gegenstand behandele, sich aber freilich nicht darauf beschränke. – Charakteristisch für die Aufnahme, die Riemanns Arbeit ursprünglich gefunden hat, ist folgendes Erlebnis, das Arnold SOMMERFELD in seinen *Vorlesungen über theoretische Physik* erzählt (Bd. 2: Mechanik der deformierbaren Medien, Nachdruck der 6. Auflage 1978, Verlag Harri Deutsch, Thun, Frankfurt/M., Kap. IV, § 19.7, S. 124): „Adolf WÜLLNER, der langjährige verdiente Vertreter der Experimentalphysik an der Technischen Hochschule in Aachen traf in den siebziger Jahren auf dem Rigi mit WEIERSTRASS und HELMHOLTZ zusammen. WEIERSTRASS hatte die Riemannsche Dissertation zum Ferienstudium mitgenommen und klagte, daß ihm, dem Funktionentheoretiker, die RIEMANNschen Methoden schwer verständlich seien. HELMHOLTZ bat sich die Schrift aus und sagte beim nächsten Zusammentreffen, ihm schienen die Riemannschen Gedankengänge völlig naturgemäß und selbstverständlich zu sein."

[BB] **Briot** und **Bouquet** 1859: Auf den ersten 40 Seiten wird zunächst die allgemeine Funktionentheorie unter starker Bezugnahme auf die Arbeiten Cauchys entwickelt. Holomorphe Funktionen heißen noch wie bei CAUCHY „synectisch"; in einer 1875 erschienenen 2. Auflage mit dem kürzeren Titel *Théorie des fonctions ellipiques* ersetzen die Autoren das Wort „synectisch" durch „holomorph ". Das Buch von BRIOT und BOUQUET ist das erste Lehrbuch der Funktionentheorie. HERMITE hielt es 1885 für eine der bedeutendsten „publications analytiques de notre époque". Das Werk von BRIOT und BOUQUET ist, wie die Autoren im Vorwort sagen, stark durch die klassischen Vorlesungen [Liou] von LIOUVILLE über elliptische Funktionen inspiriert; WEIERSTRASS war sogar der Meinung, daß alles Wesentliche das Werk von LIOUVILLE ist.

[Os] **Osgood** 1906: Dies ist das erste Lehrbuch der Funktionentheorie in deutscher Sprache, das große Verbreitung fand (das Burkhardtsche Werk [Bu] hatte wenig Erfolg gehabt); trotz der mehr als 600 Seiten erschienen 5 Auflagen. Das Vorwort zur ersten Auflage beginnt mit dem anspruchsvollen Satz „Der erste Band dieses Werkes will eine systematische Entwicklung der Funktionentheorie auf Grundlage der Infinitesimalrechnung und in engster Fühlung mit der Geometrie und der mathematischen Physik geben."
Nebenbei sei bemerkt, daß OSGOOD auch das erste Lehrbuch zur Funktionentheorie mehrerer komplexer Veränderlicher schrieb.

[P] **Pringsheim** 1925/1932: Als überzeugter Anhänger des Weierstraßschen Potenzreihenkalküls baut PRINGSHEIM die Theorie konsequent auf der Weierstraßschen Definition einer holomorphen Funktion als eines Systems ineinandergreifender Potenzreihen auf. Die komplexe Integration wird erst ab Seite 1108 entwickelt; als Ersatz dient eine *Mittelwertmethode*, die ihren Ursprung in der arithmetischen Mittelbildung hat, die WEIERSTRASS zum Beweis der Cauchyschen Ungleichungen heranzog (vgl. 8.3.5) und die auch schon CAUCHY benutzte. Mittels seiner Mittelwertmethode beweist PRINGSHEIM (vgl. S. 386 ff.), daß komplex differenzierbare Funktionen (mit stetiger Ableitung!) in Potenzreihen entwickelbar sind. Den Vorteil seiner die komplexe Integration nicht heranziehende Behandlungsweise sieht er darin, „daß grundlegende Erkenntnisse, die dort als sensationelle Ergebnisse eines geheimnisvollen, gleichsam Wunder wirkenden Mechanismus erscheinen, hier ihre natürliche Erklärung durch Zurückführung auf die bescheidenere Wirksamkeit der vier Spezies finden“ (Vorwort Band 1). Der Pringsheimsche Aufbau hat sich nicht durchgesetzt; vgl. hierzu auch Kapitel 12.1.5 dieses Buches.

Lehrbuchliteratur zur Funktionentheorie

1. AHLFORS, L.: Complex Analysis. McGraw-Hill New York; 3. Aufl. 1979

2. BEHNKE, H. und F. SOMMER. Theorie der analytischen Funktionen einer komplexen Veränderlichen. Grundlehren, Springer 1955, Studienausgabe der 3. Aufl. 1976

3. BIEBERBACH, L.: Einführung in die konforme Abbildung. Sammlung Göschen, 1. Aufl. 1915, 6. Aufl. 1967, Walter de Gruyter

4. BIEBERBACH, L.: Lehrbuch der Funktionentheorie. 2 Bde.; Teubner 1922/1930; Nachdrucke 1945, Chelsea Publ. Comp.; 1968 Johnson Reprint Corp.

5. CARATHÉODORY, C.: Funktionentheorie 1. Birkhäuser 1950, 2. Aufl. 1960

6. CARTAN, H.: Théorie élémentaire des fonctions analytiques d'une ou plusieurs variables complexes. Hermann Paris 1961; deutsche Übersetzung von V. LINDENAU als BI Taschenbuch 1966

7. CONWAY, J.B.: Functions of One Complex Variable. Graduate Texts in Mathematics 11, Springer; 2. Ausgabe 1978

8. DINGHAS, A.: Vorlesungen über Funktionentheorie. Grundlehren 110, Springer 1961

9. DIEDERICH, K. und R. REMMERT: Funktionentheorie I. Heidelberger Taschenbücher Band 103, Springer 1972

10. FISCHER, W. und I. LIEB: Funktionentheorie. Vieweg u. Sohn Braunschweig 1980

11. HEINS, M.: Complex Function Theory. Academic Press 1968

12. HURWITZ, A. und R. COURANT: Allgemeine Funktionentheorie und elliptische Funktionen. Grundlehren 3, Springer; 4. Ausgabe 1964

13. JÄNICH, K.: Einführung in die Funktionentheorie. Hochschultext, Springer 1977, 2. Aufl. 1980

14. KNESER, H.: Funktionentheorie. Vandenhoeck u. Ruprecht, 2. Aufl. 1966

15. KNOPP, K.: Theorie und Anwendung der Unendlichen Reihen, Julius Springer 1921, letzter Nachdruck 1980

16. KNOPP, K.: Elemente der Funktionentheorie. Funktionentheorie Erster Teil und Zweiter Teil. 3 Bändchen mit vielen Auflagen seit 1913. Sammlung Göschen, Walter de Gruyter

17. LANG, S.: Complex Analysis. Addison-Wesley Publ. Comp. 1977; 2. Aufl. 1985, Springer

18. NEVANLINNA, R.: Eindeutige analytische Funktionen. Grundlehren, Springer, 2. Aufl. 1953

[Zahlen] Grundwissen Mathematik 1, Springer 1983; ergänzte 2. Aufl. 1988

In folgenden Büchern findet man viele Übungsaufgaben (mit Lösungen):

JULIA, G.: Exercices D'Analyse, Bd. 2. Erstdruck 1932; Nachdruck 1958 und 1965. Gaulthier-Villars, Paris

KNOPP, K.: Aufgabensammlung zur Funktionentheorie. 2 Bändchen mit vielen Auflagen. Sammlung Göschen, Walter de Gruyter

KRZYŻ, J.G.: Problems in Complex Variable Theory. Elsevier New York, London, Amsterdam 1971

PÓLYA, G. und G. SZEGÖ: Aufgaben und Lehrsätze aus der Analysis. 2 Bände, Grundlehren 19, 20, Springer 1925; mehrere Auflagen, Ausgabe in Englisch 1972/1976

Literatur zur Geschichte der Funktionentheorie und der Mathematik

[G1] ARNOLD, W. und H. WUSSING (Herausgeber): Biographien bedeutender Mathematiker. Aulis Verlag Deubner und Co KG, Köln 1978, 2. Aufl. 1985

[G2] BELL, E.T.: Men of Mathematics. Simon and Schuster, New York 1937

[G3] BOYER, C.B.: A History of Mathematics. John Wiley and Sons, New York London Sydney 1968

[G4] DIEUDONNÉ, J. (editor): Abrégé d'histoire des mathématiques 1700–1900, Bd. I. Hermann, Paris 1978

[G5] KLEIN, F.: Vorlesungen über die Entwicklung der Mathematik im 19. Jahrhundert. Grundlehren 24 und 25, Julius Springer 1926; Nachdruck in einem Band 1979

[G6] KLINE, M.: Mathematical Thought from Ancient to Modern Times. Oxford University Press, New York 1972

[G7] MARKUSCHEWITZ, A.I.: Skizzen zur Geschichte der analytischen Funktionen. Hochschulbücher für Mathematiker Bd. 16, Deutscher Verlag der Wissenschaften, Berlin 1955

[G8] NEUENSCHWANDER, E.: Über die Wechselwirkungen zwischen der französischen Schule, Riemann und Weierstraß. Eine Übersicht mit zwei Quellenstudien. Arch. Hist. Exact Sciences 24, 221–255 (1981); dieser Artikel enthält 142 Literaturangaben

[G9] TEMPLE, G.: 100 Years of Mathematics. Duckworth, London 1981 (ohne Funktionentheorie)

Namensverzeichnis

Symbolverzeichnis

Sachverzeichnis